야생화 백과사전

여름편

야생화 백과사전 [여름편]

초판인쇄 | 2012년 8월 23일
초판발행 | 2012년 8월 30일

지은이 | 정연옥 · 오장근 · 신영준 공저
펴낸이 | 고명진
펴낸곳 | 가람누리
출판등록 | 2011년 7월 29일 제312-2011-000040호

주 소 | 서울시 서대문구 홍은1동 455번지 벽산아파트상가B/D 304호
전 화 | (02)396-9651~2 / FAX (02)396-9653
E-MAIL | garamnuri@daum.net
홈페이지 | www.munyei.com

ISBN 978-89-97272-13-6 (04480)
978-89-97272-11-2 (세트)

우리 산야에 피어난 자연 그대로의 꽃

야생화 백과사전

여름편

정연옥 · 오장근 · 신영준 共著

가람누리

▣ 책머리에

처음 야생화를 공부할 때 아쉬운 점이 하나 있었습니다. 주변에 있는 우리 꽃, 야생화에 눈이 가는데 꽃 이름이 뭔지 몰라 이런저런 책을 살펴보게 되었습니다. 그리고 야생화를 보며 이 꽃의 이름은 무엇인지, 언제 피고 또 언제 열매를 맺는지 등을 한눈에 알고 싶다는 생각을 했습니다. 꽃이 피어 있을 때의 모습도 중요하지만 꽃이 진 뒤에도 잎과 종자를 보고 무슨 꽃인지 알 수 있는 책이 있었으면 하는 바람이 있었습니다. 하지만 당시에는 쉽지 않은 일이었습니다.

21세기 현재, 야생화는 단순히 우리가 알고 있는 대로 눈을 즐겁게 해주는 식물에 그치지 않고 미래 화훼사업의 기반이 되는 중요한 요소 중 하나입니다. 또한 등산을 하고 주변을 산책하면서 보이는 작고 앙증맞은 꽃들의 이름을 불러주고 그들이 사는 모습에 한 번 더 눈길을 주는 것은 우리네의 살아가는 정서에 많은 도움이 된다고 확신합니다. 꽃들의 일상을 살피고, 서로 경쟁하고 또 공생하면서 살아가는 모습을 보면, 꽃이 살아가는 모습과 우리 인간의 삶이 닮았다고 느껴지곤 합니다.

우리나라는 4계절이 뚜렷하여 계절별로 산과 들에 많은 꽃들이 핍니다. 이렇게 꽃을 구경하다 보면 알 수 있는 것은 여름에 가장 많은 꽃이 핀다는 것입니다. 계절별로 피는 꽃은 봄이 약 30%, 여름은 약 55%, 가을은 약 15% 정도의 비율로 핍니다. 하지만 여름에 피는 꽃들은 주로 고산지역에 많이 자생하고, 산에 가더라도 숲이 우거져 잘 보이지 않기 때문에 여름에 그처럼 꽃이 많이 핀다는 것을 많은 사람들은 잘 알지 못합니다.

이 책에는 백과사전이라는 제목에 걸맞게 『야생화 도감』에서 보여주지 못한 부분을 좀 더 다양하게 담으려 노력했습니다. 『야생화 도감』과 달리 목본류를 제외한 초본류만으로 목록을 구성하였고, 다양한 생장과정의 사진을 실어 독자들이 이해하기 쉽게 했으며, 한 꽃에서 여러 가지 색이 나오는 것은 유사종 · 변이종으로 구분하여 실어 다양한 식물들의 모습을 비교하여 확인할 수 있게 구성하였습니다. 새순이 올라오는 모습, 식물의 군락지 모습, 꽃봉오리 상태, 꽃의 모습, 종자 결실되는 모습 등 다양한 식물의 한살이를 모두 담은 이번 『야생화백과사전 여름편』에서는 총 288종 2,000여 컷의 사진이 수록되었습니다.

이처럼 다양한 사진과 함께 야생화의 생태와 재배법, 가까운 식물들의 목록, 학명과 이명 등 야생화 애호가인 일반 독자들과 관련 전공자들에게 필요한 정보를 본문에 실었습니다. 또 야생화 이름들의 유래도 담았으며 자생 지역 분포도를 실어 한눈에 야생화 관찰 가능 지역을 알 수 있도록 했습니다.

이 책은 철쭉으로 유명한 남원 운봉 바래봉 중턱에 혼자 기거하면서 공동저자들과 인근의 세걸산, 고리봉, 정영치, 만복대를 거쳐 성삼재, 노고단, 연하천, 반야봉, 세석평전, 장터목, 천왕봉에 이르는 등산로를 따라 많은 식물을 관찰하였고 10년 이상의 세월 동안 전국을 누비며 식물의 생태를 조사하여 기록한 과정입니다. 오랜 세월 지리산을 수백 번 오르며 꽃이 피는 시기에 맞춰 그 찰나의 모습을 담으려고 노력했으며, 다양한 식물을 찾으려고 등산로 주변을 기웃거리기도 했고, 평소에 보지 못했던 식물을 보게 되면 기뻐했고, 식물의 주변 생태를 하나하나 기록하며 행복해 했습니다. 학창 시절 대학 도서관에서 빌린 책에서 본 얼레지의 모습은 너무 아름다웠습니다. 그 후 야생화를 공부하기 시작했고, 야생화를 좀 안다고 할 무렵 누군가의 손에 의해 몇 송이 남아 있지 않던 광릉요강꽃이 사라져버렸던 일, 운봉금매화라고도 하는 모데미풀의 자생지를 찾아 지리산 일대를 돌며 몇 개체 되지 않는 자생지를 몇 군데나 찾았던 감동 등은 지울 수 없습니다.

계절별로 출간되는『야생화 백과사전』에는 등산로나 인근에서 쉽게 찾을 수 있는 꽃들을 중심으로 수록하되, 봄은 2~5월, 여름은 6~8월, 가을은 9~11월에 40~50% 이상 만개한 때를 기준으로 계절을 나누었습니다. 또한 계절이 바뀌어도 생명을 유지하고 있는 꽃들은 임의로 계절을 바꾸어 수록하기도 하였습니다. 일부 꽃의 개화기는 다른 도감과 다르게 표기되었는데, 이는 예전의 개화기보다는 현재의 개화기가 중요하기 때문입니다. 식물의 특성은 여러 도감과 국가생물종지식정보시스템과 국가표준식물목록을 참조하였고, 생육환경에 대한 것은 여러 기록과 자료들을 중심으로 적었습니다. 그럼에도 아직까지 부족한 부분이 많습니다. 『야생화 백과사전』은 앞으로도 계속 더 많은 식물을 소개하며 독자들이 더욱 쉽게 보고 활용할 수 있도록 만들어 가겠습니다.

이 책을 만들기 위해 많은 분들이 수고해주셨습니다. 특히 공동저자로 이 길고 긴 작업에 동참하여 부족한 부분을 채워주신 오장근 박사와 신영준 교수에게 감사와 함께 수고하셨다는 말씀을 드리고 싶습니다. 또한 좋은 책을 만들기 위해 언제나 격려와 헌신적인 지원을 아끼지 않으신 문예마당 고근 사장님, 가람누리 고명진 사장님과 편집장님, 지원 여러분께도 감사의 말씀을 드립니다.

2012년 여름, 지리산 운봉에서

저자 대표 정연옥

차례

024

025

026

027

028

029

030

031

032

033

034

035

야생화 백과사전
여름편

ㄴ
⋮
245

담배풀 • 323

닻꽃 • 327

대청부채 • 331

더덕 • 335

덩굴박주가리 • 340

도깨비부채 • 344

도라지 • 348

도라지모시대 • 353

돌마타리 • 357

돌콩 • 361

동자꽃 • 365

두메대극 • 371

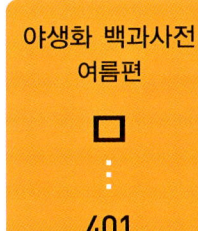

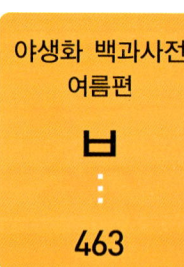

야생화 백과사전
여름편

ㅂ

⋮

463

바람꽃 • 472

바보여뀌 • 478

바위떡풀 • 483

바위채송화 • 488

바위취 • 492

박새 • 496

박주가리 • 500

박쥐나물 • 504

박하 • 508

반하 • 511

방울꽃 • 515

방울새란 • 520

배암차즈기 • 525

배초향 • 528

백리향 • 532

백양꽃 • 536

백운란 • 540

버어먼초 • 544

범꼬리 • 548

범부채 • 552

병아리난초 • 557

보풀 • 562

봉래꼬리풀 • 566

부처꽃 • 569

부처손 • 574

분취 • 577

붉노랑상사화 • 582

붉은사철란 • 587

비비추 • 592

비수리 • 597

뻐꾹나리 • 600

야생화 백과사전
여름편
ㅅ
⋮
605

사국이질풀 • 605

사상자 • 609

사철란 • 613

산꿩의다리 • 618

산솜방망이 • 624

산씀바귀 • 629

산오이풀 • 634

산외 • 638

산이질풀 • 643

산제비란 • 648

산짚신나물 • 652

산층층이 • 656

산해박 • 660

삼백초 • 664

삽주 • 668

상사화 • 673

새콩 • 679

서덜취 • 684

석잠풀 • 688

석창포 • 692

선백미꽃 • 695

선이질풀 • 698

선좁쌀풀 • 701
(앉은좁쌀풀)

세잎꿩의비름 • 704

세잎쥐손이 • 710

소엽맥문동 • 714

속단 • 717

솔나리 • 721

솔나물 • 726

송이풀 • 730

송장풀 • 735

수까치깨 • 739

수염가래꽃 • 742

수정난풀 • 746

숫잔대 • 750

쉽싸리 • 756

실새삼 • 760

실꽃풀 • 763

쑥부쟁이 • 767

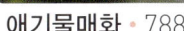

여로 • 824

여름새우난초 • 829

여우오줌 • 834

여우팥 • 839

연꽃 • 842

영아자 • 846

오랑캐장구채 • 850

오리방풀 • 856

옥잠난초 • 861

왜박주가리 • 866

왜솜다리 • 870

용머리 • 874

잠자리난초 • 924

장구채 • 929

절국대 • 935

정영엉겅퀴 • 939

제비동자꽃 • 944

제주달구지풀 • 948

제주황기 • 952

조희풀 • 956

좀고추나물 • 962

좀닭의장풀 • 966

좀비비추 • 970

좀향유 • 975

좁은잎배풍등 • 979

좁쌀풀 • 984

중나리 • 988

쥐방울덩굴 • 992

쥐털이슬 • 995

지네발란 • 998

지느러미엉겅퀴 • 1001

지리고들빼기 • 1005

지리바꽃 • 1010

지리산하늘말나리 • 1013

지리터리풀 • 1017

진노랑상사화 • 1022

참산부추 • 1079

참여로 • 1084

참좁쌀풀 • 1088

참통발 • 1092

창질경이 • 1097

천마 • 1101

청닭의난초 • 1105

초롱꽃 • 1110

촛대승마 • 1115

야생화 백과사전
여름편

ㅋ
⋮
1120

큰까치수염 • 1120

큰메꽃 • 1124

큰물레나물 • 1127

큰방울새란 • 1131

큰뱀무 • 1136

큰제비란 • 1141

야생화 백과사전
여름편

ㅌ

⋮

1145

타래난초 • 1145

탑꽃 • 1149

터리풀 • 1153

털동자꽃 • 1156

털사철란 • 1159

털이슬 • 1164

털중나리 • 1167

토현삼 • 1171

톱바위취 • 1175

톱분취 • 1180
(버들분취)

톱풀 • 1185

통보리사초 • 1190

야생화 백과사전
여름편

ㅍ

⋮

1194

파란여로 • 1194

파리풀 • 1197

풍란 • 1201

피막이 • 1205

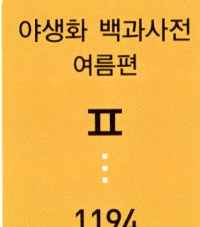

야생화 백과사전
여름편

ㅎ
⋮
1209

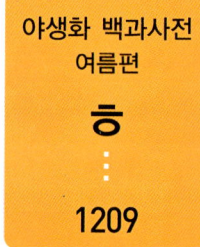

283

284

285

286

287

288

001

동자꽃 중 잎이 가장 가느다란

가는동자꽃

이명 | 왜동자꽃

학명 | *Lychnis kiusiana* Makino

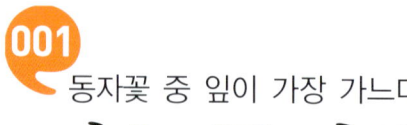

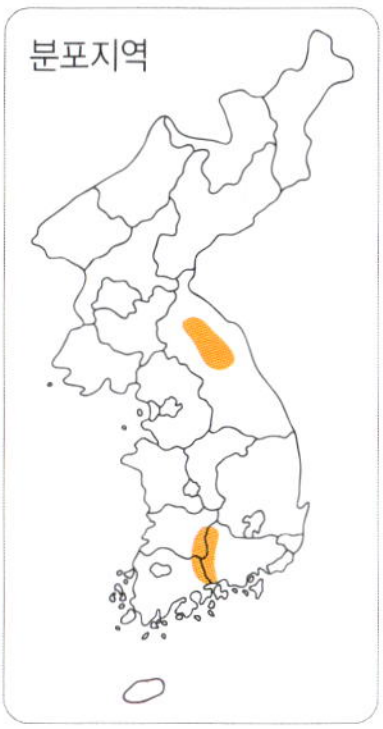

동자꽃에는 마을로 내려간 뒤 폭설로 돌아오지 못하는 스님을 기다리다 얼어 죽은 동자의 슬픈 전설이 전해진다. 주홍빛 꽃을 피우는 동자꽃에는 제비동자꽃, 털동자꽃, 우단동자꽃 등 몇 가지가 있는데, 가는동자꽃은 잎이 가장 가늘어서 붙여진 이름이다.

강원 이북의 습지에서 자라는 여러해살이풀로, 고산지역과 같은 서늘한 곳의 햇볕이 좋고 습기가 많은 습지에서 자란다. 주로 드문드문 떨어져서 자라며, 키는 60~100㎝이다.

잎은 끝이 약간 뾰족한 피침형이며 표면에는 털이 나 있다. 길이는 5~10㎝, 폭은 0.6~1.2㎝이다. 줄기는 전체적으로 아래를 향해 잔털이 나 있다.

꽃은 7~8월에 짙은 홍색으로 피며, 길이는 약 2.5㎝ 가량 된다. 꽃잎은 모두 5장이고 끝은 2갈래로 깊이 갈라진다. 긴 원통형의 종자가 10월경에 맺히는데 길이는 약 1.3㎝이다.

석죽과에 속하며, 동자꽃보다 작아서 왜동자꽃이라고도 한다. 주로 관상용으로 쓰인다. 삽목을 통해 가꿀 수 있지만 습지의 양지 쪽에서 자라는 식물이어서 키우기는 어려운 편이다.

우리나라 강원도와 백두산, 일본 중부 이남에 분포하는데, 고랭지의 습지에서 살아가는 식물이어서 우리나라에 온난화가 지속되면 가장 먼저 없어질 식물로 여겨진다. 꽃말은 '기지' 이다.

◀ 가는동자꽃_ 새순 올라오는 모습

▲ 가는동자꽃_ 잎

▲ 가는동자꽃_ 꽃봉오리

▲ 가는동자꽃_ 꽃

직접 가꾸기

가는동자꽃은 10월경에 받은 종자를 바로 뿌리거나 종이에 싸서 냉장고에 보관한 후 이듬해 봄에 뿌려서 번식시킨다. 종자 발아율은 일반 동자꽃에 비해 떨어지는 편이어서 많은 종자를 뿌리는 것이 좋다. 하지만 삽목은 잘 되는 편으로, 5~6월경 올라오는 순을 한 마디씩 잎을 붙여 삽목하면 90% 이상 뿌리를 내린다. 새로운 개체를 얻은 후 올라오는 순을 연중 계속 삽목해도 되며 묘종을 얻을 수 있어 많은 개체를 확보할 수 있다. 하지만 한여름 무더울 때 삽목하면 고사 비율이 높으므로 서늘한 때 해야 한다.

가까운 식물들

- 동자꽃 : 타원형에 가까운 잎이 줄기에서 잎자루도 없이 마주난다. 산에서 자라며, 키는 1m이다.
- 제비동자꽃 : 꽃잎의 끝이 제비 꼬리처럼 길게 늘어져 있다. 전체에 털이 없고 줄기는 곧게 선다. 대관령 이북에 분포한다.
- 털동자꽃 : 전체적으로 흰색의 긴 털이 나 있으며, 잎이 넓고 긴 계란형이다.
- 우단동자꽃 : 전체에 흰 솜털이 빽빽이 나며 줄기는 곧게 서고 가지가 갈라진다. 꽃은 6~7월에 붉은색, 분홍색, 흰색으로 핀다.

동자꽃

제비동자꽃

털동자꽃

002

바람에 흔들리는 꼬리의 유혹

가는범꼬리

이명 | 긴잎범의꼬리, 둑새범꼬리풀

학명 | *Bistorta alopecuroides* (Turcz. ex Besser) Kom.

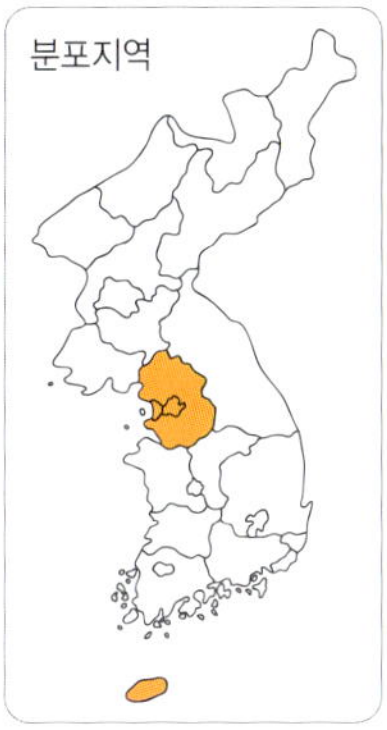

꽃이 피는 부분이 마치 호랑이의 꼬리처럼 생겼다고 해서 범꼬리라는 이름이 붙었다. 언뜻 이름만 생각하면 꽃 색깔도 알록달록할 것 같지만 사실 연분홍색으로 참 곱다. 특히 바람이라도 불면 살랑살랑 흔들리는 모습이 보는 이를 유혹할 만하다.

범꼬리 종류는 꽤 많은데, 대개 높은 산에 분포하므로 주변에서 쉽게 볼 수 있는 식물은 아니다. 가는범꼬리는 본종인 범꼬리에 비해 잎이 가늘며 키도 작은 편이다. 햇볕이 잘 들어오는 경사진 산비탈의 유기질 성분이 많고 물 빠짐이 좋은 토양에서 자란다.

뿌리는 굵고 비스듬히 땅속으로 들어가 있다. 키는 약 15~30㎝이고, 잎은 뿌리에서 나온 것은 길이가 15~22㎝, 폭은 약 1㎝의 크기이다. 잎의 끝은 뾰족하고 길게 뻗어 있다. 6~7월에 연한 홍자색 꽃이 핀다. 꽃의 길이는 약 5㎝, 지름은 약 1㎝로 작은 꽃들이 뭉쳐 줄기 끝부분에 달린다. 열매는 9월경에 달린다.

마디풀과의 여러해살이풀로 한라산과 경기도의 산지에 분포한다. 어린잎과 줄기는 식용으로 쓰인다.

직접 가꾸기

가는범꼬리는 9월경에 달리는 종자를 받아 바로 뿌리거나 종이나 솜에 싸서 수분이 증발되는 것을 막고 냉장고에 보관하여 이듬해 봄에 뿌린다. 종자 발아율은 높지 않다. 반 그늘진 곳과 바람이 잘 통하는 곳에서 자라는 식물이어서 화단에 심을 때는 나무 아래에 심어 관리하고, 화분에 심는 것은 피히는 것이 좋다. 물은 2~3일 간격으로 준다.

▲ 가는범꼬리_ 잎

▲ 가는범꼬리_ 꽃

▲ 가는범꼬리_ 무리

가까운 식물들

- 범꼬리 : 키는 30~80㎝, 잎은 길이가 5~10㎝, 폭이 3~7㎝이다. 산골짜기 양지에서 잘 자란다.
- 눈범꼬리 : 깊은 산 그늘진 곳에 자라며 키는 35㎝이다. 제주도에 분포한다.
- 둥근범꼬리 : 함북 관모봉의 2,500m 정도의 고지대에서 자란다. 키는 30~40㎝이다.
- 씨범꼬리 : 포기 전체가 작고 꽃도 2~5㎝로 더욱 작다.
- 이른범꼬리 : 꽃이 빨리 피어 '이른'이 붙었다. 4~5월에 흰색 꽃이 핀다. 키는 15㎝, 한라산에 분포한다.
- 참범꼬리 : 줄기에 달린 잎에 잎자루가 없는 것이 특징이다. 키는 70㎝, 깊은 산 풀밭에서 자란다. 함경도에 분포한다.
- 호범꼬리 : 꽃이삭이 범꼬리에 비해 가늘고 길며 암술대는 빳빳하다. 함경남도 부전고원에 분포한다.
- 흰범꼬리 : 잎 뒷면이 흰색이며 털이 많다. 키는 80㎝, 경북과 북한 지방에 분포한다.

범꼬리

씨범꼬리

호범꼬리

003

오이 향이 나는

가는오이풀

이명 | 흰오이풀, 애기오이풀, 붉은오이풀, 좁은잎오이풀

학명 | *Sanguisorba tenuifolia* Fisch. ex Link

오이풀

종류는 꽃이 줄기와 가지 끝에 뭉툭하니 달리는데, 작은 알갱이들이 뭉쳐 있어 꽃 같지가 않다. 잎을 자르면 오이 냄새가 은은하게 난다 하여 오이풀이라는 이름을 얻었지만 실제 향은 오이보다 수박 냄새가 난다고 해서 수박풀, 참외 냄새가 난다고 해서 외풀이라고도 한다.

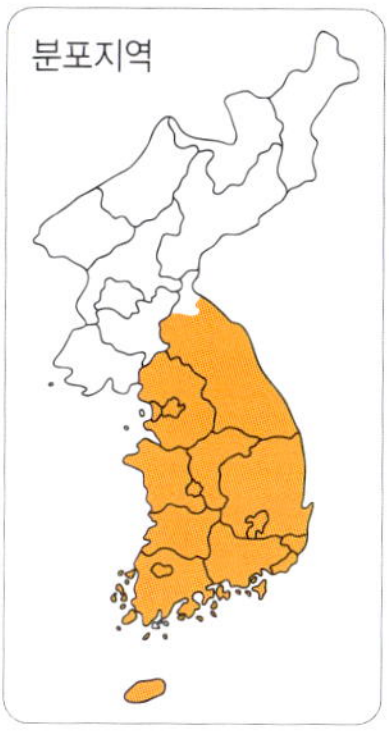

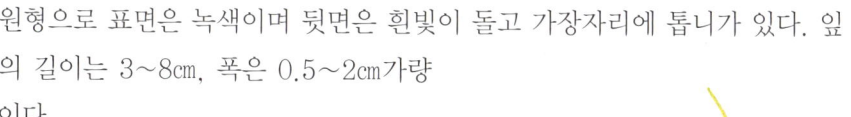

오이풀 종류 중 가는오이풀은 전국의 산지에서 흔히 자라는 여러해살이풀로, 햇볕이 잘 들고 물 빠짐이 좋은 경사진 곳에서 잘 자라며, 키는 1m 정도이다. 잎은 나원형으로 표면은 녹색이며 뒷면은 흰빛이 돌고 가장자리에 톱니가 있다. 잎의 길이는 3~8cm, 폭은 0.5~2cm가량이다.

7~9월에 흰색 꽃이 피며, 길이는 3~6cm, 폭은 1~1.2cm이다. 꽃은 원줄기와 가지 끝에서 피는데, 끝이 약간 처지고 털이 있다. 아래로 처진 앞부분에 붉은색을 띠는 것은 수술이다.

10월경에 검은색으로 변한 열매가 꽃부분에 그대로 달려 있는데, 씨앗은 아주 미세해서 만지기만 해도 먼지처럼 날아간다.

장미과에 속하며 흰오이풀, 애기오이풀, 붉은오이풀, 좁은잎오이풀이라고도 한다. 관상용으로 쓰이며 어린순과 뿌리는 식용 및 약용으로 쓰인다. 경기도와 강원도, 황해도 등지에 분포하며, '존경' 또는 '당신을 사모합니다'라는 예쁜 꽃말을 가지고 있다.

가는오이풀 압화 ▶

▲ 가는오이풀_ 새순 올라오는 모습

▲ 가는오이풀_ 잎

▲ 가는오이풀_ 꽃대 올라오는 모습

▲ 가는오이풀_ 꽃

직접 가꾸기

가는오이풀은 10월경에 종자를 종이에 싸서 냉장고에 보관한 후 이듬해 봄에 뿌린다. 종자가 미세하기 때문에 이끼에 날리듯 뿌려야 하며, 모래나 상토에 뿌릴 때는 위에 모래나 상토를 얇게 덮어줘야 흩어지지 않는다. 물 빠짐이 좋은 곳을 선정하여 심고 주변에 낙엽수가 있으면 좋다. 물은 3~4일 간격으로 주고 잎이 많은 한여름에는 2~3일 간격으로 준다.

가까운 식물들

- 오이풀 : 잎은 어긋나는데, 뿌리 위에 나는 잎은 긴 타원형 모양의 깃꼴겹잎으로 잎자루가 길다. 긴 타원형의 작은잎은 7~11개가 달리고, 가장자리에는 거친 톱니가 있으며 작은 잎자루를 가진다.
- 자주가는오이풀 : 꽃의 빛깔이 짙은 붉은색이다.
- 구슬오이풀 : 오이풀에 비해 꽃이삭이 약간 둥글어서 구슬오이풀이라고 한다. 함경남도 부전고원에 분포한다.
- 산오이풀 : 꽃은 붉은 자줏빛으로, 8~9월에 고산지역의 습기가 많은 곳에서 잘 자란다.
- 두메오이풀 : 산오이풀에 비해 키가 다소 작고 작은잎은 짧으며 꽃이삭이 위부터 피고 수술이 많다.
- 구름오이풀 : 8월에 흰색 꽃이 수상꽃차례로 핀다. 함경남북도에 분포하며, 구름이 쉬어 가는 높은 산 중턱에서 자란다.
- 긴오이풀 : 오이풀에 비해 꽃이삭이 길고 잎이 다소 좁다.

오이풀

산오이풀

004

장구를 치려는 듯한 꽃

가는장구채

이명 | 동굴장구채, 가지가는장구채, 수양장구채

학명 | *Silene seoulensis* Nakai

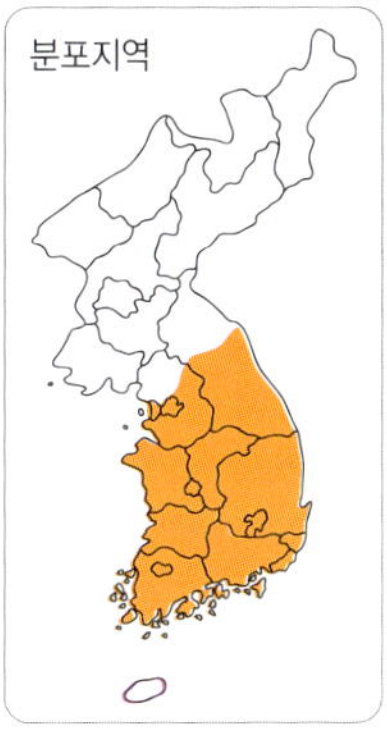

산속의 드러머라고나 할까. 다른 식물에 비해 유난히 꽃자루가 가늘고 길어서 장구채라는 이름을 얻은 이 식물은 워낙 가늘어서 약한 바람에도 몸을 흔들곤 한다. 장구채에는 여러 가지가 있는데, 그중에서도 더욱 가늘게 자라는 것이 바로 가는장구채이다.

가는장구채는 우리나라 중부 이남의 산지에서 자라는 한해살이풀로, 반그늘 혹은 양지에서 자라며 토양이 비옥한 곳에서 질 자란다. 기는 약 50㎝이고 잎은 길이가 1.5~3㎝, 폭이 1~1.5㎝로 양끝이 좁고 윗부분이 뾰족하며 마주난다. 7~8월에 황백색 또는 백색의 꽃이 피는데, 원줄기와 가지 끝에 원추형으로 많은 꽃이 달린다.

꽃과 가지를 연결하는 작은꽃줄기는 가늘고 길며 화관의 지름은 1.2㎝ 내외이다. 종 모양의 꽃받침은 녹색이며 5갈래로 끝이 뾰족하다. 9~10월경에 작은 씨방이 여러 개 나누어진 달걀 모양의 열매가 달리고 종자는 황갈색이며 작다.

석죽과에 속하며 동굴장구채, 가지가는장구채, 수양장구채라고도 한다. 관상용으로 쓰이고 우리나라 특산종으로 중부 이남에 분포한다.

가는장구채 압화 ▶

▲ 가는장구채_ 꽃봉오리

▲ 가는장구채_ 꽃

▲ 가는장구채_ 시드는 모습

▲ 가는장구채_ 종자 결실

▲ 가는장구채_ 전초

직접 가꾸기

가는장구채는 1년생이므로 꽃이 지고 9월 중순경에 씨를 받아 이듬해 봄에 화분이나 화단에 뿌리면 번식시킬 수 있다. 아파트는 햇볕이 잘 드는 곳에 두는 것이 좋고, 일반 화단에 심을 때는 약간 그늘진 곳에 심는 것이 좋다. 물은 윗부분의 흙이 마르지 않을 정도로 주면 된다.

가까운 식물들

- 장구채 : 산과 들에서 자라며, 키는 30~80㎝이다. 마디는 검은 자주색이 돌고, 꽃은 7월에 흰색으로 핀다.
- 털장구채 : 전체에 부드러운 털이 있다.
- 가는다리장구채 : 꽃이 작고 뿌리잎은 좁고 길다. 북한에 분포한다.
- 흰장구채 : 흰색 꽃이 피며, 북한의 산지에서 자란다. 키는 12~25㎝이다.

• 갯장구채 : 5~6월에 분홍색 꽃이 피며, 전체에 짧은 털이 많다. 바닷가에 서식하며, 키는 50㎝이다.

• 흰갯장구채 : 갯장구채와 비슷하나 꽃이 흰색이다.

• 거품장구채 : 물에 담그면 그 즙액에서 마치 비누처럼 거품이 인다. 키는 30~90㎝이고, 유럽이 원산이다.

• 끈끈이장구채 : 줄기 윗부분의 마디 사이와 꽃받침 밑에서 점액을 분비하기 때문에 끈적끈적하다.

• 울릉장구채 : 나무처럼 단단한 굵은 뿌리가 옆으로 비스듬히 자라며 그 끝에서 많은 줄기가 뭉쳐난다. 울릉도에 분포한다.

• 분홍장구채 : 10~11월에 분홍색 꽃이 핀다.

• 오랑캐장구채 : 담홍색 꽃이 핀다. 키는 60㎝ 내외이고 밑에서부터 가지가 분기하며 아래를 향해 털이 빽빽이 나 있다.

• 말냉이장구채 : 연한 붉은색으로 꽃이 핀다. 함경남도 부전고원에 자라며, 키는 50㎝이다.

• 애기장구채 : 분홍색 꽃이 피며, 키는 20~50㎝이다.

장구채

갯장구채

오랑캐장구채

005

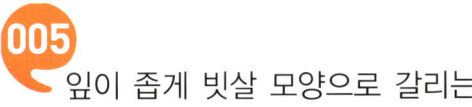

잎이 좁게 빗살 모양으로 갈리는

가는참나물

학명 | *Pimpinella koreana* (Yabe) Nakai

참나물은 나물 중에서 그 맛이 으뜸이라 해서 붙여진 이름이며 향긋한 내음으로 인기가 좋다. 주로 날것으로 쌈을 싸 먹지만 김치도 담가 먹는다. 쓴맛이 있는 셀러리와 미나리를 합친 듯한 오묘한 향이 봄철의 잃어버린 미각을 살려주곤 한다. 맛뿐 아니라 영양도 좋아서 약으로도 사용된다. 시중에서 참나물이라고 먹는 것은 일본에서 개량된 '삼엽채' 이다.

참나물속 식물은 북반구와 남아프리카에는 수십 종이 있지만 우리나라에는 참나물, 노루참나물, 가는참나물 등 3종이 있으며, 이 중 가는참나물은 줄기가 가늘어서 붙여진 이름이다.

전국의 산에서 자라는데, 특히 숲이 많은 곳에서 자라는 여러해살이풀로, 반그늘의 습기가 많고 비옥한 토양에서 자란다. 키는 약 50~100㎝이다.

줄기는 곧게 서고 연하며, 가늘고 길다. 잎은 아래에서부터 좁게 빗살 모양으로 갈라져 올라가고, 뿌리에서 돋은 잎의 잎자루는 길지만 줄기에서 돋은 잎의 잎자루는 위로 올라갈수록 짧아진다. 참나물 종류는 잎으로 구분할 수 있는데, 참나물은 가는참나물에 비해 작은잎이 3개씩 사이좋게 모여 나는 것이 특징이다. 또 노루참나물은 작은잎이 불규칙하게 많이 달린다.

7~8월에 흰색 꽃이 피는데, 가지나 줄기 끝에 작은 꽃들이 뭉쳐 달린다. 열매는 9~10월경에 넓은 타원형으로 달린다. 산형과에 속하며 산미나리 또는 대엽근이라고도 한다. 관상용으로, 어린순은 식용으로 쓰인다.

◀ 가는참나물_ 잎

▲ 참나물_ 잎

▲ 가는참나물_ 꽃봉오리

▲ 가는참나물_ 꽃

직접 가꾸기

가는참나물은 가을 또는 이른 봄에 포기나누기를 하거나 종자를 보관했다가 이른 봄에 뿌린다. 실내에서 키우면 웃자라기 쉽고 줄기에 힘이 없어져 키우기 어려우므로 화단에 심는 것이 좋다. 습도가 높은 곳에서 재배하고 물은 봄에는 2~3일 간격, 여름에는 1~2일 간격으로 준다.

가까운 식물들

- 참나물 : 작은잎이 3개씩 균일하게 달린다.
- 노루참나물 : 작은잎의 수가 많고 불규칙하게 달린다.
- 큰참나물 : 키가 50~100㎝로 크다. 포기 전체에 짧은 털이 나고 줄기는 곧추서며 밑부분에 붉은빛이 돌고 가지가 갈라진다.

참나물

006

물 위에 뜬 담수초

가래

이명 | 긴잎가래

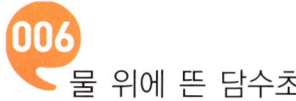

학명 | *Potamogeton distincuts* A. Benn.

식물이 살아가는 것을 보면 참으로 다양하다. 담수에서 자라는 식물을 담수초(淡水草)라고 하는데, 같은 담수초라도 어떤 개체는 식물 전체를 물속에 담그고 있고, 어떤 것은 반만 담근다. 또 뿌리째 물 위에 둥둥 뜬 채로 살아가는 것도 있다. 이들은 어항에 키워 열대어와 함께 멋진 그림을 연출해내기도 한다.

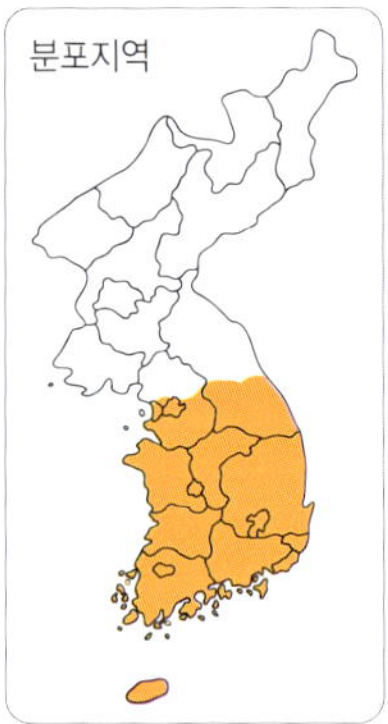

가래 역시 담수초로 잎을 물 위에 띄운다. 그 잎이 흙을 고르는 데 쓰는 가래를 닮아서 가래라고 한 것일까. 잎은 길이 5~10㎝, 폭 1.5~4㎝ 정도의 타원형을 이룬다. 잎자루의 길이는 6~10㎝이지만 물의 깊이에 따라 크기가 약간 다르다. 그런데 가래는 물속에 있는 잎도 있다. 물속의 잎은 뾰족하고 잎자루가 길며 양끝이 좁다. 또 가장자리가 톱니처럼 도드라진다.

뿌리는 옆으로 길게 뻗어나가면서 뿌리줄기의 마디마다 새 뿌리가 나온다. 7~8월에 잎겨드랑이에서 7㎝ 정도 길이의 꽃줄기가 나와 하나의 긴 꽃대 둘레에 여러 개의 황록색 꽃이 이삭 모양으로 핀다. 열매는 하나의 방 안에 여러 개가 들어 있다.

가래과의 여러해살이풀로 우리나라 중부 이남에 분포한다. 물기가 많고 햇볕이 잘 들어오는 곳에서 자란다. 생선 또는 육류를 먹고 식중독에 걸렸을 때 해독제로 사용된다.

◀ 가래_ 꽃봉오리

▲ 가래_ 꽃

▲ 가래_ 시드는 모습

▲ 가래_ 시든 모습(종자 미결실)

직접 가꾸기

가래는 10월경에 받은 종자를 물이 많은 곳에 바로 뿌리거나 종이나 솜 같은 것에 싸서 수분이 증발되는 것을 막고 냉장고에 보관하여 이듬해 봄에 뿌린다.

주변의 웅덩이나 습지와 같은 곳에 심어 관리하고, 화분에 심을 때는 동의나물이나 노루오줌과 같이 습기를 좋아하는 식물과 함께 심으면 된다. 가급적 햇볕을 직접 받지 않게 하는 것이 좋다.

가까운 식물들

- 대가래 : 주로 흐르는 물속에 자라며 땅속줄기가 옆으로 1m 정도 번는다. 잎은 대부분 물에 잠긴다. 북한 지방에 분포한다.
- 대동가래 : 땅속줄기의 각 마디에서 뿌리가 내리고 물속줄기가 나온다. 평안남도에 분포한다.

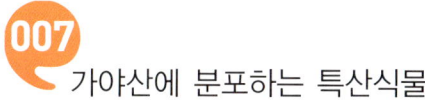

007 가야산에 분포하는 특산식물

가야산잔대

이명 | 가야산모시나물, 가야잔대
학명 | *Adenophora kayasanensis* Kitam.

가야산은 중부와 남부의 경계가 되는 산이어서 식물학적으로 중요한 위치를 차지하고 있다. 가야산에만 자생하는 식물도 여럿 있는데, 가야산잔대 이외에도 가야단풍취와 가야물봉선, 가야산은분취 등이 있다.

잔대의 종류는 대략 40가지인데, 가을에 피는 국화 비슷한 것을 그냥 들국화라고 부르듯이 다양한 잔대들 역시 그냥 잔대라고 부르기도 한다.

가야산잔대는 키가 50~80㎝이고 잎은 줄기를 중심으로 돌아가며 달리며 길이는 10~12㎝, 폭은 약 0.3㎝이다. 잎은 4장씩 달리는데, 줄기를 따라 올라가며 어긋난다. 잎의 끝은 매우 뾰족하고 가장자리에 예리한 톱니가 있다.

꽃은 8~9월에 연한 자색으로 피는데, 깔때기 같은 종 모양의 꽃이 가지와 줄기 끝에 밑으로 처지며 달린다. 꽃의 끝은 5개로 갈라지고 암술대가 꽃 밖으로 길게 나와 있는 것이 특징이다.

열매는 10월경에 달리고 갈색으로 된 씨방에 먼지와 같은 작은 종자들이 많이 들어 있다.

초롱꽃과에 속하는 여러해살이풀로, 가야산 정상부에 분포한다. 건조하고 수분이 적은 바위틈이나 경사진 곳의 부엽질이 많은 곳에서 잘 자란다.

잔대는 초본류 중에서는 상당히 오래 사는 축에 속한다. 산삼처럼 수백 년 된 것이 간혹 발견될 정도이다. 또한 약으로 많이 사용되는데 예로부터 사삼(沙蔘)이라 하여 인삼, 현삼, 단삼, 고삼과 함께 5가지 삼의 하나로 꼽아왔다.

▲ 가야산잔대_ 잎

▲ 가야산잔대_ 잎과 줄기

▲ 가야산잔대_ 꽃봉오리

▲ 가야산잔대_ 꽃

직접 가꾸기

가야산잔대는 10월경에 받은 종자를 바로 뿌리거나 종이나 솜 같은 것에 싸서 냉장보관하여 이듬해 봄에 뿌린다. 뿌릴 때는 물에 2~3일 담가둔 후 뿌린다.

종자가 워낙 미세하므로 파종상에 상토를 놓고 그 위에 이끼나 수태를 올려놓은 뒤에 종자를 뿌린다. 그 후 초기에는 분무기 등으로 물을 준다. 한편, 약품을 이용하여 발아시키는 방법도 많이 소개되고 있다. 그러나 종자 발아율은 낮은 편이며 특정 지역에서 자라는 식물이라서 재배 또한 쉽지는 않다. 물은 2~3일 간격으로 준다.

가까운 식물들

- 잔대 : 7~9월에 하늘색 꽃이 핀다. 키는 40~120㎝이다.
- 톱잔대 : 톱니가 예리한 선형의 잎이 마주난다.
- 털잔대 : 잎이 넓고 털이 많다.
- 당잔대 : 잎의 길이는 3~7㎝, 폭 1~3㎝의 넓은 달걀 모양이다. 잎 끝이 뾰족하며 밑이 둥글거나 쐐기 모양이고 가장자리에 톱니가 있다.
- 층층잔대 : 꽃의 가지가 적게 갈라지고 꽃이 층층으로 달린다.
- 가는층층잔대 : 층층잔대에 비해 잎이 가늘고 털이 약간 있다.
- 나리잔대 : 잎이 가늘고 길며 꽃이 약간 크다. 백두산과 한라산에 분포한다. 꽃은 자주색이다.
- 넓은잔대 : 잎의 폭이 2~4㎝로 넓은 편이다.

잔대

당잔대

층층잔대

• 섬잔대 : 키가 20㎝ 내외로 잎이 달린 자리에서 능선이 발달한다. 한라산에 분포한다.

• 흰섬잔대 : 키는 70㎝가량으로 꽃이 흰색이다. 제주도와 서남해안 섬에 분포한다.

• 수원잔대 : 꽃잔대라고도 하며 중부지방의 경사진 곳에 잘 자란다. 줄기는 곧추서서 높이 50㎝ 정도이고 전체에 털이 없다.

• 금강잔대 : 줄기에 세로로 가는 홈줄이 있다. 금강산에 분포한다.

• 왕잔대 : 키가 100㎝ 정도로 크고 잎은 5장씩 돌려난다.

• 둥근잔대 : 원형 또는 타원형 잎에 키는 15㎝ 정도이며 한라산에 분포한다.

• 두메잔대 : 뿌리줄기가 밑으로 벋으며 굵다. 키는 20~40㎝, 꽃 색깔은 벽자색이다. 주로 함경도의 높은 산에 분포한다.

• 진퍼리잔대 : 키는 60~100㎝이며 줄기는 자주색을 띠고 가지가 갈라지지 않는다. 습지에 자라며 꽃은 연한 황색 또는 자주색이다.

• 숫잔대 : 꽃은 밝은 자주색이며 키는 50~100㎝이다.

섬잔대

진퍼리잔대

008

다른 나뭇가지에 세 들어 사는

가지더부살이

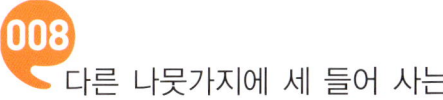

이명 | 가지더부사리, 노랑더부살이, 황통화

학명 | *Phacellanthus tubiflorus* Siebold & Zucc.

동물이나 인간들처럼 남에게 얹혀사는 식물 종류가 있다. 더부살이들이 그런데, 가지더부살이는 나뭇가지에 얹혀산다고 해서 붙여진 이름이다. 고산지역에서 자라는 식물로 지리산과 속리산 일부에서만 발견된 종이며, 최근에는 내장산 및 남해안 근처에서도 드물게 발견되는 여러해살이다.

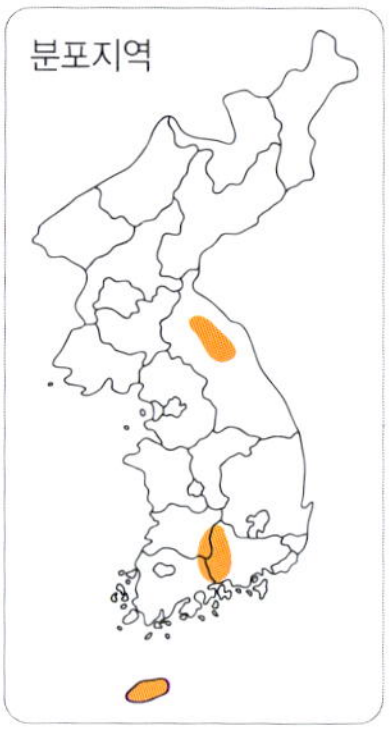

비가 많이 온 뒤 여름에 고산지역에 가면 흰색 꽃이 피고, 옆에는 황색으로 변한 꽃들이 보인다.

뿌리줄기는 여러 개로 갈라지는데, 작은 비늘 조각으로 덮여 있다.

특히 이 식물은 키가 5~10㎝로 아주 작은 데다가 식물체는 흰색이거나 연한 노란색이라서 눈에 잘 띄지도 않는다. 꽃을 보기는 더욱 힘든데, 7월경에 원줄기에서 꽃이 나와 자라는 것이 독특하다. 잎이 보이지 않는 종이며 변이가 심하게 나타나는 것도 이 식물의 큰 특징이다.

열당과에 속하며 가지더부사리, 노랑더부살이, 황통화라고도 한다.

열당과는 전 세계에 150종이 있는데, 우리나라에는 최근 발견된 야고를 비롯하여 5속 8종이 있다. 대부분 엽록소가 없는 식물이므로 다른 식물에 기생하여 살아간다.

우리나라 한라산과 지리산, 속리산을 비롯하여 동아시아의 온대에서 난대에 걸쳐 분포한다.

직접 가꾸기

가지더부살이는 특정 식물에 붙어살기 때문에 번식이 쉽지 않다. 꼭 키운다면 습기를 잘 조절하는 것이 요령이지만 재배는 매우 힘들다.

가까운 식물들

- 오리나무더부살이 : 두메오리나무 뿌리에 기생하는 황갈색 육질식물이다. 키는 15~30㎝이고 꽃은 7~8월에 검은 자줏빛으로 핀다.
- 백양더부살이 : 쑥에 기생하는 식물로, 키는 10~30㎝이다. 잎은 비늘 조각 같은 길쭉한 삼각형으로 어긋나게 달려 있고, 잔털이 빽빽이 나 있다.

오리나무더부살이

백양더부살이

009

개구리 우는 곳에서 잘 자라는

개구리미나리

이명 | 미나리바구지

학명 | *Ranunculus tachiroei* Franch. & Sav.

미나리와 비슷하나 잎이 개구리 발 모양을 하고 있어 개구리미나리라고 하는 듯하다. 하지만 개구리발톱이 별도로 있으니 개구리가 서식하는 물웅덩이 근처와 습지에 잘 자라는 미나리라는 뜻이 더 어울린다.

이렇게 미나리를 닮은 식물들은 대개 미나리아재비과에 속한다. 그러나 미나리아재비와 미나리를 살펴보면 잎이 깃꼴겹잎이라는 것 이외에는 닮은 점이 별로 없다.

키는 50~100㎝이다. 잎의 길이는 3~6㎝, 폭은 약 1㎝로 뿌리에서 생긴 잎과 줄기에서 생긴 잎의 엽병은 줄기를 따라 위로 올라갈수록 짧아진다. 잎끝은 2~3개로 깊게 갈라지고 가장자리에는 불규칙한 톱니가 있다. 줄기는 밑부분에 퍼진 털이 있고 윗부분의 가지는 갈라지며 털이 적다.

6~7월에 줄기를 따라 위로 올라가며 작은 꽃줄기 끝에 1개씩 노란색 꽃이 달린다. 꽃의 지름은 1~1.5㎝이다.

꽃받침 잎은 연녹색으로 5개이며 겉에 털이 약간 있고 뒤로 젖혀진다. 꽃잎도 5개로 꽃받침보다 약간 길다.

열매는 8~9월경에 지름 약 1㎝ 정도의 크기로 둥글게 달리고 하나하나씩 떨어진다.

미나리아재비과의 두해살이풀로, 우리나라 각처의 산이나 들의 습지에서 자란다. 햇볕이 잘 들고 습기가 많은 웅덩이나 계곡의 물 흐름이 빠르지 않은 곳에서도 자란다. 독성이 약간 있지만 줄기와 잎은 식용하거나 약재로 사용된다.

▲ 개구리미나리_ 잎

▲ 개구리미나리_ 줄기와 잎

▲ 개구리미나리_ 꽃봉오리

▲ 개구리미나리_ 꽃

▲ 개구리미나리_ 시드는 모습

▲ 개구리미나리_ 종자 결실

▲ 개구리미나리_ 무리

직접 가꾸기

개구리미나리는 10월경에 받은 종자를 일반적인 방법으로 보관하여 이듬해 봄에 뿌린다. 2년생이어서 봄에 뿌려야 그해에 꽃을 볼 수 있다. 종자 발아율은 높다. 습기가 많은 곳이나 계곡 근처에 심으면 좋다. 마른땅에서는 잘 자라지 않으므로 물이 많이 담겨 있는 화분이나 웅덩이 주변에 심어 관리한다.

가까운 식물들

- 털개구리미나리 : 왜젓가락풀과 비슷하나 밑부분에 털이 있다. 키는 30~80㎝로 제주도의 습지에 분포한다.
- 개구리자리 : 봄에 노란색 꽃이 핀다. 꽃 크기는 0.8㎝로 개구리미나리 꽃보다 약간 작다.
- 개구리발톱 : 봄에 피는 꽃은 흰색 바탕에 약간 붉은빛이 난다. 산기슭에 자라며 키는 20~30㎝이다.
- 미나리아재비 : 들이나 산길, 길가 등에서 흔히 볼 수 있으며 키는 60㎝ 정도이다. 꽃잎에 광택이 있다.

개구리자리

개구리발톱

미나리아재비

010

맥문동보다 왜소한 상록식물

개맥문동

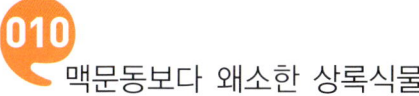

학명 | *Liriope spicata* (Thunb.) Lour.

맥문동처럼

개맥문동은 겨울에도 푸른빛을 유지하는 상록 여러해살이풀이다.

맥문동(麥門冬)이라는 이름은 보리처럼 겨울에도 시들지 않는다고 해서 붙은 것이다.

개맥문동은 전체적으로 맥문동보다 약간 작으며, 잎도 더 가늘다. 그래서 작다는 뜻의 '좀'을 붙여 좀맥문동이라고도 한다. 화단에 많이 심는데, 맥문동과 같이 있으면 비교적 구분하기 쉽다.

키는 25~40cm이다. 잎은 뿌리에 뭉쳐 올라오고 짙은 녹색이며 길이는 30~40cm, 폭은 약 0.5cm로 중간 부위에서부터 땅 아래로 처지고 뾰족하다. 줄기는 가늘며 길게 서고, 뿌리는 옆으로 길게 뻗으며 번식하고 수염뿌리는 가늘고 길다. 드물게 끝에서 소괴근이 나오는데, 기는 가지를 벋으며 번식한다.

꽃은 5~7월에 연한 자주색으로 핀다. 꽃줄기의 길이는 8~12cm이고, 1마디에 2~5개의 꽃이 달린다.

작은꽃줄기는 길이가 약 0.4cm이고 수술은 6개이다. 8~9월경에 지름 약 0.7cm의 둥글고 검은 열매가 달린다.

백합과에 속하며, 우리나라 각처의 산과 들의 물 빠짐이 좋은 나무 그늘에서 자란다. 뿌리로는 맥문동차를 끓여 먹으며, 전초는 맥문동처럼 약재로 쓰인다.

▲ 개맥문동_ 꽃

▲ 개맥문동_ 시드는 모습

직접 가꾸기

개맥문동은 가을이나 이른 봄에 포기나누기를 하거나 10월에 얻은 종자를 종이에 싸서 보관하고 이른 봄에 뿌린다. 종자 발아율은 높으며 화분이나 화단에 키우면 좋다. 반그늘이 가장 좋으며 물 빠짐이 잘 되는 곳에 심는다. 물은 2~3일 간격으로 준다.

가까운 식물들

- 맥문동 : 잎맥의 수가 11~15개로 개맥문동의 7~11개보다 많다.
- 소엽맥문동 : 잎의 폭이 0.2~0.4㎝로 맥문동보다 좁다.
- 맥문아재비 : 바닷가 산지의 그늘이나 습지에 자란다. 잎은 길이 30~38㎝, 폭 1~1.5㎝이며 짙은 녹색이다.

맥문동

맥문아재비

011 개미가 잘 노는 곳에서 자라는

개미자리

이명 | 개미나물, 수캐미자리

학명 | *Sagina japonica* (Sw.) Ohwi

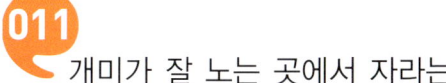

개미가 늘 근처에 있다고 해서 개미자리라는 이름이 붙었다. 대체 왜 개미들이 있을까 궁금한데, 꽃을 잘 보면 추측할 수 있다. 키도 5~20cm로 작고, 잎이나 꽃 등이 너무 작아서 나비나 벌보다는 그보다 작은 개미들이 자주 찾는 것이다.

개미자리는 밭이나 길가에서 자라는 두해살이풀인데, 심지어는 도심의 보도블록 틈새에서도 자라는 것을 흔히 볼 수 있다. 햇볕이 잘 들어오고 물이 잘 빠지는 양지에서 잘 자란다.

잎은 길이가 약 0.1~0.2cm가량이고, 폭은 약 0.1cm로 마주나고 뾰족하며, 가장자리는 밋밋하고 짙은 녹색이다.

6~8월에 흰색 꽃이 피는데, 잎겨드랑이에서 긴 줄기가 나와 끝에 한 송이씩 달리거나 가지 끝에 펼쳐지듯 달린다. 꽃잎과 꽃받침은 모두 5장씩이며 끝부분은 약간 둥글다.

열매는 9~10월경에 둥글게 달린다. 종자는 작고 넓은 달걀 모양으로 잔돌기가 있으며 짙은 갈색이다.

석죽과에 속하며 개미나물, 수캐미자리라고도 한다. 전초는 약용으로 쓰인다. 우리나라와 일본, 사할린 섬, 티베트, 중국의 온대에서 아열대 지방에 분포한다.

직접 가꾸기

개미자리는 10월경에 받은 종자를 종이에 싸서 보관한 후 이듬해 봄에 뿌리면 번식시킬 수 있다. 종자 발아율이 높은 편이어서 많은 개체를 얻을 수 있다. 뭉쳐서 자라는 특성이 있으므로 많이 심는 것이 좋다. 화분에 심을 때는 밑부분에 큰 돌을 넣고 배수가 잘되게 한 후 심어야 한다. 햇볕이 잘 들어오는 곳에 심고 물은 1~2일 간격으로 준다.

가까운 식물들

나도개미자리

갯개미자리

- 나도개미자리 : 높은 산에서 자라며, 키는 5㎝ 정도로 아주 작다. 우리나라 특산종으로 평안북도와 함경남북도 등지에 분포한다.
- 갯개미자리 : 갯벌 근처와 바위틈에서 자라며, 키는 10~20㎝이다.
- 관모개미자리 : 키는 약 9㎝로 줄기 밑부분에 지난해의 마른 잎이 남아 있다. 백두산 관모봉에 서식한다.
- 너도개미자리 : 밑에서 가지가 많이 갈라져서 키는 10㎝ 정도로 자라기 때문에 뭉쳐난 것처럼 보인다. 백두산에 분포한다.
- 차일봉개미자리 : 암석지대에서 자라며, 줄기는 옆으로 기고, 키는 3~5㎝이다. 백두산의 차일봉에 분포한다.
- 들개미자리 : 유럽 원산의 귀화식물로, 낮은 지대의 밭 근처에서 자라며, 키는 20~50㎝이다.
- 삼수개미자리 : 함경도 삼수에 자라며 키는 10~20㎝이고, 잎은 바늘 모양이다.
- 큰개미자리 : 종자의 겉에 알 모양의 희미한 돌기가 있고 꽃자루와 꽃받침에 선모가 있다. 바닷가 또는 내륙 지방의 양지에서 자라며, 키는 5~25㎝이다.

개승마

이명 | 큰개승마, 왜승마, 산승마
학명 | *Cimicifuga biternate* (Siebold & Zucc.) Miq.

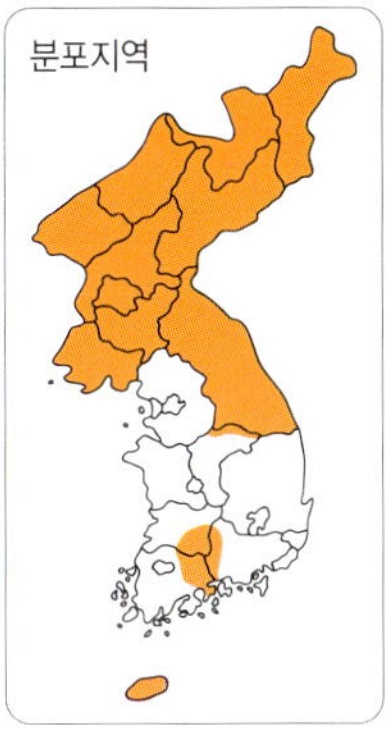

개승마는 승마에 '개' 자를 붙였으므로 승마보다는 못하다는 뜻이다. 하지만 약효가 떨어질지는 몰라도 꽃 자체만 보면 전혀 못하지 않은데, 하얀 꽃들이 줄기 위쪽에 길게 달린 모습은 오히려 승마 꽃보다 아름답다. 승마의 꽃은 개승마와 같은 흰색이긴 하지만 원 줄기 위에 여러 송이가 한꺼번에 달린다. 승마와 개승마는 잎이 비슷하고 키도 흡사하므로 이처럼 꽃을 보고 구분할 수 있다.

개승마는 산지에서 자라는 여러해살이풀로, 물 빠짐이 좋고 토양 비옥도가 높으며 햇볕이 잘 들어오는 곳에서 잘 자라고, 키는 30~100㎝이다.

잎은 길이가 7~20㎝, 폭은 6~18㎝의 크기로, 단풍잎과 유사하게 5~9갈래로 갈라지며 끝이 뾰족하고 불규칙한 톱니가 있다. 잎의 앞면에는 잔털이 있고 뒷면은 맥 위에 잔털이 드물게 나 있다.

꽃은 7~8월에 흰색으로 피는데, 뿌리에서 자란 줄기에서 위쪽으로 올라가면서 길게 달린다. 9~10월경에 긴 타원형 열매가 달린다.

미나리아재비과에 속하며 큰개승마 또는 왜승마, 산승마라고도 한다. 뿌리는 승마(升麻)라고 하며 약용으로 쓰인다.

제주도와 거제도, 일본 등지에 분포한다.

▲ 개승마_ 꽃봉오리

직접 가꾸기

개승마는 10월경에 달리는 종자를 받아 바로 뿌리는 것이 가장 좋으며 보관할 때는 종이에 싸서 냉장고에 보관하고 이듬해 봄에 일찍 뿌리는 것이 좋다. 종자는 검고 딱딱하기 때문에 물에 2일 정도 불린 후 뿌리면 발아율이 높아진다.

싹이 올라오는 상태가 다른 식물에 비해 연약하기 때문에 새순이 올라오고 약 2개월이 지난 후 옮겨 심는 것이 바람직하다. 가을에 뿌렸을 경우 이듬해 봄까지 파종상에 놔두고 봄에 옮기는 것도 좋다.

다른 초본류와 혼합해 심으려면 가운데에 심어야 한다. 햇볕을 많이 받아야 하고 물 빠짐이 좋은 곳에 심어야 하기 때문이다. 화단이나 화분에서 키우는 것은 바람직하지 않다. 어린 싹이 올라올 때는 3~4일 간격으로 물을 주지만 잎이 무성하게 자라는 여름에는 매일 물을 준다.

가까운 식물들

- 승마 : 뿌리가 굵고 자줏빛을 띤 검은색이며, 키는 약 1m이다.
- 나도승마 : 굵은 뿌리줄기가 길게 옆으로 벋으며 끝에서 새싹이 무리지어 돋는다. 전남 백운산에만 분포하며, 키는 30~100㎝이다.
- 눈개승마 : 누운 개승마라는 뜻으로, 높은 산에서 자라며 키는 30~100㎝이다.
- 황새승마 : 깊은 산속 숲 언저리에서 자라며, 키는 1~1.5m이다. 꽃은 8~9월에 노란빛을 띤 흰색으로 핀다.
- 한라개승마 : 우리나라 특산종으로 한라산의 냇가 바위틈에서 자라며, 키는 15㎝로 작은 편이다.
- 눈빛승마 : 8월에 하얀색 꽃이 마치 눈이 쌓인 것처럼 핀다. 깊은 산에서 자라며, 키는 약 2.4m이다.
- 촛대승마 : 꽃이삭이 갈라지지 않아 촛대처럼 생겼다.

나도승마

한라개승마

눈빛승마

촛대승마

013

작은 꽃들을 잔뜩 피우는

개시호

이명 | 큰시호

학명 | *Bupleurum longeradiatum* Turcz.

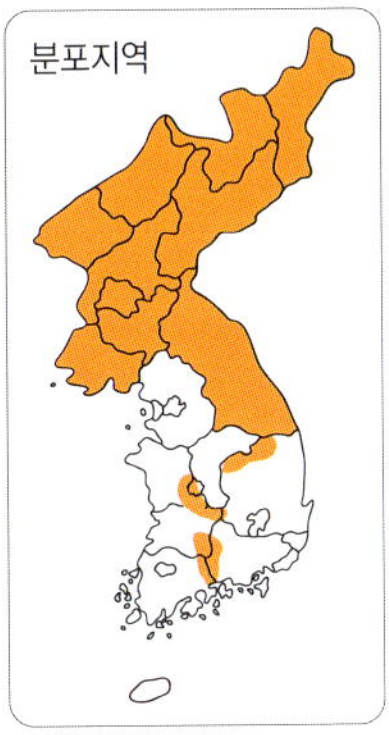

여름날 들에 나가 보면 좁쌀만 한 노란 꽃들을 열댓 개씩 꽃자루에 달고 있는 꽃을 자주 볼 수가 있다. 이는 산형과에 속하는 식물로 시호(柴胡)라고 하는데, 시호에 '개' 자를 붙인 것이 개시호다. 시호보다 키가 더 크며, 시호는 노란색 꽃이 한꺼번에 5~10개 달리는 반면, 개시호는 10~15개가 달려 훨씬 더 풍성하게 보인다.

시호라는 이름에는 옛날 호(胡) 씨 성을 가진 집안의 이야기가 전해진다. 어느 날 호 진사의 아들이 몸이 추웠다 더웠다 하며 땀을 비 오듯이 쏟았다. 그런데 같은 병을 앓았던 머슴이 땔감으로 쓰던 풀로 완치했다는 이야기를 듣고 그 풀로 치료하자 병이 나았다. 그래서 그 풀의 이름을 땔감을 뜻하는 시(柴)와 자신의 성인 호(胡)를 붙여 시호라고 했다고 전해진다.

개시호는 제주도, 지리산, 덕유산, 경남, 강원, 경기도에 분포하는 여러해살이풀로, 양지 혹은 반그늘이며 토양의 비옥도가 높은 곳에서 잘 자라며, 키는 40~150㎝이다. 이에 비해 시호는 40~70㎝이다.

줄기가 곧게 서며 위쪽에서 가지를 치는 특징이 있다. 뿌리에서 나온 잎은 잎자루가 길며 타원형이고, 줄기에서 나온 잎은 잎자루가 없으며 길이 5~15㎝, 폭 2~3.5㎝으로 뾰족하다.

7~8월에 윗부분의 잎겨드랑이와 줄기 또는 가지 끝에서 10~15개의 노란 꽃이 달린다. 열매는 9~10월경에 달리고 긴 타원형이다.

산형과에 속하며, 큰시호라고도 한다. 어린잎은 식용으로 쓰이며, 뿌리는 약재로 쓰인다.

우리나라와 일본, 타이완, 중국, 헤이룽 강 등지에 분포한다.

▲ 개시호_ 새순 올라오는 모습

▲ 개시호_ 꽃

▲ 개시호_ 시드는 모습

▲ 개시호_ 종자 결실

직접 가꾸기

개시호는 10월에 결실되는 종자를 바로 화분이나 화단에 뿌리는 것이 좋다. 종이에 싸서 냉장고에 보관했다가 이듬해 봄에 뿌리면 발아율이 낮아진다. 포기나누기는 이른 봄에 새싹이 올라올 때 하는 것이 좋다. 산지에서 약용으로 재배하는데, 부엽질이 많은 토양을 선택하고 물 빠짐이 좋은 곳에 심어야 하며, 물은 3~4일 간격으로 준다.

가까운 식물들

- 시호 : 풀밭에서 자라며 키는 40~70㎝이다. 포기 전체에 털이 없으며 가늘고 긴 줄기 위에서 가지가 갈라지고, 꽃은 개시호와 비슷하나 5~10개로 적게 달린다.
- 섬시호 : 잎은 밑부분에서 뭉쳐나고 어긋나며 긴 잎자루가 안쪽의 잎을 감싼다. 울릉도에 분포하며, 키는 60㎝ 정도이다.
- 등대시호 : 고산지대 및 깊은 산속 초원에서 자라며, 키는 30㎝이다.

시호

014

거친 들판에 자라는 토종 아마

개아마

이명 | 들아마

학명 | *Linum stelleroides* Planch.

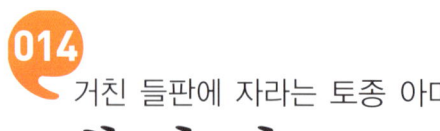

개아마는 아마와 비슷하지만 꽃받침 가장자리에 선으로 된 점이 있는 것이 다르다. 또 아마에 비해 크기가 약간 작다. 아마는 유럽이나 아르헨티나에서 많이 재배하던 섬유 자원 식물이다. 우리나라도 한때 아마를 많이 재배했으나 요즘은 거의 사라졌다.

아마가 외국식물이라면 개아마는 본래부터 우리나라에 자생하는 토종이다. 약간 거친 듯한 들판에서도 잘 자라므로 흔히 들아마라고도 한다.

키는 40~60㎝이다. 잎은 생장 초기에는 부채꽃 모양으로 뭉쳐난다. 잎의 길이는 1~3㎝, 폭은 약 0.3㎝로 어긋난다. 줄기 잎은 앞과 뒷면은 분백색을 띤 남녹색으로 털이 없고 가장자리는 밋밋하며 밑부분이 좁아져 나중에는 원줄기에 붙는다.

줄기는 가늘고 곧게 서며 털이 없고, 원줄기는 둥글고 윗부분에서 가지를 친다.

6~8월에 지름 1㎝ 정도의 연한 남자색 꽃이 핀다. 줄기나 가지 윗부분의 잎겨드랑이에 아래에서 위쪽으로 꽃대가 올라가다 옆으로 퍼지면서 꽃이 달린다. 꽃잎은 도란형으로 길이는 0.5~1.0㎝이다. 꽃받침 잎은 길이 0.3㎝ 정도의 타원형으로 5개가 달려 있고, 끝이 뾰족하고 3맥이 있으며 흑색의 선점이 있고 다소 막질이다.

지름 0.4㎝ 정도의 둥근 열매가 9~10월경에 달리고 종자는 갈색으로 광택이 난다.

아마과에 속하는 두해살이풀로, 우리나라 각처의 다소 건조한 풀밭이나 들에 자란다. 햇볕이 잘 들어오는 양지의 물 빠짐이 좋은 마른땅에서 잘 자라며 껍질은 섬유로 이용된다.

▲ 개아마_ 줄기와 잎

▲ 개아마_ 개화 직전

▲ 개아마_ 꽃

▲ 개아마_ 종자 결실

▲ 개아마_ 무리

직접 가꾸기

개아마는 10월경에 종자를 받아 종이에 싸서 보관하고 이듬해 봄에 뿌린다. 2년생 초본이므로 종자 발아를 시킨 후 화분에 심어 뿌리가 완전히 내리면 외부에 심는다. 마른땅에서 살아가는 품종이어서 어디에 심어도 잘 산다. 화단에 심을 때는 키가 크므로 가운데에 심고, 화분에 심을 때는 물 빠짐이 좋은 흙을 사용하여 심는다.

가까운 식물들

- 아마 : 꽃받침의 가상사리에 선으로 된 섬이 없나. 잎은 어긋나고 넓은 줄 모양이며 길이는 2~3.5㎝이다.

015

잠자리 모양이 꽃을 피우는

개잠자리난초

학명 | *Habenaria cruciformis* Ohwi

개잠자리난초는

잠자리난초와 비슷하다는 뜻인데, 꽃의 모양을 잘 보면 잠자리를 닮았다. 하지만 좀 더 자세히 살펴보면 오히려 병아리나 오리를 닮은 것 같기도 하다. 이것이 잠자리난초와는 약간 다른 점이다. 또 잠자리난초는 옆꽃받침잎이 뒤로 젖혀지지 않은 반면 개잠자리난초는 젖혀져 있는 점도 다르다.

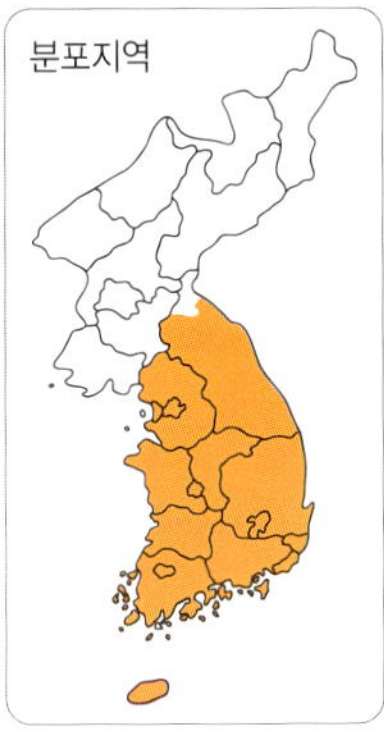

중부 이남의 산지 습지에서 자라는 여러해살이풀로, 물이 조금 고여 있으며 이탄토층이 많이 발달한 습지의 약간 그늘진 곳에서 잘 자란다. 이탄토층이란 식물체가 쌓여 퇴적된 토양을 말한다.

◀ 개잠자리난초 압화

키는 약 70㎝ 내외이고 잎은 길이가 5~7㎝, 폭은 0.5㎝가량으로, 뿌리에서 발달한 줄기를 따라 올라오는데, 뾰족한 형태를 하고 있다.

8월에 흰색 꽃이 피며 길이는 약 1㎝ 내외이다. 가운데 잎 2장이 위로 향해 있으며 뒤쪽은 병풍 모양으로 둘러싸고 있다. 꽃 아래로 가는 줄기가 아래로 열 십(十) 자 모양으로 있으며 양쪽으로는 가늘게 2~3갈래로 갈라지고 수술 2개가 안에 들어 있다. 10월경에 갈색의 긴 타원형 열매가 달리는데 안에는 많은 종자가 들어 있다.

난초과에 속하며, 주로 관상용으로 쓰인다. 우리나라 특산종이다.

▲ 개잠자리난초_ 꽃봉오리

▲ 개잠자리난초_ 꽃(정면)

▲ 개잠자리난초_ 시드는 모습

▲ 개잠자리난초_ 시든 모습

직접 가꾸기

개잠자리난초는 9월경 씨방이 다 터지지 않고 푸른 상태를 유지하면서 갈색으로 변하려는 시점에 받은 종자를 뿌리는 게 좋다. 씨방이 갈색으로 변하면 종자 발아율이 떨어진다. 종자는 미세하므로 이끼를 밑에 깔고 그 위에 뿌리는 것이 좋다. 수분이 잘 유지될 수 있게 비닐이나 신문지를 덮어주고 10~15일 후 제거해 바람이 잘 통하게 해주면 된다. 어린 싹을 무리하게 옮기다 보면 뿌리 부분이 다쳐 식물이 죽을 수 있기 때문에 이끼를 잘 분리해야 한다.

가까운 식물들

- 잠자리난초 : 곧은 줄기에 2~3개의 잎이 달리는데, 잎은 줄 모양이며 길이 10~20㎝, 너비 0.3~0.6㎝이지만 점점 작아진다.
- 해오라비난초 : 꽃이 날아가는 해오라기(황새목 백로과)를 꼭 빼닮았다. 함경도 칠보산과 경기도 및 강원도 일대에 분포한다.
- 방울난초 : 꿀주머니가 가늘고 곤봉처럼 생겼다. 9~10월경에 연한 녹색 꽃이 피며, 한라산에 분포한다.
- 민잠자리난초 : 잠자리난초와 비슷하나 가장자리가 밋밋하다.

잠자리난초

해오라비난초

016

90여 년 만에 살아 돌아온 꽃

개정향풀

이명 | 다엽꽃, 갯정향풀

학명 | *Trachomitum lancifolium* (Russanov) Pobed.

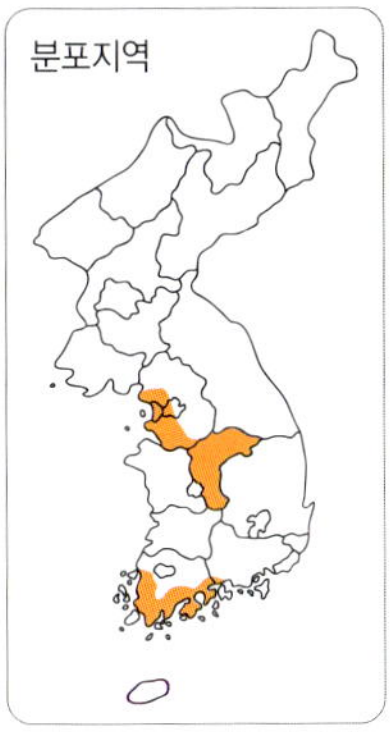

식물과 관련된 일을 하다 보면 뜻밖의 행운도 만난다. 전혀 새로운 종을 만나거나 멸종된 것으로 생각되는 종을 찾아내는 일도 있다. 개정향풀은 후자다. 완전히 멸종된 것으로 보고된 지 90여 년 만인 2005년에 경기만 해안에서 다시 발견된 것이다. 식물학자가 아니라 환경운동연합이라는 단체에서 발견했다는 점에서 더욱 의의가 깊다고 하겠다. 이밖에 전라남도 신안에서도 갈대와 섞여 핀 대규모 집단 자생지가 발견되어 비로소 우리나라에 자생하고 있는 것이 확인되었다.

현재는 서남해안과 경기만, 충북 이북에서 자생하는 것으로 확인되었고 몇몇 자생지를 확인한 결과 개체들이 완전히 자리를 잡고 있었다. 앞으로 마구잡이 채집이 이루어지지 않는 한 품종은 그대로 유지될 것 같다.

오랫동안 사라졌다 그 모습을 보인 품종이니만큼 각별한 보호가 필요하다. 우리나라에서는 멸종위기종으로 특별히 개체를 보호하고 있다.

개정향풀은 정향풀을 닮았다는 의미이다. 정향풀은 꽃이 피었을 때 옆에서 보면 '정(丁)' 자를 닮았다고 붙여진 이름이다. 그러나 실제로는 구분하기가 쉽지 않다. 혹시 정향나무처럼 향기가 좋아서 붙여진 게 아닌가 한다.

개정향풀은 정향풀보다 전체적으로 약간 작다. 잎의 길이만 해도 정향풀이 6~10㎝인 반면 개정향풀은 2.5~5.5㎝밖에 안 된다.

키는 40~80㎝이다. 잎은 원줄기에서는 어긋나고, 가지에서는 마주나는 것이 특징이다. 잎의 길이는 2.5~5.5㎝, 폭은 0.5~1.7㎝로 타원형이고 가장자리는 밋밋하다. 줄기는 털이 없고 가지는 가늘며 분백색이 돌고 뿌리는 근경으로 목질화되어 있다. 6~7월에 자주색 꽃이 핀다. 정상부에서 꽃이삭의 축이 몇 차례 분지하여 끝부분의 작은꽃가지에 꽃이 달린다. 길이 약 0.2㎝ 정도의 꽃받침은 5개로 깊게 갈라지고 통꽃부리는 길이가 약 0.3㎝로 윗부분이 5개로 갈라진다. 9~10월경에 길이 약 1.2㎝ 정도의 열매가 달리고 종자에는 머리카락 같은 종모가 있다.

협죽도과에 속하는 여러해살이풀로, 충청북도 이북과 전라남도 해안가 일원의 산이나 들에서 자란다. 해안가의 습기가 많은 곳이나 햇볕이 많이 드는 풀숲에서 잘 자란다.

▲ 개정향풀_ 잎

▲ 개정향풀_ 꽃봉오리

▲ 개정향풀_ 꽃

직접 가꾸기

개정향풀은 정확히 알려진 번식법이 없는 실정이다. 자생지 주변에 작은 순들이 많이 올라오는 것으로 봐서는 일반적인 종자 번식법을 이용하면 될 것 같다. 또 우리나라에 자생지가 약 90여 년 만에 발견된 것으로 보아 종자의 수명이 매우 긴 것으로 생각된다.

가까운 식물들

- 정향풀 : 바닷가 풀밭에 자라며 꽃이 '정(丁)' 자를 닮았다. 잎이 개정향풀에 비해 더 길고 크다.
- 협죽도 : 복사꽃 비슷한 꽃, 대나무 비슷한 잎이 특징이다. 그래서 협죽도(夾竹桃)라고 한다. 키는 2m까지 자란다.

017 향이 좋은

개회향

이명 | 돌회향, 산회향

학명 | *Ligusticum tachiroei* (Franch. & Sav.) M. Hiroe & Constance

개회향은 회향(茴香)의 일종으로, 향이 좋은 식물이다. 향료를 추출해 화장품 재료로도 사용하고, 생선 비린내나 육류의 느끼함과 누린내를 없애고 맛을 돋우는 데에도 사용한다.

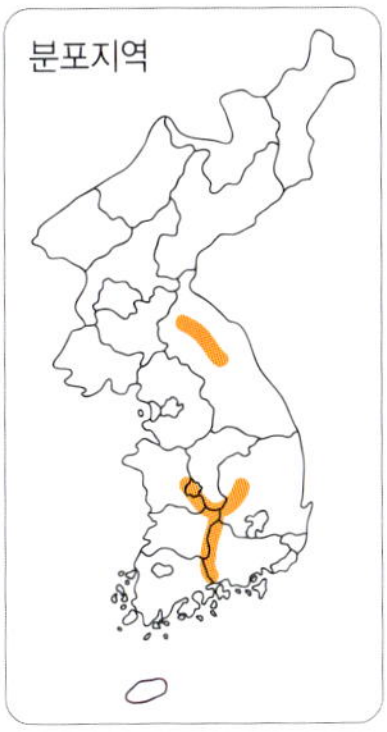

회향은 그 재배 역사가 상당히 오래되었다. 그리스신화에도 인간에게 불을 사용하는 방법을 가르쳐준 프로메테우스가 신에게서 불을 훔칠 때 회향 줄기의 빈틈에 숨겨 왔다고 한다. 고대 로마에서는 장수를 위해 회향을 재배했다고 하며, 영국에서도 회향 다발을 걸어두면 잡귀가 얼씬거리지 않는다고 믿었는데, 이러한 이야기는 향이 좋아서 생긴 것 같다.

우리나라 각처의 깊은 산 바위틈에서 자라는 여러해살이풀로, 주변습도가 높은 반그늘의 바위틈에서 잘 자라고, 키는 10~30㎝이다. 짧고 굵은 뿌리줄기가 있는데, 줄기는 높이 25㎝ 정도로 곧게 자라며 털은 없다.

◀ 개회향 압화

뿌리에서 자란 잎은 약 20㎝ 정도이고, 잎몸은 3~4회 정도 깃털 모양으로 갈라진다. 뿌리는 굵고 깊이 파고들며 줄기는 곧추선다.

7~8월에 흰색 꽃이 원줄기나 가지 끝에 여러 송이 뭉쳐서 핀다. 9~10월경에 날개 같은 능선이 10개 나 있는 타원형 열매가 달린다. 열매는 향신료로 사용한다.

산형과에 속하며 돌회향, 산회향, 배암도랏, 사상자, 야회향, 훼상자라고도 한다. 잎은 식용하며, 회향주라 하여 술로도 담가 먹고, 뿌리는 약재로도 쓰인다. 현재 산림청 선정 희귀 및 멸종위기식물로 지정된 품종으로, 우리나라와 일본, 만주, 몽골 등지에 분포한다.

▲ 개회향_ 잎

▲ 개회향_ 꽃

▲ 개회향_ 종자 결실

▲ 개회향_ 무리

직접 가꾸기

개회향은 10월경에 달린 종자를 받아 바로 뿌리는 것이 좋다. 보관했다가 이듬해에 뿌리면 발아율이 낮아지기 때문이다. 이른 봄이나 가을에 뿌리가 붙은 줄기를 나누어 포기나누기를 해도 된다. 서늘한 곳에서 잘 자라므로 바람이 들어오는 곳에 물 빠짐을 좋게 한 후 퇴비를 넣고 심는 것이 요령이다. 키가 작은 식물이어서 화단의 앞부분에 심는 것이 좋으며, 물은 2~3일 간격으로 주면 된다.

가까운 식물들

- 회향 : 꽃은 황색으로 7~8월에 피며, 키는 2m이다. 지중해 연안이 원산지로 우리나라 각지에서 재배하지만 야생으로 자라는 것도 있다.

018

바닷가에 핀 작은 부처님

갯금불초

이명 | 모래덮쟁이, 털개금불초

학명 | *Wedelia prostrata* Hemsl.

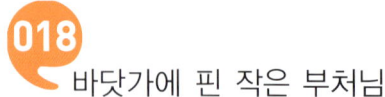

금불초가

산과 들에서 만나는 부처님이라면 갯금불초는 바닷가, 특히 제주도 해안가에서 만나는 부처님이라고 할까. 꽃이 금불초를 닮긴 했지만 금불초에 비해 다소 흩어진 느낌이다. 오히려 가막사리와 비슷하다.

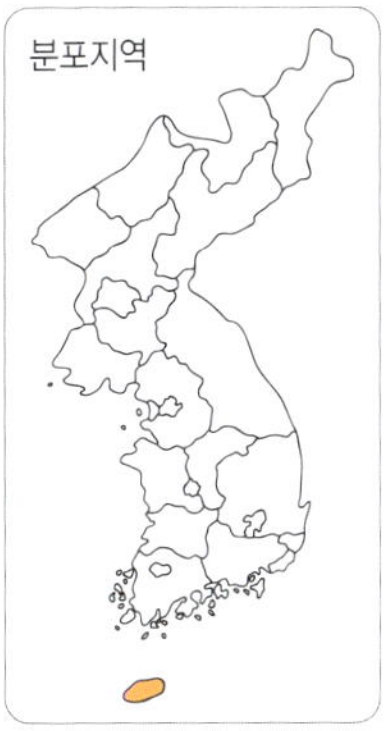

키는 30~60㎝으로 녹색의 잎에는 짧고 굳센 털이 있으며 표면은 두텁고 광택이 난다. 잎의 형태는 난형으로 길이는 1.3~3.7㎝, 폭은 0.4~1.4㎝로 마주난다. 줄기는 옆으로 벋어 땅에 붙어나가며, 마디에서 뿌리가 내리고 가지가 갈라져 비스듬히 선다.

7~10월에 비스듬히 위로 뻗은 가지 끝에 지름 1.6~2.2㎝의 노란색 꽃이 1개씩 달린다. 꽃은 위를 향하는데, 설상화는 7~8개로 암꽃이다. 꽃이 1줄로 일정한 간격을 유지하고 있는 것이 독특하다. 꽃부리는 길이가 0.8~1.1㎝, 폭은 약 0.4㎝이며 통부는 길이가 약 0.3㎝이다. 꽃부리 뒷면에 털이 있다.

10~11월경에 삼각형의 열매를 맺는데 길이는 약 0.4㎝, 지름은 약 0.2㎝로 털이 있고 끝에 짧게 관모가 돋아 있다.

국화과에 속하는 여러해살이풀로, 제주도 및 다도해의 척박한 모래땅이나 해안의 바위틈에서 자란다. 지역이 한정되어 있고 개체가 적어 취약종으로 분류되어 있다. 자생지를 보면 바람이 많이 불고 주변 습도가 높다. 따라서 직접 키우려면 비슷하게 조건을 맞춰줘야 한다.

▲ 갯금불초_ 꽃

▲ 갯금불초_ 잎

▲ 갯금불초_ 꽃봉오리

▲ 갯금불초_ 꽃

직접 가꾸기

갯금불초는 11월에 받은 종자를 바로 뿌리거나 종이나 솜에 싸서 수분 증발을 억제시킨 후 냉장고에 보관하여 이듬해 봄에 뿌린다. 또 가을이나 이른 봄에 원뿌리에서 나온 순들을 분리하여 상토에 심어 번식시켜도 좋다.

바위 위에 흙을 조금 올려놓고 바람이 잘 통하는 곳에 두고 키운다. 물을 줄 때는 분무기를 이용하여 공중에 물을 뿌려 습도를 높이면서 식물체 주변에 자주 준다.

가까운 식물들

- 금불초 : 지름 3㎝ 정도의 꽃이 완전한 원을 이룬다.
- 가는금불초 : 잎이 금불초보다 가늘다. 습기가 있는 도랑 부근에서 자라며, 키는 60㎝ 정도이다.
- 가지금불초 : 키가 1m에 달하고 가지를 많이 친다.
- 버들금불초 : 키는 60~90㎝이다. 잎이 작고 습기가 많은 곳에서 더욱 잘 자란다.

금불초

019

갯가에 자라는 나물이자 약재

갯기름나물

이명 | 개기름나물, 목단방풍, 미역방풍, 보안기름나물

학명 | *Peucedanum japonicum* Thunb.

▲ 갯기름나물_ 꽃

▲ 갯기름나물_ 종자 결실

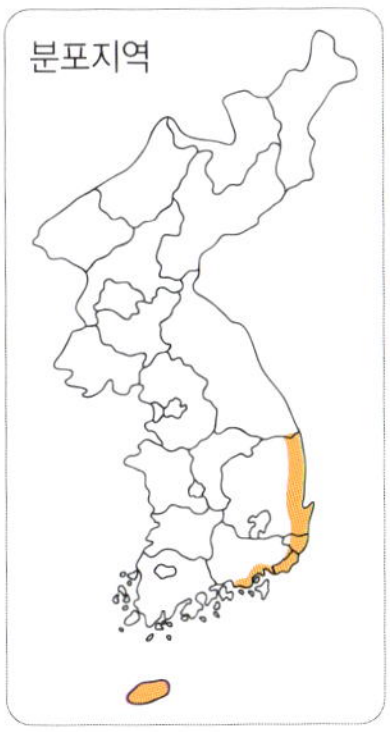

갯기름나물은

기름나물에 '갯' 자를 붙인 것으로, 기름나물과 전체적인 모양이 비슷하다. 기름나물이 산기슭에서 자라는 반면 갯기름나물은 바닷가나 냇가 등 갯가에 자란다.

우리나라 남부와 경상북도 해변에 자라는 여러해살이풀로, 반그늘의 물 빠짐이 좋은 곳에서 잘 자란다. 줄기는 단단하고 곧게 서고 잎은 길이가 3~6㎝이며 3개로 갈라지고 회록색을 띤다. 6~8월에 흰색 꽃이 피는데, 줄기 끝이나 가지 끝에 10~20개의 작은 꽃줄기들이 갈라져 그 끝에 20~30개 송이의 꽃이 달린다. 수술이 5개이고 씨방은 1개로 아래쪽에 있다. 9월경에 잔털이 있는 타원형 열매가 달린다.

관상용으로 쓰이며 어린잎은 식용한다. 또 뿌리는 식방풍이라고 해서 약재로도 사용된다. 방풍(防風)이란 '풍을 막는다' 라는 뜻으로 한방에서는 매우 중요한 약재료이다. 강릉 지방에서는 이 나물로 방풍죽이라는 향토음식을 만들어 먹기도 한다. 최근 제주도에서 자생하는 갯기름나물에서 항암물질이 발견되어 향후 더욱 많이 쓰일 것으로 기대된다.

산형과에 속하며 갯기름, 일본전호라고도 한다. 또 개기름나물, 목단방풍, 비역방풍, 보안기름나물이라고도 부르며, 바람이 많이 부는 곳에서 자란다고 해서 방풍나물 또는 식방풍이라고 부르기도 한다. 우리나라와 일본, 중국, 타이완, 필리핀 등지에 분포한다.

직접 가꾸기

갯기름나물은 9월에 익은 종자를 바로 뿌리거나 종이에 싸서 냉장보관하여 이듬해 봄에 뿌린다. 포기나누기는 이른 봄 새순이 올라올 때 하는 것이 좋다. 따뜻한 곳에서 자라므로 주변에 습기가 많은 양지 쪽에 심어야 한다. 여름에는 1~2일, 봄과 가을에는 2~3일 간격으로 물을 준다.

가까운 식물들

- 기름나물 : 산형과의 세해살이풀로, 양지바른 산기슭에서 자란다.
- 털기름나물 : 윗부분의 잎은 어긋나고 2회 깃꼴로 갈라지며, 마지막 갈래 조각은 바소꼴이고 가장자리에 잔털이 나 있다. 백두산에 분포한다.
- 백운기름나물 : 키는 40~60㎝로, 뿌리에 달린 잎은 잎자루와 함께 길이가 10~18㎝이고 3회 3장의 작은잎이 겹잎으로 나온다. 광양 백운산에서 처음 발견되어 백운기름나물이라고 한다.
- 두메기름나물 : 꽃은 흰색이지만 자주색 무늬가 있다. 키는 약 15㎝로 작은 편이며, 금강산에 분포한다.
- 가는기름나물 : 뿌리잎은 잎자루가 길고, 3회 깃꼴로 완전히 갈라지며 밑이 넓어져 원줄기를 싼다. 백두산과 압록강에 분포한다.

기름나물

털기름나물

020
갯가에 피는 고운 메꽃

갯메꽃

이명 | 해안메꽃, 개메꽃
학명 | *Calystegia soldanella* (L.) Roem. & Schultb.

나팔꽃과 비슷한 것이 메꽃이다. 나팔꽃은 귀화식물이지만 메꽃은 토종 꽃이라는 것을 아는 이는 그리 많지 않은 것 같다. 메꽃과 비슷한 갯메꽃 역시 토종이며 메꽃과 다른 점은 잎에 윤기가 많이 난다는 것이다.

해안가에서 자라는 덩굴성 여러해살이풀로, 햇볕이 잘 들어오는 바닷가의 물이 잘 빠지는 모래가 많은 곳에서 잘 자란다.

잎은 길이가 2~3㎝, 폭이 3~5㎝로 끝이 오목하거나 둥글다. 잎의 표면은 광택이 나며 어긋나게 달린다. 땅속에서 줄기가 갈라지며 밖으로 나오고, 벋는 뿌리가 나와 땅으로 뻗어가거나 다른 식물을 감고 올라가며 자란다.

꽃은 연한 홍색으로, 5~6월에 핀다. 메꽃이 6~8월에 피는 것에 비하면 약간 일찍 피는 것이다. 꽃의 지름은 4~5㎝로 깔때기 모양이며, 꽃잎 안쪽으로는 5갈래의 흰색 줄이 선명하게 나 있다.

8~9월경에 지름 약 1.5㎝가량의 둥근 열매가 달리는데, 안에는 검고 단단한 종자가 들어 있다.

메꽃과에 속하며 해안메꽃, 개메꽃, 산엽타완화라고도 한다. 어린순과 땅속줄기는 식용 및 약용으로 쓰인다.

▲ 갯메꽃_ 새순 올라오는 모습

▲ 갯메꽃_ 꽃봉오리

▲ 갯메꽃_ 잎

▲ 갯메꽃_ 꽃

▲ 갯메꽃_ 시든 모습

직접 가꾸기

갯메꽃은 9월경에 받은 종자를 종이에 싸서 냉장고에 보관한 후 이듬해 봄에 뿌린다. 종자를 뿌리기 전에 물에 2~3일 정도 담가두는 것이 좋다. 또한 뿌리는 가을에 한 줄기를 떼어 줄기에 나온 기근이 붙은 마디를 잘라서 심는 것이 요령이다.

일반 흙보다는 모래를 이용하여 심는 것이 좋다. 부엽물이나 유기질이 많은 토양에서는 오히려 잘 자라지 않는다. 뿌리가 내리면 다른 식물과 경합을 벌이기 때문에 가능하면 한 품종만 심는 것이 좋다. 화단보다는 화분에 심어 관리하는 것이 좋고, 물은 매일 줘야 한다.

가까운 식물들

- 메꽃 : 들에서 흔히 자란다. 하얀 뿌리줄기가 왕성하게 자라면서 군데군데에 덩굴성 줄기가 자란다.
- 선메꽃 : 줄기가 곧게 서거나 비스듬히 서는 것이 특징이다. 전체에 털이 있으며 키는 60㎝ 정도이다.
- 서양메꽃 : 유럽 원산의 귀화식물로 군산시와 장항읍에서 처음 발견되었다. 꽃은 흰색 또는 분홍색으로 자생하는 메꽃보다 작은 편이며, 지름 약 3㎝인 깔때기 모양의 통꽃이 2개 정도 핀다.
- 애기메꽃 : 메꽃과 비슷하지만 꽃이 작고 꽃자루 윗부분에 주름진 좁은 날개가 있다.

메꽃

021

버릴 것 하나 없는 바닷가 야생화

갯방풍

이명 | 갯향미나리

학명 | *Glehnia littoralis* F. Schmidt ex Miq.

방풍이라는 말은 '풍을 막는다' 라는 뜻으로 흔히 한방에서 유용한 약재로 사용된다. 갯기름나물을 방풍나물이라고도 부르는데, 방풍나물 역시 약재로 사용된다. 갯방풍은 갯기름나물, 기름나물 등과 함께 방풍의 대용품으로 쓰인다.

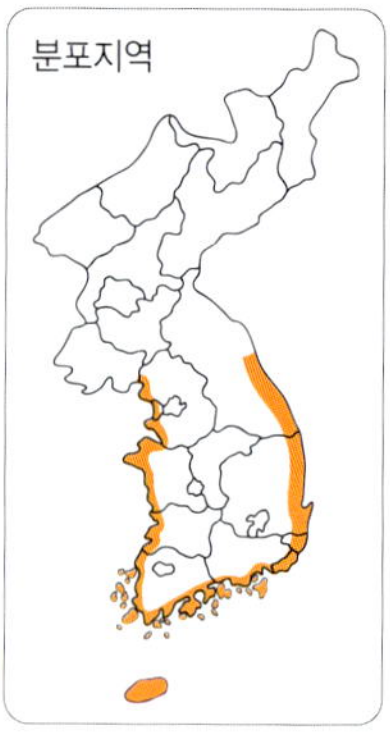

갯방풍은 방풍을 닮았다고 '갯' 자를 붙였으며, 햇볕이 잘 들어오는 곳의 모래땅이나 해안가 절벽에 붙어산다. 키는 5~20㎝로 작다. 뿌리는 황색으로 굵게 땅속에 수직으로 뻗는다. 한방에서는 이 뿌리를 빈방풍이라고 하며, 이것을 말린 것을 해방풍이라고 하여 약재로 사용한다.

잎은 길이가 10~20㎝로 뿌리에서 발달한 뒤, 땅에 올라와 삼각형으로 퍼진다. 작은잎은 길이가 2~5㎝, 폭은 1~3㎝로 3갈래로 갈라지며 가장자리에는 불규칙한 톱니가 있다. 이 잎이 향기가 좋고 맛이 있어서 흔히 갯향미나리라고도 한다. 6~7월에 흰색의 꽃이 피며, 작은 줄기의 길이는 약 4~6㎝이고 20~40개의 꽃이 뭉쳐 빽빽이 달린다. 길이 약 0.1㎝의 긴 털로 덮인 열매가 9~10월경에 달린다.

갯방풍은 멸종위기식물로 보존이 시급한 품종이다. 최근 강릉시에서는 갯방풍 자생지가 발견되어 관광자원으로 활용하고, 농가에는 토속 향토음식과 한약 재료로 수입을 올릴 수 있도록 하고 있다. 특히 갯방풍으로 만드는 방풍죽은 강릉 지방에 내려오던 전통음식으로, 『홍길동전』을 지은 허균은 '향기가 입에 가득하여 3일 동안은 가시지 않는다' 며 진미라고 극찬했으며, 최남선이 지은 『조선상식』에는 평양냉면, 진주비빔밥, 대구육개장 등과 함께 유명한 향토음식으로 소개되어 있다.

산형과에 속하며 갯향미나리, 방풍나물이라고도 한다. 잎자루는 채소로 먹을 수 있는데, 10월에 잎이 붉어질 때 따서 먹으면 향도 좋고 맛도 훌륭하다. 우리나라와 일본, 타이완, 중국 쿠릴 열도, 사할린 섬, 오호츠크 해 연안 등지에 분포한다.

▲ 갯방풍_ 새순 올라오는 모습

▲ 갯방풍_ 잎

▲ 갯방풍_ 줄기

▲ 갯방풍_ 꽃 피기 전

▲ 갯방풍_ 꽃봉오리

▲ 갯방풍_ 꽃

▲ 갯방풍_ 시드는 모습

▲ 갯방풍_ 종자 결실

직접 가꾸기

갯방풍은 10월에 성숙된 종자를 받아 바로 뿌리는 것이 좋으나 바닷가에 자라는 식물이라 일반 가정에서는 키우기가 어렵다. 해변에서 키울 때는 모래가 많은 곳에 심거나 바위틈에 심어야 한다.

가까운 식물들

- 방풍 : 여러해살이풀로, 건조한 모래흙으로 된 풀밭에서 잘 자란다. 싹이 난 지 3년 만에 꽃이 피고 지는데, 꽃은 흰색이며 7~8월에 핀다.
- 두메방풍 : 깊은 산에서 자라는 방풍으로, 줄기는 곧게 서고 가지를 치며, 키는 50㎝ 정도이다.
- 돌방풍 : 바닷가의 바위틈에서 자라며, 8~10월에 흰색 꽃이 핀다. 백령도에 분포한다.
- 왜방풍 : 키는 30~70㎝로, 윗부분의 잎은 잎자루가 없고, 밑부분의 잎은 잎자루가 있다.

022

바닷가의 모래밭에 피는 작은 사상자

갯사상자

이명 | 갯미나리
학명 | *Cnidium japonicum* Miq.

사상자를 닮았고, 갯가에 핀다고 해서 갯사상자라고 부른다. 사상자(蛇床子)라는 이름은 뱀이 눕는 침대나 의자를 말하는데, 꽃 이름치고는 섬뜩하다. 실제로 이 꽃이 피는 곳에 살모사가 잘 나타난다고 하며, 또 씨앗을 뱀이 잘 먹는다고도 한다.

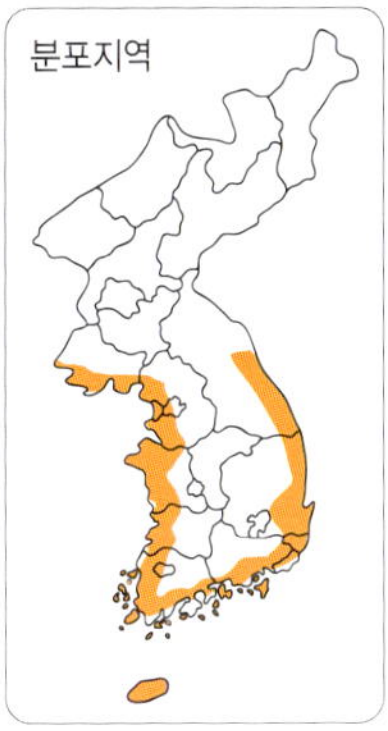

사상자에 비해 전체적으로 작다. 키는 사상자가 30~70cm, 갯사상자는 10~30cm이고 잎의 길이도 사상자가 5~10cm로, 3~6cm인 갯사상자보다 길다.

이밖에도 줄기가 자줏빛을 띠는 개사상자, 뿌리잎에 긴 자루가 있는 긴사상자, 가지가 많이 갈라지며 키가 1m나 되는 벌사상자 등의 사상자가 있다. 모두 뱀이 좋아하는 식물이므로 야외에서 이 풀을 보면 주변을 잘 살펴야 할 것이다.

뿌리에서 나온 잎은 잎자루가 길고 1군데에서 여러 장이 나오며, 줄기에서 나온 잎은 잎집이 줄기를 약간 감싼다. 가운데 잎은 길이가 3~6cm로 긴 타원형이며 광택이 나고 끝이 둔하다. 줄기는 뭉쳐 비스듬히 자라고 종선이 있으며 뿌리는 1개가 깊게 들어가며 굵다.

8~10월에 줄기 끝에 10여 개의 작은 꽃들이 뭉쳐서 꽃대 끝에서 다시 부챗살 모양으로 갈라져 핀다. 작은꽃줄기는 길이가 약 0.3cm이고, 꽃잎은 5장으로 안쪽으로 굽으며 수술은 5개이다. 10~11월경에 둥글고 편평한 열매가 달린다.

산형과에 속하는 두해살이풀로, 우리나라 중부 이남의 해변과 황해도 및 강원도의 바닷가에 분포한다. 주로 모래나 바위틈의 척박한 곳에서 자란다.

▲ 갯사상자_ 잎

▲ 갯사상자_ 꽃

▲ 갯사상자_ 종자 결실

▲ 갯사상자_ 무리

직접 가꾸기

갯사상자는 11월경에 받은 종자를 바로 뿌리거나 종자를 종이나 솜에 싸서 냉장보관하고 이듬해 봄에 일찍 뿌린다. 뿌리기 전 2~3일 정도 물에 불린 후 모래와 섞어 뿌린다.

화단에 심을 때는 화단 앞쪽의 척박하고 마른땅에 심는다. 물 빠짐을 좋게 해주고 물은 2~3일에 1번씩 준다.

가까운 식물들

- 개사상자 : 사상자와 비슷하나 줄기가 자줏빛을 띠고 열매에 가시 같은 돌기가 있는 것이 다르다. 들에서 자라며 키는 60㎝가량이다.
- 긴사상자 : 산지의 나무 그늘에서 자라고, 전체에 털이 나며 키는 40~60㎝이다. 뿌리잎에 긴 자루가 있어 '긴사상자'라고 한다.
- 벌사상자 : 줄기는 곧게 서고 전체에 털이 없으며 가지가 많이 갈라진다. 산지에 자라며 키는 1m이다.

개사상자

023
해안가에 나비처럼 피는

갯완두

학명 | *Lathyrus japonicus* Willd.

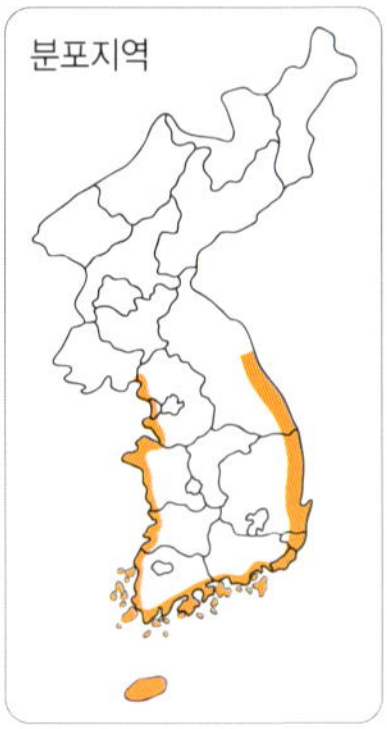

갯완두는 완두와 비슷하다. 꽃이 특히 닮아서 나비처럼 아름다운데, 그런 종류들을 흔히 접형화관이라고 한다. 푸른 바다와 모래사장을 배경으로 자주색 꽃이 군락을 이룬 모습은 아주 아름답다.

해안가 모래땅에서 자라는 여러해살이풀로, 모래가 많아 물이 잘 빠지는 곳, 햇볕을 많이 받는 곳에서 자라며, 키는 20~60㎝이다. 땅속줄기가 잘 발달해 있고, 모가 나 있는 땅위줄기가 비스듬히 누워 자라는 것이 특징이다. 완두는 덩굴손으로 다른 것을 감고 올라가 자라지만 갯완두는 그럴 필요가 없다. 다른 식물과 큰 경쟁을 하지 않아도 충분히 햇볕을 받을 수 있기 때문이다.

3~6쌍의 작은 잎이 어긋나게 달리는데 잎 모양은 달걀처럼 생겼으며, 크기는 길이가 1.5~3㎝, 폭은 1~2㎝이다. 잎에서 덩굴손이 나와 다른 물체를 감고 자라는데, 일반적으로는 갈라지지 않지만 2~3갈래로 덩굴손이 갈라지는 것도 있다.

5~6월에 붉은 자주색의 꽃이 피는데, 긴 꽃대에 여러 개의 꽃이 어긋나게 붙어서 한쪽으로 치우치며 달린다. 8~9월에 길이 약 5㎝, 폭 약 1㎝의 긴 타원형 열매가 달린다. 마치 완두콩 꼬투리와도 비슷한데 안에는 5개 정도의 종자가 들어 있다. 완두콩은 먹지만 이 열매는 먹지는 않고, 단지 약재로 사용한다.

콩과에 속하며 개완두, 일본향완두라고도 한다. 어리고 연한 순을 약재로 사용하며, 전체는 방사림으로도 이용된다. 방사림이란 해변에서 민가로 바람에 모래가 들어오는 것을 막는 식물을 말한다. 제주, 전남, 전북, 경남, 충남, 강원, 경기의 해안가에 분포한다.

▲ 갯완두_ 잎

▲ 갯완두_ 꽃봉오리

▲ 갯완두_ 꽃 피기 전

▲ 갯완두_ 꽃(정면)

▲ 갯완두_ 꽃(측면)

▲ 갯완두_ 종자 결실

직접 가꾸기

갯완두는 9월경에 달린 종자를 바로 뿌리거나 종이에 싸서 상온에 보관한 후 이듬해 이른 봄에 뿌리면 싹이 난다. 발아율이 높은 편이며 옆으로 뻗어 가는 식물이기 때문에 다른 식물과는 함께 심지 않는 것이 좋다. 갯가에 자생하지만 육지에서도 키울 수 있다.

가까운 식물들

- 반들갯완두 : 갯완두에 비하여 꽃받침에 털이 있으며 열매가 약간 빛이 난다. 거문도와 동래에 분포한다.
- 완두 : 키는 2m 정도이고 잎은 겹잎이며 잎 끝은 덩굴손으로 되어 지주를 감아 올라가면서 자란다. 멘델이 유전을 실험한 식물로 유명하다.
- 나래완두 : 완두와 비슷하나 덩굴손이 없다. 들이나 숲에 자란다.
- 들완두 : 전체에 털이 없고 키는 30㎝ 정도이며, 산기슭에 자란다.
- 벌완두 : 산지의 양지에서 자라고 키는 86~150㎝이다.
- 별완두 : 산지에서 자라며, 키는 약 150㎝이다. 어릴 때는 잔털이 나지만 나중에 없어진다.
- 붉은완두 : 씨가 네모나며 불그스름하다. 유럽 원산이다.
- 새완두 : 줄기는 잔털이 약간 있고 밑부분에서 가지가 갈라지며 키가 30~60㎝이다. 5~6월에 흰빛을 띤 자주색 꽃이 핀다.
- 얼치기완두 : 새완두와 살갈퀴의 중간형이므로 얼치기완두라고 한다. 덩굴성이며 키는 30~60㎝이다.
- 애기완두 : 키는 30㎝로 작은 편이며, 북한의 산지에서 자란다.

024 바닷가에서 장구 치는 꽃

갯장구채

이명 | 해안장구채, 흰갯장구채, 자주빛장구채

학명 | *Silene aprica* var. *oldhamiana* (Miq.) C. Y. Wu

바닷가는 식물이 살기에 척박한 곳이긴 하지만 식물들은 나름대로 살아가는 방법을 터득해낸다. '갯' 자가 붙은 식물은 대부분 그런 어려운 환경 속에서도 자신의 아름다움을 마음껏 발산하고 있다.

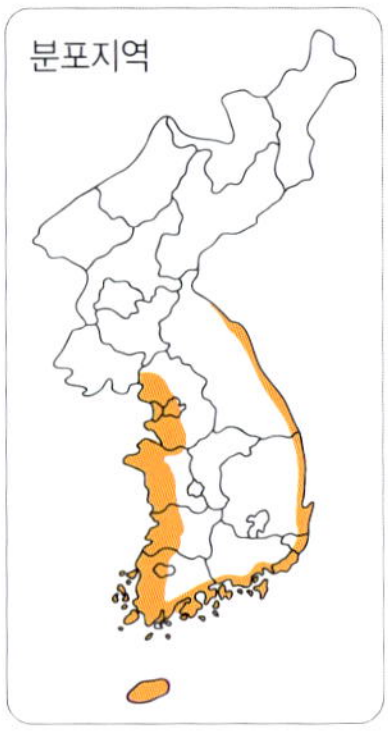

갯장구채도 생명력이 강한 바닷가 식물이다. 긴 줄기가 영락없이 장구채와 닮았고, 꽃이 피어 있는 부분을 보면 장구와도 비슷하다. 그래서 파도 소리와 바람 소리에 어울려 덩기덩 쿵딱, 하고 장구를 치는 것 같은 느낌도 난다.

갯장구채는 중부 이남의 해변에서 자라는 두해살이풀로, 바위틈이나 경사진 곳의 햇볕이 잘 드는 곳에서 자라며, 키는 약 50㎝ 정도이다. 흙이 전혀 없는 것 같아 보이는 바위에 꿋꿋하게 뿌리를 내리고 꽃을 피우는 모습을 보면 신기하기까지 하다. 또 과연 그 뿌리의 깊이가 얼마나 되는지 궁금해지기도 한다.

잎은 끝이 뾰족하고 마주나며 가장자리가 밋밋하다. 줄기는 원줄기에서 가지가 갈라지는데, 전체에 회백색의 털이 나 있다.

5~6월에 분홍색 꽃이 피는데, 원줄기와 갈라진 가지 끝의 꽃대 끝에서 하나가 피고 계속해서 다른 것들이 핀다. 꽃잎은 5장이고 끝이 2갈래로 갈라진다.

7~8월경에 달걀 모양의 열매가 달린다. 열매의 앞부분은 6개로 갈라지며, 종자의 색깔은 갈색이다.

석죽과에 속하며 해안장구채, 흰갯장구채, 자주빛장구채라고도 한다.

▲ 갯장구채_ 새순 올라오는 모습

▲ 갯장구채_ 꽃봉오리

▲ 갯장구채_ 꽃

▲ 갯장구채_ 종자 결실

직접 가꾸기

갯장구채는 8월경에 익은 종자를 받아 바로 뿌리거나 상온에서 보관한 후 이듬해 봄에 뿌린다. 종자 발아율이 높은 식물이어서 종자를 많이 받지 않아도 된다.

뿌리 나누기는 이른 봄에 한다. 일반 장구채와는 달리 해안가에 사는 식물이어서 재배하기는 까다롭다.

가까운 식물들

- 명천장구채 : 장구채와 비슷하지만 꽃이 산형꽃차례이고 꽃받침에 선모가 있다는 것이 다르다. 한국 특산종으로 함경북도 명천군에 분포한다.
- 애기장구채 : 5~6월에 줄기 끝에서 분홍색 꽃이 핀다. 키는 20~50㎝로 작은 편이다.
- 말냉이장구채 : 키는 약 50㎝, 줄기는 곧게 서고 전체에 털이 나 있다. 꽃은 연한 붉은색이며, 함경북도 부전고원에 자생한다.

말냉이장구채

025

이파리에 가락지 끼워주고 싶은

갯패랭이꽃

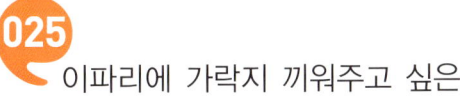

학명 | *Dianthus japonicus* Thunb.

패랭이꽃은

요즘 원예종으로 많이 개발된 종이다. 꽃이 옛날 서민들이 쓰던 패랭이를 닮아 패랭이라고 부른다. 활짝 핀 패랭이꽃은 언뜻 보면 카네이션을 닮아 한국 카네이션이라는 별칭도 있다.

갯패랭이꽃의 경우는 패랭이꽃보다는 요즘 흔하게 심는 꽃잔디와 흡사하다. 꽃잔디는 아메리카 동부가 원산으로 붉은색, 자홍색, 분홍색, 연한 분홍색, 흰색 등 다양한 색상의 꽃을 피운다. 이중 자홍색 꽃잔디가 갯패랭이꽃을 꼭 닮았다. 다만 꽃잔디는 잔디처럼 바닥에 기듯 피지만 갯패랭이꽃은 꽃줄기 위에 뭉쳐서 핀다.

키는 20~50㎝이고 줄기는 원주형이다. 뿌리에서 나온 잎은 길이가 5~9㎝로 방석처럼 퍼지고 가장자리에는 털 같은 돌기가 있다. 이에 비해 줄기에서 나온 잎은 길이는 5~9㎝, 폭은 1~2.5㎝로 긴 타원상 피침형이고 가장자리에 털이 있다.

7~8월에 줄기 끝이나 잎자루에서 나온 가지 끝에 홍자색 꽃이 모여 달린다. 꽃받침은 길이가 1.9~2.1㎝로 5갈래의 통모양이며, 꽃잎은 길이가 약 0.6㎝로 5장으로 갈라지고 끝에 이빨 모양의 톱니가 있다. 열매는 9~10월경에 맺는데, 길이 약 2㎝ 정도의 검은 종자가 원통형 열매 안에 많이 들어있다.

석죽과에 속하는 여러해살이풀로, 경상남도와 제주도의 해안지역에 많이 분포한다. 바닷가 모래땅이나 해안과 인접한 마른땅과 바위틈에서 자란다. 석죽과라는 명칭은 돌 틈에서도 싹을 틔운다고 하여 붙여진 것이다. 햇볕이 잘 들어오는 곳이면 어디든지 잘 자란다.

▲ 갯패랭이꽃_ 꽃

▲ 갯패랭이꽃_ 시드는 모습

▲ 갯패랭이꽃_ 무리

직접 가꾸기

갯패랭이꽃은 10월경에 받은 종자를 바로 뿌리거나 종이나 솜에 싸서 냉장고에 보관한 후 이듬해 봄에 일찍 뿌린다. 종자 발아율이 높아 좁은 면적에 심을 때는 조금만 뿌려도 된다. 발아 후 본엽이 전개되면 약 1주일 후 뿌리가 어느 정도 자랐을 때 이식해야 한다.

화분에 심어 키울 때는 햇볕이 잘 들어오는 곳에 두고 상토는 배수가 잘되는 곳에 심는다. 키가 크고 개화기간이 길어서 화단의 가운데에 집단적으로 심어 관리한다.

가까운 식물들

- 패랭이꽃 : 키는 30~40㎝이다. 줄기는 빽빽하고 비스듬하게 자라며 위쪽에서 가지가 여러 개로 갈라진다.
- 구름패랭이꽃 : 함경도 부전고원의 구름이 넘나드는 고지에 자란다. 잎이 줄 모양으로 가늘며 꽃 색깔이 연한 홍색이다.
- 수염패랭이꽃 : 꽃잎은 5개로 끝에 톱니가 있고 밑부분에 털이 있다. 열매에 가늘고 작은 포가 모여 달려서 털같이 보인다.
- 난쟁이패랭이꽃 : 백두산에 분포하며 키가 10㎝로 작다.
- 각시패랭이꽃 : 금강산에 분포한다. 비스듬히 자라며 가지를 많이 친다.
- 장백패랭이꽃 : 함경도 높은 산에 분포한다. 옅은 자줏빛 꽃이 핀다.
- 술패랭이꽃 : 장식용 술처럼 생긴 연한 홍자색 꽃이 핀다.

패랭이꽃

구름패랭이꽃

술패랭이꽃

026

잎이 게를 닮은 박쥐나물

게박쥐나물

이명 | 개박쥐나물

학명 | *Parasenecio adenostyloides* (Franch. & Sav. ex Maxim.) H. Koyama

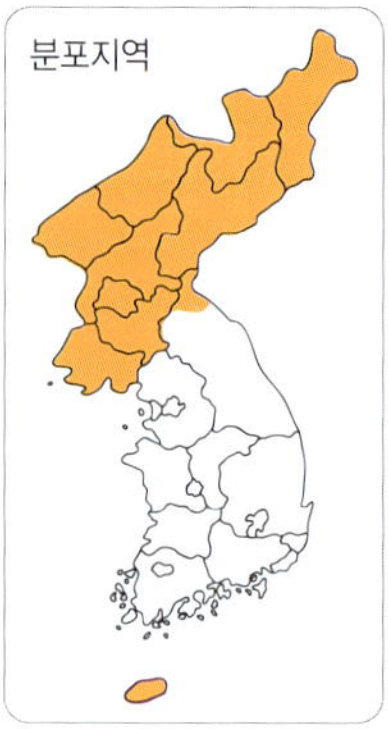

박쥐나물은 잎이 박쥐를 닮은 풀이다. 1,000m 이상의 고산에 분포하고, 향이 아주 좋아 고급 나물로 치는데, 곰취보다는 덜 인기인 게 아쉬울 정도이다.

귀박쥐나물, 나래박쥐나물, 참나래박쥐 등 비슷한 유형의 식물들도 꽤 된다. 또 제주도 한라산과 북부지방의 깊은 산 숲에 자라는 게박쥐나물도 있다. 박쥐나물처럼 잎이 넓게 펼쳐지지만 자세히 보면 게처럼 생겨 '게'라는 접두어를 붙였다.

이들은 서로 구분이 어려워 자세히 봐야 알 수 있다. 식물원에 가보면 그냥 박쥐나물로 표시해 놓았지만 실은 다른 박쥐나물인 경우도 흔하다.

게박쥐나물은 키가 60~100㎝이다. 잎은 길이가 6~11㎝, 폭은 10~20㎝로 콩팥 모양의 신장형이다. 잎 가장자리에는 불규칙한 톱니가 많이 있다. 잎자루 길이는 3~13㎝ 정도이고 어긋나며, 윗부분에는 큰 잎이 2~3장 정도 붙어 있다. 그러나 아래에는 잎이 없으며 긴 타원형이다. 줄기는 전체에 털이 없고 원줄기에 홈이 파진 능선이 있다.

6~9월에 줄기 끝에 지름 약 0.4㎝로 아래에서부터 위로 올라가며 흰색의 꽃이 달린다. 꽃줄기는 길이 0.2~0.5㎝로 꼬불꼬불한 잔털이 나 있다. 꽃부리는 5개로 깊게 갈라지고 길이가 약 0.8㎝ 정도이다. 열매는 9~10월경에 맺는데 흰색으로 된 0.6㎝ 정도의 관모가 붙어 있다.

국화과의 여러해살이풀로, 제주도 한라산과 우리나라 북부의 깊은 산 숲속에 분포한다. 햇볕을 직접적으로 받지 않는 반 그늘진 곳의 음습하고 습도가 비교적 높으며 토양 유기질 함량이 높은 곳에서 자란다. 우리나라에서는 이 품종을 약관심종으로 분류하고 있다. 여러 군데의 자생지를 돌아본 결과 아직까지는 개체 수가 그리 많지 않았다. 어린순은 식용으로 쓰인다.

▲ 게박쥐나물_ 새순 올라오는 모습

▲ 게박쥐나물_ 잎

▲ 게박쥐나물_ 꽃

직접 가꾸기

게박쥐나물은 10월경에 받은 종자를 바로 뿌리거나 종이나 솜에 싸서 냉장고에 보관한 후 이듬해 봄에 일찍 뿌린다. 그러나 자생지에서 살펴본 결과 종자 발아율은 매우 낮다.

낙엽수 아래에 바람이 잘 통하고 토양이 비옥한 곳에 심는다. 집단적인 재배는 힘든 품종이고 화분에 재배할 때는 반 그늘진 곳에 물 빠짐을 좋게 하고 유기질이 많은 퇴비를 넣는다.

가까운 식물들

- 박쥐나물 : 나래박쥐나물에 비해 잎자루 밑부분이 귓불처럼 넓지 않다.
- 귀박쥐나물 : 꽃은 자색, 꽃차례는 총상 원추화서이다. 키가 35~60㎝로 작아 좀박쥐나물이라고도 한다.
- 나래박쥐나물 : 꽃은 역시 자색이나 꽃차례는 총상화서이다. 북한의 높은 산에 자란다.
- 참나래박쥐 : 꽃은 황색이며 꽃차례는 원추화서이다.

박쥐나물

027

곤드레나물밥의 재료가 되는

고려엉겅퀴

이명 | 곤드래, 구멍이

학명 | *Cirsium setidens* (Dunn) Nakai

강원도

산간지방을 다니다 보면 곤드레나물밥을 파는 식당을 쉽게 찾을 수 있다. 술에 많이 취한 모습을 흔히 곤드레만드레라고도 하는데, 이 음식을 먹으면 나물의 맛과 향에 취할 것만 같다. 새순이 올라와 바람에 흔들거리는 모습이 마치 술에 취한 모습과 닮았다고 해서 '곤드레'라고 불렀다고도 한다.

곤드레나물밥의 재료인 곤드레나물이 바로 고려엉겅퀴의 다른 이름이라는 것을 아는 이는 드물다. 고려엉겅퀴는 엉겅퀴의 한 종류로, 우리나라 엉겅퀴라는 말이다. 엉겅퀴는 피를 멈추고 엉키게 한다고 해서 엉겅퀴라는데, 그만큼 약효가 좋으니 곤드레나물밥 역시 몸에 이로울 것은 따져보지 않아도 될 것 같다.

산에서 자라는 여러해살이풀로, 토양 비옥도에 관계없이 양지 또는 반그늘에서 잘 자라며, 키는 약 1m이다. 잎은 길이가 15~35㎝로 표면은 녹색이며, 뒷면은 흰색이다. 잎의 가장자리에 톱니가 있고 뿌리에서 나온 잎과 밑부분에서 자란 잎은 꽃이 필 때 말라죽는다. 7~10월에 자주색의 꽃이 줄기나 가지 끝에 1개 달리는데, 지름은 3~4㎝이다. 10~11월경에 길이 약 0.4㎝의 긴 타원형 열매가 달린다. 열매에 붙어 있는 갓털은 갈색이며 길이가 1.1~1.6㎝이다. 이 갓털을 이용해 씨를 멀리까지 날려 보내기도 하는데, 3㎞ 떨어진 곳까지도 날아간다. 고려엉겅퀴는 민들레처럼 이렇게 바람에 날려 멀리까지 씨가 퍼져 나간다.

◀ 고려엉겅퀴 압화

국화과에 속하며 곤드래, 구멍이라고도 한다. 관상용으로 쓰이며, 어린잎과 연한 순은 식용한다. 꽃말은 '권위', '근엄', '독립', '닿지 마세요' 등이다.

▲ 고려엉겅퀴_ 새순 올라오는 모습

▲ 고려엉겅퀴_ 잎

▲ 고려엉겅퀴_ 꽃봉오리

▲ 고려엉겅퀴_ 꽃

▲ 고려엉겅퀴_ 종자 결실

▲ 흰고려엉겅퀴_ 꽃(정면)

▲ 흰고려엉겅퀴_ 꽃(측면)

▲ 흰고려엉겅퀴_ 전초

직접 가꾸기

고려엉겅퀴는 가을에 뿌리를 나누거나 종자를 받으면 바로 화단에 뿌린다. 또는 종자를 종이에 싸서 냉장보관하여 이듬해 봄에 뿌린다. 발아율이 높기 때문에 뿌리나누기보다는 종자 번식이 좋다. 햇볕이 강하면 잎 끝이 타는 현상이 생기므로 반그늘이 지는 화단에 심는 것이 좋다. 물은 1~2일에 한 번 주면 된다. 물기가 많으면 잎이 연해지기 때문에 물 빠짐이 좋은 곳에서는 하루에 한 번 물을 준다.

가까운 식물들

- 엉겅퀴 : 줄기는 곧게 서고, 키는 50~100㎝이며 전체에 흰 털과 더불어 거미줄 같은 털이 있다.
- 흰잎고려엉겅퀴 : 잎 뒷면이 모시처럼 하얗다.
- 좁은잎엉겅퀴 : 잎이 좁고 녹색이며 가시가 다소 많다.
- 가시엉겅퀴 : 잎이 다닥다닥 달리고 가시가 매우 많다.
- 흰가시엉겅퀴 : 가시엉겅퀴와 거의 흡사하나 백색 꽃이 핀다.
- 도깨비엉겅퀴 : 줄기에 홈이 팬 줄이 있으며 위쪽에 거미줄 같은 털이 나 있다.
- 정영엉겅퀴 : 7~10월에 노란빛을 띤 흰색의 꽃이 핀다. 지리산과 가야산에 분포한다.
- 바늘엉겅퀴 : 잎에 바늘처럼 날카로운 가시가 나 있다.

엉겅퀴

가시엉겅퀴

정영엉겅퀴

028

물을 정화시키는 식물

고마리

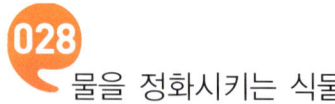

이명 | 고만이, 꼬마리, 조선꼬마리, 줄고만이, 큰꼬마리

학명 | *Persicaria thunbergii* (Siebold & Zucc.) H.Gross ex Nakai

▲ 고마리_ 새순 전개되는 모습

▲ 고마리_ 잎

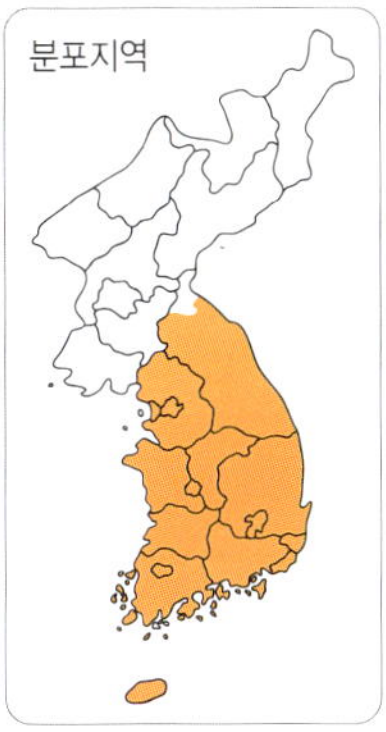

고마운 식물이라서 고마리일까? 고마리는 물을 정화시켜주는 작용을 하는 식물로 알려져 있으며, 실제로 축산농가에서 주변에 심어 폐수를 정화시키기도 한다. 충청도에서는 돼지가 잘 먹는다고 돼지풀로도 불리니, 고마운 식물임에 틀림없다.

우리나라 각처에서 자라는 덩굴성 한해살이풀로, 양지바른 곳이나 반양지에서 잘 자라며, 키는 약 1m 정도이다. 잎은 표면에 털이 있으며 가장자리에는 짧은 녹색 털이 있다. 잎의 길이는 4~7㎝, 폭은 3~7㎝로 모양은 마치 창처럼 앞이 뾰족하다.

8~9월에 가지 끝에 10~20개 정도의 꽃이 뭉쳐서 핀다. 작은 꽃들이 끝에 불그레하게 핀 모습이 아주 예쁘다. 꽃받침은 흰색 바탕 끝에 붉은빛이 도는 것과 흰빛이 도는 것이 있다. 꽃의 형태와 피는 시기, 잎의 생김새 등에 변이가 많은데, 대개 메밀과 비슷하다. 8~9월경에 황갈색 열매가 달리는데, 특히 열매가 메밀과 비슷하다. 냇가에 무리지어 핀 모습을 보면 메밀밭이 아닌가 하는 착각이 들기도 한다. 옛날에는 열매로 수세비를 만들어 먹는 등 구황식물로도 이용되었지만 지금은 재배하지 않는다.

마디풀과에 속하며 고만이, 꼬마리, 조선꼬마리, 줄고만이, 큰꼬마리라고도 한다. 관상용으로 쓰이며, 어린순은 식용으로 쓰인다. 또 줄기와 잎은 지혈제로도 사용된다. 우리나라와 일본, 타이완, 중국, 헤이룽 강 연안, 인도 아삼 주 등지에 분포한다.

▲ 고마리_ 잎 올라온 모습

▲ 고마리_ 꽃

▲ 고마리_ 꽃

직접 가꾸기

고마리는 10월에 익은 종자를 종이에 싸서 냉장고에 보관한 후 이듬해 봄에 일찍 뿌린다. 1년생 식물이기 때문에 뿌리 번식은 따로 하지 않는다. 번식률이 좋으며 습기가 많은 곳에서도 잘 자라는 특성이 있어 습기가 많은 쪽이나 화단의 뒤쪽에 심으면 된다. 주로 집단생활을 하는 특성이 있으므로 다른 식물과 경쟁하도록 하는 것은 피하는 것이 좋다. 심고 난 후에는 1~2일 간격으로 물을 주고, 습기가 많은 곳에 심었을 때는 2~3일 간격으로 물을 준다.

가까운 식물들

- 메밀 : 열매가 비슷하지만 꽃이 다르다. 7~10월에 흰색 꽃이 무한꽃차례로 무리 지어 핀다.
- 며느리밑씻개 : 꽃 모양이 아주 닮았으나 잎을 보면 날카로운 화살촉처럼 생겼다.
- 미꾸리낚시 : 역시 꽃은 닮았지만 잎이 날씬하게 긴 타원형인 것이 다르다.

며느리밑씻개

미꾸리낚시

029

향이 강한 약초

고본

이명 | 고번

학명 | *Angelica tenuissima* Nakai

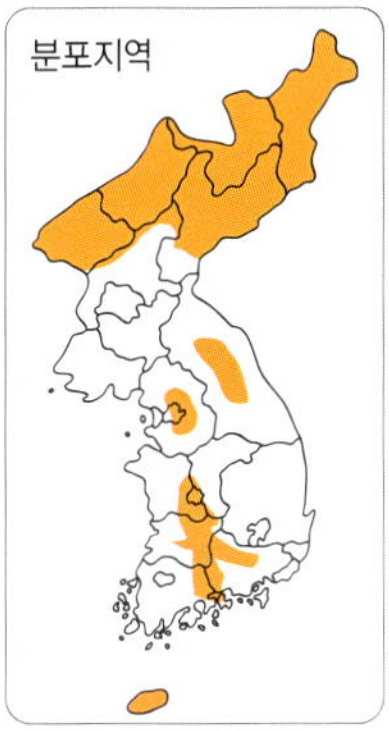

약초의 이름이 식물명이 된 경우로 약초로 쓸 때 밑동이 벼가 마른 것과 비슷해 마를 고(藁) 자에 뿌리 본(本) 자를 붙인 것이다. 명나라의 이시진(李時珍)은 예로부터 이것을 향료로 많이 이용하였기 때문에 고본이라고 부르게 되었다고도 했다.

키는 30~80㎝로 전체에 털이 없고 향기가 강하다. 뿌리에서 나온 잎과 밑부분 잎은 잎자루가 길고 깃꼴 모양으로 3회 갈라지며, 가늘게 갈라진 잎은 부채꼴형이다.

8~9월에 원줄기 끝과 가지 끝 꽃대의 끝에서 많은 꽃이 방사형으로 나와서 끝마디에 하나씩 흰색으로 달린다. 꽃받침 잎은 끝을 잘라낸 것처럼 밋밋하고 꽃잎은 5개로 도란형이며 안으로 굽는다. 자방은 녹색이며 길이가 0.5~1.5㎝의 타원형이고 수술은 5개, 꽃밥은 자주색이다.

9~10월경에 가장자리에 날개가 있는 길이 약 0.4㎝의 편평한 타원형 열매가 달린다.

산형과의 여러해살이풀로 가야산과 대둔산, 지리산, 제주도와 경기도(광릉, 천마산), 평안북도, 함경남도, 함경북도에 분포한다.

공중습도가 높은 곳의 바위틈이나 경사지 반그늘이 된 곳에서 자란다. 토양은 물 빠짐이 좋고 부엽질이 많은 곳에서 잘 자란다. 뿌리는 약재로 사용된다.

▲ 고본_ 새순 올라오는 모습

▲ 고본_ 잎 사이로 꽃봉오리 나오는 모습

▲ 고본_ 꽃봉오리

▲ 고본_ 꽃

직접 가꾸기

고본은 10월경에 받은 종자를 바로 뿌리거나 종이나 솜에 싸서 냉장고에 보관하고 이듬해 봄에 일찍 뿌린다. 뿌리기 전에는 2~3일 정도 물에 넣어 종자를 불린 후 뿌려야 한다.

고산지역에서 생장하는 품종이어서 재배하기가 쉽지 않다. 화단이나 화분에 심을 때는 부엽질이 풍부한 토양을 선정하고 바람이 잘 통하며 반 그늘진 곳에 심어야 한다. 물은 2~3일 간격으로 준다.

가까운 식물들

- 개회향 : 꽃이 거의 비슷하나 키가 25㎝ 정도로 작으며, 잎이 고본보다 가늘다. 깊은 산의 습기 있는 바위틈에서 자란다.

개회향

030

하늘을 향해 우뚝 선 고추처럼 열매를 맺는

고추나물

학명 | *Hypericum erectum* Thunb.

고추라는 이름은 가졌지만 우리가 흔히 먹는 고추와는 전혀 다르다. 고추나물은 물레나물과에 속하고, 고추는 가지과에 속한다. 고추나무와 고추풀도 고추라는 이름이 붙어 있지만 고추와 다른 종이다.

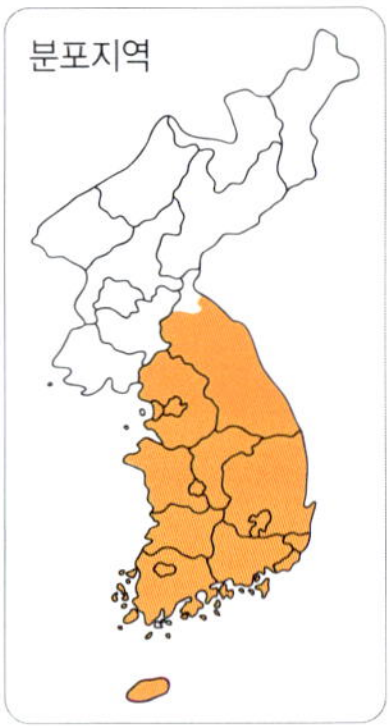

고추나물은 전국의 산과 들에서 자라는 여러해살이풀로, 주변에 습기가 많은 양지 혹은 반그늘에서 잘 자라며, 키는 20~60㎝이다.

줄기는 둥글고 가지가 갈라지며 자란다. 잎은 길이 2~6㎝, 폭 0.7~3㎝이고, 끝부분이 둔하며 피침형이다. 7~8월에 노란색 꽃이 가지 끝에서 뭉쳐서 달리는데, 지름은 1.5~2㎝ 정도이다. 옆 가지에서도 꽃대가 계속 올라오므로 개화기간은 길다. 10월경 달걀 모양의 열매가 달리고, 안에는 많은 종자가 들어 있는데, 이 씨들이 마치 붉은색 고추가 하늘을 보고 있는 모양 같아서 고추나물이라고 한다.

이른 봄, 순이 올라오는 모습을 보면 부드러운 채소 같기도 하다. 나물이라는 이름답게 나물로 많이 먹는데, 주로 어린순을 먹으며 많이 자란 것은 약용으로 쓰인다. 특히 민간에서는 7월에 잎을 따서 말려 구충제로 사용했다.

물레나물과에 속하며 지이초, 합장초, 전기황, 여지초, 대월초, 관음초라고도 한다. 우리나라와 일본, 사할린 섬 등지에 분포하는데, 우리나라는 제주도와 남부지방에 주로 서식한다. 꽃말은 '적의', '미신', '친절', '형제의 정'이다.

고추나물 압화 ▶

▲ 고추나물_ 잎 올라오는 모습

▲ 고추나물_ 종자 결실

▲ 고추나물_ 꽃

직접 가꾸기

고추나물은 10월경 익은 종자를 바로 화단에 뿌리거나 이듬해 이른 봄에 뿌리면 번식시킬 수 있다. 화단의 양지바른 곳이면 어디에서나 잘 자란다. 잎이 크지 않기 때문에 2~3일에 한 번 물을 주면 된다.

가까운 식물들

좀고추나물

- 다북고추나물 : 키가 작고 잎이 줄 모양 타원형이며 밑부분에서 뭉쳐난다.
- 애기고추나물 : 줄기는 곧게 서고, 키는 15~50㎝로 작은 편이다. 고추나물보다 작은 꽃이 먼저 피는데, 원줄기에서 가지가 나와 그 가지에 꽃이 한 송이 달린다.
- 좀고추나물 : 고추나물 종류 중 가장 작아서 키는 5~30㎝이다. 포가 달걀 모양의 타원형이다.
- 물고추나물 : 습지에서 자라며 키는 30~70㎝이다. 땅속줄기가 옆으로 뻗으며 밑부분은 적자색이다. 8~9월에 연분홍색 꽃이 핀다.
- 큰고추나물 : 줄기 중간 부분의 잎에는 검은색 점이 빽빽이 있으나, 윗부분의 잎엔 검은색 점이 가장자리에만 있는 것이 특징이다. 키는 60㎝로 비교적 크다.
- 진주고추나물 : 종자에 그물 같은 잔무늬가 있으며, 줄기 밑부분에 다음 해의 새싹이 생기는 것이 독특하다. 진주에서 처음 발견되었다.

031

여러 용도로 먹을 수 있는 산나물

곰취

이명 | 왕곰취, 큰곰취

학명 | *Ligularia fischeri* (Ledeb.) Turcz.

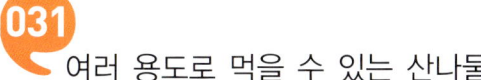

곰취는

맛난 산나물로, 4월 말부터 6월 초순까지가 제철이다. 흔히 곰이 좋아한다고 해서 곰취라고 하는데, 무쳐 먹고 데쳐 먹고 쌈으로도 싸 먹을 수 있는 나물이라서 아주 인기가 좋다. 요즘은 강원도 인제와 태백 등지에서 인공재배도 많이 하는데, 떡도 해 먹고 말린 뒤 가루로 만들어 냉면에 섞어 먹기도 하며, 찐빵으로도 만들어 먹는다.

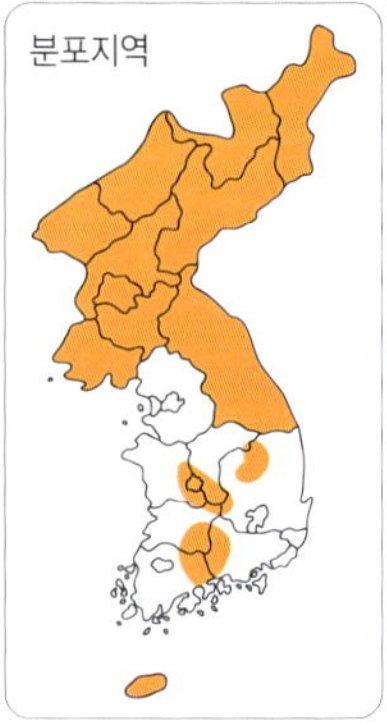

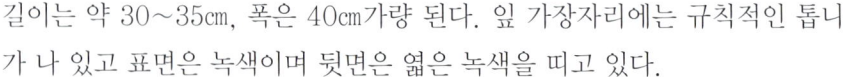

깊은 산에서 자생하는 여러해살이풀로, 산의 습한 지역에서 주로 자라며, 키는 1~2m이다. 잎은 심장형이며 길이는 약 30~35㎝, 폭은 40㎝가량 된다. 잎 가장자리에는 규칙적인 톱니가 나 있고 표면은 녹색이며 뒷면은 엷은 녹색을 띠고 있다.

꽃은 7~9월에 노란색으로 피는데, 지름은 약 4~5㎝ 정도이다. 잎 가운데 줄기에서 자주색을 띤 꽃대가 올라오고, 줄기에는 3~4장의 잎이 달려 있다. 10월경에 원통형 열매가 달리고, 종자에는 갈색 혹은 갈자색의 갓털이 있다.

웰빙 시대에 빠질 수 없는 식물 가운데 하나이지만 사람들이 너무 많이 채취하는 바람에 지금은 자생지 보호가 절실한 식물군 중의 하나가 되었다. 재배도 하지만 산에서 직접 채취하는 경우가 많기 때문이다.

◀ 곰취 압화

얼핏 보아 곰취와 비슷한 종류로 곤달비와 동의나물이 있는데, 곤달비는 먹을 수 있으므로 크게 상관없지만 동의나물은 이름만 나물이지 독성이 강해서 잘못 먹으면 구토를 일으키고 2~3일 정도 고생한다.

국화과에 속하며 왕곰취, 큰곰취라고도 한다. 관상용으로 쓰이며, 어린잎은 식용, 뿌리줄기와 잔뿌리는 약으로 쓰인다. 우리나라와 일본, 중국, 사할린섬, 동시베리아 등지에 분포한다.

▲ 곰취_ 꽃 피기 전

▲ 곰취_ 꽃봉오리(상단부)와 꽃

▲ 곰취_ 꽃

▲ 곰취_ 종자 결실

직접 가꾸기

곰취는 10월경에 열리는 종자를 바로 화단에 뿌리거나, 이른 봄에 포기나누기를 한다. 가능한 한 반그늘이나 음지의 화단을 택해서 심어야 한다. 강한 빛을 볼 경우 잎이 억세어져 식용에 적합하지 않기 때문이다. 물은 잎이 많이 올라오는 시기인 늦은 봄에는 하루 간격으로 주면 된다.

가까운 식물들

- 곤달비 : 잎이 아주 비슷하나 전체적으로 곰취에 비해 약한 느낌이다. 향도 덜 나고 잎도 부드러우며 쓴맛도 덜하다. 또 곰취는 꽃잎이 5장인데 비해 곤달비는 3~4장인 것이 다르다.
- 동의나물 : 잎이 둥글고 가장자리에 톱니가 나 있어서 곰취와 비슷하나 곰취는 잎의 톱니가 깊게 불규칙적으로 갈라지는 반면, 동의나물은 규칙적으로 얇게 갈라진다.
- 긴잎곰취 : 줄기잎은 삼각형 또는 긴 타원형으로, 날개가 있는 잎자루가 가지를 감싸고 끝이 뾰족하며 톱니가 있다. 함경도 깊은 산에 분포한다.

동의나물

032

병아리처럼 작은 난초

구름병아리난초

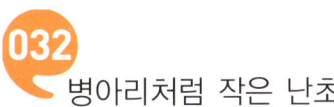

이명 | 구름병아리란, 산나사난초, 타래난초

학명 | *Gymnadenia cucullata* (L.) Rich.

병아리난초의 한 종류로, 앞에 '구름'이 붙은 것은 병아리난초보다 높은 곳에 자란다는 뜻이다. 우리나라 높은 산에서 자라는 여러해살이풀로, 침엽수림 아래의 부엽질이 풍부한 곳과 반그늘에서 잘 자란다. 키가 10~15cm로 아주 작다. 높은 산에서 자라고 키는 작으므로 어느 야생난보다 보기가 아주 어려운 식물이라고 할 수 있다.

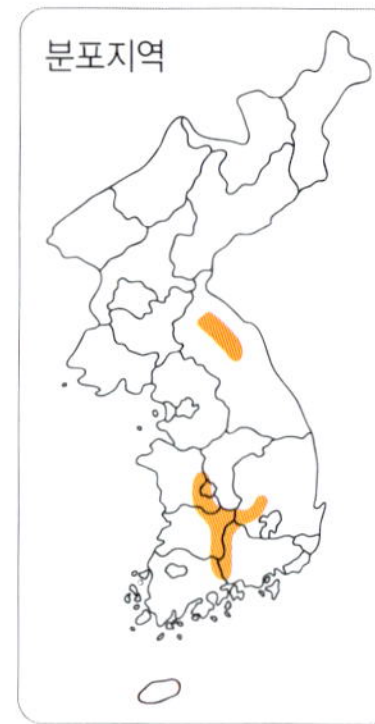

난초 중에는 재미난 이름이 많다. 손바닥난초는 병아리난초보다 작을 것 같지만 키가 아주 커서 60~90cm나 된다. 뿌리가 손바닥같이 생겨서 손바닥난초라고 하는 것이다. 이에 반해 키다리난초는 키가 아주 클 것 같지만 30cm밖에 안 되므로 손바닥난초보다 작다.

병아리난초와 관련된 것은 닭의난초이다. 어미 격이라서 병아리난초보다 키가 훨씬 큰데, 30~70cm이다. 닭의난초는 꽃잎이 꼭 닭이 왕관을 쓴 듯한 모습으로, 꽃은 6~7월에 황갈색으로 핀다. 꽃이 녹색이면 청닭의난초라고 하고 흰색이면 흰닭의난초라고 하며, 최근에는 동해시 망상동의 바닷가에서 갯청닭의난초가 촬영되었는데, 이는 꽃이 황갈색을 띤다.

구름병아리난초는 알뿌리가 있고 몇 가닥의 뿌리가 내리며 꽃줄기는 곧게 선다. 타원형의 잎이 보통 2장 나오며, 크기는 길이 2.5~7cm, 폭 1~3.5cm이고 마주난다.

7~9월에 담홍색 또는 흰색의 꽃이 피며 길이는 약 0.7~0.8cm 정도이고 꽃대의 한 축에 몰려 달린다. 열매는 9~10월경에 달리고 안에는 먼지 같은 작은 종자가 많이 들어 있다.

난초과에 속하며 구름병아리란, 산나사난초, 이엽두피란, 타래난초라고도 한다. 관상용으로 쓰인다. 우리나라를 비롯한 아시아와 유럽의 온대에 분포한다.

▲ 구름병아리난초_ 잎

▲ 구름병아리난초_ 꽃봉오리

▲ 구름병아리난초_ 꽃

▲ 구름병아리난초_ 시드는 모습

직접 가꾸기

구름병아리난초는 9~10월경에 맺히는 종자를 파종하지만 발아 조건이 까다롭기 때문에 모체에서 구근을 분리하여 번식시키는 것이 좋다. 꼭 종자로 발아시키려면 이끼를 깔고 익지 않은 종자를 뿌리면 가능하다. 고산지역에서 자라기 때문에 주변이 서늘한 화단에 심어야 한다. 주변습도를 높게 유지시키면서 3~4일에 1번 정도 물을 주는 것이 요령이다.

가까운 식물들

- 병아리난초 : 꽃은 6~7월에 자주색으로 치우쳐서 총상꽃차례로 달린다. 산의 숲속에 있는 바위에 붙어 자란다.
- 키다리난초 : 키는 30㎝ 정도이다. 잎은 긴 타원형으로 줄기를 감싸고 있으며 주름이 있다. 6~7월에 녹색 꽃이 핀다.
- 손바닥난초 : 꽃은 7~8월에 피고 연한 홍자색이다. 키는 60~90㎝로, 뿌리가 손바닥같이 생겨서 손바닥난초라고 한다.
- 닭의난초 : 산골짜기의 양지바른 습지에서 자라며 키는 30~70㎝이고, 꽃은 황갈색이다. 꽃이 꼭 닭처럼 생겼다.
- 청닭의난초 : 꽃이 녹색이다.
- 흰닭의난초 : 꽃이 흰색이다.
- 갯청닭의난초 : 꽃이 약간 황갈색을 띤다.

병아리난초

닭의난초

청닭의난초

033

구름 속에서 자라는 송이풀

구름송이풀

이명 | 고산송이풀, 올송이풀

학명 | *Pedicularis verticillata* L.

구름송이풀은 송이풀의 한 종류로, 구름이 많은 고산지대에 자라서 구름이라는 이름이 붙었다. 키가 송이풀보다 작아서 송이풀은 키가 30~60㎝인데 구름송이풀의 키는 5~15㎝ 정도밖에 안 된다.

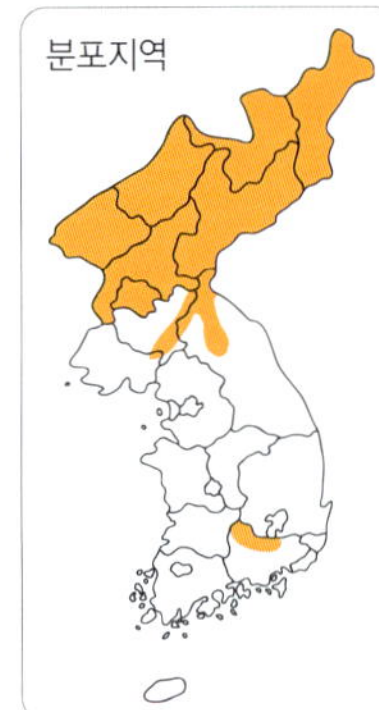

강원 북부 이북의 고산지역에서 자라는 여러해살이풀로, 햇볕이 잘 드는 바위틈이나 부엽질이 많은 곳에서 잘 자란다. 꽃이삭과 원줄기에 부드러운 털이 있으며 밑에서 가지가 갈라진다.

잎은 긴 타원형으로 톱니가 있고 길이는 2~3㎝, 폭은 0.5~1㎝가량이다. 옆에서 나오는 잎은 꽃이 필 때도 남아 있다.

6~7월에 홍자색 꽃이 윗부분을 향해 피라미드 형식으로 핀다. 꽃의 길이는 약 1.5㎝ 정도이고 모양은 입술처럼 생겼다. 앞으로 꽃잎이 길게 나와 있고 끝 모양은 새의 부리처럼 되어 있다. 열매는 8월경에 노란색을 띤 갈색으로 익는데 바소 모양이며 길이는 약 1.5㎝가량이고 뾰족하다.

현삼과에 속하며 고산송이풀, 올송이풀이라고도 한다. 어린순은 먹을 수 있고, 꽃이 많이 달리므로 꿀을 따기 위한 밀원식물로 이용된다. 또 관상용으로도 쓰인다. 우리나라와 북반구 한대 등지에 분포하는데 북한에서는 천연기념물로 지정하고 있다.

▲ 구름송이풀 압화

▲ 구름송이풀_ 새순 올라오는 모습

▲ 구름송이풀_ 꽃봉오리와 잎

▲ 구름송이풀_ 꽃 피기 전

▲ 구름송이풀_ 꽃(옆에서 본 모습)

▲ 구름송이풀_ 꽃(위에서 본 모습)

▲ 구름송이풀_ 시든 모습

직접 가꾸기

구름송이풀은 8월에 결실되는 종자를 바로 뿌리거나 종이로 싸서 냉장보관한 후 이듬해 봄에 뿌리면 번식시킬 수 있다. 고산식물이기 때문에 더운 여름에 서늘한 곳에 심어 키우는 것이 요령이다. 물은 3~4일에 1번씩 주되 분무기로 여러 번 나누어 촉촉하게 줘야 한다.

가까운 식물들

- 송이풀 : 잎 끝은 뾰족하나 밑부분이 갑자기 좁아지고 잎자루는 짧다. 깊은 산 숲속에서 자라며, 키는 30~60㎝이다.
- 수송이풀 : 전체가 크고 가지가 많다.
- 마주송이풀 : 대개 송이풀은 잎이 어긋나지만 이것은 잎이 마주난다.
- 명천송이풀 : 꽃이 드문드문 달려서 긴 이삭 모양을 이룬다.
- 가지송이풀 : 전체에 잔털이 있다. 가지를 많이 치며, 키는 약 80㎝이다.
- 그늘송이풀 : 잎은 마주나고 잎자루가 있으며 긴 달걀 모양 또는 긴 타원형으로 끝이 뾰족하고 깊게 패인 겹톱니가 있다.
- 나도송이풀 : 전체에 부드러운 털이 많이 나 있다. 반기생식물로 산과 들의 양지바른 풀밭에 많이 자라며, 키는 30~60㎝이다.
- 대송이풀 : 키는 50㎝, 잎 길이 30㎝, 꽃줄기 길이 50㎝로 키가 큰 송이풀이다. 함경도의 깊은 산속에서 자란다.
- 바위송이풀 : 5~10㎝로 키가 아주 작다. 백두산 근처의 왜갈봉에서 자란다.
- 부전송이풀 : 잎자루가 밑으로 흘러서 능선이 생긴다. 부전고원 등 북부지방에 서식하며, 키는 30㎝ 정도 자란다.

마주송이풀

명천송이풀

나도송이풀

034

다른 식물의 뿌리와 공생하는 균근식물

구상난풀

이명 | 수정초, 구상란풀, 나도수정초, 대흥란, 석장풀, 석장화

학명 | *Monotropa hypopithys* L.

구상난풀은 구상나무 숲속에서 나는 풀이라는 뜻이다. 독특한 이름만큼이나 생태도 희한한데, 구상나무 뿌리에 붙어서 균근(菌根)을 형성해 자란다. 이렇게 식물 뿌리와 균류가 공생을 맺어 균근을 형성하는 식물을 흔히 '균뿌리식물'이라고 한다. 균뿌리식물은 엽록소가 없어 자체적으로 광합성을 하지 못한다. 구상난풀도 엽록소가 없어서 식물 전체가 엷은 황갈색을 띤다.

빛이 잘 들지 않고 습기가 많은 곳에서 잘 자라며, 키는 20㎝ 정도이다. 육질의 줄기는 원기둥 모양이며 잔털이 있다.

잎은 불규칙하고 톱니가 있으며 뾰족한 잎이 퇴화된 비늘처럼 20~30개가량 모여 있다. 잎의 길이는 1~1.5㎝, 폭은 0.5~0.7㎝ 정도이다. 잎은 어긋나고 비늘 모양인데 밑부분의 것은 작고 빽빽하게 나지만, 윗부분의 것은 크고 성기게 붙는다.

◀ 구상난풀 압화

꽃은 6~7월에 줄기 끝에 총상으로 달리는데, 색깔은 연한 황백색이다. 꽃은 아래를 향해 피며 수술은 8개이고 암술은 적갈색을 띤다. 햇볕을 받으면 황갈색의 꽃 부분이 검게 변해간다.

부생식물이기 때문에 다른 장소로 옮기기는 어렵다. 하지만 열매는 맺어서 9월경에 둥글게 달리는데, 이때 끝부분에 암술대가 남아 있다.

노루발과에 속하며 수정초, 구상란풀, 나도수정초, 대흥란, 석장풀, 석장화라고도 한다. 관상용으로 쓰인다.

▲ 구상난풀_ 새순 올라오는 모습(측면)

▲ 구상난풀_ 새순 올라오는 모습(정면)

▲ 구상난풀_ 안의 모습

▲ 구상난풀_ 전초와 종자 결실

▲ 구상난풀_ 종자 결실

▲ 구상난풀_ 무리

직접 가꾸기

구상난풀은 9월경에 달리는 종자를 낙엽수 아래에 바로 뿌리는 것이 좋다. 보관한 후 뿌리게 되면 발아율이 낮기 때문에 번식법으로 바람직하지 않다. 부생식물이므로 가정에서 키우기는 불가능하며 외부에서 키울 때는 햇볕이 강하게 들지 않는 낙엽수 아래에 심어야 한다. 물은 3~4일에 1번씩 주며 물이 줄기에 직접 닿지 않게 해야 한다.

가까운 식물들

- 수정난풀 : 산지의 나무 그늘에 나는 여러해살이 기생식물로 전체적으로 희며, 키는 8~15㎝ 정도이다.

수정난풀

035

한국에만 자라는 특산종

구실바위취

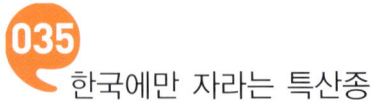

이명 | 팔편바위취, 구슬범의귀, 구슬바위취

학명 | *Saxifraga octopetala* Nakai

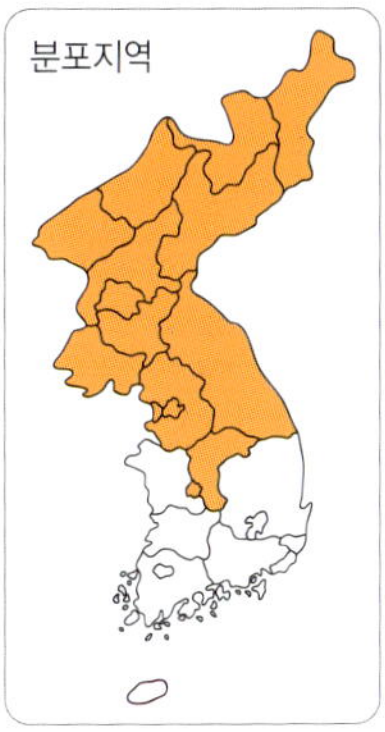

구실바위취는

바위취의 한 종류로 나물을 뜻하는 '취' 자가 말해주듯 식용에 쓰일 수 있는 품종이다. 바위취라는 이름은 바위에 붙어 있는 나물이라는 뜻이다.

전체적으로 바위취와 비슷하나 키가 25㎝ 정도여서 바위취의 60㎝에 비해 작다. 또한 꽃도 바위취가 흰색인 반면 구실바위취는 백록색으로 녹색이 가미되어 있다.

경기도, 강원도, 충북 이북 지역에서 자라는 여러해살이풀로, 주변습도가 높고 이끼가 많으며 반그늘인 곳에서 잘 자란다. 뿌리줄기가 짧게 옆으로 자라고 끝에서 땅속줄기가 옆으로 벋으며 자란다. 잎은 달걀 모양으로 뿌리에서 나오며 끝이 뾰족한데, 짙은 녹색의 표면에는 털이 없고 뒷면은 밑부분에 털이 있다. 잎줄기는 연한 자주색이다.

꽃은 7월에 백록색으로 피며, 원줄기에는 작은 털이 나 있는데, 그 가장 윗부분에 꽃이 달린다. 열매는 9~10월경에 끝이 2갈래로 갈라지는 달걀 모양으로 달린다. 범의귀과에 속하며 팔편바위취, 구슬범의귀, 구슬바위취라고도 한다. 주로 관상용으로 쓰이며 어린잎은 식용으로 쓰인다. 세계적으로 우리나라에만 자라는 한국 특산종이다.

◀ 구실바위취_ 잎 올라오는 모습

▲ 구실바위취_ 꽃

▲ 구실바위취_ 무리

직접 가꾸기

구실바위취는 10월경에 받은 종자를 바로 뿌리거나 종이에 싸서 보관한 후 이듬해 봄에 뿌린다. 종자 발아율이 높으므로 많이 뿌리지 않아도 된다. 뿌리 번식은 잎이 다 떨어진 가을이나 이른 봄에 캐서 나누면 된다. 뿌리나누기를 할 때는 잎을 1장씩 붙여야 광합성 작용을 할 수 있기 때문에 1~2장의 잎이 붙어 있도록 하는 것이 좋다. 고산지역에 사는 식물이어서 관리하기 쉽지 않다. 물기가 많은 곳이나 주변에 계곡이 있어 공중습도가 잘 유지되는 곳에 심어야 한다.

가까운 식물들

- 바위취 : 5월에 흰색의 꽃이 원추꽃차례를 이루어 피며, 자주색의 선모가 있다. 키는 60㎝이다.
- 참바위취 : 그늘진 곳의 바위에 붙어서 자라며, 키는 30㎝ 내외이다.
- 백두산바위취 : 키가 구실바위취와 비슷하며, 7~8월에 흰색 꽃이 피는데, 지름은 약 1㎝이다. 백두산에서 자란다.
- 톱바위취 : 돌밭이나 약간 습기가 있는 산지에서 자라며, 키는 약 50㎝이다. 잎 가장자리에 톱니가 나 있다.
- 씨눈바위취 : 바위취 종류 중 키가 가장 작아서 5~17㎝이다. 뿌리줄기는 짧고 작은 비늘조각 모양의 구슬눈이 있다. 북부지방에 분포한다.

바위취

톱바위취

백두산바위취

036

우리나라에만 분포하는 희귀식물

금강초롱꽃

이명 | 화방초, 금강초롱

학명 | *Hanabusaya asiatica* (Nakai) Nakai

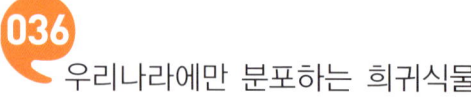

보랏빛 초롱을 단 듯한 모습의 이 예쁜 꽃은 금강산에서 처음 발견되어 금강초롱꽃으로 불린다. 꽃이 무척 예쁘지만 고산지대의 깊은 숲에서만 자라므로 구경하기는 하늘에서 별 따기다.

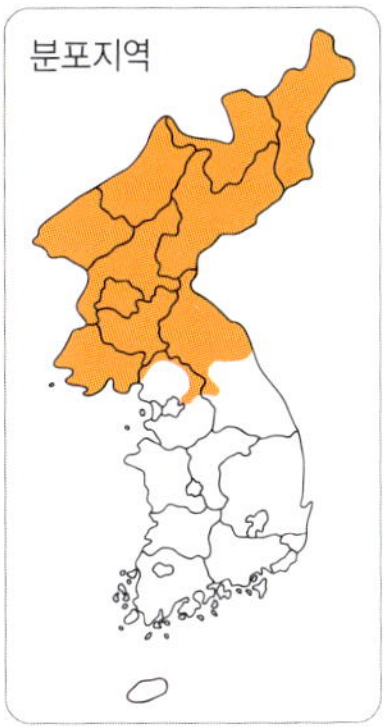

우리나라 특산종으로 보호되고 있기 때문에 재배나 판매도 금지되어 있다. 만일 재배한다고 해도 키우기는 아주 어렵다. 여름철 높은 온도에 대부분 말라 죽기 때문이다.

금강초롱꽃에는 슬픈 전설이 있다.

강원도 어느 시골에 오누이가 살았는데, 동생은 아픈 누나를 위해 약초를 캐러 다녔다. 한 노인이 달나라에 있는 계수나무 열매가 누나의 병을 낫게 한다고 말해주어서 동생은 금강산 비로봉에 올라 어떻게 달에 갈 수 있을까 생각했다. 그때 한 선녀가 사다리를 타고 하늘로 올라가는 것이 보였다. 이를 본 동생은 그대로 따라하여 달나라로 올라갔다. 그리고 오누이의 사정을 들은 옥토끼는 동생에게 계수나무 열매를 따주었다.

한편, 누나는 아무리 기다려도 동생이 오지 않자 초롱에 불을 밝혀 들고 금강산 비로봉으로 올라갔다. 그러나 동생은 사다리에서 떨어져 죽어 있는 것이 아닌가. 누나는 그 모습을 보고 슬퍼하다 죽고 말았다. 이후 누나가 죽은 자리에서 꽃이 피어났고, 사람들은 그 꽃을 금강초롱이라고 했다는 것이다.

▲ 금강초롱꽃 압화

▲ 금강초롱꽃_ 새순 올라오는 모습

▲ 금강초롱꽃_ 잎

금강초롱꽃은 우리나라 중부 및 북부 이북의 고산지대 깊은 숲에서 자라는 여러해살이풀로, 반그늘 혹은 양지 쪽의 바위틈이나 계곡의 물이 많고 습도가 높은 곳에서 잘 자라며, 키는 30~90㎝ 정도 된다.
잎은 길이가 5.5~15㎝, 폭이 2.5~7㎝로 긴 타원형이다. 잎의 윗부분에는 털이 조금 있고 가장자리는 안으로 굽은 불규칙한 톱니가 나 있다. 뿌리는 굵게 괴근을 형성하고 옆으로 뻗고 갈라지며 잔뿌리가 뻗어 있다.
8~9월에 연한 자주색 꽃이 피는데, 통꽃으로 마치 종처럼 아래를 향한다. 꽃받침은 5개로 갈라져 달리며 길이는 약 4.5㎝, 지름은 2㎝ 정도이다. 열매는 10월경에 달리고 안에는 많은 종자가 들어 있다.
초롱꽃과에 속하며 화방초, 금강초롱이라고도 한다. 경기도와 강원도, 함경남도 등지에 분포한다. 꽃말은 '가련한 마음', '각시와 신랑', '청사초롱' 등이다.

▲ 금강초롱꽃_ 꽃과 꽃봉오리

▲ 금강초롱꽃_ 꽃이 활짝 핀 모습

▲ 금강초롱꽃_ 전초

직접 가꾸기

금강초롱꽃은 10월경에 종자를 받아 바로 뿌리면 발아율이 매우 높으나 냉장보관하면 발아율이 떨어진다. 종자가 아주 작기 때문에 이끼를 깔고 그 위에 종자를 뿌린 후 비닐이나 신문으로 덮어 습도를 유지하고 10일 정도 지나면 벗겨준다. 그러나 재배와 판매는 금지되어 있어 일반 가정에서 키우기는 어렵다.

가까운 식물들

- 흰금강초롱 : 하얀색 꽃이 핀다.
- 초롱꽃 : 산지의 풀밭에서 자라며, 키는 40~100㎝이고 전체에 퍼진 털이 있으며 옆으로 뻗어가는 가지가 있다. 6~8월에 흰색 또는 연한 홍자색 바탕에 짙은 반점이 있는 꽃이 핀다.
- 자주초롱꽃 : 짙은 자주색 꽃이 핀다.
- 검산초롱꽃 : 깊은 산에 자라며, 키는 70㎝ 정도이고 털이 거의 없으며 뿌리가 굵다. 꽃은 연한 자주색이다. 함경도 지방에 분포한다.
- 섬초롱꽃 : 줄기와 잎에서 윤기가 나고, 꽃이 붉은빛이다.
- 흰섬초롱꽃 : 섬초롱꽃 중에서 흰색 바탕에 짙은 반점이 있다.
- 자주섬초롱꽃 : 섬초롱꽃 중 꽃이 짙은 자줏빛이다.

흰금강초롱

초롱꽃

자주초롱꽃

037

홍자색 꽃에 금이 주렁주렁 달린 듯한

금꿩의다리

이명 | 금가락풀(북)

학명 | *Thalictrum rochebrunianum* var. *grandisepalum* (H. Lev.) Nakai

금꿩의다리는 산지에서 자라는 여러해살이풀로, 꿩의다리 종류의 하나이다. 꿩의다리는 꽃꿩의다리, 은꿩의다리, 긴잎꿩의다리 등 종류가 많은데, 줄기가 마치 꿩의 다리처럼 길기 때문에 붙여진 이름이다. 대표종인 꿩의다리는 산기슭의 풀밭에 자라며, 꽃은 흰색 또는 보라색이고, 키는 50~100㎝ 정도이다.

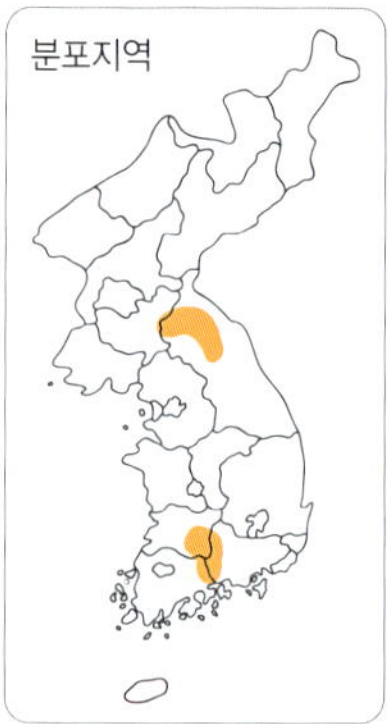

금꿩의다리는 잎이나 줄기 등이 꿩의다리와 비슷하지만 꽃이 홍자색이며, 수술 부분이 노란색이라 확실하게 구분이 된다. 꽃이 아주 예쁜데, 수술 부분의 노란색 때문에 꽃에 금이 매달려 있는 것처럼 보여 금꿩의다리라고 한다. 전체적으로 은꿩의다리와 비슷하나 은꿩의다리는 키가 30~60㎝로 작은 편인데 비해 키가 1~2.5㎝ 정도로 매우 크다.

계곡과 산의 습기가 많은 곳을 좋아하며, 중성 토양에서 잘 자란다. 전체에 털이 없고, 곧게 선 줄기에서 가지를 치는데, 보통 자주색을 띤다. 잎은 작은 난형으로 길이는 2~3㎝ 정도이다. 짧은 잎자루가 있고, 잎은 어긋나며 끝에 3개의 톱니가 있는 것이 특징이다. 잎 뒷면은 흰색이다.

7~8월에 홍자색 꽃이 피며, 지름은 1~1.5㎝이다. 꽃자루는 가늘고 길게 달리며 꽃잎이 없다. 9~10월경에는 암술대가 붙어 있는 타원형의 열매가 달린다.

미나리아재비과에 속하며, 북한에서는 금가락풀이라고도 한다. 관상용으로 쓰이고, 어린잎과 줄기는 식용으로, 줄기와 뿌리는 약재로 사용된다. 우리나라의 경기도와 강원도, 평북 지방과 일본에 분포한다.

금꿩의다리 압화 ▶

▲ 금꿩의다리_ 꽃봉오리

▲ 금꿩의다리_ 꽃

▲ 금꿩의다리_ 시들며 꽃잎이 뒤로 젖혀지는 모습

▲ 금꿩의다리_ 종자 결실

직접 가꾸기

금꿩의다리는 뿌리나누기를 하거나 종자 파종으로 번식시킨다. 9~10월에 결실되는 종자를 바로 뿌리거나 종이에 싸서 냉장보관 후 이듬해 봄에 화단에 뿌린다. 키가 큰 식물이기 때문에 집 안에서 키우는 것보다 화단에 심는 것이 좋으며, 물은 하루에 1번 주면 된다.

가까운 식물들

- 꿩의다리 : 산기슭의 풀밭에 자라며, 꽃은 흰색 또는 보라색이다.
- 그늘꿩의다리 : 작은잎은 달걀을 거꾸로 세운 모양에 둔한 톱니가 있고 표면은 녹색, 뒷면은 잿빛을 띤 푸른 빛깔이다.
- 자주꿩의다리 : 꽃은 6~7월에 피며 흰빛이 도는 자주색이다.
- 은꿩의다리 : 키가 30~60㎝로 작다. 7~8월에 홍백색 꽃이 핀다.
- 꿩의다리아재비 : 꽃이 녹황색이다.
- 연잎꿩의다리 : 잎이 작지만 연잎과 닮았다.
- 돈잎꿩의다리 : 연잎꿩의다리에 비해 줄기는 가늘고 짧으며, 매우 작은 잎이 홑잎으로 어긋난다.
- 긴잎꿩의다리 : 옆으로 벋으면서 번식하는 땅속줄기가 있다. 잎은 3개씩 어긋나고 2~3번 깃 모양으로 갈라진다.
- 꽃꿩의다리 : 5~7월에 흰색 꽃이 줄기 끝에 원추꽃차례로 달린다. 부산과 여수에 서식한다.
- 발톱꿩의다리 : 열매 끝에 남아 있는 암술머리가 새의 발톱같이 보인다.

꿩의다리

자주꿩의다리

꿩의다리아재비

연잎꿩의다리

038

노란 꽃이 잔뜩 달리는

금마타리

이명 | 향마타리

학명 | *Patrinia saniculaefolia* Hemsl.

식물

이름 앞에 '금' 자가 들어가면 대개 꽃이 노란색인데, 금마타리 역시 꽃이 황색이다. 마타리도 꽃이 노란색이므로 비슷하나, 마타리가 산이나 들에서 잘 자라는 데 비해 금마타리는 고산지대에서 자란다. 또 마타리는 키가 60~150㎝나 되지만 금마타리는 30㎝ 정도로 작은 편이다.

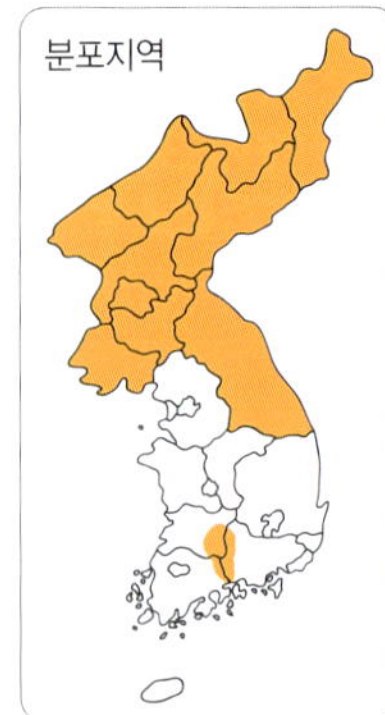

이름이 꼭 외래어 같지만 순우리말이며 몇 가지 설이 있다. 뿌리에서 된장 썩는 냄새가 난다고 해서 똥을 뜻하는 옛날 말 '말'에 줄기가 길어 '다리' 같다고 해서 말다리가 되었다가 마타리로 바뀌었다는 이야기가 있다. 또 마치 줄기가 말의 다리같이 생겼다고 해서 말다리로 부르다 이것이 마타리로 바뀐 것이라고도 한다.

금마타리는 중부 이북의 고산지역에서 자라는 여러해살이풀로, 주변에 습기가 많고 햇볕이 잘 드는 곳에서 잘 자란다.

▲ 금마타리 압화

▲ 금마타리_ 새순 올라오는 모습

▲ 금마타리_ 잎

▲ 금마타리_ 꽃봉오리

▲ 금마타리_ 꽃 피기 전

▲ 금마타리_ 꽃

▲ 금마타리_ 종자 결실

잎은 둥근 형태이지만 5~7개로 갈라져서 마치 손바닥처럼 보이며, 갈라진 부분들도 다시 약하게 갈라진다. 꽃이 필 때까지 뿌리에서 생긴 잎은 그대로 남아 있다. 또 짧은 잎은 모두 깊게 갈라지고 표면에는 털이 많이 나 있으나 잎의 뒷면에는 털이 거의 없다.

6~7월에 원줄기 끝에 종 모양의 꽃이 피며 지름은 약 0.3㎝ 정도이다. 꽃의 안쪽에는 작은 털이 빽빽하게 나 있다.

열매는 8~9월경에 타원형으로 달리는데, 날개와 같은 포가 있는 것이 독특하다.

마타리과에 속하며, 향마타리라고도 한다. 등산 중에 이상하게 장이 썩는 듯한 악취가 많이 나는 곳이 더러 있는데, 이는 바로 마타리나 금마타리의 뿌리에서 나는 냄새다. 그래서 한방에서는 이 뿌리를 패장(敗醬)이라고 부르며, 약재로 사용한다.

직접 가꾸기

금마타리는 8~9월경에 달리는 종자를 받아서 바로 뿌리거나 습기가 날아가지 않게 하여 냉장고에 보관한 후 이듬해 봄에 뿌리면 된다. 또한 옆에서 나온 개체를 분리하여 화분에 심어 번식시켜도 좋다. 햇살이 적은 낙엽수 아래에서 재배하는 것이 좋으며 물은 2~3일 간격으로 주면 된다. 주변에 바위가 있으면 바위틈에 심고 이끼를 같이 심어 돌이 뜨거워지는 것을 방지해주는 것이 좋다.

가까운 식물들

- 마타리 : 산이나 들에서 자라고 키는 60~150㎝이다. 여름부터 가을까지 노란색 꽃이 핀다.
- 돌마타리 : 산에 자라며, 키는 20~60㎝이다. 잎은 마주나고 깃꼴로 깊게 갈라지는 것이 다른 마타리와 구분된다.

마타리

돌마타리

039

금처럼 노란 꽃을 달고 있는

금방망이

이명 | 산쑥방맹이, 대륙금망이

학명 | *Senecio nemorensis* L.

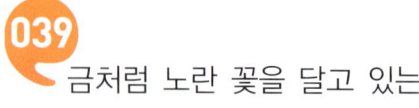

▲ 금방망이_ 새순 올라오는 모습

▲ 금방망이_ 잎

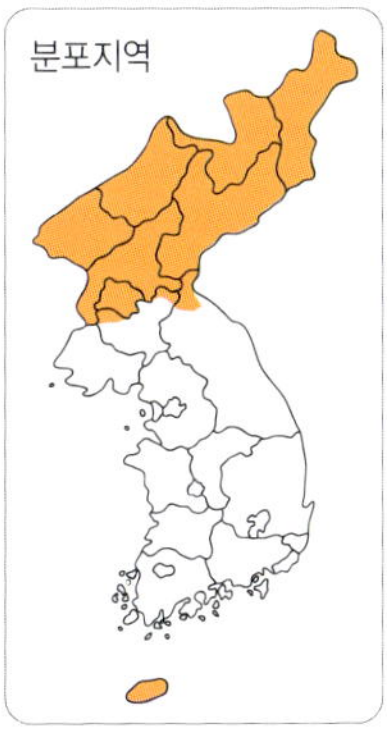

방망이라는 이름이 붙으면 줄기가 길게 쭉 올라오는 것을 떠올리게 된다. 삼잎방망이, 자주꽃방망이, 솜방망이, 국화방망이 등이 그렇다. 금방망이는 작은 꽃들이 금색으로 피므로 금 나와라, 뚝딱! 하고 두드리면 어울릴 것 같다. 드문 꽃이긴 하지만 금방망이 가족은 국화과에서 가장 큰 대가족으로, 약 150속에 3,000여 종이나 된다.

금방망이의 키는 40~100㎝이다. 잎은 길이가 7~15㎝, 폭은 2~5㎝로 긴 타원형이다. 잎 양끝이 좁고, 털이 있는 경우도 있으며 가장자리에 불규칙한 톱니가 있다. 뿌리에서 나온 잎과 줄기 밑의 잎은 가운데 잎보다 작고 꽃이 필 때 없어진다. 줄기는 하나로 올라오거나 여러 대가 뭉쳐서 올라오기도 하며 능선이 있고 털은 없다.

7~8월에 지름 1.7~2.5㎝의 노란색 꽃이 피는데, 꽃가지 아래에서 위로 차례대로 꽃이 달린다. 꽃줄기는 털이 다소 있고 길이는 약 1.5~2㎝이다. 9~10월경에 원추형 열매가 달리는데, 길이 약 0.7㎝ 정도의 어두운 흰색 관모가 있다.

국화과에 속하는 여러해살이풀로, 제주도 한라산과 북부의 산지에 분포한다. 주변습도가 높고 물 빠짐이 좋으며 햇볕을 많이 받는 토양 유기질 함량이 높은 곳에서 자란다. 우리나라에서는 취약종으로 분류하는 품종이다.

▲ 금방망이_ 꽃봉오리

▲ 금방망이_ 꽃

▲ 금방망이_ 시드는 모습

▲ 금방망이_ 종자 결실

▲ 금방망이_ 무리

직접 가꾸기

금방망이는 고산에서 자라고 자생지가 많지 않아 재배법은 알려져 있지 않다. 또 번식법에 대한 내용도 전무하다.

가까운 식물들

- 국화방망이 : 전체에 거미줄 같은 털이 있고 줄기는 곧게 서며 자줏빛이 돈다. 키는 30~60㎝로, 평안도와 함경도에 분포한다.
- 솜방망이 : 줄기에 흰색 털이 빽빽하게 난다. 키는 25~60㎝이다. 꽃 지름이 3~4㎝로 금방망이보다 크다.
- 산솜방망이 : 꽃에 붉은빛이 도는 것이 특징이다. 키는 15~45㎝이다.
- 가는솜방망이 : 솜방망이에 비해 잎이 좁고 길다. 전라도의 산과 들에서 자라며, 키는 15~30㎝이다.
- 삼잎방망이 : 잎이 삼잎을 닮았다. 높은 산에 주로 분포하며, 키가 1~2m로 크다.
- 물솜방망이 : 고산지대의 습지에 자란다. 키는 60㎝가량이다.
- 쑥방망이 : 줄기는 곧게 서고 희미한 능선과 더불어 거미줄 같은 털이 난다. 키는 65~160㎝로 산지의 풀밭에 자란다.
- 민솜방망이 : 잎이 솜방망이보다 크며 산지의 양지바른 풀밭에 자란다. 키는 30~60㎝이다.
- 자주꽃방망이 : 꽃이 자주색이다. 키는 40~100㎝이다.

솜방망이

산솜방망이

물솜방망이

040

잎에 기름이 자르르

기름나물

이명 | 참기름나물

학명 | *Peucedanum terebinthaceum* (Fisch.) Fisch. ex DC.

기름나물은 잎을 만져보면 기름기가 있어서 맨질맨질하다. 이름을 모른다고 해도 기름기가 자르르 흐르는 잎을 보면 충분히 알 수 있을 정도이다. 전국의 산지에서 자라는 여러해살이풀로, 물이 잘 빠지고 햇볕이 잘 드는 곳에서 자라며, 키는 50~90㎝가량 된다.

잎은 끝이 뾰족하고 넓은 달걀 모양이며 길이는 5~10㎝이다. 잎은 어긋나는데, 삼각형의 작은잎은 길이가 3~5㎝ 정도 되며 아래쪽으로 처져 있다.

7~9월에 원줄기와 가지 끝에 흰색의 꽃이 핀다. 20~30개의 작은 꽃들이 10~15개의 가지에 뭉쳐 피는 것이 이채롭다. 꽃줄기에는 털이 빽빽하게 나 있다. 10월경에 길이 약 0.5㎝ 내외의 납작한 타원형 열매가 달린다.

산형과에 속하며 산기름나물 또는 참기름나물이라고도 한다. 관상용으로 쓰이고, 어린순은 나물로 먹는다. 한방에서는 뿌리를 석방풍(石防風)이라고 해서 약재로 사용하는데, 특히 중국에서는 인삼 대용으로도 사용했다고 한다. 우리나라와 일본, 중국, 동시베리아 등지에 분포한다.

직접 가꾸기

기름나물은 10월경에 달리는 종자를 냉장보관하여 이듬해 봄에 뿌린다. 어느 곳에서나 잘 자라며 키가 큰 식물이기 때문에 다른 식물보다는 뒤에 심는 것이 좋다. 물은 꽃이 피기 전에는 2~3일 간격으로 충분히 줘야 한다. 실내에서는 너무 크게 자라 쉽게 키울 수는 없지만 볕이 잘 드는 곳에서 키우면 좋다.

▲ 기름나물_ 새순 올라오는 모습

▲ 기름나물_ 잎

▲ 기름나물_ 줄기

▲ 기름나물_ 꽃봉오리

▲ 기름나물_ 꽃

가까운 식물들

- 가는기름나물 : 압록강과 백두산 지역에서 자라는 산형과의 여러해살이 풀이며 여름에 흰색의 꽃을 피운다.
- 갯기름나물 : 바닷가나 냇가에서 자란다. 줄기는 단단하고 곧게 서며 키는 60~100㎝이다.
- 두메기름나물 : 키는 약 15㎝로 작으며 높은 산의 바위틈에서 자란다. 금강산에 분포한다.
- 백운기름나물 : 키는 40~60㎝로 산지의 양지 쪽에서 자란다.
- 털기름나물 : 산과 들에 자라며, 잎의 가장자리에 털이 나 있다. 백두산에 분포한다.
- 산기름나물 : 작은잎이 기름나물에 비해 넓다.

갯기름나물

041

줄기가 기린 목처럼 쭉 뻗는

기린초

이명 | 넓은잎기린초, 각시기린초

학명 | *Sedum kamtschaticum* Fisch. & Mey.

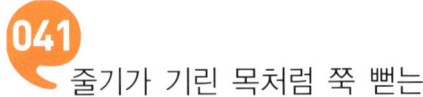

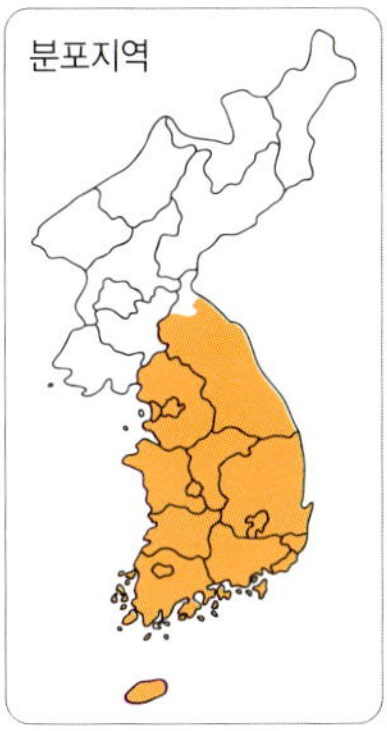

기린초는 이름만 들어서는 아주 큰 식물이 아닐까 생각되지만 키는 고작 20~30㎝ 정도이다. 영특하고 뛰어난 아이를 '기린아'라고 부르는데, 약초로 이용되는 식물 중 그 기능이 가장 우수하다고 하여 '기린초'라고 한다. 키는 작지만 줄기는 기린의 목처럼 곧게 위로 뻗어 있다.

공원이나 학교 등지에서 쉽게 볼 수 있는 꽃으로, 손가락 두 마디쯤 되는 크기의 잎이 두툼하게 무리지어 있는 모습을 보면 꽤 단단할 것 같은 느낌이 든다. 육질이 좋아서 나물로도 많이 먹는 식물이다.

우리나라 중부 이남의 산에서 자라는 여러해살이풀로, 산의 바위틈이나 너무 습하지 않은 곳에서 자생한다. 남쪽 지방에서는 겨울에도 죽지 않고 잘 자랄만큼 생명력이 강한데, 메마른 바위 위에도 뿌리를 내릴 정도이다.

잎은 넓은 달걀 모양으로 길이가 3~5㎝, 폭이 3~4㎝ 정도이며, 잎 가장자리에 작은 톱니와 같은 것이 나 있다. 6~8월에 노란색 꽃이 피며, 지름은 5~7㎝이고 상층부 한 줄기에 5~7개 정도 뭉쳐서 핀다. 검은색 열매가 9~10월경에 5갈래로 갈라져 달리며, 안에는 갈색으로 된 작은 종자가 먼지처럼 들어 있다.

기린초를 비롯한 다육질의 식물들은 수분 조절을 위해 기온이 낮은 밤에 기공을 열어 이산화탄소를 흡수해 잎 조직에 저장해 두었다가, 다음날 낮 동안 빛을 받아 광합성을 하는 특성이 있다.

돌나물과에 속하며 혈산초, 꿩의비름, 비채, 경천삼칠, 넓은잎기린초, 각시기린초라고도 한다. 어린잎은 식용, 뿌리를 포함한 전초는 약용으로 쓰인다. 우리나라와 일본, 사할린, 쿠릴 열도, 캄차카와 아무르 강, 중국 등지에 분포한다.

기린초 압화 ▶

▲ 기린초_ 새순 올라오는 모습

▲ 기린초_ 잎

▲ 기린초_ 꽃봉오리

▲ 기린초_ 개화 직전

▲ 기린초_ 꽃

▲ 기린초_ 종자 결실

▲ 기린초_ 무리

직접 가꾸기

기린초는 줄기를 이용한 삽목과 포기나누기를 하며, 종자는 9~10월경에 달리는데 워낙 미세하기 때문에 씨방 전체를 받아야 한다. 종자는 바로 화분이나 화단에 뿌리거나 종이에 싸서 냉장보관하여 이듬해 봄에 뿌린다. 종자 발아율도 매우 높고 삽목(5~6월)을 했을 때도 뿌리가 잘 생성되는 품종이어서 대량으로 키우기에 좋다.

직사광이 많이 들어오는 곳은 가급적 피하는 것이 좋다. 처음 잎은 작지만 여름에는 커진다는 것을 염두에 두고 공간을 배치해야 한다. 물은 자주 주지 않아도 좋으며 3~4일 간격으로 주면 된다.

가까운 식물들

- 가는기린초 : 가장자리의 톱니가 아래쪽까지 있고 꽃이 촘촘하게 달린다.
- 넓은잎기린초 : 산에 자라며, 키는 20~40㎝이다. 잎은 타원형으로 길이 3~5㎝, 폭 3~4㎝이다.
- 애기기린초 : 키가 작아 20㎝ 정도이며, 잎의 길이는 1.5~2㎝이다.
- 섬기린초 : 울릉도와 설악산에 분포한다. 키는 50㎝이며, 밑부분의 30㎝ 정도가 남아 있다가 봄에 다시 싹이 튼다.
- 태백기린초 : 뿌리는 매우 굵고 길다. 키는 20㎝로, 한국 특산종이다. 특히 태백산 · 설악산 · 대암산 등 깊은 산에 분포한다.
- 큰기린초 : 원기둥 모양의 줄기가 곧게 서고 키는 50㎝이다. 잎의 폭이 넓다. 한국 특산종이다.

042 줄기 끝에 긴 꼬리를 달고 있는

긴산꼬리풀

이명 | 가는산꼬리풀, 산꼬리풀, 가는잎산꼬리풀
학명 | *Veronica longifolia* L.

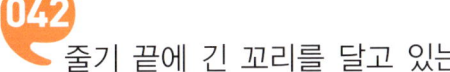

긴산꼬리풀은 꼬리풀의 한 종류이다. 꽃이 핀 줄기 부분이 마치 동물의 꼬리처럼 보여서 꼬리풀이라고 한다. 꼬리풀에는 여러 종류가 있는데, 긴산꼬리풀은 산꼬리풀과 닮았으나 키가 더 커서 붙여진 이름이다. 산꼬리풀은 키가 40~80㎝이고, 긴산꼬리풀의 키는 80~120㎝이다.

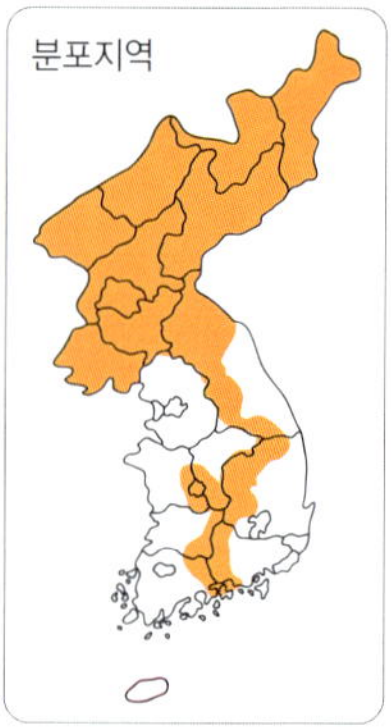

긴산꼬리풀은 지리산 이북 지방의 산에서 자라는 여러해살이풀로, 반그늘과 습기가 많은 곳에서 잘 자란다. 전체에 털이 없거나 또는 짧은 털이 흩어져 있다. 잎은 마주나거나 서너 개씩 돌려나기도 한다. 잎의 길이는 약 10~12㎝, 폭이 2.2㎝이고 타원형으로 길게 뻗어 있으며, 끝이 뾰족하고 가장자리에 톱니가 있다.

7~8월에 연한 보라색 꽃이 피며, 길이는 약 10~20㎝, 폭은 2~4㎝로 줄기 끝에 촘촘히 달린다. 특히 아래에서 위쪽으로 올라가며 달린다. 열매는 9~10월경에 맺는데, 검은 갈색으로 변한 씨방에 종자가 들어 있다.

현삼과에 속하며, 다른 이름으로는 큰산꼬리풀이라고도 하고, 가는산꼬리풀, 산꼬리풀, 가는잎산꼬리풀이라고도 한다. 관상용으로 쓰이며 꽃을 포함한 전초는 일지향(一枝香)이라고 해서 약재로 쓰인다.

◀ 긴산꼬리풀 압화

▲ 긴산꼬리풀_ 새순

▲ 긴산꼬리풀_ 잎 올라온 모습

▲ 긴산꼬리풀_ 꽃봉오리

▲ 긴산꼬리풀_ 꽃

▲ 긴산꼬리풀_ 종자 결실

▲ 긴산꼬리풀_ 무리

직접 가꾸기

긴산꼬리풀은 가을이나 봄에 포기나누기를 하거나, 9~10월에 결실되는 종자를 이듬해 봄에 화단에 뿌리면 된다. 종자를 받은 후 바로 뿌렸을 때가 발아율이 가장 높다. 종자를 보관했다가 뿌렸을 때에도 70~80%의 종자 발아율을 보일 정도로 발아율이 매우 높다. 화단에 심지만 양지에서는 꽃 색깔이 빨리 탈색되기 때문에 반그늘에서 재배하는 것이 좋다. 물은 1~2일에 한 번 준다.

가까운 식물들

- 넓은산꼬리풀 : 키가 9㎝로 아주 작다. 잎의 폭이 길이보다 길다. 제주도에 분포한다.
- 큰산꼬리풀 : 줄기는 곧게 서고, 키가 1m에 달하며 털이 없다.
- 흰꼬리풀 : 흰색 꽃이 핀다.
- 큰꼬리풀 : 잎이 넓은 바소꼴 또는 달걀 모양의 긴 타원형이다.
- 섬꼬리풀 : 울릉도 길가의 풀밭에서 자라며 키는 30㎝이다. 줄기는 곧게 서며 전체에 털이 나 있다. 한국 특산종이다.
- 물꼬리풀 : 습지 또는 논밭에서 자란다. 줄기는 밑부분이 옆으로 자라면서 뿌리가 내린다. 키는 10~50㎝이다.

흰꼬리풀

물꼬리풀

043

놉은 산에만 자라는 희귀종

깃잎정영엉겅퀴

학명 | *Cirsium chanroenicum* Nakai var. *pinnatifolium* Y. Lee

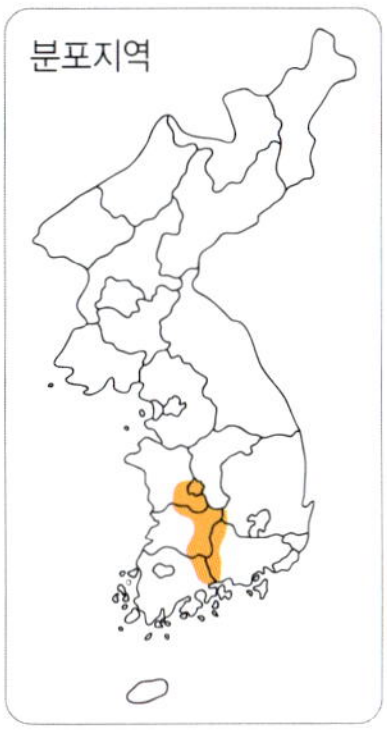

엉겅퀴는 우리나라 곳곳에서 쉽게 볼 수 있는 야생화로 피를 엉키게 해준다고 해서 엉겅퀴라고 한다.
종류가 꽤 많은데, 깃잎정영엉겅퀴는 정영엉겅퀴와 흡사하나 잎의 끝이 깃 모양으로 쪼개져 깃잎정영엉겅퀴라고 한다. 이에 비해 정영엉겅퀴의 잎은 끝이 뾰족하고 밑은 넓은 쐐기 모양이다. '정영' 이라는 이름은 지리산의 정령치라는 고개에서 처음으로 발견되었기 때문에 붙여졌다. 또 꽃이 엉겅퀴 꽃과 비슷해, '정녕 네가 엉겅퀴란 말이냐?' 라고 한 데에서 유래했다고도 한다.
깃잎정영엉겅퀴는 지리산과 덕유산의 정상에서 매우 드물게 자라는 여러해살이풀이다. 고산지역의 정상에서 자라는 식물로 양지 쪽에서 잘 자라는데, 습기가 많아야 한다.
키는 50~100㎝이다. 잎의 길이는 11~17㎝이고 달걀 모양이다. 끝이 뾰족하고 깃 모양으로 쪼개져 있으며 잎 가장자리에 뾰족한 침이 많이 나 있다.
꽃은 7~9월에 황백색으로 피며, 지름은 2~5㎝이다. 상층부와 곁가지에서 나와 2~3개 정도 달리고 거미줄과 같은 털이 있다.
10~11월경에 긴 타원형의 열매가 달린다. 종자 끝에는 다갈색의 갓털이 있는데, 이 갓털은 국화과의 특징이다.
국화과에 속하며 관상용으로 쓰이고, 어린순은 식용으로 쓰인다. 고산지역에서만 볼 수 있는 식물로 한국 특산종이다.

▲ 깃잎정영엉겅퀴_ 잎

▲ 깃잎정영엉겅퀴_ 꽃

직접 가꾸기

깃잎정영엉겅퀴는 가을이나 봄에 포기나누기를 하고, 10~11월에 결실되는 종자를 이듬해 봄에 뿌린다. 고산지역에서 자라는 품종이어서 재배하기가 쉽지 않다. 재배하려면 종자를 뿌려 싹이 난 것을 옮겨 심는 것이 좋으며 반드시 반그늘을 택해야 한다. 물은 2~3일에 한 번 주면 된다.

가까운 식물들

- 정영엉겅퀴 : 키는 50~100㎝이고 깊은 산 풀밭에서 자란다. 잎은 끝이 뾰족하고 밑은 넓은 쐐기 모양이다. 가야산과 지리산에 분포한다.
- 고려엉겅퀴 : 뿌리가 곧으며 가지가 사방으로 퍼진다. 우리나라 특산종으로 산과 들에서 자라며, 키는 약 1m이다.
- 좁은잎엉겅퀴 : 잎이 좁고 녹색이며 가시가 다소 많다.
- 가시엉겅퀴 : 잎이 다닥다닥 달리고 가시가 많다.
- 흰가시엉겅퀴 : 가시엉겅퀴와 비슷하나 흰색 꽃이 핀다.
- 흰잎고려엉겅퀴 : 잎의 뒷면이 모시처럼 하얗다.
- 도깨비엉겅퀴 : 줄기에 홈이 팬 줄이 있으며 위쪽에 거미줄 같은 털이 있다. 키는 50~150㎝이다.
- 바늘엉겅퀴 : 잎 가장자리에 딱딱하고 날카로운 가시가 있다. 키는 약 50㎝이다. 우리나라 특산종으로 제주도와 보길도에 분포한다.
- 버들잎엉겅퀴 : 잎의 모양이 버들잎을 닮았고 꽃은 자주색이다. 산기슭에서 자라며, 키는 50㎝이다.

정영엉겅퀴

고려엉겅퀴

흰잎고려엉겅퀴

044

하얀 꼬치처럼 꽃이 무리지어 피는

까치수염

이명 | 까치수영, 꽃꼬리풀

학명 | *Lysimachia barystachys* Bunge

까치수염은 꽃을 보면 하얀색의 작은 꽃들이 총총히 박혀 있는 것이 꼭 수염 같다고 하여 붙여진 이름이다. 그러나 강아지 꼬리처럼 보이기도 해서 개꼬리풀이라고도 한다. 또 수영이라는 식물을 닮아 까치수영이라고도 한다.

까치수염은 산과 들에 자라는 여러해살이풀이다. 모래와 돌이 많은 양지에서 잘 자라며, 키는 50~100㎝ 정도이다. 땅속줄기가 퍼지고 풀 전체에 잔털이 난다. 줄기는 붉은빛이 도는 원기둥 모양이고 가지를 친다.

잎은 양끝이 좁고 긴 타원형이며 가장자리는 밋밋하다.

6~8월에 흰색의 꽃이 피며, 길이는 10~20㎝이다. 줄기를 따라 작은 꽃들이 뭉쳐서 큰 봉오리가 되고 끝에 가서 꼬리처럼 약간 말려서 올라간다.

열매는 9~10월경에 둥글게 달리고 적갈색으로 익은 씨방에는 종자가 많이 들어 있다. 종자를 맺으면 꽃대는 종자가 충분히 익을 수 있도록 간격이 더 넓어지고 길어진다. 가을이면 붉고 노랗게 단풍이 든다.

앵초과에 속하며 까치수영, 꽃꼬리풀이라고도 한다. 관상용으로 쓰이며, 어린잎은 식용으로 쓰인다. 우리나라와 일본, 중국, 러시아 등지에 분포한다.

까치수염 압화 ▶

▲ 까치수염_ 잎

▲ 까치수염_ 꽃 피기 전

▲ 까치수염_ 꽃

▲ 까치수염_ 종자 결실

직접 가꾸기

까치수염은 땅속으로 길게 뻗은 줄기를 봄이나 가을에 잘라서 이용하고, 9~10월에 달리는 종자는 이른 봄에 화분에 뿌리고 뿌리가 많이 발달하면 화단에 옮겨 심는다. 토양 비옥도에 관계없으며 햇볕이 잘 들어오는 화단이면 된다. 물은 1~2일 간격으로 준다.

가까운 식물들

- 큰까치수염 : 꽃의 모습과 키 등이 비슷하나 잎이 까치수염보다 넓다.
- 섬까치수염 : 숲속 습지에서 자라며 키는 30~60㎝이다.
- 물까치수염 : 꽃은 흰색이며 6월에 핀다. 물가의 습지에 자라고 키는 40~60㎝이다.
- 수영 : 꽃은 5~6월에 피는데, 암꽃과 수꽃이 따로 피며, 암꽃은 홍자색을 띤다. 키는 30~80㎝이다.
- 갯까치수염 : 줄기는 곧게 서고 밑에서 가지를 친다. 바닷가에서 자라며, 키는 10~40㎝이다.
- 버들까치수염 : 6~7월에 노란색 꽃이 핀다. 고원의 습지에서 자라며, 키는 30~60㎝이다.
- 진퍼리까치수염 : 습지에서 자라며, 7~8월에 흰색 꽃이 핀다. 키는 40~70㎝이다.
- 홍도까치수염 : 가지가 갈라져서 사방으로 퍼진다. 홍도의 바닷가 풀밭에서 자라며, 키는 30~80㎝이다.

큰까치수염

갯까치수염

045

깔끔한 좁쌀풀

깔끔좁쌀풀

이명 | 깔큼깨풀

학명 | *Euphrasia coreana* W. Becker

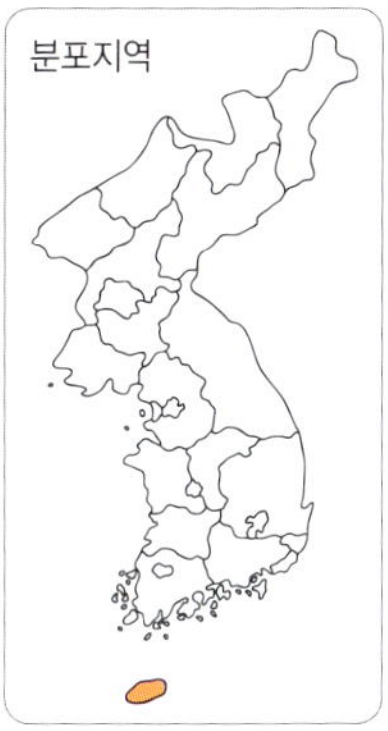

깔끔좁쌀풀은 제주도 한라산의 1,500m 고지대에서 나는 한해살이풀이다. 풀숲의 물 빠짐이 좋은 반그늘에서 잘 자란다. 깔끔좁쌀풀은 키가 아주 작은데 이렇게 키 작은 야생화, 특히 온갖 식물이 무성해지는 여름철에 조그만 들꽃을 발견하기란 정말 쉽지 않은 일이다.

좁쌀풀과 비슷하나 잎이 더 깊게 갈라지고 톱니 끝이 까끄라기처럼 길다. 또 꽃받침 조각이 갈라져 약간 뒤로 젖혀진다. 무엇보다 키에서 차이가 나는데, 깔끔좁쌀풀은 5~10㎝로 아주 작은 반면 좁쌀풀은 키가 40~80㎝로 큰 편이다.

잎은 원형 또는 넓은 달걀 모양으로 마주나고 길이와 폭이 각각 0.6㎝ 정도이다. 잎의 끝은 뾰족해지며, 줄기에는 밑을 향해 굽은 털이 많이 있다.

8월에 적자색 꽃이 윗부분의 잎겨드랑이에 달려 피는데, 길이는 약 0.5㎝이다. 꽃의 형태는 통형이며 끝이 4개로 갈라진다.

10월경에 둥근 열매가 달린다.

현삼과에 속하며 깔큼깨풀이라고도 한다.

직접 가꾸기

깔끔좁쌀풀은 10월에 받은 종자를 종이에 싸서 냉장고에 저장한 후 이듬해 봄에 뿌리면 번식한다. 1년생이기 때문에 종자 발아 외의 번식법은 없다. 종자 발아율도 높지 않기 때문에 주변습도를 잘 관리해야 한다. 따뜻한 남부지방의 고산지역에서 자라는 식물이라서 재배하기는 쉽지 않다. 또한 키가 작아 화분에 담아 감상하거나 기르는 것도 어렵다.

▲ 깔끔좁쌀풀_ 꽃

▲ 깔끔좁쌀풀_ 전초

가까운 식물들

- 좁쌀풀 : 키가 40~80㎝로 아주 큰 편이다. 6~8월에 황색으로 피는 꽃들이 좁쌀처럼 작다.
- 산좁쌀풀 : 깔끔좁쌀풀과 비슷하다. 고산지대에서 자라며, 키는 8~15㎝이다. 한국 특산종으로 부전고원과 차일봉에 분포한다.
- 애기좁쌀풀 : 애기라는 이름 그대로 키가 작지만 깔끔좁쌀풀보다는 크다. 한국 특산종이다. 높은 산의 풀밭에서 자라며, 키는 10~15㎝이다.
- 선좁쌀풀 : 깊은 산의 메마른 곳에 자라며, 키는 20~30㎝이다.
- 참좁쌀풀 : 줄기는 곧게 서고 전체에 털이 거의 없다. 깊은 산 초원에서 자라며, 키는 50~100㎝이다.
- 털좁쌀풀 : 줄기는 곧게 서고 전체에 아래를 향한 잔털이 촘촘히 나 있다. 키는 10~15㎝이다.

좁쌀풀

선좁쌀풀

참좁쌀풀

046

붉은색 염료로 사용되는 유용한 식물

꼭두서니

이명 | 꼭두선이, 가삼자리

학명 | *Rubia akane* Nakai

꼭두서니는 옛날에 옷감을 물들일 때 쓰던 식물이다. 꼭두서니의 뿌리를 삶은 물로 천이나 나무를 붉게 염색했기 때문에 붉은 빛깔을 흔히 꼭두서니라고 한다. 특히 저녁 노을이 붉게 질 때의 색깔을 꼭두서니 빛깔이라고 한다. 꼭두서니라는 말은 본래 옛 유랑극단인 남사당패의 우두머리를 지칭하는 꼭두쇠에서 유래했다. 꼭두쇠는 붉은색 옷을 입었으므로, 붉은색 염료로 사용되는 이 식물의 이름도 꼭두서니라고 한 것이다.

꼭두서니를 이용해 염색하는 방법은 고대 이집트에서도 사용했으며, 터키에서는 아예 '터키 주홍빛'을 내는 데에 많이 사용했다. 지난 1996년 우리나라는 꼭두서니 색소를 식품첨가물로 지정했다가, 꼭두서니가 신장암을 유발할 가능성이 있는 것으로 드러나 2004년 지정이 취소되었다. 한편 염색을 하는 데 필요한 푸른색 염료는 쪽에서, 붉은색은 잇꽃에서, 보라색은 지치에서 얻는다.

꼭두서니는 덩굴성의 여러해살이 식물로, 습지를 제외한 어디서나 잘 자라며 키는 약 1m 정도이다. 줄기는 네모나고 가지를 치며 밑을 향해 짧은 가시가 난다. 잎은 심장형으로 길이는 3~7㎝, 폭은 1~3㎝이다. 줄기를 따라 4개씩 돌아가며 잎이 달리고 가장자리에는 잔가시가 있는데, 이 때문에 다른 물체에 잘 달라붙는다.

7~8월에 지름 약 0.4㎝ 정도의 연한 황색 꽃이 원줄기 끝에 작게 많이 달려 핀다. 열매는 10월경에 둥글고 검게 달린다.

꼭두서니과에 속하며 꼭두선이, 가삼자리, 갈퀴잎이라고도 한다. 염료 식물로 이용되어왔으며, 관상용으로 쓰인다. 어린순은 식용으로 쓰이며 한방에서는 뿌리를 말린 것을 천근이라고 해서 약재로 사용한다. 우리나라와 일본, 중국, 타이완 등지에 분포한다.

▲ 꼭두서니_ 잎 올라온 모습

▲ 꼭두서니_ 잎

▲ 꼭두서니_ 종자 결실

직접 가꾸기

꼭두서니는 10월에 익은 종자를 종이에 싸서 냉장보관한 뒤 이듬해 봄에 뿌린다. 실내에서 키우는 것은 어려우며 실외에서 키울 때도 옷이나 피부에 달라붙기 때문에 사람들의 왕래가 뜸한 곳에 심는 것이 좋다. 덩굴성이고 잎이 작지만 잎 수가 많으므로 수분 증발이 많아 물을 2~3일 간격으로 충분히 줘야 한다.

가까운 식물들

- 덤불꼭두서니 : 줄기는 네모지고 가지가 많이 갈라진다. 산과 들에서 자란다.
- 갈퀴꼭두서니 : 잎은 5~9개가 돌려나고 긴 타원형의 달걀 모양이며 끝이 뾰족하다.
- 가지꼭두서니 : 잎이 4개씩 돌려난다.
- 덤불꼭두서니 : 잎이 크고 심장형이다. 화관 밑부분이 종 모양이고, 윗부분이 수평으로 퍼지는 게 특징이다.
- 서양꼭두서니 : 턱잎이 잎과 똑같이 생겼기 때문에 가지에 잎이 돌려난 것처럼 보인다. 옛날 프랑스 군인들의 바지를 염색하던 식물이다.
- 우단꼭두서니 : 갈퀴꼭두서니와 비슷한데 잎자루가 잎보다 다소 길다. 황해도 장산곶에 분포한다.
- 큰꼭두서니 : 키는 30~60㎝이다. 줄기는 곧게 자라거나 비스듬하게 넘어진다.

047

꽃이 유난히 예쁜

꽃쥐손이

이명 | 털쥐손이, 낭림쥐소니, 털손잎풀

학명 | *Geranium eriostemon* Fisher ex DC.

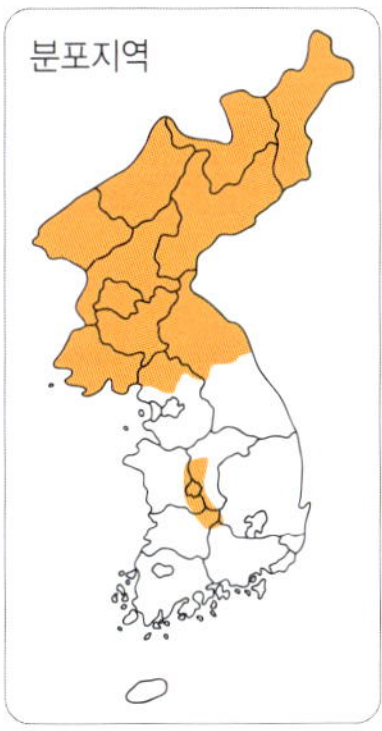

꽃쥐손이는 쥐손이풀의 한 종류이다. 잎 모양이 쥐발바닥처럼 갈라져 이런 이름이 붙었지만, 꽃은 모양이 아주 예쁘다. 쥐손이 종류는 아주 많은데, 그중 꽃쥐손이가 가장 예쁜 꽃을 피우므로 꽃쥐손이라는 이름이 붙은 것으로 생각된다. 꽃쥐손이는 고산지역의 산 중턱 이상에서 나는 여러해살이풀로, 햇볕이 잘 드는 곳이나 반그늘의 토양에 유기질 함유량이 높고 물 빠짐이 좋은 곳에서 잘 자라며, 키는 30~50㎝이다.

원형의 잎은 폭이 8~12㎝로 5~7개로 갈라지는데, 표면에는 2갈래로 갈라지는 털이 있고 뒷면은 퍼진 털이 있다. 원줄기는 세로로 홈이 있고 전체적으로 반대로 털이 나 있다. 꽃은 7~8월에 피며, 원줄기 끝에 지름 3.5~4㎝가량의 큰 홍자색 꽃이 약 10송이씩 달린다. 작은꽃줄기에는 퍼진 털이 있다. 암술대는 수술보다 바깥쪽으로 나와 있으며 수술과 암술이 붙어 있는 부분은 긴 삼각형 모양이다. 또 이곳에는 잔털이 촘촘하게 난다. 9~10월경에 5갈래로 갈라져 열매가 달린다.

쥐손이풀과에 속하며 낭림쥐소니, 털손잎풀이라고도 한다. 털쥐손이라고도 했지만 꽃쥐손이로 통합되었다. 관상용으로 쓰인다. 우리나라와 일본, 중국, 몽골, 헤이룽 강, 우수리 강 등지에 분포한다.

▲ 꽃쥐손이_ 새순 올라오는 모습

▲ 꽃쥐손이_ 잎

▲ 꽃쥐손이_ 꽃봉오리

▲ 꽃쥐손이_ 꽃봉오리

▲ 꽃쥐손이_ 꽃 피어나는 모습

▲ 꽃쥐손이_ 꽃(정면)

▲ 꽃쥐손이_ 꽃(측면)

▲ 꽃쥐손이_ 시든 모습

▲ 꽃쥐손이_ 종자 결실

▲ 꽃쥐손이_ 무리

직접 가꾸기

꽃쥐손이는 10월경에 달리는 종자를 받아 냉장고에 약 1주일 정도 보관한 후 물에 2~3일 불렸다가 뿌려 번식한다. 종자가 딱딱하기 때문에 겉을 깬 뒤 뿌려도 좋다. 다른 쥐손이에 비해 종자 발아율이 현저히 낮기 때문에 많은 종자를 받는 것이 좋다.

고산지역에서 자라므로 재배는 쉽지 않지만 다른 쥐손이보다 꽃이 크고 예뻐서, 관상용으로 재배할 가치는 충분하다. 물은 2~3일 간격으로 주면 된다.

가까운 식물들

- 쥐손이풀 : 6~8월에 잎겨드랑이에서 나온 긴 꽃자루에 꽃이 달리는데, 위쪽에서는 1개씩 달리고, 아래쪽에서는 2개씩 달린다.
- 세잎쥐손이 : 쥐손이 종류들은 잎이 대개 5개 이상으로 갈라지지만 세잎쥐손이는 3개로 갈라진다.
- 국화쥐손이 : 꽃자루 끝에 3개의 작은 꽃자루가 나와 그 끝에 1개씩 꽃이 피며 꽃이 진 뒤에는 끝이 굽는다.
- 긴꽃쥐손이 : 6~8월에 긴 꽃줄기 끝에 희거나 불그스름한 꽃이 두 개씩 핀다. 부전고원에 분포한다.
- 부전쥐손이 : 원줄기에 밑을 향한 털이 있고 세로로 줄이 파이며 선모가 나 있다.
- 흰털쥐손이 : 잎 뒷면에 흰 털이 오밀조밀하게 나 있다.
- 분홍쥐손이 : 꽃이 분홍색이며 함경도에 분포한다.
- 우단쥐손이 : 분홍쥐손이와 비슷하지만 포기 전체에 퍼진 털이 난다. 함경도에 분포한다.
- 좀쥐손이 : 잎이 완전히 3개로 갈라진다.
- 삼쥐손이 : 8~9월에 잎겨드랑이에서 나온 긴 꽃자루 끝에 홍자색 꽃이 2개씩 핀다.
- 산쥐손이 : 높은 산 중턱에서 자란다. 잎은 마주나고 7~8개로 깊게 손바닥 모양으로 갈라진다.
- 섬쥐손이 : 쥐손이풀에 비해 키가 작고 퍼진 털이 밀생하며 잎의 뒷면에 긴 털이 없다. 키는 약 30㎝이며, 한라산 꼭대기에 분포한다.

쥐손이풀

세잎쥐손이

산쥐손이

048
꽃이 우아한 붓꽃류

꽃창포

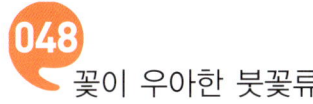

이명 | 꽃장포, 들꽃장포, 들꽃창포
학명 | *Iris ensata* var. *spontanea* (Makino) Nakai

꽃창포는 꽃이 아주 화려해서 원예품종으로 생각되지만 우리나라에 자생하는 야생화다. 초여름부터 보라색 꽃이 무리지어 피는데 꽃 안쪽에는 노란 무늬가 있다. 모양이 창포와 비슷하고 창포처럼 물가에 많이 피어서 꽃창포라고 한다.

전국 각처의 산지에서 자라는 여러해살이풀로, 햇볕이 많이 드는 습지에서 잘 자라며, 키는 60~120㎝이다. 뿌리는 짧고 굵으며 갈색 섬유로 덮여 있다. 잎 표면은 광택이 많이 나는 녹색이며, 가운데 줄이 선명하게 나타난다. 잎의 길이는 20~60㎝, 폭은 0.5~1.5㎝이다.

6~7월에 적자색 꽃이 잎 사이에서 잎보다 작게 중간에서 원줄기 혹은 가지 끝에 달린다.

9월경에 갈색의 끝이 뾰족한 열매가 달린다. 길이는 약 2.5~3㎝ 정도 되고 안에는 적갈색 종자가 많이 들어 있다.

붓꽃과에 속하며 꽃장포, 들꽃장포, 들꽃창포라고도 한다. 주로 관상용으로 쓰인다. 한 가지 재미있는 것은 화투에서 5월을 의미하는 난초는 사실 난초가 아니라 꽃창포에 가까운 식물이라는 것이다. 꽃창포를 개량해서 재배하는 일이 상당히 많은데, 현재 약 400여 종이 개발되어 있다. 정원에서 재배하기 때문에 들꽃창포라 하지 않고 뜰꽃창포라고 한다.

◀ 꽃창포 압화

▲ 꽃창포_ 꽃봉오리

▲ 꽃창포_ 꽃 피기 전

▲ 꽃창포_ 꽃

▲ 꽃창포_ 시드는 모습

▲ 꽃창포_ 종자 결실

▲ 꽃창포_ 무리

직접 가꾸기

꽃창포는 9월에 결실되는 종자를 냉장보관하여 이듬해 봄에 뿌리는데 종자가 딱딱하기 때문에 물에 넣고 3~5일 정도 불려서 사용하는 것이 좋다. 잎이 올라오는 봄에 줄기를 분리하여 번식시켜도 된다. 실내에서는 수반에 물을 많이 담고 햇볕을 잘 받는 곳에 둔다. 실외에서는 물웅덩이를 파서 안에 다른 붓꽃과 식물들과 함께 심는다. 물 관리는 따로 할 필요가 없다.

가까운 식물들

- 노랑꽃창포 : 꽃이 노랗게 피고, 꽃줄기는 가지가 갈라지며 키는 60~100㎝이다. 연못가에 많이 심는 꽃으로 유럽에서 온 귀화식물이다.
- 뜰꽃창포 : 꽃창포를 개량한 재배종으로 현재 400여 품종이 있다.
- 석창포 : 창포의 한 종류로, 꽃창포와는 다른 종이다. 6~7월에 노란색 꽃이 핀다.
- 숙은돌창포 : 붓꽃과의 사촌인 백합과에 속하며, 습기가 있는 바위의 틈과 표면에서 자란다. 석창포를 축소시킨 것 같아 숙은돌창포라고 한다.

노랑꽃창포

석창포

049

꿀을 따 먹는 야생화

꿀풀

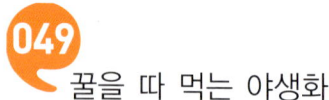

이명 | 꿀방망이, 가지골나물, 가지래기꽃

학명 | *Prunella vulgaris* var. *lilacina* Nakai

꿀풀은 우리나라 각처의 산이나 들에서 자라는 여러해살이풀이다. 시골에서 자란 사람들은 어릴 때 이 꿀풀을 많이 따 먹었던 기억이 있을 것이다. 그만큼 꿀이 많이 들어 있어 벌꿀을 치는 농가에서 밀원식물로 재배하기도 한다.

꿀풀은 꿀풀과에 속하는 많은 식물들을 대표한다. 이 과에 속하는 꽃들은 모양이 아주 특이한데, 마치 입술처럼 생겨서 한자로 순형화관(脣形花冠)이라고 부른다. 꽃이 꿀을 잔뜩 머금고 있는 이유는 곤충을 유인해 꽃가루를 수정시켜야 씨앗을 맺고 번식을 할 수 있기 때문이다. 꽃이 아름다운 이유는 그 모습뿐만 아니라 이렇게 꿀과 향기를 감추고 있기 때문이 아닐까.

꿀풀은 산기슭이나 들의 양지바른 곳에서 뭉쳐서 피는데, 키는 약 30㎝ 정도이다. 잎은 길이가 2~5㎝로 긴 달걀 모양으로 마주난다. 줄기는 네모지고 전체에 짧은 털이 있다. 늦봄부터 8월까지 꽃이 피는데, 색깔은 붉은색을 띤 보라색이다. 꽃의 길이는 3~8㎝이고 줄기 위에 꽃이 층층이 모여 달린다. 앞으로 나온 꽃잎은 입술처럼 생겼다. 7~8월경에 황갈색 열매가 달리며, 꼬투리는 마른 채 가을까지 남아 있다.

꿀풀과에 속하며 꿀방망이, 가지골나물, 가지래기꽃이라고도 한다. 어린잎은 식용으로 쓰이며 꽃을 포함한 줄기와 잎은 약용으로 쓰인다. 물에 불려 쓴맛을 우려내고 나물로 데쳐 먹는다. 우리나라와 일본, 대만, 중국, 사할린, 시베리아 남동부 등 한대에서 온대에 걸쳐 분포하며, 꽃말은 '너를 위한 사랑', '추억'이다. 경상남도 함양에서는 매년 7월이면 하고초(夏枯草) 축제를 하는데, 하고초란 꿀풀의 꽃을 말린 것을 말하는 생약명이다. 꿀풀로 만든 꿀은 하고초꿀이라고 해서 특산물로 취급한다.

▲ 꿀풀 압화

▲ 꿀풀_ 새순 올라오는 모습

▲ 꿀풀_ 꽃 피기 전

▲ 꿀풀_ 꽃

▲ 꿀풀_ 꽃(위에서 본 모습)

▲ 꿀풀_ 종자 결실

▲ 꿀풀_ 색 변이

▲ 꿀풀_ 무리

직접 가꾸기

꿀풀은 8~10월경에 결실되는 종자를 바로 화분에 뿌리거나 가을이나 봄에 뿌리를 이용한 포기나누기를 해도 된다.
화분이나 화단 어디에 심어도 좋다. 비옥한 곳을 좋아하므로 토양이 기름지고 햇볕이 잘 드는 곳에 심는 것이 요령이다. 물은 2~3일 간격으로 주면 된다.

가까운 식물들

- 흰꿀풀 : 흰색 꽃이 피며, 키는 20~30㎝이다.
- 붉은꿀풀 : 붉은 꽃이 피며, 키는 20~30㎝이다.
- 두메꿀풀 : 줄기가 밑에서부터 곧추서고 기는줄기가 없으며 짧은 새순이 줄기 밑에 달린다.

흰꿀풀(꽃 피기 전)

흰꿀풀(꽃)

흰꿀풀(무리)

050

나나니벌이 꽃가루를 수정시키는

나나벌이난초

이명 | 나나니난초, 애기벌난초, 나나리난

학명 | *Liparis krameri* Franch. & Sav.

ㄴ

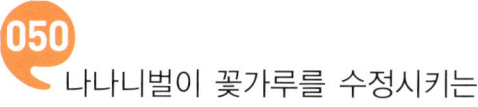

난초과 식물은 벌이나 나비 등의 곤충을 유혹하는 기술이 대단하다. 꿀을 만들어서 유인하기도 하고, 암컷의 모양을 흉내 내거나 암컷의 냄새를 풍겨서 곤충을 불러들이기도 한다. 나나벌이난초의 경우 꽃을 나나니벌의 암컷처럼 꾸며 수컷을 유인해 번식시키는 품종으로, 나나니벌에서 이름이 유래했다.

나나니벌은 배추흰나비나 배추밤나방의 유충을 먹고 사는 벌이라서 꿀에는 큰 관심이 없으므로 이 같은 방법으로 유인하는 것이다. 이와 비슷한 방법으로 번식하는 난초로는 나리난초와 옥잠난초가 있다.

나나벌이난초는 숲속에서 나는 여러해살이풀이다. 부엽질이 풍부하고 물 빠짐이 좋은 나무 아래의 반그늘에서 잘 자라며, 키는 10~25cm이다. 잎은 길이가 3~10cm, 폭은 2~5cm로 뿌리에서 나온 2장의 잎은 넓은 타원형이 된다. 잎의 가장자리에는 작은 주름이 있고 끝이 갑자기 뾰족해진다.

꽃은 6~7월에 연한 녹색 혹은 자갈색으로 피는데, 10~15개가 원줄기를 따라 올라가며 달린다. 꽃잎은 실처럼 가늘고 길이는 0.8~1cm이며, 꽃받침 조각은 길이가 1.1~1.4cm이고 줄 모양이다.

9~10월경에 긴 타원형 열매가 달리며 씨방에는 먼지와 같은 작은 종자들이 아주 많이 들어 있다.

난초과에 속하며 나나니난초, 애기벌난초, 나나리난이라고도 한다.

▲ 나나벌이난초_ 꽃봉오리

▲ 나나벌이난초_ 꽃(측면)

▲ 나나벌이난초_ 시드는 모습

직접 가꾸기

나나벌이난초는 종자가 미세하기 때문에 이끼 위에 종자를 뿌린 뒤 물을 줘서 종자가 이끼 안으로 스며들도록 한다. 그 뒤 비닐이나 신문지로 위를 덮어 습도를 유지시킨 후 10~15일이 경과하면 덮은 것을 제거한다.

나무가 있는 그늘진 곳에 심는 것이 좋다. 토양은 부엽질이 많은 퇴비를 사용하되 아래에는 큰 자갈을 넣어 물 빠짐이 좋게 해야 한다. 화분에 심어도 좋은데 봄에는 햇빛이 많이 들고 바람이 잘 통하는 곳에 두고 여름에는 반그늘 진 곳에 둬야 한다. 물은 2~3일 간격으로 준다.

가까운 식물들

- 병아리난초 : 산지 숲속의 바위에 붙어 자라며, 키는 8~20㎝이다.
- 나리난초 : 5~7월에 검누르면서 붉은빛을 조금 띤 색의 꽃이 핀다. 꽃줄기는 모나고 곧게 서며, 키는 25㎝ 정도이다.
- 옥잠난초 : 잎이 옥잠화와 비슷하게 생겼다. 꽃은 6~7월에 피고 연한 녹색 바탕에 자줏빛이 돌며 총상으로 달린다.

병아리난초

옥잠난초

051

백운산에 서식하는 한국 특산종

나도승마

이명 | 왜승마, 노랑승마, 백운승마

학명 | *Kirengeshoma koreana* Nakai

ㄴ

나도승마는 승마와 비슷해서 붙여진 명칭이다. 승마는 미나리아재비과에 속하는 여러해살이풀인데, 잎이 마와 비슷하고 약재로 사용하면 성질이 상승하기 때문에 승마(升麻)라는 이름이 붙여졌다.

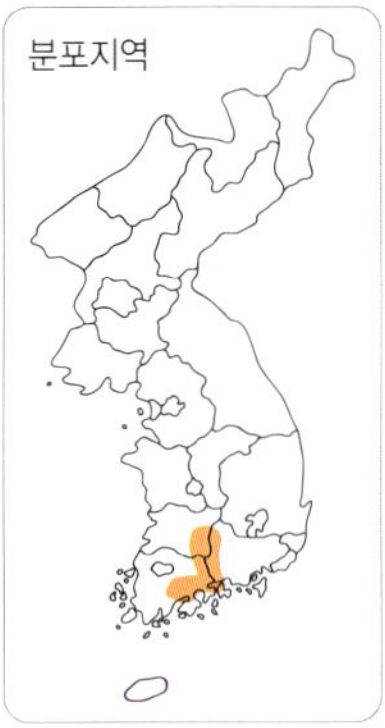

중북부 지방과 지리산에서 자라는 여러해살이풀이다. 햇볕이 잘 들지 않고 부엽질이 많은 낙엽수 아래에서 잘 자라며, 키는 30~90cm이다. 줄기는 원기둥 모양이며 잔털이 많다. 뿌리는 굵고 옆으로 뻗으며 끝에서도 새순이 올라온다.

잎은 마주나며 길이와 폭이 8~20cm가량 된다. 잎몸은 원형으로, 가장자리가 얕게 갈라지고 뾰족한 톱니가 있다. 8~9월에 엷은 노란색 꽃이 원줄기 또는 가지 끝에 뭉쳐 피는데, 피기 전에는 아래를 향하다가 꽃이 피면 옆으로 향한다. 10월경에 지름 약 1.5cm의 둥근 열매가 달린다.

범의귀과에 속하며 왜승마, 노랑승마라고도 한다. 또 전남 백운산에서 처음 발견되어 백운승마라고도 한다. 최근 지리산 1,000m 고지에서도 넓은 자생지가 분포되어 있는 것이 확인되었으며 중북부 이북에서도 일부 발견되고 있다.

자연환경보전법에 의해 보호식물로 지정돼 있지만, 자생지 외에 보전 노력은 이루어지지 않고 있는 품종이다. 관상용으로 쓰이며 우리나라 이외에도 일본에 분포하는데, 일본 것은 흔히 일본승마라고 부른다.

◀ 나도승마 압화

▲ 나도승마_ 새순 올라오는 모습

▲ 나도승마_ 잎

▲ 나도승마_ 꽃봉오리

▲ 나도승마_ 개화한 모습

▲ 나도승마_ 꽃(정면)

▲ 나도승마_ 시든 모습

▲ 나도승마_ 꽃(측면)

▲ 나도승마_ 전초

직접 가꾸기

나도승마는 10월에 달리는 종자를 종이에 싸서 냉장고에 보관한 후 이듬해 봄에 뿌리거나, 봄에 새순이 올라오면 뿌리를 분리해 심는다. 햇볕이 많이 들지 않은 곳에 부엽질이 풍부한 환경을 만들고 심어야 한다. 잎이 넓고 많은 품종이어서 5~6월경에 2~3일 간격으로 물을 줘야 한다. 주변에 습기가 많고 낙엽수가 있는 곳에 심으면 좋다.

가까운 식물들

- 승마 : 미나리아재비과에 속하는 여러해살이풀로, 깊은 산 숲 속에서 자라며 키는 약 1m이다.
- 황새승마 : 깊은 산 숲의 언저리에 자라는데, 키가 1~1.5m로 아주 크다. 꽃은 8~9월에 노란빛을 띤 흰색으로 핀다.
- 눈개승마 : 꽃은 노란빛을 띤 흰색이며, 키는 30~100㎝이다. 장미과 식물로 높은 산에 서식한다.
- 개승마 : 잎은 길이가 7~20㎝, 폭은 6~18㎝이다. 단풍잎과 유사하게 5~9갈래로 갈라지며 끝이 뾰족하고 불규칙한 톱니가 있다.
- 한라개승마 : 우리나라 특산종으로 한라산의 냇가 바위틈에서 자라며, 키는 15㎝로 작은 편이다.
- 눈빛승마 : 8월에 하얀색 꽃이 마치 눈이 쌓인 것처럼 핀다. 깊은 산에서 자라며, 키는 약 2.4m이다.
- 촛대승마 : 꽃이 흰색으로 눈빛승마와 비슷하나 꽃 이삭이 갈라지지 않아 촛대처럼 생겼다.

눈개승마

눈빛승마

촛대승마

052

최근 자생지가 발견된 야생란

나도씨눈란

이명 | 진들난초

학명 | *Herminium monorchis* (L.) R. A. Br

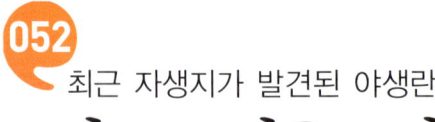

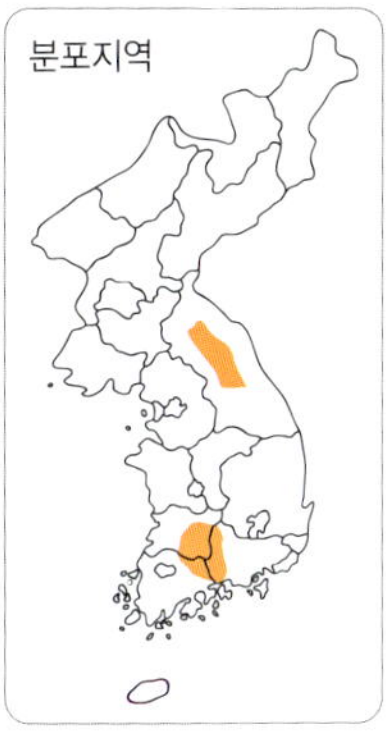

야생란의 피해가 심각하다는 건 오래전부터 지적되어오던 말이다. 나도씨눈란 역시 마찬가지이다. 위기종으로 분류된 이 난은 최근 야생화 동호회에서 자생지를 많이 발견하는 성과를 이룬 품종이다. 그러나 이와는 반대로 이를 상품화하기 위해 채취하는 것 또한 많이 목격할 수 있었다.

몇몇 자생지를 확인했는데, 사람 발자국이 없는 곳은 여러 번 가봐도 자생지 형태를 유지하고 있었지만 사람들이 다녀간 곳은 어김없이 군데군데 채집된 흔적을 볼 수 있었다.

야생란에 대한 일반인들의 관심이 크지만 사람의 손길이 닿으면 생존율이 높지 않기 때문에 채취하는 일은 금해야 한다. 학자들도 마찬가지일 것이다. 복원을 염두에 두지 않은 것이라면 관찰만 하고 생태조사를 한 후 자생지를 그대로 보존하는 것이 원칙이다.

나도씨눈란은 씨눈난초와 비슷하다고 해서 붙여진 이름이다. 씨눈난초는 잎이 선형 또는 넓은 선형인데 비해, 나도씨눈란은 타원형이다. 키는 씨눈난초가 20~45㎝로 10~35㎝인 나도씨눈란에 비해 큰 편이다.

잎은 길이가 3~10㎝, 폭은 1~2.3㎝로 타원형이다. 잎은 보통 밑부분에 2장이 달리고 칼집 모양으로 된 잎자루가 줄기를 싸고 있다. 뿌리는 옆으로 뻗는 뿌리 끝에서 다시 구근이 생긴다.

7~8월에 연한 녹색의 꽃이 핀다. 꽃의 길이는 5~15㎝로 하나의 긴 꽃대 둘레에 여러 개의 꽃이 이삭 모양으로 한쪽으로 치우쳐 달린다. 꽃받침 잎은 길이가 약 0.2㎝로 비스듬히 퍼진다. 꽃잎은 길이가 약 0.4㎝로 뾰족하며 끝이 둔하다. 순판은 꽃잎과 길이가 비슷하며 3개로 갈라지고 꿀주머니에 해당하는 거가 없다. 열매는 9~10월경에 달린다.

난초과에 속하는 여러해살이풀로 지리산, 계방산, 백두산과 강원도 일원에 분포한다. 반 그늘진 곳의 경사지나 물 빠짐이 좋고 유기질 함량이 풍부한 곳에서 자란다.

▲ 나도씨눈란_ 새순 올라오는 모습

▲ 나도씨눈란_ 꽃봉오리

▲ 나도씨눈란_ 꽃

직접 가꾸기

나도씨눈란은 자생지에서의 종자 발아는 다른 종류의 자생 난보다는 높은 것으로 보였다. 아직 정확히 알려진 번식법은 없다.

화단에 심을 때는 주변에 웅덩이나 계곡과 같이 물이 흐르는 주변의 반 그늘진 곳이나 햇볕이 잘 들어오는 곳에 심는다. 화분은 돌이나 나무에 흙을 넣고 바람이 잘 통하는 곳에 두고 관리한다. 물은 분무기 등을 이용해 2~3일 간격으로 준다.

가까운 식물들

- 씨눈난초 : 나도씨눈란에 비해 잎이 선형 또는 넓은 선형이다.

053

옥잠화 닮은 야생화

나도옥잠화

이명 | 제비옥잠, 당나귀나물, 두메옥잠화

학명 | *Clintonia udensis* Trautv. & C. A. Mey.

나도옥잠화는 옥잠화와 비슷해서 붙여진 이름으로 특히 잎이 비슷하다. 그러나 꽃은 모양이 다른데, 옥잠화는 길쭉한 통꽃이지만 나도옥잠화는 작은 꽃이 여러 개 뭉쳐서 달린다.

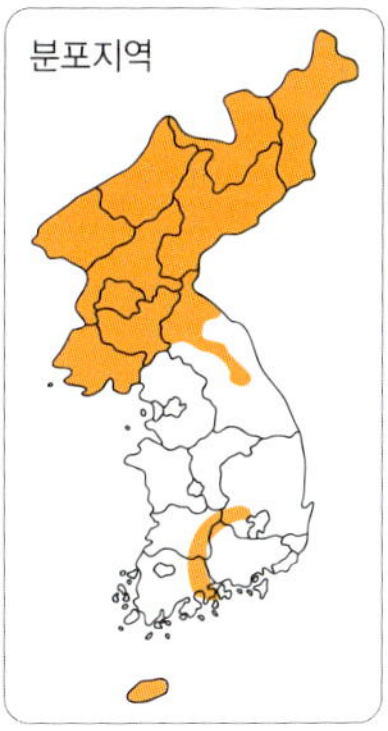

옥잠(玉簪)이라는 이름은 한자로 '옥으로 된 비녀' 라는 뜻으로, 여기에는 재미있는 전설이 전해진다.

옛날 중국에 피리를 아주 잘 부는 사람이 있었다. 어느 날 그가 피리를 불고 있는데 달에서 선녀가 내려와 피리 부는 법을 가르쳐달라고 했다. 그래서 가르쳐주었더니 선녀는 돌아갈 때 답례로 비녀를 빼어 그에게 주려다 그만 떨어뜨리고 말았다. 그는 비녀를 찾으려고 했지만 찾을 수 없었고, 대신 근처에 비녀와 비슷한 꽃이 피어 있었다. 그래서 그 꽃을 옥잠화라고 부르게 되었다는 것이다.

나도옥잠화는 높은 산의 나무 그늘 밑이나 작은 계곡 주변의 습기가 많고 공중습도가 높은 곳에서 자라는 반그늘 식물로, 키는 약 30㎝ 내외이다. 잎은 길이가 12~17㎝, 폭이 5~7㎝ 정도이다. 밑둥에서 2~5장 정도의 잎이 나오는데 달걀 모양이며 광택이 난다. 잎의 밑은 좁고 위가 넓으며, 끝이 뾰족하다.

6~7월에 흰색으로 6~10개 정도의 꽃이 줄기 윗부분에 뭉쳐 핀다.

8~9월경에 둥글고 검은 자줏빛 열매가 달리는데, 갈색의 종자가 많이 들어 있다.

백합과에 속하며 제비옥잠, 당나귀나물, 두메옥잠화라고도 한다. 관상용으로 쓰이고 뿌리는 약으로 쓰인다. 우리나라와 일본, 중국에 분포한다.

▲ 나도옥잠화_ 잎 올라오는 모습

▲ 나도옥잠화_ 종자 결실

▲ 나도옥잠화_ 꽃

직접 가꾸기

나도옥잠화는 가을에 포기나누기를 하거나, 9월에 익은 종자를 저장하지 않고 바로 화분에 뿌리고 이듬해 봄 화단에 옮겨 심는 것이 좋다. 그러나 발아율은 아주 낮다. 음습한 곳에서 자라기 때문에 반그늘 이상이 되는 화단에 심고 공중습도는 높게 만들어줘야 한다. 일반적으로 가정에서 키우기는 힘들다. 고지가 높은 곳의 화단에 심을 때는 바람이 잘 통하고 햇볕을 많이 받지 않는 곳에 심어야 한다.

가까운 식물들

옥잠화

- 옥잠화 : 키는 40~56㎝이고, 꽃의 길이는 약 10㎝ 정도이다.
- 긴옥잠화 : 잎이 옥잠화보다 길고 드문드문 달리며 꽃의 통이 좁다.
- 개옥잠화 : 뿌리가 굵다. 잎은 모여 나고, 잎자루는 길며 홈이 있고 길이는 30㎝ 정도이다.
- 넓은옥잠화 : 잎이 옥잠화보다 길고 넓다. 잎의 모양은 넓은 타원형 또는 달걀형이며 뿌리로부터 나와 자란다.
- 산옥잠화 : 냇가의 바위틈에서 자라며 키는 20~70㎝이다. 7~8월에 자줏빛 꽃이 핀다.

054

나비를 닮은 꽃을 피우는

나비나물

학명 | *Vicia unijuga* A. Braun

꽃이 나비처럼 생겼다. 그래서인지 유난히 나비가 많이 날아오는데, 이름도 나비나물이다. 나물이라는 이름이 붙어 있듯, 어린순은 식용한다.

산과 들에서 자라는 여러해살이풀로, 풀숲이나 햇볕이 잘 드는 경사진 곳의 부엽질이 풍부한 곳에서 잘 자란다. 전체에 털이 없으며, 키는 30~100㎝이다. 잎은 길이가 3~8㎝, 폭이 2~4㎝로 한 쌍의 작은 잎이 어긋나며 끝이 길게 뾰족해지는 것이 특징이다. 줄기는 약간 비스듬히 자라고 원줄기는 능선으로 인해 네모진다.

꽃은 홍자색으로 8월에 피며, 길이는 1.2~1.5㎝로 잎겨드랑이에서 한쪽으로 치우치며 달린다. 9~10월경에 길이 약 3㎝ 정도의 열매가 달리는데 완두콩과 유사하다.

콩과에 속하며, 참나비나물이라고도 한다. 약재로 사용될 때에는 왜두채라고 한다. 어린순은 나물로 식용하고 관상용으로도 좋다. 또 꽃에 꿀이 많아서 꿀을 만드는 밀원식물로도 이용된다. 우리나라와 일본, 중국, 만주 등지에 분포한다.

▲ 나비나물_ 꽃봉오리

▲ 나비나물_ 개화 전

▲ 나비나물_ 꽃

직접 가꾸기

나비나물은 10월경에 종자를 받은 후 물에 하루 정도 불려 뿌리면 발아율이 높아지며, 모래와 섞은 뒤 손으로 비벼 씨의 껍질을 약하게 하여 뿌려도 좋다. 보관할 종자는 종이에 물을 적셔 마르지 않게 한 후 냉장보관했다가 이듬해 봄에 뿌리면 된다. 발아율은 모두 높은 편이다.

햇볕이 잘 드는 곳을 선정하여 퇴비를 넣은 후 심는데, 바람이 잘 통하는 곳에 심는 것이 중요하다. 물 빠짐이 좋지 않을 경우 몇 년 지나면 묘종이 썩기 때문에 물 빠짐도 좋아야 한다.

물은 잎이 많이 올라오는 봄철에는 2~3일 간격으로 주고, 여름에는 3~4일 간격으로 주면 된다.

가까운 식물들

- 큰나비나물 : 잎의 길이가 10cm, 폭이 5cm로 크다.
- 애기나비나물 : 키가 20cm로 작으며 식물 전체가 나비나물보다 작다.
- 광양나비나물 : 키가 40~100cm로, 꽃은 8~9월에 남빛을 띤 자주색으로 핀다. 광양 백운산에 분포하는 한국 특산종이다.
- 긴잎나비나물 : 잎은 길이 1.5~5.5cm, 폭 0.4~1.5cm로 나비나물보다 좁고 길다.
- 꽃나비나물 : 7~8월에 붉은 자줏빛 꽃이 핀다. 나비나물 종류 중 가장 아름다워 관상용으로 많이 재배하고, 사료로도 쓰인다.

055

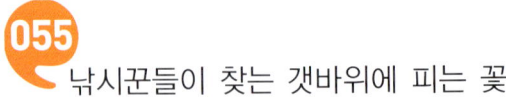

낚시꾼들이 찾는 갯바위에 피는 꽃

낚시돌풀

이명 | 갯치자풀, 낚시돌꽃

학명 | *Hedyotis biflora* var. *parvifolia* Hook. & Arn.

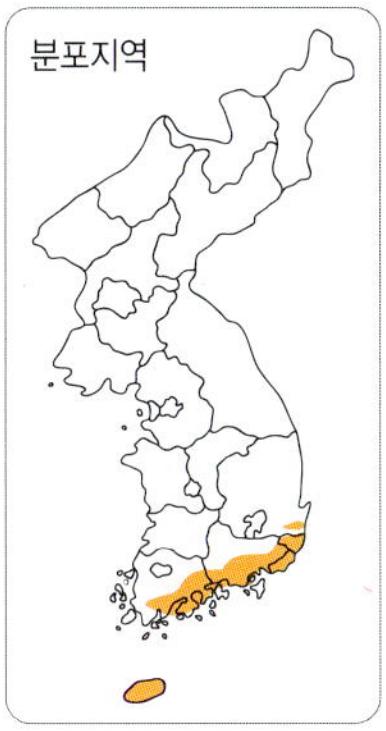

바닷가 낚시꾼들이 이용하는 너른 바위틈에 자란다고 해서 낚시돌풀이라는 이름이 붙었다고 하는 품종이다. 그런 척박한 환경에서 꿋꿋이 자라는 식물들을 보면 생명의 신비가 느껴지곤 한다.

언뜻 보면 갯까치수염과 비슷하다는 생각이 들지만 꽃의 모양이 전혀 다르다. 낚시돌풀은 꽃이 줄기마다 하나씩 피는 반면 갯까치수염은 총상꽃차례로 꼭대기에 모여 달린다.

키는 5~20㎝이고 잎은 길이가 1~2.5㎝, 폭은 약 1㎝로 긴 타원형이다. 잎 표면은 광택이 나고 가장자리는 밋밋하며 약간 뒤로 말리는 모양을 하며 마주난다. 줄기는 옆으로 퍼지는 잔가지가 많으며 털은 없고 두텁다.

7~9월에 흰색의 꽃이 핀다. 꽃줄기 끝에 먼저 1개의 꽃이 피고 그 주위 가지 끝에 다시 꽃이 핀다. 또한 그곳에서 가지가 다시 갈라져 계속 꽃이 핀다. 작은꽃줄기의 길이는 0.3~1㎝이다. 꽃받침 잎은 길이가 약 0.2㎝로 넓은 삼각형 모양이다. 꽃부리는 길이가 약 0.2㎝로서 4개로 갈라지며 수술은 4개이다.

9~10월경에 지름 약 0.5㎝의 편평하고 둥근 열매가 달리는데, 안에는 많은 종자가 들어 있다.

꼭두서니과에 속하는 여러해살이풀로, 남부 해안의 바위틈에 분포한다. 바닷가 모래땅이나 바위틈에서는 척박한 토질에 자생하고 있었지만, 해안과 인접한 일반 토양의 공중습도가 높고 물 빠짐이 좋으며 부엽질이 많은 곳에서도 자란다. 꽃이 오랫동안 피고 지고를 반복하므로 관상용으로 좋다.

▲ 낚시돌풀_ 새순 올라오는 모습

▲ 낚시돌풀_ 잎

▲ 낚시돌풀_ 꽃

▲ 낚시돌풀_ 종자 결실

▲ 낚시돌풀_ 무리

직접 가꾸기

낚시돌풀은 10월경에 받은 종자를 바로 뿌리거나 종이나 솜에 싸서 수분 증발을 억제시키고 냉장고에 보관하여 이듬해 봄에 일찍 뿌린다. 종자 발아율은 높은 편이다.

바위틈이나 모래가 많으며 물 빠짐이 좋은 햇볕이 잘 들어오는 곳에 심는다. 화분에 심을 때는 모래를 많이 넣고 퇴비는 조금 넣어 반 그늘진 곳의 바람이 잘 통하는 곳에 둔다.

가까운 식물들

- 갯까치수염 : 앵초과의 여러해살이풀로 바닷가에 자란다. 흰색 꽃이 총상꽃차례로 핀다. 키는 10~40㎝이다.

갯까치수염

056

멸종 위기에 몰린 예쁜 붓꽃

난장이붓꽃

이명 | 난쟁이붓꽃

학명 | *Iris uniflor* var. *caricina* Kitag.

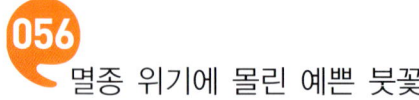

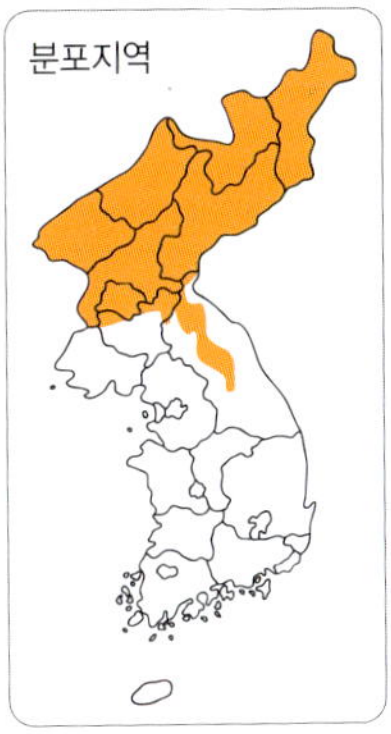

붓꽃보다 키가 유난히 작아 난장이붓꽃이라고 한다. 키는 5~8㎝로 보통 붓꽃의 60㎝에 비하면 거의 10분의 1 정도밖에 안 된다. 붓꽃의 꽃봉오리는 마치 붓 같은데, 이 품종 역시 꽃봉오리가 붓을 닮았다. 키가 워낙 작은 식물이라 꽃을 보기가 쉽지는 않다.

난장이붓꽃은 주로 강원도 고성과 속초, 인제 등 우리나라 중부 이북 지방에서 자라는 여러해살이풀로, 주변 공중습도가 높고 반그늘 혹은 그늘진 바위틈이나 부엽질이 풍부하며 물 빠짐이 좋은 곳에서 잘 자란다.

뿌리는 가늘고 군집을 이루며 줄기 밑부분에는 잎의 갈색 섬유가 있다. 뿌리줄기는 옆으로 벋고 딱딱하며 가는 줄기가 있다. 잎은 길이가 10~25㎝, 폭이 약 0.5㎝이며 줄기의 작년도 잎과 엉겨 있다.

5~6월에 연한 보라색 꽃이 피는데, 꽃줄기 끝에 1개가 달린다. 2개의 타원형 포는 길이가 1.5~2.5㎝로 약간 두껍고 딱딱하며 황록색이다. 꽃잎 윗부분의 가장자리는 자홍색이며 밋밋하고 흐릿한 줄 맥이 있다. 수술은 3개로 갈라진 암술과 씨방 사이의 뒷면에 있다.

8~9월경에 지름 약 0.7㎝ 정도의 둥근 열매가 달린다.

붓꽃과에 속하며 난쟁이붓꽃 또는 용골단화연미라고도 한다. 우리나라 특산식물로 멸종 위기에 놓여 있는 야생화이다.

▲ 난장이붓꽃_ 꽃(위에서 본 모습)

▲ 난장이붓꽃_ 꽃(측면에서 본 모습)

ㄴ

직접 가꾸기

난장이붓꽃은 9월경에 달리는 종자를 받아 물에 2~3일 불려 뿌리거나 종이에 싸서 냉장고에 보관했다가 이듬해 봄에 일찍 뿌린다. 자생지에서 관찰한 바에 의하면 종자 발아가 이루어진 곳은 마사토가 많은 곳, 물기가 잘 빠지는 곳이었다. 특산식물이므로 재배도 어렵고 판매도 금지되어 있다.

가까운 식물들

- 붓꽃 : 산기슭의 건조한 곳에서 자라며, 키는 60㎝이다. 꽃은 연한 자주색이다.
- 솔붓꽃 : 잎 길이 약 15㎝, 폭은 약 0.4㎝이다. 무명을 짜던 솔을 이 품종의 뿌리로 만들었다고 해서 솔붓꽃이라고 한다.
- 각시붓꽃 : 4~5월에 지름 4㎝ 정도의 자주색 꽃이 핀다. 키는 30㎝ 정도이다.
- 금붓꽃 : 노란 꽃이 진하게 핀다.
- 노랑붓꽃 : 변산반도와 내장산에만 자생한다.
- 노랑무늬붓꽃 : 흰색 꽃잎에 노란 무늬가 있다. 강원도의 높은 산에만 자란다.
- 등심붓꽃 : 귀화종으로 제주도에서 자라는 붓꽃류이다.
- 부채붓꽃 : 여름에 피는 꽃으로 습지에서 자란다.

각시붓꽃

금붓꽃

등심붓꽃

부채붓꽃

057

안개를 먹고 자라는 야생화

난쟁이바위솔

이명 | 난장이바위솔

학명 | *Meterostachys sikokiana* (Makino) Nakai

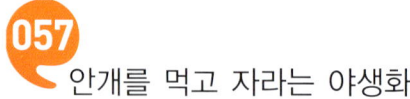

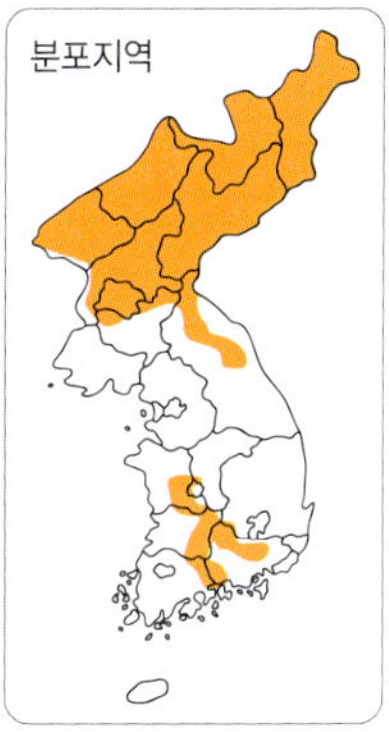

바위솔은 바위에 붙어 살며 잎 모양이 솔잎처럼 생겼다고 해서 붙여진 이름이다. 수분 섭취가 쉽지 않으므로 잎에 저장을 하는데, 그래서 언뜻 보면 선인장처럼 잎이 두툼하다. 바위솔은 크기가 30㎝ 정도인데, 이보다 훨씬 작은 것이 바로 난쟁이바위솔로 키는 10㎝ 정도 된다.

난쟁이바위솔은 높은 산에서 자라는 여러해살이풀로, 안개가 많은 산의 바위틈에서 주로 자란다. 잎은 줄기 끝에 모여 있으며 길이가 1.2~1.7㎝로 끝이 뾰족하다.

8~9월에 흰색 또는 연분홍색의 꽃이 핀다. 안개가 많고 습기가 충분한 곳에서 살면 꽃이 흰색이 되지만 안개나 습기가 부족한 곳에 서식하면 꽃이 연분홍으로 변한다. 또한 이때는 잎의 색상도 연해진다. 하지만 다시 수분을 충분하게 섭취하면 꽃의 색도 흰색으로 바뀌고 잎도 초록색으로 변한다. 꽃의 지름은 0.5~0.8㎝ 정도로 작아 쉽게 보기가 어렵다. 꽃자루는 없고, 꽃잎과 꽃받침잎은 각각 5장이다. 열매는 10~11월에 달리는데, 아주 작다.

꿩의비름과에 속하며, 난장이바위솔이라고도 한다. 관상용으로 재배된다.

난쟁이바위솔 압화 ▶

▲ 난쟁이바위솔_ 잎이 커진 모습

▲ 난쟁이바위솔_ 수분이 부족할 때의 모습

▲ 난쟁이바위솔_ 꽃

▲ 난쟁이바위솔_ 종자 결실

▲ 난쟁이바위솔_ 무리

직접 가꾸기

난쟁이바위솔은 10~11월에 결실되는 종자를 종이에 싸서 냉장보관하여 2월경에 화분에 뿌리면 되고, 가을이나 봄에 싹이 조금 올라오면 포기나누기를 해도 된다. 5월경에 올라온 새순을 잘라서 삽목하면 많은 개체를 얻을 수 있는데, 6월이 되면 온도가 올라가 줄기가 말라 죽으므로 삽목을 피해야 한다. 뿌리를 쉽게 내리도록 발근제를 바르는 것도 좋다. 그늘이 많이 진 화단의 바위 위에 흙이나 이끼를 채워 심어야 한다. 공중습도를 높이기 위해 하루에 2~3회 분무기로 물을 뿌려준다.

가까운 식물들

- 바위솔 : 키가 30㎝ 정도로 난쟁이바위솔보다 크다.
- 애기바위솔 : 역시 키가 작다. 꽃은 황색이지만 어린 꽃밥은 빨간색이다. 제주도에 분포한다.
- 둥근바위솔 : 바닷가의 바위에 자라며 잎이 뾰족하지 않고 둥글다.
- 정선바위솔 : 잎이 둥글고 길이는 1.5~3㎝, 폭은 1.5~2㎝ 정도이다. 정선과 평창에 서식하며, 키는 10~20㎝이다.
- 연화바위솔 : 어린잎이 바위에 퍼져 붙은 모습이 마치 활짝 핀 연꽃을 닮았다. 울릉도와 제주도에 분포한다.

바위솔

058

줄기에 날개를 달고 있는 나리꽃

날개하늘나리

학명 | *Lilium dauricum* KerGawl.

나리 종류들은 꽃이 크면서도 화려해 관상용으로 많이 재배된다. 보통 나리라고 하면 참나리를 가리키는데, 꽃이 꼭 호랑이 가죽처럼 무늬가 얼룩덜룩하다. 그래서 영어로는 '타이거 릴리(tiger lily)' 라고 한다. 여기에서 릴리는 백합을 말한다. 날개하늘나리는 하늘나리와 비슷한 종류인데, 둘 다 꽃이 하늘을 쳐다본다고 해서 하늘나리라는 이름이 붙었다. 대부분의 나리들은 꽃이 아래로 땅을 향한다. 중나리는 중간쯤 본다고 해서 중나리이고, 땅나리는 아예 얼굴을 땅으로 푹 숙인다. 한편, 말나리는 잎이 치마처럼 돌려나고 꽃의 얼굴은 중나리처럼 중간을 향한다. 하늘나리에 비해 날개하늘나리에 '날개' 라는 말이 붙은 것은 줄기에 물고기 지느러미처럼 생긴 날개가 나 있기 때문이다.

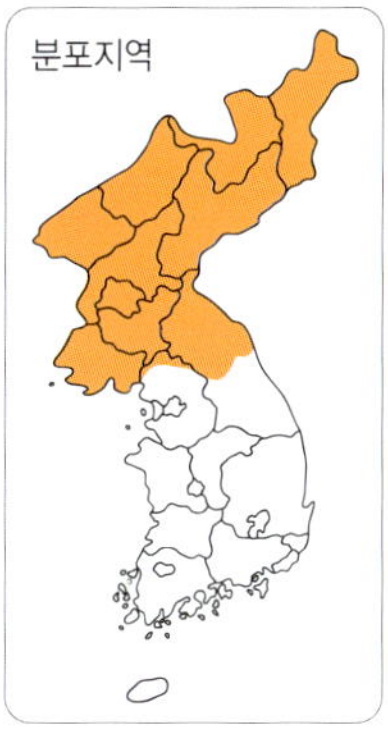

날개하늘나리는 중부 이북의 산에서 자라는 여러해살이풀이다. 물 빠짐이 좋고 반그늘이며 모래가 많이 포함된 토양이나 부엽질이 많은 곳에서 잘 자란다. 키는 30~80㎝이며 잎은 잎자루가 없이 뾰족하고 길이는 5~12㎝, 폭은 5~10㎝이다. 7~8월에 꽃이 피는데 길이가 7~8㎝이고, 황적색 바탕에 자주색 반점이 있다. 꽃은 원줄기 끝과 가지 끝에 1~6개가 우산 모양으로 위를 향해 핀다. 열매는 9~10월에 익으며 길이는 4~5㎝로 곧게 선다.

백합과에 속하며, 관상용으로 쓰이고 비늘줄기는 식용한다.

날개하늘나리 압화 ▶

▲ 날개하늘나리_ 꽃 피기 전

▲ 날개하늘나리_ 꽃

직접 가꾸기

날개하늘나리는 늦가을이나 이른 봄에 인편(비늘 조각)을 따서 하는 방법과 9~10월경에 종자를 따서 바로 화단이나 화분에 뿌리는 방법이 있다. 인편을 나누는 시기는 이른 봄에 새순이 올라올 때나 늦은 가을에 구근이 비대해질 때가 좋다. 인편을 하나하나 분리해 모래나 상토에 1/2 정도 꽂은 후 습도를 유지할 수 있도록 비닐이나 신문지로 덮는다. 10일이 경과한 후 비닐이나 신문지를 벗겨내고 물을 주면 된다. 1달 정도가 지나면 인편 사이에서 작은 알뿌리들이 생기는데, 이것을 분리해 심는다.

서늘한 곳에서 자라는 품종이기 때문에 그늘진 곳이나 부엽질이 많은 화단에 심는 것이 좋으며, 물은 2~3일 간격으로 준다.

- 하늘나리 : 크기가 날개하늘나리와 비슷하지만 꽃이 훨씬 붉으며, 꽃잎도 가늘다. 잎도 폭이 0.3~0.6㎝로 날개하늘나리에 비해 가늘다.
- 참나리 : 꽃잎이 뒤로 젖혀져 있고, 키는 1~2m이다. 잎 주위에 작은 구슬눈이 달리는데, 이것을 '주아' 라고 한다.
- 중나리 : 꽃이 위나 아래가 아니라 비스듬히 옆을 보고 있다. 꽃잎은 황색을 띤 붉은색이고 안쪽에 자줏빛 반점이 있다.
- 솔나리 : 잎이 솔잎처럼 가늘고 길다. 키는 90㎝ 정도이다. 꽃은 연분홍색이며 꽃잎이 뒤로 말린다.
- 말나리 : 6~7월에 1~10개의 노란빛을 띤 빨간 꽃이 옆을 향해 핀다.
- 하늘말나리 : 잎이 마치 치마처럼 돌려나며, 꽃은 하늘을 바라본다. 7~8월에 노란빛을 띤 붉은색 꽃이 원줄기 끝과 가지 끝에서 핀다.
- 지리산하늘말나리 : 하늘말나리와 거의 같지만 화피에 자주색 반점이 없다.
- 누른하늘말나리 : 하늘말나리와 비슷하나 꽃이 짙은 노란색이다.

참나리

중나리

솔나리

말나리

하늘말나리

지리산하늘말나리

누른하늘말나리

059

이리의 어금니

낭아초

이명 | 랑아초, 물깜싸리

학명 | *Indigofera pseudotinctoria* Matsum.

이름에는 풀을 뜻하는 '초' 자가 붙었지만 나무로, 낙엽활엽성반관목이다. 남부지방의 낮은 지대, 해안가의 따뜻한 곳에서 잘 자라며, 키는 약 2m 정도이다. 가지를 많이 치면서 옆으로 자라는 특징이 있다. 낭아(狼牙)라는 말은 '이리의 어금니'라는 뜻이다. 꽃이 작은 이빨처럼 보이기도 하지만 그런 이름이 왜 붙여졌는지는 알 수 없다. 약재로 이용될 때에도 낭아초라고 부른다.

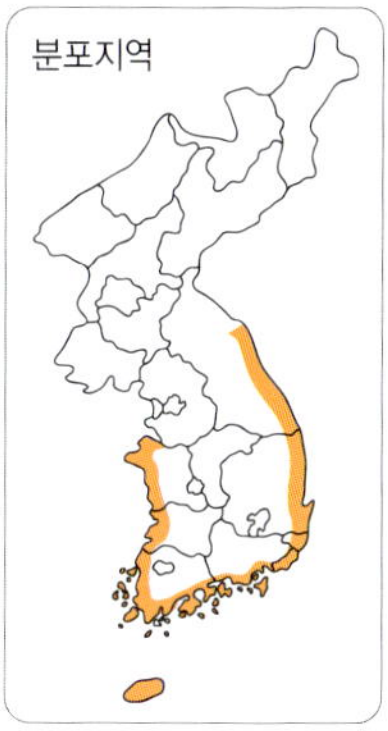

특이한 점은 줄기가 아주 억세다는 것이다. 잡아당기면 잎만 후두둑 떨어지고 줄기는 그대로 있을 정도여서 중국에서는 말이 잡아당겨도 끊어지지 않을 만큼 강하다고 하여 '마극(馬棘)'이라고도 한다.

전체적인 모양은 꼭 싸리를 닮았다. 특히 땅비싸리와 아주 비슷해서 물깜싸리라고도 한다. 하지만 땅비싸리보다 꽃이 늦게 피고, 꽃 색깔도 더 진하다.

잎은 깃꼴겹잎으로 긴 타원형인데 길이는 0.8~2㎝, 폭은 0.5~1㎝이다. 잎 끝은 가시 모양으로 되어 있으며, 가장자리에는 톱니가 없이 밋밋하다.

7~8월에 엷은 홍색 또는 흰색의 나비 모양 꽃이 피고, 곁가지에서 나오는 꽃의 길이는 4~12㎝이다. 콩과 식물의 특성을 잘 보여주는 품종으로, 꽃이 마치 촛대 모양으로 위로 솟구쳐 올라간다. 곁가지에서도 계속 꽃이 피기 때문에 개화기간이 상당히 긴 편이다. 열매는 10월에 달린다.

콩과에 속하며 랑아초, 물깜싸리라고도 한다. 관상용으로 쓰이며 뿌리와 줄기는 약으로 쓰인다. 꽃을 따서 설탕에 재웠다가 요리와 차로 마시기도 한다. 조경수로 사용하는 것은 외국에서 수입된 품종이 대부분이다. 우리나라와 중국, 일본에 분포한다.

낭아초 압화 ▶

▲ 낭아초_ 잎

▲ 낭아초_ 꽃봉오리

▲ 낭아초_ 꽃

▲ 낭아초_ 전초

▲ 낭아초_ 무리

직접 가꾸기

낭아초는 새로 나온 가지를 8~9월에 삽목한다. 또는 10월에 열리는 종자를 바로 화분이나 화단에 뿌리거나 이듬해 봄에 뿌리면 번식시킬 수 있다. 나무 종류이기 때문에 정원수로 적당하고 물 빠짐이 좋은 곳이면 더 좋다.

가까운 식물들

땅비싸리

- 좀낭아초 : 작은 낭아초라는 뜻으로, 키는 20~40㎝이다. 꽃은 6~7월에 노란색으로 핀다.
- 검은낭아초 : 낭아초라는 이름이 붙었지만 장미과의 여러해살이풀로, 6~7월에 짙은 자주색 꽃이 핀다. 키는 30~60㎝로 낭아초보다 작다.
- 땅비싸리 : 잎이나 줄기 등이 비슷하다. 산기슭에서 흔히 자라는데, 키는 1m 정도이고 뿌리에서 많은 싹이 나온다.

060

귀 네 개가 꽃에 달린 듯한

네귀쓴풀

학명 | *Swertia tetrapetala* (Pall.) Grossh.

네귀란

귀처럼 생긴 꽃잎이 4개로 갈라지며, 쓴맛을 내서 붙여진 이름이다. 쓴풀의 한 종류로, 쓴풀은 잎이 마치 실 모양으로 가늘게 마주나며, 키는 15~30㎝로 네귀쓴풀과 비슷하거나 작다.

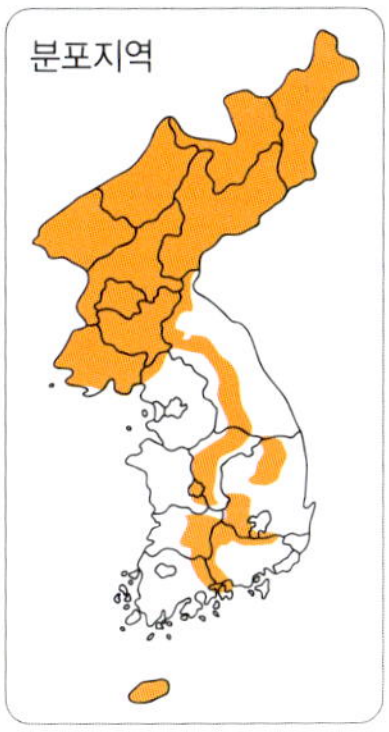

쓴풀과 네귀쓴풀의 큰 차이점은 꽃에 있다. 쓴풀은 가을에 자주색 꽃이 피지만 네귀쓴풀은 여름에 흰색 꽃이 핀다.

네귀쓴풀은 우리나라 각처의 높은 산이나 들에 자라는 한해살이풀이다. 양지바른 풀숲이나 돌 틈에서 자라며, 키는 약 30㎝ 내외이다.

줄기는 가늘고 길며 곧게 서고 가지를 많이 친다. 잎은 긴 달걀 모양으로 끝은 날카롭지만 뭉뚝하고 가장자리에 톱니가 없다. 잎은 마주나고 잎자루는 없으며, 크기는 길이 2~3.5㎝, 폭 0.7~1.5㎝이다.

7~8월에 흰색 꽃이 피는데, 파란색 혹은 자줏빛 반점이 있다. 꽃잎 가운데에 약간 들어간 부분이 있고 주변에는 약하게 돌기가 나 있다. 이 돌기는 촉수 또는 물주머니의 역할을 하는 것 같다. 열매는 9~10월에 익으며 크기는 작다.

용담과에 속하며, 관상용으로 쓰인다. 꽃이 필 때 채취한 것을 말려 약재로도 사용한다.

우리나라와 일본, 중국 북동부, 시베리아, 사할린, 쿠릴 열도, 캄차카, 알래스카, 캐나다 등지에 분포한다.

▲ 네귀쓴풀_ 새순 올라오는 모습

▲ 네귀쓴풀_ 꽃봉오리

▲ 네귀쓴풀_ 꽃

▲ 네귀쓴풀_ 시드는 모습

직접 가꾸기

네귀쓴풀은 1년생이기 때문에 9~10월에 익은 종자를 냉장고에 저장했다가 이듬해 봄에 화단에 뿌린다. 양지바르고 물 빠짐이 좋은 화단에 심고 물은 2~3일 간격으로 주면 된다.

가까운 식물들

- 자주쓴풀 : 키는 15~30㎝로 곧추서고 다소 네모지며 검은 자주색이 돈다. 꽃은 9~10월에 자주색으로 피며, 꽃잎은 5조각이다.
- 개쓴풀 : 9~10월에 흰 바탕에 연한 자줏빛 줄이 있는 꽃이 핀다. 키는 5~35㎝이다. 나도쓴풀이라고도 하며, 맛이 쓰지는 않다.
- 큰잎쓴풀 : 잎이 쓴풀보다 크다. 키는 30㎝ 정도이며 백두산에 분포한다.
- 쓴풀 : 산이나 들에 자란다. 키는 15~30㎝이며, 가을에 자주색 꽃이 핀다.

자주쓴풀

큰잎쓴풀

쓴풀

061

노란색 꽃이 앙증맞게 피는

노랑어리연꽃

이명 | 노랑어리연

학명 | *Nymphoides peltata* (J.G.Gmelin) Kuntze

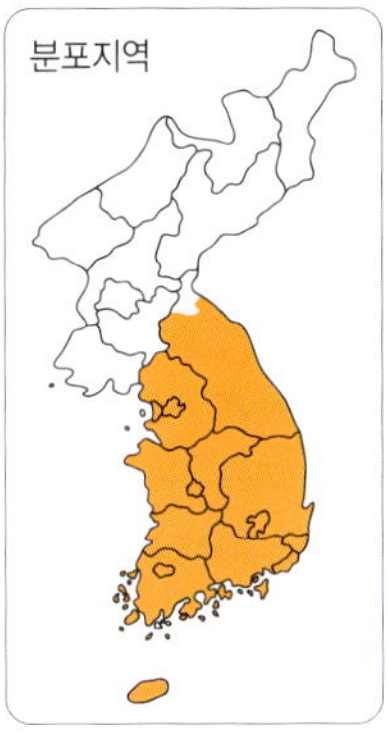

연꽃은 주로 진흙이 많은 곳에서 피는데, 더러운 진흙 속에서 고운 꽃이 핀다고 해서 불교에서는 믿음을 상징하는 꽃으로 알려져 있다.

연꽃 중에 크기가 작고 노란색 꽃을 피우는 것이 바로 노랑어리연꽃이다. 연못과 늪에서 자라는 여러해살이 수초로, 물이 깊지 않고 오래 고여 있는 곳에서 잘 자란다.

노랑어리연꽃은 어리연꽃의 한 종류인데, 꽃의 형태가 서로 약간 다르다. 어리연꽃은 하얀색이며 가운데 부분이 노랗고, 또 꽃잎 주변에는 하얀 털이 잔뜩 나 있다. 꽃 크기도 1.5㎝로 노랑어리연꽃에 비하면 아주 작다.

노랑어리연꽃의 키는 10~15㎝로 작은 편이지만 작은 연못에 주로 자라므로 보기는 어렵지 않다. 특히 작은 연못에 심으면 앙증맞은 노란색 꽃을 여름 내내 구경할 수 있다. 뿌리줄기는 물 밑의 흙 속에서 옆으로 벋고 줄기는 실 모양으로 길게 자란다.

잎은 지름이 5~10㎝로 난형 또는 원형인데 밑부분이 2개로 갈라진다. 물 위에 뜨는 잎은 수련 잎과 비슷하게 윤기가 나고, 뒷면은 갈색을 띤 보라색이 돈다. 잎의 가장자리에는 톱니가 나 있다.

7~9월에 밝은 노란색의 꽃이 피며, 지름은 3~4㎝이다. 꽃은 가장자리에 털이 있고 잎겨드랑이에 달린다. 길이 약 0.3㎝ 정도의 타원형 열매가 9~10월경에 달린다.

조름나물과에 속하며, 노랑어리연이라고도 한다. 관상용으로 쓰인다. 우리나라와 일본, 중국, 몽골, 시베리아, 유럽 등지에 분포한다.

▲ 노랑어리연꽃_ 잎 올라오는 모습

▲ 노랑어리연꽃_ 꽃봉오리

▲ 노랑어리연꽃_ 꽃이 활짝 핀 모습

▲ 노랑어리연꽃_ 무리

직접 가꾸기

노랑어리연꽃은 잎이 지고 난 가을이나 이른 봄에 포기나누기를 한다. 물이 빠지지 않고 깊지 않은 화분이나 화단의 연못에 심는다. 환경이 좋으면 잘 번식하여 다른 식물들에게 해가 되므로 화분에 별도로 심는 것이 좋다.

가까운 식물들

- 어리연꽃 : 꽃이 흰색이며, 가운데에 노란색이 있다. 또 꽃잎 표면에는 작은 털이 많이 나 있다. 꽃 크기는 1.5cm로 아주 작다.
- 좀어리연꽃 : 아주 작은 어리연꽃으로 키는 1~10cm이며, 잎은 심장형 또는 달걀형으로 지름이 2~6cm 정도이다. 강원도 통천 등지에 분포한다.
- 연꽃 : 7~8월에 홍색 또는 흰색의 꽃이 피며, 크기는 지름 15~20cm로 크다. 아시아 남부와 오스트레일리아 북부가 원산지이다.
- 개연꽃 : 8~9월에 물 위로 나온 긴 꽃자루 끝에 1송이씩 노란빛으로 꽃이 피며, 지름은 약 5cm이다. 잎이 길어 긴잎좀련꽃이라고도 한다.
- 왜개연꽃 : 개연꽃보다 작은 종으로 꽃의 지름은 2.5cm이다.
- 수련 : 수련과 식물의 총칭으로, 꽃은 5~9월에 핀다. 꽃 색깔은 흰색이지만 붉은 기가 연하게 돈다.

어리연꽃

좀어리연꽃

연꽃

062

노루가 잘 다니는 산에 피는 야생화

노루오줌

이명 | 큰노루오줌, 왕노루오줌, 노루풀

학명 | *Astilbe rubra* Hook. f. & Thomson var. *rubra*

노루오줌은

노루가 다닐 만한 산에 사는데, 뿌리에서 지린내가 나서 노루오줌이라는 이름이 붙었다. 오줌 냄새를 내는 이유는 곤충을 유혹하기 위해서이다.

우리나라 각처의 산에서 자라는 여러해살이풀로, 산지의 숲 아래나 습기와 물기가 많은 곳에서 잘 자라며, 키는 60㎝ 내외이다. 뿌리줄기는 굵고 옆으로 짧게 벋으며 줄기는 곧게 서고 갈색의 긴 털이 나 있다.

잎은 넓은 타원형으로 끝이 길게 뾰족하며, 잎 가장자리가 깊게 패어 들고 톱니가 있다. 잎은 어긋나고 잎자루가 길며 2~3회에 걸쳐 3장의 작은잎이 나온다. 잎의 길이는 2~8㎝이다.

꽃은 7~8월에 연한 분홍색으로 피고, 길이는 25~30㎝ 정도이다. 9~10월에 열매가 달리는데 갈색으로 변한 열매 안에는 미세한 종자들이 많이 들어 있다.

범의귀과에 속하며 큰노루오줌, 왕노루오줌, 노루풀이라고도 한다. 어린 순은 식용으로, 뿌리를 포함한 전초와 꽃은 약으로 쓰인다.

외국에서는 많은 품종이 개발되어 '아스틸베(Astilbe)' 라 하여 꽃다발, 꽃바구니, 화환 등을 장식하는 절화식물로 이용된다. 주로 관상용으로 쓰이며 우리나라와 일본, 중국, 헤이룽 강 등지에 분포한다.

노루오줌 압화 ▶

▲ 노루오줌_ 새순 올라오는 모습

▲ 노루오줌_ 성장 후 모습

▲ 노루오줌_ 꽃봉오리

▲ 노루오줌_ 개화한 모습

▲ 노루오줌_ 꽃

▲ 노루오줌_ 종자 결실

▲ 노루오줌_ 무리

직접 가꾸기

노루오줌은 가을이나 봄에 포기나누기를 하고, 9~10월경에 달리는 작은 종자를 모아서 종이에 싸서 냉장보관했다가 이듬해 2월경 화분에 뿌리는 방법도 있다. 종자는 꽃송이마다 열려 숫자는 많지만 싹이 트는 것이 많지 않기 때문에 가능하면 많이 뿌리는 것이 좋다.

화분이나 화단에 심는데, 물기가 많은 곳이나 마른 곳 어디에 심어도 좋다. 하지만 물기가 너무 없으면 잎이 타므로 마른 땅에서는 매일 물을 줘야 한다.

가까운 식물들

- 숙은노루오줌 : 꽃이 옆으로 고개를 숙여서 '숙은'이라는 말이 붙었다. 산지에서 자라며, 키는 60㎝이다.
- 둥근노루오줌 : 숙은노루오줌에 비해 작은잎이 둥글며 꽃과 열매는 다소 크다.
- 진퍼리노루오줌 : 줄기는 곧게 서고, 키가 1m나 된다. 한국 특산종으로 속리산, 광릉, 강원도 향로봉과 함경북도 경성에 분포한다.

063

노란 꽃이 하늘로 향해 피는 말나리

누른하늘말나리

학명 | *Lilium tsingtauense* for. *flavum* (Wilson) T.B.Lee

ㄴ

누른하늘말나리는 노란색의 하늘말나리로, 잎이나 크기 등이 하늘말나리와 비슷하지만 꽃이 다르다. 하늘말나리의 꽃이 황적색인 반면 누른하늘말나리 꽃은 노란색이다.

보통 나리는 크게 그냥 나리와 말나리로 나뉜다. 나리는 처음부터 끝까지 잎이 어긋나는 반면 말나리는 아래 잎은 돌려나고 위의 잎은 어긋나는 점이 다르다. '하늘' 이라는 이름이 붙는 나리들은 꽃이 하늘을 보고 있는 나리를 말한다. 꽃이 땅바닥을 보고 있으면 땅나리, 중간을 비스듬히 쳐다보면 중나리라고 부른다. 그러나 나리는 원예품종으로 개발된 것이 매우 많아서 이름을 알기가 쉽지 않다.

누른하늘말나리는 전국의 산지에서 자라는 여러해살이풀이다. 부엽질이 풍부하며 배수가 잘되는 경사진 곳과 높지 않은 곳에서 자라며, 키는 70~100㎝이다. 잎은 원줄기를 따라 올라가며 둥글게, 6~12장씩 달린다. 큰 잎은 길이가 9㎝, 폭이 4㎝ 정도이다. 뿌리는 비늘조각으로 앞부분이 뾰족하며 뿌리에 붙은 부분은 난형으로 되어 있다.

꽃은 황색이며 7~8월에 핀다. 꽃잎에는 자주색 반점이 드문드문 있고 끝이 약간 뒤로 굽는 것이 특징이다. 10월경에 3갈래로 갈라지는 둥근 열매가 달리는데 안에는 납작한 갈색 종자들이 들어 있다.

백합과에 속하며 관상용으로 쓰인다.

▲ 누른하늘말나리_ 꽃

직접 가꾸기

누른하늘말나리는 10월경에 채취한 종자를 종이에 싸서 냉장고에 보관한 후 이듬해 봄에 뿌리거나 뿌리의 인편을 나누어서 삽목해도 좋다. 모래나 상토와 같이 오염되지 않은 토양에 삽목한다. 1개씩 나누어 인편의 뾰족한 부분이 위로 나오게 심어야 한다. 부엽질이 풍부하고 물 빠짐이 좋은 곳을 선정하여 집단적으로 심으면 좋다. 물은 3~4일 간격으로 주면 된다.

가까운 식물들

- 참나리 : 나리 중의 왕으로 키는 1.5m이며, 꽃에 호랑이 무늬가 있고, 꽃잎이 뒤로 젖혀진다. 여기에서 '참'은 진짜라는 뜻이다.
- 하늘나리 : 유사한 식물인 날개하늘나리와 크기가 비슷하지만 꽃이 훨씬 붉으며, 꽃잎은 더 가늘다. 잎도 폭이 0.3~0.6㎝로 아주 가늘다.
- 말나리 : 6~7월에 1~10개의 노란빛을 띤 빨간 꽃이 옆을 향하여 피며, 키는 약 80㎝이다.
- 하늘말나리 : 잎이 마치 치마처럼 돌려나며, 꽃은 하늘을 바라본다. 7~8월에 노란빛을 띤 붉은색 꽃이 원줄기 끝과 가지 끝에서 핀다.
- 지리산하늘말나리 : 하늘말나리와 거의 같지만 화피에 자주색 반점이 없다.
- 중나리 : 황적색 꽃이 비스듬히 중간을 향한다. 키는 1~2m이다.

참나리

말나리

하늘말나리

중나리

064

누워 자라는 개승마

눈개승마

이명 | 삼나물, 죽토자

학명 | *Aruncus dioicus* var. *kamtschaticus* (Maxim.) H. Hara

눈개승마는

누워 자라는 개승마라는 뜻이다. 승마의 한 종류이고, 승마는 약초로 마의 성질이 승한다고 해서 승마인데, 미나리아재비과에 속한다. 승마는 잎이 어긋나고 잎자루가 길며 3개씩 1~2회 갈라지는 것이 특징이다. 한편 개승마는 잎이 단풍잎과 유사하게 5~9갈래로 갈라지며 끝이 뾰족하고 불규칙한 톱니가 있다. 눈개승마는 이 개승마와 비슷하나 줄기가 옆으로 누워 벋는다.

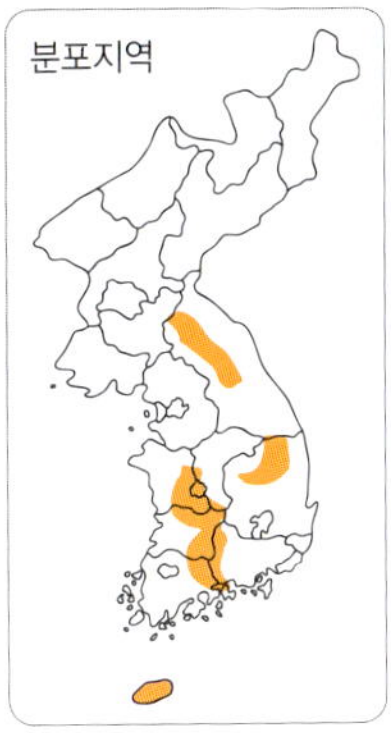

눈개승마는 전국 각처의 고산지역에서 자라는 여러해살이풀이다. 낙엽이 많은 반그늘이나 음지에서 자라며, 키는 30~100㎝이다. 뿌리줄기는 나무처럼 단단하고 굵다. 잎은 길이가 3~10㎝, 폭이 1~6㎝로 광택이 나는 긴 잎자루를 가지고 있다. 깃털과 같은 모양으로 2~3회 정도 갈라지는 깃꼴겹잎으로, 끝이 뾰족하고 가장자리에 파고드는 모양의 톱니가 있다.

6~8월에 길이 10~30㎝의 흰색 꽃이 부채꽃 모양으로 펼쳐져 아래부터 위로 올라가며 핀다.

7~8월에 갈색의 타원형 열매가 익으며 길이는 0.3㎝가량 된다. 열매가 익을 때는 광채가 난다.

장미과에 속하며 눈산승마, 삼나물, 죽토자라고도 한다. 관상용으로 쓰이고 어린순은 식용으로 쓰인다.

▲ 눈개승마 압화

▲ 눈개승마_ 잎

▲ 눈개승마_ 꽃

▲ 눈개승마_ 종자 결실

▲ 눈개승마_ 무리

직접 가꾸기

눈개승마는 8월경에 익은 종자를 따는데 종자가 미세해서 뿌리기가 어렵다. 물조리개에 종자를 담아 잘 저은 뒤 상토에 뿌리고 그 위에 흙을 살짝 덮는다. 뿌리고 남은 종자는 종이에 싸서 냉장보관한다.

햇빛이 많이 들어오는 곳에 심고 서늘한 공기가 있어야 잘 자라므로 공기의 순환이 잘되는 곳에 심는 것이 좋다. 이런 조건이 아니면 그해에는 꽃이 피어도 다음 해부터는 잘 피지 않는다. 물은 봄에는 3~4일 간격, 여름에는 1~2일 간격으로 주면 된다.

가까운 식물들

- 개승마 : 잎은 길이가 7~20㎝, 폭은 6~18㎝의 크기이다. 단풍잎과 유사하게 5~9갈래로 갈라지며 끝이 뾰족하고 불규칙한 톱니가 있다.
- 승마 : 뿌리가 굵고 자줏빛을 띤 검은색이며, 키는 약 1m이다.
- 나도승마 : 굵은 뿌리줄기가 길게 옆으로 벋으며 끝에서 새싹이 무리 지어 돋는다. 백운산에만 분포하는 한국 특산종이다.
- 황새승마 : 깊은 산속 숲 언저리에서 자라며, 키는 1~1.5m이다. 8~9월에 노란빛을 띤 흰색 꽃이 핀다.
- 한라개승마 : 우리나라 특산종으로 한라산의 냇가 바위틈에서 자라며, 키는 15㎝로 작은 편이다.
- 눈빛승마 : 8월에 하얀색 꽃이 마치 눈이 쌓인 것처럼 핀다. 깊은 산에서 자라며, 키는 약 2.4m이다.
- 촛대승마 : 꽃 이삭이 갈라지지 않아 촛대처럼 생겼다.

개승마

나도승마

한라개승마

촛대승마

065

눈처럼 흰 꽃이 아름다운

눈빛승마

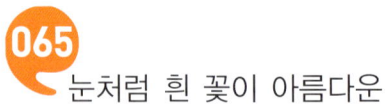

학명 | *Cimicifuga dahurica* (Turcz. ex Fisch. & C. A. Mey.) Maxim.

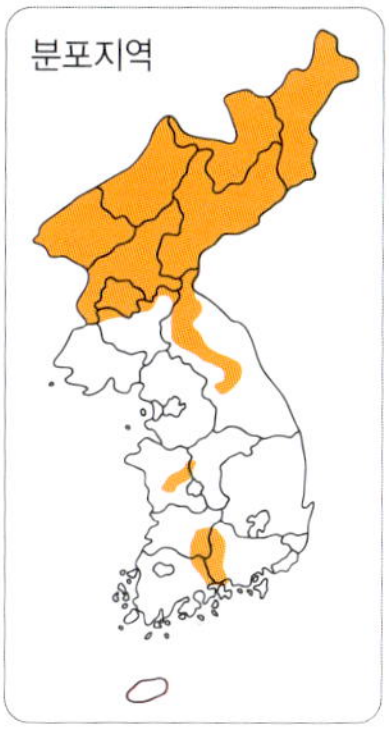

눈빛이라는 이름은 꽃 때문에 붙여졌는데, 하얀 꽃이 마치 눈처럼 소복하게 쌓여 핀 모습이 아주 아름답다.
눈빛승마는 지리산, 계룡산, 속리산, 설악산 및 강원도 이북에서 나는 여러해살이풀로, 유기질 함량이 높은 흙이나 반그늘 혹은 양지에서 잘 자란다.
키는 약 2m에 이르며 야생화로서는 키가 아주 커서 어떤 것은 2.5m까지 자라기도 한다. 그래서 일반 가정에서는 키우기가 쉽지 않다.
감상하기 위해 화단에 심을 때는 중간 또는 뒷부분에 심으면 늘씬하게 자라는 모습이 꽤 보기 좋은데, 특히 꽃이 아주 멋지다. 눈빛이라는 이름 그대로 햇볕을 받으면 은색으로 빛난다.
줄기는 크고 곧게 서며 많은 가지를 치고, 잎은 길이가 6~12㎝, 폭은 2~7㎝로 타원형이다. 잎의 끝은 뾰족하고 가장자리에는 톱니가 있다. 뿌리에서 나온 잎은 길이가 약 1m 정도나 되어 아주 크다.
8월에 흰색의 꽃이 원줄기 윗부분에 원뿔 모양으로 달리는데, 작은 꽃들이 마치 눈꽃송이처럼 모여서 핀다.
열매는 8~9월경에 둥글게 맺는다.
미나리아재비과에 속하며, 관상용으로 쓰이고 뿌리와 줄기는 약재로 이용된다. 우리나라와 몽골, 시베리아 등지에 분포한다.

▲ 눈빛승마_ 꽃봉오리

▲ 눈빛승마_ 꽃

▲ 눈빛승마_ 무리

직접 가꾸기

눈빛승마는 9월에 받은 종자를 바로 뿌리거나 종이에 싸서 보관했다가 이듬해 봄에 일찍 뿌린다. 종자 발아율은 높지만 습도를 잘못 관리하면 묘종이 고사하는 경우가 생긴다.

종자 발아는 상당히 늦어서 심은 지 약 30~40일이 지난 후에 싹이 올라온다. 화단에 심을 때는 부엽질이 많은 퇴비를 다른 품종에 비해 2배 정도 넣고 물 빠짐을 좋게 해주면 된다. 물은 2~3일에 한 번씩 준다.

가까운 식물들

- 승마 : 뿌리가 굵고 자줏빛을 띤 검은색이며, 키는 약 1m이다.
- 촛대승마 : 꽃이 흰색으로 눈빛승마와 비슷하나 꽃 이삭이 갈라지지 않아 촛대처럼 생겼다.

촛대승마

066

잎이 단풍나무의 잎처럼 생긴

단풍취

이명 | 괴발땅취, 괴발딱지, 장이나물, 좀단풍취

학명 | *Ainsliaea acerifolia* Sch. Bip.

잎이 단풍나무 잎처럼 여러 갈래로 갈라진다고 해서 단풍취라고 한다. 꽃보다 잎이 더 아름다워서 관상용으로 많이 심는 품종이다. 또 나물을 뜻하는 '취'자가 붙어 있듯 나물로도 이용된다. 지역에 따라서 '개발딱주'라고 하는 곳도 있는데, 이는 이 품종의 다른 이름인 '괴발딱지'의 별칭으로 여겨진다.

단풍취는 산에서 자라는 여러해살이풀로, 습기가 많은 반그늘에서 자란다. 키는 30㎝ 내외이나 큰 것은 80㎝까지 자라기도 한다. 땅속줄기가 뻗고, 땅 위 줄기는 곧게 서며 가지는 치지 않는다. 전체에 긴 갈색 털이 나 있는 것이 특징이다.

잎은 손바닥 모양으로 생겼으며 대개 7갈래로 갈라져 있다. 잎 갈래의 모양은 삼각형이고 끝이 날카로우며, 잎 가장자리에는 톱니가 나 있다. 잎의 길이는 6~13㎝, 폭은 6.5~15㎝ 정도이다.

7~9월에 줄기를 따라 길게 하얀색 꽃이 핀다. 열매는 10월에 열리고 종자의 크기는 아주 작다. 열매에는 갓털이 있어 바람을 타고 퍼진다.

국화과에 속하며 괴발땅취, 괴발딱지, 장이나물, 좀단풍취라고도 한다. 관상용으로 쓰이고, 어린 잎은 주로 식용으로 쓰인다. 향기로우면서도 매운 맛이 나는 것이 특징이다. 우리나라와 일본, 중국에 분포하며, 꽃말은 '순진', '감사'이다.

◀ 단풍취 압화

▲ 단풍취_ 잎 전개되는 모습

▲ 단풍취_ 잎

▲ 단풍취_ 꽃봉오리

▲ 단풍취_ 꽃

▲ 단풍취_ 종자 결실 전

▲ 단풍취_ 종자 결실

ㄷ

직접 가꾸기

단풍취는 늦가을이나 이른 봄에 새싹이 올라올 때 포기나누기를 하고, 10~11월에 결실된 종자를 이듬해 2~3월경 화분에 뿌리면 번식시킬 수 있다. 습기가 많은 곳을 좋아하므로 습도를 유지해줘야 한다. 또한 토양이 비옥하면 잎이 넓어지기 때문에 화분이나 화단에 퇴비를 많이 넣는 것이 좋다. 잎이 크므로 물은 매일 줘야 한다.

가까운 식물들

- 가야단풍취 : 잎의 패어 들어간 부분이 얇다. 가야산에 분포한다.

067

꽃잎이 닭의 부리를 닮은

닭의난초

이명 | 닭의란

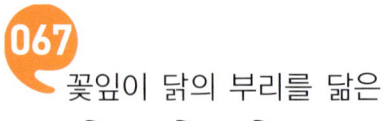

학명 | *Epipactis thunbergii* A.Gray

우리나라 야생난에는 제비난초, 잠자리난초, 병아리난초 등 동물 이름이 붙은 것이 꽤 많다. 닭의난초도 그중 하나이다. 보통 동물 이름이 붙으면 그 동물의 특징을 갖고 있는데, 닭의난초는 꽃잎 모양이 닭의 부리를 닮았다.

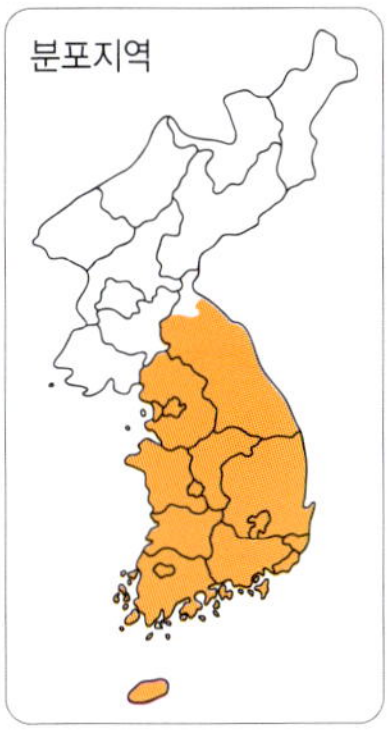

흥미로운 건 병아리난초도 있다는 것이다. 병아리와 닭은 그 모양이 사실 많이 다른데, 닭의난초와 병아리난초도 모양이 다르다. 특히 키에서 차이가 나는데, 병아리난초는 8~20㎝ 정도이고 닭의난초는 30~70㎝로 배는 된다.

닭의난초는 중부 이남의 산지에서 자라는 여러해살이풀로, 햇볕이 잘 들고 부엽질이 풍부하며 배수가 잘 되는 곳에서 자란다. 잎은 길이가 6~13㎝, 폭이 3~5㎝로 좁은 달걀 모양이며 주름이 많고 끝부분이 뾰족하다. 뿌리는 옆으로 뻗으며 마디마디에서 나온다.

◀ 닭의난초 압화

황갈색의 꽃이 6~7월에 원줄기를 따라 위로 올라가며 피는데, 꽃 안쪽에는 홍자색의 반점이 있다.

열매는 9월경에 아래로 처지면서 달리고 안에는 먼지와 같은 종자가 많이 들어 있다. 열매의 길이는 2~2.5㎝이다.

난초과에 속하며 닭의란이라고도 한다. 관상용으로 쓰이며 우리나라와 일본, 중국에 분포한다.

▲ 닭의난초_ 새순 올라오는 모습

▲ 닭의난초_ 잎

▲ 닭의난초_ 꽃봉오리

▲ 닭의난초_ 꽃(측면)

▲ 닭의난초_ 꽃(정면)

▲ 닭의난초_ 종자 결실

직접 가꾸기

닭의난초는 종자를 따서 종이에 싸 냉장고에 보관한 후 이듬해 봄에 뿌린다. 종자를 뿌릴 때는 모래 위에 이끼를 깔고 먼지 뿌리듯 종자를 털어 이끼 사이에 들어가게 하는 것이 요령이다. 그 다음 물을 줘서 종자를 가라앉히고 신문지나 비닐로 덮어둔 뒤 10~15일 후 제거한다.

일반 화분에 심을 땐 햇볕이 잘 드는 곳에 두고 실외에 심을 때는 햇볕이 잘 들어오고 번식이 잘 되지 않는 식물 사이에 심는 것이 좋다. 물은 3~4일 간격으로 주면 된다.

가까운 식물들

- 병아리난초 : 키는 8~20㎝이며 보라색 꽃이 총상꽃차례를 이룬다. 산속의 바위에 붙어 자란다.
- 청닭의난초 : 꽃이 녹색이어서 눈에 잘 띄지 않는다. 최근 강원도 동해의 바닷가에서 미기록종인 청닭의난초가 서식하는 것이 확인되었는데, 이는 꽃 색깔이 황갈색으로 갯청의난초라고 한다.
- 흰닭의난초 : 꽃은 흰색이며, 한쪽으로 치우쳐 난다.

병아리난초

청닭의난초

068

주변에서 흔하게 볼 수 있는

닭의장풀

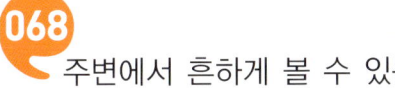

이명 | 닭의밑씻개, 닭기씻개비, 닭의꼬꼬, 달개비

학명 | *Commelina communis* L.

ㄷ

닭의장풀은 '달개비' 라고도 하며 누구나 알 정도로 친근한 이름이다. 산과 들은 물론 주택가 근처의 빈터에도 많이 피어 있다. 꽃잎의 모양이 닭 벼슬을 닮아서 닭의장풀이라는 이름을 얻었다. 아침에 꽃이 피었다가 해가 저물면 서양에서는 '데이플라워(Day flower)' 라고 한다. 이밖에도 여러 가지 이름이 있는데, 꽃잎이 오리발을 닮아 압각초(鴨脚草)라고도 하며, 잎이 대나무처럼 마디를 가졌다고 죽절채(竹節菜)라고도 한다. 꽃이 푸르다 해서 남화초, 벽선화 등으로도 불린다.

▲ 닭의장풀 압화

우리나라 각처의 들에서 흔히 나는 한해살이풀로, 키는 15~50㎝이다. 비스듬히 자라며 가지가 갈라지고 마디는 큰 편인데, 마디가 있는 줄기를 잘라 물에 꽂으면 금세 뿌리를 내린다. 당나라 시인 두보는 '꽃이 피는 대나무' 라고 해서 수반에 꽂아 키웠다고 한다.

잎은 길이가 5~7㎝, 폭은 1~2.5㎝로 어긋나는데, 달걀 모양이며 끝이 뾰족하다. 7~8월에 하늘색 꽃이 피며, 꽃잎은 3장으로 위쪽의 2장은 크고 둥글며 파란색을 띠지만 아래쪽의 1장은 작고 흰색을 띤다. 꽃은 포에 싸여 있는데, 포의 길이는 2㎝로 심장형이며, 안으로 접히고 끝이 뾰족해진다. 겉에 털이 있는 경우도 있다. 9~10월경에 타원형 열매가 달린다.

닭의장풀과에 속하며 닭의밑씻개, 닭기씻개비, 닭의꼬꼬, 달개비, 닭의발씻개라고도 하고 계거초, 계정초, 번루 등으로도 불린다. 다양한 이름을 가진 만큼 쓰이는 데도 많아 관상용, 식용, 약용으로 쓰인다. 어린잎과 줄기는 물론 꽃도 맛이 좋아 나물로도 먹고 샐러드에도 곁들여 먹는다. 전초를 약재로 사용하며, 파란색 염료로도 사용된다.

우리나라와 일본, 사할린, 중국, 우수리 강 유역, 사할린, 북아메리카에 분포한다. 꽃말은 '순간의 즐거움', '존경' 이다.

▲ 닭의장풀_ 새순이 올라오는 모습

▲ 닭의장풀_ 종자 결실

▲ 닭의장풀_ 꽃(측면)

직접 가꾸기

닭의장풀은 10월에 받은 종자를 보관하여 이듬해 이른 봄에 뿌린다. 어느 곳에서나 잘 자라므로 기르기가 쉬운 품종이다.

가까운 식물들

- 덩굴닭의장풀 : 줄기와 잎이 비슷하나 꽃이 흰색이며, 덩굴식물이다.
- 얼룩닭의장풀 : 잎에 흰 줄이 있다. 남아메리카가 원산지이다.
- 좀닭의장풀 : 키는 40㎝ 정도로 작고, 잎은 좁고 길며 뒷면에 털이 있다.
- 자주달개비 : 닭의장풀과 비슷하나 꽃이 더 짙어 자주색에 가깝다.
- 큰자주달개비 : 잎의 폭이 2.5㎝ 정도이고 중앙에서 2개로 접히며 꽃의 지름이 3~5㎝로 크다.
- 얼룩자주달개비 : 멕시코산이며 관엽식물로 온실에서 자란다. 꽃은 홍자색이다.

덩굴닭의장풀

좀닭의장풀

자주달개비

069

나물로 먹는 담배

담배풀

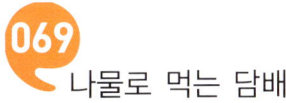

이명 | 담배나물, 학슬, 호의뇨, 여의오줌, 여호오줌

학명 | *Carpesium abrotanoides* L.

ㄷ

이름이 독특하지만 꽤 오래전 기록에도 나타나는 품종이다. 고려 때 호의뇨(狐矣尿)라고 표기되었는데, 이는 이두식 표현으로 보인다. 뒤에 여의오줌, 여호오줌이라고 하다가 현재의 이름으로 바뀌었다.

이렇게 오래전부터 기록이 있었다는 것은 이 식물이 꽤 유용하다는 것을 증명한다. 실제로 약재로 많이 쓰이고, 어린순은 나물로도 먹는다. 그래서 담배나물이라고도 한다.

줄기의 잎이 담뱃잎을 닮았고 꽃도 마치 담뱃불처럼 생겨 담배풀이라고 한다. 담배풀에는 몇 가지 종류가 있는데, 꽃은 대개 비슷하므로 키와 잎의 모양을 자세히 살펴야 구분이 가능하다.

키는 50~100㎝이다. 아래에 있는 잎은 길이가 10~20㎝, 폭은 8.5~15㎝로 긴 타원형이며, 맥 위에는 털이 있다. 이 잎의 뒷면에는 선점이 있으며 가장자리에는 불규칙한 톱니가 있고 어긋난다.

줄기는 곧게 서고 윗부분에서 가지가 갈라지며 잔털이 많고, 뿌리는 목질이다.

8~9월에 잎겨드랑이에서 지름 약 6~8㎝의 노란색 꽃이 핀다. 작은 꽃들이 130~300개가 뭉쳐 하나의 꽃처럼 보이며 수꽃과 양성의 통꽃이 같이 있다.

10~11월에 길이 약 0.4㎝의 끈끈한 열매가 열린다.

국화과에 속하는 두해살이풀로 울릉도, 제주도를 포함하여 전국 각처에 분포한다. 반 그늘진 곳, 주변습도는 높고 부엽질이 많은 곳에서 잘 자란다. 어린순은 식용, 약용된다.

▲ 담배풀_ 잎

▲ 담배풀_ 꽃봉오리

▲ 담배풀_ 꽃

직접 가꾸기

담배풀은 11월에 받은 종자를 종이에 싸서 보관하여 2~3월경에 뿌린다. 나무 그늘이 많은 곳의 습도가 높은 곳에 심는다. 화분에서 관리할 때는 2~3포기를 한꺼번에 심어 관리한다. 아파트 베란다 같은 곳에 둘 때는 바람이 잘 통하는 곳에 두고 2~3일 간격으로 물을 준다.

가까운 식물들

- 여우오줌 : 전체적으로 담배풀과 비슷하여 왕담배풀이라고도 한다. 잎이 30~40cm로 두 배쯤 길다.
- 긴담배풀 : 잎이 길며, 줄기는 곧게 서고 가지를 친다. 키는 25~150cm이다.
- 두메담배풀 : 산에서 자라며 줄기는 곧게 서고 가지를 치지 않는다. 전체에 짧은 털이 있다.
- 천일담배풀 : 숲속의 건조한 곳에 잘 자란다. 키는 25~50cm이고, 뿌리줄기는 짧으며 옆으로 자란다. 줄기와 잎이 가늘다.
- 애기담배풀 : 키가 15~45cm로 작다. 위의 잎은 구둣주걱 모양이고, 밑의 잎은 거꾸로 된 피침 모양이다.
- 좀담배풀 : 밑부분에 흰 털이 촘촘하게 나 있다. 키는 애기담배풀보다 커서 50~90cm이다. 좀이라는 수식어와는 상관없이 꽃이 큰 편이다.

여우오줌

애기담배풀

070

닻을 닮은 꽃

닻꽃

이명 | 닷꽃, 닻꽃용담, 닻꽃풀

학명 | *Halenia corniculata* (L.) Cornaz

ㄷ

꽃 모양이 닻을 닮아서 닻꽃이라고 한다. 지리산 및 중부 이북의 산지와 한라산에서 나는 한해살이 또는 두해살이풀이다. 반그늘인 곳의 풀숲이나 바위의 공중습도가 높은 곳에서 자라며, 키는 10~60cm이다.

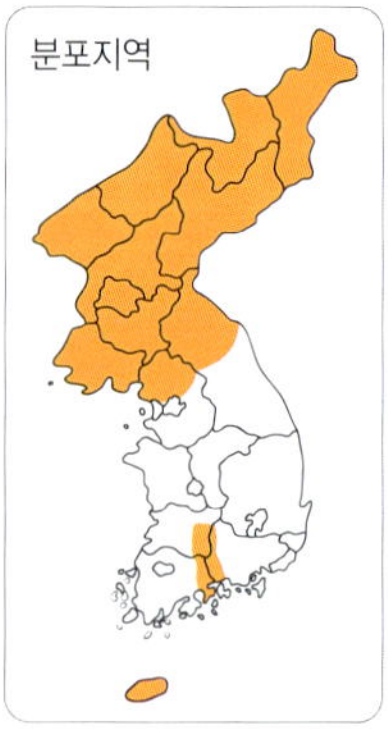

잎은 길이가 2~6cm, 폭이 1~2.5cm로 긴 타원형이며 마주나고 뒷면 맥 위와 가장자리에 잔 돌기가 있다.

7~8월에 연한 황록색 꽃이 피는데, 꽃받침은 4개로 갈라지고 갈라진 조각은 선형이며 잔 돌기가 있다. 이 모습이 꼭 닻을 닮았다.

9~10월에 뾰족한 열매가 달리고 종자는 두 쪽으로 터진 씨방에 들어 있으며 타원형이다.

용담과에 속하며 닻꽃, 닻꽃용담, 닻꽃풀이라고도 한다. 관상용으로 쓰이며, 약재로도 사용된다. 해독 및 지혈작용, 간염 등에 쓰인다고 한다. 우리나라와 일본, 중국, 헤이룽 강, 사할린, 캄차카 반도 등지에 분포한다.

◀ 닻꽃 압화

▲ 닻꽃_ 꽃봉오리

▲ 닻꽃_ 꽃

직접 가꾸기

닻꽃은 10월에 완숙된 종자를 받아 물에 하루 정도 불린 후 뿌린다. 이듬해 봄에 뿌릴 때는 2월 초순경이 좋다. 3~4월경에 뿌리면 내부 온도가 너무 높아 종자가 상할 수 있다.

바람이 잘 통하는 서늘한 곳에 무리지어 심는 것이 좋다. 특히 꽃대가 약하게 올라가는 품종이어서 한꺼번에 심어야 잡초들과의 경쟁에서 살아남을 수 있다.

햇볕이 잘 들어오면서 반 그늘진 곳에 심되 토양은 물 빠짐을 좋게 하고 유기질이 많은 퇴비를 넣어야 한다. 또한 오후 햇볕이 잘 들어오지 않으면 웃자라기 때문에 오후에 햇볕을 잘 받는 곳을 택하는 것이 좋다.

물은 한꺼번에 많이 주지 말고 여러 번 나누어서 주며 2~3일 간격으로 준다.

가까운 식물들

닻꽃은 용담과에 속한다. 용담과는 전 세계에 800종이나 있으며, 우리나라에는 24종이 분포한다. 이렇게 종류가 많지만 닻꽃은 꽃의 형태가 워낙 독특해 비슷한 것이 거의 없다.

071

대청도에서 발견된 멸종위기식물

대청부채

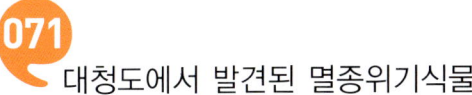

이명 | 얼이범부채, 부채붓꽃, 참부채붓꽃, 대청붓꽃
학명 | *Iris dichotoma* Pall.

ㄷ

대청부채는 1983년 대청도에서 처음 발견된 식물로, 잎이 마치 부채살처럼 퍼져 있어 대청부채라고 한다. 붓꽃과에 속해 대청붓꽃이라고도 하지만 범부채와도 닮았다. 대청도 이외에 백령도에도 서식한다.

부엽질이 풍부하고 햇볕이 잘 드는 양지 쪽에서 잘 자라는 여러해살이풀로, 키는 약 70㎝ 정도이다. 뿌리는 천근성으로 수염뿌리처럼 많이 난다. 천근성이란 뿌리가 밑으로 뻗지 않고 지면과 가까이에 있는 것을 말한다.

잎은 넓게 펼쳐진 부채 모양을 하고 있다. 잎의 표면과 뒷면은 진한 녹색으로 길이는 20㎝, 폭은 2~2.5㎝ 정도이다. 줄기는 굵으며 중간 중간에 굵은 마디가 불규칙하게 나 있다. 줄기는 곧게 서고 여러 갈래로 갈라진다.

꽃은 7~8월에 원줄기 혹은 가지에서 3~5송이씩 피며 길이는 약 2㎝가량이다. 꽃잎 가운데에는 자주색 반점이 있다. 10월경에 달걀 모양의 열매가 달리며 안에는 검은 종자가 들어 있다.

붓꽃과에 속하며 얼이범부채, 부채붓꽃, 참부채붓꽃, 대청붓꽃이라고도 한다. 관상용으로 쓰이고 우리나라와 일본, 중국, 몽골 등지에 분포한다. 현재 환경부에 의해 멸종위기식물로 보호되고 있는 품종이다.

▲ 대청부채_ 새순 올라오는 모습

▲ 대청부채_ 잎 사이로 꽃대가 올라오는 모습

▲ 대청부채_ 시드는 모습

ㄷ

▲ 대청부채_ 꽃

직접 가꾸기

대청부채는 10월경에 달리는 종자를 받아 바로 뿌리거나 종이에 싸서 냉장 보관하여 이듬해 봄에 뿌린다. 그러나 종자를 받은 즉시 뿌리는 것이 가장 발아가 잘 된다. 이른 봄 뿌리 옆에서 올라오는 새싹을 떼어 옮겨 심어도 된다. 잎이 부채처럼 옆으로 퍼지는 특성을 가지고 있으면서 뿌리 발육이 좋지 않기 때문에 바람이 많이 불지 않는 곳에 심고, 물은 2~3일 간격으로 준다. 실내에서 재배할 때는 햇볕이 많이 들어오는 곳에 둬야 한다. 그렇지 않으면 꽃대가 힘없이 자라서 쓰러지기도 한다.

가까운 식물들

- 범부채 : 부채를 닮은 잎이 비슷하나 꽃은 노란빛을 띤 빨간색 바탕에 짙은 반점이 있다. 호랑이 무늬 같다 하여 '범'이라는 이름이 붙었다.
- 도깨비부채 : 범의귀과의 여러해살이풀로 잎이 부채처럼 넓다. 6월에 노란빛을 띤 흰색의 꽃이 핀다.

범부채

도깨비부채

072
영양가 높은 산채

더덕

이명 | 참더덕

학명 | *Codonopsis lanceolata* (Siebold & Zucc.) Trautv.

ㄷ

더덕은 뿌리 전체에 혹이 많아 마치 두꺼비 잔등처럼 더덕더덕하다고 해서 붙여진 이름이다. 모래땅에서 더 잘 자라는데, 예로부터 산삼에 버금가는 뛰어난 약효가 있다 하여 사삼(沙蔘)이라 불렀으며 인삼, 현삼, 단삼, 고삼과 함께 오삼(五蔘)의 하나로 친다.

더덕은 중요한 식품으로, 구이로도 먹고 물김치나 생채, 냉국으로도 먹는다. 또 술로 담가 먹기도 한다. 특히 특산물로 유명한 울릉도 더덕은 심이 없고 부드러워 식용으로 적합하고 사포닌 함량이 많아 약효가 뛰어나다고 알려져 있다. 사찰에서는 '산에서 나는 고기'라 했고, 중국에서는 더덕 뿌리를 자르면 하얀 액체가 나온다 하여 '나무에서 나는 우유'라고 했다. 그만큼 영양이 많은 식물이다.

◀ 더덕 압화

숲 속에서 자라는 다년생 덩굴식물로 햇볕이 많이 들어오지 않으며 부엽질이 많고 주변습도가 높은 곳에서 잘 자란다. 길이는 2~5m까지 자란다. 긴 타원형의 잎은 짧은 가지 끝에서 4장의 잎이 서로 접근해서 뭉쳐 있는 것 같으며 길이는 3~10㎝, 폭은 1.5~4㎝이다. 잎 가장자리는 밋밋하고, 표면은 녹색이지만 뒷면은 분처럼 하얀 빛깔을 띤 분백색이다.

8~9월에 아래를 향해 겉이 연한 녹색의 꽃이 피는데, 안쪽에는 자갈색 점이 있다. 열매는 10~11월경에 익고 씨앗은 미세하다. 뿌리는 도라지처럼 굵으며, 덩굴을 자르면 흰 유액이 나온다.

초롱꽃과에 속하며 사삼, 백삼, 참더덕이라고도 한다. 뿌리는 식용, 약용으로 쓰이며, 우리나라와 일본, 중국 등지에 분포한다.

▲ 더덕_ 새순 올라오는 모습

▲ 더덕_ 새순 감고 올라가는 모습

▲ 더덕_ 잎

▲ 더덕_ 개화 전 꽃봉오리

▲ 더덕_ 꽃

▲ 더덕_ 가지를 감고 올라간 덩굴줄기와 꽃

▲ 더덕_ 종자 맺히는 모습

▲ 더덕_ 종자 결실

직접 가꾸기

더덕은 10월에 결실된 종자를 바로 뿌리거나 이듬해 봄에 화단에 뿌린다. 종자는 다소 늦게 발아되는 편이지만 발아율은 높다. 가을에 뿌린 종자는 이른 봄에 많은 개체가 올라와 옮겨 심을 수 있을 정도로 자란다.

반그늘인 화단에 심어 가지가 타고 올라갈 수 있는 조건을 만들어주어야 한다. 양지에 심으면 뿌리 맛도 좋지 않을 뿐 아니라 잎이 타는 현상이 생길 수 있다. 잎이 많기 때문에 물은 매일 주는 것이 좋다.

가까운 식물들

- 푸른더덕 : 화관 안쪽에 자갈색 반점이 없다.
- 도라지 : 같은 초롱꽃과로 뿌리가 비슷하나 꽃이 보라색 또는 흰색이다.
- 인삼 : 두릅나무과의 여러해살이풀로 키는 60㎝이다. 뿌리가 사람 모습처럼 생겨서 인삼이라고 하며, 예로부터 약재로 사용되고 있다.

도라지

073

꽃은 작지만 오래 감상하기에 좋은

덩굴박주가리

학명 | *Cynanchum nipponicum* Matsum.

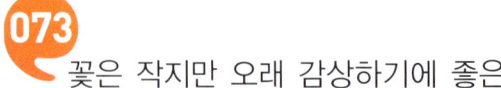

사람도 못생기면 박색이라고 하듯, 식물도 못생긴 박과 같다고 해서 박주가리라는 이름이 생긴 것 같다. 덩굴박주가리는 박주가리와 비슷한 종으로, 박주가리도 덩굴인데 굳이 앞에 덩굴을 붙인 것은 훨씬 더 덩굴성 식물이기 때문이다. 박주가리와 다른 점은 꽃이 노란색이라는 것이다. 박주가리 꽃은 희다.

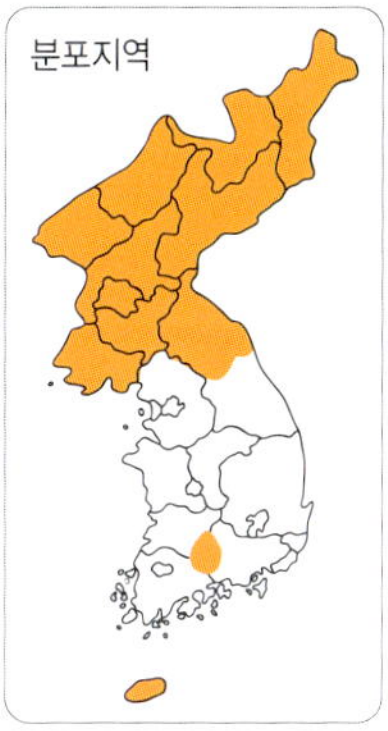

주변에 습기가 많으며 햇볕이 잘 드는 곳에서 자라는 여러해살이풀로, 키는 약 40~100cm이다. 꼬부라진 털이 약간 있고 밑부분이 곧게 서며 윗부분은 덩굴성이다. 잎은 긴 타원형으로 끝부분이 뾰족하고, 길이는 5~12cm, 폭은 1~3cm 정도이다. 꽃은 7~8월에 누른빛으로 피는데 꽃잎이 5갈래로 갈라지며 잎 사이에서 여러 송이가 돌아가며 핀다. 꽃의 지름은 약 0.7~0.8cm이다. 10월경에 길이 4~5cm, 폭 0.5~0.7cm의 넓은 피침형 열매가 달린다.

박주가리과에 속하며, 뿌리는 약용으로 쓰인다. 꽃은 작게 피지만 마디마디에서 피기 때문에 개화기간이 상당히 긴 편에 속해 관상용으로 좋다. 제주도, 지리산 및 강원 북부에 분포한다.

▲ 덩굴박주가리_ 잎

▲ 덩굴박주가리_ 꽃봉오리

▲ 덩굴박주가리_ 꽃

직접 가꾸기

덩굴박주가리는 10월경에 달리는 종자를 종이에 싸서 냉장보관하여 이듬해 봄에 뿌리거나 초여름에 줄기를 2마디 정도 붙여 삽목해 번식시킬 수 있다. 덩굴성 식물이기 때문에 나무 주변에 심어주면 좋고, 실내에서 키울 때는 작은 가지를 꽂아두고 타고 올라가게 하면 된다. 물은 2~3일 간격으로 준다.

가까운 식물들

- 흑박주가리 : 잎의 질이 다소 두껍다. 부화관은 달걀 모양의 삼각형이며 암 · 수술대보다 약간 짧다.
- 박주가리 : 키가 3m 정도로 덩굴박주가리보다 훨씬 크다. 여름에 흰색의 꽃이 핀다.
- 왜박주가리 : 6~7월에 검은빛을 띤 자주색 꽃이 핀다.

흑박주가리

박주가리

074

잎이 손처럼 넓은

도깨비부채

이명 | 독깨비부채, 수레부채

학명 | *Rodgersia podophylla* A. Gray

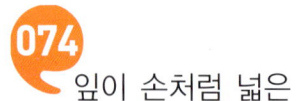

도깨비부채는

잎이 부채를 닮았고, 그 크기가 사람 손바닥보다 훨씬 커서 붙여진 이름이다. 잎은 손바닥 모양의 겹잎인데 지름이 약 50㎝나 되는 것까지 있을 정도로 크다. 어떻게 보면 우산 같아 보이기도 해서 '산우' 또는 '작합산' 이라고도 한다.

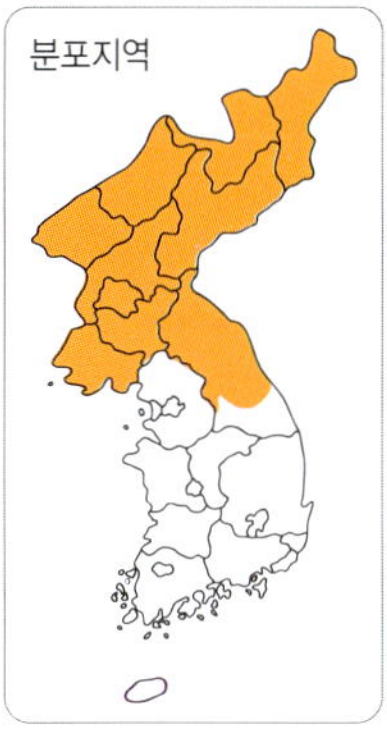

중부 이북의 깊은 산 응달에서 나는 여러해살이풀로, 계곡물이 많이 흘러 주변습도가 높고 토양은 비옥하며 햇볕이 잘 들지 않는 곳에서 잘 자란다. 뿌리줄기는 크고 굵으며 줄기는 곧게 서고, 키는 1m 정도이다.

줄기 윗부분에는 통상 4장의 잎이 자라며 가장자리에는 불규칙한 톱니가 있다. 잎몸 윗부분과 뒷면 맥 위에는 털이 있다. 6~7월에 황백색의 꽃이 아래에서 위쪽으로 올라가면서 차례대로 핀다. 꽃대의 길이는 20~40㎝이다. 8~10월경에 넓은 달걀 모양 열매가 달린다.

범의귀과에 속하며 산우, 작합산, 독깨비부채, 수레부채라고도 한다. 우리나라와 일본에 분포하며, 꽃말은 '행복', '즐거움' 이다.

▲ 도깨비부채_ 새순 올라오는 모습

▲ 도깨비부채_ 잎

▲ 도깨비부채_ 꽃봉오리

▲ 도깨비부채_ 꽃

ㄷ

직접 가꾸기

도깨비부채는 10월에 받은 종자를 바로 뿌리거나 종이에 싸서 보관했다가 이듬해 봄에 일찍 뿌린다. 뿌리 번식은 꽃이 진 가을이나 이른 봄 새순이 올라올 때 포기를 나누는 것이 좋다.

고산에서 자라는 식물 중에는 번식이 잘 되는 편이나 그늘지고 음습하며 해발 500m 정도는 되어야 재배가 가능하다. 어린순일 때도 잎이 크기 때문에 물은 1~2일 간격으로 줘야 하며, 꽃이 피면 꽃에 물이 닿지 않게 매일 줘야 한다.

가까운 식물들

- 범부채 : 부채를 닮은 잎이 비슷하나 꽃은 노란빛을 띤 빨간색 바탕에 짙은 반점이 있다. 이 모습이 호랑이 무늬 같아서 '범'이라는 이름이 붙었다.
- 대청부채 : 대청도에서 발견된 붓꽃 종류로, 길이는 20㎝, 폭은 2~2.5㎝이다. 키는 약 70㎝ 정도이다.

범부채

대청부채

075

약도 되고 나물도 되는

도라지

이명 | 길경, 약도라지

학명 | *Platycodon grandiflorum* (Jacq.) A. DC.

도라지는 예로부터 우리 민족이 즐겨 먹는 산나물로 향이 좋고 영양도 좋아 반찬으로 많이 먹는다. 오래 산 도라지는 약효가 뛰어나 산삼과 같다고도 한다. 특히 우리나라 도라지는 품질이 우수해 일본이나 홍콩, 타이완 등지로 많이 수출하고 있다.

도라지라는 이름은 옛날에 상사병에 걸린 도라지라는 처녀의 이름에서 유래한다고 전해진다. 그녀는 상사병을 앓다가 죽었는데, 무덤가에 이 꽃이 피어났고, 사람들이 그 이름을 따서 도라지라고 불렀다는 것이다. 그래서인지 꽃말이 '영원한 사랑' 이다.

산과 들에 흔히 자라는 여러해살이풀로, 반그늘 혹은 양지의 부엽질이 많은 곳에서 잘 자라며, 키는 40~90cm이다. 잎은 긴 달걀 모양으로 길이는 4~7cm, 폭은 1.5~4cm로 가장자리에 톱니가 있다. 잎의 표면은 녹색이고, 뒷면은 회청색이다.

7~8월에 보라색 또는 흰색, 하늘색의 꽃이 5갈래로 갈라지며 위를 향해 핀다. 뿌리는 굵고 줄기는 곧게 서며 줄기를 자르면 흰 유액이 나온다. 열매는 9~10월에 달리며 종자는 크기가 미세해서 털면 먼지처럼 날아간다.

그런데 이 도라지꽃은 아주 특이한 성질이 있다. 꽃 속에 개미를 넣은 뒤 꽃잎을 오므려 닫고 좌우로 흔들면 꽃잎이 분홍색으로 변한다. 이것은 개미가 위협을 느꼈을 때 뿜어내는 개미산, 즉 폼산이 도라지꽃의 안토시아닌이라는 색소와 섞여 색상을 변화시키기 때문이다. 이처럼 도라지꽃은 산성에는 분홍색으로, 염기성에는 푸른색으로 변하기 때문에 산성과 염기성을 판별하는 '천연 지시약' 으로도 쓰였다.

초롱꽃과에 속하며 길경, 돌갓, 산도라지, 고길경, 도랒, 백약, 약도라지라고도 한다.

관상용으로 쓰이며, 뿌리는 식용, 약용으로 쓰인다. 도라지생채나 도라지나물, 도라지강정 등 주로 뿌리만 먹는 것으로 알고 있지만 연한순은 데쳐 먹고, 꽃잎은 생으로 무치거나 화전처럼 튀겨 먹어도 좋다. 우리나라와 일본, 중국에 분포한다.

▲ 도라지_ 새순 올라오는 모습

▲ 도라지_ 꽃봉오리

▲ 도라지_ 잎

▲ 도라지_ 꽃 피기 전

▲ 도라지_ 꽃(보라색)

▲ 도라지_ 꽃(흰색)

▲ 도라지_ 종자 결실

직접 가꾸기

도라지는 9~10월에 결실된 종자를 받아 이듬해 봄 화단에 뿌린다. 종자를 뿌리고 나서 위를 신문지나 다른 종이로 덮어놓으면 1~2주 지난 후 새싹이 올라오는데, 이때 덮어둔 종이를 벗겨주면 된다. 햇볕을 좋아하고 물 빠짐이 좋은 곳에서 자라는 품종이기 때문에 양지쪽 화단에 심어야 한다. 현재 농가에서 재배하는 품종도 관상용으로 이용해도 좋다. 여러 개체를 군데군데 집단으로 심어 관리해야 주변에 잡초나 다른 식물들과의 경합에서 버텨나갈 수 있다.

가까운 식물들

- 백도라지 : 흰색 꽃이 핀다.
- 겹도라지 : 산과 들에 자라며, 꽃이 겹으로 핀다.
- 애기도라지 : 키가 20~40㎝로 작다. 도라지를 축소시킨 것 같아 애기도라지라고 한다.
- 홍노도라지 : 키는 5~15㎝로 아주 작으며, 꽃도 지름이 0.5㎝밖에 안 된다. 홍노는 현재 서귀포시 동홍동으로 바뀐 옛날 지명이다.

애기도라지

홍노도라지

076

뿌리는 도라지 닮고, 모습은 모시대를 닮은

도라지모시대

이명 | 큰잔대, 도라지모시나물, 도라지잔대, 도라지모싯대

학명 | *Adenophora grandiflora* Nakai

ㄷ

꽃은 도라지를 닮았으나 전체적인 모습은 모시대와 비슷하다고 해서 도라지모시대라고 한다. 모시대는 뿌리는 도라지처럼 굵고 줄기는 곧게 서며 높이 40~100cm로 도라지와 비슷하다. 하지만 산지의 다소 그늘진 곳에서 자란다는 점, 잎이 어긋나고 밑부분의 것은 잎자루가 길며 난상 심장형, 난형 또는 넓은 피침형으로 가장자리에 뾰족한 톱니가 있다는 점이 도라지와 다르다.

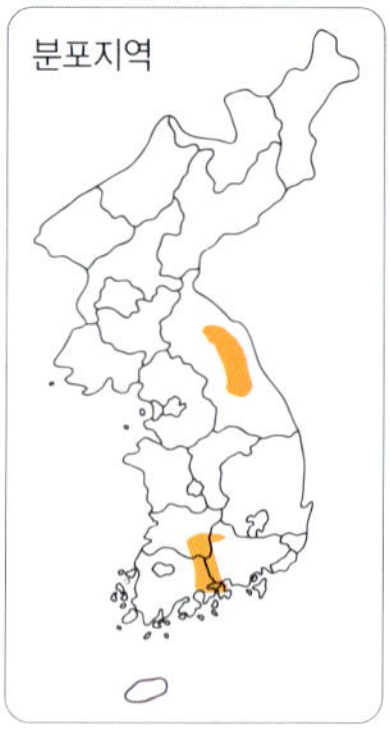

도라지모시대도 모시대처럼 잎은 달걀 모양의 피침형으로 끝이 뾰족하고 가장자리에는 불규칙한 톱니가 있다. 또 잎은 위로 올라가면서 짧아지는 게 독특하다. 뿌리는 인삼과 같이 비대한 형태이며, 줄기는 털이 없고 매끄러우며 곧게 자란다.

지리산과 설악산, 금강산의 깊은 산에서 나는 여러해살이풀로, 부엽질이 풍부하며 물 빠짐이 좋은 고산지대의 반그늘에서 잘 자라며, 키는 약 70cm이다. 7~8월에 하늘색 꽃이 줄기를 따라 올라가며 아래를 향해 1개씩 핀다. 꽃 모양은 넓은 종형이고 앞부분이 5개로 갈라지며 길이는 약 4cm, 폭은 약 3cm이다. 10월경에 3개의 골로 이루어진 갈색의 열매가 달린다.

초롱꽃과에 속하며 큰잔대, 도라지모시나물, 길경향삼, 도라지잔대, 도라지모싯대라고도 한다. 관상용으로 쓰이며, 뿌리는 식용 및 약용으로 쓰인다. 특히 어린순은 나물로 사용되는데, 끓는 물에 살짝 데쳐서 갖은 양념에 무쳐 먹으면 맛있다. 우리나라 특산식물로 우리나라 이외에는 만주에 분포한다.

▲ 도라지모시대_ 잎

▲ 도라지모시대_ 꽃

▲ 도라지모시대_ 종자 결실

▲ 도라지모시대_ 무리

직접 가꾸기

도라지모시대는 10월경에 달리는 종자를 종이에 싸서 보관한 후 이듬해 봄에 뿌린다. 그러나 종자 발아율은 낮은 편이다. 원예종으로 개발이 가능한 식물이기 때문에 앞으로 식물학자들이 연구해야 할 품종이다. 바람이 잘 통하고 기후가 서늘한 곳에서 자라는 식물이라서 재배는 쉽지 않다.

가까운 식물들

- 모시대 : 초롱꽃과의 여러해살이풀로 키는 40~90㎝, 8~9월에 자주색 꽃이 핀다.
- 도라지 : 잎과 키는 도라지모시대나 모시대와 비슷하지만 셋 중에는 꽃이 가장 크고 화려하다.
- 흰모시대 : 꽃이 흰색이다. 깊은 산 숲속에서 자라며 키는 40~100㎝이다.

모시대

도라지

흰모시대

077

가을을 부르는 노란 꽃

돌마타리

학명 | *Patrinia rupestris* (Pall.) Juss.

ㄷ

돌에서 잘 자라는 마타리라는 뜻으로, 키가 20~60cm여서 60~150cm인 마타리보다 작다. 또 마타리는 원줄기는 곧추서지만 뿌리줄기가 옆으로 뻗는 데 반해, 돌마타리는 뿌리가 직근성으로 밑으로 굵게 자라는 점도 다르다.

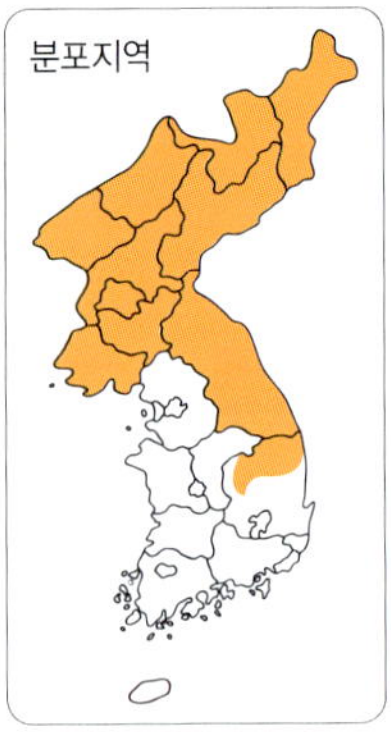

마타리라는 이름은 꼭 외국어 같지만 예로부터 전래되어온 순우리말이다. 뿌리에서 된장 썩는 냄새가 난다고 해서 똥을 뜻하는 옛말 '말'에 줄기가 긴 다리 같아서 '말다리'로 부르던 것이 마타리가 되었다는 설과 말의 다리같이 생겼다고 마타리라고 한다는 설이 있다.

충청북도 이북의 산지에서 나는 여러해살이풀로, 공중습도가 높고 햇볕이 잘 들어오는 곳이나 반그늘인 곳의 바위나 바위틈에서 자란다.

전체에 털이 없고 줄기는 곧게 서며 뭉쳐난다. 뿌리는 굵으며 땅속으로 깊이 들어가거나 바위틈을 비집고 들어가는데, 이렇게 굵은 뿌리가 밑으로 깊이 들어가며 자라는 것을 '직근성'이라고 한다.

잎은 긴 타원형으로 표면은 털이 없으며 뒷면 맥 위에는 약간의 털이 있거나 혹은 없다. 잎은 꼭 새의 날개깃처럼 깊게 갈라지고 마주난다. 가지 끝에 작은 노란색 꽃들이 잔뜩 모여 달린다.

10월경에 길이 약 0.3cm의 편평한 열매가 달린다. 마타리에 비해 과실이 작은 포와 합쳐져 날개가 있다.

마타리과에 속하며, 들마타리라고도 한다. 충북 단양과 설악산, 그리고 북한에 분포하며, 만주와 중국, 몽골, 우수리 강, 동시베리아 등지에 서식한다. 관상용으로 쓰이는데, 마타리는 키가 커서 웅장한 반면 돌마타리는 키가 작아 화분용으로 어울린다.

▲ 돌마타리_ 꽃봉오리

▲ 돌마타리_ 종자 결실

▲ 돌마타리_ 전초

직접 가꾸기

돌마타리는 10월에 받은 종자를 바로 뿌리거나 하루 정도 물에 불린 후 뿌려준다. 종자를 냉장보관했다가 뿌리면 발아율도 낮고 새싹이 올라오는 시기가 늦기 때문에 받은 후 바로 뿌리는 것이 가장 좋다. 반그늘이 지고 돌에 이끼가 있는 곳에 심는 것이 좋다. 토양에 심을 때는 부엽질이 많은 퇴비를 넣어줘야 하며, 뿌리가 직근성이기 때문에 물 빠짐을 좋게 해야 한다. 물은 아침과 저녁으로 조금씩 나누어 준다.

가까운 식물들

- 마타리 : 산이나 들에서 자란다. 키가 60~150㎝ 내외이고 뿌리줄기는 굵으며 옆으로 뻗고 원줄기는 곧추선다.
- 금마타리 : 키가 30㎝로 작다. 잎이 마치 손바닥처럼 5갈래로 갈라진다. 갈라진 잎은 또 다시 얇게 갈라지고, 가장자리에 톱니를 형성한다. 6~7월에 노란색 꽃이 달린다.

마타리

금마타리

078

콩의 원조

돌콩

학명 | *Glycine soja* Siebold & Zucc.

ㄷ

식물 이름에 '돌' 자가 들어가면 일반 종에 비해 작거나 야생에서 자라는 것을 뜻하고, 그 종의 원조가 되는 경우도 많다. 돌콩도 바로 우리가 흔히 먹는 콩의 원조로 여겨지는 품종이다. 콩과 식물은 전 세계에 1만 3천 종이나 있으며 우리나라에도 92종이 분포한다.

▲ 돌콩_ 잎

돌콩은 우리나라 각처의 산과 들에서 자라는 덩굴성 한해살이풀로, 토양의 비옥도에 관계없이 반그늘 혹은 양지에서 잘 자라며, 키는 약 2m 정도까지 자란다.

줄기는 덩굴지며, 갈색의 털이 빽빽이 나 있다. 잎은 어긋나며 깃꼴 3출겹잎이다. 3출겹잎이란 잎자루가 끝에서 3개로 갈라지고 그것이 다시 3개씩 갈라지는 잎을 말한다. 잎자루는 길이가 7~15㎝이고 짧은 털이 있다.

7~8월에 연한 자주색 꽃이 피며 크기는 약 0.6㎝ 정도 된다. 다른 콩과 식물처럼 작은 나비를 닮은 작은 꽃들이 뭉쳐서 핀다. 열매는 9월에 성숙하고, 종자는 신장형으로 흑갈색이며 작은 콩알과 비슷하다. 열매가 익으면 안에 든 2~3개의 종자가 탁탁 튀어나온다.

콩과에 속하며 잎과 줄기는 약용으로 쓰인다. 원래는 식용했지만 너무 작아서 요즘에는 먹지 않는다. 단, 어린순은 일반 콩잎처럼 익혀서 먹거나, 날로도 먹는다. 우리나라와 일본, 중국, 러시아에 분포한다.

돌콩 압화 ▶

▲ 돌콩_ 감고 올라가는 덩굴성 줄기와 꽃봉오리

▲ 돌콩_ 꽃 피기 전

▲ 돌콩_ 꽃

▲ 돌콩_ 종자 결실

직접 가꾸기

돌콩은 9월에 받은 종자를 보관했다가 이듬해 봄에 화단에 뿌린다. 이미 화단에 심어져 있었다면 이른 봄, 호미로 주변 땅을 조금씩 파서 부드럽게 해주고 밖에 있는 씨를 땅속에 묻으면 된다. 양지 쪽에 심고 물은 2~3일 간격으로 준다. 무리 지어 살기 때문에 심을 때는 여러 개체를 한꺼번에 심어 다른 식물들과의 경합을 피하는 것이 좋다.

가까운 식물들

- 콩 : 콩과를 대표하며, 키는 60~100cm이다. 7~8월에 자줏빛이 도는 붉은색 또는 흰색의 꽃이 핀다.
- 팥 : 키는 50~90cm이며, 여름에 잎겨드랑이에서 긴 꽃자루가 나와 4~6개의 노란색 꽃이 핀다.
- 작두콩 : 열매가 작두같이 생겼다. 꽃은 연한 홍자색 또는 흰색이다.
- 여우콩 : 8~9월에 황색 꽃이 핀다. 꼬투리는 1.5cm 정도로 그 안에 2개의 콩이 들어 있다.
- 해녀콩 : 7~8월에 연한 홍자색 꽃이 핀다. 꼬투리는 길이 5~10cm, 폭 3~3.5cm이며 안에 갈색 콩 2~5개가 들어 있다. 제주도 토끼섬에 분포한다.
- 새콩 : 들에서 자라며, 열매에 3개의 종자가 들어 있다.
- 만년콩 : 계곡의 숲 속에서 자라며, 키는 30~80cm이다. 7월에 흰색 꽃이 피고, 열매는 9~11월에 검은빛을 띤 자주색으로 익는다.

작두콩

새콩

079

동자승의 슬픈 전설이 서려 있는

동자꽃

이명 | 참동자꽃

학명 | *Lychnis cognata* Maxim.

ㄷ

동자꽃에는 동자에 얽힌 전설이 전해진다. 옛날 어느 암자에 스님과 동자가 살았는데, 스님이 마을에 내려갔다가 눈이 너무 많이 오는 바람에 산사로 돌아가지 못했다. 눈이 녹을 때까지 며칠을 기다렸다가 올라가 보니 스님을 기다리던 동자가 얼어 죽어 있었다. 스님은 동자를 고이 묻어 주었는데, 이듬해에 동자가 얼어 죽은 자리에서 동자의 얼굴처럼 둥글고 붉은 꽃이 피었다. 그래서 그 꽃을 동자꽃이라고 불렀다고 한다. 서양에서는 동자꽃 다발을 묶어서 모닥불에 던지는 풍습이 전해지는데, 다발이 먼저 풀리는 사람이 결혼한다는 속설이 있다.

동자꽃은 산에서 자라는 여러해살이풀로, 산지의 습기가 많은 반그늘에서 자라며, 키는 약 40~100㎝이다. 전체에 털이 많으며 줄기는 곧게 선다. 잎은 긴 달걀 모양으로 끝이 뾰족하고 가장자리는 밋밋하다. 잎은 마주나며, 크기는 길이가 5~8㎝, 폭이 2.5~4.5㎝이다.

◀ 동자꽃 압화

6~7월에 지름 4~5㎝의 주황색 꽃이 줄기 끝과 잎 사이에서 핀다. 열매는 8~9월경에 익으며, 외부를 둘러싸고 있는 껍질이 갈색으로 변한다. 종자 결실기에는 벌레들이 종자를 먹이로 하기 때문에 번식을 위해서는 종자를 빨리 수확해야 한다.

석죽과에 속하며, 참동자꽃이라고도 한다. 또 전추라화, 천열전추라라고도 한다. 관상용으로 쓰이며, 유사종으로는 꽃이 순백색으로 피는 흰동자꽃과 분홍동자꽃이 있다. 제주도와 울릉도를 제외한 전국 각지에 서식하며, 일본과 시베리아 등지에도 분포한다. 꽃말은 '기다림', '동자의 눈물'이다.

▲ 동자꽃_ 새순 올라오는 모습

▲ 동자꽃_ 잎 올라오는 모습

▲ 동자꽃_ 꽃봉오리

▲ 동자꽃_ 꽃 피기 전

▲ 동자꽃_ 시드는 모습

▲ 동자꽃_ 종자 결실

▲ 동자꽃_ 꽃

▲ 분홍동자꽃_ 꽃

▲ 분홍동자꽃_ 무리

▲ 흰동자꽃_ 전초

직접 가꾸기

동자꽃은 늦가을이나 이른 봄에 새싹이 올라오면 포기나누기를 하고, 8~9월에 익은 종자는 한 송이에 약 30~40개 정도 얻을 수 있기 때문에 그것을 받아 가을이나 이른 봄에 뿌리면 많은 모종을 얻을 수 있다. 물기가 많은 반그늘에서 자라는 식물이므로 물은 매일 줘야 한다. 햇볕이 많이 들어오는 곳에 심으면 잎이 타는 현상이 심하며, 너무 음지에 심으면 줄기에 힘이 없어져 꽃이 필 때 휘어지기도 한다.

가까운 식물들

- 제비동자꽃 : 꽃잎의 끝이 제비 꼬리처럼 길게 늘어져 있다. 식물체에는 털이 없고, 잎은 피침형이다.
- 털동자꽃 : 전체에 흰색의 긴 털이 있고, 잎은 동자꽃의 잎보다 더 넓으며 긴 계란형이다.
- 가는동자꽃 : 키는 1m로 산지의 습지에 자라며, 잎이 선상 피침형으로 가늘다.
- 우단동자꽃 : 6~7월에 붉은색 · 분홍색 · 흰색 등의 꽃이 지름 3㎝ 정도로 가지 끝에 1개씩 달린다. 관상용으로 플란넬초라고도 한다.

제비동자꽃

털동자꽃

가는동자꽃

080

자생지가 천양지차인 대극

두메대극

이명 | 제주대극

학명 | *Euphorbia fauriei* H. Lev. & Vaniot ex H. Lev.

ㄷ

대극(大戟)은 본래 긴 창이라는 의미이다. 뿌리 부분에 상처를 내보면 노란 액체가 흘러나오는데, 독성을 가졌기 때문에 붙여진 이름이 아닌가 한다.

대극에는 몇 종류가 있는데, 기본종인 대극에 비해 두메대극은 산지에 자라서 붙여진 명칭이다. 하지만 바닷가에서도 자라는 것이 확인되었다.

특이한 것은 산과 바다에 동시에 자라면서도 토양 조건이 천양지차라는 것이다. 산에서 자생하는 것은 부엽질이 풍부한 곳이었지만 해안가에서 자라는 것은 척박한 모래땅이어서 대조적이었다. 자생지가 이렇게 다르게 나타나는 것은 보기 드문 현상으로, 연구해야 할 대상이다.

키는 10~30㎝로 80㎝에 이르는 대극에 비해 작은 편이다. 잎은 길이가 0.5~2㎝, 폭이 0.3~1㎝로 타원형으로 어긋나며, 밑으로 좁아져 직접 원줄기에 붙기도 하며 마르면 가장자리가 뒤로 말린다. 줄기는 굵은 뿌리 선단에서 많은 줄기가 뭉쳐져 있고, 꼬부라진 잔털이 있다. 뿌리는 독성이 많다.

6~8월에 길이 0.7~1.5㎝, 폭 0.4~0.9㎝의 황록색 타원형 꽃이 핀다. 꽃대의 끝에서 꽃의 밑동을 싸고 있는 비늘 모양의 조각은 단지처럼 파여 있다. 그곳에 몇 개의 수꽃과 1개의 암꽃이 들어 있다. 9월경에 혹 모양의 돌기가 있는 열매가 달린다.

대극과에 속하는 여러해살이풀로, 우리나라 특산식물로 분류되어 있다. 제주도 한라산 산지와 부산 기장의 해안가에 분포한다. 물 빠짐이 좋은 경사지와 주변습도가 높은 곳에 자란다. 자생지에서는 종자 발아가 매우 잘 되는 것을 관찰할 수 있었다.

▲ 두메대극_ 꽃

ㄷ

직접 가꾸기

두메대극은 정확히 알려진 번식법은 없다. 9월경에 받은 종자를 바로 뿌려 모래나 상토에서 관리한다. 2~3일 정도 물에 종자를 불린 후 뿌리면 좋은 것 같다. 그러나 재배하기 힘든 품종이다.

가까운 식물들

- 암대극 : 돌이 많은 곳에서 잘 자라서 바위 '암' 자를 붙였다. 갯바위대극이라고도 하며, 키는 40~80㎝이다.
- 대극 : 키는 약 80㎝이며, 잎은 마주나고 양면에 털은 없다. 꽃은 봄에 핀다.
- 흰대극 : 잎의 뒷면이 흰색이다. 들이나 바닷가에서 자란다. 키는 20~50㎝이다.

대극

081

다용도로 쓰이는 야생화

둥굴레

이명 | 맥도둥굴레, 애기둥굴레, 좀둥굴레, 제주둥굴레

학명 | *Polygonatum odoratum* var. *pluriflorum* (Miq.) Ohwi

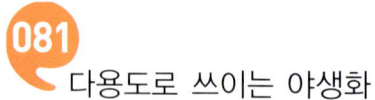

둥굴레는 잎이 둥글고 열매 모양도 둥글어서 붙여진 이름이다. 흔히 차로 많이 달여 먹는데 구수한 맛이 나서 음료수 대용으로도 인기가 높다. 둥굴레차는 갈증 해소는 물론 식욕이 떨어져 약해진 기운을 보충해주고 공복감도 덜어준다고 한다. 옛날에는 흉년이 들었을 때 먹는 구황식품으로 이용되기도 했고, 둥굴레주라고 해서 술로도 담가 먹었다.

산과 들에서 자라는 여러해살이풀로, 양지 혹은 반그늘의 물 빠짐이 좋고 토양이 비옥한 곳에서 잘 자라며, 키는 30~60㎝이다. 잎은 길이가 5~10㎝, 폭이 2~5㎝인데, 마주나는 잎은 한쪽으로 치우쳐서 펴지며 대나무 잎과 비슷하게 생겼다.

꽃은 흰색으로 줄기의 중간 부분부터 1~2개씩 잎겨드랑이에 달린다. 꽃의 길이는 1.5~2㎝로 밑부분은 흰색, 윗부분은 녹색이다. 9~10월경에 검은색 열매가 달린다.

백합과에 속하며 맥도둥굴레, 애기둥굴레, 좀둥굴레, 제주둥굴레라고도 하며 괴불꽃, 황정, 황지, 소필관엽, 죽네풀, 진황정이라고도 한다. 관상용으로 쓰이며, 어린순은 식용, 땅속줄기는 식용 또는 약용으로 쓰인다. 특히 약용식물로도 많이 재배하는 품종으로, 우리나라와 일본, 중국에 분포한다. 꽃말은 '고귀한 봉사'이다.

둥굴레 압화 ▶

▲ 둥굴레_ 새순 올라오는 모습

▲ 둥굴레_ 꽃

▲ 둥굴레_ 종자 결실

▲ 둥굴레_ 고사하는 모습

▲ 둥굴레_ 뿌리

▲ 둥굴레_ 무리

직접 가꾸기

둥굴레는 10월에 얻은 종자를 바로 뿌리거나 종이에 싸서 냉장보관하여 이듬해 봄에 뿌리면 번식한다. 가을이나 이른 봄에 뿌리를 캐내 포기나누기를 해도 좋다. 화분이나 화단에 물 빠짐이 좋은 곳이면 어디에서나 잘 자라며, 물은 3~4일 간격으로 주면 된다.

가까운 식물들

- 큰둥굴레 : 잎 뒷면 맥 위에 잔 돌기가 많고 꽃이 1~4개씩 달린다.
- 무늬둥굴레 : 흰 얼룩무늬와 줄무늬가 있는 것 두 종류가 있다. 키는 30~60㎝ 정도이다.
- 맥도둥굴레 : 잎은 길이 16㎝, 폭 5㎝ 정도이고 꽃이 4개씩 달린다.
- 왕둥굴레 : 전체가 크고 잎 뒷면에 털이 있으며 꽃이 2~5개씩 달린다.
- 용둥굴레 : 산지에서 자라며, 굵은 육질의 뿌리줄기가 옆으로 뻗는다. 원줄기에는 능선이 있고, 윗부분이 밑으로 처지며 키는 20~60㎝이다.
- 산둥굴레 : 잎 뒷면에 유리조각 같은 돌기가 있고, 꽃의 길이는 2~2.5㎝이다.
- 각시둥굴레 : 키가 15~30㎝로 작다. 깊은 산이나 들의 숲 가장자리 풀밭에 자란다.
- 한라각시둥굴레 : 각시둥굴레와 비슷하나 키가 12㎝ 정도로 아주 작다. 제주도 한라산에 분포한다.
- 제주둥굴레 : 꽃은 둥굴레보다 작으며 끝부분이 6갈래로 얕게 갈라진다. 키는 30~80㎝이다.
- 목포용둥굴레 : 용둥굴레와 비슷하지만 꽃줄기와 포, 때로는 잎 뒷면에 유리조각 같은 돌기가 있고 암술이 수술보다 짧으며 암술대가 씨방 길이의 2배 정도 된다.
- 금강용둥굴레 : 뿌리줄기는 옆으로 길게 뻗으며, 가늘고 길고 둥근 모양이며, 마디 사이는 좀 길다. 키는 20~30㎝로 금강산에 분포한다.

082

잎이 둥근 배암차즈기

둥근배암차즈기

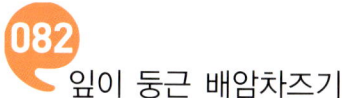

이명 | 둥근잎배암차즈기, 개배암배추, 여름배암배추, 개뱀배추, 둥근잎뱀차조기

학명 | *Salvia japonica* Thunb.

ㄷ

▲ 둥근배암차즈기_ 잎(정면)

▲ 둥근배암차즈기_ 잎(측면)

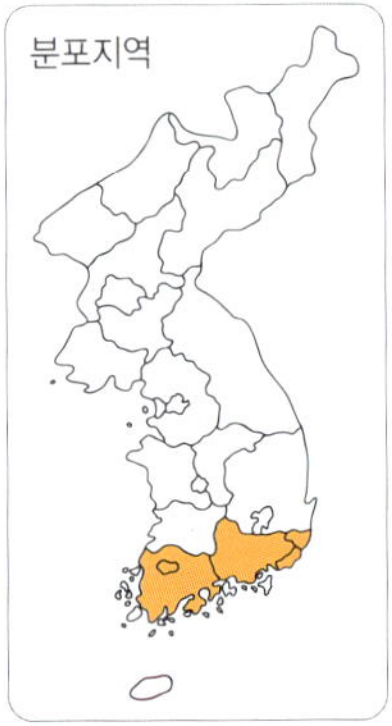

배암차즈기는 꽃이 마치 뱀이 입을 벌리고 있는 것처럼 보여 붙여진 명칭이다. 그렇지만 곰보처럼 볼록볼록해 곰보배추라고도 부른다. 둥근배암차즈기는 기본종인 배암차즈기에 비해 키가 큰 편이며, 작은잎이 넓은 달걀, 마름모, 넓은 바소꼴의 마름모 모양을 이룬다.

키는 약 30㎝이다. 잎은 길이 2~5㎝로 작은잎이 3개이거나 깃꼴 모양으로 갈라져 마주 보며 난다. 잎의 표면에는 털이 약간 있으며 가장자리에는 톱니가 있다. 줄기는 사각형이고 가지가 약간 갈라지며 꽃이 진 후 쓰러진 줄기에서 다시 뿌리가 내려 새순이 올라오기도 한다.

6~8월에 원줄기 끝에 층층으로 연한 자주색 꽃이 달린다. 꽃부리에는 긴 털이 있으며 아래 꽃잎이 가장 넓고 수술 2개는 밖으로 나온다. 9~10월경에 꽃받침 안에 길이 약 0.2㎝의 둥근 열매가 달린다.

꿀풀과에 속하는 여러해살이풀로, 우리나라 남부의 산지에 분포한다. 습기가 많으면서도 반 그늘진 곳, 토양이 비옥한 곳에서 자란다. 원줄기와 잎은 약용한다.

▲ 둥근배암차즈기_ 개화 직전

▲ 둥근배암차즈기_ 꽃봉오리

▲ 둥근배암차즈기_ 꽃

직접 가꾸기

둥근배암차즈기는 10월경에 종자를 바로 뿌리거나 종이나 솜에 싸서 수분 증발을 억제시키고 냉장고에 보관하여 이듬해 봄에 일찍 뿌린다. 또 이른 봄이나 가을에 뿌리를 분리하여 심는다. 종자 발아율은 높다.

화단에 심을 때는 습도가 높은 곳을 선정한 후 퇴비를 많이 넣는다. 키가 큰 종이어서 화단 가운데 웅덩이가 있으면 그 주변에 심는 것이 보기에 좋다.

화분에 심어 관리하는 것은 쉽지 않다. 습도가 높은 곳에서 자라는 품종이므로 1~2일 간격으로 물을 충분히 줘야 한다.

가까운 식물들

- 배암차즈기 : 작은잎은 넓은 달걀 모양이거나 마름모 모양 또는 넓은 바소꼴 마름모 모양이다. 키는 30~70㎝로 두해살이풀이다.
- 참배암차즈기 : 꽃이 노란색이다. 숲에서 자라며 키는 50㎝ 정도이다. 우리나라 특산식물로 경상북도, 경기도, 강원도 등지에 분포한다.

배암차즈기

참배암차즈기

083

잎이 둥그런

둥근이질풀

이명 | 산이질풀, 긴이질풀, 둥근쥐손이, 왕이질풀

학명 | *Geranium koreanum* Kom.

ㄷ

둥근이질풀은 이질풀의 한 종류로 잎의 모양이 둥글다고 해서 붙여진 이름이다. 이질풀이란 이름은 이질에 걸렸을 때 이 풀을 달여서 먹으면 낫는다고 하는 데서 유래한다.

둥근이질풀은 산지에서 자라는 여러해살이풀로, 반그늘 혹은 양지바른 곳에서 잘 자라며, 키는 약 1m 정도이다. 식물 전체에 털이 조금 나 있고, 줄기는 곧게 서며 가지를 친다. 마주나는 잎은 다소 깊게 3~5갈래로 갈라지고 갈래는 끝이 뾰족하며 드문드문 톱니가 있다. 잎의 길이는 7~11㎝, 폭은 8~15㎝이다.

7~8월에 지름 약 2㎝ 정도의 연분홍색 꽃이 줄기 위쪽에 달리는데, 꽃은 하늘을 향해 피고, 암술은 3갈래로 갈라져 있다. 열매는 9~10월경에 촛대 모양으로 길쭉하게 올라온 씨방이 3갈래로 갈라지는데, 안에 검은색 종자가 들어 있다. 드물게 흰색 꽃이 피는 흰둥근이질풀이 발견되기도 한다.

쥐손이풀과에 속하며 산이질풀, 긴이질풀, 둥근쥐손이, 왕이질풀이라고도 한다. 관상용으로 쓰이며, 전초는 약용으로 쓰인다.

▲ 둥근이질풀_ 잎 올라오는 모습

▲ 둥근이질풀_ 꽃봉오리

▲ 둥근이질풀_ 꽃 피기 전

▲ 둥근이질풀_ 꽃

ㄷ

▲ 둥근이질풀_ 뒷모습

▲ 둥근이질풀_ 씨방

▲ 둥근이질풀_ 종자 결실(위에서 본 모습)

▲ 둥근이질풀_ 종자 결실

직접 가꾸기

둥근이질풀은 늦가을이나 이른 봄에 포기나누기를 하거나 9월에 익은 종자를 바로 화단에 뿌리거나 종이에 싸서 냉장보관하고 봄에 뿌려 번식한다. 종자는 익자마자 튀어나가기 때문에 제때 받아둬야 한다. 종자 발아율은 중간 정도이다.

반그늘이면서 토양이 비옥한 화단에 심고 물은 1~2일 간격으로 줘야 하는데, 물 관리만 잘해도 많은 꽃을 볼 수 있다. 주변습도가 높은 곳이나 습지 근처에 심는 것이 가장 좋다.

ㄷ

가까운 식물들

- 이질풀 : 키는 50㎝이며, 6~8월에 연한 붉은색, 붉은 자주색 또는 흰색의 꽃이 핀다.
- 쥐손이풀 : 키는 30~80㎝이며 비스듬히 또는 옆으로 뻗으며 가지가 갈라지고 잎자루와 함께 밑을 향한 털이 있다.
- 흰둥근이질풀 : 꽃이 흰색이다.
- 선이질풀 : 밑부분이 옆으로 자라다가 곧게 선다.
- 참이질풀 : 줄기는 곧게 서며 키는 60㎝이다. 둥근이질풀에 비하여 전체에 털이 많고 독특하다. 진주에서 처음 발견되었다.

이질풀

흰둥근이질풀

084

버릴 것 하나 없는 구황식물

딱지꽃

이명 | 갯딱지, 딱지, 당딱지꽃

학명 | *Potentilla chinensis* Ser.

잎들이

바닥에 붙어 퍼져 자라는 것이 딱지처럼 보이기 때문에 딱지꽃이라고 하는 것 같지만 정확한 유래는 알 수 없다. 들과 개울가, 바닷가에 나는 여러해살이풀로 햇볕이 많이 들어오는 곳에서 잘 자라며, 키는 30~60㎝이다.

잎은 길이가 2~5㎝, 폭이 0.8~1.5㎝로 긴 타원형이고 표면에는 털이 없으나 뒷면에는 하얀색 털이 많이 있다. 6~7월에 노란색 꽃이 줄기 끝에서 피며, 지름은 1~2㎝로 꽃잎은 5장이다. 7~8월경에 넓은 달걀 모양의 열매가 달린다.

꽃 모양은 양지꽃, 가락지나물, 뱀무와 비슷해서 서로 구분하기 어렵다. 이때는 잎을 보고 구분해야 한다. 딱지꽃의 잎을 보면 꼭 지네처럼 생기기도 해서 지네풀, 오공초라고도 한다.

딱지꽃은 밥을 잘 먹지 않는 어린이에게 먹이면 좋은 효과가 있다고 알려져 있다. 뿌리까지 함께 조리해 먹으면 밥맛이 좋아지고 위장도 튼튼해져서 밥을 잘 먹게 된다는 것이다.

장미과에 속하며 갯딱지, 딱지, 당딱지꽃이라고도 한다. 어린순은 나물로 먹거나 국거리로 쓰이며, 말려서 차로 달여 마시기도 한다.

뿌리를 포함한 전초는 위릉채(萎陵菜)라고 해서 약재로 사용된다. 싹이 올라올 때 모습은 잔털이 많은 것이 꼭 할미꽃을 닮아 교육용으로 적합하다. 또 관상용으로도 좋다. 우리나라와 일본, 만주, 러시아 아무르, 중국, 대만 등지에 분포한다.

▲ 딱지꽃_ 새순 올라오는 모습

▲ 딱지꽃_ 잎

▲ 딱지꽃_ 꽃봉오리

▲ 딱지꽃_ 시드는 모습

▲ 딱지꽃_ 꽃

ㄷ

직접 가꾸기

딱지꽃은 8월에 받은 종자를 냉장고에 보관한 후 9~10월경에 뿌린다. 종이에 싸서 보관했다가 이듬해 봄에 일찍 뿌려도 된다. 뿌리가 밑으로 깊게 자라는 직근성이기 때문에 새싹이 올라오고 본 잎이 전개되기 시작하면 바로 작은 화분이나 화단에 옮겨 심는 것이 좋다.

햇볕이 잘 들어오는 양지에 심는다. 개화기가 길어 꽃이 계속 피고 지기 때문에 화단의 잘 보이는 곳에 심는 것이 좋다. 물은 2~3일 간격으로 준다.

가까운 식물들

- 원산딱지꽃 : 작은잎이 7~13개인 것이 다르다. 북한 지방에 분포한다.
- 끈끈이딱지 : 줄기 윗부분에서 가지를 내며 끈끈한 털이 빽빽이 난다. 함경도에 분포한다.

085

얼굴을 땅으로 향하고 있는 나리꽃

땅나리

이명 | 작은중나리, 애기중나리

학명 | *Lilium callosum* Siebold & Zucc.

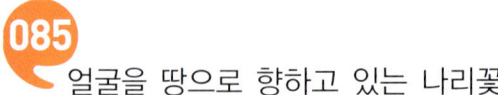

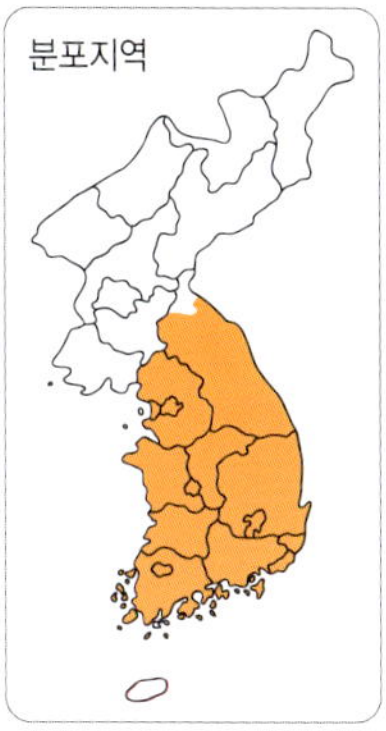

땅나리는 나리의 한 종류로 꽃이 땅을 향하는 나리꽃이라고 해서 붙여진 이름이다. 나리 종류의 구분은 꽃이 어디를 향하느냐를 보면 된다. 위로 하늘을 향하면 하늘나리, 땅을 향하면 땅나리, 중간쯤에서 비스듬히 아래로 보고 있으면 중나리이다.

나리는 꽃이 유난히 예쁜 품종으로 백합과에 속하여 꽃이 큰 편인데, 일반적으로 나리라고 하면 참나리를 가리킨다. 보통 나리들은 1~2m까지 크는데, 땅나리는 그 절반밖에 안 되어 약 60㎝이다.

우리나라 중부 이남의 산이나 들에 자라는 여러해살이풀로, 숲속 반그늘에서 자란다. 잎은 조밀하게 어긋나며 선형으로, 털이 별로 없으며 길이는 5~10㎝, 폭은 0.3~0.6㎝의 크기이다.

7월에 노란빛이 섞인 붉은색 또는 짙은 붉은색의 꽃이 줄기 끝에 1~8송이 피며 지름은 3~5㎝이다. 오전에는 꽃봉오리가 뭉쳐 있다가 오후가 되면서 꽃잎이 뒤로 올라가는 것을 볼 수 있다. 다른 백합과 종류에 비해 꽃이 작기 때문에 쉽게 구분할 수 있다. 갈색 열매가 9~10월경에 달리는데, 안에는 둥글고 편평한 종자가 많이 들어 있다.

작은중나리, 애기중나리라고도 한다. 관상용으로 쓰이는데, 일반 나리들이 종자 빌아 후 약 3~4년 후에 개화하는 것에 비해 2년이 지나면 꽃을 피운다. 우리나라와 일본, 타이완, 중국, 우수리 강 등지에 분포한다.

땅나리 압화 ▶

▲ 땅나리_ 줄기

▲ 땅나리_ 꽃봉오리

▲ 땅나리_ 꽃

▲ 땅나리_ 종자 결실

직접 가꾸기

땅나리는 지름 약 3~5㎝인 황백색의 둥근 알뿌리 조각을 떼어 번식시키는 방법과 9월에 익은 종자를 이듬해 봄에 화단에 뿌리는 방법이 있다. 종자는 다른 나리 종류들보다 작은 편이지만 발아율이 높아 조금만 뿌려도 많은 개체를 얻을 수 있다.

강한 햇볕이 들어오지 않는 곳, 토양은 모래가 많은 화단이면 좋다. 화분에 심어 실내에서 키우면 키가 너무 자라고 꽃대가 약해 꽃이 잘 피지 않는다. 물은 봄에는 2~3일 간격, 여름에는 1~2일 간격으로 준다. 물을 많이 주면 알뿌리가 썩기 때문에 주의해야 한다.

가까운 식물들

- 하늘나리 : 꽃이 붉으며, 하늘을 향한다. 잎은 폭이 0.3~0.6㎝로 가늘다.
- 참나리 : 꽃잎이 뒤로 젖혀진다. 잎 주위에 작은 싹이 달리는데, 이것을 주아라고 한다. 키는 1~2m이다.
- 중나리 : 꽃이 위나 아래가 아니라 비스듬히 옆을 보고 있다. 꽃잎은 황색을 띤 붉은색이고 안쪽에 자줏빛 반점이 있다.
- 솔나리 : 잎이 솔잎처럼 가늘고 길며, 꽃은 연분홍색으로 꽃잎이 뒤로 말린다. 키는 90㎝ 정도이다.
- 말나리 : 6~7월에 1~10개의 노란빛을 띤 빨간 꽃이 옆을 향하여 핀다.

참나리

중나리

솔나리

말나리

086

바닷가에 피는 노란 채송화

땅채송화

이명 | 제주기린초, 갯채송화

학명 | *Sedum oryzifolium* Makino

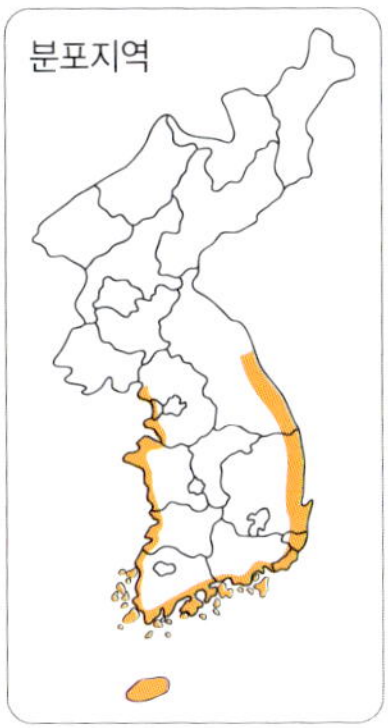

ㄷ

땅채송화는

채송화의 한 종류이다. 채송화 종류들은 대부분 10~20㎝ 크기로 작은 편이며, 주로 여러 개체가 오밀조밀 몰려서 핀다. 그래서 예로부터 봉선화와 나리꽃 등과 함께 울 밑에 많이 심었다. 다만 일반 채송화와 다른 점은 주로 바닷가에 자란다는 것이다. 그래서 흔히 갯채송화라고도 한다. 또 채송화가 붉은 꽃을 피우는 반면 땅채송화 꽃은 노랗다.

중부 이남의 해안가에서 나는 여러해살이풀로, 햇볕이 잘 들어오는 곳의 바위나 물 빠짐이 좋은 땅에서 잘 자라며, 키는 5~12㎝로 아주 작다. 잎은 길이가 0.3~0.6㎝, 폭이 약 0.2㎝로 끝이 둥글며 타원형이고 어긋난다. 줄기는 옆으로 뻗어 많은 가지를 내며 원줄기 윗부분과 가지가 모여 곧게 선다.

5~7월에 노란색 꽃이 피는데, 원줄기 끝에는 달리지 않고 줄기 윗부분의 갈라진 가지 끝에 3~10개가 달리는 것이 독특하다. 꽃잎의 길이는 약 0.5㎝이고 암술과 수술은 각 5개씩이다. 열매는 9~10월경에 맺는데 자방이 여러 갈래로 갈라지며 안에는 작은 종자가 많이 들어 있다.

돌나물과에 속하며 제주기린초, 갯채송화라고도 한다. 관상용으로 쓰이며 어린순은 식용, 약용으로도 쓰인다. 우리나라와 일본 등지에 분포한다.

▲ 땅채송화_ 무리

▲ 땅채송화_ 새순

▲ 땅채송화_ 새순(붉은 모습)

▲ 땅채송화_ 꽃이 피기 전

▲ 땅채송화_ 꽃

▲ 땅채송화_ 종자 결실

직접 가꾸기

땅채송화는 꽃이 필 때가 아니면 언제든지 번식이 가능하다. 마디에 뿌리가 중간 중간 나와 있는데, 이를 떼어내서 모래나 상토에 심으면 10일 정도가 지난 후 완전히 뿌리가 내린다. 줄기를 삽목해도 가능한데 이는 시중에서 판매되는 뿌리 촉진제를 이용해도 좋다. 직접 시도해본 바에 의하면 2줄기를 이용해 1년 동안 번식시켰더니 약 3,000개의 성묘를 얻을 수 있을 만큼 번식력이 좋았다.

햇볕이 잘 드는 곳과 물 빠짐이 좋은 곳이면 어디든 잘 자라기 때문에 화단이나 화분 어디에서나 키워도 된다. 시중에 판매되는 세덤류와 함께 심거나 다른 초화류의 밑에 심으면 수분 증발도 막을 수 있다. 화단에 심을 때는 돌 틈에 약간의 흙이 있는 곳을 골라 집단적으로 심는 것이 좋다. 물은 2~3일 간격 또는 3~4일 간격으로 준다.

가까운 식물들

- 채송화 : 줄기는 붉은빛을 띠고 가지가 많이 갈라져서 퍼지며 키는 20㎝ 내외이다. 꽃은 7~10월에 피고 맑은 날 낮에 피며 오후 2시경에 시든다.
- 바위채송화 : 산지의 바위 표면에서 자라며, 키는 10㎝ 내외로 작다. 8~9월에 노란색 꽃이 핀다.
- 사철채송화 : 키는 20㎝, 꽃은 4~6월에 붉은빛을 띤 자주색, 붉은색, 흰색 등으로 무리지어 핀다. 남아프리카가 원산지이다.

바위채송화

- 암채송화 : 산의 건조한 바위 위에서 자란다. 키는 15㎝이며, 5~6월에 노란색의 꽃이 핀다.

087

늦여름 들판을 수놓는 노란 꽃

마타리

이명 | 가양취, 미역취, 가얌취

학명 | *Patrinia scabiosaefolia* Fisch. ex Trevir

▲ 마타리_ 새순 올라오는 모습

▲ 마타리_ 잎 전개된 모습

여름에서 가을로 넘어가는 시기에는 사실 꽃이 드문데 그때 들녘에 노란색으로 만발한 꽃이 바로 마타리다. 마타리나 뚝갈은 꽃이 피기 전에는 구분하기 어려우나 한여름에 꽃이 피기 시작하면 쉽게 구분된다. 뚝갈은 흰색 꽃이 피는 반면 마타리는 노란 꽃이 핀다. 뚝갈과 마타리는 사촌지간으로, 둘 다 꼭 외래어 같지만 순 우리말이다.

마타리는 산과 들에서 나는 여러해살이풀로, 물 빠짐이 좋은 양지 혹은 반그늘에서 자라며, 키는 60~150㎝이다. 잎은 새의 깃 모양으로 깊이 갈라지고 마주난다.

꽃은 7~8월에 노란색으로 가지 끝과 원줄기 끝에 달리는데, 지름이 약 0.5㎝가량 되는 꽃들이 많이 달린다. 그래서인지 곤충들이 유난히 많이 모여든다.

열매는 9~10월경에 익는데, 타원형으로 길이가 약 0.5㎝ 정도 되는 종자를 맺는다.

여름이면 산과 들에 키가 큰 야생화가 꽤 많이 있지만 이 품종은 그중에서도 관상 가치가 높다. 흔히 야생화라고 하면 연약하다는 생각이 들지만 마타리는 강하면서도 잘 자라는 특징을 가지고 있어 앞으로 관상용으로 더욱 개발될 것으로 보인다.

어린순은 식용으로도 쓰인다. 나물로 무쳐 먹고, 나물밥으로 지어 먹고, 기름에 볶아서 먹기도 하는데, 약간 쓴맛이 있으므로 물에 우려낸 뒤에 이용

▲ 마타리_ 잎과 줄기

▲ 마타리_ 꽃봉오리 올라온 모습

해야 한다. 또한 뿌리에서는 된장 썩는 냄새가 나는데, 한방에서 패장이라고 하여 약재로 사용한다.

마타리과에 속하며 가양취, 미역취, 가얌취라고도 한다. 또 들판에 피는 노란 꽃이라는 뜻으로 야황화, 황화용아, 야근, 여랑화 등으로도 부른다.

우리나라와 일본, 중국, 러시아 등지에 분포하며, 꽃말은 '변하기 쉬운 사랑', '미인', '잴 수 없는 사랑', '온정' 등이다.

마타리 압화 ▶

▲ 마타리_ 개화 직전

▲ 마타리_ 꽃(측면)

▲ 마타리_ 꽃(정면)

▲ 마타리_ 종자 결실

직접 가꾸기

마타리는 10월에 받은 종자를 바로 뿌리거나 종이에 싸서 냉장보관하여 이듬해 봄에 뿌린다. 종자 발아율은 높은 편이다. 물 빠짐이 좋은 반그늘의 화단에 심고, 물은 2~3일 간격으로 준다. 집단생활을 하지 않는 품종이어서 드문드문 심어도 좋다. 키가 크게 자라므로 화단의 중앙이나 뒤쪽에 심는 것이 보기에 더 좋다.

가까운 식물들

- 금마타리 : 마타리보다 포기가 작고 아담하다. 잎이 돌단풍처럼 둥글고 가장자리가 5~7갈래로 갈라진다.
- 돌마타리 : 전체에 털이 없고 줄기는 곧게 서고 뭉쳐나며, 키는 20~60㎝이다.
- 뚝갈 : 전체적인 모양이 마타리와 비슷하나 꽃이 흰색이다.

금마타리

돌마타리

뚝갈

088

키 작은 나리꽃

말나리

이명 | 왜말나리

학명 | *Lilium distichum* Nakai ex Kamib.

말나리는 나리의 한 종류로 산지에서 자라는 여러해살이풀이다. 나리는 대체로 키가 커서 참나리의 경우는 2m까지 줄기가 쭉 벋는데, 말나리는 약 80㎝로 그 절반 정도밖에 안 된다.

나리 구분법은 앞에서도 설명했는데, 여기에서는 응용을 해보자. 두 가지 특징을 한꺼번에 갖고 있는 나리도 생각해볼 수 있다. 즉, 꽃이 하늘을 향하면서 잎이 우산살처럼 돌려나면 '하늘+말+나리' 해서 하늘말나리라고 한다. 그리고 잎에 털이 많이 나 있으면서 꽃이 중간쯤을 향하고 있으면 털+중나리, 즉 털중나리다.

말나리는 반그늘이 지고 토양이 비옥한 낙엽수 아래에서 잘 자란다. 잎은 줄기 중간 부분에 4~9장의 원을 그리며 돌려나는 윤생 형태를 하고 있다. 잎의 모양은 긴 타원형이거나 달걀 모양의 타원형이고, 길이는 15㎝ 내외, 폭은 2~3㎝이다. 잎의 끝이 뾰족한 것이 특징이다.

6~8월에 황적색 꽃이 줄기 끝에 여러 송이 달린다. 9~10월경에는 둥근 열매가 달리는데 안에는 겹겹이 둥글고 편평한 종자가 들어 있다.

백합과에 속하며 왜말나리라고도 한다. 여기에서 '왜'란 작다는 뜻이다. 관상용으로 쓰이고 어린잎과 줄기, 비늘줄기는 식용한다. 우리나라와 중국 북동부, 헤이룽 강, 사할린 섬, 캄차카 반도 등지에 분포한다.

말나리 압화 ▶

▲ 말나리_ 잎

▲ 말나리_ 꽃

▲ 말나리_ 시들어가는 모습

▲ 말나리_ 종자 결실

직접 가꾸기

말나리는 둥근 비늘줄기 모양을 하며 반점이 있는 인편을 이용해 삽목하거나 10월에 결실되는 종자를 이듬해 봄에 화분이나 화단에 뿌리면 된다. 꽃을 빨리 보고 싶으면 삽목을 이용하는 것이 좋다. 물 빠짐이 좋은 반그늘의 화단에 심는다. 모래가 많이 들어 있는 토양에 심고 퇴비를 많이 넣어줘야 하며, 물은 2~3일 간격으로 준다.

ㅁ

가까운 식물들

- 참나리 : 꽃잎 안쪽에 흑자색 반점이 많아 호랑이무늬를 띤다.
- 하늘말나리 : 꽃이 하늘을 보고 있는 말나리다.
- 섬말나리 : 노란색 꽃이 피는 우리나라 특산종이다. 울릉도에 분포하며, 키는 50~100㎝이다.
- 털중나리 : 잎에 털이 유난히 많이 난 중나리다.
- 땅나리 : 꽃이 땅을 보고 있다.
- 누른하늘말나리 : 7~8월에 짙은 노란색 꽃이 줄기 위쪽에 1~6개 위를 향해 곧게 달린다. 키는 약 1m이다.

참나리

하늘말나리

털중나리

땅나리

누른하늘말나리

089

자생력이 강한 상록식물

맥문동

이명 | 알꽃맥문동, 넓은잎맥문동

학명 | *Liriope platyphylla* F. T. Wang & T. Tang

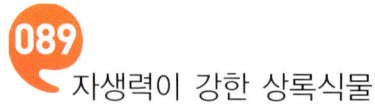

맥문동은 학교나 공원 등 우리 주변에서 쉽게 볼 수 있는 식물이다. 특히 상록식물이라서 겨울에도 푸른 잎이 남아 있는데, 그만큼 생명력이 강하다. 뿌리가 보리와 비슷하고 잎은 부추처럼 생겼으며 추운 겨울에도 시들지 않기 때문에 '맥문동(麥門冬)' 이란 이름이 생겼다.

분포지역

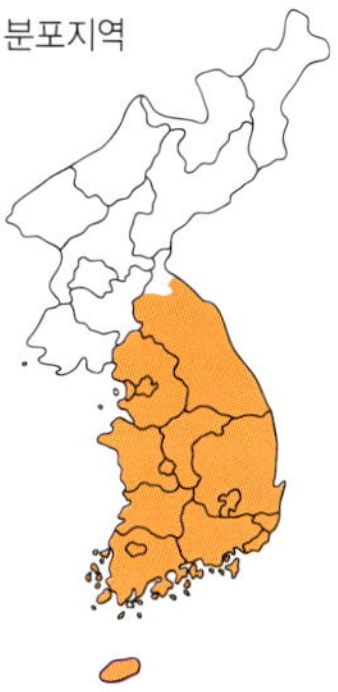

우리나라 중부 이남의 산지에서 자라는 상록 여러해살이풀로, 반그늘 혹은 햇볕이 잘 들어오는 나무 아래에서 자라며, 키는 30~50㎝이다. 짧고 굵은 뿌리줄기에서 잎이 모여 나와서 포기를 형성하고, 흔히 뿌리 끝이 커져서 땅콩같이 된다. 잎은 가늘고 납작하고 길이는 30~50㎝, 폭이 0.8~1.2㎝로, 끝이 뭉뚝하다. 특히 잎이 겨울에도 남아 있기 때문에 쉽게 구분할 수 있는 식물이다. 꽃은 늦봄부터 여름까지 피는데, 연한 자주색 꽃이 하나의 마디에 여러 송이 달린다. 열매는 10~11월에 익으며 푸른색이다. 열매가 익고 껍질이 벗겨지면 검은색 종자가 나타난다.

백합과에 속하며 알꽃맥문동, 넓은잎맥문동이라고도 한다. 관상용으로 많이 재배되며, 뿌리는 약으로 쓰인다. 약주도 만들고, 맥문동정과라고 해서 전통과자도 만드는 등 이용 가치가 많은 품종이나. 우리나라와 일본, 중국, 타이완 등지에 분포한다. 꽃말은 '흑진주', '겸손', '인내' 등이다.

맥문동 압화 ▶

▲ 맥문동_ 꽃봉오리

▲ 맥문동_ 종자 결실

▲ 맥문동_ 무리

직접 가꾸기

맥문동은 1~2년이 지나면 뿌리가 많이 뭉쳐 있기 때문에 이것을 가을이나 봄에 나누거나, 10~11월에 익은 종자를 보관했다가 이듬해 봄에 화단에 뿌려 번식시킨다.

최근 들어 화단 조경용으로 많이 이용되는데, 햇볕이 잘 들어오는 곳이면 어디든지 잘 자라며 물은 2~3일 간격으로 주면 된다.

가까운 식물들

- 개맥문동 : 잎맥의 수가 7~11개로, 11~15개인 맥문동과 비교된다.
- 소엽맥문동 : 잎의 폭이 0.2~0.4㎝로 맥문동보다 좁다.
- 맥문아재비 : 바닷가 산지 그늘이나 습지에 자란다. 잎은 길이 30~38㎝, 폭이 1~1.5㎝이며 짙은 녹색이다.

개맥문동

090

흰 꽃이 피는 맥문동

맥문아재비

이명 | 왕맥문동

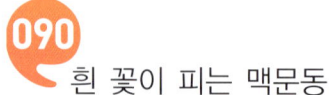

학명 | *Ophiopogon jaburan* (Kunth) Lodd.

맥문동을 닮았다고 하여 맥문아재비라는 이름이 붙었다. 형태는 서로 비슷하나 맥문동은 꽃이 자주색으로 피는 반면 맥문아재비는 흰색으로 피는 점이 다르다. 또한 열매도 맥문동은 거의 검은색에 가까우나 맥문아재비는 청보라색이다.

맥문동이라는 이름은 뿌리가 보리와 비슷하고 잎은 부추처럼 생겼으며 추운 겨울에도 시들지 않기 때문에 붙여졌다. 따라서 맥문아재비 역시 비슷하게 생겼다.

키는 30~50㎝이고, 잎은 두텁고 광택이 나며 길이가 30~80㎝, 폭이 1~1.5㎝로 부채꼴 모양으로 9~13개의 맥이 있다. 뿌리는 지하경으로 옆으로 뻗으며 잎이 뭉쳐 있다.

8~9월에 길이 약 0.8㎝의 흰 꽃이 아래에서 위쪽 줄기를 따라 올라가며 달리고 밑으로 처지며 핀다. 꽃줄기는 편평하고 0.4~0.7㎝ 정도의 좁은 날개가 있다. 꽃이 붙어 있는 줄기의 길이는 7~10㎝이고, 작은꽃줄기는 3~8개씩 모여 달린다. 9월경에 청색의 열매가 돌출된 형태로 달리는데, 매우 매혹적이다.

백합과에 속하는 여러해살이풀로, 우리나라 남부 지방과 섬 지방에 분포한다. 반 그늘진 곳의 물 빠짐이 좋고 비옥한 토양에서 자란다. 일반 내륙에서도 잘 자라는 품종이다.

▲ 맥문아재비_ 잎

▲ 맥문아재비_ 꽃봉오리

▲ 맥문아재비_ 꽃

▲ 맥문아재비_ 시드는 모습

▲ 맥문아재비_ 무리

직접 가꾸기

맥문아재비는 9월경에 달리는 종자를 바로 뿌리거나 종이나 솜에 싸서 냉장 보관하여 이듬해 봄에 일찍 뿌린다. 종자 발아율은 높다. 이른 봄이나 가을에는 뿌리 나누기로 번식시켜 많은 개체를 얻을 수 있다.

화분에 심거나 조경용으로 이용하기 적합한 품종이다. 심을 때는 부엽질이 많은 곳의 반그늘 또는 양지에 심는다. 화분에 심을 때는 군락을 지어 심고 퇴비를 많이 넣는다.

가까운 식물들

- 개맥문동 : 잎맥의 수가 7~11개로, 11~15개인 맥문동과 비교된다.
- 소엽맥문동 : 잎의 폭이 0.2~0.4㎝로 맥문동보다 좁다.
- 맥문동 : 반그늘 또는 햇볕이 잘 들어오는 나무 아래에서 자라며, 키는 30~50㎝이다.

개맥문동

소엽맥문동

맥문동

091

병사의 충성을 간직한 꽃

메꽃

이명 | 메, 좁은잎메꽃, 가는잎메꽃, 가는메꽃

학명 | *Calystegia sepium* var. *japonicum* (Choisy) Makino

언뜻 보면 나팔꽃처럼 생겨서 혼동하기 쉬운 꽃이다. 나팔꽃은 꽃이 남보라색인 반면 이 꽃은 연분홍색이라는 점이 차이점이다. 나팔꽃이 우리 토종꽃 같지만 인도 원산의 외래식물이고, 메꽃이 진짜 우리 토종식물이다.

메꽃에는 전설이 전해진다. 옛날에 장군이 이끄는 부대가 안전한 길을 갈 수 있도록 연락하는 임무를 맡은 한 연락병이 있었다. 그런데 그는 장군에게 미처 길을 알려주기 전에 적의 화살에 맞아 죽고 말았다. 그 틈을 타서 적군은 연락병의 표시를 반대쪽 길로 향하게 해놓았다.

장군은 그것도 모르고 반대편 길로 가려는데, 주변에 붉은 핏자국이 있고, 그 근처에는 나팔처럼 생긴 꽃이 다른 방향을 향하고 있었다. 장군은 그것을 보고 연락병이 죽어서도 방향을 알려주는 것이라고 여겨 꽃이 가리키는 방향으로 군사들을 몰고 갔다. 그리고 그 덕분에 무사히 임무를 수행할 수 있었다. 메꽃은 이렇게 병사의 충성스러움으로 피어난 꽃이라서 꽃말도 '충성' 이다. 이밖에도 '속박' 이나 '수줍음' 이라는 꽃말도 있다.

메꽃은 전국 각처의 들에서 자라는 덩굴성 여러해살이풀로, 음지를 제외한 어느 환경에서도 잘 자라며, 키는 50~100㎝이다. 잎은 긴 타원형으로 어긋나고 길이는 5~10㎝, 폭은 2~7㎝로 뾰족하다. 굵은 흰색 뿌리가 사방으로 퍼지고 뿌리마다 잎이 나오며 다시 지하경이 발달하여 뻗어나간다.

6~8월에 엷은 홍색 꽃이 피는데, 깔때기 모양을 하고 있으며 길이는 5~6㎝, 폭은 약 5㎝이다. 메꽃과 같은 꽃들은 대개 햇빛이 나면 꽃잎을 펴고, 해가 지면 오므리는 특징이 있다. 또 꽃이 오래도록 피어 있으므로 여름 내내 구경할 수 있다. 열매는 둥글고 꽃이 핀 후 일반적으로 결실을 하지 않는다. 특이한 것은 메꽃이 같은 그루의 꽃끼리는 수정하지 않고 다른 그루의 꽃끼리 수정해야만 열매를 맺는다는 것이다. 이런 꽃을 흔히 '고자화(鼓子花)' 라고 한다.

메꽃과에 속하며 메, 좁은잎메꽃, 가는잎메꽃, 가는메꽃이라고도 한다. 어린순과 뿌리는 식용 및 약용으로 쓰인다. 어린순을 잘라 봄나물로 무쳐 먹고, 뿌리도 간식으로 먹는다. 우리나라와 일본, 중국에 분포한다.

▲ 메꽃_ 꽃봉오리

▲ 메꽃_ 꽃

ㅁ

▲ 메꽃_ 시든 모습

▲ 메꽃_ 전초

직접 가꾸기

메꽃은 시기에 관계없이 뿌리를 절단하여 심으면 새순이 올라온다. 다른 식물과 같이 심는 것은 피하는 것이 좋다. 생육이 워낙 좋아 다른 식물이 자라는 것을 방해하기 때문에 화분 이외의 곳에 심는 것은 금한다.

가까운 식물들

- 나팔꽃 : 인도가 원산지인 한해살이 덩굴식물이다. 나팔꽃이 메꽃보다 흔한 것 같지만 메꽃은 토종이고 나팔꽃은 귀화식물이다.
- 갯메꽃 : 바닷가의 모래밭에서 자란다. 잎은 어긋나고 잎자루는 길며 심장 모양이다.
- 애기메꽃 : 메꽃과 비슷하지만 꽃이 작고 꽃자루 윗부분에 주름진 좁은 날개가 있다.
- 선메꽃 : 줄기가 곧게, 또는 비스듬히 선다. 잎은 어긋나고 길이 7㎝의 바소 모양이며 밑부분이 화살 밑 모양이고 가장자리가 밋밋하다.
- 서양메꽃 : 유럽 원산의 귀화식물로 기는줄기는 1~2m이다. 잎은 마주나며 길이 2~7㎝로 달걀 모양 또는 긴 타원형이다.

갯메꽃

092

향긋한 나물로 이용되는

멸가치

이명 | 개머위, 명가지, 옹취, 총취

학명 | *Adenocaulon himalaicum* Edgew.

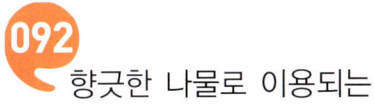

멸가치는 이름으로 미루어 멸치와 상관이 있을까 하는 생각도 해보지만 전혀 관련이 없다. 단지 이 식물이 나물로 사용되니까 '취' 자가 바뀌어 '치' 자가 된 것이 아닐까 한다. 어린순은 향긋한 단내가 나 아주 맛있다. 산이나 들에서 자라는 여러해살이풀로, 음지의 습한 지역에서 자라며, 키는 50~100㎝가량이다.

▲ 멸가치_ 꽃

잎은 삼각상의 심장형으로 길이는 7~13㎝, 폭은 11~22㎝이다. 잎 가장자리가 깊게 파여 톱니가 있고, 표면은 녹색이지만 뒷면은 흰빛이 나며 흰 솜털이 많이 나 있다.

꽃은 8~10월에 흰색으로 피었다가 연한 붉은색으로 변하고 지름은 약 0.5㎝이다. 종자가 맺히는 자리는 마치 해바라기와 같은 모양으로 잔털과 함께 종자가 결실된다.

◀ 멸가치 압화

국화과에 속하며 명가지, 옹취, 총취라고도 한다. 잎이 머위의 잎이랑 비슷해서 개머위라고도 하고, 일부 지방에서는 말발굽처럼 생겼다고 해서 발굽취라고도 한다.

관상용으로 쓰이며, 어린잎은 식용으로 쓰인다. 우리나라와 일본, 중국, 히말라야, 아무르강, 우수리 강, 동남아시아 등지에 분포한다.

▲ 멸가치_ 새순 올라오는 모습

▲ 멸가치_ 종자 결실

직접 가꾸기

멸가치는 늦가을이나 이른 봄에 새싹이 올라올 때 뿌리 나누기를 하거나 11월에 열리는 종자를 저장했다가 이듬해 봄에 화단에 뿌린다. 종자 발아율이 높으므로 일정한 시기를 사이에 두고 뿌리는 것이 좋다. 나무가 많아 햇볕을 가려주는 화단에 심는 것이 좋고, 물은 2~3일 간격으로 주면 된다. 집단생활을 하는 품종이어서 심을 때 여러 개체를 심거나 묘종 간의 거리를 짧게 해 심어도 좋다.

가까운 식물들

- 머위 : 잎이 비슷하지만 굵은 땅속줄기가 옆으로 뻗으면서 끝에서 잎이 나온다.
- 개머위 : 산의 자갈밭에 나는 머위로 잎이 비슷하지만 길이가 3~5.5㎝, 폭은 5~9㎝로 멸가치보다 작다.

머위

개머위

093

지치를 닮은 꽃을 피우는 야생화

모래지치

이명 | 갯모래지치

학명 | *Argusia sibirica* (L.) Dandy

모래지치는 지치의 한 종류로 지치같이 생겼으나 모래땅에서 자라기 때문에 모래지치라고 한다. 바닷가에는 모래지치 말고도 갯지치도 자라는데, 키가 1m로 25~35㎝인 모래지치에 비해 매우 큰 편이다. 꽃도 남자색으로, 흰색인 모래지치와는 다르다.

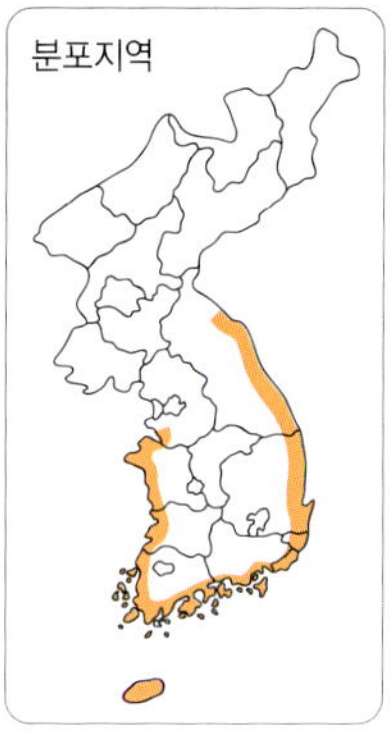

대표종인 지치는 예로부터 뿌리를 많이 이용해온 식물이다. 자주색의 굵은 뿌리는 자초(紫草)라고 해서 약재로도 사용했으며, 천 등에 자주색으로 물감을 들일 때에도 썼다. 지치의 키는 30~70㎝ 정도로 모래지치보다 크다. 모래지치는 해안가 모래땅에서 나는 여러해살이풀로, 햇볕이 잘 들어오는 양지 쪽의 모래밭에서 자란다. 잎은 길이 4~10㎝, 폭 0.7~3㎝로 끝은 둔하고 밑부분은 좁아져 잎자루가 없다. 또 잎의 가장자리는 밋밋하고 두꺼우며, 줄기에는 흰색 털이 많이 나 있다. 5~8월에 흰색 꽃이 줄기 끝과 잎겨드랑이에 달려 핀다. 열매는 8월경에 넓은 타원형으로 익는다.

해안가에서 자라는 식물들은 파도에서 나오는 작은 물 입자와 아주 미세하게 들어 있는 염기를 좋아하는 특성이 있기 때문에 가정에서는 재배하기가 쉽지 않다. 해안가에서 키울 경우, 돌이 있는 곳이나 해안의 모래를 가지고 와서 심는 것이 좋다.

지치과에 속하며, 갯모래지치라고도 한다. 관상용으로 쓰이며, 잎과 줄기는 약재로 사용된다. 우리나라와 아시아와 유럽 온대에서 난대에 걸쳐 널리 분포한다.

▲ 모래지치_ 새순 올라오는 모습

▲ 모래지치_ 꽃 피기 전

▲ 모래지치_ 꽃

직접 가꾸기

모래지치는 8월에 받은 종자를 냉장고에 보관하여 9~10월경에 파종한다. 종자 발아율이 낮기 때문에 많이 뿌리는 것이 낫다. 뿌리가 밑으로 곧장 내려가기 때문에 새순이 올라오고 본 잎이 전개되면 화분에 옮겨 심는다. 가을에 옮기지 못한 것은 이른 봄에 새순이 올라오면 화분에 심는데, 이때 뿌리가 상하지 않게 주의해야 한다. 이른 봄에 옮기는 이유는 온도가 올라감에 따라 뿌리의 발육이 진행되기 때문에 생존율을 높이기 위해서이다.

가까운 식물들

- 지치 : 키는 30~70㎝ 정도로 모래지치보다 크다.
- 갯지치 : 바닷가 모래땅에 자라며 키는 1m, 남자색 꽃이 핀다.
- 개지치 : 지치와 비슷하나 뿌리에 지치와 같은 자주색 색소가 없다.
- 돌지치 : 산에서 자라며 키는 30㎝ 정도이다. 6월에 백자색 꽃이 핀다.
- 들지치 : 돌지치와 비슷하나 한해살이풀로, 키는 20~50㎝이다.

지치

094

도라지를 닮은 초롱꽃

모시대

이명 | 모시때, 모싯대

학명 | *Adenophora remotiflora* (Siebold & Zucc.) Miq.

모시대는

우리나라 각처의 산에서 자라는 여러해살이풀로, 숲 속의 그늘지고 습기가 많은 곳에서 잘 자라며, 키는 40~100㎝이다. 뿌리는 도라지 뿌리처럼 굵다.
잎은 어긋나고 달걀 모양이며 길이가 5~20㎝, 폭이 3~8㎝이다. 잎 가장자리에 톱니가 있으며, 끝은 뾰족하고 아래 잎은 둥글거나 심장형이다. 잎자루는 위로 올라갈수록 짧아진다.
7~9월에 원줄기 끝에서 밑을 향해 종 모양의 보라색 꽃이 드문드문 핀다. 꽃은 도라지모시대와 비슷하지만 원뿔 모양이고, 도라지모시대는 꽃이 총상꽃차례로 핀다. 열매는 10~11월에 익는다.
대개 꽃이 아래로 향하는 초롱꽃과에 속한다. 보통 식물들은 나비나 벌을 유인하기 위해 꽃을 위로 쳐드는데, 아래로 향하는 모습이 꽤나 기품이 있어 보이기도 한다.
모시대는 발음상 모시때, 모싯대라고도 한다. 비슷한 종류이면서 흰 꽃이 피는 건 흰모시대이고, 전체적인 모습은 비슷하나 도라지꽃을 닮은 것은 도라지모시대라고 한다. 이밖에도 잔대와 도라지 등이 이 식물과 비슷하다.
관상용으로 쓰이며, 어린잎은 식용, 뿌리는 약용으로 쓰인다. 나물로 먹을 땐 끓는 물에 살짝 데쳐서 무쳐 먹는다. 우리나라와 일본, 중국 북동부에 분포한다.
꽃말은 '모성애', '영원한 사랑', '진솔한 마음'이다.

모시대 압화 ▶

▲ 모시대_ 꽃

▲ 모시대_ 종자 결실

▲ 모시대_ 전초

직접 가꾸기

모시대는 종자가 완전하게 익는 11월경에 종자를 받아 이를 냉장고에 저장하여 이듬해 이른 봄에 화단에 뿌리면 번식한다. 토양이 비옥한 반그늘 화단에 재배하고, 물은 2~3일 간격으로 주면 된다.

가까운 식물들

- 도라지 : 키와 잎이 비슷하지만 잎의 길이가 4~7㎝, 폭은 1.5~4㎝로 모시대보다 작다.
- 흰모시대 : 꽃이 흰색이다.
- 도라지모시대 : 전체적인 모습이 모시대와 비슷하지만 꽃이 도라지와 비슷하다. 설악산과 금강산에 분포하며, 키는 70㎝이다.
- 잔대 : 키와 꽃이 비슷하나 줄기에서 나온 3~5개의 잎이 돌려나는 점이 다르다.

도라지

흰모시대

도라지모시대

잔대

095

흉년에 먹었던 구황식물

무릇

이명 | 물구, 물긋, 물구지

학명 | *Scilla scilloides* (Lindl.) Druce

무릇은 들이나 산에서 자라는 여러해살이풀로, 양지바른 곳이면 어디에서든 잘 자라며, 키는 20~50㎝이다. 줄기는 곧게 서고, 뿌리는 둥글고 길이가 2~3㎝이며, 껍질은 흑갈색이다.

잎은 선형이며 여러 장의 잎이 밑동에서 나오는데, 잎 끝은 날카로우며 길이는 15~30㎝, 폭은 0.4~0.6㎝이다. 봄에 나온 잎은 여름에 꽃이 나올 무렵이면 지고 가을에 새로이 잎이 자라는 것이 특징이다.

꽃은 7~9월에 피는데, 대개는 분홍색으로 줄기 윗부분에서 여러 송이가 뭉쳐서 핀다. 간혹 흰색 꽃도 있다. 열매는 9~10월경에 열리고 종자는 넓고 뾰족하다.

관상용으로 쓰이며, 어린잎은 식용으로, 뿌리줄기는 식용이나 약용으로 쓰인다. 비늘줄기와 어린잎을 엿처럼 오랫동안 조려서 먹으며, 뿌리는 구충제로도 사용되었다. 옛날에 흉년이 들었을 때에는 구황식물로도 이용되었다. 또 줄기가 매우 단단해 대나무 대신 복조리를 만드는 데에 사용하기도 했다.

꽃의 모양이 맥문동과 비슷하지만, 맥문동은 가늘고 질긴 잎이 여러 장 모여 나며 뿌리줄기가 굵고 딱딱해서 구분할 수 있다. 또 맥문동은 학교나 정원, 길가 등에서 많이 볼 수 있지만 무릇은 야생에서만 볼 수 있는 품종이다.

백합과에 속하며 물구, 물굿, 물구지, 면조아라고도 한다. 우리나라를 비롯하여 디이완, 중국, 우수리 강, 일본 등 아시아 동북부의 온대에서 아열대까지 널리 분포하며, 꽃말은 '강한 자제력', '자랑'이다.

무릇 압화 ▶

▲ 무릇_ 잎 올라오는 모습

▲ 무릇_ 잎 전개되는 모습

▲ 무릇_ 꽃

▲ 무릇_ 종자 결실

ㅁ

직접 가꾸기

무릇은 9~10월에 익은 종자를 가을에 뿌리거나 이듬해 봄에 화분이나 화단에 뿌리고, 인경을 칼로 여러 개 나누어 모래에 꽂아서 번식시킬 수 있다. 해마다 많은 비늘줄기가 생기기 때문에 따로 분리해도 좋다. 양지바르고 물빠짐이 좋은 화단에 심고, 물은 1~2일 간격으로 준다.

가까운 식물들

- 흰무릇 : 흰색 꽃이 핀다.
- 개꽃무릇 : 수선화과에 속한다. 늦여름에 잎이 죽으면서 꽃대가 30~45㎝ 높이로 자라고 그 끝에 노란빛이 도는 붉은색 꽃 4~6개가 산형꽃차례를 이루며 옆을 향해 핀다.
- 중의무릇 : 무릇과 비슷하나 키가 15~25㎝로 작다. 4~5월에 노란색의 꽃이 핀다.
- 꽃무릇(석산) : 일본에서 들여온 것으로 석산이라고도 한다. 절에서 흔히 심고 산기슭이나 풀밭에서 무리 지어 자란다. 꽃은 붉은색이다.

흰무릇

중의무릇

꽃무릇(석산)

096

물에 피는 달개비꽃

물달개비

이명 | 물닭개비

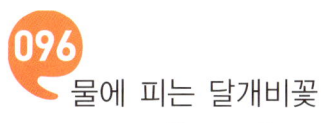

학명 | *Monochoria vaginalis* var. *plantaginea* (Roxb.) Solms

물달개비는

잎이 달개비를 닮았고, 물에 산다고 해서 붙여진 이름이다. 그러나 꽃은 물옥잠과 비슷하다. 단지 물옥잠 꽃은 꽃잎이 잘 벌어지고, 물달개비 꽃잎은 잘 벌어지지 않는 것이 다르다. 키는 약 20cm 내외로 작은 편이다.

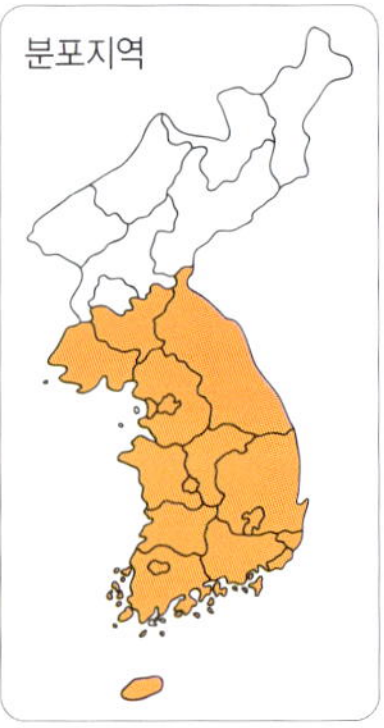

황해도 이남의 논이나 연못에 주로 자라는 여러해살이풀로, 잎은 피침형으로 뾰족한 듯하며 폭은 3.5~5cm이다. 잎은 짙은 녹색이며 두꺼운 편이다. 뿌리에서 나온 잎의 잎자루는 길이가 10~20cm이고, 줄기에 달린 잎의 잎자루는 길이가 3~7cm이다. 7~9월에 줄기 끝에 청보라색 꽃이 피며, 지름은 1.5cm 내외이다. 9월경에 타원형 열매가 달리는데, 끝이 뾰족하며 길이는 1cm 정도로 종자가 많이 들어 있다.

이 식물은 물 흐름이 빠르지 않은 물가에 살기 때문에 쉽게 찾을 수 있다. 논에 자라면 잡초로 취급받아 뽑혀서 현재는 개체가 많이 줄어들었지만 관상 가치가 높아 원예품종으로 개발하기에 좋은 조건을 갖추었다. 이미 외국에서는 원예용으로 개발해 판매하고 있다 한다.

물옥잠과에 속하며 물닭개비, 나도닭개비라고도 한다. 관상용으로 쓰이며 잎과 줄기는 약용으로 쓰인다. 우리나라와 일본, 타이완, 중국, 인도, 말레이시아 등지에 분포한다.

◀ 물달개비_ 잎

▲ 물달개비_ 꽃

▲ 물달개비_ 전초

직접 가꾸기

물달개비는 가을에 뿌리를 이용한 포기나누기를 하고 9월에 열리는 종자를 이듬해 봄에 화단 습지에 뿌린다. 습지식물이므로 수조나 습지에 심는다. 다른 식물들과 경합을 하지 않기 때문에 여러 개체를 한꺼번에 심어도 좋다.

가까운 식물들

- 닭의장풀 : 잎이 물달개비와 비슷하나 꽃이 다르다. 길가나 풀밭, 냇가의 습지에서 자란다.
- 물옥잠 : 꽃의 모양이 아주 비슷하나 잎은 심장 모양이다. 길이와 폭이 각각 4~15㎝이며 가장자리가 밋밋하고 끝이 뾰족하다.
- 부레옥잠 : 잎자루는 공 모양으로 부풀어 있으며, 그 안에 공기가 들어 수면에 떠 있다.

닭의장풀

097

바람개비 꽃이 피는

물레나물

이명 | 애기물레나물, 매대체, 좀물레나물, 긴물레나물

학명 | *Hypericum ascyron* L.

물레나물은

꽃이 마치 물레처럼 생겼다고 해서 붙여진 이름이다. 그런데 바람개비를 닮기도 했고, 스크루를 닮기도 했다.

우리나라 각처의 산지에서 자라는 여러해살이풀로, 반그늘이나 햇볕이 잘 들어오는 곳의 물기가 많은 곳에서 자라며, 키는 50~80cm이다.

잎은 마주나며 피침형이다. 잎은 밑동으로 줄기를 감싸고 길이는 5~10cm, 폭은 1~2cm이다. 끝이 뾰족한 바소 모양으로 투명한 점이 있다.

6~8월에 황색 바탕에 붉은빛이 도는 꽃이 줄기 끝에서 1송이씩 계속해서 피며 지름은 4~6cm이다. 수술은 많으며 암술은 1개이고 암술머리가 5개로 갈라진다. 10~11월에 열매가 달리는데, 작은 그물 모양의 종자는 한쪽의 길이가 0.1cm 정도로 아주 가늘다.

물레나물과에 속하며 애기물레나물, 매대체, 좀물레나물, 긴물레나물이라고도 한다. 유난히 긴 수술들이 윤기가 나고 옅은 노란색 꽃잎이 노랑나비 같아 '금사호접(金絲蝴蝶)'이라 부르기도 한다.

관상용으로 쓰이며, 어린잎은 식용, 잎과 줄기는 약용으로 쓰인다. 나물로 먹을 땐 가볍게 데쳐서 찬물로 살짝 헹구면 된다.

우리나라와 일본, 중국, 시베리아 동부 등지에 분포하며, 꽃말은 '임을 향한 일편단심', '추억', '왕나비' 등이다.

◀ 물레나물 압화

▲ 물레나물_ 새순 올라오는 모습

▲ 물레나물_ 잎 전개되는 모습

ㅁ

▲ 물레나물_ 꽃

▲ 물레나물_ 종자 결실

▲ 물레나물_ 흰색 꽃(위에서 본 모습)

▲ 물레나물_ 흰색 꽃(옆에서 본 모습)

직접 가꾸기

물레나물은 늦가을이나 이른 봄에 포기나누기로 번식시킨다. 또 9~10월경 열리는 종자로 번식시켜도 된다. 씨방에 미세한 종자가 많이 들어 있기 때문에 이를 이른 봄에 화분이나 화단에 뿌린다. 습기가 많은 화단에 심고, 화분에 심을 경우 햇볕이 많이 들어오는 곳에 두어야 한다. 물은 하루 간격으로 주면 된다. 꽃이 크고 한 줄기에서 피고 지고를 반복하기 때문에 관상용과 교육용으로도 좋은 품종이다.

가까운 식물들

- 큰물레나물 : 암술대의 길이가 1㎝이고 끝에서 1/3 정도까지 갈라진다.
- 망종화 : 물레나물과로 꽃의 크기와 색깔이 비슷하지만 모양은 바람개비 모양이 아니라 컵 모양이다.

큰물레나물

098

물을 좋아하는 봉선화

물봉선

이명 | 물봉숭, 물봉숭아

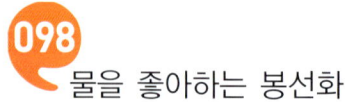

학명 | *Impatiens textori* var. *textori*

물봉선은 물을 좋아하는 봉선화라는 뜻이다. 봉선화는 손톱에 물을 들이는데 쓰던 꽃인데, 여기에서 '봉'은 봉황이라는 뜻이다. 줄기와 가지 사이에서 꽃이 피며 우뚝하게 일어선 것이 봉황처럼 생겨서 봉선화라고 한다. 그렇지만 본래 우리말로는 봉숭아가 맞다. 일제강점기 때 홍난파 선생이 '봉선화'라는 노래를 만든 뒤부터는 봉선화라는 이름도 많이 쓰이게 되었다.

물봉선은 우리나라 각처의 산이나 들에서 자라는 한해살이풀로, 습기가 많은 곳이나 계곡 근처의 물이 빨리 흐르지 않는 곳에서 자라며, 키는 약 60㎝ 내외이다.

줄기는 곧게 서고 육질이며 많은 가지가 갈라지고 마디가 굵다. 잎은 약간 길쭉한 달걀 모양이고 가장자리에는 톱니가 있으며 길이는 6~15㎝ 정도이다.

8~9월에 홍자색 꽃이 핀다. 꽃자루가 길게 뻗어 있으며, 자주색 반점이 있다. 또 끝이 안으로 말리고 아랫부분에 붉은 선모와 작은 포가 있다. 열매는 삭과로 피침형이며 길이가 1~2㎝이다. 열매가 익으면서 팥알 모양의 종자가 쉽게 튀어나간다. 건드리면 쉽게 터지므로 영어로는 'Touch-me-not'이라고 한다.

봉선화과에 속하며 물봉숭, 물봉숭아, 야봉선이라고도 한다. 주로 관상용으로 쓰이며, 잎과 줄기는 약용으로 쓰인다. 또한 식물체 전체를 염료로도 사용한다. 우리나라와 일본, 중국 동북부에 분포한다.

▲ 물봉선_ 새순 올라오는 모습

▲ 물봉선_ 꽃봉오리

▲ 물봉선_ 꽃이 활짝 핀 모습

▲ 물봉선_ 꽃과 열매

ㅁ

▲ 물봉선_ 종자 결실

▲ 물봉선_ 무리

직접 가꾸기

물봉선은 10월에 결실되는 종자를 이듬해 봄 화단에 뿌린다. 종자가 익으면 바람만 불어도 터지기 때문에 조심스럽게 받아야 한다. 물이 많은 화단에서 재배하는 식물이다. 주로 씨앗이 떨어진 장소에서 계속 피는 식물이기 때문에 물이 고여 있거나 약하게 흐르는 곳에 심으면 좋다.

ㅁ

가까운 식물들

- 가야물봉선 : 짙은 자주색의 꽃이 핀다.
- 노랑물봉선 : 노란색 꽃이 핀다.
- 흰물봉선 : 흰색 꽃이 핀다.
- 미색물봉선 : 꽃 색깔이 노랑물봉선보다 연한데, 흰색과 노란색의 중간 색깔을 미색이라고 한다.
- 봉선화 : 봉숭아라고도 하며, 키는 물봉선과 비슷하나 꽃 색깔은 아주 다양하다. 6~8월에 흰색, 붉은색, 분홍색, 보라색 꽃이 핀다.

가야물봉선(전초)

가야물봉선(꽃 정면)

가야물봉선(꽃 측면)

가야물봉선(꽃이 시드는 모습)

노랑물봉선(잎)

노랑물봉선(꽃봉오리)

노랑물봉선(꽃 정면)

노랑물봉선(꽃 측면)

노랑물봉선(전초)

흰물봉선(전초)

미색물봉선(꽃 정면)

미색물봉선(꽃 측면)

099

물이 통통하게 들어 있는

물통이

이명 | 물풍뎅이, 물퉁이

학명 | *Pilea peploides* (Gaudich.) Hook. & Arn.

식물에 물이라는 이름이 붙으면 대개 물 가까이에 산다는 것을 뜻한다. 물통이 역시 물이 흐르는 돌 틈, 습기가 많은 이끼가 있는 곳에 어울려 자생하는 것을 볼 수 있다. 물이 통통하게 들어 있다고 해서 물통이라고 부른다.

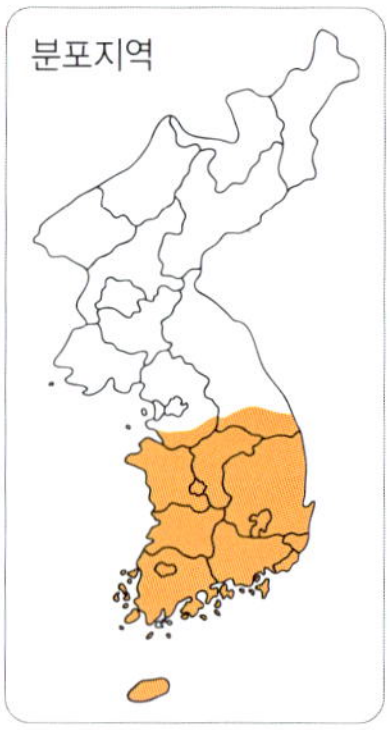

물통이 종류에는 여러 식구가 있다. 모시물통이와 큰물통이, 제주큰물통이, 강계큰물통이, 산물통이, 개물통이 등이 대표적이다. 이중 모시물통이와 큰물통이는 전문가들도 구분이 쉽지 않다. 모시물통이는 모시풀과 비슷하지만 물통이처럼 물기가 많기 때문에 모시물통이라고 한다. 큰물통이는 키가 20~40㎝이고 밑부분에서 많은 가지가 갈라지며 녹색 또는 자줏빛이 돈다.

물통이의 키는 5~10㎝이다. 잎은 길이와 폭이 각각 0.6~1㎝가량으로 넓은 난형을 이룬다. 잎의 양끝이 둔하거나 둥글고 마주나며, 가장자리에 물결 모양의 톱니가 있다.

줄기는 뭉쳐나고 원줄기는 연녹색이며 약간 투명하고 부드러우며 털이 없다.

꽃은 7~8월에 잎겨드랑이에서 녹색으로 뭉쳐서 달린다. 암꽃이 수꽃보다 많으며 섞여 있다. 9~10월경에 길이 약 0.5㎝의 연한 갈색 열매가 납작하게 달린다.

쐐기풀과에 속하는 한해살이풀로, 우리나라 중부 이남 산지의 그늘진 습지에서 자생한다. 일본과 타이완, 중국, 말레이시아에도 분포한다.

▲ 물통이_ 새순 올라오는 모습

▲ 물통이_ 잎

▲ 물통이_ 꽃

ㅁ

▲ 물통이_ 종자 결실

▲ 물통이_ 무리

직접 가꾸기

물통이는 10월경에 받은 종자를 보관했다가 이듬해 봄에 뿌린다. 재배하기는 어려운 품종이다.

가까운 식물들

- 산물통이 : 줄기 밑동에서 가지가 갈라져서 포기로 되고 육질이며 붉은 갈색을 띤다. 키는 10~20㎝이다.
- 모시물통이 : 원줄기는 곧게 자라며 물기가 많고 연녹색이다. 잎은 난형, 길이 2~10㎝, 가장자리에 삼각상 톱니가 있다.
- 나도물통이 : 잎은 어긋나고 긴 잎자루를 가지며 줄 모양 또는 넓은 달걀 모양이다. 키가 10~20㎝로 작다. 산지의 그늘에 분포한다.
- 우산물통이 : 키는 15~30㎝이고 잎은 어긋나서 2줄로 배열하며 찌그러진 난형이다.
- 개물통이 : 가지를 많이 치며 짧고 굽은 털이 빽빽이 난다. 키는 15~40㎝이다.
- 칠보개물통이 : 함북 칠보산에 분포하며, 키는 15~30㎝이다. 전체에 곧은 털이 퍼져 나는 것이 특징이다.
- 큰물통이 : 줄기는 높이가 20~40㎝이고 밑부분에서 많은 가지가 갈라지며 녹색 또는 자줏빛이 돈다.
- 강계큰물통이 : 키는 5~10㎝이고 털이 없으며, 가지가 갈라지지 않는다. 산지의 습한 응달에 자란다.
- 제주큰물통이 : 키가 10㎝로 작으며, 큰물통이에 비해 줄기와 잎이 연약하고 화피의 갈라진 조각도 더 짧다. 제주도와 지리산에 분포한다.
- 복천물통이 : 잎자루가 없으며 좌우가 다른 거꾸로 선 달걀 모양의 타원형이다. 속리산 복천암 근처에서 처음 발견되었다. 키는 10~25㎝이다.

100

깊은 산 음지에 피는 양지꽃

민눈양지꽃

이명 | 섬양지꽃, 큰세잎양지꽃

학명 | *Potentilla yokusaina* Makino

양지꽃

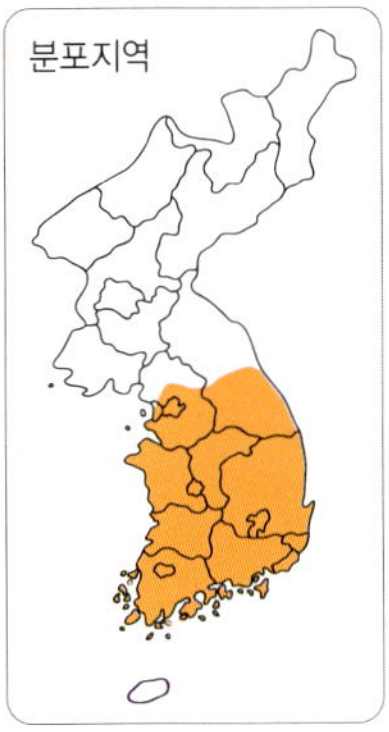

종류는 대개 봄철 따스한 양지에 핀다. 그 종류가 많아서 본종인 양지꽃보다 조금 늦게 피는 나도양지꽃, 높은 산 나무 밑에서 자라는 너도양지꽃, 솜털이 보송보송하게 나는 솜양지꽃, 돌이나 바위틈에서 잘 자라는 돌양지꽃, 물가에서 자라는 물양지꽃, 가지가 누워서 기듯 자라는 눈양지꽃 등 20여 종이나 된다.

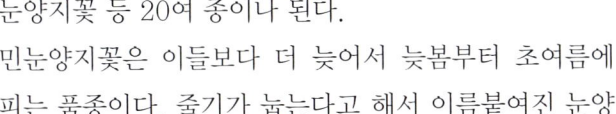

민눈양지꽃은 이들보다 더 늦어서 늦봄부터 초여름에 피는 품종이다. 줄기가 눕는다고 해서 이름붙여진 눈양지꽃처럼 줄기가 옆으로 기면서 자란다. 눈양지꽃이 주로 바닷가에 서식하는 반면 민눈양지꽃은 깊은 산 음지에 자라는 점이 다르다.

키는 10~20㎝이다. 잎은 뿌리에서 나온 것은 뭉쳐 있고, 줄기에서 나오는 것은 어긋나며 끝이 3갈래로 갈라진다. 작은잎은 가장자리에 깊고 뾰족한 톱니가 있으며, 길이가 1.5~4㎝, 폭은 1.2~3㎝로 난형이다.

줄기는 가늘며, 뿌리부분에서 발달한 포복지가 길게 뻗어 나오고 전체에 긴 털이 있다.

5~6월에 지름 1.5~2㎝의 노란색 꽃이 줄기 끝에 한 송이씩 달린다. 꽃받침 잎은 끝이 뾰족하고 3개로 갈라지기도 한다. 꽃잎은 꽃받침보다 1.5배 정도 길고 수평으로 퍼진다. 5장의 꽃받침 주변에는 털이 있으며 끝이 파여 있다. 열매는 8~9월경에 달린다.

장미과에 속하는 여러해살이풀로, 중부 이남의 산지에서 분포한다. 일본과 중국 동북부에도 분포한다. 반그늘 혹은 양지 쪽의 물 빠짐이 좋고 부엽질이 풍부한 곳에서 자란다.

▲ 민눈양지꽃_ 잎

직접 가꾸기

민눈양지꽃의 관리 및 번식 요령은 잘 알려져 있지 않다.

가까운 식물들

- 양지꽃 : 키는 30~50㎝ 정도 된다. 줄기는 옆으로 비스듬히 자란다.
- 눈양지꽃 : 기는 줄기가 가늘게 옆으로 벋으며 자란다. 주로 바닷가에 자란다.
- 나도양지꽃 : 깊은 산의 나무 밑에서 자란다. 키는 10~20㎝이며 전체에 털이 많다.
- 너도양지꽃 : 깊은 산의 나무 밑에서 자란다. 뿌리줄기는 길고, 작은잎은 쐐기 모양으로 이빨 모양의 톱니가 나 있다.

양지꽃

나도양지꽃

101

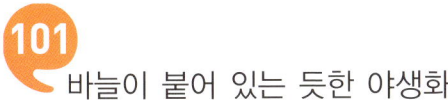

바늘이 붙어 있는 듯한 야생화

바늘꽃

학명 | *Epilobium pyrricholophum* Franch. & Sav.

ㅂ

바늘꽃은 꽃이 진 뒤 씨방이 마치 바늘처럼 가늘고 길게 자라서 붙여진 이름이다. 꽃봉오리 모양도 길쭉하고, 꽃이 피었을 때 수술의 꽃밥 끝도 바늘귀처럼 생긴 것이 특이하다.

우리나라 각처의 산이나 들, 물가에 자라는 여러해살이풀로, 햇볕이 잘 들어오는 물가나 풀숲에서 자라며, 키는 약 30~80㎝ 정도이다.

잎은 마주나며 원줄기를 감싸고 있는 달걀 모양으로, 길이는 2~10㎝가량이다. 잎의 가장자리에는 불규칙한 톱니가 있으며 가을에는 붉게 단풍이 든다.

◀ 바늘꽃 압화

8월에 연한 홍자색 꽃이 윗부분의 잎 사이에서 1송이씩 피는데, 꽃잎은 4장이고 암술은 원기둥 모양이며 선모가 많다. 꽃자루는 거의 없다.

열매는 9~10월경에 달리고, 종자는 끝이 둥글다. 종자의 길이는 0.13~0.18㎝이며, 겉은 뾰족하게 도드라져 있고 빽빽하며 적갈색의 솜털이 있다.

바늘꽃과에 속하며, 영어로는 '파이어 위드(Fireweed)' 라고 한다. 이 말은 식물 전체가 마치 불꽃놀이를 하듯 펑펑 터지는 모양이라서 붙여졌다.

관상용으로 쓰이며, 뿌리를 제외한 전초는 '심담초(心膽草)' 라고 해서 약재로 쓰인다.

우리나라와 일본, 중국에 분포한다.

▲ 바늘꽃_ 꽃

▲ 바늘꽃_ 종자 결실

ㅂ

▲ 바늘꽃_ 전초

직접 가꾸기

바늘꽃은 가을에 포기나누기를 하거나 10월경에 종자를 받아 보관한 후 이른 봄에 화단에 뿌린다. 습기가 많은 화단에 심고 물은 매일 줘야 한다.

가까운 식물들

- 넓은잎바늘꽃 : 잎이 바늘꽃보다 넓으며, 줄기에 2줄의 선모가 나 있다. 키는 30cm 정도이다.
- 분홍바늘꽃 : 꽃이 분홍색이며, 키가 1.5m나 된다. 강원도 황병산에 분포한다.
- 호바늘꽃 : 산지에서 자라며, 키는 60~70cm이다. 꽃은 붉은빛을 띤 자주색이다.

분홍바늘꽃

- 한라바늘꽃 : 줄기와 잎에 굽은 털만 있거나 윗부분에 선모가 있고 씨방과 꽃줄기에 굽은 털과 더불어 선모가 있다. 한라산에 분포한다.
- 돌바늘꽃 : 전체에 가는 털이 나고 줄기는 곧게 서며 가지를 친다. 키는 70cm이다.
- 구름바늘꽃 : 구름이 지나가는 높고 깊은 산에 자라며, 키는 30cm이다.

돌바늘꽃

- 버들바늘꽃 : 산과 들에서 자라며, 잎이 버드나무 잎처럼 좁고 길다. 키는 10~60cm이다.
- 두메바늘꽃 : 높은 산에서 자라며, 키는 20cm이다. 줄기는 곧게 서고 가지를 치며 가는 털이 있다.
- 줄바늘꽃 : 뿌리줄기는 짧고 원줄기는 곧게 자란다.
- 큰바늘꽃 : 키는 70cm 정도이며, 뿌리줄기는 옆으로 길게 뻗고 굵은 땅속줄기가 발달해 있다.
- 회령바늘꽃 : 키는 20~60cm이고, 뿌리줄기에서 짧게 기는 가지가 발달하기도 한다. 함경북도 회령과 백두산 등지에 분포한다.
- 명천바늘꽃 : 키는 50cm, 함경북도 명천군 칠보산에 분포한다.

102

바늘처럼 가시가 날카로운

바늘엉겅퀴

이명 | 탐라엉겅퀴

학명 | *Cirsium rhinoceros* (H. Lev. & Vaniot) Nakai

ㅂ

바늘엉겅퀴는 엉겅퀴의 한 종류이다. 엉겅퀴는 잎에 가시가 많은데, 연한 부분은 먹을 수 있어서 흔히 '가시나물'이라고도 한다.

엉겅퀴가 전국의 산이나 들에 널리 자라는 반면, 바늘엉겅퀴는 제주도에 특히 많이 자라서 흔히 '탐라엉겅퀴'라고도 한다. 또 제주도에서는 소들이 날카로운 가시 때문에 뒤로 물러선다고 해서 '소왕'이라고 부른다. 특히 가시가 억세고 많아서 피부가 약한 어린이들은 조금만 손을 대도 바늘에 찔려 피가 날 정도이다.

제주도, 전라남도 보길도에서 나는 여러해살이풀로, 햇볕이 잘 들어오고 토양 유기질 함량이 높은 곳에서 자라며, 키는 약 50㎝이다.

줄기는 윗부분이 2~3갈래로 갈라지고 잎과 가지가 많이 달리며 줄과 털이 있다.

밑부분의 잎은 뾰족하고 끝이 꼬리처럼 길어지며, 규칙적으로 좁게 깃잎처럼 갈라진다. 갈라진 조각은 보통 3개이며 가장자리에 딱딱하고 날카로운 가시가 나 있다.

7~8월에 길이 3~3.5㎝ 내외의 자주색 꽃이 가지 끝과 원줄기 끝에 1개씩 달린다. 9~10월경 길이 0.3㎝ 정도의 열매가 달리는데, 윗부분은 황색이고 다른 부분은 자주색이다.

국화과에 속하며 잎, 줄기 뿌리는 약재로 쓰고, 어린잎은 식용으로 쓰인다. 우리나라 특산종이다.

▲ 바늘엉겅퀴_ 잎

▲ 바늘엉겅퀴_ 꽃봉오리

▲ 바늘엉겅퀴_ 꽃봉오리(측면)

▲ 바늘엉겅퀴_ 개화 직전

ㅂ

▲ 바늘엉겅퀴_ 꽃

▲ 바늘엉겅퀴_ 종자 결실

▲ 바늘엉겅퀴_ 무리

직접 가꾸기

바늘엉겅퀴는 10월에 달리는 종자를 바로 뿌리는 것이 좋다. 종자를 받을 때는 반드시 장갑을 껴야 한다. 종자를 싸고 있는 꽃받침에 가시가 많이 있으며, 그 안에는 애벌레가 통상 10마리 정도 들어 있다. 늦게 종자를 받으면 애벌레가 종자의 씨눈을 모두 먹기 때문에 빨리 받아야 한다. 종자 발아율은 높은 편이다. 꽃이 비교적 오래 피므로 여러 송이를 한꺼번에 심으면 훨씬 더 보기에 좋다.

가까운 식물들

- 흰바늘엉겅퀴 : 바늘엉겅퀴와 비슷하나 꽃이 흰색이다.
- 엉겅퀴 : 키는 50~100㎝이며, 전체적으로 흰 털과 거미줄 같은 털이 많이 나 있고, 잎에는 가시가 많다.
- 가시엉겅퀴 : 잎이 다닥다닥 달리고 보통 엉겅퀴보다 가시가 많다.
- 흰가시엉겅퀴 : 가시엉겅퀴는 자주색 꽃이 피는 데 반해 흰 꽃이 핀다.
- 좁은잎엉겅퀴 : 잎이 좁고 녹색이며 가시가 다소 많다.

가시엉겅퀴

흰가시엉겅퀴

103

바람의 친구

바람꽃

이명 | 조선바람꽃

학명 | *Anemone narcissiflora* L.

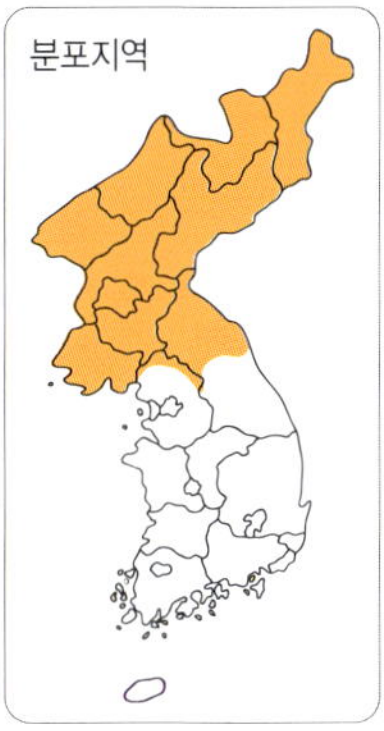

바람이 많이 부는 곳에서 잘 자란다고 해서 바람꽃이다. 바람꽃에는 여러 종류가 있는데, 이 꽃은 대표종답게 가장 화려해서 관상 가치가 매우 높다. 또 봄에 꽃이 피는 다른 바람꽃들과 달리 한여름에 꽃이 핀다.

바람꽃에는 전설이 전해진다. 꽃의 신 플로라의 남편인 바람의 신 제피로스는 플로라의 시녀 아네모네를 사랑했다. 이를 시기한 플로라는 아네모네를 멀리 보냈지만 제피로스는 바람을 타고 달려가 아네모네와 사랑을 나누었다. 보다 못한 플로라는 아네모네를 꽃으로 만들었다. 슬픔에 젖은 제피로스는 그녀를 잊지 못하고 바람을 날려 보냈고, 그 바람을 맞으며 꽃이 피고 졌다. 그래서 서양에서는 바람꽃을 아네모네라고 한다.

또 다른 전설도 있다. 아프로디테가 키프로스의 미소년 아도니스를 사랑했는데, 세상은 그들의 사랑을 그냥 놓아두지 않았고 아도니스는 멧돼지에 받쳐 죽고 만다. 이때 그가 흘린 피가 꽃으로 피어난 것이 바로 바람꽃이라고 한다.

우리나라 중부 이북의 높은 산지에서 자라는 여러해살이풀이다. 주변습도가 높으며 유기질 함량이 많은 반그늘에서 자라며, 키는 20~40㎝이다.

잎은 뿌리에서 발달한 잎자루가 길고 둥근 심장형으로 3번 갈라지며, 옆쪽에서 찢어진 조각들은 다시 2~3갈래로 갈라지는 것이 특징이다. 줄기 전체에는 긴 털이 있다. 7~8월에 흰색 꽃이 피며, 꽃줄기는 1~4개이고 작은꽃줄기는 5~6개로 나누어져 그 각각에 꽃이 1송이씩 달린다. 9~10월에 길이 약 0.6㎝, 폭 0.5㎝ 정도의 넓은 타원형 열매가 달린다.

◀ 바람꽃 압화

미나리아재비과에 속하며, 조선바람꽃이라고도 한다. 관상용으로 쓰이고 우리나라와 중국, 시베리아, 유럽, 일본, 북아메리카 등지에 분포한다.

▲ 바람꽃_ 종자 발아 후 순이 올라오는 모습

▲ 바람꽃_ 새순 올라오는 모습

▲ 바람꽃_ 잎

▲ 바람꽃_ 꽃봉오리 올라오는 모습

▲ 바람꽃_ 꽃봉오리

▲ 바람꽃_ 꽃

▲ 바람꽃_ 시드는 모습

▲ 바람꽃_ 종자 결실

▲ 바람꽃_ 무리

직접 가꾸기

바람꽃은 10월에 종자를 받아 바로 뿌리거나 종이에 싸서 냉장고에 보관하고 이듬해 봄에 일찍 뿌린다. 종자 발아율은 높은 편이다. 뿌리 번식은 잎이 고사하는 가을이나 이른 봄 새순이 올라올 때 하면 된다. 햇볕이 많이 들지 않고 마사토가 많은 곳의 반그늘에 심어서 관리하는 것이 요령이다. 물은 2~3일 간격으로 준다. 새순이 올라오는 시기에는 물이 많이 필요하므로 하루에 조금씩 여러 차례 줘야 한다.

가까운 식물들

- 변산바람꽃 : 아주 이른 봄에 잠깐 피었다 지며, 키는 10㎝이다.
- 홀아비바람꽃 : 꽃대가 1개씩 자라므로 홀아비바람꽃이라고 부른다.
- 세바람꽃 : 잎처럼 생긴 3개의 포에 1~3개의 꽃줄기가 자라서 끝에 1개씩 꽃이 달린다.
- 국화바람꽃 : 4~5월에 연한 보라색 또는 흰색 꽃이 핀다.

- 나도바람꽃 : 5~6월에 흰색 꽃이 피는데, 줄기 끝에 길이 3㎝의 작은 꽃자루들이 우산 모양으로 달리고, 그 끝에 1송이씩 달린다.
- 너도바람꽃 : 꽃잎은 2개로 갈라진 노란색 꿀샘으로 되어 있다.
- 갈래바람꽃 : 7~8월에 흰색 꽃이 피는데, 꽃대의 길이는 3~7㎝이고 꽃받침조각은 5개이며, 넓은 타원형으로 겉에 털이 있다.
- 회리바람꽃 : 5월에 흰색의 꽃이 피어 노란색으로 성숙하며 꽃자루 끝에 1송이가 달린다.
- 꿩의바람꽃 : 꽃이 하늘을 향해 피어나고, 12장 정도의 꽃잎을 가지고 있다.
- 만주바람꽃 : 한 꽃대에 2송이씩 피는 것이 특징이다.

변산바람꽃

나도바람꽃

너도바람꽃

회리바람꽃

꿩의바람꽃

만주바람꽃

104

바보 같지 않은

바보여뀌

이명 | 점박이여뀌, 바보역귀, 유모료(柔毛蓼)

학명 | *Persicaria pubescens* (Blume) H. Hara

여뀌는 보통 잡초로 여길 수 있는 품종이다. 그 종류가 상당히 많으면서도 우리나라 각처의 습한 곳에는 어김없이 자란다. 여뀌들은 대개 독한 매운맛을 지니는데, 바보여뀌만은 예외로 싱겁다. 그런 까닭에 여뀌 중에는 바보 같다 하여 바보여뀌라고 했는지도 모른다.

여뀌 종류는 우리나라에만도 30여 종이나 된다. 대부분 물을 좋아하기 때문에 비옥한 습지나 밭둑, 길가에서 자라지만 간혹 숲의 그늘에서 자라는 경우도 있다.

여뀌는 정철의 〈성산별곡〉에도 나온다. 주인공이 빈 배를 타고 갈대를 젓히며 앞으로 나가는데, 붉은 여뀌와 하얀 마름꽃이 핀 모래톱을 지나는 모습이 그려져 있다.

바보여뀌의 키는 40~80㎝로 대표종인 여뀌와 비슷하다. 잎은 길이가 5~10㎝, 폭은 1~2.5㎝로 긴 타원형이고 양면에 짧은 털이 있으며 어긋나고, 가장자리에도 털이 있다. 줄기는 곧게 서고 털이 있으며 홍자색이다.

8월에 흰색 바탕에 연한 붉은빛의 꽃이 꽃대에 드문드문 달린다. 꽃의 길이는 5~10㎝로 가늘게 밑으로 처진다. 꽃덮개는 녹색이고 윗부분이 붉은색이며 수술은 7~8개, 1개의 암술이 있다.

9~10월경에 작은 점이 있으며 길이는 약 0.2㎝인 검은색 열매를 맺는다. 작은 점들 때문에 흔히 점박이여뀌라고도 한다.

마디풀과에 속하는 한해살이풀로, 우리나라 각처의 습지에서 분포한다. 습기가 많은 곳의 반그늘 또는 햇볕이 잘 드는 곳에서 자란다.

다른 여뀌처럼 약용으로 쓰이며, 봄과 여름에 연한 잎과 줄기를 삶아 나물로 먹는다.

▲ 바보여뀌_ 꽃

▲ 바보여뀌_ 무리

직접 가꾸기

바보여뀌의 관리 및 번식 요령은 잘 알려져 있지 않다.

가까운 식물들

- 여뀌 : 키는 40~80cm이고 털이 없으며 가지가 많이 갈라진다. 습지나 냇가에 자란다.
- 가시여뀌 : 산지의 응달에 자라며 키가 1.5m나 된다.
- 바늘여뀌 : 키는 20~60cm이고 갈고리 모양의 가시가 있다. 가지 윗부분에는 액을 분비하는 붉은 선모가 빽빽이 나 있다.
- 가는여뀌 : 잎이 가늘고 수과의 길이가 짧다.
- 개여뀌 : 여름에 붉은 자줏빛 또는 흰빛의 꽃이 핀다. 키는 20~50cm로 여뀌보다 작다.
- 명아자여뀌 : 굵은 가지가 갈라지며 흔히 붉은빛이 돈다. 개여뀌와 비슷하나 키가 1m까지 커서 큰개여뀌라고도 한다.
- 장대여뀌 : 바보여뀌에 비해 화피에 선점이 없다. 가지 밑부분은 땅에 닿아 마디에서 뿌리를 내고, 가지가 많으며 털이 없다.
- 이삭여뀌 : 마디가 굵으며 전체에 털이 난다. 산골짜기의 냇가와 숲 가장자리에서 자란다. 키는 50~80cm이다. 꽃은 붉은색이다.
- 새이삭여뀌 : 이삭여뀌와 비슷하나 포기 전체에 털이 적다.
- 겨이삭여뀌 : 높은 산 습지에 자라며, 키는 20~40cm이다. 꽃이삭은 가지 끝에 달리고 담홍색 꽃이 핀다. 한라산에 분포한다.

여뀌

가시여뀌

이삭여뀌

ㅂ

- 만주겨이삭여뀌 : 잎 뒷면에 선점이 있으며 마르면 붉은빛을 띤 갈색이 된다. 북부지방 깊은 산의 습지에 분포한다.
- 기생여뀌 : 전체에서 향기가 나며, 습한 곳에서 자란다. 키는 40~120㎝이다.
- 꽃여뀌 : 6~7월에 연한 붉은색 꽃이 핀다. 물가에 자라며 키는 50~70㎝이다.
- 털여뀌 : 줄기 전체에 긴 털이 나고 곧게 서며 가지가 갈라진다. 키가 2m나 되는데, 동남아시아에서 귀화한 식물이다.
- 끈끈이여뀌 : 전체에 털이 나고, 꽃줄기 일부에서 점액을 분비한다. 산과 들에 자라며 키는 40~80㎝이다.
- 큰끈끈이여뀌 : 끈끈이여뀌보다 크고 털이 적으며 잎 표면과 가장자리, 그리고 뒷면 맥 위에만 털이 있다.
- 긴화살여뀌 : 잎은 긴 타원형 또는 바소꼴로, 끝이 뾰족하다. 키는 30~50㎝, 산지 숲속에 자란다.

105

바위에 붙은 떡처럼 귀여운

바위떡풀

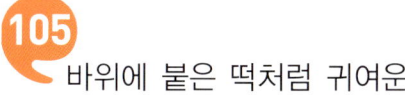

이명 | 지이산바위떡풀, 대문자꽃잎풀, 섬바위떡풀, 지이산떡풀

학명 | *Saxifraga fortunei* var. *incisolobata* (Engl. & Irmsch.) Nakai

ㅂ

바위떡풀은 참 독특한 이름이다. 바위에 자라고 있는 모습을 보면 정말 떡이 붙어 있는 것처럼 보이기도 한다. 우리나라 각처의 산지 습한 곳에서 자라는 여러해살이풀로, 산에 있는 바위틈, 물기가 많은 곳과 습한 이끼가 많은 곳에서 자라며, 키는 7~17㎝이다.

잎은 약간 다육질이며, 둥근 심장형으로 광택이 나는 것이 특징이다. 잎 길이는 약 5~9㎝, 폭은 7~10㎝이며, 가장자리가 얕게 갈라진다. 잎에는 치아 모양의 톱니가 있고 뒷면은 흰색이다. 8~9월에 약 5~30㎝의 꽃줄기 위에서 흰색 꽃이 핀다. 꽃잎은 5개인데, 위쪽 3개는 작고 밑의 2개는 커서 마치 한자로 '대(大)' 자처럼 보인다. 열매는 10월에 달리고 길이는 0.4~0.6㎝로 난형이며, 끝에는 2개의 돌기가 있다. 종자는 긴 방추형이고 길이가 약 0.1㎝이다.

범의귀과에 속하며 대문자꽃잎풀, 섬바위떡풀이라고도 한다. 광엽복특호이초(光葉福特虎耳草)라는 희한한 이름도 있다. 유사종으로는 '지리산바위떡풀'이 있는데, 바위떡풀보다 잎의 털이 적다.

관상용으로 쓰이며, 어린잎은 식용, 뿌리를 포함한 전초는 약으로 쓰인다. 약재로 쓰일 때는 '대문자초(大文字草)'라고도 한다. 최근 농업진흥청에서 품종 개발에 성공해 관상용으로 보급하고 있다. 우리나라와 일본, 중국 동북부와 우수리 강, 사할린 섬 등지에 분포한다.

바위떡풀 압화 ▶

▲ 바위떡풀_ 잎 올라오는 모습

▲ 바위떡풀_ 잎

▲ 바위떡풀_ 꽃

▲ 바위떡풀_ 전초

직접 가꾸기

바위떡풀은 잎이 떨어진 가을에 포기나누기를 하거나, 10~11월에 결실되는 종자를 이듬해 봄에 화분이나 화단에 뿌린다. 작은 씨방에 들어 있는 종자의 수가 많으며 수분 관리를 잘하면 발아율이 높아진다. 종자를 뿌린 후 물을 충분히 주고 비닐이나 신문지로 위를 덮어 약 10~15일 후에 제거해야 한다.

토양이 습한 화단에 심고 물은 매일 준다. 돌이나 나무에 붙여 화분에 심어도 좋다. 대체로 습한 조건을 만들어주면 해마다 꽃을 피우지만 건조한 상태로 오래 두면 잎이 마르며 고사하기 때문에 주의해야 한다.

ㅂ

가까운 식물들

- 지리산바위떡풀 : 잎 표면에 털이 약간 있다. 우리나라 특산종으로 지리산, 덕유산, 속리산, 계룡산, 소요산 등지에 분포하며, 키는 25㎝이다.
- 털바위떡풀 : 잎자루에 털이 많으며 울릉도에 분포한다.

106

바위에 피는 작은 채송화

바위채송화

이명 | 개돌나물, 대마채송화

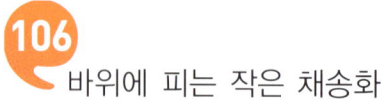

학명 | *Sedum polytrichoides* Hemsl.

채송화와 비슷하고 바위에서 잘 자란다고 해서 바위채송화라고 한다. 노란 꽃이 별처럼 반짝이는 모습이 아주 앙증맞다. 언뜻 보면 돌나물을 닮았는데, 이름은 바위채송화이지만 돌나물과에 속한다. 본래의 채송화는 쇠비름과에 속하니 과가 다르다.

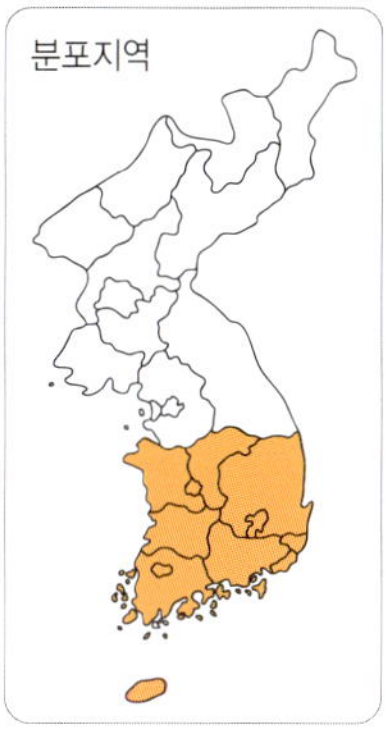

중부 이남의 산지에서 자라는 여러해살이풀로, 바위틈이나 햇볕이 잘 들어오는 곳에서 자란다. 바위에 붙어사는 식물들은 물을 빨아들이기 어려워 잎에 물을 저장하므로 대개 잎이 두툼하다. 이를 육질이라 하고, 육질이 많은 식물을 다육식물이라고 한다. 바위채송화 역시 다육식물로, 특히 여름철에 산에 가면 물가 근처의 돌 틈에서 많이 볼 수 있다. 키는 약 7㎝ 내외로 아주 작다.

잎은 약간 다육질이고 끝이 뾰족하고 선형이며, 길이는 2㎝가량 된다. 잎은 어긋나며 길이는 0.6~1.5㎝, 폭은 약 0.2㎝의 크기이다. 잎의 아랫부분은 자주색이며 잎자루가 없다. 7~9월에 노란색 꽃이 피는데, 꽃자루가 없고 가지 끝에서 가지가 갈라지며 꼭대기에서 꽃이 1송이 핀다. 열매는 10월경에 달리고 길이는 0.7~1.0㎝로 둥글고 뾰족하다.

개돌나물, 대마채송화라고도 하며, 관상용으로 쓰인다. 특히 원예용으로 판매되는 채송화와 유사해서 교육용으로 적합하다. 재미있는 건 삽목을 통해 많은 개체를 얻을 수 있다는 것이다. 삽목해서 얻은 개체로 또 삽목할 수 있으며, 시기에 관계없이 계속 삽목할 수 있어서 아주 적은 개체로 수많은 개체를 얻을 수가 있다. 우리나라와 일본, 중국 등지에 분포한다.

▲ 바위채송화 압화

▲ 바위채송화_ 잎 올라오는 모습

▲ 바위채송화_ 꽃

▲ 바위채송화_ 종자 결실

▲ 바위채송화_ 무리

직접 가꾸기

바위채송화는 10월에 결실되는 종자를 이듬해 봄에 화분에 뿌리거나 가을이나 봄에 포기를 나눠 번식시킨다. 종자 발아율도 높고 삽목도 잘 된다. 5~6월에 주로 모본의 윗부분을 이용해서 삽목하는데, 삽목 방법도 다른 품종에 비해 쉽다. 잎을 1~2장 붙이고 뿌리촉진제를 발라 모래에 심으면 7~10일 뒤에 뿌리가 나온다.

화분이나 화단의 바위나 토양이 마른 곳에 심고, 공중습도를 높이기 위해 분무기로 하루에 3~4번 주변에 물을 뿌린다. 화분에 심을 때는 돌이나 이끼 위에 심는 것이 좋다. 주로 집단생활을 하면서 자라는 품종이기 때문에 여러 송이를 심는 것이 요령이다.

ㅂ

가까운 식물들

- 땅채송화 : 바닷가의 바위 표면에서 자라며, 키는 10㎝ 정도이다.
- 사철채송화 : 석류풀과에 속한다. 4~6월에 붉은빛을 띤 자주색, 붉은색, 흰색의 꽃이 무리 지어 핀다.
- 채송화 : 우리 꽃 같지만 남미가 원산지이며 꽃은 7~10월에 피는데 맑은 날 낮에 피어 오후 2시경에 시든다. 키는 20㎝이다.
- 암채송화 : 건조한 바위 표면에서 자라며, 키는 10~15㎝ 정도이다.

땅채송화

107
생명력 강한 범의귀과 식물

바위취

이명 | 겨우사리범의귀, 범의귀
학명 | *Saxifraga stolonifera* Meerb.

안개나

운무에서 나오는 작은 물방울, 아침이슬을 먹고 살아가는 바위취와 같은 식물을 보면 참 대단하다. 바위취 종류들은 대부분 바위에 붙어 사는데, 대표종인 바위취는 땅에 뿌리를 내리고 사는 것도 특이하다. 하지만 뿌리는 아주 짧으며, 주로 기는줄기로 살아간다. '취' 라는 명칭이 붙어 있듯 나물로 이용된다.

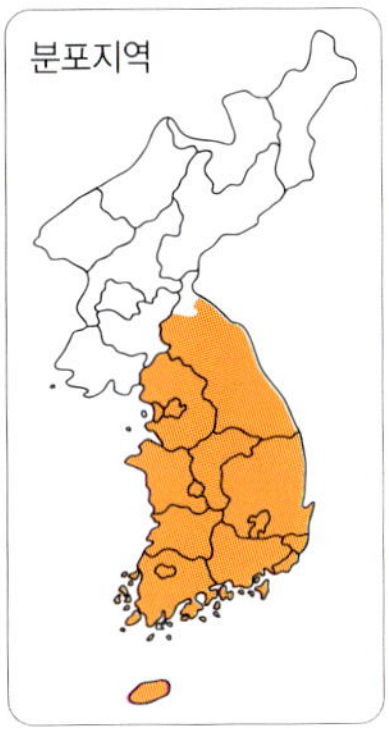

ㅂ

바위취는 우리나라 중부 이남의 습한 곳에서 자라는 상록 여러해살이풀로, 햇볕이 잘 들며 물기가 많은 곳에서 자라며, 키는 60㎝가량이다. 전체에 붉은빛을 띤 갈색 털이 길고 빽빽하게 나 있다.

짧은 뿌리줄기에서 잎이 뭉쳐나며, 잎이 없는 기는줄기 끝에서 새싹이 나온다. 잎은 녹색에 연한 무늬가 있고, 뒷면은 자줏빛이 도는 붉은색이다. 잎의 길이는 3~5㎝로, 잎 가장자리에 치아 모양의 얕은 결각이 있는 것이 특징이다. 잎의 모양은 심장형이다. 5~6월에 하얀색 꽃이 줄기 꼭대기에서 핀다. 꽃자루의 높이는 20~40㎝로 곧게 서고, 꽃에는 짧은 홍자색의 선모가 있다. 7~8월경에 길이 0.4~0.5㎝의 둥근 열매가 달리며 종자는 달걀 모양이다.

범의귀과에 속하며 겨우사리범의귀, 범의귀라고도 한다. 범의귀를 한자로 호이초(虎耳草)라고도 하고, 왜호이초, 등이초, 석하엽이라고도 한다. 관상용으로 쓰이며, 전초는 약으로 쓰인다. 경남 지방에서는 예로부터 술로도 담가 먹었다. 우리나라 이외에도 일본에 분포하며, '바위에 새겨진 글자' 라는 재미있는 꽃말이 있다.

▲ 바위취_ 잎

▲ 바위취_ 꽃과 꽃봉오리

▲ 바위취_ 종자 결실

직접 가꾸기

바위취는 가을이나 이른 봄에 포기나누기를 하거나 8~9월에 결실되는 종자를 바로 화분이나 화단에 뿌려서 번식시킨다. 토양 비옥도가 높은 양지바른 화단에 심고 물은 1~2일 간격으로 주면 된다. 뿌리에서 계속 새로운 포기가 자라기 때문에 다른 식물체와의 경합을 줄이려면 바위틈에 심어 관리하는 것이 좋다.

가까운 식물들

- 톱바위취 : 돌밭이나 습기 있는 곳에 자라며, 키는 약 50㎝이다. 잎 끝에 톱니가 나 있다.
- 씨눈바위취 : 고산지대의 축축한 바위에 자라며, 키는 7~17㎝이다. 뿌리줄기에 구슬눈이 있다.
- 참바위취 : 키는 30㎝로 바위취보다 작다. 그늘진 바위에 붙어서 자란다. 우리나라 특산식물로 바위떡풀과 비슷하나 잎이 심장형이다.
- 구실바위취 : 금강산 이북의 깊은 산속 응달진 바위 곁에서 자라며, 키는 25㎝이다.
- 백두산바위취 : 키는 25㎝, 7~8월에 약 1㎝쯤 되는 흰색 꽃이 피며 백두산에 서식한다.
- 흰바위취 : 깊은 산의 습지에서 자라며, 키는 40㎝이다. 꼬불꼬불한 털이 있다. 북한에 분포한다.

톱바위취

구실바위취

백두산바위취

108 독성이 강한

박새

이명 | 묏박새, 넓은잎박새, 꽃박새

학명 | *Veratrum oxysepalum* Turcz.

▲ 박새_ 새순 올라오는 모습

▲ 박새_ 잎(부분 확대)

ㅂ

이른 봄, 산에 오르면 습기가 많은 곳에 잎이 큰 식물이 간혹 보인다. 쌈 채소를 즐기는 외식 문화가 퍼지면서 산채를 먹는 경우가 많은데, 이때 반드시 피해야 하는 것이 잎이 크며 먹음직하게 보이는 박새 잎이다. 박새 잎은 유독성이 강하기 때문에 절대 식용해서는 안 된다. 해마다 매스컴에서 유독식물을 구분할 때 제일 많이 나오는 품종이기도 하다.

박새는 우리나라 각처의 깊은 산지에서 자라는 여러해살이풀로, 반그늘이 지고 습기가 많은 곳에서 자라며, 키는 약 1.5m가량까지 큰다. 잎은 어긋나며 모양은 타원형이다. 잎의 가장자리에 털이 많이 나 있고, 세로로 주름이 진다. 잎이 큰 것은 길이 30㎝, 폭 20㎝ 이상 자라는데, 잎맥이 많으며 주름이 져 있고, 뒷면에 짧은 털이 있다.

백합과에 속하며 같은 백합과에 속하는 여로의 잎과 세로로 주름이 진 것, 밑둥에서 올라오는 것이 비슷하긴 하나 박새의 잎이 좀 더 넓다. 또 박새 꽃은 연한 황백색인데 반해 여로는 꽃이 자줏빛이 도는 갈색이다.

꽃은 6~7월에 피며, 지름이 2.5㎝ 정도 되고 안쪽은 연한 황백색, 뒤쪽은 횡록색이다. 9~10월경에 타원형 열매가 달린다. 열매의 길이는 2㎝ 정도이고 윗부분이 3개로 갈라진다.

묏박새, 넓은잎박새, 꽃박새라고도 한다. 관상용으로 쓰이며, 뿌리는 약으로 쓰인다. 우리나라와 중국 동북부, 동부 시베리아, 일본에 분포하며, 꽃말은 '진실', '명랑' 이다.

▲ 박새_ 꽃대 올라오는 모습

▲ 박새_ 꽃봉오리

▲ 박새_ 꽃

▲ 박새_ 종자 결실

▲ 박새_ 무리

ㅂ

직접 가꾸기

박새는 가을이나 봄에 포기나누기를 하고, 9~10월에 결실되는 종자를 바로 화분이나 화단에 뿌리거나 이듬해 봄에 뿌린다. 토양이 비옥한 곳에서는 1m 이상 자란다. 물은 1~2일 간격으로 충분하게 준다. 주변습도가 높아야 하기 때문에 습기를 유지할 수 있는 습지나 반그늘에 심고 가능하면 화단의 제일 위쪽에 심어 관리하는 것이 좋다.

가까운 식물들

- 관모박새 : 백두산의 관모봉 등 높은 산지에서 자라며, 키는 50~60㎝이다. 뿌리줄기는 굵고 연한 갈색 섬유에 싸여 있는 것이 특징이다.
- 푸른박새 : 깊은 산 습지에 자라며 키는 1.5m이다. 7~8월에 노란빛을 띤 흰색 꽃이 핀다.

109

박주가리

학명 | *Metaplexis japonica* (Thunb.) Makino

박주가리는 왠지 못생겼을 거라는 느낌이 든다. 열매 모양이 조그맣고 못생긴 박과 같다는 데서 이름이 유래한다는 설이 있지만 자세히는 알 수 없다. 우리나라 각처에서 자생하는 덩굴성 여러해살이풀로, 토양이 비옥하고 양지바른 곳에서 자라며, 키는 약 3m 내외까지 자란다.

잎은 길이가 5~10㎝, 폭이 3~6㎝의 크기이다. 잎에는 털이 없으며 끝이 뾰족하고 뒷면은 분처럼 하얗다. 잎과 줄기를 자르면 끈적이는 흰 유액이 나오는데, 이 즙은 사마귀가 떨어질 정도로 강하며 곤충이 먹으면 죽을 정도로 강한 독성을 갖고 있다.

ㅂ

7~8월에 길이 2~5㎝의 엷은 자색 꽃이 피며 꽃자루가 있다. 열매는 '나마자(蘿藦子)' 라고 하는데, 10~11월에 달린다. 열매의 길이는 10㎝이고, 모양은 뿔처럼 생겼는데 앞쪽에는 돌기가 많이 있다. 종자는 길이가 0.6~0.8㎝로 편평하며 은백색의 명주실 같은 것이 달려 있어 바람이 불면 쉽게 떨어져 날아간다.

처음 올라올 때 순의 모습을 보면 최근 참살이 식품으로 각광을 받는 '하수오' 와 매우 비슷하다. 하수오와의 차이를 정확히 알려면 화단 한쪽에 두 품종을 함께 심어 비교하는 것도 좋을 것이다.

박주가리과에 속하며 박조가리, 새박덩굴, 구진등, 노아등, 라마라고도 한다. 관상용으로 쓰이며, 연한 순과 어린 씨는 식용으로, 지상부 모두는 약용으로 쓰인다. 열매로는 도장밥이나 바늘쌈지도 만들었고 잎을 이용해 술을 담가 먹기도 했다. 우리나라와 일본, 쿠릴 열도, 중국, 만주 등지에 분포한다. 꽃말은 '먼 여행' 이다.

▲ 박주가리 압화

▲ 박주가리_ 잎 올라오는 모습

▲ 박주가리_ 덩굴 감고 올라가는 모습

▲ 박주가리_ 꽃

▲ 박주가리_ 씨앗 터지기 전

직접 가꾸기

박주가리는 11월경, 익은 종자가 날리기 전에 받아 이듬해 봄에 화단에 뿌린다. 종자가 익으면 씨방의 가운데 부분이 열리면서 은빛 날개를 단 듯한 무수히 많은 종자들이 퍼진다. 이렇게 터진 상태에서 종자를 받아 아랫부분에 있는 종자만 남기고 깃털을 제거하여 뿌리면 된다. 화단에 심을 때는 덩굴이 올라갈 수 있게 줄이나 나무를 근처에 설치해야 한다. 물은 2~3일 간격으로 준다.

▲ 박주가리_ 씨앗 터지는 모습

ㅂ

가까운 식물들

- 덩굴박주가리 : 7~8월에 지름 0.7~0.8㎝의 노란색 꽃이 윗부분의 잎겨드랑이에 핀다.
- 왜박주가리 : 양반박주가리, 나도박주가리라고도 하며, 산지에서 자란다. 열매의 크기가 박주가리에 비해 절반 정도밖에 안 된다.
- 하수오 : 잎이 비슷하나 꽃이 다르다.
- 흑박주가리 : 꽃이 검은빛을 띤 자주색이다.

덩굴박주가리

왜박주가리

흑박주가리

110

잎이 박쥐를 닮은 나물

박쥐나물

이명 | 산귀박쥐나물

학명 | *Parasenecio auriculata* var. *matsumurana* Nakai

잎이 박쥐를 닮은 풀이다. 1000m 이상의 고산에 분포하고, 향이 아주 좋아 나물로 이용된다. 귀박쥐나물, 나래박쥐나물, 참나래박쥐 등 비슷한 식물들이 여럿 있는데, 이들을 대표하는 품종이다. 키는 1~2m이다. 잎은 길이가 25~35㎝, 폭이 30~40㎝로 삼각형의 창 모양이고 어긋난다. 잎 끝은 뾰족하고 가장자리에는 잔 톱니가 있으며 양면에 짧은 털이 있다.

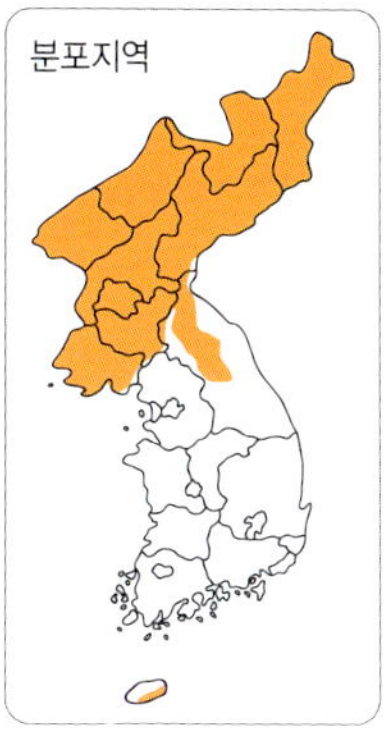

꽃은 흰색이며 8~9월에 핀다. 원줄기가 갈라져 여러 개의 줄기가 나오고 꽃은 전체적으로 원뿔 모양을 이룬다. 꽃 밑동을 싸고 있는 조각은 길이가 1~1.2㎝, 폭은 약 0.5㎝이다. 9~10월경에 부채꽃 모양의 열매가 달리는데 길이는 약 0.5㎝이고 백색으로 된 관모의 길이는 약 0.7㎝ 정도이다.

국화과에 속하는 여러해살이풀로, 우리나라 북부의 깊은 산에 분포한다. 낙엽수가 많고 습도가 높은 곳의 반 그늘진 곳, 토양 부엽질이 많은 곳에서 자라며 나물로 이용된다. 관상용으로 심는데, 군락을 지어 피는 식물이기 때문에 여러 개체를 한꺼번에 심는 것이 좋다. 화단에 양지꽃과 같이 심으면 차이를 비교할 수 있어 교육용으로 좋다.

ㅂ

▲ 박쥐나물_ 잎

▲ 박쥐나물_ 꽃

▲ 박쥐나물_ 무리

직접 가꾸기

박쥐나물은 10월경에 받은 종자를 바로 뿌리거나 종이나 솜에 싸서 수분 증발을 억제하고 냉장고에 보관하여 이듬해 봄에 일찍 뿌린다. 종자 발아율은 높은 편이다.

이른 봄이나 가을에 뿌리나누기를 해서 심는다. 화분에는 모래와 퇴비를 약 3:1 비율로 섞어 심으면 되고 양지바른 곳에 둔다.

가까운 식물들

- 게박쥐나물 : 잎이 게를 닮았다. 키가 60~100cm이다. 잎은 길이가 6~11cm, 폭은 10~20cm로 콩팥 모양의 신장형이다. 한라산에 분포한다.
- 귀박쥐나물 : 꽃은 자색, 꽃차례는 총상 원추화서이다. 키가 35~60cm로 작아 좀박쥐나물이라고도 한다.
- 나래박쥐나물 : 꽃은 역시 자색이나 꽃차례는 총상화서이다. 북한의 높은 산에 자란다.
- 참나래박쥐 : 꽃은 황색이며 꽃차례는 원추화서이다.

게박쥐나물

111

향기가 유난히 좋은

박하

이명 | 털박하, 재배종 박하

학명 | *Mentha piperascens* (Malinv.) Holmes

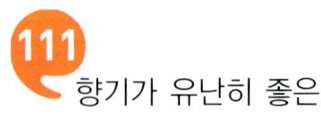

박하는 향기가 아주 좋은 식물로, 서양의 민트와 비슷하며 박하를 흔히 민트라고도 한다. 박하향은 잎에서 나오는 기름에서 나는데, 주성분은 멘톨로, 이 멘톨은 약으로 쓰기도 하고, 치약이나 잼, 사탕, 화장품, 담배 등에 청량제나 향료로도 사용된다. 그리스 신화에는 요정 민트가 바람을 피우다 발각되어 죽어서 꽃으로 피어났다고 한다. 또 다른 전설에서는 부모를 일찍 여의고 남의 심부름을 하며 살던 민트가 왕자의 눈에 들자, 이것을 시기한 양모가 민트를 죽이고, 그녀를 찾는 왕자에게는 도망갔다고 변명했다. 체념한 왕자가 물이나 한 잔 먹고 가려고 하는데, 그때 받은 물이 꽃으로 바뀌었다. 그것이 바로 민트였고, 결국 사연을 알게 된 왕자는 양모를 벌주고 민트의 넋을 위로했다고 한다.

▲ 박하_ 잎

ㅂ

박하는 우리나라 각처의 물기가 많은 곳에서 자라는 여러해살이풀로, 개울가와 낮은 지대의 습한 곳에서 자라며, 키는 약 30㎝가량이다. 식물 전체에 짧은 털이 많이 나 있는 것이 특징이다. 잎은 마주나며 긴 타원형으로 길이는 2~5㎝가량이다. 잎 밑과 끝이 날카롭고, 가장자리에도 날카로운 톱니가 있다. 잎 표면에는 기름샘이 있어 여기에서 기름을 분비하는데, 정유의 대부분은 이 기름샘에 저장된다. 7~10월에 연한 자주색 꽃이 잎 사이에 모여 공 모양을 이루며 피고, 꽃에는 꽃자루가 있다. 아주 작은 열매가 10~11월에 달린다.

꿀풀과에 속하며 털박하, 재배종 박하라고도 한다. 또 야식향, 번하채, 인단초, 구박하라고도 한다. 잎과 줄기는 약으로 쓰인다. 관상용으로 키울 때는 민트와 같은 허브식물과 함께 키우면 서로 비교할 수도 있어서 교육용으로 아주 좋다. 꽃말은 '다시 한 번 사랑하고 싶습니다', '온정', '미덕' 등이다.

직접 가꾸기

박하는 가을에 포기나누기를 하거나 종자를 받았다가 이듬해 봄에 화단에 뿌린다. 또한 이른 봄에 올라오는 새순을 이용하여 삽목으로도 번식이 가능하다. 잎을 1~2장 붙인 후 뿌리촉진제를 묻혀 삽목을 해도 되고 식용으로 쓸 것은 묻히지 않고 모래에 바로 삽목을 해도 발근율이 좋다. 습기가 많은 화단이면 어디에서나 재배가 가능하다. 물은 잎이 많기 때문에 1~2일 간격으로 주면 된다.

가까운 식물들

산박하

- 산박하 : 산에서 자라며, 키는 40~60㎝이다. 6~8월에 자주색 꽃이 취산꽃차례로 달려 피며 전체가 커다란 꽃이삭으로 된다.
- 털산박하 : 잎의 뒷면에 털이 많다.
- 긴잎산박하 : 잎의 밑부분이 뾰족하며 잎 전체가 길다.
- 영도산박하 : 가지가 많고 잎이 작으며 달걀 모양으로 누운 털이 난다.
- 깨나물 : 전체적으로 산박하와 비슷하나 잎이 산박하 잎보다 크다.
- 개박하 : 산과 들에서 자라며, 키는 50~100㎝이다. 전체가 잿빛을 띤 흰색으로, 가는 털이 많이 나고 향기가 있다.

112

여름이 되면 잎이 말라 죽는

반하

이명 | 까무릇

학명 | *Pinellia ternata* (Thunb.) Breitenb.

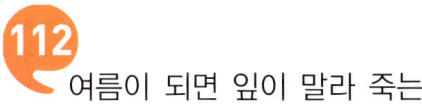

ㅂ

반하(半夏)라는 이름은 절반의 여름이라는 뜻이다. 여름에 온도가 높아지면 잎이 말라 죽으므로 여름의 절반밖에 살지 않아 그런 이름을 얻었다.

우리나라 각처의 밭에서 나는 여러해살이풀로, 풀이 많고 물 빠짐이 좋은 반그늘 혹은 양지에서 자라며, 키는 20~40cm이다.

뿌리는 땅속에 지름 1cm의 구근이 있고 여기에서 1~2개의 잎이 나온다. 생명력이 강한 식물이지만 잎이 나올 때는 주변의 식물에 영향을 많이 받는다. 만일 재배한다면 김매기를 많이 해줘야 한다. 잎은 작은잎은 3개이고 길이가 3~12cm, 폭이 1~5cm이다. 잎의 가장자리는 밋밋한 긴 타원형이고, 잎자루는 길이가 10~20cm이다. 잎의 밑부분 안쪽에 1개의 눈이 달리는데, 위 끝에 달리기도 한다.

5~7월에 녹색 꽃이 피며, 꽃의 길이는 6~7cm이고 통부는 길이가 1.5~2cm이다. 꽃줄기 밑부분에 암꽃이 달리며 윗부분에는 약 1cm 정도의 수꽃이 달리는데, 수꽃은 대가 없는 꽃밥만으로 구성되며, 연한 황백색이다. 8~10월경에 녹색 열매가 달린다.

천남성과에 속하며 지문, 치모읍, 끼물읏, 끼무릇, 법반하라고도 한다. 덩이줄기는 약으로 쓰인다. 한방에서는 이 덩이줄기를 '수전(守田)' 이라고도 하는데, 이는 이를 약재로 이용하면 단전에 기를 모을 수 있다는 의미이다. 우리나라와 일본, 중국에 분포한다.

◀ 반하 압화

▲ 반하_ 잎 올라오는 모습

▲ 반하_ 잎

▲ 반하_ 꽃대 올라온 모습

▲ 반하_ 꽃(정면)

ㅂ

▲ 반하_ 꽃(측면)

▲ 반하_ 종자 결실

직접 가꾸기

반하는 10월에 받은 종자를 바로 뿌리거나 종이에 싸서, 그것을 떼어 내 화분으로 옮겨 심어도 된다. 화분이나 화단에 심으면 좋다. 화분에 심을 때는 물 빠짐을 좋게 하기 위해 아래에 큰 돌을 넣고 그 위에 작은 돌들을 넣은 후 흙을 채우면 된다. 화단에 심을 때는 물 빠짐이 좋은 곳을 택하고 퇴비를 조금 넣으며 대개 앞줄에 심는다. 물은 2~3일 간격으로 주면 된다.

가까운 식물들

반하는 천남성과에 속한다. 대개 천남성과 식물들은 뿌리줄기와 알줄기, 땅위줄기가 있다. 전 세계에 1,500종이 있으며, 우리나라에는 14종이 분포한다.

113

연한 자주색 방울을 단

방울꽃

이명 | 자운채, 광대나물아재비, 자주구름꽃
학명 | *Strobilanthes oliganthus* Miq.

ㅂ

아무도 오지 않는
깊은 산속에
쪼로롱 방울꽃이 혼자 폈어요.
산새들 몰래 몰래 꺾어갈래도
쪼로롱 소리 날까
그냥 둡니다.

〈방울꽃〉이라는 동요를 들어보면 꽃에서 정말로 방울 소리라도 날 듯하여 귀여운 느낌이다.
방울꽃의 색깔은 연보라로 화려하나 모양은 방울보다는 스피커와 비슷하다. 종은 다르나 이름이 비슷한 은방울꽃이 진짜 방울처럼 생긴 것에 비하면 더욱 그렇다.
방울꽃은 해가 지기 전에 가장 멋있게 핀다. 누가 살짝 건드리기라도 하면 흔들리며 울 것 같지만, 꽃잎이 아주 약해 떨어질 염려가 있는 품종이다. 또, 이름이 예뻐 산야에 흔하게 있을 것 같지만 제주도의 물가에 자생하므로 육지에서는 보기 어려운 꽃이다.
키는 30~60㎝이다. 잎의 길이는 4~10㎝, 폭은 3~6㎝로 넓은 난형이고 가장자리에는 둔한 톱니가 있으며 어긋나고 양면에는 털이 있다. 사각형의 줄기는 마디 사이의 밑부분이 굵으며 마디에 길고 흰 털이 있다.
꽃은 8~9월에 줄기 끝이나 상부의 잎겨드랑이에서 연한 자주색으로 위를 향해 달린다. 아침에 피었다가 저녁에 쓰러지는 게 특징이다. 꽃받침은 약 1㎝이고 5개로 갈라지고 꽃부리는 약 3㎝로 통형이며 밑부분이 약간 굽으며 좁아진다. 수술은 4개가 있는데, 그중 2개는 길고, 끝이 5개로 갈라진다. 찢어진 꽃잎에는 백색 털이 있다. 10~11월경에 열매가 익으며 터지는데, 안에는 4개의 종자가 들어 있다.
쥐꼬리망초과에 속하는 여러해살이풀로, 제주도 물가의 그늘에 자생한다. 주변습도가 높거나 습지 부근의 그늘진 곳, 부엽질이 많은 곳에서 자란다. 제주도에서는 가축 사료로 많이 썼다. 일본에도 분포한다.

▲ 방울꽃_ 잎

▲ 방울꽃_ 개화 직전

▲ 방울꽃_ 꽃봉오리

▲ 방울꽃_ 꽃(측면)

▲ 방울꽃_ 꽃(정면)

ㅂ

직접 가꾸기

방울꽃은 자생지에서의 종자 발아는 상당히 높은 것으로 확인했지만 아직 알려진 번식법은 없다. 재배법도 알려지지 않았다.

가까운 식물들

- 은방울꽃 : 백합과의 여러해살이풀로 키는 20~35㎝이다. 꽃의 모양이 은방울을 닮았다.

은방울꽃

114

꽃이 유난히 고운 야생란

방울새란

이명 | 방울새난초, 방울새난

학명 | *Pogonia minor* (Makino) Makino

여러 식물 중 난초과 식물은 가장 진화한 종으로 손꼽힌다. 또 꽃이나 잎이 예쁘고 향기가 좋은 품종도 많아서 원예용으로도 많이 개발되어 있다. 방울새란도 꽃이 참 예쁘다. 방울새란은 덩이줄기가 구근이며, 가운데 설판이 둥근 통처럼 생겨 방울새의 맑은 소리가 날 것 같아서 이름이 그렇게 붙여진 것처럼 느껴지기도 한다.

전국 각처의 산지에서 자라는 여러해살이풀로, 햇볕이 잘 들고 물 빠짐이 좋으며 부엽질이 풍부한 곳에서 자란다. 키는 10~25㎝이다. 덩이뿌리가 굵고 줄기는 곧게 선다. 줄기 가운데에서 약간 위쪽에 긴 타원형의 잎이 1개 달리는데, 표면은 윤기가 많이 난다. 잎의 길이는 3~7㎝, 폭이 0.4~1.2㎝이다.

6~8월에 백색 바탕에 연한 홍자색이 도는 꽃이 원줄기 끝에 완전히 펼쳐지지 않은 상태로 1개가 달린다. 꽃이 필 때 자세히 살펴보면 위로 향해 있으면서 앞부분만 약간 열린 상태로 되어 있는데, 이 형태가 완전히 개화한 모습이다. 10월경에 흑갈색 열매가 달리며 안에는 먼지처럼 미세한 수많은 종자가 들어 있다. 열매의 길이는 약 2.5㎝이다.

난초과에 속하며 방울새난초, 방울새난, 방울새난초라고도 한다. 관상용으로 쓰인다. 큰방울새난과 비슷하지만 순판이 꽃 밖으로 나오지 않으며 산지에서 자라는 것이 다르다. 우리나라와 일본, 중국에 분포한다.

▲ 방울새란_ 잎 올라오는 모습

▲ 방울새란_ 꽃

▲ 방울새란_ 종자 결실(초기)

▲ 방울새란_ 종자 결실(완숙기)

▲ 방울새란_ 무리

직접 가꾸기

방울새란은 10월에 결실되는 종자를 받아 종이에 싸서 냉장보관하고 이듬해 봄에 뿌린다. 상토 위에 이끼를 깔고 그 위에 미세한 종자를 날리면서 뿌린 후 물을 주어 가라앉히는 방법이 좋다. 종자 발아가 쉽지 않아 많은 종자를 뿌려도 몇 개밖에 자라지 않는 것이 흠이다. 난과 식물 중에서는 비교적 키우기 쉬운 종으로, 실내에서는 햇볕이 들어오는 곳에 화분으로 만들어주면 좋다. 실외에서는 바람이 잘 통하는 곳에 집단적으로 심고 물은 2~3일 간격으로 주면 된다.

가까운 식물들

- 큰방울새란 : 볕이 잘 드는 습지에 자라며 키는 15~30㎝이다. 꽃은 6~7월에 붉은빛이 도는 자주색으로 핀다. 제주도와 광릉에 분포한다. 전체적으로 방울새란보다 크기와 잎, 꽃, 씨방이 커서 '큰방울새란'으로 불린다.

큰방울새란

115

꽃 모양이 마치 뱀이 입을 벌린 듯한

배암차즈기

이명 | 배암차즈키, 뱀차조기, 배암배추, 뱀배추

학명 | *Salvia plebeia* R. Br.

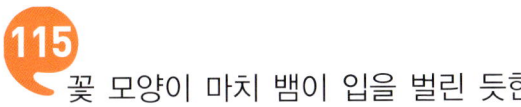

ㅂ

꽃이 마치 뱀이 입을 벌리고 있는 모습처럼 보여 배암차즈기라고 한다. 그러나 꽃이 볼록볼록 꼭 곰보 같아서 '곰보배추'로 더 널리 알려져 있다. 우리나라 각처의 산과 들, 습한 곳에서 자라는 두해살이풀로, 키는 30~70cm가량이다.

잎은 긴 타원형으로 끝이 둔하고 밑은 뾰족하다. 잎 가장자리에는 둔한 톱니가 있고, 양면에 잔털이 드물게 나 있다. 잎의 길이는 3~6cm, 폭은 1~2cm가량이다. 또 뿌리에 달린 잎은 방석처럼 퍼져서 겨울을 지내고 꽃이 필 때쯤 쓰러진다. 이 잎이 배춧잎과 비슷해서 '배암배추'라고도 한다.

5~7월에 연한 보라색 꽃이 피며, 길이는 0.4~0.5cm이다. 꽃은 줄기 윗부분과 잎 사이에서 나오며, 열매는 짙은 갈색으로 타원형이다.

관상용으로 쓰이며, 어린잎은 식용으로 쓰인다. 또 민간에서는 약으로도 사용한다. 농약과 비료를 사용하지 않고 물 관리만으로 대량 재배가 가능하고 천연 항생물질을 다량 함유하고 있어 앞으로 기대가 되는 식물이다.

꿀풀과에 속하며 배암차즈키, 뱀차조기, 배암배추, 뱀배추라고도 한다. 우리나라와 일본, 중국, 말레이시아, 인도, 호주 등지에 분포한다.

▲ 배암차즈기_ 꽃

직접 가꾸기

배암차즈기는 9~10월에 결실되는 종자를 화분에 뿌려서 번식시킨다. 2년생이어서 꽃이 진 후나 이른 봄에 호미를 이용하여 주변 땅을 부드럽게 해주면서 위에 있는 종자를 땅속으로 넣어주면 발아율이 높아진다. 이렇게 1~2년생의 경우 따로 종자를 받는 방법과 피어 있는 곳의 주변을 정리해주면서 번식시키는 것이 일반적이다.

화단에 심어 1~2일 간격으로 물을 충분히 준다. 집단적으로 살아가는 품종이므로 함께 심어 관리하면 좋다.

ㅂ

가까운 식물들

- 둥근잎배암차즈기 : 작은잎은 넓은 달걀 모양이거나 마름모 모양 또는 넓은 바소꼴의 마름모 모양이다. 키는 20~80㎝, 산지에서 자란다.
- 참배암차즈기 : 꽃이 노란색이다. 숲에서 자라며 키는 50㎝ 정도이다. 우리나라 특산식물로 경상북도, 경기도, 강원도 등지에 분포한다.

참배암차즈기

116

외국에 소개된 한국 토종 허브

배초향

이명 | 방앳잎, 방아잎, 중개풀, 방애잎, 방아풀

학명 | *Agastache rugosa* (Fisch. & Mey.) Kuntze

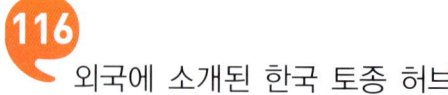

배초향

(排草香)은 우리나라 전역의 산과 들에 자라는 여러해살이풀로, 토양의 부엽질이 풍부한 양지 혹은 반그늘에서 자란다. 특히 자갈밭에서 잘 자라며, 키는 40~100㎝이다.

잎은 마주나며 길이가 5~10㎝, 폭이 3~7㎝로 끝이 뾰족하고 심장형이다. 1~4㎝의 긴 잎자루가 있으며 가장자리에 둔한 톱니가 있다. 잎의 앞면은 어두운 녹색이고 뒷면은 회갈색이다.

7~9월에 자주색 꽃이 피는데, 길이 5~15㎝, 폭 2㎝로 가지 끝과 원줄기 끝에 우산 모양으로 달린다. 열매는 10~11월에 익는데 짙은 갈색으로 변한 씨방에 종자가 미세한 형태로 많이 들어 있다.

ㅂ

약으로 쓰일 땐 '곽향'이라고 하는데, 여기에는 흥미로운 전설이 전한다. 옛날에 곽향(藿香)이라는 여자가 올케와 함께 살고 있었다. 오빠는 전쟁터에 나간 터라 둘은 자매처럼 지냈다. 어느 날 오빠가 알려준 풀을 캐러 갔던 곽향은 독사에 물렸다. 겨우 집에 돌아왔으나, 입으로 독을 빼내려던 올케마저 독에 중독되었다. 다음날 사람들이 발견했을 때에는 곽향은 죽고 올케는 거의 죽기 일보 직전이었다. 올케는 곽향이 캐온 약초를 사람들에게 주며, '이 약초가 더위를 먹고 머리 아프며 속이 울렁거릴 때 좋습니다. 이 풀을 곽향이라고 불러주세요'라는 말을 남기고 숨을 거두었다고 한다.

한편 잎이 콩잎을 닮아 콩의 뜻인 '곽' 자와 향기가 나므로 '향' 자를 붙여 곽향이라고 했다는 설도 있다. 외국에서 발간되는 허브 백과에서 이 품종은 '한국 허브(Korean herb)'로 소개되어 있다.

꿀풀과에 속하며 방앳잎, 방아잎, 중개풀, 방애잎, 방아풀이라고도 한다. 관상용으로 쓰이며, 어린잎은 식용으로 쓰이고 꽃을 포함한 지상부는 약용으로 쓰인다. 특히 예전부터 경상남도에서는 잎으로 떡이나 전을 해먹었는데, 향이 독특해 저장해두고 먹었다고 한다. 지금도 산청에서는 이 품종을 대량 생산하여 판매하고 있다.

▲ 배초향 압화

▲ 배초향_ 꽃

▲ 배초향_ 종자 결실

▲ 배초향_ 무리

직접 가꾸기

배초향은 이른 봄에 포기나누기를 하고, 종자는 가을에 받아 상온에 보관하거나 종이에 싸서 냉장보관하여 이듬해 봄에 화단에 뿌린다. 발아율이 높기 때문에 종자 양을 보면서 뿌리는 것이 좋다. 양지바른 화단에 심어야 하고 잎이 많고 넓기 때문에 여름에는 하루 간격, 봄과 가을에는 2~3일 간격으로 물을 줘야 한다.

가까운 식물들

- 백리향 : 이름이 비슷하고 같은 꿀풀과이지만 키가 7~12㎝로 아주 작으면서도 낙엽 반관목이다. 향기가 아주 좋아 백 리를 간다고 하여 백리향이라는 이름이 붙었다.
- 덩굴곽향 : 나무 그늘이나 냇가에 자라며, 키는 25~40㎝이다. 여름에 연한 하늘색 꽃이 피고 경기도, 강원도 이남에 분포한다.

백리향

117

향기가 백 리나 가는 꽃

백리향

이명 | 산백리향

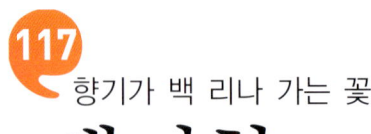

학명 | *Thymus quinquecostatus* Celak.

좋은 향기를 맡으면 그 자체로도 건강에 유익하다. 그런 식물을 흔히 허브라고 하는데, 우리나라에도 꽤 분포하고 있다. 대개 '향' 자가 붙은 풀들이 그런 식물들이다. 백리향은 향기가 자그마치 백 리나 간다고 해서 붙여진 명칭이지만 가만히 놔두면 그렇게 멀리까지는 퍼지지 않으며, 발로 밟거나 손으로 대고 흔들어주면 아주 진한 향기가 난다. 향이 매우 진해 향료식물로도 많이 이용된다. 시중에 판매되는 허브 종류 중 '타임(Time)' 이라는 품종이 백리향과 비슷한데, 현재는 이 꽃의 향을 이용해 다양한 제품을 만들고 있다.

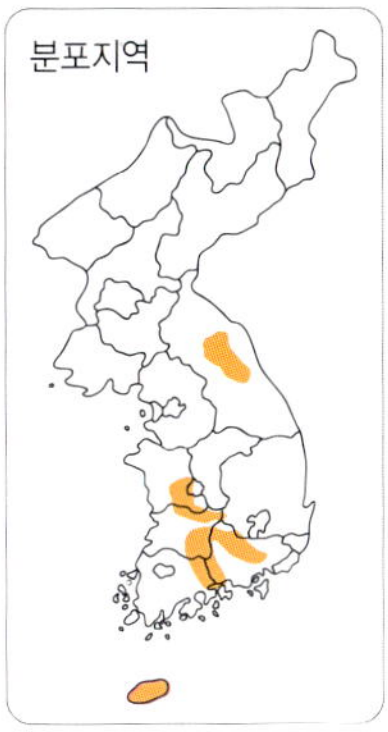

ㅂ

서양에서도 아주 오랜 옛날부터 백리향을 키웠는데, 그리스인들은 행동과 용기의 상징으로 생각했으며, 로마인들은 우울증을 치료하는 식물로 사용했다. 또 중세 시대에는 수프로 먹기도 했는데, 수줍음을 없애주고 뇌를 강하게 하며 오래 살게 해준다고도 믿었다.

백리향은 우리나라 각처의 높은 산에 자라는 낙엽소관목이다. 햇볕이 잘 드는 바위 위에서 자란다. 바위 위에 자라는 식물은 대개 키가 작은데, 백리향 역시 키가 7~12㎝가량으로 아주 작다.

잎은 마주나며 달걀 모양을 한 타원형으로 잎의 길이는 0.5~1.2㎝, 폭은 0.3~0.8㎝이다. 잎 양면에 오목하게 들어간 선점이 있으며 잎 가장자리에는 톱니가 거의 없다. 꽃은 7~8월에 피는데, 상층부에 촘촘히 달라붙는다. 색깔은 분홍색으로 길이는 0.7~0.9㎝가량이다.

백리향 압화 ▲

▲ 백리향_ 잎

▲ 백리향_ 꽃봉오리

9~10월경에 지름 0.1㎝ 정도의 아주 작은 열매들이 암갈색으로 익는다.
꿀풀과에 속하며, 산백리향이라고도 한다. 관상용으로 쓰이며 꽃을 포함한 모든 부분이 약으로 쓰인다. 또 향기를 이용하는 비누나 향수 등에도 사용된다.
우리나라와 일본, 중국 등지에 분포한다. 특히 북한의 함경남도 이원군 곡구리에 있는 백리향 군락이 유명한데, 북한의 천연기념물로 지정되어 있다.

▲ 백리향_ 무리

▲ 백리향_ 꽃

▲ 백리향_ 꽃(백색)

ㅂ

직접 가꾸기

백리향은 봄에 나온 새싹을 이용하여 화단에 삽목하거나, 가을이나 봄에 뿌리를 나누어 번식시킬 수 있다. 또 9월에 결실되는 종자를 바로 화분에 뿌려도 된다. 이른 봄이나 가을에 옆으로 뻗어 나온 가지를 떼어내 심으면 새로운 개체가 되기도 한다. 종자 번식보다는 삽목이나 포기나누기를 하는 것이 낫다.

화분이나 화단에 심어 햇볕이 잘 드는 돌 틈이나 양지 쪽에 놓는 것이 요령이다. 공중습도를 높여주는 것이 중요한데, 하루에 2~3번 정도 분무기로 물을 뿌려 습도를 유지하고 물은 2~3일 간격으로 주는 것이 좋다. 한여름에는 통풍이 잘 되지 않으면 속에 있는 식물이 말라 죽는 경우가 많기 때문에 바람이 잘 통하는 곳에 심어야 한다.

가까운 식물들

- 섬백리향 : 줄기가 백리향보다 더 굵고 잎 길이가 약 0.15㎝, 꽃 길이는 약 1㎝이다. 울릉도 나리동의 울릉국화와 섬백리향 군락지는 1962년에 천연기념물로 지정되었다.
- 선백리향 : 키는 20㎝이고 가지에 흰색 털이 나 있다. 백리향과 비슷하지만 곧게 서는 것이 다르며 잎에 털이 있다.

118

잎이 지고 2달 뒤에 꽃이 피는

백양꽃

이명 | 가재무릇, 가을가재무릇

학명 | *Lycoris sanguinea* var. *koreana* (Nakai) T. Koyama

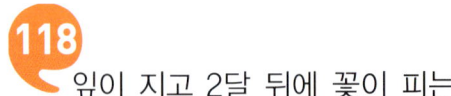

백양꽃은 내장산 이남의 남부 지역에서 나는 여러해살이풀로, 전남 백양산에서 처음 발견되어 백양꽃으로 불린다. 계곡이나 풀숲의 그늘진 곳에서 자라며, 키는 30~40㎝ 정도 된다.

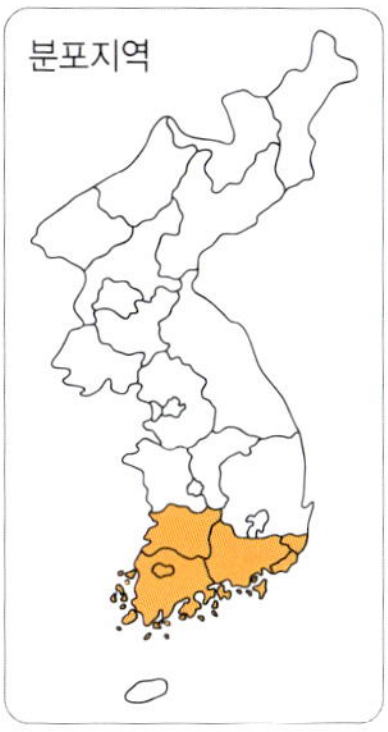

뿌리에서 뭉쳐서 이른 봄에 잎이 나오며, 폭은 약 1.2㎝가량이고 연한 녹색이며 끝이 뭉뚝하다. 뿌리는 달걀 모양이고 길이는 3~3.7㎝, 폭은 2.7~3.5㎝이다.

8~9월에 뿌리에서 나온 줄기 윗부분에서 5~7개 정도의 적갈색 꽃이 핀다. 꽃잎은 6장이고 수술과 암술은 밖으로 돌출되어 있으며 'U' 자 모양을 하고 있고 한쪽을 향해서 핀다. 꽃자루는 납작한 원기둥 모양이며 밑부분은 붉은 갈색이지만 위로 올라갈수록 녹색이 되기도 한다.

고려상사화 또는 조선상사화라고도 하는데, 여기에서 상사화(相思花)라는 말은 잎이 있을 때는 꽃이 없고 꽃이 필 때는 잎이 없으므로 잎은 꽃을 생각하고 꽃은 잎을 생각한다고 해서 붙여진 이름이다. 상사화라는 식물이 별도로 있는데, 백양꽃처럼 잎과 꽃이 따로 나온다. 전체적인 모양이 비슷하지만 상사화 꽃은 붉은빛이 강한 연한 자주색이다.

수선화과에 속하며 가재무릇, 가을가재무릇이라고도 한다. 또한 우리나라 특산식물로 조선상사화, 고려상사화, 타래꽃무릇 등으로도 불린다. 관상용으로 쓰이며, 알뿌리는 약으로 쓰인다. 또한 독을 없앤 비늘줄기는 먹기도 한다.

▲ 백양꽃 압화

▲ 백양꽃_ 잎 올라오는 모습

▲ 백양꽃_ 꽃봉오리

▲ 백양꽃_ 꽃(측면)

직접 가꾸기

백양꽃은 종자가 결실되기는 하지만 개화까지의 기간이 너무 오래 걸리는 품종이다. 따라서 뿌리를 이용하여 번식시키는 것이 좋다. 뿌리가 2~3개로 갈라져 있기 때문에 이를 나누거나, 뿌리가 붙은 부분을 칼로 4조각 또는 8조각으로 잘라 모래에 묻어두면 2~3개월 후에 자른 부위에서 아주 작은 구근들이 자라고 있는 것을 볼 수 있다. 이 구근을 제거한 후 작은 화분에 옮겨 심으면 된다. 1개의 구근에서 20~30개 정도의 개체를 얻을 수가 있다.

화분에 심을 경우, 봄에는 햇빛이 많이 드는 곳에 두고 꽃대가 올라오면 반그늘로 옮겨야 한다. 화단에 심을 때는 여러 송이를 같이 심는 것이 좋으며, 물 관리는 따로 해주지 않아도 된다.

ㅂ

가까운 식물들

- 무릇 : 백합과에 속하며, 꽃은 연한 홍자색이다.
- 상사화 : 꽃이 붉은빛이 강한 연한 자주색이라서 다르다. 키도 약간 커서 50~70㎝이다.

무릇

상사화

119

보호가 시급한 야생란

백운란

이명 | 백운난초, 백운산난초, 백운란초

학명 | *Vexillabium yakushimensis* (Yamam.) F. Maek.

키가 5~12㎝로 매우 작은 야생란이다. 1930년대에 전남 광양의 백운산에서 처음 발견되어 백운란이라는 이름을 얻었다. 이후 발견되지 않다가 1974년경 내장산에서 발견된 바 있으며, 제주도와 울릉도에서도 발견되었다. 또 2011년에는 합천 해인사와 경북, 충남 등 몇 군데에서 자생지가 더 발견되어 내심 즐거웠다. 하지만 야생란만큼 수난을 당하는 식물도 드문데, 이 꽃 역시 충남의 자생지는 훼손되었다고 한다. 자생지가 많아지는 것은 반갑지만 마냥 기뻐할 수만은 없는 것 같다. 보호가 시급한 상태이다.

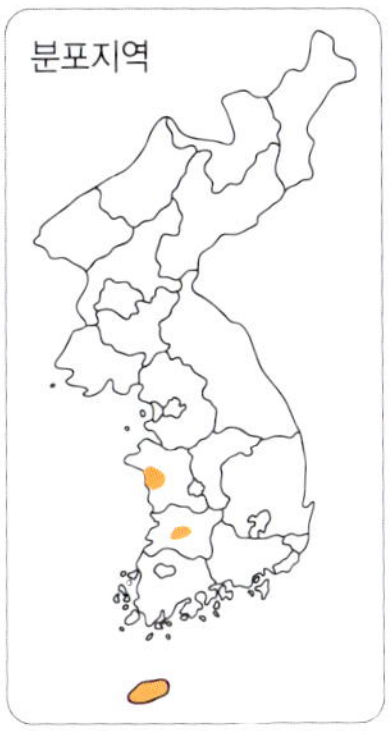

잎은 길이가 0.3~0.7㎝, 폭은 0.2~0.5㎝로 달걀 모양의 원형으로 표면은 짙은 녹색이고 끝은 뾰족하고 가장자리는 밋밋하며 길이 0.3~0.6㎝의 잎자루가 원줄기를 감싸고 있다. 뿌리는 옆으로 뻗으며 마디에서 뿌리가 내린다. 8월에 길이 1~3㎝의 흰색 꽃이 달린다. 꽃줄기는 5~12㎝로 윗부분에 털이 있다. 꽃받침 통은 중앙에서 갈라지고 찢어진 꽃잎에는 희미한 점과 잔털이 있으며 중앙에 있는 찢어진 꽃잎에 꽃잎이 붙는다. 입술 꽃부리는 길이와 폭이 각각 약 0.5㎝로 끝이 다소 파지고 밑으로 갈수록 좁아진다. 그 양쪽에 좁은 날개가 있고 꽃받침이나 꽃잎 밑부분에 자루 모양의 돌기가 있다. 열매는 10월경에 달린다.

난초과의 여러해살이풀로, 우리나라에서는 멸종위기식물로 분류하여 관리하고 있다. 백운산과 백양산, 제주도, 울릉도 등지에 분포한다. 습도가 매우 높고 토양 부엽질이 두터우며 햇볕이 잘 들지 않는 반그늘 혹은 음지에서 자란다.

▲ 백운란_ 꽃봉오리

▲ 백운란_ 꽃(측면)

▲ 백운란_ 꽃(정면)

▲ 백운란_ 무리

직접 가꾸기

백운란의 재배법은 알려져 있지 않다.

가까운 식물들

특별히 알려진 식물이 없다.

120

숲속에 사는 정령

버어먼초

이명 | 석장

학명 | *Burmannia cryptopetala* Makino

독특한 이름의 식물로 부생식물이다. 버어먼이라는 이름은 학명에서 비롯된 것으로 네덜란드 식물학자 버어먼(Burmann, 1706~1779)의 이름에서 유래한다. 그러나 엄연히 우리나라 자생종이다.

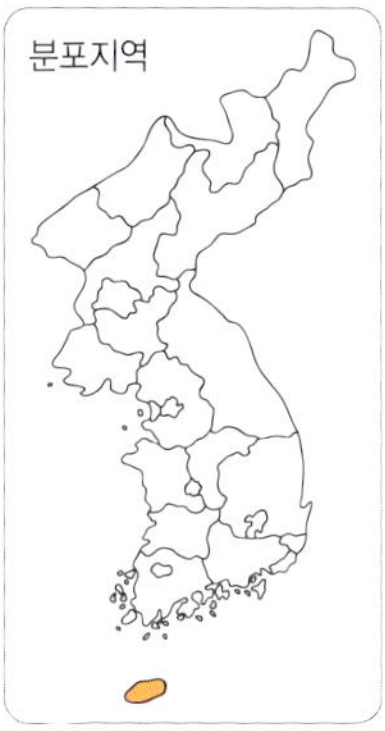

전체적인 모양이 지팡이를 닮아서 스님들이 들고 다니는 석장이라고도 한다. 석장은 일반 지팡이와는 달리 윗부분에 6개 정도의 고리를 달고 있다. 지팡이를 짚을 때마다 소리가 나므로 동물들이 피할 수 있게 하여 살생을 막는다는 의미가 있다.

부생식물은 엽록소가 없어서 모두 백색인데, 이 품종 또한 투명한 백색이다. 부생식물에는 이밖에도 나도수정초와 구상란풀 등이 있다. 특히 버어먼초는 꽃까지 흰색이라서 언뜻 보면 꽃인가 하는 생각까지 든다. 이런 부생식물들은 유기물이 풍부한 부엽토에서 양분을 얻는다. 그러므로 낙엽이 오래 쌓인 어두운 숲 속에서 볼 수 있다. 애기버어먼초가 비슷한 환경에서 자라는데, 버어먼초와는 달리 개체 수가 많은 편이다. 단지 키가 5㎝ 정도로 너무 작아 쉽게 보기는 어렵다. 꽃은 버어먼초보다 많아 6~9송이가 핀다.

버어먼초의 키는 5~12㎝로 매우 작다. 잎은 약 0.3㎝ 크기로 뾰족하고 비늘 모양으로 줄기에 3~5장 정도 붙어 있다. 줄기는 백색으로 매우 단순하며 곧게 선다. 8~9월에 길이 0.8~1㎝의 흰 꽃이 1~5개 정도 꽃대 끝에서 방사형으로 나와서 끝 마디에 하나씩 달리고, 직립하며 날개가 있다. 꽃부리와 꽃받침의 구별이 없고 바깥쪽은 난형이며 안쪽은 없다. 꽃 끝은 3갈래로 갈라지며 바깥쪽을 중심으로 노란색이 보이고 안에는 3개의 수술이 있다.

버어먼초과에 속하는 한해살이풀 또는 여러해살이풀로, 우리나라에서는 멸종위기식물로 분류되어 있다. 제주도에 분포하며, 낙엽수가 있고 햇볕이 잘 들어오지 않는 반그늘 혹은 음지의 부엽질이 많고 물 빠짐이 좋은 곳에서 자란다.

우리나라 이외에는 일본에서 자란다. 우리나라에서는 개체 수가 많지 않아 2008년에 환경부 해외반출 승인대상 생물자원으로 지정되어 있다.

▲ 버어먼초_ 새순 올라오는 모습

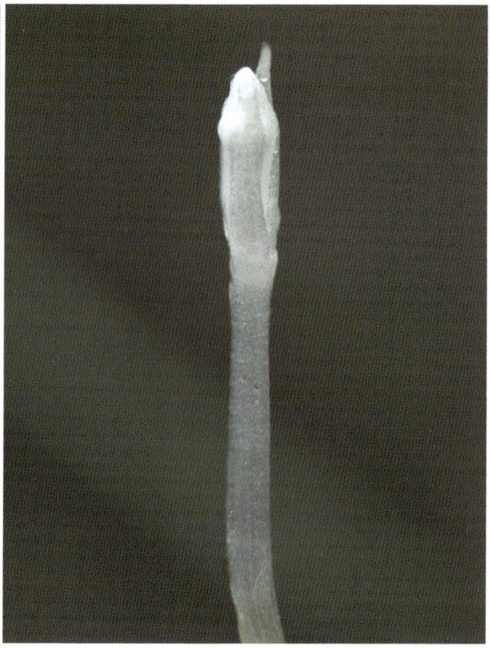

▲ 버어먼초_ 꽃대 올라오는 모습

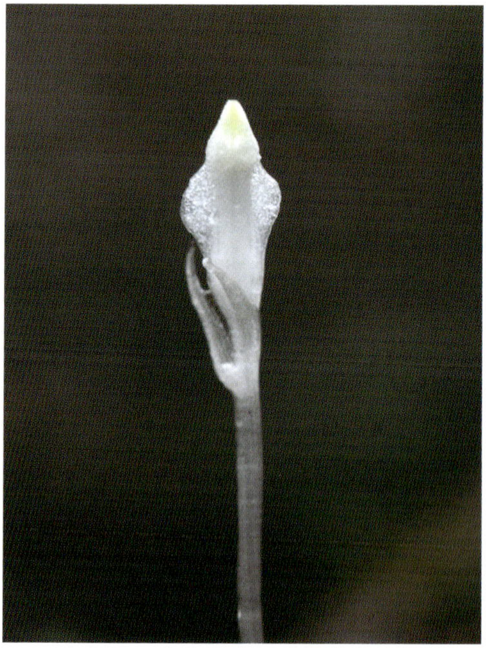

▲ 버어먼초_ 꽃봉오리

▲ 버어먼초_ 꽃

▲ 버어먼초_ 무리

직접 가꾸기

버어먼초의 재배법은 알려져 있지 않다.

가까운 식물들

- 애기버어먼초 : 키가 5cm로 아주 작다. 꽃이 6~9송이 정도 달린다.

애기버어먼초

121

호랑이 꼬리를 닮은 꽃

범꼬리

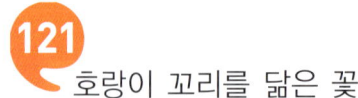

이명 | 만주범의꼬리, 북범꼬리풀

학명 | *Bistorta manshuriensis* (Petrov ex Kom.) Kom.

꽃대가 쭉 올라온 것이 마치 호랑이 꼬리처럼 생겨서 범꼬리라고 한다. 범꼬리 종류는 상당히 많다. 산에서 만나는 것은 대부분 그냥 범꼬리이지만, 한라산에는 가늘고 키 작은 가는범꼬리와 눈범꼬리가 자라고 있고, 깊은 숲에는 잎의 뒷면에 흰 털이 많아 은백색이 되는 흰범꼬리가 있다. 또 백두산 등 북부지방에만 자라는 씨범꼬리와 호범꼬리 등도 아주 귀한 범꼬리들이다.

범꼬리는 우리나라 각처의 깊은 산에서 나는 여러해살이풀로, 양지 혹은 반그늘의 습기가 많은 곳에서 자라며, 키는 30~80㎝이다. 뿌리줄기가 짧고 굵으며 잔뿌리가 많다.

잎은 길이가 5~10㎝, 폭이 3~7㎝로, 표면은 진한 녹색이지만 뒷면은 연한 녹색이며 끝이 뾰족해지는 넓은 달걀 모양이다.

6~7월에 연한 홍색 또는 백색의 꽃이 핀다. 꽃의 길이는 약 0.3㎝이며 꽃받침은 5개로 갈라지고 원통 모양이다. 9~11월경에 달걀 모양의 둥근 열매가 달리고 종자는 광택이 난다.

마디풀과에 속하며 만주범의꼬리, 북범꼬리풀이라고도 한다. 관상용으로 쓰이며, 어린잎과 줄기는 식용으로 쓰인다. 뿌리줄기는 '권삼(拳蔘)' 이라고 부르며 약재로 사용하고 또 술로도 담그는데, 권삼주라고 한다. 우리나라와 중국 동북부, 헤이룽 강, 우수리 강 등지에 분포한다.

직접 가꾸기

범꼬리는 11월에 얻은 종자를 바로 뿌리거나 종이에 싸서 냉장보관하여 이듬해 봄에 뿌린다. 가을이나 이른 봄 새싹이 올라올 때 포기나누기를 해도 되지만 재배하기는 쉽지 않다.

▲ 범꼬리_ 새순 올라오는 모습

▲ 범꼬리_ 꽃봉오리

▲ 범꼬리_ 꽃

▲ 범꼬리_ 시드는 모습

가까운 식물들

- 가는범꼬리 : 잎이 범꼬리에 비해 가늘다. 키는 15~30㎝로, 한라산 꼭대기에 자란다.
- 둥근범꼬리 : 꽃이삭이 둥글다. 키는 30~40㎝로, 함북 관모봉에 분포한다.
- 호범꼬리 : 범꼬리보다 꽃이삭이 가늘고 길며, 키는 1m로, 함경도 부전고원 등 고산지대에서 자란다.
- 씨범꼬리 : 포기가 작고 꽃은 더욱 작다. 키는 7~70㎝로, 백두산 분화구 바로 아래에 자라는데, 북한에서는 천연기념물로 지정했다.
- 눈범꼬리 : 누운 범꼬리라는 뜻으로 키는 35㎝, 제주도에 자란다.
- 참범꼬리 : 줄기에 달린 잎에 잎자루가 없다. 키는 70㎝로, 함경도에 자란다.
- 이른범꼬리 : 이른 봄에 꽃이 흰색으로 핀다. 한라산 정상에서 자라며, 키는 15㎝이다. 봄범꼬리라고도 한다.
- 흰범꼬리 : 잎의 뒷면에 흰 털이 많다. 키는 80㎝로, 경북과 함경도 등지에 분포한다.

호범꼬리

씨범꼬리

122

사냥꾼의 지팡이

범부채

이명 | 사간

학명 | *Belamcanda chinensis* (L.) DC.

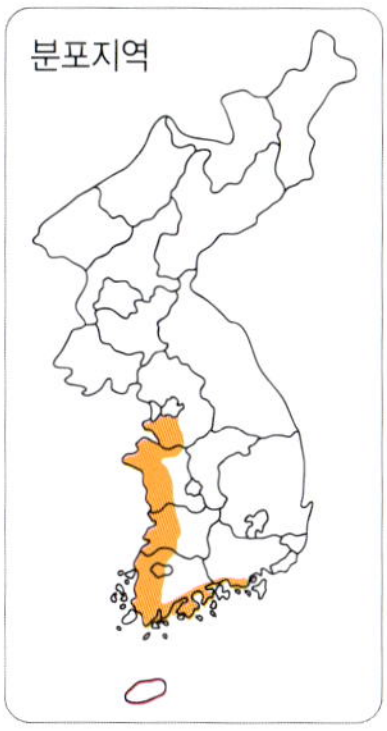

이름에 호랑이와 부채가 들어 있는 것이 특이하다. 꽃을 보면 붉은색에 얼룩덜룩한 무늬가 들어 있는 것이 호랑이 가죽처럼 생겼고, 잎은 부채처럼 생겨서 범부채라고 한다.

중부 이남 섬 지방과 해안을 중심으로 자라는 여러해살이풀로, 물 빠짐이 좋은 양지 혹은 반그늘의 풀숲에서 자라며, 키는 50~100㎝이다.

잎은 어긋나며 녹색 바탕에 약간 분백색이 돈다. 잎의 크기는 길이가 30~50㎝, 폭이 2~4㎝로 끝이 뾰족하고 부챗살 모양으로 펴진다.

꽃은 7~8월에 피는데, 황적색 바탕에 반점이 있다. 원줄기 끝과 가지 끝이 1~2회 갈라져 한 군데에 몇 개의 꽃이 달린다. 꽃의 지름은 5~6㎝이다. 종자는 포도송이처럼 달리고 검은 광택이 난다.

붓꽃과에 속하며, 꽃이 나비 모양을 닮았다 하여 나비꽃, 호접화라고도 하며, 서양에서도 '꽃표범'이라는 뜻의 '레오퍼드 플라워(Leopard Flower)'라고 부른다.

관상용으로 쓰이며, 뿌리는 약으로 쓰인다. 약재로 쓸 때는 '사간(射干)'이라고 하는데, 이는 새를 쏘는 사수의 화살과 모양이 비슷하여 붙여진 명칭으로 '사냥꾼의 지팡이'라는 뜻이다. 우리나라와 일본, 중국에 분포한다.

범부채 압화 ▶

ㅂ

▲ 범부채_ 새순 올라오는 모습

▲ 범부채_ 잎 전개된 모습

▲ 범부채_ 꽃

▲ 범부채_ 개화 직전

▲ 범부채_ 시든 모습

ㅂ

▲ 범부채_ 꽃 시든 후 모습

▲ 범부채_ 종자 결실

직접 가꾸기

범부채는 늦가을이나 이른 봄에 옆에서 생긴 뿌리를 분리해 번식시킨다. 종자 발아는 시간이 많이 걸린다. 10월경에 종자를 받아 2~3일 정도 물에 담그고 화분에 뿌리면 2월경 종자가 발아된다. 비록 발아는 늦지만 발아율은 높다.

반그늘이 진 화단이나 화분이면 어느 곳에서나 잘 자란다. 화분에 심어 재배할 때는 알뿌리를 깊게 넣고 물 빠짐이 좋게 해줘야 한다. 집단으로 심어 관리하면 좋다. 여름에 비가 많이 오고 바람이 많이 불 때에는 따로 떨어진 개체는 쓰러지기 쉽기 때문이다.

가까운 식물들

- 도깨비부채 : 잎은 손바닥 모양 겹잎으로 되어 있다. 범의귀과에 속하며, 키는 1m로 깊은 산에 자란다.
- 돌부채 : 뿌리잎은 타원형 또는 주걱같은 타원형이다. 범의귀과에 속하며, 높은 산에 자란다.

도깨비부채

123

병아리처럼 앙증맞은 야생난

병아리난초

이명 | 바위난초, 병아리란

학명 | *Amitostigma gracilis* (Blume) Schltr.

ㅂ

식물이 작고 앙증맞아서 병아리난초라고 하는데, 이와 비슷한 식물에는 병아리풀과 병아리다리가 있다. 병아리풀은 키가 4~15cm에 불과하며, 병아리다리 역시 6~30cm 정도밖에 안 된다. 병아리난초는 8~20cm이다.

병아리난초는 난초라는 이름이 붙어 있듯 야생난으로 귀한 식물이다. 게다가 번식도 쉽지 않아서 더욱 소중한 품종으로 손꼽힌다.

우리나라 산지의 암벽에서 자라는 여러해살이풀로, 공중습도가 높으며 반그늘인 바위에서 자란다. 양 끝이 뾰족한 원기둥 모양의 뿌리가 1~2개 있다.

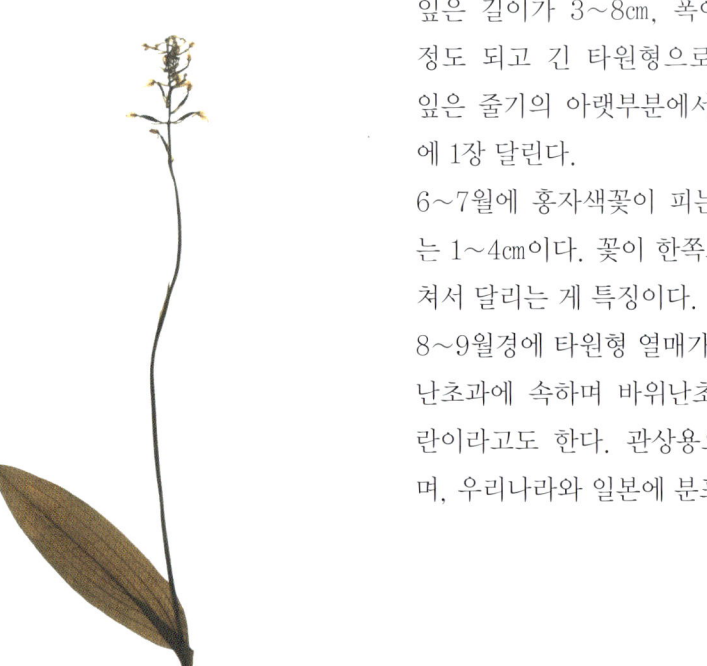

잎은 길이가 3~8cm, 폭이 1~2cm 정도 되고 긴 타원형으로 생겼다. 잎은 줄기의 아랫부분에서 약간 위에 1장 달린다.

6~7월에 홍자색꽃이 피는데, 길이는 1~4cm이다. 꽃이 한쪽으로 치우쳐서 달리는 게 특징이다.

8~9월경에 타원형 열매가 달린다.

난초과에 속하며 바위난초, 병아리란이라고도 한다. 관상용으로 쓰이며, 우리나라와 일본에 분포한다.

◀ 병아리난초 압화

▲ 병아리난초_ 새순 올라오는 모습

▲ 병아리난초_ 꽃

▲ 병아리난초(흰색)_ 꽃

▲ 병아리난초_ 종자 결실

▲ 병아리난초_ 전초

▲ 병아리난초(흰색)_ 전초

직접 가꾸기

병아리난초의 종자는 발아율이 너무 낮기 때문에 종자 번식은 힘든 편이다. 가을에 옆에 달린 어린 뿌리를 나누어 화분이나 화단에 심어서 번식시킨다. 작은 난초 화분에 심는 것이 좋다.

물 빠짐이 좋게 해주고 다른 난들과는 달리 퇴비를 많이 넣고 공중습도를 높여줘야 한다. 흙이 마르면 물을 약간 주고 분무기 같은 것으로 공중에 하루 3~4회 정도 뿌려주는 것이 요령이다.

가까운 식물들

- 구름병아리난초 : 구름이 머무는 높은 산에 사는 난초로, 키는 병아리난초와 비슷하며, 7~9월에 연한 홍색 꽃이 핀다.
- 손바닥난초 : 고산지대에 분포한다. 키는 60~90㎝이며 뿌리의 일부가 손바닥처럼 굵어진다.

구름병아리난초

124

물에 사는 여러해살이풀

보풀

학명 | *Sagittaria aginashi* Makino

보풀은 우리나라 각처의 연못과 습지에서 자라는 여러해살이풀이다. 연못이나 물가, 습지에 자라는 식물들을 흔히 택사과라고 하는데, 보풀 역시 얕은 물속에서 자라며, 키는 30~80㎝이다.

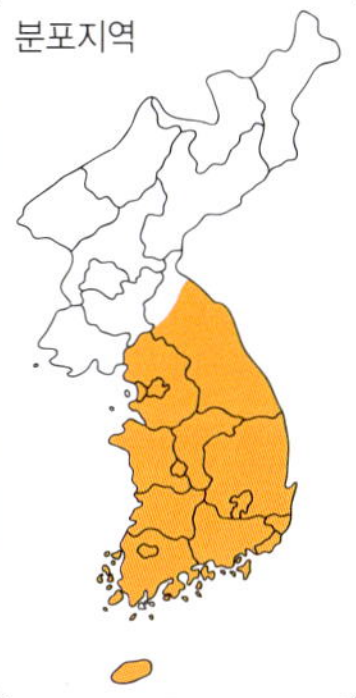

뿌리줄기는 짧고 옆으로 뻗는 가지가 없으며 가을에 잎겨드랑이에 알줄기가 생긴다. 잎은 길이가 7.5~17.5㎝로 끝이 뾰족하며 화살 모양으로 생겼다. 잎의 뒷면에는 잎맥이 튀어나와 있다.

ㅂ

7~9월에 흰색의 꽃이 층층이 달리고 암꽃은 꽃차례 밑부분에 달린다. 꽃받침잎과 꽃잎은 모두 3개씩이다. 수꽃은 윗부분에 달리고 겉모양이 암꽃과 비슷하지만 수술이 많다. 열매는 10~11월경에 달리고 연한 녹색인데, 날개와 부리가 나 있다.

전체적인 모양은 벗풀과 비슷하지만 벗풀의 경우 옆으로 뻗는 줄기를 만들지만 보풀은 그런 줄기를 만들지 않는 것이 다르다. 또 잎의 양쪽 가장자리는 무디며, 가을 무렵 잎자루 밑부분의 안쪽에 달걀 모양의 구슬 눈을 여러 개 만든다. 그리고 벗풀에 비해 잎이 가늘고 긴 편이다.

택사과에 속하며, 큰골이라고도 한다. 관상용으로 쓰이고, 유독식물이지만 약재로도 사용된다.

원산지는 우리나라이며, 중남부 지방에 분포한다. 또한 일본에도 분포한다.

꽃말은 '신뢰' 이다.

▲ 보풀_ 꽃봉오리와 꽃

▲ 보풀_ 수꽃

▲ 보풀_ 암꽃

▲ 보풀_ 종자 결실

직접 가꾸기

보풀은 11월에 얻은 종자를 바로 뿌리거나 보관하여 이듬해 봄에 뿌린다. 가을이나 이른 봄에 새싹이 올라올 때 포기나누기를 해도 된다. 작은 연못이나 수조와 같이 물이 항상 고인 곳에 심는다. 꽃은 아래에서 피면서 위쪽으로 올라가는데, 윗부분의 꽃이 필 때가 되면 아래에서 제일 먼저 핀 꽃은 이미 시들거나 종자가 결실되는 경우가 있어 생태를 관찰하기에 좋다.

가까운 식물들

- 벗풀 : 습지나 얕은 물에 자라며, 옆으로 뻗어가는 가지 끝에 작은 알줄기가 달린다. 꽃줄기의 길이는 20~80㎝이다.
- 소귀나물 : 택사과의 여러해살이풀로, 전체적인 모습이 보풀과 아주 비슷하다. 나물로 먹는 식물로 잎이 소의 귀를 닮아 소귀나물이라고 한다.

125

금강산에 피는 연보라꽃

봉래꼬리풀

이명 | 좀꼬리풀

학명 | *Veronica kiusiana* var. *diamantiaca* (Nakai) T. Yamaz.

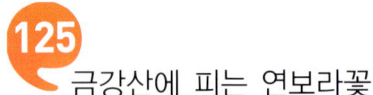

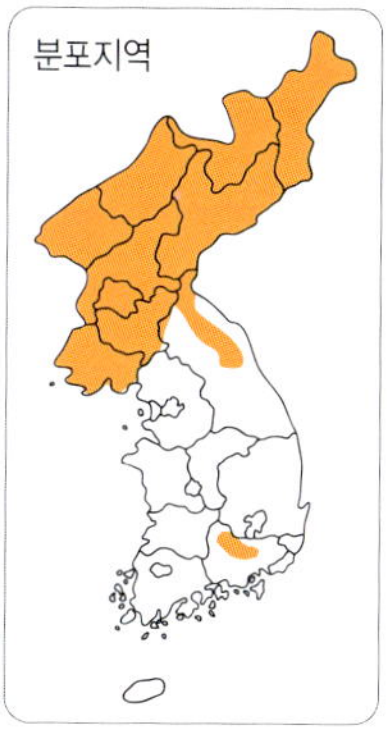

꼬리풀이라는 이름이 붙은 품종은 아주 많지만 크게 꿀풀과와 현삼과의 두 과로 나뉜다. 기본종인 꼬리풀은 현삼과에 속하고, 물꼬리풀은 꿀풀과에 속한다.

봉래꼬리풀은 현삼과에 속하는 여러해살이풀이다. 금강산의 높은 곳에서 자라는데, 금강산을 여름에는 봉래산이라고 부르는 것에서 봉래라는 이름이 붙었다.

기본종인 꼬리풀에 비해 키가 20㎝로 매우 작다. 잎의 표면은 녹색이고 뒷면은 붉은빛이 돌며 달걀형으로 어긋난다. 가장자리에는 둔한 톱니가 있다. 줄기는 약하게 붉은빛이 돌며 긴 털이 있다.

7~8월에 연보라색 꽃이 핀다. 꽃대에 꽃자루가 있는 여러 개의 꽃이 어긋나게 붙어 밑에서부터 피면서 위로 올라간다. 꽃받침은 5개로 갈라지고, 찢어진 잎은 길고 가장자리에 털이 있으며 달걀형이고 끝이 뾰족하다. 수술은 2개이고, 꽃부리보다 2배 정도 길다. 열매는 9~10월경에 달린다.

우리나라 특산식물이며 멸종위기종으로 분류하고 있다. 강원도 북부지역과 금강산에 분포한다.

직접 가꾸기

봉래꼬리풀은 10월경에 받은 종자를 바로 뿌리거나 종이나 솜에 싸서 수분 증발을 억제하여 냉장고에 보관하고 이듬해 봄에 뿌린다. 종자 발아에 대한 조건은 알려진 것은 없으나 종자 발아율은 꼬리풀과 비슷한 정도일 것으로 생각된다. 그러나 재배법은 알려지지 않았다.

가까운 식물들

- 꼬리풀 : 꽃이 마치 동물의 꼬리처럼 보인다. 꽃은 푸른빛이 도는 자주색이며 키는 40~80㎝이다.
- 흰꼬리풀 : 흰색 꽃이 핀다.
- 큰꼬리풀 : 잎이 넓은 바소꼴 또는 달걀 모양의 긴 타원형이다.
- 큰산꼬리풀 : 키는 1m에 이르며 높은 산에 분포한다.
- 부산꼬리풀 : 2004년 부산의 해안가에서 발견되었다. 개체수가 많지 않은 희귀종이며 보호종으로 취급되고 있다. 키는 20㎝로 작다.
- 물꼬리풀 : 흰색 또는 연한 홍색 꽃이 핀다. 꿀풀과에 속한다.
- 꾸와꼬리풀 : 산기슭과 풀밭에서 자라며 키는 50㎝이다. 꽃은 여름에 하늘색으로 핀다.
- 털꼬리풀 : 키는 30~60㎝이고, 털이 촘촘하게 나 있다.
- 긴산꼬리풀 : 반그늘과 습기가 많은 곳에서 잘 자란다. 키는 0.8~1.2m 정도로 큰 편이다.

꼬리풀

부산꼬리풀

126

부처님께 바쳐진 꽃

부처꽃

이명 | 두렁꽃

학명 | *Lythrum anceps* (Koehne) Makino

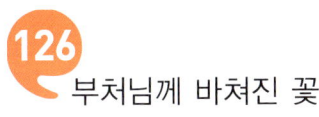

ㅂ

부처꽃은 아주 예쁜 꽃들이 층계를 이루듯 피어난다. 옛날에는 음력 7월 15일 백중날에 부처님께 이 꽃을 바쳤던 데서 부처꽃이라는 이름이 유래한다. 학명은 '길쭉한 잎이 달린 피처럼 붉은 꽃이 피는 풀' 이라는 뜻을 담고 있다.

부처꽃은 우리나라 각처의 산과 들의 습지에서 나는 여러해살이풀로, 양지 혹은 반그늘의 습기가 많은 곳에서 잘 자란다.

키는 약 1m 정도로 곧게 자라고 가지가 많이 갈라진다. 잎은 길이가 3~4cm, 폭은 1cm 내외로 끝은 뾰족하며 마주난다. 대가 거의 없고 원줄기와 더불어 털, 잎자루도 거의 없으며 가장자리가 밋밋하다.

7~8월에 자홍색 꽃이 피며, 정상부 잎겨드랑이에서 3~5개 정도가 달린다. 꽃은 줄기를 따라 올라가며 피고, 열매는 9월경에 긴 타원형으로 달린다.

부처꽃과에 속하며 천굴채, 두렁꽃이라고도 한다.

물가 식물이면서도 건조에 강해 관상용으로 많이 쓰이며, 전초는 약으로 쓰인다. 우리나라와 일본에 분포한다.

부처꽃 압화 ▶

▲ 부처꽃_ 잎

▲ 부처꽃_ 꽃

▲ 부처꽃_ 종자 결실

▲ 부처꽃_ 무리

직접 가꾸기

부처꽃은 9월에 얻은 종자를 바로 뿌리거나 종이에 싸서 냉장보관했다가 이듬해 봄에 뿌린다. 이른 봄 새싹이 올라올 때 뿌리를 캐서 여러 개로 포기나누기를 해도 된다. 종자는 아주 작기 때문에 파종상에 뿌리고 위에 상토를 약하게 덮은 후 물을 충분히 준다. 그리고 습도를 맞추기 위해 비닐이나 신문을 덮고 7~10일이 지난 후에 벗기면 된다. 종자 발아율은 높은 편이다.

화단에 심는 것이 좋다. 양지나 반그늘이면서 물기가 많거나 적은 곳 등 어디에서나 잘 자란다. 하지만 물기가 많은 곳에 두었을 때의 생육이 더 좋은 편이다. 마른 땅에 심었을 경우 물은 1~2일 간격으로 주는 것이 좋다. 여름에 꽃이 피고 질 무렵 줄기를 약 2/3가량 자르면 가을에 한 번 더 꽃을 볼 수 있다.

가까운 식물들

- 흰부처꽃 : 흰빛을 띠는 부처꽃을 따로 흰부처꽃이라고도 한다.
- 털부처꽃 : 전체에 털이 많이 나 있으며, 키는 1.5m이다.
- 좀부처꽃 : 키는 20~30㎝로 아주 작다. 줄기에서 십자 모양으로 가지를 뻗는다. 원산지는 한국이다.

딜부저꽃

127

항암식물로 연구되고 있는

부처손

이명 | 바위손

학명 | *Selaginella tamariscina* (P. Beauv.) Spring

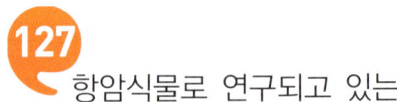

부처님이 손을 내미는 듯한 모양이라서 부처손이라고 부른다고도 하지만 정확하지는 않다. 그보다는 한자로 '보처수' 라고 하는 것을 우리말로 부처손이라고 부르게 되었다는 것이 더 신빙성이 높다. 특이하게도 주변습도에 따라 잎의 모양이 달라지는데, 습도가 충분하거나 비가 오면 펴지고, 마른 날씨에는 오므라든다. 오그라들 때 모양이 주먹 같다고 하여 '주먹손' 이라고도 한다. 또 호랑이 발처럼 생겼다고 해서 한자로 '표족(豹足)' 이라고도 한다.

ㅂ

우리나라 각처의 산지 암벽에 나는 상록 여러해살이풀로, 주변의 습도가 높은 반그늘의 바위에서 자라며, 키는 약 20㎝이다. 뿌리는 지하경이 땅속으로 뻗으면서 비늘 같은 잎으로 덮이고 끝이 지상으로 나와서 곧게 자란다.

잎은 비늘 모양으로 표면에 달린 길이는 약 0.2㎝이다. 잎 끝이 뾰족하고 윗부분 가장자리에 잔 톱니가 있으며 녹색 또는 적록색이다. 뒤쪽에 달린 잎은 난형이고 가장자리에 잔 톱니가 있으며 백록색이다. 원줄기의 잎은 드문드문 달리는데 밑에서는 서로 비슷하지만 위에서는 2가지 형태가 된다. 포자는 작은 가지 끝에서 사각을 형성하며 1개씩 달린다. 포자의 길이는 0.5~2.5㎝이고 지름은 약 0.1㎝ 정도이다.

부처손과에 속하며 바위손이라고도 한다. 관상용으로 쓰이고 잎과 줄기 말린 것을 '권백' 이라고 해서 약재로 쓴다. 최근에는 항암효과가 있는 것으로 알려져 널리 연구되는 식물이다. 우리나라와 중국, 일본, 타이완, 필리핀, 북인도 등지에 분포한다.

▲ 부처손 압화

▲ 부처손_ 잎 올라오는 모습

직접 가꾸기

부처손은 포자 번식은 하기 어렵고 가을이나 봄에 포기나누기를 하는 것이 낫다. 해마다 새로운 개체들이 뿌리에서 나오기 때문에 이를 나누어 심는 것이 좋다. 반그늘이나 햇볕이 많이 드는 곳의 바위에 심고, 화분이나 화단에 심어도 좋다.

물은 2~3일 간격으로 주면 된다. 주변습도나 토양의 물이 충분할 때는 잎을 펼치고, 부족할 때는 잎을 오므리므로 물과 습도가 적정한지를 쉽게 알 수 있는 품종이다.

가까운 식물들

- 개부처손 : 산지의 바위에서 자라며, 키는 10~25㎝이다. 땅속줄기는 옆으로 뻗고 잎이 드문드문 달리며 끝부분이 위로 솟아 줄기가 된다.

128
서울 근교에 피는 한국 특산종

분취

이명 | 서울분취
학명 | *Saussurea seoulensis* Nakai

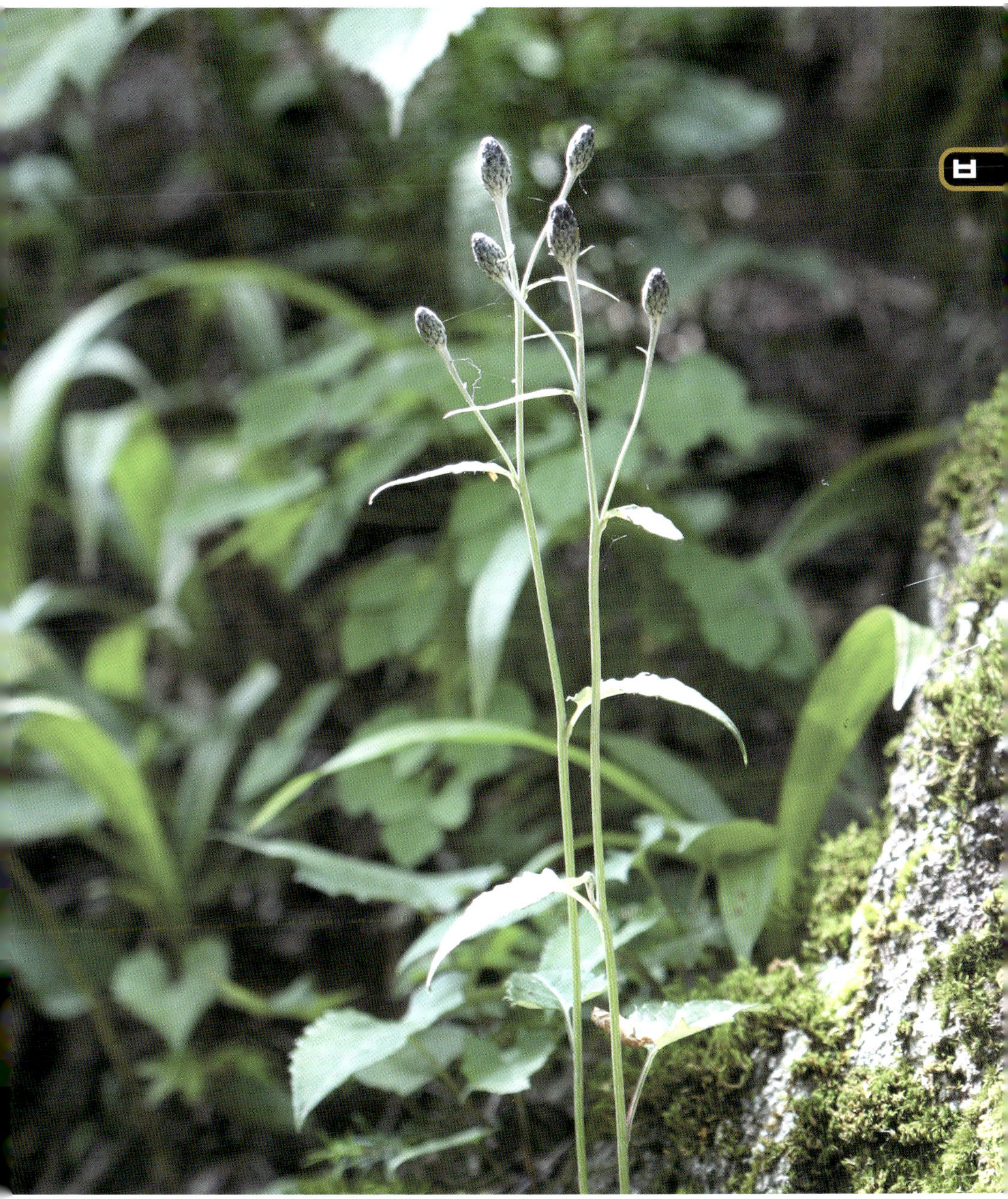

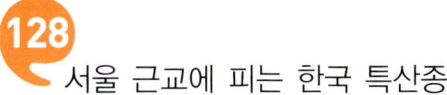

ㅂ

분취는 서울, 경기, 충북의 산지에 나는 여러해살이풀로, 잎과 꽃에 하얀 분과 같은 것이 뿌려진 듯하다고 해서 분취라고 한다. '취' 자가 붙은 것은 나물이라는 뜻이다. 습기가 많은 반그늘 혹은 양지의 토양이 비옥한 곳에서 자라며, 키는 20~80cm이다.

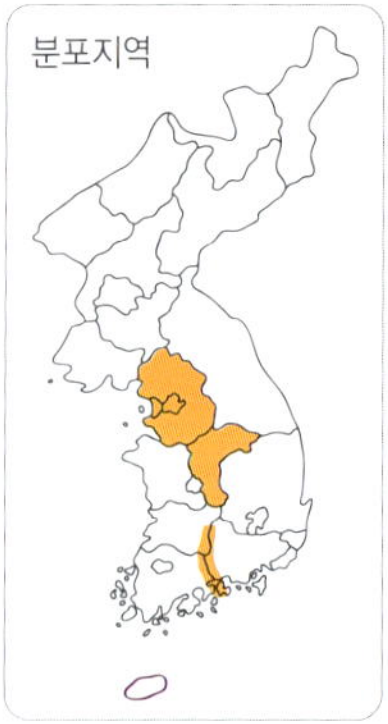

잎은 길이가 6~11cm로 표면에 꼬불꼬불한 털과 거미줄 같은 털이 빽빽이 나 있다. 잎의 뒷면에는 거미줄 같은 백색 털이 있으며 가장자리에 뾰족한 톱니가 있다.

7~10월에 지름 약 3cm의 자주색 꽃이 원줄기나 가지 끝에 피고 10~11월경에 원통형 열매가 달린다.

국화과에 속하며 풍모국, 서울분취라고도 한다. 어린잎은 식용으로 쓰인다. 우리나라 특산종으로 서울 근처에 분포한다. 분취는 아주 종류가 많은데 특히 강원도 반론산의 해발 1,000m가 넘는 능선지대에는 북방에서 자라는 분취류들인 사창분취, 각시서덜취, 당분취, 복분취 등이 자라고 있다. 이 지대는 식물분포학적 가치가 크므로 1986년 4월 17일 천연기념물 제348호로 지정되었다.

▲ 분취_ 잎 올라오는 모습

▲ 분취_ 잎 뒷면

▲ 분취_ 꽃봉오리

▲ 분취_ 꽃

▲ 분취_ 종자 결실

직접 가꾸기

분취는 11월에 얻은 종자를 종이에 싸서 냉장보관했다가 이듬해 봄에 뿌리거나 이른 봄 새순이 올라올 때 포기나누기를 한다. 종자 발아율이 낮은 품종이어서 많이 받아 뿌려야 한다. 습기가 많은 화단의 가장자리에 심으며, 물은 2~3일 간격으로 줘야 한다. 재배하기 쉬운 종은 아니지만 잎 모양이 다른 품종과 달라서 교육용으로 적합하다.

가까운 식물들

- 버들분취 : 잎이 깃처럼 깊게 갈라지며 길이는 11~30㎝이다. 키는 50~150㎝이다.
- 톱분취 : 버들분취와 비슷하나 잎이 깊게 갈라지지 않는다.
- 바늘분취 : 포 조각의 끝이 뾰족하기 때문에 바늘분취라고 한다. 키는 45~90㎝이며, 산지에서 자란다.
- 북분취 : 숲 속에서 자라며, 키는 1m에 달하고 가지가 갈라진다.
- 비단분취 : 하얀 털로 덮인 모양이 비단같이 보인다고 하여 비단분취라고 한다. 한국 특산종으로 북부지방에서 자라며, 키는 40~70㎝이다.
- 큰비단분취 : 비단분취에 비하여 잎이 매우 크고 잎자루에 날개가 있다. 한국 특산종으로 강원도 오대산에 분포한다.
- 솜분취 : 건조한 풀밭에서 자라며, 키는 15~75㎝이다. 전체에 털이 있다. 강원도 이북에 자라는 한국 특산종이다.
- 털분취 : 잎은 잎자루가 없고 긴 타원 모양으로 양면에 털이 있다. 키는 14~33㎝로 북한의 낭림산에 분포한다.
- 금강분취 : 전체가 솜털로 덮여 있고 키는 30~80㎝이다. 금강산과 설악산 등 산지에 분포한다.
- 두메분취 : 높은 산에서 자라며, 키는 10~20㎝로 아주 작다. 전체에 갈색 솜털이 많이 나 있다.
- 남포분취 : 남서해안의 바닷가 습지에서 자라며, 키는 20~55㎝이다.

• 가야산은분취 : 잎 표면은 붉은빛이 도는 녹색이고 털이 나지 않는다. 가야산에 분포한다.
• 긴분취 : 뿌리잎은 꽃이 필 때 시들거나 없어지고 밑부분의 잎은 긴 타원형으로, 백두산에 분포한다.
• 당분취 : 산에서 자라며, 뿌리줄기는 굵으며 약간 옆으로 자라고, 키는 약 1m로 한국 특산종이다.

톱분취

두메분취

가야산은분취

ㅂ

129

황금빛 상사화

붉노랑상사화

이명 | 개상사화, 가마귀마늘, 흰상사화

학명 | *Lycoris flavescens* M. Y .Kim & S. T. Lee

상사화는 꽃과 잎이 서로를 생각한다는 뜻으로 지어진 이름이다. 왜냐하면 상사화는 꽃이 피면 잎이 없고, 잎이 나 있을 땐 꽃이 피지 않기 때문이다.

붉노랑상사화는 꽃의 빛깔이 황금색으로 매우 빛난다. 다른 이름으로 개상사화라고도 부르는데, 꽃 때문에 붙여진 것은 아니리라. 게다가 가마귀마늘이라는 희한한 이름도 있으니 본래의 아름다움에 비해 별명이 뒤처지는 것 같다.

상사화에 비해 키가 약간 작고, 꽃도 약간 다르다. 상사화의 꽃은 연한 홍자색으로 줄기 끝에 4~8개가 달린다.

키는 40~50㎝이고 잎의 길이는 35~38㎝, 폭은 1~1.5㎝로 알뿌리 끝에서 뭉쳐 부채꼴 모양으로 나며, 짙은 녹색으로 끝은 둔하고 가장자리는 밋밋하다. 줄기는 곧추서고 속이 비어 있다. 뿌리는 흑갈색으로, 지름 약 4㎝의 달걀형이다.

꽃은 8월에 꽃대 끝에서 10여 개의 꽃이 방사형으로 나와서 끝마디에 황색으로 하나씩 달려 옆을 향해 핀다. 작은꽃줄기는 길이가 약 0.7㎝이고, 꽃통 길이는 0.4~1.5㎝이다. 꽃덮개는 길이가 4~5.5㎝이고 꽃덮개의 찢어진 잎은 6개이며 중앙 부분이 뒤로 젖혀진다. 수술은 6개로 꽃 밖으로 길게 나오며 암술대는 길이 6.5~10㎝이다. 열매는 생기지 않는다.

수선화과에 속하는 여러해살이풀로, 내장산과 불갑산, 제주도에서 자생한다. 주변습도가 높고 반그늘이며 부엽질이 풍부한 곳에서 자란다.

관상용으로 쓰이고 비늘줄기는 약용하는데 유독성 식물이므로 전문가의 처방을 받아야 한다.

관상용으로 심을 때는 물 빠짐이 좋은 곳이면 반그늘이나 양지 어느 곳에 심어도 좋다. 화단을 꾸밀 때는 10개 이상 무리지어서 심는 것도 좋다. 화분에 심을 경우 물 빠짐을 좋게 하고 반 그늘진 곳에 두고 감상한다.

▲ 붉노랑상사화_ 새순 올라오는 모습

▲ 붉노랑상사화_ 꽃봉오리

▲ 붉노랑상사화_ 꽃(정면)

▲ 붉노랑상사화_ 꽃(암술 부분)

▲ 붉노랑상사화_ 무리

ㅂ

직접 가꾸기

붉노랑상사화는 종자가 결실되지 않고 알뿌리로만 번지기 때문에 알뿌리를 거꾸로 세우고 정확히 가운데를 8조각 정도 내어 모래에 심으면 된다. 알뿌리를 삽목하고 나면 바람이 잘 통하는 곳에 두고 상토가 마르지 않게 하는 것이 중요하다. 1~2개월이 지나면 알뿌리에서 작은 구근이 생기기 시작한다. 뿌리가 완전히 내리면 이를 화분이나 화단에 옮겨 심는다. 꽃이 피는 여름만 피하면 된다. 봄이나 가을에는 옆에서 나온 알뿌리를 분리하여 심어도 좋다.

가까운 식물들

- 개꽃무릇 : 붉은상사화라고도 한다. 비늘줄기는 지름 3~5㎝의 둥근 달걀 모양이며 검은색을 띤다.
- 상사화 : 7~8월에 연한 홍자색 꽃이 줄기 끝에 4~8개 달린다.
- 진노랑상사화 : 진한 노란색 꽃이 피며, 전남 백암산과 내장산에 분포하는 한국 특산종이다.
- 흰상사화 : 노란색을 띤 흰색 꽃이 핀다. 남해안의 섬에 분포한다.

진노랑상사화

130

키 작은 상록 난초

붉은사철란

학명 | *Goodyera macrantha* Maxim.

ㅂ

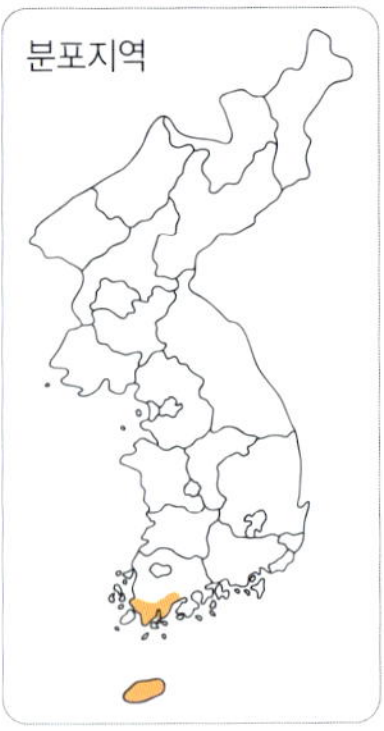

사철란은 흰색 바탕의 꽃에 붉은빛이 돌아 알록난초라고도 한다. 제주도와 울릉도의 건조한 숲 속에서 자라는 품종으로 우리나라에 자생하는 사철란은 3~4종이며, 사철란과 털사철란, 섬사철란, 그리고 붉은사철란이 있다. 대부분 키가 작아 쉽게 눈에 띄는 종은 아니다.

붉은사철란은 꽃에 붉은빛이 돌아서 붙여진 이름인데 실제 꽃 색깔은 연한 갈색이다. 꽃은 마치 통처럼 1~3개가 달린다. 사철난에 비해 키가 아주 작아서 4~8㎝에 불과하다.

긴 달걀형의 잎은 길이가 2~4㎝, 폭은 1~2㎝로 녹회색이다. 잎에는 백색 무늬가 있고, 잎 끝이 뾰족하며 3~4장이 어긋난다. 줄기는 밑부분이 길어지거나 굵어지면서 자라고 옆으로 벋는다.

7~9월에 붉은빛이 도는 연한 갈색 꽃이 핀다. 꽃의 길이는 2.5~3㎝로 통 모양이다. 꽃대, 자방 및 꽃받침에 꼬불꼬불한 털이 느슨하게 있다. 입술꽃부리 길이는 1.7~2㎝이고 밑부분이 부풀며 안쪽에 털이 있다. 양쪽 가장자리 부분은 끝이 젖혀지고 다소 뾰족하다. 열매는 10~11월에 길이 1.5~1.8㎝로 달린다.

난초과에 속하는 상록성 여러해살이풀로, 제주도와 완도 등 남도 다도해 도서 지방에서 자생하며 일본에도 분포한다.

반그늘의 부엽질이 풍부하고 공중습도가 높으며 물 빠짐이 좋은 곳에서 자란다. 관상용으로 쓰인다.

▲ 붉은사철란_ 잎

▲ 붉은사철란_ 꽃

ㅂ

▲ 붉은사철란_ 꽃(측면)

▲ 붉은사철란_ 무리

직접 가꾸기

붉은사철란은 정확히 알려진 번식법은 없다. 자생지에서도 종자 번식으로 나온 개체는 얼마 되지 않아 종자 발아율이 매우 낮은 것을 알 수 있었다. 또한 괴근이 옆으로 많이 붙어 있어 이를 분리하는 것도 하나의 방법으로 여겨진다.

반 그늘진 곳이나 음지의 나무 밑 등 주변습도가 높은 곳에 심는다. 화분에 재배하는 것은 이끼를 깔고 그 위에 뿌리가 활착할 수 있게 줄로 묶고 분출구가 작은 분무기로 물을 준다. 물은 1~2일 간격으로 준다.

ㅂ

가까운 식물들

- 사철란 : 키는 12~25㎝로 제주도와 울릉도, 도서지방에서 자란다. 흰색 바탕에 붉은빛이 도는 꽃이 한쪽에 치우쳐 7~15개 달린다.
- 털사철란 : 꽃은 연한 갈색이며 입술꽃잎 부분에 털이 난다. 한라산에 분포하며 키는 10~20㎝이다.
- 섬사철란 : 사철란에 비해 잎에 무늬가 없으며 꽃은 붉은빛을 띠지 않는다. 제주도와 울릉도에 분포하며, 키는 5~10㎝이다.

사철란

털사철란

섬사철란

131

잎을 비벼서 나물로 먹는

비비추

학명 | *Hosta longipes* (French. & sav.) Matsum.

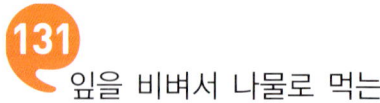

비비추는 공원 등지에 가면 맥문동과 함께 무리를 이루어 심어져 있는 것을 자주 볼 수 있다. 언뜻 들으면 외국말 같지만 순우리말이다. 어린잎을 나물로 먹는데, 잎에서 거품이 나올 때까지 손으로 비벼서 먹는다고 해서 '비비추'라는 이름이 붙었다.

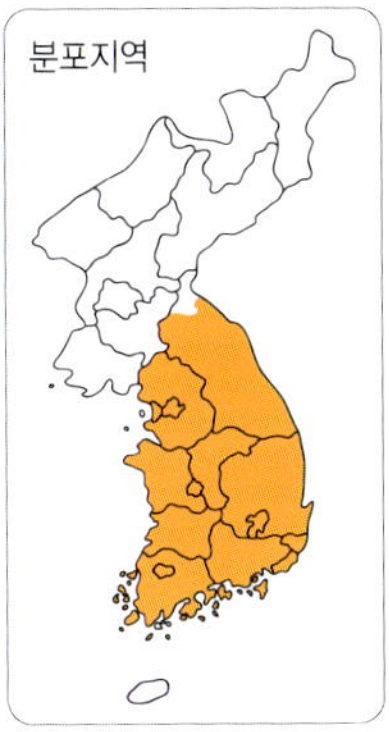

비비추는 마치 해바라기처럼 햇빛을 따라 꽃을 바꾼다. 이런 종류로는 닭의장풀, 미나리아재비 등이 있다. 잎이 옥잠화와 비슷한데, 잎만 보면 잘 구분하기 어렵지만 옥잠화는 약간 크면서도 하얀 꽃이 피고, 비비추는 그보다는 좀 작은 보라색 꽃이 핀다.

비비추는 우리나라 중부 이남의 산골짜기에 자라는 여러해살이풀로, 반그늘이나 햇볕이 잘 드는 약간 습한 지역에서 자라며, 키는 약 35㎝ 내외이다.

잎은 심장형 혹은 넓은 타원형으로 암자색의 미세한 점이 많이 있다. 잎은 진한 녹색을 띠며, 길이는 5~15㎝가량이다.

7~8월에 얇은 막질의 포에 싸여 종 모양의 연한 보라색 꽃이 줄기를 따라 핀다. 9~10월경에 긴 타원형 열매가 달리고 열매 안에는 얇은 막을 가진 검은 종자가 들어 있다. 종자의 가장자리에는 날개가 있다.

백합과에 속하며 지부, 자부라고도 한다. 관상용으로 쓰이며, 어린잎은 식용으로 쓰인다. 특히 다양한 원예품종이 개발되어 정원 식물로 인기가 높다. 우리나라와 일본, 중국에 분포한다.

비비추 압화 ▶

▲ 비비추_ 꽃봉오리

▲ 비비추_ 개화 직전

▲ 비비추_ 꽃(정면)

▲ 비비추_ 꽃(측면)

▲ 비비추_ 무리

▲ 비비추(흰색)_ 전초

직접 가꾸기

비비추는 가을이나 봄에 포기나누기를 해도 되며 9월에 검게 익는 종자는 검은 막을 손으로 비벼 약간 제거시킨 후 가을이나 이른 봄에 화분이나 화단에 뿌린다. 종자 파종 후 묘로 키운 것은 꽃이 피는 데 약 3~4년이 걸린다. 화분이나 화단에 심을 때는 공중습도는 높고 토양을 비옥하게 해준 다음 물 빠짐이 좋게 만들어야 한다. 햇볕이 많이 들어오는 곳에 심으면 잎 끝이 타는 현상이 발생한다.

물은 1~2일 간격으로 줘야 한다. 반그늘에서 자라는 식물이므로 베란다에 길러도 좋다.

- 흰비비추 : 흰색 꽃이 핀다.
- 흰일월비비추 : 잎은 넓은 달걀 모양이며 가장자리는 물결 모양이다. 태백산 금대봉에서 처음 발견해 대량 증식에 성공한 품종이다.
- 일월비비추 : 석회암지대에서 자라며, 키는 35~65㎝이다. 6~7월에 자줏빛 꽃이 핀다.
- 참비비추 : 냇가에서 자라며, 뿌리줄기는 육질로 흰색이다. 광릉과 속리산에 분포한다.
- 좀비비추 : 키가 10㎝로 아주 작으며, 제주도에 분포한다.
- 흰좀비비추 : 좀비비추 중 흰색 꽃이 피는 것이다.
- 주걱비비추 : 잎은 뿌리에서 무더기로 나와서 비스듬히 퍼진다. 밑으로 흘러서 잎자루의 날개처럼 되며 타원형이다.
- 비비추난초 : 잎이 비비추의 잎과 비슷하나 5~6월에 연한 노란빛을 띤 녹색 꽃이 핀다.

흰일월비비추

일월비비추

132

꽃이 나비 모양으로 피는

비수리

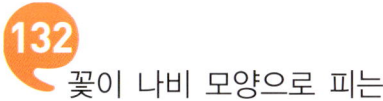

학명 | *Lespedeza cuneata* G.Don

비수리는 전국 각처의 산과 들에서 자라는 여러해살이풀 혹은 초본성 아관목으로, 햇볕이 잘 드는 곳이면 어디든지 잘 자라며, 키는 약 1m이다. 잎은 어긋나고 잎 표면에는 털이 없으며 뒷면에 잔털이 있다. 잎의 길이는 1~2㎝, 폭은 0.2~0.4㎝이다. 줄기는 가늘게 위로 올라가며 잔털이 많다.

흰색의 꽃이 잎보다 짧게 잎겨드랑이에 나비 모양으로 붙어 핀다. 꽃의 중앙부에는 자주색 줄무늬가 있다. 10월에 암갈색 열매가 달리고 안에는 황록색 바탕에 적색 반점이 있는 1개의 씨가 들어 있다.

콩과에 속하며 노우근, 호지자, 산채자라고도 한다. 뿌리를 포함한 전초를 약으로 이용하는데, 생약명으로는 '야관문(夜關門)' 이라고 한다. 야관문이란 야간에 문을 열어놓는다는 뜻이다. 옛날에 비수리를 복용하면 양기가 좋아져, 부인이 밤에 방문을 열어놓고 남편을 기다린다고 해서 붙여졌다.

최근에는 술로 많이 담가 먹는데, 꽃이 활짝 핀 상태에서 채취하여 잘게 자른 후 술을 넣고 6개월 이상 냉암소에 보관한 뒤에 마시면 된다. 식용으로 쓸 경우에는 차량 통행이 빈번한 곳이나 주변이 오염된 곳에서의 채취는 삼가는 것이 좋다.

이밖에도 비수리는 베어 말려서 빗자루로 사용하기도 하며, 집에서 기르는 짐승들의 먹이로도 유용하게 사용되어온 풀이다.

우리나라와 일본, 타이완, 인도, 오스트레일리아 등지에 분포한다.

◀ 비수리 압화

▲ 비수리_ 새순 올라오는 모습

▲ 비수리_ 꽃봉오리

직접 가꾸기

비수리는 10월에 달리는 종자를 종이에 싸서 냉장보관하여 이듬해 봄에 뿌린다. 토양에 부엽질이 많고 햇볕이 잘 드는 곳에 무리를 이루도록 심는 것이 요령이다. 물은 2~3일 간격으로 주면 된다.

가까운 식물들

- 넌출비수리 : 제주도와 전남의 바닷가에서 자란다. 비수리와 괭이싸리의 잡종으로 잎은 비수리의 잎보다 넓고 크다.
- 땅비싸리 : 키는 1m 정도로 비수리에 비해 전체에 비단털이 많고, 줄기는 곧게 서며 많은 가지를 친다. 흔히 파리채라고도 한다.
- 호비수리 : 키는 1m 내외로 줄이 있고 굵은 가지가 갈라져서 옆으로 비스듬히 선다.

땅비싸리

133

이름도 예쁘고 꽃도 예쁜

뻐꾹나리

학명 | *Tricyrtis macropoda* Miq.

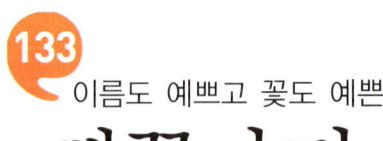

빼꾹나리는 나리의 한 종류인데 꽃이 유난히 예쁘고 이름도 특이하다. 우리나라 중부 이남의 산지 숲에서 자라는 여러해살이풀로, 너무 과도하지 않을 만큼의 습기가 있는 반그늘에서 자라며, 키는 50~80㎝이다. 한 포기에서 여러 대가 자라서 가냘프면서도 화려하게 꽃을 피운다.

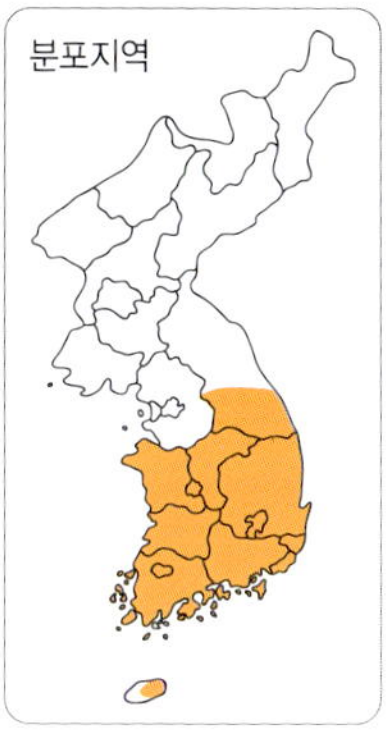

잎은 어긋나고 길이가 5~15㎝, 폭이 2~7㎝이다. 잎의 형태는 긴 타원형으로 끝이 뾰족한데, 잎 아랫부분은 원줄기를 감싸고 가장자리가 밋밋하며 굵은 털이 있다.

꽃은 7~8월에 피며, 흰색에 자주색 반점이 있다. 꽃은 줄기나 잎 사이에서 달리고 위에는 수술과 암술이 나와 있으며 아래를 향해 핀다. 꽃잎은 6갈래로 갈라져 있는데 자주색 반점들이 귀엽고도 개성 있게 가득히 박혀 있다. 그 사이에 다시 6개의 수술과 가운데에 불쑥 올라와 갈라진 암술의 모양이 특이하다. 열매는 10~11월경에 달리고, 삼각형 모양으로 뾰족하게 생긴 씨방에는 작은 종자가 많이 들어 있다.

백합과에 속하며 뻑꾹나리라고도 한다. 관상용으로 쓰이며, 어린잎과 줄기는 식용으로 쓰인다. 어린잎은 나물로 먹으므로 뻑꾹나물이라고도 한다. 관상용으로 사용할 때에는 실내보다 실외에서 키우는 것이 좋다. 실내에서 키우면 키가 너무 크기 때문에 꽃도 예쁘지 않고 가지가 많이 휘어지는 현상이 발생한다.

우리나라와 일본, 중국 등지에 분포하며 꽃말은 '고향생각', '영원히 당신의 것' 이다.

▲ 뻐꾹나리_ 새순 올라오는 모습

▲ 뻐꾹나리_ 잎 전개된 모습

▲ 뻐꾹나리_ 꽃(위에서 본 모습)

▲ 뻐꾹나리_ 꽃

ㅂ

▲ 뻐꾹나리_ 시드는 모습

▲ 뻐꾹나리_ 종자 결실

직접 가꾸기

빼꾹나리는 이른 봄에 포기나누기를 해도 되고 9월에 결실되는 종자를 바로 화분이나 화단에 뿌려도 좋다. 종자 발아율은 높기 때문에 한 개체에서도 많은 양을 얻을 수 있다.

햇볕을 많이 받으면 잎이 타고 꽃이 잘 피지 않기 때문에 반그늘에서 키워야 한다.

물은 2~3일 간격으로 주면 좋고, 잎이 완전히 마르는 가을이나 겨울에는 4~5일에 한 번씩 주면 된다.

가까운 식물들

- 뻐꾹채 : 뻑꾹채라고도 하며, 키는 30~70㎝이다. 어린잎은 나물로 먹을 수 있다. 전체에 흰 털이 덮여 있다.

뻐꾹채

134

한라산에 자생하는 예쁜 야생화

사국이질풀

학명 | *Geranium shikokianum* Matsum.

ㅅ

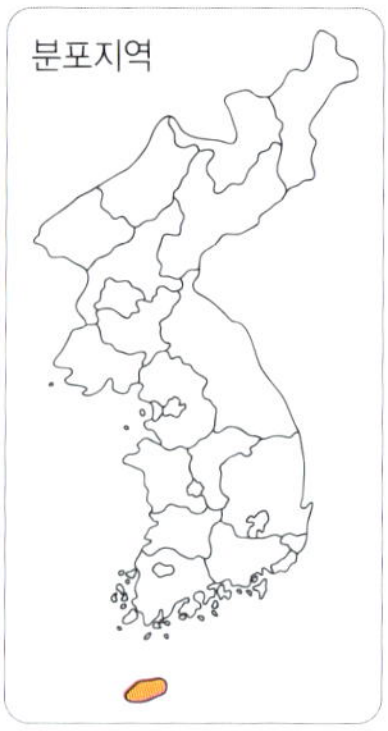

사국이질풀은

이질풀의 한 종류인데, 이질풀은 설사가 났을 때 치료제로 쓴다고 해서 붙여진 이름이다. 이름만 보면 꽃이 그다지 예쁘지 않을 것 같지만 사국이질풀 꽃은 상당히 예쁘다. 붉은빛이 도는 연한 자주색인데, 꽃 앞부분이 모두 둥글게 나누어져 있고 꽃잎은 갈라져 있지 않은 모습이어서 다른 품종과 구분할 수 있다.

'노관초' 라고도 하는 이질풀은 산과 들에 자라며, 키는 약 50㎝이다. 6~8월에 연한 붉은색 또는 붉은 자주색, 흰색 꽃이 핀다. 이질풀들은 잎이나 줄기가 비슷하므로 꽃을 보고 종류를 판단해야 하는 경우가 많다.

사국이질풀은 제주도 한라산 고지에서 자라는 여러해살이풀로, 토양 부엽질이 풍부하고 공중습도가 높은 반그늘에서 자라며, 키는 30~50㎝이다. 잎은 마주나며 손바닥을 편 모양으로 3~5개로 깊게 갈라지고 거친 털이 있다. 7~9월에 적자색 꽃이 피는데, 크기는 지름 2㎝ 정도이고, 꽃줄기 끝에 작은 꽃줄기가 있는 꽃이 2개씩 달린다. 열매는 10~11월에 달리고 종자 껍질이 위로 올라가며 안에 종자가 들어 있다.

쥐손이풀과에 속한다. 관상용으로 쓰이며, 전초는 약용으로 쓰인다. 간혹 지리산 정상부에서도 발견되는데, 이는 제주도에서 이동해 온 것으로 여겨진다. 그러나 이동해 와서 자라고 있는 것은 번식이 잘 이루어지지 않고 있으며, 자생지 이외에서는 재배가 쉽지 않다는 것을 알 수 있다.

▲ 사국이질풀_ 꽃

▲ 사국이질풀_ 꽃과 잎

ㅅ

직접 가꾸기

사국이질풀은 늦가을이나 이른 봄에 포기나누기를 하거나 10~11월에 익은 종자를 바로 화분에 뿌린다. 종이에 싸서 냉장보관하여 봄에 화단에 뿌려도 된다. 종자 발아율은 다른 이질풀 종류와 비슷할 것으로 생각된다. 하지만 고산지대에 자라는 식물이므로 재배하기는 아주 힘들다.

가까운 식물들

- 이질풀 : 산과 들에 자라며, 키는 50㎝ 가량이다. 꽃은 6~8월에 붉은색 또는 붉은 자주색, 흰색으로 핀다.
- 선이질풀 : 밑부분이 옆으로 자라다가 곧게 서며 잎자루와 더불어 밑을 향한 누운털이 있다. 산야에 자라며, 키는 60~80㎝이다.
- 둥근이질풀 : 잎은 3~5개로 약간 깊게 갈라지고, 갈라진 조각은 끝이 뾰족하며 큰 톱니가 있다. 이 모양이 둥그스름하며, 연분홍색 꽃이 핀다.
- 흰둥근이질풀 : 전체적인 모양은 둥근이질풀과 같지만 꽃이 흰색이다.
- 참이질풀 : 꽃은 옅은 홍색이다. 인천과 평양의 산야에 자라는 한국 특산종으로 둥근이질풀에 비해 전체에 털이 많다.

이질풀

둥근이질풀

135

밤이 침대 삼아 잠자는

사상자

이명 | 뱀도랏, 진들개미나리

학명 | *Torilis japonica* (Houtt.) DC.

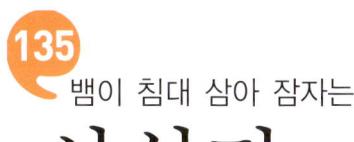

ㅅ

사상자(蛇床子)라는 말은 '뱀의 침대'라는 뜻이다. 살모사가 이 풀 아래에 눕기를 좋아하고 그 씨앗을 먹는다고 하여 사상자라고 했다. 우리나라 각처의 들에서 나는 두해살이풀로, 햇볕이 잘 들고 물 빠짐이 좋으며 부엽질이 풍부한 곳에서 자라며, 키는 30~70cm이다.

잎은 길이가 5~10cm이고 끝은 뾰족하다. 잎자루의 밑부분은 넓어져 원줄기를 감싸 안으며 어긋난다. 3장의 작은잎이 나온 잎이 2회 깃꼴로 갈라지는 것이 특징이다. 줄기는 윗부분에서 곁가지를 내고, 가는 홈이 있는 줄이 있다.

6~8월에 줄기 끝이나 가지 끝 윗부분에서 흰색 꽃이 피며 꽃잎은 5장이다. 작은 꽃가지는 5~9개 정도이고 6~20개의 작은 꽃들이 달리며, 꽃의 길이는 1~3cm이다.

9~10월경에 길이 약 0.3cm 정도의 열매가 달리는데, 짧은 가시 같은 털이 있어서 다른 물체에 잘 붙는다. 이것은 이 식물이 씨앗을 퍼뜨리기 위한 방법이다. 산형과에 속하며 뱀도랏, 진들개미나리라고도 한다.

관상용으로 쓰이고, 어린순은 식용, 열매는 약재로 사용된다. 약재로 사용할 때에도 사상자라고 한다. 술이나 차로 먹기도 한다.

일본, 타이완, 중국, 우수리 강, 아프리카, 유럽 등지에 널리 분포한다.

▲ 사상자_ 잎

▲ 사상자_ 종자 결실

▲ 사상자_ 무리

직접 가꾸기

사상자는 10월에 받은 종자를 바로 뿌리거나 종이에 싸서 냉장고에 보관했다가 이듬해 봄에 뿌린다. 종자를 받아 바로 뿌린 개체는 대부분 그해에 꽃이 피지만 이른 봄에 뿌린 것은 그해에 꽃이 피지 않을 수도 있다. 화단에 심을 때는 부엽질이 많은 토양에 심는 것이 좋다. 키가 큰 식물이어서 화분에 기르기에는 어울리지 않는다.

가까운 식물들

- 개사상자 : 사상자와 비슷하나 줄기가 자줏빛을 띠고 열매에 가시 같은 돌기가 있는 것이 다르다. 들에 자라며 키는 60㎝가량이다.
- 갯사상자 : 키는 10~30㎝로 작다. 바닷가에 자라며, 8월에 흰색 꽃이 핀다.
- 긴사상자 : 산지의 나무 그늘에서 자라고, 전체에 털이 나며 키는 40~60㎝이다. 뿌리 잎에 긴 자루가 있어서 '긴사상자'라고 한다.

개사상자

- 벌사상자 : 줄기는 곧게 서고 전체에 털이 없으며 가지가 많이 갈라진다. 산지에 자라며 키는 1m이다.

136 사철 푸른 야생란

사철란

이명 | 알록난초

학명 | *Goodyera schlechtendaliana* Rchb. f.

ㅅ

사철란은 관상용으로 인기가 높은 난초이다. 흰 바탕에 붉은 빛이 도는 꽃은 신비감까지 준다. 알록달록한 느낌이 있으므로 알록난초라고도 한다. 사철란과 비슷한 종으로는 붉은사철란과 털사철란, 섬사철란 등이 있다. 사철란들은 키가 매우 작은데, 본종인 사철란이 그나마 키가 큰 편이다.

키는 12~25㎝이다. 잎은 길이가 2~4㎝, 폭은 1~2.5㎝이며 좁은 달걀형으로 어긋난다. 잎 한가운데 있는 가장 굵은 잎맥과 그물처럼 얽혀 있는 잎맥에 백색 무늬가 있는 것이 특징이다. 줄기의 경우 위쪽의 줄기는 비스듬히 위를 향하여 자라고, 밑부분은 지상으로 긴다. 아래의 줄기 마디에는 뿌리가 내리며, 뿌리줄기가 있고 마디마다 2~3개가 내린다.

8~9월에 하나의 긴 꽃대 둘레에 여러 개의 꽃이 이삭 모양으로 7~15개 정도 핀다. 꽃은 한쪽으로 치우쳐 핀다. 꽃받침 잎은 길이가 0.8~1㎝이며, 입술꽃부리는 꽃받침과 길이가 비슷하고 밑부분은 약간 부풀며 안쪽에 털이 있다. 9~10월경에 길이 약 1㎝ 정도의 열매가 달린다.

난초과에 속하는 상록 여러해살이풀로, 제주도와 울릉도 및 전라남도 도서지방에서 분포한다. 관엽, 관화식물로 주변습도가 높고 반그늘이 지며 부엽질이 풍부한 곳에서 자란다.

이 품종은 지금까지 도서 해안을 중심으로 자라는 것으로 보고되었지만 최근에는 지리산 일원에서도 대규모 군락지가 발견되고 있다.

관상용으로 심을 경우 소나무나 낙엽수가 있는 나무 그늘 아래 심는 것이 좋다. 주변습도는 높고 물 빠짐이 좋은 곳에서 자라므로 토양 20~30㎝ 아래에는 돌을 넣고 위에 유기질이 풍부한 퇴비를 준다. 화분에 심을 때는 화분 아래 돌을 많이 넣어 물 빠짐이 좋게 만든 후 심는데, 이때는 줄기가 조금만 들어가게 심어야 한다. 줄기가 땅속으로 너무 많이 들어가면 썩기 때문이다.

▲ 사철란_ 꽃대 출현

▲ 사철란_ 꽃대 올라오는 모습

ㅅ

▲ 사철란_ 꽃봉오리

▲ 사철란_ 꽃(측면)

▲ 사철란_ 꽃(정면)

▲ 사철란_ 무리

직접 가꾸기

사철란은 10월경에 종자를 받아, 상토에 이끼나 수태를 올려놓고 그 위에 종자를 뿌린 후 분무기를 이용하여 물을 준다. 이른 봄에도 동일한 방법으로 하며 파종상에 종자를 뿌린 다음에는 신문이나 비닐로 덮고 15일 정도 지난 후 제거한다. 이른 봄이나 가을에 줄기를 분리하여 심어도 좋다.

가까운 식물들

- 붉은사철란 : 사철란에 비해 키가 4~8㎝로 아주 작다.
- 털사철란 : 꽃은 연한 갈색으로 핀다. 입술꽃잎 부분에 털이 난다. 한라산에 분포하며 키는 10~20㎝이다.
- 섬사철란 : 사철란에 비해 잎에 무늬가 없으며 꽃은 붉은빛을 띠지 않는다. 제주도와 울릉도에 분포하며, 키는 5~10㎝이다.

붉은사철란

털사철란

섬사철란

137

다리가 꿩의 다리처럼 긴

산꿩의다리

이명 | 개산꿩의다리, 개삼지구엽초, 산가락풀

학명 | *Thalictrum filamentosum* var. *tenerum* (Huth) Ohwi

산꿩의다리는

꿩의다리의 한 종류인데, 줄기가 마치 꿩의 다리처럼 생겨서 붙여진 이름이다. 꿩의다리 종류들은 대부분 우리나라 특산종으로, 꽃도 예쁘고 귀해서 인기가 많다.

산꿩의다리는 우리나라 각처의 산지에서 자라는 여러해살이풀로, 반그늘이나 햇볕이 잘 드는 풀숲에서 자라며, 키는 약 50㎝가량이다. 뿌리줄기가 짧고 양 끝이 뾰족한 원기둥 모양으로 굵어진 뿌리가 사방으로 퍼지며, 줄기는 곧게 선다.

잎은 밑에서 1개씩 나오며 잎자루가 긴 편인데, 잎 모양은 달걀 모양으로 생겼으며 9장의 작은 잎으로 되어 있다. 잎 뒷면은 분백색이고 가장자리에 이빨 모양의 거칠고 둔한 톱니가 있다.

꽃은 6~7월에 원줄기 윗부분에 펼쳐지듯 피는데, 꽃잎이 없으며 흰색이다. 꽃받침은 4~5개로 작으며 꽃이 피기 바로 전에 떨어진다. 수술은 많고 고리 모양으로 늘어서며 수술대는 윗부분이 넓고 흰색이다.

9~10월경에 아주 작은 열매를 맺는다. 미나리아재비과에 속하며 개산꿩의다리, 개삼지구엽초, 산가락풀이라고도 한다.

관상용으로 쓰이며, 뿌리는 약용으로 쓰인다. 우리나라와 일본, 중국 북부, 헤이룽 강에 분포한다.

산꿩의다리 압화 ▶

▲ 산꿩의다리_ 꽃봉오리

▲ 산꿩의다리_ 꽃

▲ 산꿩의다리_ 꽃(측면)

▲ 산꿩의다리_ 종자 결실

▲ 산꿩의다리_ 무리

직접 가꾸기

산꿩의다리는 이른 봄에 포기나누기를 하거나 10월에 결실되는 종자를 보관한 후 이른 봄에 화분에 뿌린다. 종자가 작기 때문에 상토를 약하게 덮어줘야 한다. 그러나 종자 발아율이 높지는 않다.

화단이나 정원의 낙엽수가 많은 곳에 심어 관리하는 것이 좋다. 이유는 이른 봄에는 햇빛을 많이 받고 꽃이 필 무렵이면 반그늘이 지기 때문이다. 물빠짐이 좋은 곳을 골라 심는 것도 요령이다.

가까운 식물들

- 큰잎산꿩의다리 : 작은잎은 둥글거나 달걀 모양이고 길이와 폭이 약 7㎝로 큰 편이다. 키는 40~60㎝이며, 한국 특산종이다.
- 금꿩의다리 : 산지에서 자라며, 키는 70~100㎝이다. 전체에 털이 없고 줄기는 곧게 서며 7~8월에 담자색 꽃이 핀다.
- 은꿩의다리 : 꽃은 양성화로서 7~8월에 붉은빛을 띤 흰색으로 핀다. 산지에 자라며, 키는 30~60㎝이고, 한국 특산종이다.
- 참꿩의다리 : 8월에 붉은빛이 도는 흰색 꽃이 핀다. 은꿩의다리에 비하여 암술대와 암술머리가 약간 짧다.
- 꿩의다리 : 7~8월에 흰색 또는 보라색 꽃이 피며 지름은 1.5㎝ 정도이다.
- 연잎꿩의다리 : 꽃은 백색에 엷은 자주색을 띠며, 6월에 핀다. 잎이 연잎을 닮았다.

연잎꿩의다리

자주꿩의다리

- 꼭지연잎꿩의다리 : 수과의 자루가 길고, 뿌리가 모두 갈색의 수염뿌리로 되어 있다.
- 그늘꿩의다리 : 전체에 털이 없으며 키는 20~50㎝이다. 북한의 관모봉에 분포한다. 꽃은 흰색이다.
- 자주꿩의다리 : 꽃은 6~7월에 피며 흰빛이 도는 자주색이다.
- 꿩의다리아재비 : 꽃이 녹황색이다.
- 돈잎꿩의다리 : 연잎꿩의다리에 비해 줄기는 가늘며 짧고, 잎은 작다.
- 긴잎꿩의다리 : 옆으로 벋으면서 번식하는 땅속줄기가 있다. 잎은 3개씩 어긋나고 2~3번 깃 모양으로 갈라진다.
- 꽃꿩의다리 : 5~7월에 흰색의 잔꽃이 줄기 끝에 원추꽃차례로 달린다. 부산과 여수에 서식한다.
- 발톱꿩의다리 : 열매 끝에 암술머리가 남아 있는 모양이 새 발톱같다.

138

한국 특산 솜방망이

산솜방망이

이명 | 두메솜방망이, 산솜방맹이

학명 | *Tephroseris flammea* (Turcz. ex DC.) Holub

산솜방망이는 산에 사는 솜방망이라는 뜻인데, 솜방망이라는 이름은 전체적으로 방망이처럼 줄기가 길고, 풀 전체에 솜털이 보송보송 나 있어서 붙여졌다. 솜방망이와 다른 점은 뿌리에서 나온 잎이 꽃이 필 때 없어지고 줄기에서 나온 잎이 자라는 것이다.

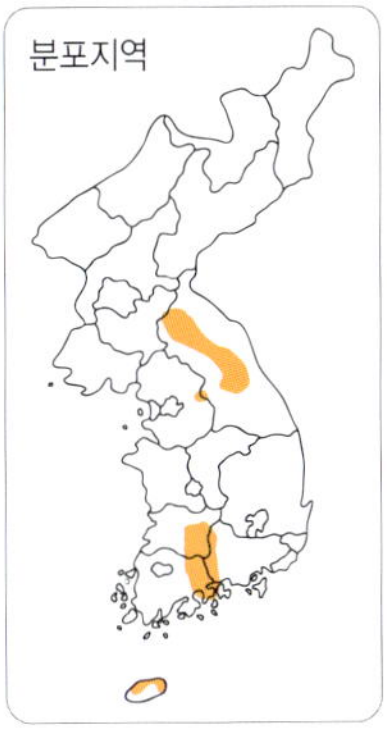

제주도 한라산, 지리산, 강원도의 깊은 산에서 자라는 여러해살이풀로, 반그늘의 물 빠짐이 좋고 토양이 비옥한 곳에서 자란다. 특히 높은 산 양지바른 곳에서 잘 자라며, 키는 15~40㎝이다.

줄기는 곧게 서고 능선이 있으며 잔털과 거미줄 같은 털이 빽빽이 나 있다.

잎은 긴 타원형으로 길이가 8~9㎝, 폭이 약 2.5㎝이며 불규칙한 톱니가 있다. 또한 잎자루가 긴 편이다.

8월에 적황색 꽃이 원줄기 끝에 2~7개 달려 피며, 지름은 약 3㎝이다. 수술과 암술은 윗부분에 돌출되어 있고 꽃잎은 아래로 처져 마치 시든 것 같아 보인다.

10월경에 길이 약 0.5㎝ 정도의 흰 갓털이 달린 열매를 맺는다. 종자는 긴 타원형으로 길이는 약 0.3㎝이다.

국화과에 속하며 두메솜방망이, 산솜방맹이라고도 한다. 한국 특산식물로, 멸종위기 보호종이므로 자생지에서 가져올 수 없고 판매는 물론 일반 가정에서의 재배도 금지되어 있다. 하지만 원예품종은 많이 개발되어 있다.

우리나라의 제주도와 강원도, 일본, 우수리 강과 헤이룽 강, 몽골, 동시베리아에 분포한다.

▲ 산솜방망이_ 잎

▲ 산솜방망이_ 줄기

▲ 산솜방망이_ 꽃봉오리

▲ 산솜방망이_ 개화 직전

▲ 산솜방망이_ 꽃

▲ 산솜방망이_ 종자 결실

직접 가꾸기

산솜방망이는 10월에 받은 종자를 바로 뿌리거나 종이에 싸서 냉장고에 보관하여 이듬해 봄에 뿌린다. 종자는 2월경에 뿌리는 것이 좋은데, 새순이 올라오는 시기가 고온이면 잎이 고사하기 때문이다. 고산식물이기 때문에 재배하기 어렵다.

가까운 식물들

- 솜방망이 : 키는 20~65㎝ 정도 된다. 뿌리에서 나온 잎은 꽃이 필 때도 남아 있다.
- 가는솜방망이 : 솜방망이에 비해 잎이 좁고 길다. 키는 15~30㎝이며, 전라남북도에 분포한다.
- 물솜방망이 : 고산지대의 습지에 자라며 키는 55~65㎝이다.
- 민솜방망이 : 산지의 양지바른 풀밭에 자라며 키는 30~60㎝이다.

솜방망이

물솜방망이

139 맛난 산나물

산씀바귀

이명 | 산꼬들빽이, 산왕고들빼기
학명 | *Lactuca raddeana* Maxim.

ㅅ

산씀바귀는 우리나라 각처의 산과 들에서 자라는 1~2년생 풀로, 흔히 산고들빼기라고도 한다. 고들빼기나 씀바귀나 아주 중요한 나물인데, 특히 고들빼기는 나물로 무쳐 먹기도 하지만 김치로도 담가 먹는다.

산씀바귀는 햇볕을 많이 받는 곳이나 반그늘에서 자라며 토양이 비옥하거나 반대로 척박해도 자란다. 주로 숲 가장자리와 냇가 근처에서 잘 자라며, 키는 65~150cm이다. 뿌리는 양 끝이 뾰족한 원기둥 모양이다.

달걀 모양의 삼각형 잎은 어긋나고 길이는 8~11cm이다. 표면은 붉은빛이 도는 녹색으로, 무의 잎처럼 갈라지며 털이 약간 있다. 잎의 뒷면은 회청색이며 끝은 뾰족하고 톱니가 있고, 가장자리에도 톱니가 나 있다.

8~10월에 원줄기 끝에 노란색 꽃이 달린다.

열매는 9~10월경에 익는데, 길이가 약 0.6cm 정도이다. 열매에는 흰색 또는 황갈색 관모가 있으며 납작하게 달린다.

국화과에 속하며 산꼬들빽이, 산왕고들빼기라고도 한다. 뿌리와 잎은 식용으로 쓰인다.

일본, 중국 북동부, 인도차이나 등지에 분포한다.

◀ 산씀바귀 압화

▲ 산씀바귀_ 잎과 줄기

ㅅ

▲ 산씀바귀_ 꽃봉오리

▲ 산씀바귀_ 꽃

직접 가꾸기

산씀바귀는 10월경에 받은 종자를 상온이나 냉장고에 보관하여 이듬해 봄에 뿌린다. 종자 발아율은 높은 편이며 올라오는 새순이 연하기 때문에 옮길 때 주의를 기울여야 한다.

물이 잘 빠지는 경사지의 햇볕이 잘 드는 곳에 심는다. 개화기간이 긴 식물이어서 눈에 잘 보이는 곳에 심고, 물은 2~3일 간격으로 주면 된다. 봄에 나오는 씀바귀, 고들빼기와 같이 섞어 심어도 좋다.

가까운 식물들

- 고들빼기 : 줄기는 곧고 가지를 많이 치며 붉은 자줏빛을 띤다. 여름에 노란 꽃이 피며, 키는 80㎝이다.
- 씀바귀 : 쓴맛이 난다고 해서 씀바귀라고 한다. 우리나라의 대표적인 나물로 키는 25~50㎝이다. 5~7월에 노란색 꽃이 핀다.
- 왕고들빼기 : 줄기잎은 어긋나고 타원상 피침형으로 앞면은 녹색이며 뒷면은 분백색이고 깃처럼 갈라진다. 키는 1~2m이다.
- 가는잎왕고들빼기 : 잎이 갈라지지 않고 바소꼴로 되어 있다.
- 지리고들빼기 : 지리산의 깊은 숲 언저리나 길가에서 자라며, 키는 약 40㎝이다. 우리나라 특산종이다.
- 이고들빼기 : 산과 들의 건조한 곳에서 자라며, 키는 30~70㎝이다. 뿌리에 달린 잎은 주걱 모양이며 꽃이 필 때 스러진다.
- 강화이고들빼기 : 이고들빼기와 비슷하나 잎이 깃처럼 갈라진다.
- 갯고들빼기 : 거제도와 거문도의 바닷가 바위틈에 자라며, 원줄기는 목질화되었고 짧으며 위 끝에서 잎이 나온다.
- 까치고들빼기 : 깊은 산의 숲 가장자리에 자라며, 키는 30~70㎝이다. 줄기 밑부분에서 가지를 치고 매우 연하다. 잎은 깃꼴로 갈라진다.
- 두메고들빼기 : 깊은 산에 자라며, 키는 1m 정도이다. 잎은 어긋나고 심장형이거나 삼각형으로 고르지 못한 톱니가 있으며 끝은 뾰족하다.

지리고들빼기

이고들빼기

ㅅ

140

꽃이 아래로 내려오면서 다닥다닥 피는

산오이풀

학명 | *Sanguisorba hakusanensis* Makino

산오이풀은 대개 오이풀보다는 좀 작은 편이다. 오이풀이란 이 식물의 잎에서 오이 향이 폴폴 나기 때문에 붙여진 이름이다. 그러나 수박 향이 난다고 해서 수박풀이라고 부르기도 하고, 참외 향이 난다고 하여 외풀이라고도 한다.

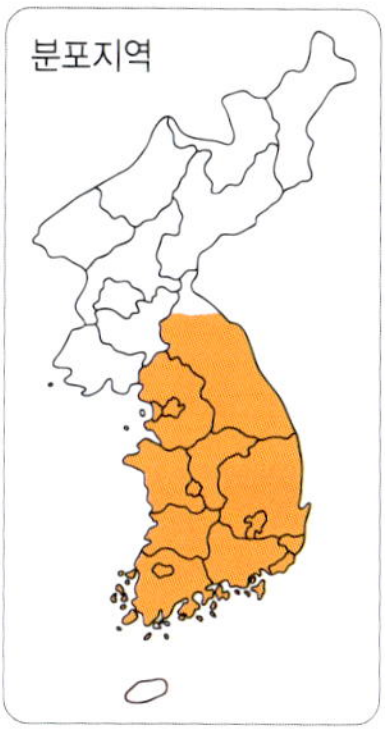

우리나라 중부 이남의 고산 중턱 이상에서 자라는 여러해살이풀로, 산 정상이나 중턱부의 햇볕이 잘 드는 곳에서 자라며, 키는 50~70㎝이다.

뿌리는 산짐승들이 좋아하기 때문에 자생지에서는 뿌리가 파헤쳐져 있는 것을 많이 볼 수 있다. 잎은 어긋나고 깃꼴겹잎이며 작은잎이 5~11장 정도 있다. 작은잎은 줄 모양의 긴 타원형이고 양 끝이 둥글며 뒷면이 흰색이다. 잎 가장자리에는 이빨 모양의 톱니가 있다.

8~9월에 홍자색 꽃이 가지 끝에 달리며, 크기는 길이 4~10㎝, 지름이 1㎝이고, 긴 원주형의 형태를 하고 밑으로 처져 있다. 위에서부터 꽃이 다닥다닥 달려 피며 아래로 내려온다. 열매는 10월경에 익으며 네모진 형태를 하고 있다.

장미과에 속한다. 관상용으로 쓰이며 어린순은 식용하고, 뿌리는 약용으로 쓰인다. 주로 우리나라 중부 이북 지방과 만주에 분포한다.

▲ 산오이풀_ 잎 올라오는 모습

▲ 산오이풀_ 개화 전

▲ 산오이풀_ 꽃

▲ 산오이풀_ 종자 결실

직접 가꾸기

산오이풀은 이른 봄에 옆으로 나온 새싹을 보고 뿌리를 나눠 번식시킨다. 종자는 보관했다가 2월경 화분에 뿌리면 된다. 종자 발아율이 상당히 높기 때문에 많은 개체를 얻을 수 있다. 반그늘이 지는 화단의 돌 틈에 심거나 물 빠짐이 좋고 토양에 모래가 많이 섞여 있는 곳에 심는다. 물은 2~3일 간격으로 주면 된다.

가까운 식물들

- 오이풀 : 잎은 어긋나고 깃꼴겹잎이며 뿌리잎은 작은잎이 7~11개이고 잎자루와 작은잎자루가 있다.
- 자주가는오이풀 : 꽃의 빛깔이 짙은 붉은색이다.
- 구슬오이풀 : 오이풀에 비해 꽃이삭이 약간 둥글어서 구슬오이풀이라고 한다. 함경남도 부전고원에 분포한다.
- 두메오이풀 : 산오이풀에 비해 키가 다소 작고 작은잎은 짧으며 꽃이삭이 위부터 피고 수술이 많다.
- 구름오이풀 : 구름이 쉬어 가는 높은 산 중턱에서 자란다. 8월에 흰색 꽃이 수상꽃차례로 핀다. 함경도에 분포한다.
- 긴오이풀 : 오이풀에 비해 꽃이삭이 길고 잎이 다소 좁다.
- 가는오이풀 : 키는 1m, 여름에 흰색 꽃이 핀다.

ㅅ

오이풀

가는오이풀

141

산에 나는 덩굴성 초본

산외

이명 | 노랑하늘타리

학명 | *Schizopepon bryoniaefolius* Maxim.

키는 1~2m이다. 잎은 길이와 폭이 각각 5~12㎝로 심장형이다. 잎자루가 길고 어긋나며, 표면에는 털이 군데군데 나고, 5~7개 정도로 갈라지고 뾰족한 톱니가 있다. 줄기는 가늘고 덩굴손이 2개로 갈라져 다른 물체를 감으면서 길게 벋으며 잎과 마주난다.

8~9월에 약간 누른빛이 도는 흰색의 꽃이 달린다. 암꽃과 수꽃이 같이 있거나 암꽃은 없고 수꽃만 있는 것이 있다. 꽃부리는 약 0.5㎝로 5개로 갈라진다. 수꽃은 긴 꽃대에 여러 개의 꽃이 어긋나게 붙어서 밑에서부터 피기 시작하여 끝까지 핀다. 암술과 수술이 함께 들어 있는 꽃은 잎겨드랑이에 1개씩 달린다.
10월경에 길이 약 1㎝의 찌그러진 달걀형 열매가 3갈래로 갈라지며 달린다. 박과에 속하는 한해살이 덩굴성 초본이다. 강원도, 경기도, 제주도의 깊은 산에 분포한다. 일본과 사할린, 동시베리아에도 분포한다.
꽃이 피는 곳은 햇볕을 많이 받고, 원줄기는 반그늘 상태의 경사진 곳에서 자라는 것이 큰 특징이다. 관상용으로 쓰이며, 울타리용으로도 쓰인다.

▲ 산외_ 잎

▲ 산외_ 꽃

▲ 산외_ 감고 올라가는 모습

▲ 산외_ 종자 결실

▲ 산외_ 무리

직접 가꾸기

산외는 10월경에 받은 종자를 종이에 싸서 이듬해 봄에 일찍 뿌린다. 종자가 많이 있어 필요한 만큼만 받아 뿌린다. 발아율은 좋은 편이다.
덩굴성 식물이므로 나무나 감고 올라갈 수 있는 것을 심거나 설치해준다. 아래 줄기는 약하지만 위에 달리는 꽃들과 덩굴이 많아 튼튼한 지주를 선택해야 한다. 화분에 심으면 큰 지주를 선택한 후 바람이 잘 통하는 곳에 두고 관리한다. 물은 2~3일 간격으로 준다.

가까운 식물들

- 하늘타리 : 잎은 단풍잎처럼 5~7개로 갈라지고 표면에 짧은 털이 있으며 어긋난다.

하늘타리

142

이름은 못마땅해도 새색시처럼 고운 꽃

산이질풀

이명 | 둥근이질풀

학명 | *Geranium nepalense* Sweet

ㅅ

이질풀은 꽃에 비해 이름이 뒤처지는 느낌이다. 연한 홍색, 홍자색 또는 백색 꽃을 보면 설사를 일으키는 병인 이질과는 영 딴판으로 아름답다. 이질이라는 이름은 이 풀을 달여 마시면 설사가 낫는다고 해서 붙은 이름인데, 일본에서는 이를 5대 민간 영약으로 여긴다.

이질풀에는 종류가 상당히 많은데, 대부분 꽃이 예쁜 편이다. 산이질풀 역시 연한 홍색으로 꽃이 꽤나 아름답다.

키는 60~70㎝이며 줄기는 털이 없고 네모졌다.

뿌리에서 생긴 잎은 자루가 길고 5개로 얕게 갈라진다. 줄기잎은 보통 3개로 갈라지거나 3~5개로 갈라지며 마주난다. 찢어진 잎에는 큰 톱니가 있고, 양면에 흰색 털이 있다.

6~7월에 연한 홍색 꽃이 달린다. 꽃은 줄기를 따라 꽃줄기가 2개로 갈라져 끝에 한 송이씩 피며, 꽃잎은 5개이다. 열매는 9~10월경에 5개로 갈라지며 달린다.

쥐손이풀과에 속하는 여러해살이풀로, 우리나라 전역의 깊은 산에서 자라며 일본과 중국 등지에도 분포한다. 햇볕이 잘 들어오고 토양의 부엽질이 풍부하며 습도가 높은 곳에서 자란다. 전초를 약으로 쓴다.

▲ 산이질풀_ 잎

▲ 산이질풀_ 꽃봉오리

▲ 산이질풀_ 꽃

▲ 산이질풀_ 꽃(변형된 모습)

▲ 산이질풀_ 꽃(흰색)

▲ 산이질풀_ 무리

직접 가꾸기

산이질풀은 이른 봄에 포기나누기를 하고, 10월경 받은 종자는 바로 화분이나 화단에 뿌리거나 이듬해 봄에 뿌린다. 늦가을이나 이른 봄에는 뿌리를 나누어 번식시키는 것도 좋다. 종자 발아율은 매우 높다.

화분에 심어 관리하면 좋다. 지름 약 20~30㎝ 되는 화분에 5~6개를 넣으면 여름철에는 잎이 꽉 찬 느낌이 들 만큼 자라고 꽃도 많이 핀다. 밖에서 키울 때는 어느 곳이든 좋고, 주변에 나는 다른 풀들을 제거해줘야 한다. 물은 실내에서는 2~3일 간격으로 주고, 밖에서는 3~4일 간격으로 준다.

가까운 식물들

- 선이질풀 : 산과 들에 자라며, 키는 50㎝가량이다. 6~8월에 홍자색 꽃이 핀다.
- 사국이질풀 : 꽃 앞부분이 모두 둥글게 나누어져 있고 꽃잎은 갈라져 있지 않다. 한라산에 분포하며 키는 50㎝이다.
- 흰둥근이질풀 : 전체적인 모양은 둥근이질풀과 같지만 꽃이 흰색이다.
- 참이질풀 : 꽃은 엷은 홍색이다. 인천과 평양의 산야에 자라는 한국 특산종으로, 둥근이질풀에 비해 전체에 털이 많다.
- 쥐손이풀 : 꽃의 모양이 이질풀과 비슷하다. 줄기는 비스듬히 또는 옆으로 뻗고 가지가 갈라지며 잎자루와 함께 밑을 향한 털이 있다.

사국이질풀

흰둥근이질풀

쥐손이풀

143

산에 피는 제비난초

산제비란

이명 | 산제비난초, 짧은산제비난, 산제비난

학명 | *Platanthera mandarinorum* var. *brachycentron* (Franch. & Sav.) Koidz. ex Ohwi

산제비란은 우리나라 각처의 산지에서 나는 괴근성 여러해살이풀이다. 제비란이라는 이름은 꽃이 피었을 때 아래로 향하는 '거'라는 꿀주머니가 마치 제비의 꼬리처럼 처져 있어서 붙여진 것이다. 제비란은 7~8월에 흰색 꽃이 피는데, 여러 송이가 잔뜩 달린다. 산제비란 역시 열댓 개의 작은 꽃이 연한 녹색 줄기 끝에 달린다. 높은 산지에 사는 식물이며 습도도 높아야 하므로 보통 난보다 키우기가 어렵다.

산제비란은 물 빠짐이 좋고 햇볕이 잘 드는 곳에 자라며, 키는 20~40㎝이다. 잎은 길이가 6~12㎝, 폭이 1~2.5㎝의 긴 타원형으로 보통은 2개이지만 드물게 1~3개가 어긋나기도 한다.

꽃은 5~8월에 연한 녹색으로 줄기 끝에 10개 내외가 달리고, 중앙 꽃받침잎은 넓은 달걀 모양으로 길이는 약 0.5㎝이다. 또한 측면 꽃받침 조각은 긴 타원형으로 젖혀지는데, 길이는 약 0.7㎝로 3개의 맥이 있다. 꽃잎은 사란형이며 중앙부의 꽃받침잎과 길이가 비슷한데, 아래로 향하는 것은 2~3㎝이며 끝이 둔하고 뒤로 굽어 있다.

난초과에 속하며 산제비난초, 짧은산제비난, 산제비난이라고도 한다. 관상용으로 쓰인다. 산 정상 풀숲에서 자라는 품종이어서 바람이 잘 통하는 곳에 심는 것이 좋다. 꽃이 워낙 독특해 아이들 교육용으로도 훌륭한 품종이다.

산제비란 압화 ▶

▲ 산제비란_ 잎

▲ 산제비란_ 줄기

▲ 산제비란_ 꽃봉오리

산제비란_ 꽃 ▶

직접 가꾸기

산제비란은 일반인들이 종자로 번식시키는 것은 어려우며 가을이나 이른 봄에 뿌리에서 생기는 작은 괴근을 분리하여 번식시킬 수 있다. 바람이 잘 통하는 곳에 심어야 한다.

화분보다는 화단에 심는 것이 좋다. 다른 식물과 경합에서 불리하고 물 관리도 쉽지 않으므로 화단에 심을 땐 다른 식물이 별로 없는 곳에 심는 것이 낫다.

가까운 식물들

- 제비란 : 7~8월에 흰색 꽃이 피는데, 여러 송이가 잔뜩 달린다.
- 너도제비란 : 여름에 자줏빛이나 흰색 꽃이 핀다.
- 주름제비란 : 잎은 긴 타원형이고 세로로 주름이 있다. 꽃은 연한 홍색이며, 울릉도에만 자생하는 난초이다.
- 흰꽃주름제비란 : 흰색 꽃이 피며, 역시 울릉도에만 서식한다.
- 개제비란 : 5~7월에 연녹색 바탕에 갈색이 도는 꽃이 피며, 한라산과 관모봉에 분포한다.

144

약효 뛰어난 약초이자 나물

산짚신나물

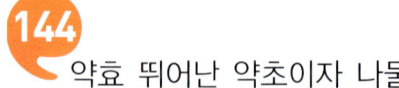

이명 | 큰짚신나물, 산집신나물, 큰집신나물

학명 | *Agrimonia coreana* Nakai

산짚신나물은 짚신나물의 일종으로, 풀잎의 맥이 마치 짚신처럼 생겼다. 짚신나물과 혼동하기 쉬운데, 특히 잎과 줄기가 거의 같아서 초기에는 구분하기 어렵지만 꽃이 피는 모습을 보면 구분할 수 있다. 짚신나물은 꽃이 줄기를 따라 촘촘히 피는 반면, 산짚신나물의 경우는 드문드문 핀다. 그래서 산짚신나물의 꽃이 짚신나물 꽃보다 적게 달린다.

우리나라 전역의 산지에 나는 여러해살이풀로, 반그늘의 물기가 많은 곳이나 물기가 없으면서 오후에 햇볕을 많이 받는 곳에서 자라며, 키는 약 1m이다.

포기 전체에 엉성한 털이 나며 뿌리가 굵다. 잎은 어긋나며 여러 쌍으로 이루어진 긴 타원형이다. 잎의 가장자리에는 톱니가 있고 턱잎과 작은잎은 크기가 비슷하고 불규칙한 톱니가 있다. 줄기에는 잔털이 군데군데 있다.

7~8월에 노란색의 꽃이 줄기와 잔가지 끝에서 드문드문 달리고 꽃잎은 5장이다.

열매는 9~10월경에 꽃받침 통에 싸여 달리고, 동물이나 물건에 잘 달라붙는다. 이처럼 달라붙는 이유는 종자를 되도록 많이 번식시키기 위해서이다.

장미과에 속하며 큰짚신나물, 산집신나물, 큰집신나물이라고도 한다. 관상용으로 쓰이며, 어린잎은 식용으로, 잎과 줄기는 약용으로 쓰인다. 우리나라와 일본, 우수리 강 등지에 분포한다.

▲ 산짚신나물_ 꽃줄기

▲ 산짚신나물_ 꽃

직접 가꾸기

산짚신나물은 10월경에 받은 종자를 바로 뿌려서 번식시킨다. 종자를 보관하여 뿌리면 발아율이 너무 낮아 많은 개체를 얻을 수 없다. 이 품종과 유사한 짚신나물도 파종상에 골을 내지 말고 상토 위에 종자를 뿌린 후 전체적으로 상토를 약하게 덮어주는 것이 좋다. 미세한 종자는 아니지만 종자를 발아시켜본 바에 의하면 종자를 덮은 상토의 두께가 종자보다 2배 이상 두터우면 발아가 잘 안 된다.

화단에 심어 관리하기 좋은 식물이다. 자생지에서 살펴보면 집단생활을 하지 않는 품종이기 때문에 50~100㎝ 간격을 두고 심는 것이 요령이다. 물은 2~3일 간격으로 준다.

ㅅ

가까운 식물들

• 짚신나물 : 산짚신나물과 비슷하나 꽃이 더 빽빽하게 핀다. 키는 30~100㎝이다.

짚신나물

145

꽃이 층층이 달린

산층층이

이명 | 개층꽃, 산층층꽃

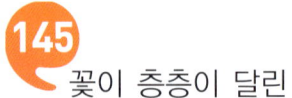

학명 | *Clinopodium chinense* var. *shibetchense* (H. Lev.) Koidz.

산층층이는 층층이꽃의 한 종류인데, 꽃이 아파트처럼 층층을 이루며 핀다고 해서 층층이라는 이름이 붙었다. 두 종은 전체적으로 비슷하게 생겼지만 꽃 색깔이 달라서 층층이꽃은 분홍색, 산층층이 꽃은 흰색이다.

우리나라 각처의 산이나 들에 흔히 나는 여러해살이풀로, 햇볕이 많이 들어오는 곳의 물 빠짐이 좋고 토양의 유기질 함량이 많은 곳에서 자라며, 키는 15~40㎝이다. 잎은 길이가 2~4㎝, 폭이 1~1.3㎝로 긴 달걀 모양이다. 잎의 가장자리에는 톱니가 있고 마주난다. 줄기는 네모지고 짧은 털이 있으며, 어렸을 때는 약간 비스듬히 자라다가 위로 곧추선다.

7~8월에 담홍색을 띤 흰색 꽃이 피며, 길이는 약 0.5~0.8㎝로 원줄기 끝과 가지 끝에 층층으로 달린다. 꽃부리는 길이 0.8~1.1㎝로 겉에는 잔털이 있으며 입술 모양이다. 9~10월경에 지름 약 0.6㎝의 둥근 열매가 달린다.

꿀풀과에 속하며 개층꽃, 산층층꽃이라고도 한다. 관상용으로 쓰이고 어린잎과 줄기는 식용으로, 뿌리는 약으로 쓰인다.

개화기간도 길 뿐만 아니라 층층이 올라가며 꽃을 피우는 모습이 좋아 관상용으로 가치가 높은 품종이다.

산층층이 압화 ▶

▲ 산층층이_ 꽃

▲ 산층층이_ 전초

직접 가꾸기

산층층이는 10월경에 받은 종자를 바로 뿌리거나 종이에 싸서 냉장고에 보관하여 이듬해 봄에 뿌린다. 종자 발아율이 높기 때문에 많은 종자를 뿌리지 않아도 된다. 번식은 쉬운 편이다. 화단의 그늘진 곳이 아니면 어디든지 심어도 좋다. 토양은 시중에 판매되는 퇴비를 이용하여 물 빠짐을 좋게 한 후 심는 것이 좋다. 다른 식물과의 경합이 없는 식물이어서 재배하기가 쉽다. 물은 2~3일 간격으로 주면 된다.

가까운 식물들

- 층층이꽃 : 꽃은 분홍색으로 7~8월에 핀다. 산지나 들의 양지 쪽에 자라며, 키는 15~40㎝이다.
- 두메층층이 : 층층이꽃에 비해 화관이 크고 전체에 털이 다소 많다. 키는 80㎝이다.
- 탑꽃 : 산지의 나무 그늘에서 자라며, 키는 10~30㎝이다. 6~8월에 흰색 꽃이 피는데, 탑처럼 층을 이룬다.

ㅅ

층층이꽃

탑꽃

146

박주가리과의 약용식물

산해박

이명 | 산새박, 신해박

학명 | *Cynanchum paniculatum* (Bunge) Kitag.

산해박은 산에 나는 '해박'이라는 뜻인데, 해박의 뜻은 알 수 없다. 단지 일부 지방에서는 박주가리를 해박이라고 한다는데, 그렇다면 산에 나는 박주가리를 의미한다. 예로부터 약재로 널리 사용해온 약용식물로, 불면증이나 신경쇠약 등에 좋다고 알려져 있다.

각처의 산과 들의 풀숲에서 나는 여러해살이풀로, 양지 혹은 반음지의 물 빠짐이 좋은 곳에서 자라며, 키는 약 60㎝이다. 줄기는 곧게 서고 가늘며 딱딱하다. 잎은 마주나며 길이가 6~12㎝, 폭이 0.4~1.5㎝로 표면과 가장자리에 짧은 털이 있으며 가장자리가 약간 뒤로 말려 있다. 굵은 수염뿌리가 있으며, 잎 뒷면은 흰빛이 도는 녹색이고, 잎자루 길이는 0.1~0.3㎝이다.

8~9월에 연한 황갈색 꽃이 윗부분의 잎겨드랑이에서 나와 몇 개로 갈라진다. 열매는 8~9월경에 달리며, 길이는 6~8㎝, 지름이 0.6~0.8㎝로 뿔과 같은 모양을 하고 있다. 종자는 좁은 달걀 모양이고 좁은 날개가 있으며 가장자리가 밋밋하고 흰색의 관모가 나 있다. 종자의 길이는 0.4~0.5㎝ 정도이다.

박주가리과에 속하며 산새박, 신해박이라고도 한다. 뿌리는 '서장경(徐長卿)'이라고 해서 약으로 쓰인다. 또 귀독우나 죽엽세신, 토세신, 천운죽이라는 약명도 전해진다. 우리나라와 일본, 중국에 분포한다.

산해박 압화 ▶

▲ 산해박_ 새순 올라오는 모습

▲ 산해박_ 꽃봉오리

▲ 산해박_ 꽃이 피기 전

▲ 산해박_ 꽃(정면)

▲ 산해박_ 꽃(측면)

▲ 산해박_ 종자 결실

ㅅ

직접 가꾸기

산해박은 9월에 얻은 종자를 바로 뿌리거나 종이에 싸서 냉장보관하고 이른 봄에 뿌려 번식시킨다. 가을이나 이른 봄에 뿌리를 캐어서 포기나누기를 해도 된다. 바람이 잘 통하고 거름기가 많은 화분이나 화단에 심는다. 꽃이 작기 때문에 주의해서 관찰해야 한다. 물은 2~3일 간격으로 준다.

가까운 식물들

- 박주가리 : 땅속줄기가 길게 벋어가고 여기서 자란 덩굴이 길이 3m까지 자란다. 꽃은 7~8월에 흰색으로 핀다.
- 양반풀 : 같은 박주가리과에 속하는 식물로 꽃도 비슷하게 생겼다. 키가 15~30㎝로 작고, 열매는 표주박처럼 생겼다.

박주가리

147

3가지 흰 색깔을 지닌 약용식물

삼백초

학명 | *Saururus chinensis* (Lour.) Baill.

▲ 삼백초_ 잎

▲ 삼백초_ 잎 변하는 모습

삼백초

(三白草)는 '3가지 흰 색깔을 지닌 풀' 이라는 뜻이다. 3가지 흰색이란 꽃이 필 때쯤 꽃 밑에 있는 2~3개의 잎이 하얗게 변하고 꽃과 뿌리 또한 흰빛을 띠는 것을 말한다.

제주도와 지리산 일부 지역에서 나는 여러해살이풀로, 습기가 많은 계곡의 바람이 잘 통하고 공중습도가 높으며 반그늘인 곳에서 자란다. 제주도 한경면 고산리 및 용수리의 습지나 논물 도랑 등에 많은 개체가 자라고 있었으나, 민간 약재로 쓰이면서 자생지가 많이 훼손되었고, 최근에는 멸종 위기에 처해 산림청과 환경부에서 보호식물로 지정했다.

키는 50~100㎝이며, 잎은 길이 5~15㎝, 폭 0.3~0.8㎝로 긴 타원형이며 어긋난다.

잎 표면은 연한 녹색이고 뒷면은 연한 백색이다. 꽃이 필 무렵에는 윗부분의 잎 2~3개가 백색으로 변하고 5~7개의 맥이 있다. 잎의 끝은 뾰족하고 가장자리는 밋밋하다. 뿌리는 백색으로 흙 속으로 파고들며 옆으로 뻗으면서 자란다.

삼백초 압화 ▶

▲ 삼백초_ 꽃

▲ 삼백초_ 종자 결실

6~8월에 흰색의 꽃이 아래로 처지다가 끝부분은 위로 올라가며 잎과 마주난다. 꽃의 길이는 10~15㎝이고 꼬불꼬불한 털이 있다. 열매는 9~10월경에 꽃망울에 1개씩 둥글게 달린다.

삼백초과에 속하며 야릇한 쓴맛이 있고 송장 썩는 냄새가 난다고 하여 '송장풀'이라고도 한다. 관상용으로 쓰이고, 꽃을 포함한 잎과 줄기, 뿌리는 약재로 쓰인다. 특히 항암작용이 뛰어나다고 알려져 술이나 차로 만들어 복용하곤 한다.

요즘에는 여러 군데에서 대량으로 재배되고 있다. 관상용으로 기를 때에는 지하 뿌리가 활발하게 발달하므로 다른 식물과 함께 심지 않는 것이 좋다. 전문적으로 재배하고자 할 때는 이랑의 폭을 넓게 한 후 두둑의 높이는 높게 하지 않아도 되고, 물은 처음에는 1~2일 간격으로 주면 된다. 유의할 점은 번식력은 좋지만 키 큰 잡초들과 경쟁하면 잎이 고사하는 경우가 많으므로 잡초를 제거해줘야 한다는 것이다. 우리나라와 일본, 중국 등지에 분포한다.

▲ 삼백초_ 무리

ㅅ

직접 가꾸기

삼백초는 10월경에 종자를 받아 바로 뿌리거나 상온이나 냉장고에 보관하여 이듬해 봄에 뿌린다. 뿌리 번식은 이른 봄 새싹이 올라올 때 뿌리를 캐, 새순이 올라오는 마디를 하나씩 분리하여 심으면 된다.

자생지에서는 습기가 많은 곳에서 자라지만 재배할 때는 마른 토양이라도 괜찮다. 지하 뿌리의 발달이 활발하기 때문에 다른 품종과 혼식하는 것은 바람직하지 않다. 처음 심을 때 간격을 50~70㎝로 심으면 2년 후에는 간격이 벌어진 부분까지 모두 새순이 올라올 정도로 지하경이 발달한다.

가까운 식물들

삼백초과는 수가 매우 적어 지구상에 4종밖에 없다. 우리나라에는 삼백초와 약모밀이 분포한다.

- 약모밀(=어성초) : 잎이 메밀의 잎과 비슷하고 약용식물이므로 약모밀이라고 한다. 잎에서 고기 비린내가 나므로 어성초 또는 멸이라고도 하며, 키는 20~50㎝이다.

약모밀

148

소화기관에 탁월한 효능을 가진

삽주

이명 | 창출, 백출

학명 | *Atractylodes ovata* (Thunb.) DC.

삽주는 우리나라 각처의 산지에서 자라는 여러해살이풀로, 물 빠짐이 좋은 양지나 풀숲에서 자라며, 키는 30~100㎝ 정도이다. 뿌리줄기는 굵고 길며 마디가 있고 향기가 난다. 줄기는 곧게 서는데 윗부분에서 가지가 몇 개 갈라진다. 뿌리에서 나온 잎은 꽃이 필 때쯤 말라죽는다.

잎은 어긋나는데, 길이가 8~11㎝로 표면에 광택이 난다. 잎자루의 길이는 3~8㎝이다. 잎의 뒷면은 흰빛이 돌고 가장자리에 짧은 바늘 같은 작은 가시가 있으며 3~5개로 갈라진다.

7~10월에 지름 1.5~2.0㎝의 흰색 또는 홍색 꽃이 원줄기 끝에 뭉쳐서 핀다. 열매는 9~10월에 갈색으로 익으며 위로 향한 은백색 털이 뭉쳐 있다. 갓털의 길이는 0.8~0.9㎝이다. 겨울이 지나고 봄이 와도 꽃대는 그대로 남아 있지만 종자는 모두 날아가고 없다.

한방에서는 뿌리는 백출(白朮), 뿌리줄기는 창출(蒼朮)이라고 하여 약재로 사용한다. 소화기관에 탁월한 효능을 가진 약재로 최근 중국으로부터 많은 양이 수입되고 있다. 농촌진흥청에서는 연구를 통해 '다출'이라는 품종을 개발해 수입 대체 약용식물로 활용할 계획이다. 다출은 키가 크고 가지가 많으며 꽃의 색은 자주색으로 꽃봉오리가 크다. 특히 뿌리는 기존 재래종보다 무거우면서 병해에도 강하다고 한다. 국화과에 속하며 어린잎은 식용하기도 한다. 우리나라와 일본, 중국에 분포한다.

삽주_ 새순 올라오는 모습 ▶

▲ 삽주_ 잎

▲ 삽주_ 꽃봉오리

▲ 삽주_ 꽃(분홍색)

▲ 삽주_ 꽃

▲ 삽주_ 종자 결실

▲ 삽주_ 종자 발아된 모습

직접 가꾸기

삽주는 익은 종자를 보관했다가 이른 봄에 화분에 뿌려서 번식시킨다. 종자가 많이 달리고 발아율도 높기 때문에 몇 개체에서만 받아도 많은 개체를 번식시킬 수 있다. 종자가 익을 때가 되면 바로 받아야 한다. 이유는 씨방 안에 애벌레가 있어 종자를 갉아먹기 때문이다. 햇볕이 약한 곳의 화단이나 실내 화분에 심어도 좋다. 뿌리 부분이 발달해야 되기 때문에 물 빠짐이 좋은 곳을 선정해야 한다. 키가 작고 잎도 많이 나오지 않으므로 물은 3~4일 간격으로 주면 된다.

가까운 식물들

- 당삽주 : 잎은 길이가 4~8cm, 폭이 1~3.5cm의 크기이다. 키는 30~50cm로, 평안남도에 분포한다.
- 용원삽주 : 삽주와 비슷하나 잎자루가 없다.

149

잎은 꽃을 생각하고, 꽃은 잎을 그리워하는

상사화

이명 | 개가재무릇

학명 | *Lycoris squamigera* Maxim.

상사화란

서로 생각하는 꽃이라는 뜻이다. 꽃이 피면 잎이 없고 잎이 나 있을 땐 꽃이 피어 있지 않아서, 꽃은 잎을 그리워하고 잎은 또 꽃을 생각한다고 해서 상사화라고 한다. 지방에 따라서 '개난초'라고 부르기도 한다.

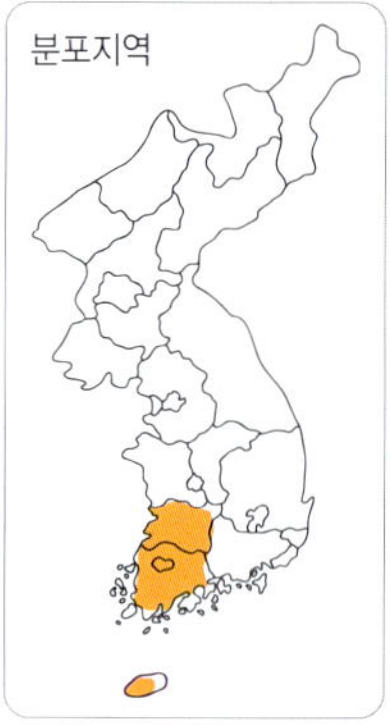

제주도를 포함한 중부 이남에 분포하는 여러해살이풀로, 물 빠짐이 좋고 부엽질이 많은 반그늘인 곳이나 양지에서 자라며, 키는 꽃자루의 높이가 60㎝ 정도까지 자란다.

◀ 상사화 압화

잎은 2~3월경에 넓고 길게 올라오며 길이가 20~30㎝, 폭이 18~25㎝로 연한 녹색이다. 잎은 꽃대가 올라오기 전인 6~7월경에 없어진다.

7~8월에 연한 홍자색 꽃이 줄기 끝에 4~8개 달린다. 꽃줄기는 곧게 서고 약간 굵다. 작은꽃줄기는 길이가 1~2㎝이며, 꽃은 길이가 9~10㎝이다. 열매는 맺지 못한다.

수선화과에 속하며, 개가재무릇이라고도 한다. 관상용으로 쓰이고, 한방에서는 비늘줄기를 약재로 사용한다. 우리나라가 원산지로 꽃이 워낙 예뻐 관상용으로 많이 활용되는데, 일본에서는 많은 종류가 개량되어 판매되고 있다.

▲ 상사화_ 잎 올라오는 모습

▲ 상사화_ 꽃 피기 전

ㅅ

▲ 상사화_ 꽃

▲ 상사화_ 시드는 모습

▲ 상사화_ 무리

▲ 연노랑상사화_ 꽃과 꽃봉오리

▲ 연노랑상사화_ 전초

ㅅ

직접 가꾸기

상사화는 종자가 결실되지 않고 알뿌리로만 번식하기 때문에 알뿌리를 거꾸로 세우고 정확히 가운데를 8조각 정도 내어 모래에 심으면 조그마한 구근들이 생긴다. 그러나 꽃이 피는 여름에는 하지 않는다. 물 빠짐만 잘되는 곳이면 화단과 화분 어디에서나 잘 자란다. 물은 땅이 마를 때 주면 된다.

가까운 식물들

- 개꽃무릇 : 붉은상사화라고도 한다. 비늘줄기는 지름 3~5㎝의 둥근 달걀 모양이며 검은색을 띤다.
- 붉노랑상사화 : 꽃의 빛깔은 황금색이며, 개상사화라고도 한다.
- 진노랑상사화 : 진한 노란색 꽃이 피며, 전남 백암산과 내장산에 분포하는 한국 특산종이다.
- 흰상사화 : 노란색을 띤 흰색 꽃이 핀다. 남해안과 서해안 섬에 분포한다.

붉노랑상사화

진노랑상사화

150

덩굴성 콩과 식물

새콩

학명 | *Amphicarpaea bracteata subsp. edgeworthii* (Benth.) H. Ohashi

ㅅ

콩과 식물로 식용할 수 있는 품종이다. 덩굴성 식물인데, 본래 널리 재배되는 작물로서의 콩은 바로 덩굴콩을 개량한 것이다. 새콩에서 '새' 의 뜻은 기본종에 비해 모양이 다르거나 품질이 다소 떨어져서 붙여진 명칭이다. 이와 비슷한 접두어로는 '개' 가 있다.

그런데 새콩과 돌콩은 서로 비슷하다. 돌콩은 콩의 원조로 불리는데, '돌' 의 의미는 야생에서 자란다는 뜻이다. 하지만 돌콩은 너무 작아서 먹지 않는다. 새콩이나 돌콩 모두 덩굴성이지만 새콩의 꽃이 더욱 짙은 자주색이어서 구분이 된다.

새콩은 전국 각지의 들에 나는 덩굴성 한해살이풀로, 햇볕이 잘 들어오는 곳의 물 빠짐이 좋은 곳이면 어느 곳에서나 잘 자라며, 키는 1~2m이다. 잎은 길이가 3~6㎝, 폭이 2.5~4㎝로 달걀 모양이며 작은잎 3개는 어긋난다. 작은잎은 달걀 모양이고 퍼진 털이 있으며 뒷면은 흰색을 띠고 있다. 턱잎은 좁은 달걀 모양이고 6개의 맥이 있다.

8~9월에 잎겨드랑이에서 자주색 꽃이 나온다. 잎보다 짧으며 퍼진 털이 있는 꽃이 6개 정도 달려 핀다.

10~11월경에 길이가 2.5~3㎝, 폭은 약 0.7㎝로 편평한 타원형 열매가 달리는데, 중앙의 맥을 중심으로 털이 있으며 약간 굽어 있다. 땅속줄기 끝에 달린 꽃이 개화하지 않고 폐쇄화가 되어 자가수분을 통해 땅속에서도 열매를 맺는다.

콩과에 속하며 관상용으로 쓰인다. 종자는 먹을 수도 있고, 또 뿌리는 '양형두(兩型豆)' 라고 해서 약재로 사용된다. 우리나라와 일본, 중국 등지에 분포한다.

▲ 새콩_ 잎

▲ 새콩_ 꽃봉오리

ㅅ

▲ 새콩_ 꽃

▲ 새콩_ 종자 결실

직접 가꾸기

새콩은 11월에 받은 종자를 종이에 싸서 냉장고나 상온에 보관하고 이른 봄에 뿌려서 번식시킨다. 종자가 딱딱하기 때문에 물에 2~3일 정도 불린 후 사용하면 발아율이 높아진다. 1년생이기 때문에 뿌리 번식은 하지 않는다. 햇볕이 잘 들어오는 곳에 퇴비를 넣고 물 빠짐이 좋게 한 후 심는다. 덩굴성 식물이므로 타고 올라갈 수 있도록 나무 주변에 심는 것이 좋다.

가까운 식물들

- 산새콩 : 잎의 길이는 4~5cm이고, 폭은 1.5~2cm이다. 갯완두와 비슷한 꽃이 위쪽 잎겨드랑이에서 핀다. 강원도 이북에 분포한다.
- 돌콩 : 전체에 갈색 털이 있고, 줄기는 가늘며 길고 다른 물체를 감으며 자란다. 키는 2m 정도이다.

돌콩

151

깊은 산에 자라는 여름 나물

서덜취

이명 | 큰서덜취, 큰잎분취, 너울취, 숲솜나물, 갈포령서덜취

학명 | *Saussurea grandifolia* Maxim.

산나물을 즐겨 먹는 사람들은 이른 봄, 높은 산에 올라가 곰취를 만나면 신이 나서 곰취를 채취하고, 좀 더 높은 산으로 올라가 서덜취의 새순을 보면 그 사이 채취한 곰취 잎은 모두 버리고 서덜취 새순을 가지고 내려온다고 한다. 그만큼 높은 산에 가야 있고, 또 나물 맛을 본 사람들이라면 향에 취할 만큼 좋다는 말이다.

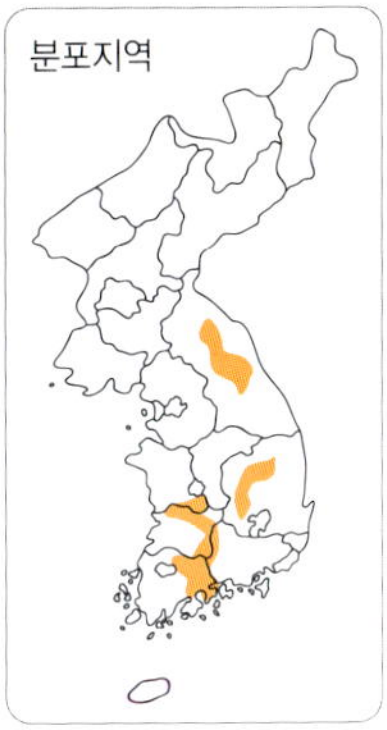

'서덜' 이라는 말은 냇가나 강가의 돌이 많은 곳을 뜻하며, '돌서덜길' 과 같이 쓴다. 그런 이름이 붙긴 하지만 이 품종은 돌이 많은 곳에만 자라는 것은 아니다. 우리나라 각처의 깊은 산에서 자라는 여러해살이풀로, 토양에 부엽질이 많은 반그늘에서 자란다.

ㅅ

키는 30~50㎝이다. 줄기 윗부분에 갈색 털이 있으며 곧게 자란다. 뿌리잎은 꽃이 필 때 없어지고, 줄기잎은 위로 올라갈수록 점점 짧아지며 잎자루의 길이는 5~12㎝이다. 잎 표면은 녹색이고 뒷면에 흰색 빛이 약간 돌며 잎 가장자리에 날카로운 톱니가 있다.

꽃은 7~9월에 자주색 통꽃이 원줄기 끝에 4~6개 달린다. 바깥쪽 포 조각의 끝이 뾰족하고 길며 뒤로 젖혀지는 것이 특징이다.

열매는 10월경에 달리고 흰색의 갓털은 새털 모양을 하며 길이는 약 1㎝이다.

국화과에 속하며 큰서덜취, 큰잎분취, 너울취, 숲솜나물, 갈포령서덜취라고도 한다. 어린순은 식용으로 쓰인다.

변종으로 꼬리서덜취, 갈포령서덜취 등이 있는데, 이들 역시 어린잎을 나물로 먹을 수 있다. 우리나라와 일본, 중국에 분포한다.

▲ 서덜취_ 꽃(만개한 모습)

▲ 서덜취_ 꽃(시드는 모습)

직접 가꾸기

서덜취는 10월에 종자를 받아 종이에 싸서 냉장보관하고 이듬해 봄에 화분에 뿌려서 번식시킨다. 그러나 종자 발아율은 높지 않다. 다른 품종들은 일반적으로 파종상에 종자를 뿌린 후 일주일 정도가 지나면 비닐이나 신문지를 제거하는데, 이 식물은 15일 정도가 지난 후 제거해줘야 발아가 된다. 주변습도가 더 높아야 잘 자라기 때문이다. 토양이 비옥하고 물 빠짐이 좋은 화단에 심고, 낙엽수가 있는 곳이면 더 좋다. 강한 햇볕을 받으면 잎 끝이 타므로 주의해야 한다.

가까운 식물들

ㅅ

- 꼬리서덜취 : 쪽 포 조각의 끝이 뾰족하고 길며 뒤로 젖혀진다.
- 각시서덜취 : 깊은 산의 숲 속에서 자라며, 키는 30~90㎝이다. 뿌리줄기는 가늘고 목질이며, 우리나라 특산종이다.
- 빗살서덜취 : 가장자리는 6쌍 내외의 갈래조각이 빗살처럼 갈라지며 톱니가 있다. 키가 60~100㎝로 큰 편이라 왕분취라고도 한다.
- 홍도서덜취 : 홍도에 자생하는 한국 특산종으로, 꽃은 지름이 1.5㎝이다.

152

덩이줄기가 누에를 닮은

석잠풀

이명 | 배암배추, 뱀배추, 민석잠풀
학명 | *Stachys japonica* Miq.

석잠(石蠶)이란 '돌누에' 라는 뜻으로, 땅속의 덩이줄기가 단단하고 누에나 번데기를 닮았다고 하여 붙여진 이름이다. 우리나라 전역에서 자라는 숙근성 여러해살이풀로, 양지바르고 물 빠짐이 좋은 곳에서 자라며, 키는 30~60㎝이다.

뿌리는 흰색의 지하경이 옆으로 길게 뻗으며 마디 부분에서 잔뿌리가 여러 개 생긴다. 줄기는 곧게 서고, 잎은 마주나며 길이가 4~8㎝, 폭이 1~2.5㎝의 크기이다. 잎자루는 길이가 0.5~1.5㎝이고 피침형으로 끝은 뾰족하다. 잎의 모양은 바소 모양이며 끝이 뾰족하고 밑부분이 둥글거나 수평이며 가장자리에 톱니가 있다.

6~9월에 연한 홍색 꽃이 줄기와 잎 사이에 돌아가며 피고 길이는 1~1.5㎝이다. 꽃받침은 길이가 0.6~0.8㎝이고 끝이 5개로 갈라지며, 갈라진 조각은 가시처럼 뾰족하다. 열매는 10월에 달린다. 이 식물의 특징은 집단적으로 심었을 때 다른 식물들과의 경합에서 유리하다는 점이다.

꿀풀과에 속하며 배암배추, 뱀배추, 민석잠풀이라고도 한다. 관상용으로 쓰이며, 꽃을 포함한 전초는 약으로 쓰인다. 뿌리를 제외한 식물체 전체를 초석잠(草石蠶)이라고 해서 약재로 사용한다. 우리나라와 중국 동북부, 일본, 시베리아 동부, 캄차카 반도 등지에 분포한다.

석잠풀 압화 ▶

▲ 석잠풀_ 잎

▲ 석잠풀_ 꽃

▲ 석잠풀_ 종자 결실

▲ 석잠풀_ 무리

직접 가꾸기

석잠풀은 이른 봄에 포기나누기를 하거나 보관한 종자를 화단에 뿌린다. 종자는 한 줄기에서 많이 얻을 수 있으며 발아율이 높아서 시기를 조정하면서 가을에서 이른 봄까지 뿌릴 수 있다. 약재로 이용하려면 주변에 오염원이 적은 곳을 선정하여 심어야 한다. 이 식물은 집단생활을 하기 때문에 일정 공간을 선정한 후 여러 개체를 한꺼번에 심는 것이 요령이다.

가까운 식물들

- 개석잠풀 : 줄기의 모서리와 잎 뒷면의 주맥에 털이 있다. 키는 석잠풀과 거의 같다.
- 털석잠풀 : 식물체 전체에 털이 많이 나 있다.
- 우단석잠풀 : 잎 표면에 털이 다소 있고, 주름이 많다. 잎 가장자리에는 톱니가 있다.

153

키 작은 창포

석창포

이명 | 석장포, 석향포, 창포, 애기석창포, 바위석창포

학명 | *Acorus gramineus* Sol.

석창포

(石菖蒲)는 창포의 한 종류이다. 창포는 물가에서 자라지만 석창포는 햇볕을 많이 받는 곳의 공중습도가 높은 바위나 물이 많은 냇가의 반그늘에서 자란다. 창포류 중 키가 작고 잎도 좁고 짧으며, 뿌리도 훨씬 가늘다. 키는 10~30㎝이다.

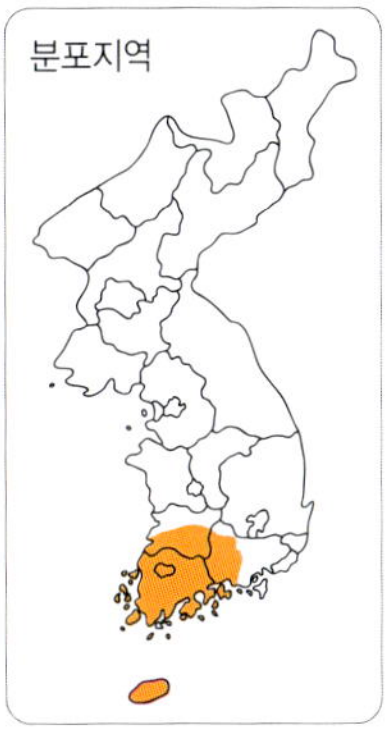

남부지방의 지리산, 내장산, 진도, 제주도 등지의 냇가나 골짜기에서 나는 다년생 상록 풀로, 잎은 뿌리줄기 끝에서 뭉쳐난다. 잎의 모양은 줄처럼 생겼고, 잎에는 엷은 녹색 줄이 있다. 또 잎은 질기며 윤기가 난다.

뿌리는 옆으로 뻗어가며 자라고 마디가 많다. 뿌리줄기 밑부분에서는 수염뿌리가 나는데, 땅속에 묻혀 있는 것은 백색이고 땅으로 올라온 것은 녹색이다.

6~7월에 연한 노란색 꽃이 피며, 꽃줄기의 길이는 잎과 비슷한 10~30㎝, 폭은 약 0.5㎝이다. 잎은 항상 푸르지만 꽃이 안에 숨겨져 있어 거의 볼 수 없기 때문에 꽃을 위한 관상용으로는 적합하지 않다. 둥근 열매가 8~9월에 녹색으로 익으며 종자 밑부분에는 털이 있다.

천남성과에 속하며 석장포, 석향포, 창포, 애기석창포, 바위석창포라고도 한다. 관상용으로 쓰이고, 뿌리줄기는 약으로 쓰인다. 민간에서는 목욕을 할 때 함께 넣어 사용했다. 특히 뿌리가 왕성하게 발달하기 때문에 경사지에 심으면 장마철에 비가 많이 올 때 토양 유실을 방지할 수 있다. 우리나라와 일본, 중국, 인도 등지에 분포한다.

직접 가꾸기

석창포는 9월에 받은 종자를 냉장고에 일주일 이상 보관했다가 물에 2~3일 정도 불린 후 뿌린다. 종자가 딱딱하기 때문이다. 가을에 뿌리를 나누거나 이른 봄, 새순이 올라올 때 뿌리를 나누어 심어도 된다. 번식력이 좋은 식물이기 때문에 다른 식물과 함께 심는 것은 피하는 게 좋다. 햇볕이 잘 들어오는 경사지나 돌 틈에 심는다. 뿌리가 자리를 잡으면 따로 물 관리를 해주지 않아도 된다.

가까운 식물들

창포

- 창포 : 연못가나 도랑가에서 자라며 키는 30㎝이다. 옛날에는 단옷날 여인들이 창포를 넣어 끓인 물로 머리를 감았다.
- 꽃창포 : 붓꽃과로 붉은 자주색의 꽃이 핀다. 키는 60~120㎝로, 습지에 자란다.
- 뜰꽃창포 : 꽃창포를 개량한 것으로 물가나 습한 곳에 자라며, 키는 60~80㎝이다.
- 노랑꽃창포 : 꽃창포와 거의 유사하나 꽃이 노란색이다. 원산지는 유럽으로, 연못가에 많이 심는다.
- 돌창포 : 습기 있는 바위에 자라며, 꽃은 흰색이다. 강원도 팔봉산과 평안북도 강계 등에 분포한다.
- 숙은돌창포 : 꽃자루 끝이 밑으로 처지고, 석창포를 축소시킨 것 같다. 키는 5~15㎝이다.
- 한라돌창포 : 숙은돌창포와 유사하며 키는 6~8㎝로 아주 작다. 한라산에 분포하는 한국 특산종이다.

154

개화기간이 긴 꽃

선백미꽃

이명 | 금강박주가리

학명 | *Cynanchum inamoenum* (Maxim.) Loes.

ㅅ

선백미꽃은 백미꽃의 일종으로 '선'은 '서 있다'는 뜻이다. 키와 잎이 백미꽃과 거의 닮았는데, 꽃은 확실하게 구분이 되어, 백미꽃이 검은 자주색인 반면 선백미꽃은 연한 황색이다.

선백미꽃은 우리나라 각처의 산지에서 자라는 여러해살이풀로, 햇볕이 잘 드는 양지 쪽의 부엽질이 많은 곳에 자라며, 키는 30~60㎝이다.

줄기는 곧게 서고, 달걀 모양 또는 타원형의 잎은 마주나며 길이는 6~10㎝, 폭은 3~6㎝로 가장자리가 밋밋하다. 잎자루는 길이가 0.7~1㎝ 정도이다.

7~8월에 잎겨드랑이에서 짧은 꽃줄기가 나오는데, 우산살 모양으로 올라가며 연한 노란색 꽃이 핀다. 꽃의 지름은 약 0.7㎝ 정도이다.

열매는 10월경에 여러 개의 씨가 익으면서 비스듬히 벌어지고, 모양은 뿔처럼 생겼다. 열매의 크기는 길이가 4~5㎝, 폭이 약 0.5㎝이고, 종자는 날개와 긴 종모가 있으며 넓은 난형이다.

박주가리과에 속하며 금강박주가리라고도 한다. 관상용으로 쓰이며, 뿌리는 약용으로 쓰인다. 특히 한방에서는 백미꽃 대신 사용한다. 꽃이 풍성하고 개화기간이 길기 때문에 실내에서 화분으로 키우기 좋은 식물이다. 우리나라와 중국, 일본, 사할린 등지에 분포한다.

▲ 선백미꽃_ 꽃

직접 가꾸기

선백미꽃은 10월경에 달리는 종자를 종이에 싸서 냉장보관하여 이듬해 봄에 뿌린다. 잎이 지고 없는 가을이나 이른 봄에 줄기에 뿌리를 붙여 포기나누기를 해서 옮겨 심어도 된다.

화분 아래 돌을 넣어 물 빠짐이 잘되게 하고 심은 후에는 햇볕이 잘 드는 곳에 두는 것이 좋다. 또한 실외에 재배할 때는 물 빠짐이 좋은 곳에 집단적으로 심는 것이 좋다. 물은 2~3일 간격으로 준다.

가까운 식물들

- 백미꽃 : 키는 50㎝이다. 백미 또는 아마존이라고도 하며, 약재로 많이 사용된다. 꽃은 검은 자주색으로 핀다.
- 푸른백미꽃 : 백미꽃과 비슷하나 꽃이 초록빛을 띤다.
- 민백미꽃 : 꽃이 흰색이며, 산지의 볕이 잘 드는 풀밭에서 자란다.
- 덩굴민백미꽃 : 바다 근처의 풀밭에서 자란다. 줄기는 뭉쳐나며 곧게 서지만 위쪽이 흔히 덩굴로 된다. 키는 30~80㎝이다.

ㅅ

백미꽃

민백미꽃

155

홍자색 꽃이 유난히 예쁜

선이질풀

이명 | 세잎쥐손이, 털손잎풀, 참이질풀

학명 | *Geranium krameri* Franch. & Sav.

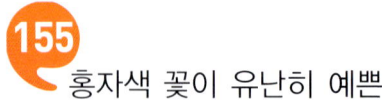

선이질풀은 이질풀의 한 종류로, 서 있는 이질풀이라는 뜻이다. 이질풀은 설사를 일으키는 병인 이질에 걸렸을 때 치료제로 쓴다고 해서 붙여진 이름으로, 노관초(老鸛草)라고도 하며, 산과 들에 자라는 품종이다. 이질풀 종류들은 잎이나 줄기가 비슷하므로 꽃을 보고 종류를 판단해야 하는 경우가 많다.

이질풀이라는 이름만 들으면 꽃이 그다지 예쁘지 않을 것 같지만 선이질풀 꽃은 홍자색으로 상당히 예쁘다.

우리나라 각처의 산에서 자라는 여러해살이풀로, 습도가 높은 곳의 양지나 반그늘에서 자라며, 키는 60~80㎝이다.

밑부분이 옆으로 자라다가 곧게 서며 잎자루와 더불어 밑을 향한 누운 털이 있다. 잎은 길이가 약 30㎝ 정도의 잎자루가 있고 위로 갈수록 짧아지며 좁아지는 것이 특징이다.

ㅅ

7~8월에 꽃대의 꼭대기에 꽃이 피고, 다음으로 옆 가지에서 다른 꽃들이 핀다. 열매는 9~10월경에 익으며 5칸으로 나누어지고, 칸마다 각각 종자가 들어 있다.

쥐손이풀과에 속하며 세잎쥐손이, 털손잎풀, 참이질풀이라고도 한다. 관상용으로 쓰이며, 전초는 약용으로 쓰인다.

우리나라와 일본, 중국, 아무르 강 등지에 분포한다.

선이질풀 압화 ▶

직접 가꾸기

선이질풀은 늦가을이나 이른 봄에 포기나누기를 해서 번식시킨다. 9~10월에 익는 종자를 바로 화단에 뿌리거나 종이에 싸서 냉장보관하여 봄에 뿌려도 된다. 토양은 비옥하고 반그늘이 지는 화단에 심으며, 잎이 넓고 많기 때문에 물은 1~2일 간격으로 줘야 한다.

가까운 식물들

- 이질풀 : 산과 들에 자라며, 키는 50㎝가량이다. 6~8월에 붉은색 또는 붉은 자주색, 흰색 꽃이 핀다.
- 사국이질풀 : 꽃 앞부분이 모두 둥글게 나누어져 있고 꽃잎은 갈라져 있지 않다. 한라산에 분포하며 키는 50㎝이다.
- 둥근이질풀 : 잎은 3~5개로 약간 깊게 갈라지고 갈라진 조각은 끝이 뾰족하며 큰 톱니가 있다. 꽃은 연분홍색으로 핀다.
- 흰둥근이질풀 : 전체적인 모양은 둥근이질풀과 같지만 꽃이 흰색이다.
- 참이질 : 꽃은 엷은 홍색이다. 인천과 평양의 산야에 자라는 한국 특산종으로 둥근이질풀에 비해 전체에 털이 많다.
- 쥐손이풀 : 꽃의 모양이 이질풀과 비슷하다. 줄기는 비스듬히 또는 옆으로 뻗고 가지가 갈라지며 잎자루와 함께 밑을 향한 털이 있다.

사국이질풀

둥근이질풀

흰둥근이질풀

156

좁쌀처럼 작은 꽃이 흐드러지게 피는

선좁쌀풀(앉은좁쌀풀)

이명 | 기생깨풀
학명 | *Euphrasia maximowiczii* Wettst.

ㅅ

선좁쌀풀은 우리나라 각처의 높은 산에서 자라는 반기생 한해살이풀이다. 반기생이란 스스로 자생도 하지만 다른 식물의 도움을 받아 자라기도 하는 것을 말한다. 좁쌀풀의 한 종류인데, 좁쌀풀은 노란색의 작은 꽃들이 다닥다닥 붙은 것이 마치 좁쌀이 붙어 있는 것처럼 보인다고 해 붙여진 이름이다.

선좁쌀풀은 좁쌀풀 종류 중에서도 유난히 작아 '앉은좁쌀풀'이라고도 한다. 좁쌀도 작은데, 앉아 있으니 정말 작은 풀이다. 비슷한 것으로는 깔끔좁쌀풀이 있다. 전체적으로 선좁쌀풀과 닮았지만 잎이 더 크면서도 깊이 갈라져 있으며, 잎 끝이 까락처럼 길다.

선좁쌀풀은 습기가 많은 풀숲에서 자라며, 키는 20~30㎝ 정도이다. 줄기는 가늘며 가지가 윗부분에서 조금 갈라지고, 잎은 길이가 0.6~1.2㎝, 폭이 0.5~1.0㎝의 크기로 마주난다. 잎 표면에는 털이 없으며 잎 뒷면 맥 위에 잔털이 조금 나 있다. 6~8월에 연한 자주색 꽃이 피는데, 줄기 윗부분에 꽃대 주변으로 여러 송이가 꽃자루 없이 달린다. 8~10월경에 긴 타원형 열매가 익는다.

현삼과에 속하며 앉은좁쌀풀, 기생깨풀이라고도 한다. 관상용으로 쓰이며 우리나라와 일본, 중국에 분포한다.

◀ 선좁쌀풀 압화

직접 가꾸기

선좁쌀풀은 10월경 받은 종자를 보관하여 이듬해 봄에 화분에 뿌려서 번식시킨다. 그러나 가정에서는 재배하기 어려운 식물이다.

가까운 식물들

- 좁쌀풀 : 키는 40~80㎝이며, 노란색 꽃이 핀다.
- 깔끔좁쌀풀 : 좁쌀풀과 비슷하지만 잎이 더 깊게 갈라지고 톱니 끝이 까끄라기처럼 길다. 키는 5~10㎝로 아주 작으며, 한라산에 분포한다.
- 애기좁쌀풀 : 높은 산의 풀밭에서 자라며, 키는 10~15㎝이다. 꽃은 6~8월에 흰색 또는 붉은빛을 띤 자주색으로 피는데, 북한에 분포한다.
- 산좁쌀풀 : 한국 특산종으로 부전고원과 차일봉에서 자라며, 키는 8~15㎝이다. 6~8월에 붉은빛을 띤 자주색 꽃이 핀다.
- 참좁쌀풀 : 깊은 산 초원에서 자라며, 줄기는 곧게 서고 전체에 털이 거의 없다. 키는 50~100㎝이다.
- 털좁쌀풀 : 키는 10~15㎝이다. 줄기는 곧게 서고 전체에 아래를 향한 잔털이 촘촘히 나 있으며, 꽃 색깔은 붉은 자주색이다.

좁쌀풀

깔끔좁쌀풀

참좁쌀풀

157

3장의 잎이 돌려나는

세잎꿩의비름

이명 | 제주꿩의비름

학명 | *Hylotelephium verticillatum* (L.) H. Ohba

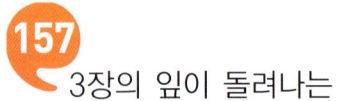

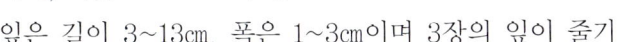

꿩의비름의 한 종류로 3장의 잎이 뚜렷하게 나기 때문에 세잎꿩의비름이라고 한다. 우리나라 전역의 산지에서 드물게 나는 여러해살이풀로, 산지의 햇볕이 잘 드는 곳에서 자란다.

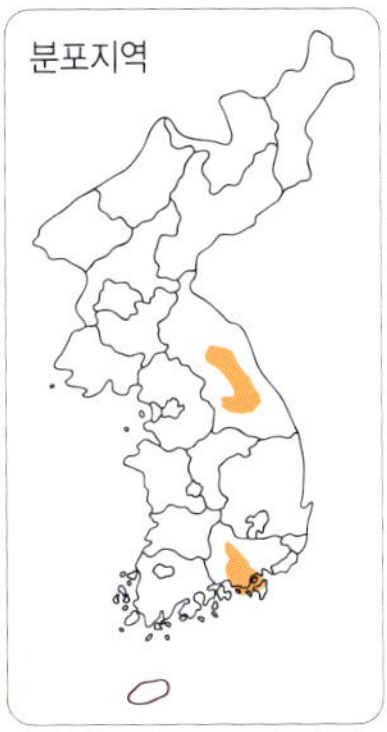

본래 비름은 나물을 말한다. 세잎꿩의비름은 반그늘이면서 부엽질이 풍부한 땅의 물 빠짐이 좋은 곳에서 자라며, 키는 30~50㎝이다.

잎은 길이 3~13㎝, 폭은 1~3㎝이며 3장의 잎이 줄기를 중심으로 돌며 마주나거나 혹은 어긋난다. 잎은 분백색이 도는 녹색이며, 가장자리에는 둔한 톱니가 있다. 잎은 육질이고 타원형이다.

ㅅ

8~9월에 누른빛이 도는 백록색 꽃이 윗부분의 줄기와 잎 사이 혹은 줄기 끝에서 빽빽하게 핀다. 10~11월에 여러 개의 씨방으로 이루진 열매가 4~5갈래로 갈라져 달리는데, 안에는 미세한 종자가 많이 들어 있다.

돌나물과에 속하며, 제주꿩의비름이라고도 한다. 관상용으로 쓰인다. 우리나라와 일본에 분포한다.

▲ 세잎꿩의비름_ 꽃

▲ 세잎꿩의비름_ 잎과 줄기

ㅅ

▲ 세잎꿩의비름_ 전초

▲ 세잎꿩의비름_ 전초

직접 가꾸기

세잎꿩의비름은 11월에 받은 종자를 바로 뿌려서 번식시킨다. 별 모양으로 갈라진 씨방에 미세한 종자가 들어 있어 씨방을 파종상에 털어 퍼질 수 있게 해주는 것이 요령이다.

종자 발아율은 매우 높은 편이며, 줄기나 잎을 이용한 삽목은 꽃이 필 때를 제외하고는 언제든지 해도 된다. 시중에 판매되는 발근제를 묻힌 후 삽목하면 된다. 10~15일 후면 뿌리가 나오며 약 2달 정도 지나면 화분이나 화단으로 옮겨 심는다.

화분에 심으면 아침 햇볕이 잘 드는 곳에 두어야 하고 화단에 심을 때는 반그늘이 진 곳에 심는다. 토양은 부엽질이 많은 퇴비를 넣고 물 빠짐이 좋게 한 후 심는다. 물은 3~4일 간격으로 준다.

가까운 식물들

- 꿩의비름 : 잎은 마주나거나 어긋나고, 잎의 가장자리에 둔한 톱니가 있다. 꽃은 흰 바탕에 약간 붉은빛이 돌며, 키는 30㎝이다.
- 둥근잎꿩의비름 : 한국 특산종으로 경상북도 주왕산 계곡 그늘진 바위 틈에서 자란다. 잎이 둥글며, 키는 15~25㎝이다.
- 큰꿩의비름 : 키가 30~70㎝로 크다. 8~9월에 붉은빛이 도는 자주색 꽃이 핀다.
- 자주꿩의비름 : 꽃이 붉은 자주색이다. 키는 30~50㎝이다.
- 새끼꿩의비름 : 키는 60㎝이다. 지름 1㎝의 노란빛을 띤 흰색 꽃이 핀다.

ㅅ

꿩의비름

둥근잎꿩의비름

158

잎이 3갈래로 깊게 갈라지는

세잎쥐손이

이명 | 마디쥐소니, 세갈래쥐손이, 세잎손잎풀

학명 | *Geranium wilfordii* Maxim.

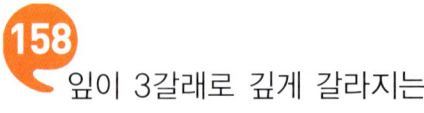

세잎쥐손이는

쥐손이풀의 한 종류로, 잎이 3갈래로 깊게 갈라져서 세잎쥐손이라는 이름이 붙었다.

우리나라 각처의 산지에서 나는 여러해살이풀로, 햇볕이 많이 들어오는 곳이나 반그늘의 토양 부엽질이 풍부한 곳에서 자라며, 키는 40~80㎝이다. 마디가 굵고 가지가 길게 자라서 비스듬히 뻗는다.

잎은 폭이 5~8㎝로 표면과 뒷면에 털이 있으며 본래 3갈래로 갈라지나 5갈래로도 깊게 갈라지고, 마주난다. 갈래조각은 마름모 비슷한 바소꼴이고 끝이 뾰족하며 가장자리에 불규칙하게 깊이 패어 들어간 톱니 모양이 있다. 턱잎은 좁으며 서로 떨어져 있다.

꽃은 8월에 줄기 끝 잎겨드랑이에서 꽃줄기가 나와 그 꽃줄기 끝에 연한 홍색 꽃이 1~2송이씩 핀다. 꽃잎은 5장이며 지름은 1~1.5㎝이다.

9~10월경에 좁고 긴 열매가 달리는데 안에는 5개로 갈라진 씨방이 있다.

세잎쥐손이는 쥐손이풀과에 속하며 마디쥐소니, 세갈래쥐손이, 세잎손잎풀이라고도 부른다.

관상용으로 쓰이며, 꽃과 열매를 포함한 전초는 약으로 사용된다. 특히 설사를 멈추게 하는 효과가 있다. 우리나라와 일본, 중국, 아무르 강 등지에 분포한다.

직접 가꾸기

세잎쥐손이는 10월경에 받은 종자를 바로 뿌린다. 씨앗은 윗부분의 갈라진 부분에 달려 있는데 종자 받을 시간을 놓치면 떨어지고 없어진다. 따라서 씨방 전체를 담아 흔들어서 종자를 받고, 받은 종자는 물에 2~3일 정도 불려 놓는다. 종자를 저장 후 바로 뿌리면 발아율도 떨어지고 새순을 올리는 과정에서도 많이 썩는다. 뿌리 번식은 이른 봄에 새순이 올라올 때 나누어서 한다.

키가 작고 꽃 한 송이의 개화기간은 짧지만 전체적으로는 긴 편에 속해 화분이나 화단에 심으면 좋다. 반그늘에 심되 유기질이 많은 퇴비를 넣고 화단에 심을 경우 앞쪽에 심는다. 잎이 많지 않아 3~4일 간격으로 물을 준다.

가까운 식물들

- 쥐손이풀 : 6~8월에 잎겨드랑이에서 나온 긴 꽃자루에 꽃이 달리는데, 위쪽에는 1개씩 달리고, 아래쪽에는 2개씩 달린다.
- 국화쥐손이 : 꽃자루 끝에 3개의 작은 꽃자루가 나와 그 끝에 1개씩 꽃이 달리며 꽃이 진 뒤에는 끝이 굽는다.
- 긴꽃쥐손이 : 6~8월에 긴 꽃줄기 끝에 희거나 불그스름한 꽃이 2개씩 핀다. 부전고원에 분포한다.
- 부전쥐손이 : 원줄기에 밑을 향한 털이 있고 세로로 줄이 파이며 선모가 나 있다.
- 흰털쥐손이 : 잎 뒷면에 흰털이 오밀조밀하게 나 있다.
- 분홍쥐손이 : 꽃은 분홍색이며, 함경도에 분포한다.
- 우단쥐손이 : 분홍쥐손이와 비슷하지만 포기 전체에 퍼진 털이 난다. 함경도에 분포한다.
- 좀쥐손이 : 잎이 완전히 3개로 갈라진다.
- 삼쥐손이 : 꽃은 홍자색으로, 8~9월에 잎겨드랑이에서 나온 긴 꽃자루 끝에 2개씩 핀다.

- 산쥐손이 : 높은 산 중턱에 자란다. 잎은 마주나고 7~8개로 깊게 손바닥 모양으로 갈라진다.
- 섬쥐손이 : 쥐손이풀에 비해 키가 작고 퍼진 털이 빽빽이 나 있으며 잎의 뒷면에 긴 털이 없다. 키는 약 30㎝이며, 한라산 꼭대기에 분포한다.
- 꽃쥐손이 : 고산지대에서 자라며, 키는 30~50㎝이다. 꽃 색깔은 붉은 자주색이다.

쥐손이풀

꽃쥐손이

159

잎이 작은 맥문동

소엽맥문동

이명 | 겨우사리맥문동, 좁은맥문동, 긴잎맥문동

학명 | *Ophiopogon japonicus* (L.f.) KerGawl.

맥문동은 요즘 조경용으로 많이 재배되고 있다. 공원에서도 쉽게 볼 수 있으며, 특히 상록식물이라서 겨울에도 푸른 잎이 남아 있다. 참고로 맥문동이라는 이름은 뿌리의 굵은 부분이 보리와 비슷하고 겨울을 이겨내는 식물이라서 붙여졌다.

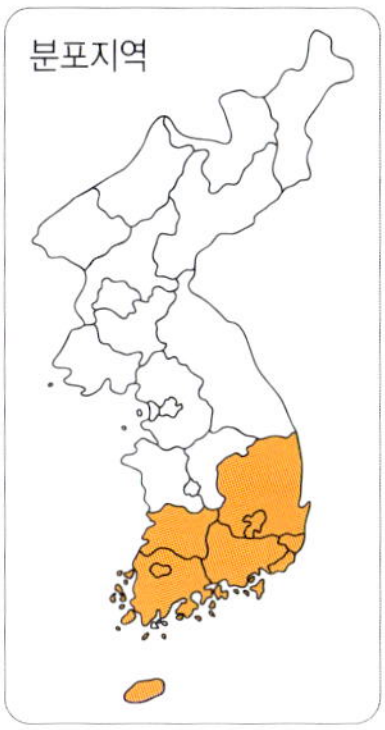

소엽맥문동은 잎이 작아서 붙여진 이름으로, 맥문동은 잎의 크기가 30~50cm, 폭이 0.8~1.2cm인데, 소엽맥문동 잎은 길이 10~30cm, 폭 0.2~0.4cm로, 거의 절반도 안 된다.

ㅅ

우리나라 남부지방의 산에서 자라는 여러해살이풀로, 풀숲의 반음지 혹은 양지에서 자라며, 키는 7~12cm로 작은 편이다. 뿌리줄기가 옆으로 뻗으면서 자라고 뿌리 끝이 땅콩같이 굵어지는 것도 있다.

잎은 밑부분에서 뭉쳐나며 선 모양으로, 끝이 둔하다.

7~8월에 연한 자주색 또는 흰색의 꽃이 10개 정도 달려 핀다. 작은꽃줄기는 길이가 1~3cm이며 가운데 또는 꽃 밑에 마디가 있다.

9~10월경에 짙은 하늘색 열매가 둥글게 달린다.

백합과에 속하며 겨우사리맥문동, 좁은맥문동, 긴잎맥문동이라고도 한다. 관상용으로 쓰이며, 덩이줄기는 맥문동처럼 약재로 사용된다. 우리나라와 일본, 중국, 타이완 등지에 분포한다.

▲ 소엽맥문동_ 꽃

직접 가꾸기

소엽맥문동은 가을이나 이른 봄에 포기나누기를 하거나 10월에 얻은 종자를 보관하여 이른 봄에 뿌린다. 화분이나 화단에 키우면 좋다. 반그늘이 가장 좋으며 물 빠짐이 좋은 곳에 심는다. 물은 2~3일 간격으로 준다.

가까운 식물들

- 개맥문동 : 잎맥의 수가 7~11개로, 11~15개인 맥문동과 비교된다.
- 맥문아재비 : 바닷가 산지 그늘이나 습지에 자란다. 잎은 길이 30~38㎝, 폭 1~1.5㎝이며 짙은 녹색이다.
- 맥문동 : 소엽맥문동보다 잎이 크다. 꽃은 연한 자주색이지만 드물게 흰색으로도 핀다.

개맥문동

맥문아재비

맥문동

160

끊어진 것을 이어주는 약용식물

속단

이명 | 묏속단, 멧속단, 두메속단

학명 | *Phlomis umbrosa* Turcz.

ㅅ

속단은 꽃 모양이 아주 특이하다. 윗부분에 솜털이 많이 나 있는 모습이 꼭 털모자처럼 생겼다. 속단(續斷)은 끊어진 것을 잇는다는 뜻으로, 예를 들면 인대가 파열되었을 때나 뼈가 부러진 데 효과가 있어 약재로 이 풀을 많이 사용했다고 한다.
우리나라 각처의 산에서 자라는 여러해살이풀로, 습기가 많은 반그늘의 토양이 비옥한 곳에서 자라며, 키는 약 1m 정도이다.
줄기는 곧게 서며 전체에 잔털이 나 있다. 뿌리에 방추상으로 굵은 덩이뿌리가 5개 내외 달린다. 달걀 모양의 잎은 길이가 약 13㎝, 폭이 약 10㎝ 정도이고 뒷면에 잔털이 있다. 또한 잎 가장자리에 둔한 규칙적인 톱니가 있으며 마주난다.

◀ 속단 압화

꽃은 7월에 피며 붉은색 빛이 돈다. 꽃은 원줄기 윗부분에서 마주나고, 층층으로 달리며 입술 모양으로 피는데 길이는 1.8㎝ 정도이다. 꽃의 윗입술 부분은 모자 모양으로 겉에 우단과 같은 털이 빽빽하게 있고, 아랫입술 부분은 3개로 갈라져서 퍼지며 겉에 털이 있다. 열매는 달걀 모양으로 9~10월경에 꽃받침에 싸여 익는다.
꿀풀과에 속하며 묏속단, 멧속단, 두메속단이라고도 한다. 어린잎은 식용, 뿌리는 약용으로 쓰인다. 원산지는 한국으로 우리나라와 중국, 만주 등지에 분포한다.

▲ 속단_ 꽃봉오리

▲ 속단_ 전초

ㅅ

▲ 속단(백색)_ 꽃(정면)

▲ 속단(백색)_ 꽃(측면)

▲ 속단_ 무리

직접 가꾸기

속단은 10월에 얻은 종자를 바로 뿌리거나 종이에 싸서 냉장보관하여 이듬해 봄에 뿌린다. 또 이른 봄이나 가을에 포기나누기를 해서 번식시켜도 된다. 반그늘이 지고 바람이 잘 통하는 화단에 심는다. 자생지에서는 주로 주변습도가 높기 때문에 이런 환경 조건을 만들어주는 것이 좋다.

가까운 식물들

- 산속단 : 속단보다 작아서 키는 60㎝이다. 한국 특산종으로 강원 북부 이북과 백두산의 깊은 산에 자란다.
- 흰속단 : 꽃이 흰색이다.

흰속단

161

새아씨처럼 예쁜

솔나리

이명 | 솔잎나리, 검솔잎나리

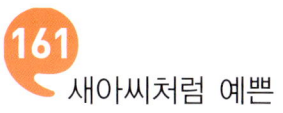

학명 | *Lilium cernuum* Kom.

ㅅ

솔나리는 중북부 이북에서 자라는 다년생 구근식물이다. 잎이 솔잎처럼 생겼다고 하여 솔나리라고 하며, '솔잎나리' 라고도 한다. 비슷한 종류로 흰색 꽃이 피는 흰솔나리와 검은빛이 도는 홍자색 꽃이 피는 검은솔나리가 있다. 나리를 구분하는 법은 꽃이 어디를 향하는지 보는 것이 가장 쉬운데, 하늘을 향하면 하늘나리, 땅을 향하면 땅나리, 중간쯤이면 중나리다. 말나리는 아래 잎이 마치 우산살처럼 둥그렇게 나 있다.

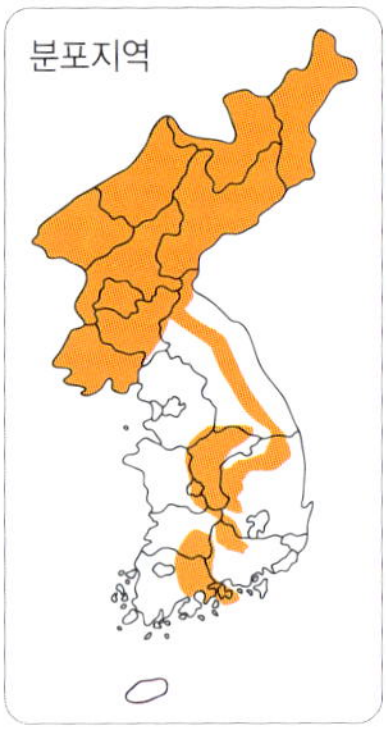

솔나리는 양지 혹은 반그늘의 물 빠짐이 좋은 곳에서 자라며, 키는 70㎝이다. 잎은 다닥다닥 달려 어긋나며 길이가 10~15㎝, 폭은 0.1~0.5㎝로 좁은 편이다. 가는 선 모양의 잎이 소나무 잎처럼 뾰족하게 달리며 올라간다.

7~8월에 짙은 홍자색 꽃이 핀다. 꽃의 안쪽에는 자주색 반점이 있으며, 꽃의 길이는 2.5~4.2㎝, 폭은 약 0.8㎝이다. 원줄기 끝과 가지 끝에 1~4개의 꽃이 밑을 향해 달린다. 암술은 수술보다 길이가 길어 밖으로 나와 있다. 열매는 9~10월에 익고 편평하며 갈색이다.

백합과에 속하며 솔잎나리, 검솔잎나리라고도 한다. 관상용으로 쓰이며, 비늘줄기는 식용으로 쓰인다. 꽃은 백합화(百合花), 종자는 백합자(百合子)라고 해서 약용으로도 쓰인다. 환경부에 의해 보호식물로 지정되었으며, 우리나라 강원도 이북 지방과 중국 동북부, 우수리 강 등지에 분포한다. 꽃말은 '새아씨' 이다.

솔나리 압화 ▶

▲ 솔나리_ 잎

▲ 솔나리_ 꽃봉오리(색 들기 전)

ㅅ

▲ 솔나리_ 꽃봉오리

▲ 솔나리_ 꽃

▲ 솔나리_ 시드는 모습

▲ 솔나리_ 종자 결실

직접 가꾸기

솔나리의 번식은 가을이나 봄에 비늘조각을 이용하며, 여름에는 뿌리가 영양분을 꽃과 줄기로 보내기 때문에 비늘조각이 줄어들어 있어 번식용으로 이용하기에는 좋지 않다. 9~10월에 달리는 종자를 받아 바로 뿌리거나 이듬해 봄에 화단에 뿌려도 좋다.

서늘한 곳에서 자라는 품종이므로 키울 때 신경을 많이 써야 한다. 특히 낮은 지대의 양지에 심으면 여름에 잎이 타고 꽃 색깔이 빨리 변하기 때문에 반그늘인 화단에 심는 게 좋다.

가까운 식물들

- 큰솔나리 : 솔나리와 비슷하나 꽃다발이 더 크다. 하지만 키가 60㎝로 솔나리보다 작다.
- 참나리 : 꽃잎 안쪽에 흑자색 반점이 많아서 호랑이무늬를 보여준다.
- 하늘말나리 : 꽃이 하늘을 보고 있는 말나리이다.
- 섬말나리 : 노란색 꽃이 핀다. 우리나라 특산종으로 울릉도에 분포한다. 키는 50~100㎝이다.
- 말나리 : 아래 잎이 마치 우산살처럼 둥그렇게 나 있으며, 키는 80㎝이다.
- 털중나리 : 잎에 털이 유난히 많이 난 중나리이다.
- 땅나리 : 꽃이 땅을 보고 있다.
- 하늘나리 : 꽃이 하늘을 보고 있다.
- 누른하늘말나리 : 7~8월에 짙은 노란색 꽃이 피는데, 줄기 위쪽에 1~6개의 꽃이 위를 향해 곧게 달린다. 키는 약 1m이다.

참나리

하늘말나리

말나리

털중나리

땅나리

누른하늘말나리

162

잎이 솔잎을 닮은

솔나물

이명 | 큰솔나물

학명 | *Galium verum* var. *asiaticum* Nakai

잎이

솔잎처럼 가늘게 생겨서 솔나물이라고 한다. 솔나물은 몇 가지 종류가 있는데, 주로 꽃을 보고 구분하며, 때로는 잎에 난 털을 보고 구별하기도 한다.

전국의 산과 들에서 자라는 숙근성 여러해살이풀로, 햇볕을 많이 받고 토양의 비옥도가 높은 곳에서 잘 자라며, 키는 70~100㎝ 정도이다. 햇볕을 좋아해서 묘지 주변이나 들판에 다른 잡초들과 섞여서 자라는 경우가 흔하다.

옆으로 자라는 뿌리줄기에서 마디마다 잔뿌리가 나오고, 줄기는 곧게 서며 윗부분에서 가지가 갈려진다. 잎은 길이가 2~3㎝, 폭은 약 0.2㎝로 길고 뾰족하다. 잎은 줄기를 중심으로 돌아가면서 보통 10개 정도 달린다.

6~8월에 지름 약 0.2㎝의 정도의 작고 많은 수의 노란색 꽃들이 뭉쳐서 핀다.

열매는 9~10월경에 익으며 타원형이다.

꼭두서니과에 속하며 큰솔나물, 송엽초, 황미화, 봉자채라고도 한다.

관상용으로 쓰이며, 꽃을 포함한 모든 전초는 약용으로 쓰인다.

우리나라와 일본, 중국을 비롯한 아시아, 유럽, 북아프리카, 북아메리카 등지에 분포한다.

솔나물 압화 ▶

▲ 솔나물_ 잎 올라오는 모습

▲ 솔나물_ 잎

▲ 솔나물_ 개화 직전

▲ 솔나물_ 꽃

▲ 솔나물_ 무리

ㅅ

직접 가꾸기

솔나물은 9~10월경 종자를 받아 바로 화분이나 화단에 뿌리는 것이 발아율이 가장 높다. 상온이나 냉장고에 저장했다가 뿌렸을 경우 발아율이 현저히 떨어진다. 이른 봄 새싹이 올라올 때 포기나누기를 해서 번식해도 된다. 토양이 비옥한 화단에서는 잘 번지는 품종으로, 양지바른 곳을 택하여 심되 5~6월경에 잎이 무성해질 때에는 2~3일에 1번 물을 줘야 한다.

가까운 식물들

- 흰솔나물 : 흰 꽃이 핀다.
- 털솔나물 : 씨방에 털이 있다.
- 흰털솔나물 : 연한 노란색 꽃이 피고 씨방에 털이 있다.
- 개솔나물 : 연한 노란빛을 띤 녹색 꽃이 핀다. 들이나 양지바른 숲 가장자리에서 자란다.
- 털잎솔나물 : 잎에 털이 많다.
- 애기솔나물 : 한국 특산종으로 한라산에 분포하며, 키는 10~20㎝이다.

애기솔나물

163

작은 꽃이 아름다운

송이풀

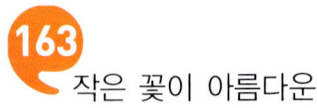

이명 | 수송이풀, 마주송이풀, 명천송이풀, 가지송이풀, 이삭송이풀, 그늘송이풀, 도시락나물, 마주잎송이풀, 잔털송이풀, 칠보송이풀, 털송이풀

학명 | *Pedicularis resupinata* L.

꽃이 피기 시작하면 송이(松栮)를 따기 시작한다고 해서 송이풀이란 이름이 붙었다.

우리나라 전역의 산에 나는 여러해살이풀로, 토양이 비옥하고 물 빠짐이 좋은 반그늘에서 자라며, 키는 30~60㎝이다. 줄기는 밑에서 여러 대가 나와 함께 자라며 밑에서 가지가 갈라진다.

잎은 길이가 4~9㎝, 폭이 1~2㎝로 좁은 달걀 모양이다. 잎은 끝이 뾰족하며 끝에는 규칙적으로 이중 톱니가 있다. 잎의 밑부분이 갑자기 좁아지고 잎자루는 짧다.

8~9월에 홍자색 꽃이 피어 둥글게 올라가는데, 마치 잎 사이에서 올라오는 듯 보인다. 꽃받침은 길이가 0.5~1㎝이고, 앞쪽이 깊게 갈라지며, 뒷면은 끝이 둥글고 2~3개의 둔한 톱니와 짧은 털이 있다. 열매는 10월경에 달리는데 길이는 0.7~1㎝로 달걀 모양이며 뾰족하다.

현삼과에 속하며 지방에 따라 부르는 이름이 많아서 수송이풀, 마주송이풀, 명천송이풀, 가지송이풀, 이삭송이풀, 그늘송이풀, 도시락나물, 마주잎송이풀, 잔털송이풀, 칠보송이풀, 털송이풀이라고도 한다. 또 마뇨소(馬尿燒)라는 이름도 있다. 어린잎은 식용으로 쓰인다.

우리나라와 일본, 사할린 섬, 중국, 캄차카 반도, 시베리아 등지에 분포하며, 꽃말은 '욕심', '청담'이다.

송이풀_ 새순 올라오는 모습 ▶

▲ 송이풀_ 잎

▲ 송이풀_ 꽃

▲ 송이풀_ 꽃(위에서 본 모습)

▲ 송이풀_ 종자 결실

ㅅ

▲ 송이풀_ 무리

직접 가꾸기

송이풀은 종자를 종이에 싸서 냉장보관하여 이른 봄에 화분에 뿌리거나 봄에 새싹이 올라오면 포기나누기를 해서 번식시킨다. 종자 발아율은 좋은 편이며 일부 종자는 이듬해 봄까지 붙어 있기도 한다. 키가 크지 않기 때문에 실내에서 키워도 좋은 식물로, 햇볕이 많이 들어오는 곳은 가급적 피하고 물은 2~3일 간격으로 준다.

가까운 식물들

- 구름송이풀 : 구름이 지나는 높은 산에 분포하며, 키는 5~15㎝로 아주 작다.
- 나도송이풀 : 산과 들의 양지바른 풀밭에서 자라는데, 전체에 부드러운 선모가 나 있다.
- 대송이풀 : 깊은 산 속에서 자라며, 키는 50㎝이다. 함경도에 분포한다.
- 만주송이풀 : 꽃은 연한 노란색이다. 높은 산 중턱에 자라며, 키는 30㎝ 정도이다.
- 바위송이풀 : 키가 5~10㎝로 아주 작다.
- 부전송이풀 : 높은 지대의 습지에 자라며, 키는 30㎝이다. 부전고원에 분포한다.

구름송이풀

나도송이풀

164

된장 썩은 냄새가 나는

송장풀

이명 | 개속단, 개방앳잎, 산익모초

학명 | *Leonurus macranthus* Maxim.

ㅅ

하필 송장이라는 이름이 붙었을까 싶다. 송장 썩는 냄새가 난다고 하여 삼백초를 '송장풀'이라고도 부르지만, 이 송장풀의 유래는 분명하지 않다. 단지 예전에는 '개속단'이라고 불렀으며, 꽃에서 된장 냄새가 나서 송장풀이라고 하는 것 같다. 꽃이 예쁘기는 하지만 언뜻 보면 꽃과 꽃술의 모양이 뱀이 입을 크게 벌리고 있는 것 같다. 꽃술은 마치 뱀의 독기가 서려 있는 이빨 같기도 하다.

우리나라 각처의 산지에서 나는 여러해살이풀로, 바위가 많은 곳의 햇볕을 많이 받는 곳이나 반그늘이면서 토양에 부엽질이 많은 곳에서 자라며, 키는 약 1m이다. 줄기는 곧추서고 둔하게 네모지며 전체에 갈색의 누운 털이 빽빽이 난다. 줄기의 색은 녹색 또는 자주색이 도는 둔한 사각형이다.

잎은 길이가 6~10cm, 폭이 3~6cm로 좁은 달걀 모양이고 가장자리에 둔한 톱니가 있다. 잎의 표면은 녹색으로 복모가 있고, 뒷면은 회록색으로 표면보다 털이 더 많으며 마주난다.

8월에 연한 홍색꽃이 피는데 잎겨드랑이에서 5~6개가 길이 2.5~3.2cm로 달린다. 꽃부리의 길이는 2~2.8cm로 윗부분과 아랫부분으로 갈라지고 윗부분 뒷면에는 백색 털이 있다. 10~11월경에 길이 약 2.5cm의 검은색 열매가 익는다.

꿀풀과에 속하며 개속단, 개방앳잎, 산익모초라고도 한다. 관상용으로 쓰이며, 잎과 줄기의 모든 부분을 약으로 사용한다. 우리나라와 일본, 중국에 분포한다.

◀ 송장풀 압화

▲ 송장풀_ 꽃봉오리

▲ 송장풀_ 꽃

직접 가꾸기

송장풀은 11월경에 받은 종자를 바로 뿌리거나 종이에 싸서 냉장고에 보관하여 이듬해 봄에 뿌린다. 종자 발아율은 높은 편이고 뿌리 번식은 이른 봄에 새순이 올라올 때 한다. 물 빠짐이 좋고 햇볕이 많이 들어오는 곳에 심는다. 화분에 심으면 키가 너무 크기 때문에 관상 가치는 떨어진다. 화단에 심을 때는 부엽질이 많은 퇴비를 듬뿍 넣어줘야 하며, 깊게 판 후 잔돌을 많이 넣어 물 빠짐이 좋게 해줘야 한다. 키가 큰 품종이어서 가운데나 뒤쪽에 집단적으로 심는 것이 요령이다.

가까운 식물들

- 속단 : 크기와 꽃의 색상이 모두 송장풀과 비슷하나 모양이 약간 다르다. 특히 속단은 층계를 이루듯 꽃이 피는 점이 쉽게 구분된다.
- 익모초 : 뿌리에 달린 잎은 달걀 모양 원형으로 송장풀과 비슷하나, 줄기에 달린 잎은 3개로 갈라지는 점이 다르다.

속단

익모초

165

연약한 듯하면서도 강한 풀

수까치깨

이명 | 푸른까치깨, 참까치깨, 민까치깨, 암까치깨

학명 | *Corchoropsis tomentosa* (Thunb.) Makino

ㅅ

수까치깨는

한해살이풀이 대개 군락을 이루며 자라듯, 여러 개체를 한꺼번에 심어주면 종자 발아도 잘 되어 매년 같은 자리에서 꽃을 보기가 쉬운 품종이다. 경기도 이남의 산과 들에서 나는 1년생 초본으로, 반그늘에서 잘 자라며, 키는 약 60㎝이다. 전체에 털이 나 있고 가지가 갈라지는 것이 특징이다.

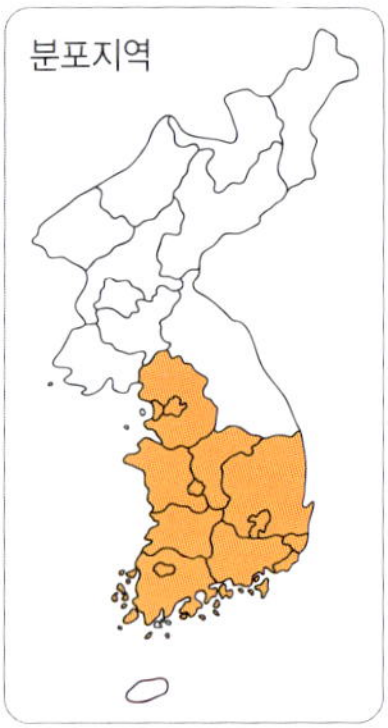

잎은 어긋나며, 길이는 4~8㎝, 폭이 2~4.5㎝의 크기이다. 잎은 달걀 모양이고, 가장자리에 둔한 톱니가 있다. 잎자루는 길이 0.5~5㎝로 털이 있다. 8~9월에 노란색 꽃이 피며, 크기는 지름이 1~1.5㎝로 잎겨드랑이에 1송이씩 달린다. 작은 꽃줄기는 길이가 1.5~3㎝이다. 10~11월경에 길이가 3~4㎝, 지름이 0.3㎝인 열매가 난형으로 달리는데 겉에는 옆으로 두드러진 줄이 나 있다.

◀ 수까치깨 압화

전체적으로 까치깨와 비슷하다. 까치깨는 산과 들에서 자라며, 키는 30~90㎝이고, 줄기는 원기둥 모양이며 긴 털과 굽은 잔털이 난다. 수까치깨는 꽃받침이 뒤로 젖혀져 있어 까치깨와 구별된다.

벽오동과에 속하며 푸른까치깨, 참까치깨, 민까치깨, 암까치깨라고도 한다. 또한 야화생, 전마, 모과전마라고도 한다. 관상용으로 쓰이며 우리나라와 일본, 중국 동북부 등지에 분포한다.

▲ 수까치깨_ 꽃

▲ 수까치깨_ 종자 결실

ㅅ

직접 가꾸기

수까치깨는 11월에 받은 종자를 보관하여 이듬해 봄에 뿌려서 번식시킨다. 또는 이른 봄에 호미로 이 품종이 심어진 곳의 땅을 파주면 위에 있던 종자가 땅으로 들어가기 때문에 종자 발아율은 높아지고 계속 꽃들이 피어 관상 가치도 높아진다. 어느 곳에서나 잘 자라는데, 한해살이풀이기 때문에 한 곳에 집단적으로 심어야 한다. 1년생 초본류들은 거의 집단적으로 자라는 경우가 많다.

가까운 식물들

- 까치깨 : 산과 들에서 자라며, 키는 30~90㎝이고, 줄기는 원기둥 모양이며 긴 털과 굽은 잔털이 난다.

166

장난감 수염처럼 피는 꽃

수염가래꽃

이명 | 수염가래

학명 | *Lobelia chinensis* Lour.

수염가래꽃은 꽃잎이 5개인데, 한쪽으로 치우쳐 있어서 꽃이 피다 만 것처럼 보인다. 수염이라는 말은 아이들이 놀이할 때 코 밑에 달고 노는 수염 같아서 붙여졌고, 가래는 농기구 가래에서 유래했다는 설과 꽃이 갈라진 것 때문에 갈래라는 말이 변한 것이라는 설이 있다.

우리나라 전역의 들에서 자라는 여러해살이풀로, 토양에 관계없이 햇빛이 잘 드는 곳에 자란다. 논둑과 습지에서 잘 자라며, 키는 3~15㎝로 작은 편이다.

옆으로 벋어가면서 마디에서 뿌리가 내리며 마디에서 갈라진 가지가 곧게 선다. 잎은 어긋나며 길이는 1~2㎝, 폭이 0.2~0.4㎝이다. 잎은 2줄로 배열되며 잎자루가 없고 뾰족하거나 혹은 좁은 타원형이다.

5~8월에 연한 자줏빛 꽃이 피며, 길이는 1.5~3㎝이고, 한 가지에 1~2개씩 핀다. 꽃이 필 때는 서 있지만 꽃이 지면 아래로 처진다. 꽃받침은 끝이 5개로 갈라지고 꽃부리 길이는 약 1㎝이다.

7~9월경에 달리는 열매는 길이가 0.5~0.7㎝이며, 종자는 적갈색으로 크기가 작다.

초롱꽃과에 속하며 수염가래라고도 한다. 또 세미초, 과인초, 반변하화라고도 한다. 관상용으로 쓰이며, 전초는 약용으로 쓰인다. 우리나라와 일본, 중국, 타이완, 인도, 말레이시아 등지에 분포한다.

수염가래꽃 압화 ▶

▲ 수염가래꽃_ 꽃

▲ 수염가래꽃_ 시든 모습

직접 가꾸기

수염가래꽃은 종자를 받으면 바로 화분이나 화단에 뿌리는 것이 좋다. 꽃이 피는 시기가 길기 때문에 열릴 때마다 받을 수 있다. 포기나누기는 가을과 이른 봄에 한다.

화단과 화분에 심으며 어느 곳에서나 잘 자란다. 실내에서 키울 때는 공기가 잘 통하고 햇볕이 많이 들어오는 곳이 좋다. 온도가 적당하면 늦가을까지 계속 꽃이 핀다. 물은 2~3일 간격으로 준다.

가까운 식물들

ㅅ

- 숫잔대 : 꽃잎이 5개로 3개가 수염처럼 밑으로 향하고 2개는 위로 향한다. 수염가래보다 키가 커서 50~100㎝이다.

숫잔대

167

하얗게 피는 부생식물

수정난풀

이명 | 수정란풀, 석장초, 수정란, 수정초

학명 | *Monotropa uniflora* L.

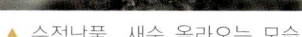

▲ 수정난풀_ 새순 올라오는 모습

▲ 수정난풀_ 꽃 피기 전

ㅅ

수정난풀은 햇볕을 직접 받으면 말라 죽는다. 광합성을 하지 못하므로 스스로 영양분을 만들지 못하고 다른 식물에 의지해야 살 수 있는데, 낙엽 속에서 사는 품종이다. 덩어리처럼 생긴 뿌리에서 엽록소가 없는 몇 개의 꽃자루가 하얗게 올라온다. 이런 식물을 흔히 부생식물이라고 한다.

꽃이 수정처럼 보여 수정난풀이라고 하는데, 전 세계적으로 3~4종밖에 없는 것으로 알려져 있으며 우리나라에는 구상난풀과 수정난풀 2종류가 서식하고 있다.

전국의 산속에 자라는 여러해살이풀로, 토양에 부엽질이 풍부한 반그늘 혹은 음지에서 자라며, 키는 10~20㎝이다. 잎은 비늘과 같은 것이 퇴화되어 어긋나며 긴 줄기를 이루고 있다.

7월에 길이가 1.5~2.5㎝, 폭이 1.4~1.8㎝의 종 모양 꽃이 핀다. 색깔은 은빛이 도는 흰색이며 긴 줄기를 따라 끝에 1개씩 아래를 향해 달린다. 꽃받침잎은 1~3개, 꽃잎은 3~5개이다. 8~9월에 둥근 열매가 익는다. 열매의 길이는 2.5㎝, 폭은 2㎝가량이며, 종자는 타원형으로 길이와 폭이 약 0.1㎝로 아주 작다.

노루발과에 속하며 수정란풀, 석장초, 수정란, 수정초라고도 한다. 전초는 약용으로 쓰인다. 우리나라와 일본, 사할린 섬 등지에 분포한다. 학명인 모노트로파스트럼(*Monotropastrum*)은 그리스어로 '꽃이 한쪽으로 굽은 식물과 비슷하다'는 뜻으로 고개를 숙이며 피는 특성에서 유래한다.

▲ 수정난풀_ 고사 직전의 모습

▲ 수정난풀_ 종자 결실

▲ 수정난풀_ 무리

직접 가꾸기

수정난풀은 늦가을에 포기나누기를 해서 번식시킨다. 새순이 올라오면 이미 옮기는 시기가 늦은 것이다. 받은 종자는 이듬해 봄에 뿌리는데, 발아율은 높지 않지만 한번 발아한 개체는 그해에 작게라도 싹이 난다. 하지만 재배는 거의 불가능하다. 특히 햇빛을 받으면 윗부분이 타므로 키우기 어렵고, 기생할 수 있는 기주식물이 항상 주변에 있어야 한다.

가까운 식물들

- 나도수정초 : 5~6월에 거의 투명에 가까운 흰색의 꽃이 핀다. 다 자란 길이가 10~15㎝ 정도이고, 열매가 머리를 숙이고 땅으로 달린다.
- 구상난풀 : 미황색에서 갈색을 띠며, 너덜너덜한 모습이다. 꽃은 5~6월에 핀다. 한라산의 구상나무 숲 속에서 잘 자라서 구상난풀이라고 한다.

나도수정초

구상난풀

168

꽃이 특이하게 예쁜

숫잔대

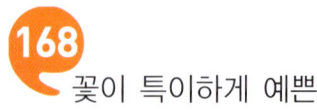

이명 | 진들도라지, 잔대아재비, 습잔대

학명 | *Lobelia sessilifolia* Lamb.

숫잔대의 학명을 보면 로벨리아 세실리폴리아(*Lobelia sessilifolia*)인데, 로벨리아는 유명한 의약 성분 '로벨린(lobeline)'에서 유래한다. 이를 봐도 약재로 뛰어난 식물임을 알 수 있다. 남부 도서지방과 제주도를 제외한 전국에서 나는 여러해살이풀로, 주변습도가 높거나 소형 늪지대와 같이 물기가 많은 곳에서 자라며, 키는 50~100㎝이다.

줄기는 곧게 자라고, 잎과 더불어 털이 없고 가지가 갈라지지 않으며 뿌리줄기가 짧고 굵다. 길이 4~7㎝, 폭 0.5~1.5㎝의 잎이 어긋나며 많이 붙어 있다. 중앙부의 잎은 피침형으로 잎자루가 없고 끝이 좁아진다.

7~8월에 벽자색 꽃이 원줄기 끝에 1개 달리는데, 초롱꽃과에 속하지만 초롱 같은 통 모양은 아니다. 밑부분은 좁은 통으로 붙어 있지만 꽃잎이 먼저 둘로 갈라져 아래위로 나뉘고 아래 꽃잎은 3갈래로 깊이, 위쪽은 2갈래로 더욱 깊이 갈라져 있다. 작은꽃자루는 길이 0.5~1.2㎝이다. 열매는 9~10월경에 익는데, 긴 타원형으로 길이는 0.8~1㎝이다. 종자는 편평하고 길이는 약 0.15㎝ 정도로 매끄럽다.

진들도라지, 잔대아재비, 습잔대, 산경채라고도 한다. 관상용으로 쓰이며, 뿌리를 포함한 전초는 약용으로 쓰인다. 관상용으로 개량된 것은 로벨리아인데, 잎은 피침형으로 다소 촘촘히 어긋나게 달리며 윗부분 잎은 점점 작아지면서 마치 포엽처럼 꽃 밑에 달리는 것이 특징이다. 우리나라와 일본, 중국 동북부, 사할린 섬 등지에 분포한다.

숫잔대 압화 ▶

▲ 숫잔대_ 새순 올라오는 모습

▲ 숫잔대_ 꽃 피기 전

▲ 숫잔대_ 꽃(정면)

▲ 숫잔대_ 꽃(측면)

▲ 숫잔대_ 종자 결실

▲ 흰숫잔대_ 꽃봉오리

ㅅ

▲ 흰숫잔대_ 꽃(정면)

▲ 흰숫잔대_ 꽃(측면)

▲ 흰숫잔대_ 전초

직접 가꾸기

숫잔대는 9~10월에 받은 종자를 바로 화분이나 화단에 뿌리는 것이 좋다. 이른 봄 새순이 올라올 때 포기나누기를 해서 번식해도 된다. 종자 발아율이 높기 때문에 시기를 조정하면서 뿌려야 한다. 물기가 많은 화단에 심으며, 연못이나 습지 같은 곳을 이용하면 좋다.

가까운 식물들

- 로벨리아 : 숫잔대과로 높이는 10~50㎝이다. 꽃은 연한 하늘색 또는 흰색이다. 남아프리카 원산의 원예식물이다.
- 잔대 : 산과 들에서 자라며, 뿌리가 도라지 뿌리처럼 희고 굵다. 키는 40~120㎝로 전체적으로 잔털이 있다.
- 털잔대 : 잎이 넓고 털이 많다.
- 층층잔대 : 꽃의 가지가 적게 갈라지고 꽃이 층층으로 달린다.
- 가는층층잔대 : 층층잔대에 비해 잎이 가늘고 털이 있다. 키는 80㎝이다.
- 나리잔대 : 잔대에 비해 잎이 가늘고 길며 꽃이 약간 크다. 키는 1m로, 한라산과 백두산에 분포한다.
- 넓은잔대 : 잎이 타원형 또는 긴 타원형으로 넓다. 키는 90㎝이다.
- 톱잔대 : 잎 끝이 뾰족하고 밑은 둔하며 가장자리에 날카로운 톱니가 있다. 키는 50~100㎝이다.
- 두메잔대 : 8월에 종 모양의 벽자색 꽃이 핀다. 함경북도 풍산에 자라며, 키는 20~40㎝이다.
- 둥근잔대 : 꽃은 하늘색이며, 잎이 둥글어서 구분이 된다. 제주도 한라산에 분포하며, 키는 15㎝로 작다.

잔대

층층잔대

169

산야에서 쉽사리 볼 수 있는

쉽싸리

이명 | 택란, 개조박이, 털쉽사리

학명 | *Lycopus lucidus* Turcz.

쉽싸리는 우리나라 각처의 산에서 나는 여러해살이풀로, 혹시 싸리의 한 종류가 아닌가 하는 생각도 해 보지만 전혀 다르다. 쉽싸리는 꿀풀과, 싸리는 콩과에 속하는 식물이다.

낙엽수가 있는 반그늘이나 양지 쪽의 물 빠짐이 좋은 곳에서 자라며, 키는 1m 정도이다. 잎은 마주나며 길이가 2~4㎝, 폭은 1~2㎝이다. 잎자루가 거의 없이 옆으로 퍼지며, 잎의 가장자리에는 톱니가 있다. 잎 모양은 바소꼴로서 양끝이 좁고 둔하며 밑으로 좁아져서 날개가 있는 잎자루처럼 되고 양면에는 털이 없다.

7~8월에 흰색 꽃이 잎겨드랑이에 모여 핀다. 꽃에 따라 수술과 암술의 길이가 다르다. 수술은 2개로 꽃잎 밖으로 길게 나온다. 꽃받침은 길이 0.3㎝로 5개로 갈라지고 끝이 뾰족하다. 9~10월경에 사각형 열매가 달린다.

꿀풀과에 속하며 택란(澤蘭), 개조박이, 털쉽사리라고도 한다. 또한 땅에서 나는 삼이라 하여 지삼(地蔘), 지순(地筍), 지과인묘(地瓜人苗)라고도 한다.

관상용으로 쓰이며, 잎과 줄기는 약으로 쓰인다. 연한 부분은 나물로도 먹는다. 아시아 동부에서 북아메리카에 걸쳐 분포한다.

쉽싸리 압화 ▶

▲ 쉽싸리_ 새순 올라오는 모습

▲ 쉽싸리_ 잎

▲ 쉽싸리_ 꽃

▲ 쉽싸리_ 종자 결실

직접 가꾸기

쉽싸리는 받은 종자는 이른 봄에 화분에 뿌리고, 가을이나 봄에 포기나누기를 해서 번식시킨다. 화단의 양지에 심는 것이 좋다. 물은 2~3일 간격으로 주면 된다. 꽃이 작고 잎 사이에 숨어 있기 때문에 관상 가치는 높지 않다.

가까운 식물들

- 혹쉽싸리 : 습지에서 자라며, 키는 20~40㎝이다. 털쉽싸리라고도 한다. 꽃은 여름에 피며 흰색이다. 평안북도에 분포한다.
- 애기쉽싸리 : 산과 들의 습한 곳에서 사라며, 키는 30~70㎝이다. 꽃은 흰색이다.
- 개쉽싸리 : 연못이나 습지에서 자라며, 키는 30~100㎝이다. 꽃대가 없는 흰색 꽃이 빽빽이 핀다.

170

콩과 식물에 피해를 주는 기생식물

실새삼

학명 | *Cuscuta australis* R. Br.

실새삼은 줄기가 마치 실처럼 가늘게 올라오고 전체 모양이 새삼같이 생긴 데서 붙여진 이름이다. 종명의 오스트라리스(*australis*)는 남쪽이란 뜻이다. 실새삼이 양지바른 남쪽 비탈에서 잘 자라기 때문에 붙여진 이름이다.

식물들은 다들 저마다 살아가는 방법이 있는데, 실새삼은 아주 특이해서 주변에 있는 식물들로부터 수분을 공급받아야만 살 수 있다. 특히 콩과식물에 많이 기생해서 콩밭에 큰 피해를 주곤 한다.

우리나라 각처의 들과 밭, 콩밭에 기생하는 덩굴성 한해살이풀로, 양지바른 곳에서 자라며, 키는 약 50㎝이다. 종자는 땅 위에서 발아하지만 숙주식물에 올라붙으면 땅 속의 뿌리가 없어지고 숙주식물에서 전적으로 양분을 섭취하는 종류이다.

줄기의 색깔은 황색으로, 전체에 털이 없다. 줄기는 왼쪽으로 감으면서 뻗고 다른 식물을 감아 올라간다. 비늘과 같이 생긴 잎이 드문드문 어긋나며, 7~8월에 흰색 꽃이 가지에 뭉쳐서 덩어리처럼 달린다. 꽃줄기는 짧고, 작은꽃줄기가 달린 작은 꽃들이 빽빽이 달린다. 화관은 종 모양이고 5갈래로 갈라지며, 수술은 5개로서 화관통에 달리고 통 부분 밖으로 나온다. 9~10월경에 열매가 달린다.

메꽃과에 속하며, 종자는 토사자(兎絲子)라고 해서 약으로 쓰인다. 토사자라는 이름은 옛날에 허리뼈가 부러진 토끼가 이 씨앗을 먹고 부러진 허리가 나았다는 데에서 유래한다고 한다. 우리나라와 일본, 동남아시아, 오스트레일리아 등지에 분포한다.

실새삼 압화 ▶

▲ 실새삼_ 꽃

직접 가꾸기

실새삼은 10월에 받은 종자를 이듬해 봄에 뿌려서 번식한다. 번식을 위해서는 숙주가 있어야 한다. 따라서 번식이 쉽지 않으므로 약용식물로 재배하지 않으려면 굳이 키우려고 하지 않는 것이 좋겠다. 특히 다른 식물의 수분을 모두 빨아먹고 살기 때문에 주변의 식물들은 모두 고사하고 만다.

가까운 식물들

- 갯실새삼 : 꽃받침이 열매보다 길다. 왼쪽으로 감아 올라가고 뚜렷한 잎이 없는 것이 독특하다. 순비기나무에 잘 기생한다.
- 새삼 : 목본식물에 기생하는 덩굴식물로, 줄기는 지름이 0.2㎝이고 붉은 빛을 띤 갈색이 돌며 털이 없다. 잎은 퇴화하여 비늘조각 모양이고 삼각형이다.

171

실처럼 가는 화피갈래 조각

실꽃풀

이명 | 실마리꽃

학명 | *Chionographis japonica* (Willd.) Maxim.

ㅅ

실처럼 가는 화피갈래 조각이 있어서 붙여진 이름이다. 흔히 실마리꽃으로도 불린다.

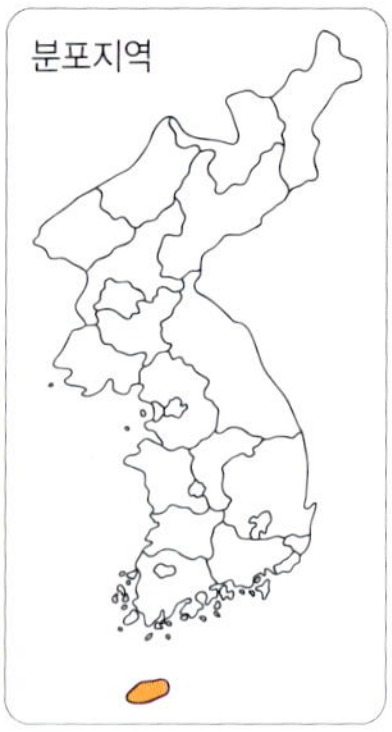

키는 약 30㎝이다. 뿌리에서 나온 잎은 길이가 3~8㎝, 폭은 1.5~3㎝로 긴 타원형이며 가장자리는 물결 모양이다. 줄기에서 나온 잎은 부채꼴 모양으로 뾰족하다. 뿌리에는 짧은 지하경이 있다.

꽃은 흰색이며 5~7월에 핀다. 수술과 암술이 같이 있는 것과 수꽃만 있는 것이 따로 있다. 줄기를 따라 길이 4~20㎝로 밑에서부터 위로 올라가며 꽃이 달린다. 꽃덮개의 찢어진 조각은 6개로, 뒷면은 길이가 약 0.8㎝이고 앞쪽은 수술과 길이가 비슷하다. 8월경에 길이 약 0.3㎝의 긴 타원형 열매가 달린다.

백합과에 속하는 여러해살이풀로, 제주도 한라산 산지에 분포한다. 그밖에 일본에도 분포한다. 주변습도가 높은 곳의 부엽질이 풍부하며 반 그늘진 곳에서 자란다.

이 품종은 해마다 자생지가 줄어들고 있어 특별한 보호가 있어야 할 것으로 사료된다. 특히 멸종위기종으로 분류하여 보호를 하고 있지만 외부적인 환경 요인으로 자생지가 점점 줄어, 여러 단체에서 보호 및 복구의 노력을 펼치고 있다.

자생지 조건을 보면 빛이 많이 들어오지 않는 계곡의 부엽질이 많은 곳에서 자라는 것으로 봐서 일반적인 재배는 힘든 품종이다.

▲ 실꽃풀_ 꽃

▲ 실꽃풀_ 종자 결실

ㅅ

▲ 실꽃풀_ 무리

직접 가꾸기

실꽃풀의 알려진 번식법은 없으나 자생지에는 종자가 발아된 후 새싹들이 많이 올라와 있는 것을 관찰할 수 있었다. 이는 자연 상태에서는 종자 발아율이 높다는 것을 알 수 있는 내용이다. 앞으로 이런 멸종위기식물에 대한 종자번식법이 규명되었으면 한다. 알려진 관리법은 없다.

가까운 식물들

특별히 알려진 식물이 없다.

172

여름부터 가을까지 정겨운 꽃

쑥부쟁이

이명 | 권영초, 쑥부장이

학명 | *Aster yomena* (Kitam.) Honda

ㅅ

가을이 다가오면 비슷하게 보이는 꽃이 많이 피는데, 쑥부쟁이와 구절초가 대표적이다. 구절초는 쑥부쟁이보다 꽃과 꽃잎이 크고 흰빛이다. 쑥부쟁이는 꽃잎 사이가 촘촘한데 구절초는 약간 틈이 있는 점도 다르다. 흰색은 구절초, 자주색은 쑥부쟁이로 알아두면 편리하다.

쑥부쟁이는 어느 곳에서나 쉽게 볼 수 있어서 아주 정겨운 야생화이기도 하다. 꽃은 국화나 장미처럼 화려하지 않고 그저 수수하기만 하다. 우리나라 각처의 산과 들에서 자라는 여러해살이풀로, 반그늘 혹은 양지에서 자라며, 키는 35~50㎝ 정도이다. 뿌리줄기가 옆으로 뻗으며, 원줄기가 처음 나올 때는 붉은빛이 돌지만 점차 녹색 바탕에 자줏빛을 띤다.

잎은 길이가 5~6㎝, 폭이 2.5~3.5㎝로 타원형이다. 잎자루가 길고 잎 끝에는 큰 톱니와 털이 있으며 처음 올라온 잎은 꽃이 필 때 말라 죽는다. 잎의 겉면은 녹색이고 윤이 나며 위쪽으로 갈수록 크기가 작아진다. 7~8월에 가지 끝과 원줄기 끝에 여러 송이의 꽃이 달린다. 설상화는 자줏빛이지만 통상화는 노란색이다. 열매는 9~10월경에 달리고 종자 끝에 붉은빛이 도는 갓털이 달리며 길이는 약 0.3㎝이다.

국화과에 속하며 권영초, 왜쑥부쟁이, 쑥부장이라고도 한다. 관상용으로 쓰이며, 어린순은 식용으로 쓰이는데, 데쳐서 나물로 먹거나 기름에 볶아 먹기도 한다. 우리나라와 일본, 중국, 시베리아에 분포한다.

쑥부쟁이 압화 ▶

▲ 쑥부쟁이_ 꽃

▲ 쑥부쟁이_ 시드는 모습

▲ 쑥부쟁이_ 종자 결실

ㅅ

▲ 쑥부쟁이_ 무리

▲ 쑥부쟁이(백색:색변이)_ 무리

직접 가꾸기

쑥부쟁이는 이른 봄에 심은 것을 캐어 여러 개로 나누어 올라오는 새순에 뿌리가 붙어 있는 개체를 화단에 옮겨 심으면 번식시킬 수 있다. 종자는 받아 바로 화분이나 화단에 뿌린다. 뿌리지 못한 종자는 보관했다가 이른 봄에 뿌리면 되는데, 이렇게 올라온 새싹이 그해에 꽃을 피우는 비율은 50% 정도로 낮다. 물 빠짐이 좋은 화단이면 어디에서나 재배할 수 있다. 화분에 키울 때는 유기질이 많이 들어 있는 퇴비를 사용하면 꽃을 많이 볼 수 있다. 물은 초여름에는 1~2일 간격으로 주고 다른 계절에는 3~4일 간격으로 주면 된다.

ㅅ

가까운 식물들

- 가는쑥부쟁이 : 쑥부쟁이에 비해 잎이 가늘고 톱니가 없다. 키는 60㎝이며, 여름에 자주색 꽃이 핀다.
- 가새쑥부쟁이 : 들판의 습한 곳에서 자라며, 키는 60㎝이다.
- 개쑥부쟁이 : 관모는 희거나 붉은데, 관상화의 관모는 짧고 설상화는 길다.
- 큰개쑥부쟁이 : 잎은 어긋나며 피침 모양이다. 거문도에 분포하며 키는 30~80㎝이다.
- 눈개쑥부쟁이 : 밑에서부터 가지가 갈라져서 옆으로 누워 자라다가 윗부분이 곧게 선다. 한라산에 자라며 키는 15~25㎝이다.
- 갯쑥부쟁이 : 바닷가의 건조한 곳에서 자라며, 키는 30~100㎝이다.
- 까실쑥부쟁이 : 꽃이 까칠까칠한 느낌으로 곰의수해라고도 한다. 산과 들에서 자라며, 키는 약 1m이다.
- 민쑥부쟁이 : 쑥부쟁이와 비슷하나 잎이 밋밋하고 수평으로 퍼지며 윗부분에 자줏빛이 도는 것이 다르다. 키는 60~80㎝이다.
- 단양쑥부쟁이 : 두해살이풀로 첫 해엔 15㎝, 둘째 해에는 30~50㎝로 자란다. 충북 단양 등에 분포하는 우리나라 특산식물이다.
- 미국쑥부쟁이 : 줄기의 아랫부분은 목질화해서 거칠거칠하고 털이 많이 나며, 줄기는 활처럼 휘어진다. 아메리카 원산이다.

• 섬쑥부쟁이 : 꽃은 8~10월에 피고 백색이며 지름은 1.5㎝이다. 울릉도에 분포하는데, 현지에서는 부지깽이나물이라고 부른다.

개쑥부쟁이

갯쑥부쟁이

까실쑥부쟁이

미국쑥부쟁이

173

밥풀 2개가 예쁘게 달린

알며느리밥풀

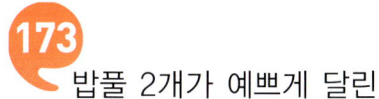

이명 | 둥근잎밥풀, 둥근잎며느리밥풀, 둥근잎새애기풀, 알며느리바풀

학명 | *Melampyrum roseum* var. *ovalifolium* Nakai ex Beauverd

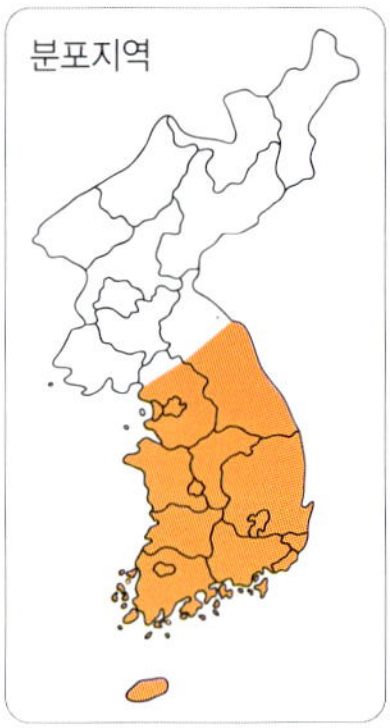

우리 꽃 중에는 며느리라는 이름이 붙은 것이 꽤 많다. 며느리주머니, 며느리밑씻개, 며느리배꼽, 며느리밥풀이 있고, 며느리밥풀에는 모양에 따라 알며느리밥풀, 새며느리밥풀, 수염며느리밥풀, 꽃며느리밥풀이 있다. 여기에서 며느리밥풀이라는 이름은 꽃에 밥풀처럼 생긴 것이 2개 달려 있어서 붙여진 것으로 마치 갓 시집간 새댁이 밥알을 물고 있는 듯하다.

이 며느리밥풀에는 슬픈 전설이 전해진다. 옛날, 외동아들이 있는 집에 며느리가 시집을 왔는데, 홀어머니는 처음엔 잘 대해주다가 점점 박대를 하기 시작했다. 그러던 어느 날 밥을 짓던 며느리가 다 익었는지 알아보려고 밥알 몇 개를 씹어보았는데, 그 모습을 시어머니가 보았다. 안 그래도 눈엣가시 같은 며느리였으니 트집을 잡아 사정없이 때렸고, 며느리는 너무 원통해서 속병으로 끝내 죽고 말았다.

동네 사람들이 불쌍해서 정성껏 묻어주자, 며느리 무덤가에는 이름 모를 풀이 자라나 며느리 입술처럼 붉고 새하얀 밥풀이 2개 붙은 듯한 꽃이 피어났고, 사람들은 이 꽃을 며느리밥풀이라고 했다고 한다.

알며느리밥풀은 중부 이남에서 자라는 반기생 한해살이풀로, 반그늘에 주로 자라며, 키는 30~70㎝ 정도이다. 잎은 중앙에 있는 잎이 난형이며 뾰족하고 길이는 3~6㎝, 폭이 1.5~3㎝이다. 꽃은 8~9월에 홍자색으로 피며 줄기 정상부 꽃대에 여러 개의 꽃이 아래에서 위쪽으로 어긋나게 달린다. 꽃의 끝에 긴 가시털 같은 톱니가 있으며, 열매는 길이가 1㎝ 정도이고 끝이 뾰족하며 짧은 털이 있다.

현삼과에 속하며 둥근잎밥풀, 둥근잎며느리밥풀, 둥근잎새애기풀, 알며느리바풀이라고도 한다. 관상용으로 쓰인다. 처음 꽃대가 올라올 때는 가시처럼 뾰족한 것이 있으며 이후 꽃대가 올라가며 부드러워지는 것을 관찰하는 것이 재미있다.

▲ 알며느리밥풀_ 잎 올라온 모습

▲ 알며느리밥풀_ 꽃이 피기 전

▲ 알며느리밥풀_ 개화 전

▲ 알며느리밥풀_ 꽃봉오리

ㅇ

▲ 알며느리밥풀_ 꽃

▲ 알며느리밥풀_ 종자 결실

▲ 알며느리밥풀_ 무리

직접 가꾸기

알며느리밥풀은 10~11월에 받은 종자를 보관했다가 이듬해 봄에 화분에 뿌린 후 새싹이 나면 화단에 옮겨 심는다. 한해살이풀이기 때문에 피고 진 자리에 종자가 떨어져 있으므로 주변의 땅을 호미로 파서 부드럽게 해줘야 한다.

낮에 내리쬐는 강한 햇볕을 막아주는 화단에 심어야 하며, 집단생활을 하기 때문에 한 번에 여러 개씩 심는 것이 요령이다. 물은 2~3일 간격으로 준다.

가까운 식물들

- 꽃며느리밥풀 : 산지의 볕이 잘 드는 숲 가장자리에서 자라며, 키는 30~50㎝이다. 7~8월에 붉은색 꽃이 핀다.
- 털며느리밥풀 : 꽃받침에 긴 털이 있고 포에 가시 모양의 톱니가 있다.
- 새며느리밥풀 : 산지의 양지바른 곳에서 자라며, 줄기는 곧게 서고 키는 50㎝이다. 한국 특산종으로 꽃은 붉은빛이 도는 자주색으로 핀다.
- 애기며느리밥풀 : 산지의 건조한 땅에서 자라며, 특히 소나무 숲 속에서 흔히 자란다. 키는 30~60㎝이다.
- 수염며느리밥풀 : 포에 수염 같은 가시가 나 있다. 건조한 양지에서 자라며, 키는 30~50㎝이다.

174

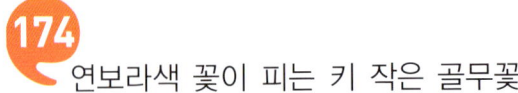

연보라색 꽃이 피는 키 작은 골무꽃

애기골무꽃

학명 | *Scutellaria dependens* Maxim.

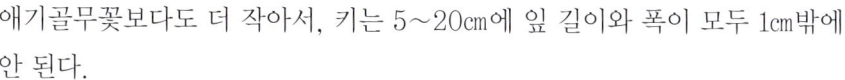

꽃이 여자들이 바느질할 때 사용하는 도구인 골무를 닮아 골무꽃이라고 한다. 골무꽃은 종류가 상당히 많은 편이다. 기본종인 골무꽃은 키가 20~30㎝으로 우리나라에서는 중부 이남의 산과 들에 자란다.

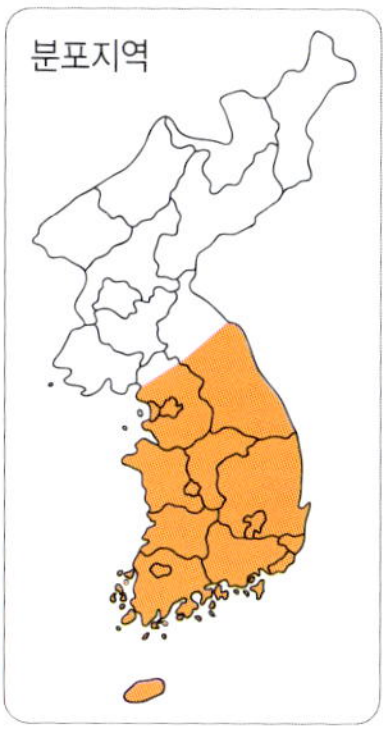

잎은 넓은 계란형이며, 길이는 약 2㎝이고 꽃은 자주색이다.

애기골무꽃은 골무꽃에 비해 키가 작으며, 잎 역시 약간 작다. 한편 좀골무꽃도 작은 골무꽃이라는 의미인데 애기골무꽃보다도 더 작아서, 키는 5~20㎝에 잎 길이와 폭이 모두 1㎝밖에 안 된다.

애기골무꽃의 키는 10~30㎝이고, 잎은 길이가 1~2㎝, 폭이 0.6~1㎝이다. 잎은 좁은 달걀형으로 마주나고 가장자리에 잔털이 있다. 줄기는 백색 포복경이 땅속으로 뻗고 털이 약간 있다. 원줄기에 예리한 능선이 있으며 굽은 잔털이 있고 가지가 갈라져서 비스듬히 선다.

윗부분 잎겨드랑이에서 1개씩 연보라색 꽃이 달리고, 꽃부리는 아랫입술 모양의 꽃잎 안쪽에 자주색 점이 있으며, 녹색의 꽃받침은 꽃이 필 때 길이 약 0.2㎝로 달린다.

열매는 9월경에 잔돌기가 돌며 달린다.

꿀풀과에 속하는 여러해살이풀로 우리나라 각처의 습지에 자란다. 햇볕이 잘 들어오고 습기가 많거나 습지의 유기질 함량이 많은 곳에서 자란다.

▲ 애기골무꽃_ 새순

▲ 애기골무꽃_ 잎

▲ 애기골무꽃_ 줄기

▲ 애기골무꽃_ 꽃봉오리

▲ 애기골무꽃_ 꽃(정면)

▲ 애기골무꽃_ 꽃(측면)

▲ 애기골무꽃_ 종자 결실

▲ 애기골무꽃_ 무리

직접 가꾸기

애기골무꽃은 9월경에 달리는 종자를 받아 바로 뿌리거나, 종이나 솜에 싸서 종자의 수분 증발을 억제시킨 후 냉장고에 보관하여 이듬해 봄에 일찍 뿌린다. 종자 발아율은 높은 편이다. 또한 이른 봄이나 가을에 뿌리를 파서 포기나누기를 하여 심어도 좋다.

습기가 많은 곳에 심는다. 이 품종과 같이 살아가는 노루오줌이나 동자꽃과 같이 심어 관리하는 것도 좋다.

화분에 심을 때는 밑부분이 막혀 물이 새어나가지 않는 화분에 심는다. 반그늘보다는 양지 쪽에 심어 관리하면 좋다.

가까운 식물들

- 광릉골무꽃 : 5~6월에 연한 하늘색 꽃이 핀다.
- 흰골무꽃 : 꽃이 흰색이다.
- 구슬골무꽃 : 뿌리줄기는 염주 모양이고, 줄기에 털이 거의 없으며 예리한 능선이 있다. 여름에 홍자색 꽃이 피며 백두산에 분포한다. 키는 25㎝이다.
- 그늘골무꽃 : 작은 꽃자루에 액을 분비하는 선모가 나고 포는 위로 갈수록 작아진다.
- 비바리골무꽃 : 잎과 줄기가 붉은색과 함께 연한 녹색을 띠고 있어 청순한 제주도 처녀를 연상케 한다.
- 다발골무꽃 : 잎 앞면은 녹색이고 거칠며, 뒷면은 연한 녹색이고 맥 위에 털이 있다.
- 좀골무꽃 : 키는 5~20㎝이고 잎 길이와 폭이 모두 1㎝ 정도로 작다.
- 떡잎골무꽃 : 키는 10~30㎝, 잎 길이는 2~4㎝이다.
- 산골무꽃 : 키는 15~30㎝가량이다. 잎은 양면에 털이 있고 가장자리에 톱니가 있다.
- 참골무꽃 : 바닷가 모래땅에서 자란다. 뿌리줄기는 옆으로 길게 뻗고, 줄기는 곧게 서며 키는 10~40㎝이다.

광릉골무꽃

흰골무꽃

산골무꽃

참골무꽃

175

키가 작은 담배풀

애기담배풀

학명 | *Carpesium rosulatum* Miq.

담배풀은 줄기가 담뱃잎을 닮았고 꽃도 마치 담뱃불처럼 생겨 붙여진 이름이다. 담배풀에는 종류가 몇 가지 있는데, 꽃은 대개 비슷하므로 키와 잎의 모양을 자세히 살펴야 구분할 수 있다.

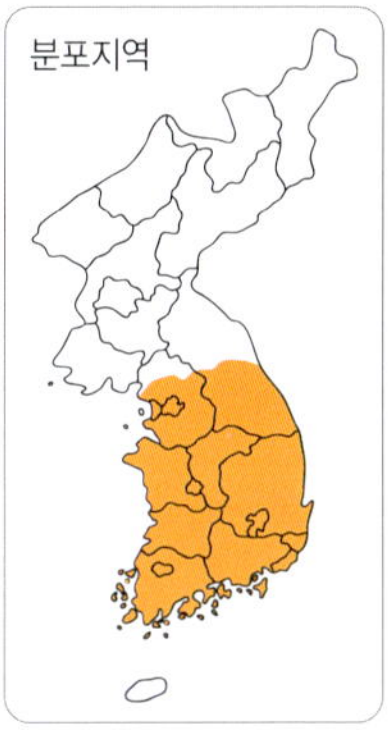

대표종인 담배풀에 비해 키가 작고 잎도 길이가 짧고 폭이 좁아 애기담배풀이라는 이름을 붙였다. 담배풀의 키는 50~100cm인데 반하여 애기담배풀의 키는 15~45cm이다. 좀담배풀도 작은 담배풀이라는 의미인데, 애기담배풀보다는 커서 50~90cm이다.

뿌리에서 나온 잎은 길이가 6~15cm, 폭은 1.2~3cm로 약간 뾰족하며 끝이 둔하고 둥글다. 가장자리에는 불규칙한 톱니가 있다. 줄기에서 나오는 잎은 드문드문 달리고 모양은 거꾸로 된 뾰족한 형태다. 줄기는 전체에 연한 털이 빽빽하게 나 있다.

7~8월에 원줄기와 가지 끝에 많은 노란색 꽃이 뭉쳐 붙어서 머리 모양을 이루어 달린다. 열매는 길이 약 0.4cm로 좁은 원추형이며 9~10월경에 달린다.

국화과에 속하는 여러해살이풀로, 우리나라 중부 이남의 다소 건조한 산지 숲 속에서 자란다. 공중습도가 높으며 물 빠짐이 좋고 토양 부엽질이 많은 경사지에서 자란다.

▲ 애기담배풀_ 잎

▲ 애기담배풀_ 꽃봉오리

▲ 애기담배풀_ 꽃

직접 가꾸기

애기담배풀은 10월경에 받은 종자를 바로 뿌리거나 종이나 솜에 싸서 냉장고에 보관한 후 이듬해 봄에 일찍 뿌린다. 이듬해 봄이나 가을에 뿌리를 캐서 포기나누기를 해 심어도 좋다.

나무 아래에 심어 관리하면 좋은데 다른 담배풀들과 함께 심으면 교육용으로 적합하다. 화단에 심을 때는 가운데나 뒤쪽에 심어 관리하고, 화분에 심는 것은 적합하지 않다. 2~3일 간격으로 물을 준다.

가까운 식물들

- 여우오줌 : 전체적으로 담배풀과 비슷해 왕담배풀이라고도 한다. 잎이 30~40㎝로 2배쯤 길다.
- 긴담배풀 : 잎이 길며, 줄기는 곧게 서고 가지를 친다. 키는 25~150㎝이다.
- 두메담배풀 : 산에서 자라며, 줄기는 곧게 서고 가지를 치지 않는다. 전체에 짧은 털이 있다.
- 천일담배풀 : 숲 속의 건조한 곳에서 잘 자란다. 키는 25~50㎝이고 뿌리줄기는 짧으며 옆으로 자란다. 줄기와 잎이 가늘다.
- 담배풀 : 잎의 뒷면에는 선점이 있으며 가장자리에는 불규칙한 톱니가 있고 어긋난다. 키는 50~100㎝로 크다.
- 좀담배풀 : 밑부분에 흰 털이 촘촘하게 나 있다. 키는 애기담배풀보다 커서 50~90㎝이다. '좀' 이라는 수식어와는 상관없이 꽃이 큰 편이다.

여우오줌

담배풀

176

헛수술로 곤충을 유혹하는

애기물매화

이명 | 애기물매화풀, 애기풀매화

학명 | *Parnassia alpicola* Makino

물매화는 물기가 있는 땅에서 피는 매화 같은 꽃이라서 붙여진 이름으로, 매화초로도 불린다. 키가 10㎝로 아주 작아서 '애기'라는 명칭이 붙었으며, 잎도 작다. 또 물매화의 잎 모양은 길고 둥근 심장형인 반면 애기물매화는 심장형이거나 원형인 점이 다르다. 또 물매화의 헛수술은 5개로 끝이 12~22개로 갈라지지만, 애기물매화는 끝이 3~8개로 갈라진다.

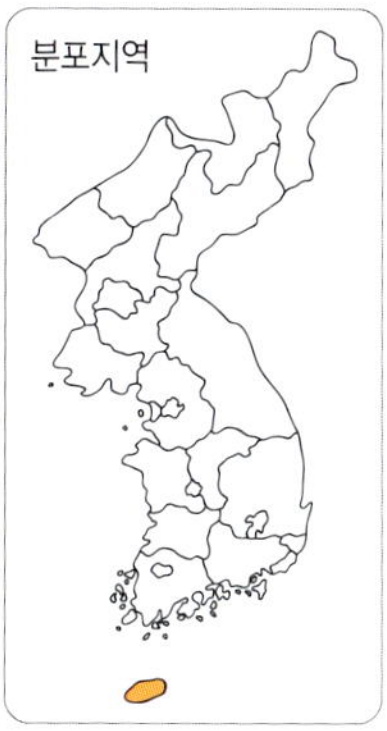

제주도 한라산 정상 부근의 습지에 나는 여러해살이풀로, 햇볕이 잘 들어오는 곳의 물이 많이 고이지 않는 습한 곳에서 자라며, 키는 약 10㎝이다.

잎은 잎자루가 길고 심장형 또는 원형이며 길이와 폭이 약 1㎝로, 가장자리가 밋밋한 편이다.

7~8월에 지름 약 1㎝의 흰색 꽃이 핀다. 꽃잎은 5장이며 긴 타원형으로, 길이는 약 0.5㎝ 정도이고 원줄기 끝에 1개가 달린다. 9~10월경에 길이 약 0.5㎝의 달걀 모양 열매가 달린다.

곤충들이 접근하기 어려운 고산지대에 주로 자라는 관계로 꽃의 맨 중심부에는 넓고 큰 수술대가 뭉쳐져 있다. 그러나 뭉쳐진 수술은 벌이나 나비가 접근하면 약간 벌어지는데, 이는 곤충들의 활동을 돕기 위해서이다.

범의귀과에 속하며 애기물매화풀, 애기풀매화라고도 한다. 관상용으로 쓰인다. 한라산 이외에도 백두산에 분포한다.

▲ 애기물매화_ 개화 전

▲ 애기물매화_ 꽃

직접 가꾸기

애기물매화는 10월에 받은 종자를 바로 뿌려서 번식시킨다. 물매화의 종자 발아율도 낮은데, 이 품종은 더 낮은 것으로 나타났다. 뿌리 번식은 이듬해 봄에 새순이 올라오면 분리하여 심어서 한다. 높은 고지와 높은 습도가 필요하기 때문에 재배하기는 쉽지 않다.

가까운 식물들

- 물매화 : 산지의 볕이 잘 드는 습지에서 자라는데, 키가 10~40㎝로 애기물매화보다 크다. 줄기는 3~4개가 뭉쳐나고 곧게 선다.

물매화

ㅇ

177

깊은 숲에 사는 부생식물

애기버어먼초

이명 | 애기석장

학명 | *Burmannia championii* Thwaites

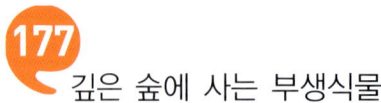

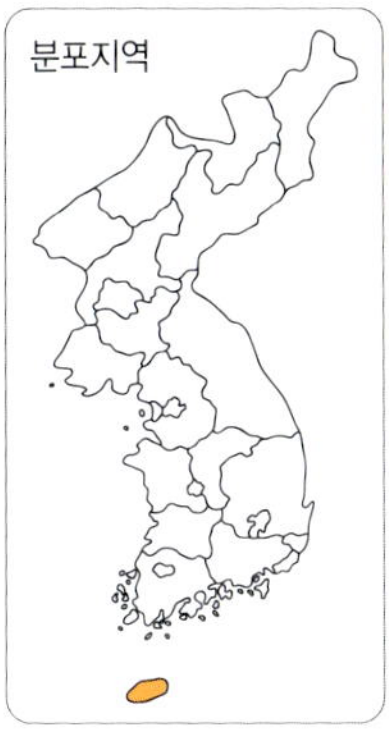

버어먼이라는 이름은 버어먼초와 마찬가지로 네덜란드 식물학자 버어먼(Burmann, 1706~1779)에서 유래한다. 하지만 이 종은 엄연히 우리나라에 자생하는 풀이다. 버어먼초가 옛날 스님들이 짚고 다니던 석장을 닮아 석장이라고 하듯, 애기버어먼초도 애기석장으로도 불린다.

부생식물이므로 엽록소가 없어 광합성 작용을 하지 않아, 유기물이 풍부한 부엽토에서 영양을 얻어 자란다. 따라서 낙엽이 오래 쌓인 어두운 숲에나 가야 볼 수 있다. 또 식물체가 대개 흰색을 띠기 마련이다.

키는 2~4㎝ 정도로 아주 작다. 흰색의 줄기는 땅에 거의 붙어 있고, 매우 단순하며 곧게 선다.

꽃은 꽃대 끝에서 방사형으로 나와서 끝마디에 하나씩 7~10개 정도 달린다. 꽃의 크기는 약 0.5㎝이며 흰색이다. 끝은 3갈래로 갈라지며 바깥쪽을 중심으로 노란색이 보이고, 안에는 3개의 수술이 있다.

버어먼초과에 속하는 부생성 초본으로 우리나라에서는 멸종위기식물로 분류되어 있다.

제주도의 숲 밑에서 분포한다. 낙엽수가 있고 햇볕이 잘 들어오지 않는 반그늘 혹은 음지의 부엽질이 많고 물 빠짐이 좋은 곳에서 자란다.

버어먼초가 환경부 해외반출 승인대상 생물자원으로 지정되어 있지만 이 품종은 개체 수가 비교적 풍부한 편이다.

ㅇ

▲ 애기버어먼초_ 새순

▲ 애기버어먼초_ 꽃봉오리

▲ 애기버어먼초_ 시드는 모습

직접 가꾸기

애기버어먼초의 재배법은 알려져 있지 않다.

가까운 식물들

- 버어먼초 : 키가 5~12㎝로 약간 크다. 꽃은 1~5송이 정도 달린다.

버어먼초

178

가부좌를 튼 부처님을 닮은 꽃

애기앉은부채

학명 | *Symplocarpus nipponicus* Makino

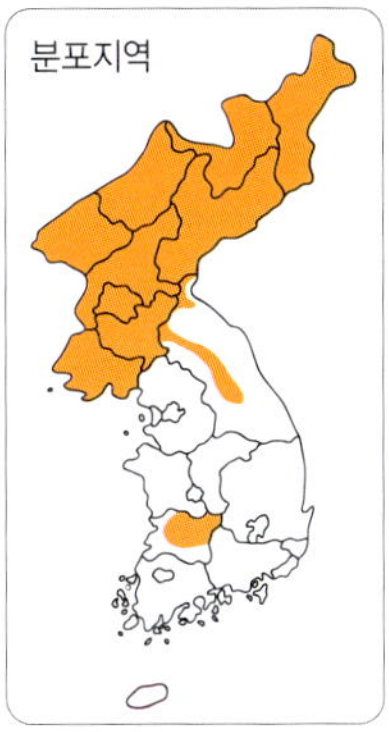

천남성과의 식물들은 대부분 독성이 강하다. 특히 대표종인 천남성은 옛날에 사약으로 사용했을 정도이다. 애기앉은부채 역시 독성이 강한 식물이므로 취급 시 주의해야 한다.

애기앉은부채는 앉은부채와 비슷하나 그보다 작아서 붙여진 이름이다. 앉은부채가 키는 10~20㎝, 잎 길이가 30~40㎝, 폭이 35~42㎝인데 반해 애기앉은부채의 키는 7~12㎝이고, 잎은 길이가 10~20㎝, 폭은 7~12㎝로 현격히 작다. 그러나 앉은부채는 이른 봄에 꽃이 피는 반면 애기앉은부채는 여름이 되어야 비로소 꽃을 피운다.

앉은부채라는 명칭은 잎이 부채처럼 크기 때문에 붙여진 것처럼 여겨지지만 사실은 가부좌를 틀고 앉은 부처님과 닮아서 '앉은부처'라고 부르던 것이 바뀐 것이라고 한다.

애기앉은부채의 잎은 달걀 모양의 타원형으로 모두 뿌리에서 나온다. 이른 봄 다른 식물의 싹이 올라오기 전에 돋아 배춧잎처럼 큰 잎으로 자랐다가 6월이 되면 지상부가 사라지고 휴면에 들어간다. 따라서 잎이 사라진 뒤에는 이 품종을 구분해내기가 어려운 편이다.

6~7월에 꽃대 주위에 꽃자루가 없는 많은 잔꽃이 모여 1~2개가 지면 가까이에 달린다. 꽃은 넓은 타원형으로 된 검은 자갈색 포에 싸여 있다. 열매는 이듬해 봄에 꽃이 필 때 익는다.

천남성과의 여러해살이풀로, 우리나라 중부 이북의 깊은 산에 자란다. 반그늘이 지고 습도가 높으며 물 빠짐이 좋은 경사지의 부엽질이 많은 곳에서 자생한다.

잎과 꽃, 열매가 항상 있어 관상용으로는 좋은 품종이다. 그러나 독성이 강한 식물이기 때문에 아이들의 손이 닿지 않는 곳에 두고 감상해야 한다.

▲ 애기앉은부채_ 새순 올라오는 모습

▲ 애기앉은부채_ 꽃봉오리 올라오는 모습

▲ 애기앉은부채_ 잎 올라오는 모습

▲ 애기앉은부채_ 꽃

▲ 애기앉은부채_ 줄기가 돌출된 모습

▲ 애기앉은부채_ 전초(연노란색)

▲ 애기앉은부채_ 전초(분홍색)

직접 가꾸기

애기앉은부채는 꽃 피기 전에 종자가 익는데, 4~5월경에 종자를 받아 물에 넣고 2~3일 정도 불린 후 뿌린다. 화분에 자리 잡으면 약 2~3년이 지나 꽃이 핀다. 뿌리는 옆으로 뻗어 나가기 때문에 이른 봄이나 가을에 뿌리를 나누어 심는 것도 한 가지 방법이다.

경사진 곳의 반그늘에 유기질 함량이 많은 퇴비를 넣고 심는다. 바람은 잘 통하지 않아도 좋지만 반그늘이 아닌 상태에서는 살아가기 힘든 품종이다. 화분에 심을 때는 물 빠짐을 좋게 한 후 반 그늘진 곳에 둔다.

가까운 식물들

- 앉은부채 : 키는 10~20㎝, 잎 길이가 30~40㎝, 폭이 35~42㎝이다.

앉은부채

179

하늘에서 떨어진 약초

애기천마

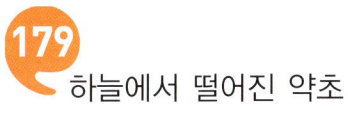

학명 | *Hetaeria sikokiana* (Makino & F.Maek.) Tuyama

천마(天麻)란 하늘에서 떨어진 약초라는 의미이다. 마목(痲木: 마비가 되는 증상)을 치료했다고 해서 천마라고 했다고 한다.

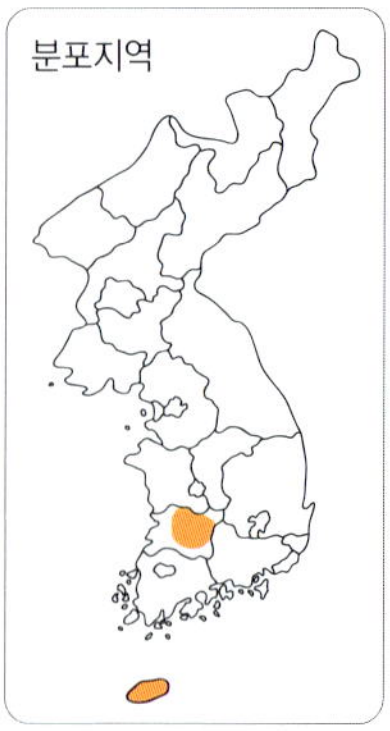

애기천마는 천마에 비해 키와 잎이 작다. 천마의 길이는 60~90cm나 되지만 애기천마의 키는 고작 5~15cm에 불과하다.

땅속줄기는 기며 통통하고, 땅위줄기는 곧게 선다. 잎은 없으며 처음 올라온 잎은 얇은 막질인데 길이는 0.4~1cm이다.

7~8월에 1개의 긴 꽃대 둘레에 여러 개의 꽃이 이삭 모양으로 핀다.

꽃 색깔은 연한 황색으로 5~10송이가 곧추서 달린다. 꽃의 길이는 3~5cm이고 작은꽃은 길이 0.5~0.8cm로 핀다. 꽃받침 잎은 가운데 것은 길이가 약 0.3cm이고, 옆에 있는 잎은 길이가 0.3~0.5cm이다.

꽃잎은 넓은 부채꼴 모양이며 입술 모양 판은 길이가 약 0.6cm이다. 꽃잎의 끝부분이 사각형이고 밑부분은 부풀며 안쪽에 둥근 돌기가 2개 있다. 열매는 9~10월경에 달린다.

난초과의 여러해살이풀로, 전라북도 내장산과 제주도의 죽은 나무에 부생하는 품종이다. 습도가 높은 반그늘 또는 음지의 부엽질이 많은 곳의 고사한 나무에서 자란다.

우리나라에서는 멸종위기식물로 분류하여 관리하고 있다.

직접 가꾸기

애기천마는 천마와 유사한 환경에서 자라지만 아직까지 번식법이 알려져 있지 않은 품종이다. 재배하기 어렵다.

가까운 식물들

- 천마 : 애기천마와 비슷하나 키가 60~90㎝로 월등히 크다.
- 참마 : 마과의 여러해살이 덩굴성 식물로, 꽃은 흰색이다. 뿌리를 약재로 사용한다.
- 마 : 덩굴식물로, 덩이뿌리를 한방에서 산약이라고 한다.
- 단풍마 : 잎은 밑부분이 심장 모양이고 손바닥처럼 5~9개로 갈라진다. 뿌리는 천산룡이라고 해서 약재로 사용된다.

천마

ㅇ

180

억새에 기생하는 열당과 식물

야고

이명 | 담배대더부살이, 사탕수수겨우사리

학명 | *Aeginetia indica* L.

야고는 한자로 野菰라 쓰는데, 들에서 자라는 줄풀이라는 의미이다. 억세게 살아가는 억새에 기생하는 만큼 생명력이 남다른 식물로 볼 수 있겠다. 영어로는 인디언 파이프(Indian pipe)라고 하는데, 이는 수정란풀이나 구상난풀을 부르는 이름이기도 하다. 실제로 야고는 담뱃대를 닮아 담배대더부살이라고도 한다.

기생식물이면서도 꽃은 아주 예쁘다. 반그늘이 진 곳의 풀숲에서 자란다. 더러는 양하와 사탕무 뿌리에도 기생한다. 양하는 생강과에 속하는 여러해살이풀이며 키는 5~7cm로 아주 작다. 제주도 한라산 남쪽의 억새밭에 나는 1년생 기생식물로, 줄기는 매우 짧아 거의 땅 위로 나오지 않으며 털이 있고, 잎은 거의 없다. 잎이 날 경우 어긋나고 비늘 조각 같으며 붉은빛이 도는 갈색이다.

8~9월에 연한 홍자색으로 원줄기 위에 1개의 꽃이 옆을 향해 난다. 꽃부리는 길이가 3~3.5cm이고 가장자리는 5개로 얕게 갈라지며, 꽃자루는 길이가 10~20cm이다. 수술은 4개이고 그 중에 2개가 길며 화관의 통부에 붙어 있다. 암술은 1개이고, 씨방은 1실이다. 10~11월경에 둥근 적갈색 열매가 익는데, 길이 1~1.5cm로 안에는 작은 종자가 많이 들어 있다.

서울 난지도에 최근 야고가 피었는데, 이는 제주도에서 가지고 온 억새에 씨앗이 남아 있어 핀 것으로 생각된다. 다른 지역에서는 나지 않는데 난지도에서 난 이유는 쓰레기 매립에 의한 가스의 발생으로 인해 주변의 온도가 올라가서 발아한 것으로 추정된다.

열당과에 속하며 사탕수수겨우사리라고도 한다. 열당과는 엽록체가 없고 다른 식물의 뿌리에 기생하는 식물로, 야고 이외에도 초종용과 개종용, 오리나무더부살이, 가지더부살이 등이 있다. 관상용으로 쓰이며, 우리나라 이외에도 일본, 중국, 동남아시아, 히말라야 등지에 분포한다.

▲ 야고_ 새순 올라오는 모습

▲ 야고_ 꽃대 나오는 모습

▲ 야고_ 꽃봉오리

▲ 야고_ 꽃

▲ 야고_ 꽃(측면)

▲ 야고_ 종자 결실

▲ 야고_ 무리

직접 가꾸기

야고는 11월경에 종자를 받아 이듬해 봄에 억새밭에 뿌려서 번식시킨다. 기생식물이어서 재배가 되지 않으므로 일반 가정에서는 키울 수 없다.

가까운 식물들

- 초종용 : 바닷가 모래땅에서 사철쑥, 개사철쑥에 기생한다. 5~6월에 연한 자줏빛 꽃이 핀다.
- 개종용 : 산지의 나무 밑에서 자란다. 엽록소가 없으므로 식물체가 흰색이다. 전체적으로 털이 없거나 거의 없으며, 키는 10~30㎝이다.

초종용

181

잎이 메밀을 닮은 약용식물

약모밀

이명 | 삼백초, 십자풀, 어성초, 즙채, 집약초

학명 | *Houttuynia cordata* Thunb.

약모밀은 잎 모양이 메밀과 비슷하고 약으로 많이 쓰이므로 붙여진 이름이다. 흔히 삼백초라고도 하는데, 꽃이 필 때쯤 꽃 밑에 있는 2~3개의 잎이 하얗게 변하고 꽃과 뿌리 또한 흰빛이어서 3가지 흰색을 가졌다고 해서 붙여진 것이다. 그러나 삼백초라는 이름의 식물은 따로 있다.

제주도와 울릉도, 남부지역의 습지와 중부지방에서도 자라는 여러해살이풀로, 양지 혹은 반음지에서 자라며, 키는 20~50㎝이다.

심장 모양의 잎은 길이가 3~8㎝, 폭이 3~6㎝로 연한 녹색이며 어긋난다. 잎 끝이 뾰족하며 가장자리가 밋밋하고 턱잎이 잎자루 밑부분에 붙어 있다.

6월에 흰색의 꽃이 피며 원줄기 끝에서 짧은 꽃줄기가 나와 그 끝에 달린다. 총포는 4개로 갈라지고 꽃차례 밑에 십자 모양으로 달려 꽃잎처럼 보인다. 또 갈라진 조각은 길이 1.5~2㎝의 타원 모양 또는 긴 타원 모양이며 흰색이다.

8~9월경 연한 갈색의 종자가 달린다.

삼백초과에 속하며 십자풀, 즙채, 집약초라고도 한다. 관상용으로 쓰이고 약재로도 사용된다. 생약명으로는 식물 전체에서 생선 썩는 냄새가 난다고 해서 '어성초(魚腥草)' 라고 불리며, 10가지 병에 약으로 쓰인다고 해서 '십약(十藥)' 이라고도 한다. 우리나라와 일본, 중국, 히말라야, 자바 등지에 분포한다.

▲ 약모밀_ 꽃

▲ 약모밀_ 종자 결실

직접 가꾸기

약모밀은 이른 봄에 뿌리를 캐내 포기나누기를 해서 번식시킨다. 뿌리가 엉켜 있어 한 뭉치를 캐면 많은 개체를 얻을 수 있다. 박스에 던져 놓고 한두 달이 경과한 후 심어도 살아가는, 생명력이 강한 식물이다.

화분이나 화단에 심으며, 어떤 환경에서도 잘 자라기 때문에 특별한 관리가 필요 없다.

몇 송이만 있어도 주변의 다른 식물들과 치열한 경합을 벌이기 때문에 뒤쪽이나 돌 틈에 격리하여 심는 것이 좋다.

가까운 식물들

- 메밀 : 마디풀과의 한해살이풀로, 키는 60~90㎝이다. 모밀이라고도 하며, 식량자원이다.
- 삼백초 : 습지에서 자라며, 키는 50~100㎝이다. 뿌리와 잎, 꽃이 흰색이기 때문에 삼백초라고 한다.

삼백초

182

연못에 피는 작은 연꽃

어리연꽃

이명 | 금은연, 어리연

학명 | *Nymphoides indica* (L.) Kuntze

어리연꽃은 연꽃 종류 중 가장 작은 꽃으로, 보통 연꽃은 지름이 15~20㎝ 정도 되지만 어리연은 1.5㎝밖에 안 되어 거의 10분의 1 수준이다. 공원의 연못에 가보면 제법 보기 쉬운데, 보통 연꽃과는 많이 다르다.

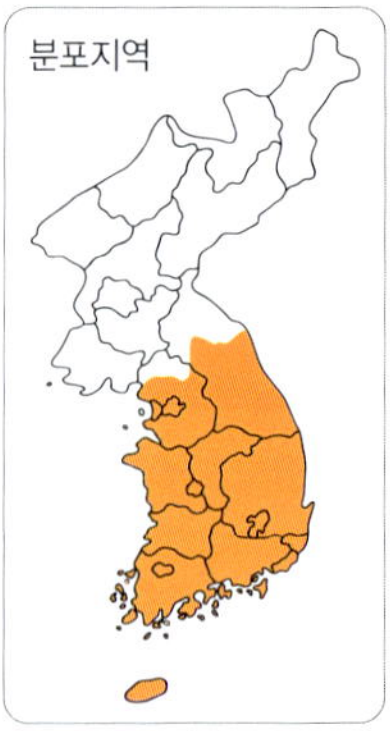

제주도와 남부, 중부지역의 습지나 연못에서 자라는 여러해살이 수생식물이다. 물 깊이가 낮고 잘 고여 있는 양지바른 곳에서 자라며, 가느다란 원줄기는 약 1m 정도 자란다.

1~3개의 잎이 자라 물 위에 수평으로 뜨는데, 잎자루를 길게 하며 드문드문 자란다. 표면에 광택이 있고 밑부분이 깊게 2개로 갈라지며 가장자리가 밋밋하다. 줄기 생장은 물이 고인 깊이에 따라 조절되며 깊은 곳보다는 얕은 쪽에서 생장한다.

잎은 지름 7~20㎝로, 잎 앞면은 녹색이고 뒷면은 자줏빛을 띤 갈색이며 약간 두껍다. 잎의 가장자리에 물결 모양의 톱니가 있다.

꽃은 흰색 바탕에 꽃잎 주변으로 가는 섬모들이 촘촘히 나 있고, 중심부는 황색이다. 잎겨드랑이 사이에서 물 위쪽으로 나와서 꽃이 핀다.

열매는 10~11월에 달리고 타원형의 종자는 길이가 0.1㎝ 정도이며 갈색이 도는 회백색이다. 조름나물과에 속하며 금은연, 어리연이라고도 한다.

관상용으로 쓰이고, 우리나라와 일본, 중국 남부, 동남아시아, 오스트레일리아, 아프리카 열대 지역에 분포한다.

▲ 어리연꽃_ 잎 올라온 모습

▲ 어리연꽃_ 꽃

▲ 어리연꽃_ 무리

직접 가꾸기

어리연꽃은 이른 봄, 새싹이 올라올 때 포기나누기를 한다. 줄기가 땅속으로 들어가 있기 때문에 땅을 파 줄기를 분리해야 한다. 또한 여름에도 꽃이 피기 전에 포기나누기를 하는 것이 가능한데, 이때는 뿌리가 나 있는 줄기를 분리하여 바로 화분이나 화단에 옮겨 심는다.

깊이가 1m 내외인 연못을 이용하고, 집 안에서 키울 때는 물을 가둘 수 있는 곳에 흙을 넣고 뿌리를 심어 물을 가득 부어 놓으면 된다. 가을이나 겨울에는 실내습도를 유지하기 위한 방법으로 사용해도 좋다.

가까운 식물들

- 노랑어리연꽃 : 꽃이 노란색이며, 크기도 3~4㎝로 어리연꽃보다 약간 더 크다.
- 좀어리연꽃 : 키가 1~10㎝로 아주 작다. 낮은 지대의 오래된 연못에서 자란다. 1~2개의 잎이 수면 위에 뜬다.
- 조름나물 : 꽃받침은 짧고 5개로 갈라지며 화관은 깔때기같이 생기고 중앙까지 5개로 갈라진다. 연못이나 늪에서 자란다.
- 연꽃 : 7~8월에 홍색 또는 백색의 꽃이 핀다. 꽃의 지름은 15~20㎝이며, 미나리아재비과에 속한다.

노랑어리연꽃

좀어리연꽃

조름나물

183

나물도 되고 약도 되는 정겨운 꽃

엉겅퀴

이명 | 가시엉겅퀴, 가시나물, 항가새

학명 | *Cirsium japonicum* var. *maackii* (Maxim.) Matsum.

엉겅퀴는 스코틀랜드의 국화다. 여기에는 700여 년 전 일화가 전해진다. 스코틀랜드에 쳐들어온 덴마크 병사들은 물웅덩이를 건너기 위해 맨발로 들어섰다. 그러나 조금 지나니 온통 엉겅퀴밭이 나타나 쩔쩔 맬 수밖에 없었고, 이때 스코틀랜드 병사들이 공격해서 물리쳤다고 한다. 엉겅퀴는 그 뒤 나라를 구한 꽃으로 스코틀랜드의 국화가 되었다.

엉겅퀴라는 이름은 피를 잘 엉기게 해준다는 뜻이다. 학명인 서시움(*Cirsium*)은 그리스어 서시온(Kirsion 또는 cirsion)에서 유래되었는데, 이 말은 '정맥 확장'이라는 뜻이다. 아무튼 엉겅퀴는 피의 흐름과 관련이 깊다. 잎에 가시가 많지만 연한 부분은 먹을 수 있어서 '가시나물'이라고도 한다.

우리나라 전역의 산과 들에 자라는 여러해살이풀로, 어디에서나 흔하게 볼 수 있어서 정겨운 야생화이다. 양지에서 자라며 토양은 물 빠짐이 좋아야 한다. 키는 50~100㎝ 내외이다. 잎은 길이가 15~30㎝, 폭이 6~15㎝ 정도로 타원형 또는 뾰족한 타원형이다. 잎의 밑부분이 좁고 새의 깃털과 같은 모양으로 6~7쌍이 갈라지며 잎 끝에 톱니가 있다.

6~8월에 지름 3~5㎝의 꽃이 가지 끝과 원줄기 끝에 1개씩 달린다. 꽃부리는 자주색 또는 적색이며 길이는 1.9~2.4㎝이다. 열매는 9~10월경에 달리고 흰색의 갓털은 길이가 1.6~1.9㎝이다.

국화과에 속하며 가시엉겅퀴, 가시나물, 항가새라고도 한다. 어린순은 식용으로 쓰이며 차와 술로도 담가 먹는다. 잎, 줄기, 뿌리는 약재로 이용된다.

엉겅퀴 압화 ▶

▲ 엉겅퀴_ 새순 올라오는 모습

▲ 엉겅퀴_ 줄기

▲ 엉겅퀴_ 잎

▲ 엉겅퀴_ 꽃봉오리 올라오는 모습

▲ 엉겅퀴_ 꽃봉오리

▲ 엉겅퀴_ 꽃(위에서 본 모습)

▲ 엉겅퀴_ 꽃(측면)

▲ 엉겅퀴_ 시드는 모습

▲ 엉겅퀴_ 종자 결실

▲ 엉겅퀴_ 무리

직접 가꾸기

엉겅퀴는 9~10월경에 달리는 종자를 받아 바로 화분이나 화단에 뿌리는 것이 좋다. 종자를 보관했다가 뿌리면 발아율도 낮아지고 뿌리가 튼튼하지 못하기 때문이다. 화단에 심으며 물 빠짐이 좋고 반그늘일 때 약효와 꽃이 가장 좋다. 물은 2~3일 간격으로 주면 된다.

가까운 식물들

- 흰바늘엉겅퀴 : 바늘엉겅퀴와 비슷하나 꽃이 흰색이다.
- 가시엉겅퀴 : 잎이 다닥다닥 달리고 보통 엉겅퀴보다 가시가 많다.
- 좁은잎엉겅퀴 : 잎이 좁고 녹색이며 가시가 다소 많다.
- 정영엉겅퀴 : 키는 50~100㎝이고 깊은 산 풀밭에서 자란다. 잎은 끝이 뾰족하고 밑은 넓은 쐐기 모양이다. 가야산과 지리산에 분포한다.
- 고려엉겅퀴 : 산과 들에서 자라며, 키는 약 1m이다. 뿌리가 곧으며 가지가 사방으로 퍼진다. 우리나라 특산종이다.
- 좁은잎엉겅퀴 : 잎이 좁고 녹색이며 가시가 다소 많다.
- 흰잎고려엉겅퀴 : 잎의 뒷면이 모시처럼 하얗다.
- 도깨비엉겅퀴 : 줄기에 홈이 팬 줄이 있으며 위쪽에 거미줄 같은 털이 있다. 키는 50~150㎝이다.
- 바늘엉겅퀴 : 잎 가장자리에 딱딱하고 날카로운 가시가 있다. 키는 약 50㎝이다. 우리나라 특산종으로 제주도와 보길도에 분포한다.
- 버들잎엉겅퀴 : 잎의 모양이 버들잎을 닮았으며, 꽃은 자줏빛이다. 산기슭에서 자라며, 키는 약 50㎝이다.

정영엉겅퀴

고려엉겅퀴

바늘엉겅퀴

184

약재로 유명한 야생화

여로

학명 | *Veratrum maackii* var. *japonicum* (Baker) T.Schmizu

여로

(藜蘆)는 갈대같이 생긴 줄기가 검은색의 껍질에 싸여 있다는 뜻이다. 밑동을 보면 겉이 흑갈색 섬유로 싸여서 마치 종려나무 밑동처럼 생겼다.

우리나라 전역에 자생하는 여러해살이풀로, 습기가 많은 반그늘이나 양지에서 자라며, 키는 40~120㎝ 정도이다.

잎은 줄기 가운데 아랫부분에서 어긋나고 잎집이 원줄기를 완전히 둘러싼다. 밑부분에 있는 잎은 좁고 뾰족하며 길이가 20~35㎝, 폭이 3~5㎝이다.

7~8월에 짙은 자줏빛이 도는 갈색 꽃이 약간 드문드문 달려 피는데, 지름 1㎝ 정도로 반쯤 퍼진다. 밑부분에는 수꽃, 윗부분에는 수꽃과 암꽃이 모두 달린다. 타원형의 열매가 9~10월경에 달린다.

백합과에 속하며, 뿌리는 약으로 쓰인다. 그러나 유독식물로, 예전에는 살충제로도 쓰였다.

한편 늑막염에 걸렸을 때 달여 먹으면 최토(催吐)작용을 일으켜 치유하므로 '늑막풀'이라고도 한다. 최토작용이란 구토가 나게 하는 증상을 말한다. 우리나라와 일본에 분포한다.

여로 압화 ▶

▲ 여로_ 잎

▲ 여로_ 꽃망울 맺힌 모습

▲ 여로_ 꽃(자주색)

▲ 여로_ 전초(자주색)

▲ 여로_ 종자 결실(초기)

▲ 여로_ 종자 결실(말기)

직접 가꾸기

여로는 9~10월에 종자를 받아 바로 화분이나 화단에 뿌리거나 이듬해 봄에 화단에 뿌린다. 발아에서 꽃이 필 때까지의 기간이 2~3년 정도 걸리는 식물이다. 포기나누기는 이른 봄에 한다. 주변습도가 높은 곳에서 자라기 때문에 습지 근처에 심는다. 작은 잎들이 많이 있지만 꽃이 피는 것은 일부 개체이다. 뿌리 발육이 왕성해 주변 식물들보다 더 잘 자란다.

가까운 식물들

- 긴잎여로 : 잎 길이가 20~40㎝로 긴 편이다. 여로와 비슷하지만 잎과 열매가 다르다.
- 삼수여로 : 함경도 산지에서 자라며, 키는 60~70㎝이다. 꽃은 7월에 검붉은 자줏빛으로 핀다.

• 참여로 : 키 1~1.5m로 왕여로, 큰여로라고도 한다. 잎은 넓은 타원 모양으로 길이 약 40㎝, 폭 약 10㎝로 매우 크다.
• 나도여로 : 키가 17~30㎝로 작은 편이다. 백두산과 개마고원에 자란다.
• 푸른여로 : 꽃은 6~8월에 피는데, 지름은 약 1㎝로 녹색 바탕에 연한 자줏빛이 돈다. 키는 50~100㎝이다.
• 흰여로 : 꽃이 흰색이다. 키는 1m이며, 지리산과 가야산 등에 서식하는 한국 특산종이다.

참여로

푸른여로

흰여로

185

여름에 피는 새우난

여름새우난초

이명 | 여름새우난, 여름새우란

학명 | *Calanthe reflexa* Maxim.

난과 식물들은 대부분 관상용으로 큰 인기를 끄는데, 아름답기도 하고 향도 좋은 것이 많기 때문이다. 난과 식물 가운데 여름새우난초는 꽃과 자태가 매우 뛰어난 편이다. 본래 야생종의 새우난초는 여름새우난초와 금새우난 등 몇 종 되지 않지만 교배와 변이를 할 수 있어 현재 재배종은 1,300여 종류나 된다.

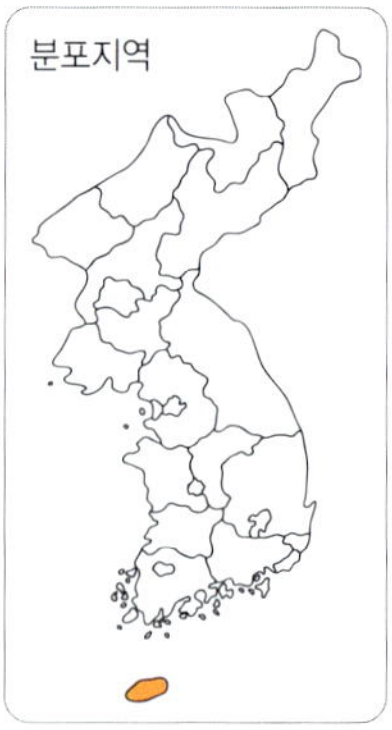

새우난초가 봄꽃인 데 반해 이 품종은 여름에 꽃이 피어 여름새우난초라고 하였다. 전반적으로 서로 비슷해 꽃이 피는 것을 보고 구분한다.

키는 20~40㎝이다. 긴 타원형의 잎은 3~5장이 자라며 길이가 10~30㎝, 폭은 3~8㎝이고 깊은 주름이 지고 이듬해 봄에 쓰러진다. 뿌리줄기는 짧고 알뿌리는 2~3개가 연결되며 달걀형의 구형이다.

8월에 연한 홍자색 꽃이 핀다. 윗부분에 10~20개의 꽃이 20~40㎝의 꽃대에 어긋나게 붙어서 밑에서부터 피기 시작하여 위로 올라간다. 꽃잎은 길이가 1.2~1.5㎝, 폭은 1.5~2㎝로 부채꼴 모양이다. 아래의 입술 모양의 잎은 밑으로 쳐지고 3갈래로 갈라지며 폭은 0.7~1㎝ 정도이고 밑으로 처지는 돌기는 없다. 열매는 9~10월경에 밑으로 처지며 달린다.

난초과의 여러해살이풀로, 제주도 산지의 숲 속에 자생한다. 반 그늘진 곳의 부엽질이 풍부하고 습도가 높은 곳에서 자란다.

우리나라에서는 멸종위기식물로 분류하여 관리하고 있다. 최근에는 제주도에서도 여러 군데의 자생지가 따로 발견되기도 했다. 자생지를 보면 한 곳에 많이 피는 경우도 있지만 주로 산재해 있어 종자 발아가 잘되는 것으로 추정된다.

▲ 여름새우난초_ 새순 올라오는 모습

▲ 여름새우난초_ 잎

ㅇ

▲ 여름새우난초_ 꽃봉오리

▲ 여름새우난초_ 개화 직전

▲ 여름새우난초_ 꽃(정면)

▲ 여름새우난초_ 꽃(측면)

▲ 여름새우난초_ 무리

직접 가꾸기

여름새우난초의 알려진 번식법은 없다. 뿌리는 이른 봄이나 가을에 지상부 잎이 고사한 후 분리하여 심는다. 반그늘이 진 곳에 유기질 함량이 높은 퇴비를 넣고 관리한다. 난초류 가운데는 키가 커서 화단의 중앙에 심어 관리한다. 화분에 심을 때는 물 빠짐을 좋게 한 후 구근이 들어갈 정도로만 넣고 지상부는 그대로 남겨둬야 한다. 그렇지 않고 지상부까지 넣게 되면 구근과 식물이 고사하기 때문이다.

가까운 식물들

- 새우난초 : 키가 여름새우난초보다 약간 더 크며, 꽃은 봄에 피는데, 어두운 갈색이다.
- 금새우난 : 안면도, 울릉도, 제주도의 숲 속에서 자라며 4~5월에 노란색 꽃이 핀다. 키는 40㎝이다.
- 신안새우난초 : 꽃은 5월에 피고 연한 홍색을 띤다. 흑산도에 분포한다.

새우난초

금새우난

186

꽃에서 여우의 오줌 냄새가 나는

여우오줌

이명 | 왕담배풀

학명 | *Carpesium macrocephalum* Franch. & Sav.

꽃에서

여우 오줌 냄새가 난다고 해서 여우오줌이라고 한다. 그런데 요즘엔 여우를 거의 볼 수 없으니 어떤 냄새인지는 상상하기조차 어렵다. 다만 여우오줌 냄새 때문에 쥐가 얼씬도 하지 않는다고 한다. 비슷한 것으로 쥐오줌풀과 노루오줌 등이 있다.

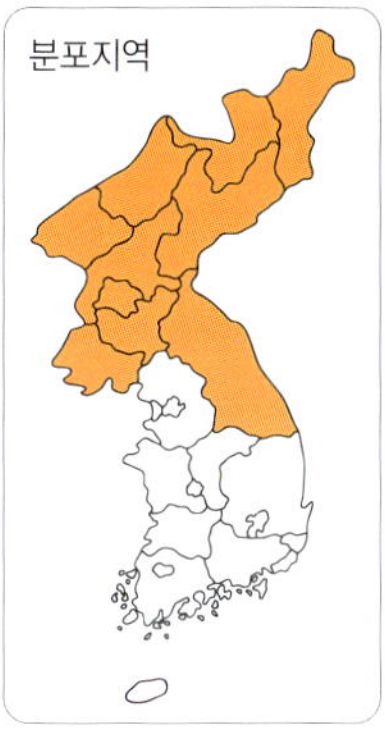

전반적으로 담배풀과 비슷하다. 잎이 30~40㎝로 일반 담배풀보다 2배 정도 길어 왕담배풀이라고 부르기도 한다.

키는 약 1m이다. 잎은 밑부분은 길이가 30~40㎝, 폭은 10~13㎝로 달걀형이며 가장자리에는 불규칙한 톱니가 있다. 중앙부는 긴 타원형, 윗부분은 긴 타원형으로 뾰족하다. 줄기는 굵고 잔털이 뭉쳐 있다.

8~9월에 지름 2.5~3㎝의 노란 꽃이 원줄기와 가지 끝에 하나씩 핀다. 암꽃과 수꽃, 암꽃이 혼생하며 다소 밑으로 처지며 달린다. 꽃을 둘러싸고 있는 긴 타원형의 잎은 길이 2~7㎝로 뾰족하고 가장자리에는 톱니가 있다.
10월경에 약 0.6㎝ 크기의 열매가 달린다.

국화과의 여러해살이풀로, 경상북도 이북의 산지에 분포한다. 반 그늘지고 부엽질이 풍부한 습도가 높은 곳에서 자란다. 꽃이 붙은 잎자루와 열매는 약용한다. 〈동의보감〉에는 꽃줄기와 뿌리를 배앓이나 회충 따위의 치료제로 썼다고 기록되어 있다.

▲ 여우오줌_ 잎

▲ 여우오줌_ 줄기

▲ 여우오줌_ 꽃봉오리 올라오는 모습

▲ 여우오줌_ 꽃봉오리

▲ 여우오줌_ 꽃

▲ 여우오줌_ 무리

ㅇ

직접 가꾸기

여우오줌은 10월경에 받은 종자를 바로 뿌리거나 종이나 솜에 싸서 종자의 수분 증발을 억제시킨 후 냉장고에 보관하여 이듬해 봄에 일찍 뿌린다. 이듬해 봄이나 가을에 뿌리를 캐서 포기나누기를 해 심어도 좋다.

나무 아래에 심어 관리한다. 다른 담배풀들과 함께 심으면 교육용으로 적합하다. 화단에 심을 때는 가운데나 뒤쪽에 심어 관리하고, 화분에 심는 것은 적합하지 않다. 물은 2~3일 간격으로 준다.

가까운 식물들

- 긴담배풀 : 잎이 길며, 줄기는 곧게 서고 가지를 친다. 키는 25~150㎝이다.
- 두메담배풀 : 산에서 자라며, 줄기는 곧게 서며 가지를 치지 않는다. 전체에 짧은 털이 있다.
- 천일담배풀 : 숲 속의 건조한 곳에서 잘 자란다. 키는 25~50㎝이고 뿌리줄기는 짧으며 옆으로 자란다. 줄기와 잎이 가늘다.
- 담배풀 : 잎의 뒷면에는 선점이 있으며 가장자리에는 불규칙한 톱니가 있고 어긋난다. 키는 50~100㎝로 크다.
- 좀담배풀 : 밑부분에 흰 털이 촘촘하게 나 있다. 키는 애기담배풀보다 커서 50~90㎝이다. 꽃이 '좀'이라는 수식어와는 상관없이 큰 편이다.
- 애기담배풀 : 담배풀에 비해 키가 작고 잎도 짧으며 폭이 좁다.

담배풀

애기담배풀

187

잎이 여우를 닮은

여우팥

이명 | 여호팥, 덩굴돌팥, 돌팥, 새돔부, 새콩

학명 | *Dunbaria villosa* (Thunb.) Makino

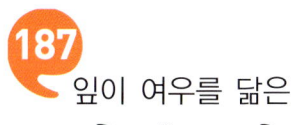

세모꼴

모양의 잎이 여우 얼굴을 닮아 여우팥이라고 한다. 새팥과 아주 흡사하며 여우콩, 새콩과도 잎과 줄기 등이 비슷하다. 이들 4가지는 콩과 식물로서, 일단 꽃이 피었을 때 새콩만 연한 자주색이고, 나머지는 노란색이다. 잎의 경우 새콩과 여우콩은 둥근 달걀 모양이며 잔털이 많이 나는 반면, 새팥은 잎이 길고 크게 3갈래로 갈라지는 모양이며, 여우팥은 잎이 약간 둥근 모양으로 길이가 짧다. 새콩과 새팥은 한해살이풀이며, 여우콩과 여우팥은 여러해살이풀이라는 점도 다른 점이다.

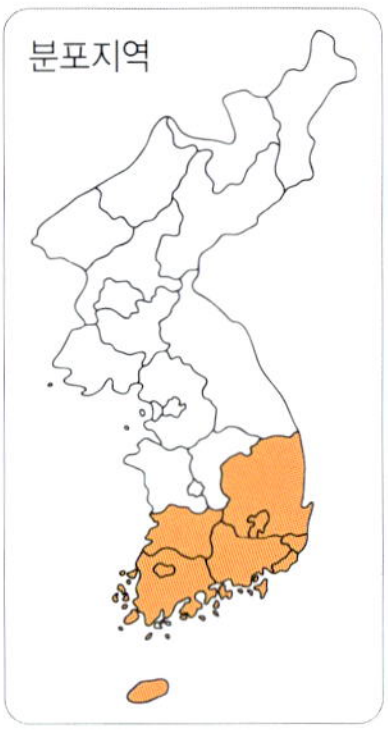

우리나라 남부 지방의 산이나 들에서 나는 덩굴성 여러해살이풀로, 햇볕이 잘 들어오는 토양에 자란다. 줄기는 꼬부라지며 다른 식물을 감고 올라가고 털이 많이 있다.

잎은 길이와 폭이 약 1.5~3cm로 삼각형이며 끝은 뾰족하고 잎자루는 길다. 또한 잎에는 비스듬하게 선 짧은 털이 많으며 뒷면에 적갈색 선점이 있고 어긋난다.

7~8월에 노란색 꽃이 잎겨드랑이에서 나와 핀다. 꽃줄기는 짧으며 길이와 폭이 1.5~1.8cm로 3~8개의 꽃이 달린다.

열매는 9~10월경에 길이 4.5~5cm, 폭은 약 0.8cm로 가늘고 길게 달리며 안에는 6~8개의 종자가 들어 있다.

▲ 여우팥_ 송자 결실

콩과에 속하며 여호팥, 덩굴돌팥, 돌팥, 새돔부, 새콩이라고도 한다. 우리나라와 일본, 중국에 분포한다.

직접 가꾸기

여우팥은 10월에 종자를 받아 냉장고에 1주일 정도 보관한 후 2~3일 정도 물에 불려서 파종상에 뿌려 번식시킨다. 종자가 딱딱하기 때문에 물에 불리기 전에 겉을 깨트려주는 것이 좋다. 덩굴성이어서 나무나 큰 초화류가 있는 곳에 심는 것이 좋으며, 물 빠짐이 좋은 곳에 심으면 된다. 화분에 심을 때는 퇴비를 많이 넣고 햇볕이 잘 드는 곳에 둬야 웃자라지 않고 튼실하게 성장한다. 물은 2~3일 간격으로 준다.

가까운 식물들

- 여우콩 : 꽃은 노란색이며, 잎은 둥근 달걀 모양으로 잔털이 많이 나 있다.
- 새팥 : 꽃은 노란색이며, 잎은 길이 3~7㎝의 달걀 모양이고 가장자리는 밋밋하지만 때로 3개로 얕게 갈라진다.
- 새콩 : 꽃은 연한 자주색이다. 잎은 달걀 모양이고 퍼진 털이 있으며 뒷면은 흰색을 띤다.
- 팥 : 꽃은 노란색이다. 잎은 어긋나고 3개의 작은잎으로 된 겹잎이며, 긴 잎자루의 밑부분에 작은 턱잎이 있다.

새팥

새콩

188

극락을 상징하는

연꽃

이명 | 연

학명 | *Nelumbo nucifera* Gaertn.

연꽃은 더러운 진흙에서 예쁘게 피므로 흔히 속세에서 열심히 불공을 닦아 극락에서 다시 태어난다는 것을 상징한다. 특히 부처님의 탄생을 알리기 위해 피었다고 하고, 극락세계에서는 모든 신자가 연꽃 위에 신으로 태어난다고 믿었다. 그래서 불상이나 스님이 앉는 자리의 장식을 연꽃으로 하게 되었다고 전해진다. 중국에서는 불교가 전래되기 이전부터 연꽃이 신성시되어 흔히 속세에 물들지 않는 군자를 상징했고, 종자가 많이 달려 다산을 상징한다고 한다.

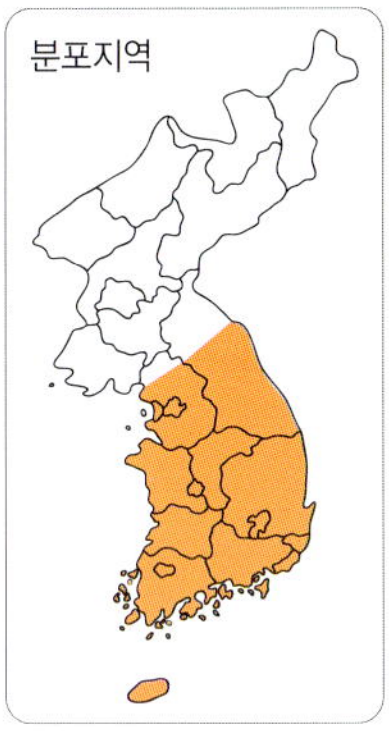

연못이나 습지, 특히 밑부분이 진흙으로 덮여 있는 오래된 연못에서 잘 자란다. 원산지가 인도로 추정되나 확실치 않고, 일부에서는 이집트라고도 한다. 우리나라에는 주로 중부 이남 지역에서 재배되고 있다. 다년생 수초로 키는 약 1m 정도 자란다.

뿌리줄기는 굵고 옆으로 뻗어가며 마디가 많고, 가을에는 특히 끝부분이 굵어진다. 잎은 뿌리줄기에서 나오는데, 지름이 약 40㎝로 방패 모양으로 물 위로 올라와 있다. 뿌리줄기에서 나온 잎은 잎자루가 길며, 물에 잘 젖지 않고 꽃잎과 같이 수면보다 위에서 전개된다. 잎자루는 겉에 가시가 있고 안에 있는 구멍은 땅속줄기의 구멍과 통한다.

꽃은 7~8월에 꽃줄기 끝에 큰 꽃으로 한 송이가 피며 색깔은 연한 홍색 또는 흰색이다. 꽃의 크기는 지름이 15~20㎝로, 뿌리에서 꽃줄기가 나오고 꽃줄기는 잎자루처럼 가시가 있다.

열매는 검은색이고 타원형이며 길이는 2㎝ 정도이다. 종자의 수명은 길어서 2천 년 묵은 종자가 발아한 예도 있다.

수련과에 속하며, 간단히 연이라고 줄여 부르기도 한다. 관상용으로 쓰이며 잎과 뿌리, 열매는 식용 및 약용으로 쓰인다. 땅속줄기는 연근이라고 해서 식품으로 많이 쓰인다.

▲ 연꽃_ 잎

▲ 연꽃_ 꽃봉오리

▲ 연꽃_ 꽃

▲ 연꽃_ 종자 결실

직접 가꾸기

연꽃은 잎이 없어지는 가을이나 새순이 나오기 전인 이른 봄에 뿌리를 나누어 번식시킨다. 종자는 물속에 넣어 보관하거나 종이에 싸서 냉장보관하면 되지만 발아 시간이 오래 걸리기 때문에 포기나누기를 하는 것이 낫다. 큰 연못이나 논과 같이 물 빠짐이 좋지 않은 곳에 심으면 좋다.

가까운 식물들

왜개연꽃

- 개연꽃 : 꽃은 8~9월에 물 위로 나온 긴 꽃자루 끝에 1송이씩 노란색으로 피며, 지름은 약 5㎝이다.
- 왜개연꽃 : 8~9월에 노란색 꽃이 피는데, 지름 약 2.5㎝로 개연꽃의 절반 정도이다.
- 수련 : 꽃이 흰색이며, 5~9월에 핀다. 정오경에 피었다가 저녁 때 오므라들며 3~4일간 되풀이한다.
- 각시수련 : 수련과 비슷하나 꽃의 지름은 3㎝이다. 잎도 작은데, 길이 2~5.5㎝, 폭 2~4㎝이다.

189

꽃잎이 가늘게 뒤로 말려 있는

영아자

이명 | 여마자, 염마자, 염아자

학명 | *Asyneuma japonicum* (Miq.) Briq.

초롱꽃과에 속하는 식물들의 꽃은 보통 통꽃이지만 영아자는 꽃이 가늘게 뒤로 말려져 있어 보기에 참 좋다. 하지만 꽃받침은 통 모양이다. 꽃잎이 가늘게, 그리고 아주 깊이 갈라져서 꽃만 보아도 개성이 넘치는 식물이다.

우리나라 각처의 산골짜기 낮은 지대에서 자라는 여러해살이풀로, 토양이 비옥한 반그늘에서 자라며, 키는 50~90㎝이다.

잎은 길이가 5~12㎝, 폭이 2.5~4㎝ 정도이고, 표면에 약간의 털이 있으며 양끝은 뾰족하고 어긋난다. 모양은 긴 달걀처럼 생겼으며, 가장자리에는 톱니가 있다.

7~8월에 보라색 꽃이 핀다. 꽃은 암술대가 길게 나와 있고 꽃잎이 뒤로 말려 있다. 열매는 10~11월에 익으며 납작하고 둥근 모양으로 세로 맥이 뚜렷이 나타난다.

초롱꽃과에 속하며 염아자, 여마자, 염마자라고도 한다. 관상용으로 쓰이며, 어린잎은 식용으로 쓰인다.

우리나라와 일본, 중국 북동부, 우수리 강, 아무르 강, 시베리아 동부 등지에 분포한다. 꽃말은 '광녀' 이다.

◀ 영아자 압화

▲ 영아자_ 새순 올라오는 모습

▲ 영아자_ 잎

▲ 영아자_ 꽃봉오리

▲ 영아자_ 꽃

▲ 영아자_ 시드는 모습

▲ 영아자_ 종자 결실

직접 가꾸기

영아자는 10월경 받은 종자를 바로 화분이나 화단에 뿌리고 11월에 받은 종자는 종이에 싸서 냉장보관하여 이른 봄에 뿌린다. 이른 봄에 새싹이 올라오면 뿌리가 붙어 있는 것을 나눠 번식시킨다. 햇볕이 많이 들어오지 않으면서 토질이 좋은 화단에 심는다. 직접적으로 햇볕을 받으면 잎 끝이 타는 현상이 발생하기 때문이다. 물은 2~3일 간격으로 준다.

가까운 식물들

초롱꽃과는 세계에 650종이 분포하고, 우리나라에는 13종이 있다. 잎은 어긋나고 턱잎이 없다. 꽃은 양성화이며 화판은 종 모양이나 통 모양, 또는 입술 모양이고 5개로 갈라지는 것이 공통적인 특징이다.

190

북쪽 지방에서 크는 장구채

오랑캐장구채

이명 | 흰대나물, 북장구채, 가지대나물

학명 | *Silene repens* Patrin

오랑캐장구채는 장구채와 닮았으나 오랑캐가 사는 지역인 중국 북동부 지역에 많이 난다고 해서 붙여진 이름이다. 줄기가 곧고 길어서 마치 장구채처럼 생겼다.

우리나라 중부 이북의 산지에서 나는 여러해살이풀로, 반그늘 혹은 양지의 물 빠짐이 좋고 토양이 비옥한 곳에서 자라며, 키는 10~60㎝이다.

밑에서부터 가지가 분기하며 아래를 향해 털이 빽빽이 난다. 잎은 길이가 3~5㎝, 폭이 0.3~0.8㎝로 양끝이 좁고 마주난다. 잎자루가 없으며 잎의 모양은 바소꼴 또는 긴 타원형의 바소꼴이다. 잎의 양면에 털이 있으며 가장자리에는 짧은 털이 밀생한다.

꽃은 6~7월에 백홍색으로 원줄기 끝에 달리고 꽃줄기는 짧으며 털이 있다. 꽃은 지름이 약 1.5㎝ 정도이고 꽃잎은 5개로 끝이 2갈래이다. 7~8월경에 달걀 모양의 열매가 달린다.

석죽과에 속하며 흰대나물, 북장구채, 가지대나물이라고도 한다. 관상용으로 쓰이며, 어린순은 식용으로 쓰인다. 약재로도 사용하는데, 전초를 '호로초(胡蘆草)' 라고 하고, 열매가 익었을 때의 지상부를 '왕불류행(王不留行)' 이라고 한다.

왕불류행이란 약의 성질이 매우 활동적이며 머물러 있지 않아서 비록 왕명이라고 할지라도 움직임을 멈출 수 없다 하여 붙여진 명칭이다.

북한에서는 천연기념물로 지정하고 있는 종으로, 우리나라와 일본 홋카이도, 사할린, 바이칼 호 부근 등지에 분포한다.

▲ 오랑캐장구채_ 새순 올라온 모습

▲ 오랑캐장구채_ 잎

▲ 오랑캐장구채_ 꽃망울 맺힌 모습

▲ 오랑캐장구채_ 꽃망울 터뜨리는 모습

ㅇ

▲ 오랑캐장구채_ 꽃

▲ 오랑캐장구채_ 시들어가는 모습

▲ 오랑캐장구채_ 종자 결실

직접 가꾸기

오랑캐장구채는 8월에 얻은 종자를 바로 뿌리거나 종이에 싸서 냉장보관하여 이듬해 봄에 뿌린다. 종자 발아율은 매우 높은 편이다. 씨방을 따서 흔들면 30~40개의 종자가 들어 있으며 한 줄기에서 종자를 받으면 1천여 개 이상의 종자를 받을 수 있다. 화단이나 화분에 퇴비를 많이 넣고 심으며, 물은 2~3일 간격으로 준다. 특별히 자라지 않는 곳은 없으나 직접적으로 빛을 받는 곳은 피해야 한다. 화분에 심어 집 안에 두면 12월까지도 꽃을 볼 수 있다.

가까운 식물들

- 장구채 : 꽃은 흰색이며, 키는 30~80cm이다.
- 가는다리장구채 : 산기슭에 자라며, 키는 약 25cm로 줄기가 가늘고 길다. 꽃은 황백색이다.
- 흰장구채 : 키가 10~25cm로 작으며 꽃이 흰색이다.
- 가는장구채 : 전체에 가는 털이 많이 나 있다. 그늘진 곳에 자라며, 키는 60cm이다. 꽃자루가 가늘고 길다.
- 갯장구채 : 바닷가에서 자라며, 전체에 잔털이 있고, 키는 약 50cm이다. 5~6월에 분홍색 꽃이 핀다.
- 거품장구채 : 뿌리를 물에 담그면 그 즙액에서 비누처럼 거품이 나온다. 유럽 원산으로 키는 90cm, 꽃은 흰색과 빨간색으로 핀다.
- 끈끈이장구채 : 줄기 윗부분의 마디 사이와 꽃받침 밑에서 점액을 분비하기 때문에 끈적끈적하다. 키는 90cm, 꽃은 흰색이다.
- 말냉이장구채 : 높은 산에서 자라며, 키는 약 50cm이다. 꽃은 연한 붉은색으로 부전고원에 분포한다.
- 명천장구채 : 장구채와 비슷하지만 꽃이 산형꽃차례이고 꽃받침에 선모가 있다. 함경북도 명천에 분포한다.
- 분홍장구채 : 양지 쪽 바위틈에 자라며, 키는 30cm, 꽃은 분홍색이다.
- 애기장구채 : 키는 20~50cm이며, 잎은 마주나고 피침 모양으로 끝이 뾰족하다.

- **털장구채** : 장구채와 비슷하나 몸 전체에 부드러운 털이 있다. 키는 30~80㎝이다.
- **한라장구채** : 키가 약 10㎝로 아주 작으며, 꽃은 흰색이다. 한라산에 자생한다.
- **울릉장구채** : 바위 표면에 서식하며, 키는 20~50㎝, 꽃은 흰색이다.
- **층층장구채** : 잎겨드랑이에서 잎이 촘촘하게 모여 나는 짧은 가지가 나온다. 키는 1m이다.

장구채

가는다리장구채

갯장구채

말냉이장구채

191

박하향이 나는 산나물

오리방풀

학명 | *Isodon excisus* (Maxim.) Kudo

잎의 모양이 오리를 닮았다고 해서 오리방풀이라는 설이 있다. 우리나라 각처의 산에서 자라는 여러해살이풀로, 습기가 많고 반그늘이며 토양이 비옥한 곳에서 자란다.

키는 50~100㎝이고 잎은 마주나는데 원형이며 끝이 거북꼬리 같고 길이는 2~5㎝이다.

6~8월에 자주색 꽃이 원줄기 끝에서 마주난다. 윗부분의 꽃 입술은 얕게 갈라지며 젖혀지고, 아랫부분의 꽃 입술은 배와 같은 모양을 하고 있으며 앞으로 나와 있다. 열매는 9~10월에 익는다.

드물게 흰색오리방풀도 나타난다. 이밖에도 지리오리방풀, 둥근오리방풀 등의 유사종이 있다. 또 박하향이 나서 산박하와도 비슷한데, 산박하는 잎이 깻잎을 닮아 깻잎오리방풀이라고도 부르기도 한다.

꿀풀과에 속하며 어린순은 식용하는데, 박하향이 은은하게 난다. 우리나라와 일본, 중국, 우수리 강, 아무르 강 등지에 분포한다.

▲ 오리방풀_ 새순 올라오는 모습

▲ 오리방풀_ 잎

▲ 오리방풀_ 개화 전

▲ 오리방풀_ 꽃(정면)

▲ 오리방풀_ 꽃(위에서 본 모습)

◀ 오리방풀_ 종자 결실

직접 가꾸기

오리방풀은 9~10월에 열리는 종자를 받아 바로 화분이나 화단에 뿌린다. 포기나누기는 이듬해 봄에 한다. 주변에 낙엽이 지는 나무가 많이 있는 화단에 심는다. 또한 심기 전 흙 속에 유기질이 많은 퇴비를 넣으면 좋다.

가까운 식물들

- 흰오리방풀 : 꽃이 흰색이다.
- 지리오리방풀 : 잎의 폭이 길이보다 길다. 지리산에 분포한다.
- 둥근오리방풀 : 잎이 오리방풀에 비하여 넓고 둥글다. 또 잎 끝의 톱니가 넓은 이빨 모양이다.
- 산박하 : 산지에 자라며, 키는 40~100㎝, 꽃은 파란색을 띤 자줏빛으로 핀다.

흰오리방풀

산박하

192

잎이 옥잠화를 닮은 난초

옥잠난초

이명 | 구름나리란

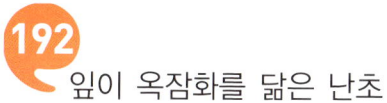

학명 | *Liparis kumokiri* F. Maek.

ㅇ

난초는 외떡잎식물 난초목 난초과에 속하는 식물로, 식물 중에서는 가장 진화한 종류이다. 향이 좋고 잎도 예뻐 관상용으로 많이 개발되어 있는데, 전 세계에 2만 5천 종, 우리나라에는 84종이 자생한다. 옥잠난초는 잎이 옥잠화를 닮았다고 해서 부르는 이름인데, 꽃이 녹색이라서 자세히 봐야 핀 것을 알 수 있다.

우리나라 전역에 분포하는 여러해살이풀로, 토양 비옥도가 높고 물 빠짐이 좋은 곳의 반그늘 혹은 음지에서 자란다. 뿌리는 구경 지름이 1~1.5㎝ 정도이고, 지상부에 나와 있는 것은 '위인경(僞鱗莖)' 이라 부르는데, 마른 잎자루로 싸여 있다. 키는 20~30㎝이다.

옥잠난초 압화 ▶

전년도의 줄기 옆에서 잎 2개가 나오며 길이는 5~12㎝, 폭은 2.5~5㎝이다. 잎의 형태는 긴 타원형인데 가장자리에 주름이 많이 있다. 잎은 달걀 모양이며 부드럽고 다소 육질로 가장자리에 잔주름이 있다.

6~7월에 자줏빛이 도는 연한 녹색 꽃이 핀다. 꽃받침조각과 꽃잎은 좁고 순판은 달걀을 거꾸로 세운 모양의 원형이며 중앙 상부에서 뒤로 젖혀지고 끝이 다소 뾰족하다. 꽃자루는 높이 15~30㎝로 5~15송이의 꽃이 달린다. 열매는 8~9월경에 익으며 길이는 1~1.5㎝ 정도이다.

난초과에 속하며, 구름나리란이라고도 한다. 관상용으로 쓰이며, 우리나라와 일본에 분포한다.

▲ 옥잠난초_ 잎 올라오는 모습

▲ 옥잠난초_ 꽃봉오리

▲ 옥잠난초_ 개화 직전

▲ 옥잠난초_ 시드는 모습

▲ 옥잠난초_ 꽃

▲ 옥잠난초_ 종자 결실

▲ 옥잠난초_ 종자(터진 모습)

직접 가꾸기

옥잠난초는 해마다 옆에서 생기는 작은 알뿌리를 봄에 분리해서 번식시킨다. 종자는 덜 익은 것은 인위적으로 배양을 해야 하고 완전히 익은 종자는 따서 이끼가 많은 곳에 뿌린다. 그러나 싹은 잘 나지 않는 편이다. 일단 싹이 나오면 집 안에서 키우기에 좋다. 잎이 넓어 물은 2~3일 간격으로 주고, 꽃이 피는 6월경에는 4~5일 간격으로 준다.

가까운 식물들

- 옥잠화 : 백합과의 여러해살이풀로 키는 40~50㎝, 꽃은 흰색이다. 화관은 깔때기처럼 끝이 퍼지고 길이는 11㎝이다.
- 난초 : 외떡잎식물 난초목 난초과에 속하는 식물을 총칭하여 부르는 이름이다.
- 잠자리난초 : 키나 꽃의 형태가 비슷하나 잎이 다르고, 꽃이 흰색이다.

잠자리난초

193

작은 박주가리

왜박주가리

이명 | 양반풀, 좀양반풀, 양반박주가리, 나도박주가리

학명 | *Tylophora floribunda* Miq.

왜박주가리는 박주가리보다 작다. 박주가리의 키는 대략 3m에 이르지만 왜박주가리는 1~2m 정도이다. 또 잎도 박주가리는 길이 5~10㎝, 폭이 3~6㎝의 크기이나 왜박주가리는 길이가 2.5~8㎝, 폭이 1~3㎝가량으로 작다. 박주가리는 열매 모양이 조그맣고 박과 같이 생겼다는 데에서 이름이 유래했다는 설이 있다.

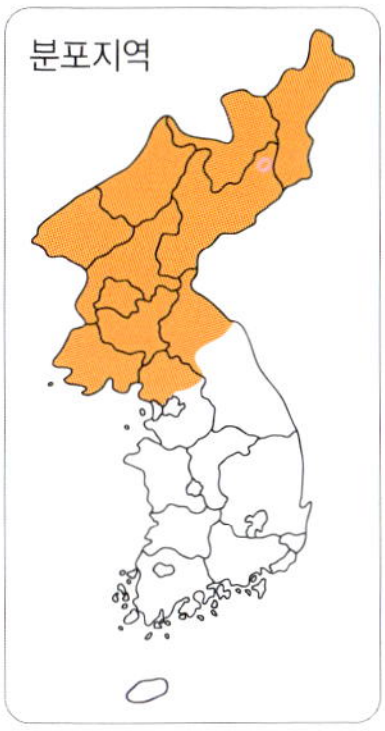

경기도 광릉, 소요산을 경계로 그 이북과 지리산 일대에서 자라는 덩굴성 여러해살이풀이다. 부엽질이 풍부하고 주변에 습기가 많아 공중습도를 유지하기 좋은 장소에서 자란다.

줄기는 가늘고 길며 뿌리줄기는 짧으면서 뿌리가 옆으로 퍼지는 형태를 이룬다.

잎은 어긋나며, 삼각형 모양으로 뾰족하다. 잎 표면에만 털이 약간 있고 전체적으로는 털이 없다.

6~7월에 지름 0.4~0.5㎝의 흑자색 꽃이 피는데, 원줄기의 잎 사이에서 여러 송이가 나온다. 열매는 9월경에 달리며 길이가 4~5㎝로 끝이 뾰족하다.

박주가리과에 속하며 양반풀, 좀양반풀, 양반박주가리, 나도박주가리라고도 한다. 관상용으로 쓰이며 우리나라와 일본, 중국에 분포한다.

▲ 왜박주가리_ 잎(앞면)

▲ 왜박주가리_ 잎(뒷면)

▲ 왜박주가리_ 꽃봉오리

▲ 왜박주가리_ 꽃

직접 가꾸기

왜박주가리는 9월경에 달리는 종자를 바로 뿌리거나 종이에 싸서 보관하여 이듬해 봄에 뿌린다. 또한 줄기는 잎 2마디 정도를 붙여서 4~5월경에 삽목해도 된다. 실내 재배 때는 줄이나 나뭇가지를 이용하여 덩굴이 감고 올라갈 수 있게 하고 심어 햇볕이 좋은 곳에 둔다. 정원이나 실외에 심는 경우는 작은 가지나 잎이 큰 초본성 식물 옆에 심어 감고 올라가게 하는 것이 좋다. 물은 2~3일 간격으로 준다.

가까운 식물들

- 덩굴박주가리 : 7~8월에 지름 0.7~0.8㎝의 노란색 꽃이 윗부분의 잎겨드랑이에 핀다.
- 박주가리 : 키가 3m로 크며, 잎은 길이가 5~10㎝, 폭이 3~6㎝의 크기로 역시 왜박주가리보다 크다.
- 하수오 : 잎이 비슷하나 꽃이 다르다. 꽃은 흰색으로, 가지 끝에 작은 꽃들이 많이 달린다.
- 흑박주가리 : 꽃이 검정색을 띤 자주색이다.

덩굴박주가리

박주가리

194

에델바이스를 닮은

왜솜다리

이명 | 솜다리

학명 | *Leontopodium japonicum* Miq.

보통 ‘왜’ 자가 붙으면 본종보다 작지만 왜솜다리는 솜다리보다 크다. 솜다리는 대개 7~22㎝ 정도이나 왜솜다리는 키가 25~55㎝이다. 솜다리 종류는 에델바이스를 닮아 흔히 ‘한국의 에델바이스’라고 한다. 에델바이스는 독일어로 ‘고귀한 흰빛(edelweiss)’을 뜻한다.

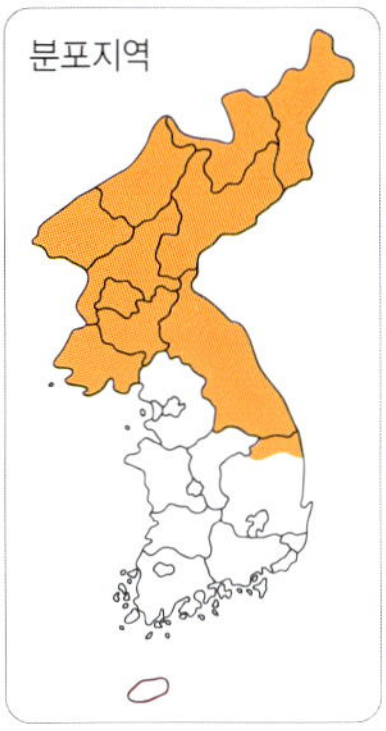

왜솜다리는 소백산 이북의 고산지대에서 자라는 여러해살이풀로, 바람이 잘 통하는 반그늘 혹은 양지의 돌틈이나 경사지에서 자란다.

줄기가 솜 같은 흰 털로 덮이며 가지가 갈라진다. 뿌리에서 난 잎과 아랫부분의 잎은 개화 무렵에 없어지며 줄기에서 난 잎은 어긋난다. 잎은 길이가 4~6.5㎝, 폭이 0.5~1.4㎝로 끝이 뾰족한데, 잎의 표면에 면모가 있거나 없으며 뒷면에 회백색 면모가 있다.

꽃은 8~9월에 회백색으로 피며 길이는 0.4~0.5㎝, 폭은 0.5㎝ 정도이다. 하나 혹은 여러 개의 꽃이 줄기 끝에 모여 달리며, 열매는 10~11월경에 달린다.

국화과에 속하며, 그냥 솜다리로도 불린다. 어린순은 먹을 수 있으며, 관상용으로 쓰인다. 특히 잎 모양이나 꽃 모양이 독특한 품종이어서 교육용으로도 적합하다. 우리나라와 일본, 중국 등지에 분포한다.

왜솜다리 압화 ▶

▲ 왜솜다리_ 새싹 올라오는 모습

▲ 왜솜다리_ 꽃

▲ 왜솜다리_ 시든 모습

▲ 왜솜다리_ 고사한 후 잎 모양

직접 가꾸기

왜솜다리는 11월에 종자를 받아 종이에 싸서 냉장보관한 후 이른 봄에 화분에 뿌린다. 종자 발아율이 낮기 때문에 최대한 많이 뿌려주는 것이 좋다. 야생화를 파는 곳에 가보면 원예종과 유사한 왜솜다리를 볼 수 있는데, 재배하기가 어렵지는 않다. 화분에 심고 이끼를 올려주는 것이 요령이다. 처음 올라오는 싹은 아주 작지만 꽃이 피면서 줄기가 점점 커진다. 물은 2~3일 간격으로 준다.

가까운 식물들

- 솜다리 : 밑부분은 묵은 잎으로 덮여 있고 줄기는 곧추서며 전체가 희거나 때로 회색빛을 띤 흰색 솜털로 덮여 있다. 꽃은 노란색이다.
- 산솜다리 : 깊은 산에 자라며, 키는 7~22cm 정도이다.
- 한라솜다리 : 8월에 검은 갈색의 꽃이 피며, 키는 7~12cm이다. 한라산에 분포하는 한국 특산종이다.
- 에델바이스 : 고산식물로서 키는 10~20cm이며, 전체적으로 흰 면모가 덮여 있다. 잎은 뿌리에서 비교적 많이 나온다.

ㅇ

산솜다리

195

용이 여의주를 물고 있는 듯한

용머리

학명 | *Dracocephalum argunense* Fisch. ex Link

용머리는 꽃을 보면 용이 여의주를 물고 있는 듯한 모습이 연상된다. 언뜻 보면 꿀풀과 비슷한데 크기나 색상, 그리고 털이 난 모습이 비슷하다. 단지 용머리꽃은 각각 피는 반면 꿀풀 꽃은 뭉쳐서 피는 것이 다르다. 사실 꿀풀과는 같은 과에 속한다.

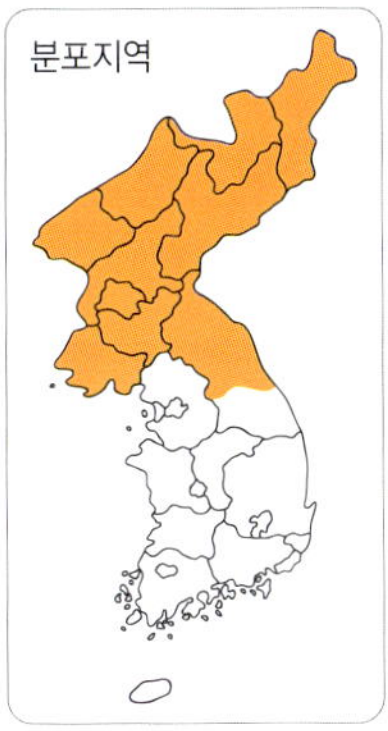

산지에 자생하는 숙근성 여러해살이풀이다. 토양의 비옥도가 높은 반그늘 혹은 양지에서 자라며, 키는 15~40㎝이다.

줄기는 뿌리줄기에서 무더기로 나오며 밑을 향한 털이 있다. 잎은 마주나며 잎자루가 없거나 때로는 길이 약 0.2㎝의 잎자루가 있는 것도 있다. 잎 표면에 광택이 있고 뒷면은 가운데 잎줄기 위에 털이 있으며 끝이 밋밋하고 뒤로 말린다.

6~8월에 입술과 같은 모양을 한 자주색 꽃이 줄기 끝에서 여러 개 꽃자루가 없이 뭉쳐 피는데, 길이가 2~5㎝ 정도로 짧게 달린다. 꽃받침은 불규칙하게 5개로 갈라지고, 갈래조각의 끝이 바늘처럼 뾰족하다. 8~9월경에 검은색 열매가 달린다.

꿀풀과에 속하며, 관상용으로 쓰인다. 민간에서는 잎을 약재로 사용한다. 우리나라와 일본, 중국 동북부, 시베리아 동부 등지에 분포한다.

▲ 용머리_ 새순 올라오는 모습

▲ 용머리_ 꽃

▲ 용머리_ 전초

직접 가꾸기

용머리는 9월에 종자를 받아 종이에 싸서 냉장보관하여 이듬해 봄에 화단에 뿌리거나, 이른 봄 새순이 올라올 때 포기나누기를 한다. 종자 발아율은 낮은 편이며 개화기간이 길기 때문에 종자를 받을 때는 한꺼번에 받지 말고 여러 차례 나누어 받는 것이 좋다.

토양에 유기질 함량이 많고 반그늘인 화단에서 키운다. 곁가지에서도 계속해서 꽃이 피기 때문에 영양분을 많이 필요로 하며, 물은 2~3일 간격으로 준다.

가까운 식물들

- 흰용머리 : 꽃이 흰색이다.
- 꿀풀 : 꿀풀과의 대표종으로 키는 30㎝, 꽃은 자주색이다. 산기슭의 볕이 잘 드는 풀밭에서 자란다.

꿀풀

196

근심을 잊게 하는 꽃

원추리

이명 | 넘나물, 들원추리, 큰겹원추리, 겹첩넘나물, 홑왕원추리

학명 | *Hemerocallis fulva* (L.) L.

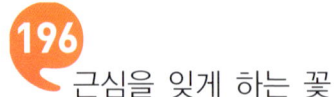

예로부터 여인들이 원추리를 가까이하면 아들을 낳을 수 있다고 했다. 그래서 득남초(得男草), 의남초(宜男草)라 했으며, 아들을 낳으면 근심이 사라지니 망우초(忘憂草)라고도 했다. 원초는 또한 훤초(萱草)라고도 하는데, 당 태종 이세민이 자신의 어머니가 생전에 머물던 집 뜰에 훤초를 가득 심었다고 해서 흔히 어머니를 '훤당(萱堂)' 이라고도 한다.

원추리는 우리나라 각처의 산지 계곡이나 산기슭에서 자라는 여러해살이풀로, 습도가 높으면서 토양의 비옥도가 높은 곳에서 자라며, 키는 50~100㎝이다.

뿌리는 사방으로 퍼지고 원뿔 모양으로 굵어지는 것이 있다. 잎은 길이가 60~80㎝, 폭이 1.2~2.5㎝로 밑에서 2줄로 마주나는데, 모양은 선형이며 끝이 둥글게 뒤로 젖혀지고 흰빛이 도는 녹색이다.

6~8월에 원줄기 끝에서 짧은 가지가 갈라지고 6~8개의 노란색 꽃이 뭉쳐 달린다. 꽃은 아침에 피었다가 저녁에 시들며 계속 다른 꽃이 달린다. 9~10월경에 타원형 열매가 달리는데 종자는 광택이 나며 검은색이다.

백합과에 속하며 넘나물, 들원추리, 큰겹원추리, 겹첩넘나물, 홑왕원추리라고도 한다. 관상용으로 쓰이며 어린잎은 식용, 뿌리는 약용한다. 술로 담가 먹기도 하며, 중국에서는 요리에도 사용한다. 우리나라와 중국에 분포한다.

원추리 압화 ▶

▲ 원추리_ 새순 올라오는 모습

▲ 원추리_ 꽃봉오리

▲ 원추리_ 꽃

▲ 원추리_ 종자 결실

직접 가꾸기

원추리는 10월에 얻은 종자를 바로 뿌리거나 종이에 싸서 냉장보관하여 이른 봄에 뿌린다. 가을이나 이른 봄에 뿌리를 캐내 포기나누기를 해도 된다. 종자가 광택이 나고 딱딱해서 모래에 마쇄를 하든지 물에 5~6일 정도 불린 후 뿌리는 것이 좋다. 종자 발아율은 높은 편으로, 화단에 심는 것이 좋다. 꽃이 필 때 줄기에 희게 벌레들이 붙어 있는데, 이는 진딧물 해충으로 원추리에서 많이 발생한다. 다른 식물에는 해를 입히지 않아도 보기에 좋지 않으므로 실내에서는 관리를 잘 해줘야 한다.

가까운 식물들

- 왕원추리 : 꽃이 여러 겹으로 되어 있다.
- 큰원추리 : 꽃은 길이 8~20㎝, 지름 약 7㎝로 원추리보다 크다. 주황색 꽃이 피며, 키는 60㎝이다.
- 각시원추리 : 꽃줄기 길이가 잎 길이와 비슷하고 꽃 길이는 5~7㎝이며 안쪽 화피조각의 폭은 약 1.2㎝이다.
- 골잎원추리 : 키는 50~80㎝이다. 잎 겉에 골이 깊게 져 있다.
- 노랑원추리 : 키나 1m나 되며, 꽃은 노란빛을 띤 녹색이며 오후에 피어 다음날 오전에 진다.
- 애기원추리 : 산지에서 자라며, 키는 40㎝ 이상으로 원추리속에 속하는 종들 가운데 비교적 크기가 작다.
- 함양원추리 : 야생 원추리꽃 중에서 가장 크고 아름답다. 한국 특산종으로, 함양군에 있는 백운산, 기백산 등 중부 이남 지방에 분포한다.
- 홍도원추리 : 꽃은 8~9월에 피고 붉은빛이 도는 짙은 황색이며, 꽃줄기가 극히 짧다. 바닷가에 자라며, 홍도에서 처음 발견되었다.

왕원추리

애기원추리

197

원예용으로 알맞은

으아리

이명 | 위령선, 큰위령선, 큰으아리, 긴잎으아리, 들으아리, 좀으아리, 북참으아리, 응아리

학명 | *Clematis terniflora* var. *maudshurica* (Rupr.) Ohwi

으아리는 위령선(葳靈仙)에서 유래한다고 알려져 있는데, 위령선이란 사위질빵을 의미한다. 하지만 왜 으아리로 부르게 되었는지는 정확하게 알려진 바가 없다. 다만 꽃을 산에서 우연히 보게 된다면 정말 '으아!' 하고 소리라도 지를만큼 예쁘다.

우리나라 각처의 산과 들에서 자라는 낙엽 덩굴식물로, 양지나 반그늘의 토양 비옥도가 높은 곳에서 자라며, 키는 2~4m로 큰 편이다. 잎은 마주나고 작은잎은 달걀 모양인데, 끝이 점차 좁아지고 밑은 둥글거나 쐐기 모양이다. 잎자루는 구부러져 덩굴손과 같으며, 양면에 털이 없고 끝은 밋밋하다. 6~8월에 길이 1.2~2㎝ 정도의 흰색 꽃이 원줄기 끝과 잎겨드랑이에서 나온다. 열매는 9월경에 익는다.

미나리아재비과에 속하며 고추나물, 선인초, 마음가리나물이라고도 한다. 어린잎은 식용하고 뿌리는 약으로 쓰인다. 줄기를 따라 꽃이 피고 지면서 많이 달려 관상용으로 좋다. 원예용으로 개발되어 여러 빛깔의 품종이 있는데, 개량종은 '클레마티스(Clematis)' 라고 한다. 이는 '마음이 아름답다' 는 뜻이다. 우리나라와 중국, 우수리 강, 헤이룽 강 등지에 분포한다.

으아리 압화 ▶

▲ 으아리_ 꽃

▲ 으아리_ 종자 결실

직접 가꾸기

으아리는 그해에 나온 가지를 가을에 삽목하거나 9월에 받은 종자를 바로 화분이나 화단에 뿌린다. 종자가 딱딱하므로 3~4일 정도 물에 불린 후 뿌려야 하는데, 종자 발아율은 중간 정도이다. 덩굴성이기 때문에 감고 올라갈 수 있는 것을 화단 주변에 만들어줘야 한다. 실내에서 키울 때는 철사를 돔 형태로 만들어 위로 올라가게 하면 된다. 물은 2~3일 간격으로 준다.

가까운 식물들

- 긴잎으아리 : 6~8월에 흰색 꽃이 피는데, 잎이 바소꼴이고 꽃은 으아리보다 약간 크며 꽃받침 길이가 1.2~1.6cm이다.
- 큰위령선 : 으아리보다 키가 크고 잎맥이 튀어나와 있으며 잎축이 약간 연하다.
- 큰꽃으아리 : 꽃의 지름은 10~15cm로 큰 편이며, 가지 끝에 1개씩 달린다. 꽃잎 끝은 뾰족하다.
- 외대으아리 : 하얀색의 꽃은 양성화로 6~9월에 1~3개씩 가지 끝에 달린다. 키는 1m이다.
- 국화으아리 : 길이는 약 5m로, 여수와 거문도, 제주도 해변의 산기슭 양지에서 자란다. 한국 특산종이다.
- 참으아리 : 길이 5m 내외로 산록 이하에서 흔히 자란다. 잎 가장자리는 거의 밋밋하나 간혹 깊게 패이기도 한다.

큰꽃으아리

외대으아리

198

잎이 하나인 작은 야생란

이삭단엽란

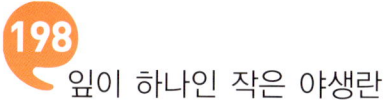

이명 | 홀잎난초, 이삭두잎난, 큰이삭란, 쌍잎난초, 이삭쌍엽난, 이삭홀잎란, 이삭쌍잎란

학명 | *Microstylis monophyllos* (L.) Lindl.

ㅇ

야생란은 몇몇 종을 제외하면 거의 멸종 위기에 몰려 있다. 일반인들이 마구 파헤치기 때문이다. 주로 침엽수 아래에서 자라는 이삭단엽란 역시 멸종위기종으로 국가에서 관리하고 있다. 간혹 꽃집 같은 데에서 판매하고 있는 것을 보게 되는데, 대개 자생지에서 불법 채집한 것이므로 구입해서는 절대 안 된다.

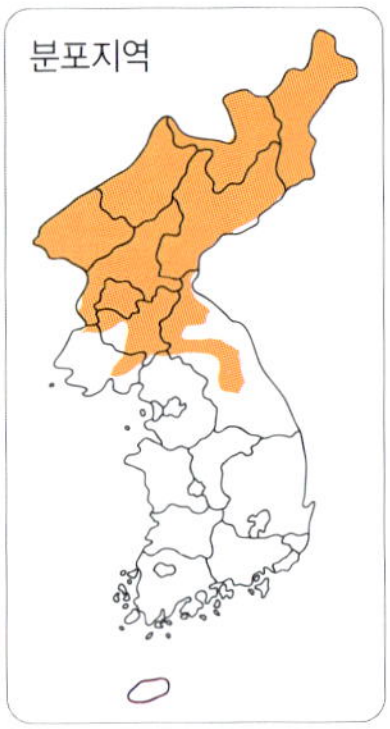

이름 그대로라면 잎이 하나일 텐데, 2개인 경우도 흔하다. 잎이 2개일 때에는 이삭쌍엽란이라고도 부르지만 같은 종으로 취급된다. 아마 야생란 중 가장 작은 꽃을 피우지 않을까 싶다. 꽃의 지름이라야 겨우 0.3㎝에 불과하다. 그나마 꽃이 붙는 부분은 10~17㎝ 정도이다.

키는 20~30㎝이다. 길이가 4~8㎝, 폭은 2~5㎝의 타원형 잎이 1~2장 나오며 밝은 녹색이다. 줄기는 마른 잎으로 싸여 있다.

꽃은 7~8월에 황록색으로 핀다. 꽃받침 잎은 길이 약 0.3㎝ 정도이고 부채꼴로 펴져 젖혀진다. 아래 잎은 꽃받침과 길이가 같으며 밑부분은 타원형이다. 열매는 9~10월경에 달걀이 거꾸로 서 있는 모양으로 달리며, 길이는 약 0.5㎝이다.

난초과에 속하는 여러해살이풀로 태백산, 금강산 이북 숲에서 자란다. 물빠짐이 좋은 경사지의 부엽질이 풍부하고 습도가 높은 반그늘 혹은 양지에 자란다.

고산지역에서 자라는 식물이어서 재배하기는 힘든 품종이다. 자생지에서는 작은 잎들이 상당히 많이 있는 것을 관찰할 수 있었는데, 이는 종자가 발아하여 나온 것으로, 자연상태에서의 발아율은 타 난초류보다는 높은 것을 확인할 수 있었다.

▲ 이삭단엽란_ 새순 올라오는 모습

▲ 이삭단엽란_ 잎 전개되는 모습

▲ 이삭단엽란_ 잎

▲ 이삭단엽란_ 꽃

▲ 이삭단엽란_ 종자 결실

직접 가꾸기

아직까지 이삭단엽란의 정확한 번식법은 알려져 있지 않다. 강원도에서의 재배는 높고 바람이 잘 통하며 부엽질이 많은 곳에 두어 관리해야 한다.

가까운 식물들

- 비비추난초 : 잎이 하나라서 이삭단엽란으로 착각할 수 있다. 잎이 비비추 잎을 닮았으며, 5~6월에 연한 노란색 꽃이 핀다.

199

설사를 멎게 하는

이질풀

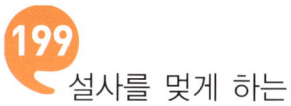

이명 | 개발초, 거십초, 민들이질풀, 분홍이질풀, 붉은이질풀, 쥐손이풀

학명 | *Geranium thunbergii* Siebold & Zucc.

이질풀은 꽃의 아름다움에 비하면 그다지 아름답지 못한 이름을 가졌다. 한자 이름인 현초(玄草)나 노관초(老觀草)는 그나마 낫다. 이 풀을 달여 마시면 설사병인 이질이 낫는다고 해서 이질풀이라고 하는데, 일본에서는 이를 5대 민간 영약으로 여긴다.

속명으로는 제라니움(*Geranium*)이라고 하는데, 그리스어로 학이라는 뜻을 가진 제라노스(Geranos)에서 유래되었다. 열매의 모양이 학의 부리 같아 붙여진 명칭이다.

우리나라 각처의 산과 들에서 자라는 여러해살이풀로, 반그늘 또는 양지에서 자라며, 키는 약 50㎝ 정도이다. 잎은 양면에 검은 무늬가 있고 폭은 3~7㎝이다. 잎 표면에 이중으로 된 털이 있으며 뒷면엔 비스듬히 곱슬곱슬한 털이 있다. 잎 가장자리 위쪽에 불규칙한 톱니가 있다. 잎은 마주나고 잎자루가 있으며 손바닥을 편 모양으로, 잎몸이 3~5개로 갈라진다.

8~9월에 연한 홍색, 홍자색 또는 백색 꽃이 피며, 지름은 1~1.5㎝로 꽃줄기에서 2개의 작은꽃줄기가 갈라져 각각 꽃이 달린다. 열매는 10월경에 달리며 길이는 1.5~2㎝로 검은색의 씨방이 5개로 갈라져서 위로 말린다. 각각의 씨방에 종자가 1개씩 들어 있다.

쥐손이풀과에 속하며 잎의 모양이 쥐의 손과 비슷하다고 해서 쥐손이풀, 또는 서장초라고도 한다. 개발초, 거십초, 민들이질풀, 분홍이질풀, 붉은이질풀, 노관초라고도 하며, 전초는 현초라고 하여 약용한다. 우리나라와 중국, 일본, 타이완 등 아시아 온대 지방에 분포하며, 꽃말은 '귀감'이다.

▲ 이질풀 압화

▲ 이질풀_ 새순 올라오는 모습

▲ 이질풀_ 잎

▲ 이질풀_ 꽃봉오리

▲ 이질풀_ 꽃

▲ 이질풀_ 종자 결실 전

▲ 이질풀_ 종자 결실

▲ 이질풀_ 종자 터지는 모습

▲ 이질풀_ 꽃(흰색)

▲ 이질풀_ 전초(꽃 변이)

▲ 이질풀_ 꽃(변이)

▲ 이질풀_ 전초(키메라 현상)

▲ 이질풀_ 꽃(키메라 현상)

직접 가꾸기

이질풀은 이른 봄에 포기나누기를 하고, 10월경 받은 종자는 바로 화분이나 화단에 뿌리거나 이듬해 봄에 뿌린다. 종자 발아율은 매우 높다. 지름이 약 20~30㎝ 되는 화분에 5~6개를 넣으면 여름철에는 잎이 꽉 찬 느낌이 들 만큼 자라고 꽃도 많이 핀다. 밖에서 키울 때는 어느 곳이든 좋고 주변의 다른 풀들은 제거해줘야 생육을 잘 한다. 물은 실내일 경우 2~3일 간격으로 주고, 실외는 3~4일 간격으로 준다.

가까운 식물들

- 선이질풀 : 산과 들에 자라며, 키는 50㎝가량이다. 6~8월에 홍자색 꽃이 핀다.
- 사국이질풀 : 꽃 앞부분이 모두 둥글게 나누어져 있고 꽃잎은 갈라져 있지 않다. 한라산에 분포하며 키는 50㎝이다.
- 둥근이질풀 : 잎은 3~5개로 약간 깊게 갈라지고 갈라진 조각은 끝이 뾰족하며 큰 톱니가 있다. 꽃은 연분홍색이다.
- 흰둥근이질풀 : 전체적인 모양은 둥근이질풀과 같지만 꽃이 흰색이다.
- 참이질풀 : 꽃은 엷은 홍색이다. 인천과 평양의 산야에 자라는 한국 특산종으로 둥근이질풀에 비해 전체에 털이 많다.
- 쥐손이풀 : 꽃의 모양이 이질풀과 비슷하다. 줄기는 비스듬히 또는 옆으로 뻗고 가지가 갈라지며 잎자루와 함께 밑을 향한 털이 있다.

사국이질풀

둥근이질풀

흰둥근이질풀

200

어머니를 위한 풀

익모초

이명 | 임모초, 개방아

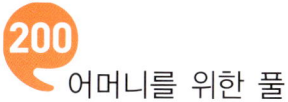

학명 | *Leonurus japonicus* Houtt.

익모초

(益母草)라는 이름은 어머니를 이롭게 하는 풀이라는 뜻이다. 그만큼 여성들에게 좋은 약효를 내는 약용식물인데, 전설이 하나 전해진다.

옛날에 가난한 모자가 살았는데, 어머니는 아들을 낳고부터 배가 아팠지만 가난해서 약을 먹을 수가 없었다. 그런데 어느 날 아들이 약초를 구해다 달여 드렸더니 배 아픈 게 나았고, 이후에 그 풀을 익모초라고 부르게 되었다는 것이다.

익모초는 전국의 산과 들에 분포하는 두해살이풀이다. 햇볕이 잘 들어오는 곳이나 풀숲에서 자라며, 키는 70~100㎝ 정도이다. 잎은 마주나고 잎자루가 길며 뿌리에서 생겨난 잎은 끝에 둔한 톱니가 있으나 꽃이 필 때 잎 자체가 없어진다.

7~8월에 홍자색 꽃이 윗부분의 잎자루에 여러 개 층층으로 달린다. 꽃의 길이는 약 0.7㎝이다. 꽃받침은 5개로 갈라지며 화관은 입술 모양이고 2갈래로 갈라진다. 9~10월경에 넓은 달걀 모양의 편평한 열매가 달린다.

꿀풀과에 속하며 육모초, 임모초, 개방아라고도 한다. 전초는 약용한다. 또 술로도 담가 먹고 차로도 이용된다. 특히 유두날에 익모초를 먹으면 더위를 타지 않는다고 하며, 한여름 더위에 입맛이 떨어졌을 때 익모초 생즙을 마시면 효과가 있다고 한다. 우리나라와 일본, 중국에 분포한다.

익모초 압화 ▶

▲ 익모초_ 꽃

ㅇ

▲ 익모초_ 잎

▲ 익모초_ 종자 결실

직접 가꾸기

익모초는 10월에 종자를 받아 바로 화분에 뿌린다. 한 꽃대에서 500~1,000개 정도의 많은 종자를 받을 수 있으며, 종자 발아율은 매우 높아서 받은 종자를 순차적으로 조절하면서 뿌려야 한다. 특정 지역에 관계없이 어느 곳에서나 잘 자란다. 약용식물로 재배하는 곳이 많다. 재배할 때는 물 빠짐을 좋게 하기 위해 두둑의 높이를 높게 해줘야 한다.

가까운 식물들

• 백화익모초 : 별도로 구분하지 않기도 하지만 흰색 꽃이 피는 것을 백화익모초라고 한다.

201

석회암 지대에 잘 자라는

일월비비추

이명 | 방울비비추, 산지보, 비녀비비추

학명 | *Hosta capitata* (Koidz.) Nakai

ㅇ

비비추는 언뜻 들으면 외래어 같지만 순우리말로, 어린잎을 나물로 먹는데 잎에서 거품이 나올 때까지 손으로 비벼서 먹는다고 해서 '비비추'라는 이름이 붙었다. 잎이 옥잠화와 비슷하지만 옥잠화는 약간 크면서도 하얀 꽃이 피고, 비비추는 그보다는 좀 작은 보라색 꽃이 핀다.

비비추 종류 중 일월비비추는 우리나라 각처의 산에 자라는 여러해살이풀로, 토양에 부엽질이 풍부하여 비옥도가 높은 곳의 반그늘에서 자란다. 특히 석회암 지대에서 잘 자라며, 키가 50~60㎝쯤 된다.

줄기는 곧게 서고, 잎은 길이가 10~16㎝, 폭이 5~8㎝ 정도로 넓은 난형을 이룬다. 잎의 끝부분은 물결과 같은 형태를 하고 있으며, 잎자루는 길고 밑부분에 자주색 점이 있다. 잎의 끝은 뾰족하고 밑부분은 심장 모양이거나 일(一)자 모양이다.

6~7월에 자주색 꽃이 피며, 길이는 4.5~5㎝로, 옆을 향해 빽빽하게 달린다. 잎 중앙에서 꽃자루가 자라 끝에 꽃이 달리고, 작은꽃자루의 길이는 약 0.5㎝이다. 열매는 9~10월경에 달리고 털이 없으며 길이는 2.5~2.7㎝이다. 편평하고 긴 타원형의 종자는 검은색 날개가 있고 길이는 약 0.9㎝ 정도이다.

백합과에 속하며 방울비비추, 산지보, 비녀비비추라고도 한다. 관상용으로 쓰이며, 어린잎은 식용으로 쓰인다. 속명 '호스타(Hosta)'는 오스트리아의 식물학자 Nicolous Thomas Host와 Joseph Host를 기념하기 위해서 붙여진 것이다.

전남 백운산, 전북 덕유산, 경남 지리산, 경북 가야산 등 전국의 산과 일본에 분포한다.

▲ 일월비비추_ 잎 올라오는 모습

▲ 일월비비추_ 꽃봉오리

▲ 일월비비추_ 꽃(정면)

▲ 일월비비추_ 종자 결실

▲ 일월비비추_ 씨방 터진 모습

▲ 일월비비추_ 무리

직접 가꾸기

일월비비추는 이른 봄이나 가을에 포기나누기를 한다. 10월경에 채취한 종자는 모래나 손으로 약하게 비벼 검은 막을 제거하고 바로 화분이나 화단에 뿌리거나 이듬해 봄에 뿌린다. 종자 발아에서 꽃이 피는 기간은 약 3~4년 정도 소요된다. 대기오염이 많지 않은 화단에 심는다. 반그늘에서는 잎이 항상 푸른 상태를 유지하지만 강한 햇볕을 받는 곳에서는 끝이 타는 현상이 발생된다. 물은 봄에는 2~3일, 여름에는 1~2일 간격으로 준다.

가까운 식물들

- 흰비비추 : 비비추와 생김새가 거의 같으나 흰색 꽃이 핀다.
- 비비추 : 7~8월에 얇은 막질을 한 포에 싸여 줄기를 따라 종 모양으로 연한 보라색 꽃이 핀다. 키는 50㎝이다.
- 흰일월비비추 : 잎은 넓은 달걀 모양이며 가장자리는 물결 모양이다. 태백산 금대봉에서 처음 발견한 한국 특산종이다.
- 참비비추 : 냇가에서 자라며, 뿌리줄기는 육질로 흰색이다. 광릉과 속리산에 분포한다.
- 좀비비추 : 키가 10㎝로 아주 작으며, 제주도에 분포한다.
- 흰좀비비추 : 좀비비추 중 흰색 꽃이 핀다.
- 주걱비비추 : 뿌리에서 무더기로 잎이 나와서 비스듬히 퍼지며, 길이는 잎자루와 더불어 10~25㎝이다.
- 비비추난초 : 잎이 비비추의 잎과 비슷하나 난초과로, 5~6월에 연한 노란빛을 띤 녹색 꽃이 핀다.

비비추

흰일월비비추

좀비비추

202

입을 벌린 쥐꼬리망초

입술망초

학명 | *Peristrophe japonica* (Thunb.) Bremek.

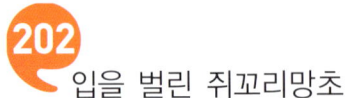

전체적인 모양은 쥐꼬리망초를 닮았다. 쥐꼬리망초는 꽃이 핀 부분이 쥐의 꼬리처럼 생겨서 붙은 이름이다. 하지만 일본에서는 이를 여우 꼬리로 봐서 여우의 손자라고 부른다. 입술망초는 쥐꼬리망초와 흡사하지만 꽃이 핀 모양이 꼭 입술처럼 생겨서 붙여진 명칭이다. 마치 오리가 주둥이를 벌리고 먹이를 달라고 하는 것 같은 느낌을 준다.

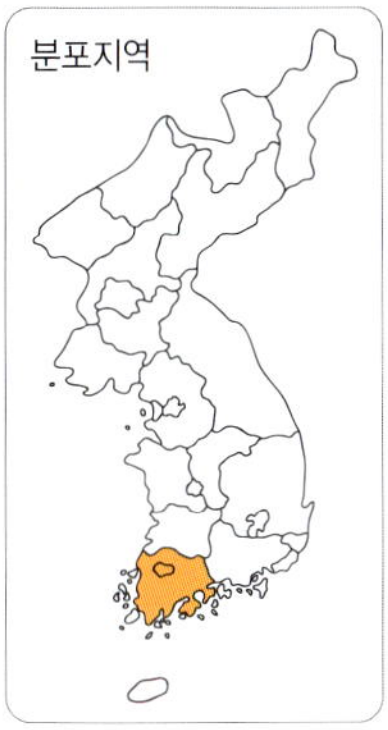

망초는 들에 아주 흔하게 피는 들꽃인데, 입술망초와는 꽃이 다르며 과명도 다르다. 망초는 일반적으로 들국화에 속하는 국화과 식물이다.

키는 약 50㎝이다. 잎은 길이가 2~10㎝, 폭은 1~2.5㎝이고 긴 타원형으로 마주난다. 잎 표면에는 털이 있고 주맥에는 누운 털이 있다. 줄기는 사각형으로 가늘어서 곧게 서 있지 않고 비스듬히 누운 듯 보인다. 드문드문 원줄기에서 가지가 갈라지며, 털이 있다.

꽃은 8~9월에 자색으로 핀다. 꽃의 길이는 2~3㎝로 아랫입술 모양이며, 꽃잎은 2장이다. 꽃잎은 뒤로 약간 말린 윗입술과 아랫입술로 나누어져 있다. 1개의 암술과 2개의 수술이 있으며 암술머리는 2갈래로 나누어진다. 안쪽에는 적갈색의 얼룩무늬가 있고, 외부에 털이 있다. 열매는 10~11월에 달린다.

쥐꼬리망초과에 속하는 한해살이풀로, 전라남도 화순과 광주 무등산 일대에 자생한다. 물이 흐르는 계곡과 습기가 많은 곳의 부엽질이 풍부하고 반 그늘진 곳에서 자란다.

꽃이 뭉쳐 달려 있는 모습을 보면 원예적으로 상당한 가치를 가진 품종이라 할 수 있다. 자생지에서의 종자 발아율은 높은 것으로 확인되었고, 앞으로 번식법에 대한 연구가 이루어질 것으로 기대된다. 1년생 초화류이기 때문에 개발에 한계는 있지만 이런 자원을 활용하여 절화품종을 만들어내는 것도 좋을 듯하다.

▲ 입술망초_ 잎

▲ 입술망초_ 꽃(위에서 바라본 모습)

▲ 입술망초_ 시드는 모습

▲ 입술망초_ 무리

ㅇ

직접 가꾸기

입술망초는 11월에 달리는 종자를 받아 종이나 솜에 싸서 수분을 억제하고 이듬해 봄에 뿌린다. 그러나 종자 발아에 대한 보고는 없다.

웅덩이나 계곡의 습도가 높은 곳 나무 근처에 심어 관리한다. 반그늘에서 자라는 품종이며 습기가 많은 토양에서도 자란다. 아직까지 재배에 대한 보고도 없다.

가까운 식물들

- 쥐꼬리망초 : 꽃 피는 부분이 쥐의 꼬리를 닮았다. 산기슭에 자라며 키는 10~40cm로 입술망초보다 약간 작은 편이다.

쥐꼬리망초

203

아름다운 자주색 방망이

자주꽃방망이

이명 | 자주꽃방맹이, 꽃방맹이, 자지꽃방맹이, 꽃방망이

학명 | *Campanula glomerata* var. *dahurica* Fisch. ex KerGawl.

ㅈ

자주꽃방망이에서

방망이라는 이름은 꽃이 줄기 끝에 방망이 끝처럼 모여서 피기 때문에 붙여진 것이다. 방망이에는 종류가 아주 많은데, 자주색 꽃이 핀다고 해서 자주꽃방망이라고 한다.

제주도와 남해안을 제외한 전국에 분포하나 주로 지리산과 중북부 지방의 표고 500m 이상 되는 지역에서 자라는 여러해살이풀로, 낙엽이 많이 떨어진 곳의 풀숲 반그늘에서 자라며, 키는 40~100㎝ 정도이다.

전체에 털이 많으며, 잎은 길이가 5~10㎝, 폭이 1~3㎝의 크기이다. 끝이 뾰족하고 긴 잎자루를 가지고 있으며 잎 가장자리에 불규칙한 톱니가 있다. 아랫부분의 잎은 날개가 달린 잎자루가 있고 윗부분은 짧거나 없다.

7~8월에 자주색 꽃이 피는데, 원줄기 끝에 10개 정도가 머리 모양으로 모여 위를 향해 달리지만 윗부분의 잎자루에도 달린다.

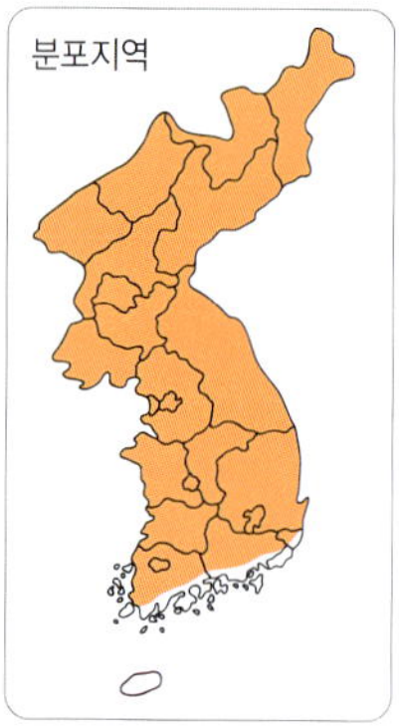

열매는 9~10월에 성숙하고, 작은 종자가 많이 들어 있다.

초롱꽃과에 속하며 자주꽃방맹이, 꽃방맹이, 자지꽃방맹이, 꽃방망이라고도 한다. 관상용으로 쓰이며, 어린순은 식용으로 쓰인다.

우리나라와 일본, 중국, 헤이룽 강, 우수리 강, 시베리아 등지에 분포한다.

▲ 자주꽃방망이_ 꽃봉오리

▲ 자주꽃방망이_ 꽃

ㅈ

▲ 자주꽃방망이_ 꽃 확대한 모습

직접 가꾸기

자주꽃방망이는 이른 봄에 새순이 나올 때 포기나누기를 하거나 10월에 받은 종자를 종이에 싸서 냉장보관하여 이른 봄 화분이나 화단에 뿌린다. 종자 발아율이 낮기 때문에 많은 종자를 뿌려야 한다. 종자 크기가 작아서 뿌린 뒤에는 약하게 상토를 덮어줘야 발아율을 높일 수 있다. 서늘하고 공기가 잘 통하는 화단을 선정하여 심는다. 햇볕이 많이 들어오지 않고 물 빠짐이 좋은 경사지면 더 좋다.

가까운 식물들

- 산솜방망이 : 강원도와 한라산의 높은 산 양지바른 곳에서 자라며 키는 15~45cm이다. 꽃은 7~8월에 붉은빛을 띤 노란색 꽃이 핀다.
- 솜방망이 : 흰 솜털이 다북하게 자란 꽃으로 이른 봄에 노란 꽃이 핀다. 키는 20~65cm이다.
- 쑥방망이 : 초가을에 노란 꽃이 핀다. 키는 65~160cm로 큰 편이다.
- 삼잎방망이 : 백두산에 가면 볼 수 있는 꽃으로, 북한에서는 천연기념물로 지정되었다.
- 금방망이 : 7~8월에 노란 꽃이 많이 달리고, 키는 45~100cm로 큰 편이다.
- 국화방망이 : 전체에 거미줄 같은 털이 있고 줄기는 곧게 서며 자줏빛이 돈다. 6~8월에 지름 2cm 정도의 노란색 꽃이 핀다.
- 가는솜방망이 : 잎이 솜방망이보다 가늘고 길다.
- 민솜방망이 : 줄기는 곧고, 털이 없거나 위쪽에만 약간 있다. 7~9월에 적황색 꽃이 핀다.
- 물솜방망이 : 창끝이나 주걱 모양의 뿌리잎이 꽃이 필 때까지 남아 있으나 사방으로 퍼진다.

산솜방망이

금방망이

물솜방망이

204

자주색 꽃이 피는 꿩의다리

자주꿩의다리

이명 | 자주가락풀

학명 | *Thalictrum uchiyamai* Nakai

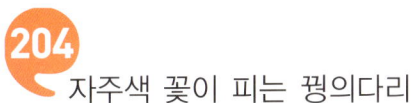

ㅈ

꿩의다리는 그 종류가 아주 많다. 서식지가 꿩의 서식지와 비슷하며, 줄기의 모양이 꿩의 다리와 닮았다 하여 붙여진 이름이다. 꽃이나 잎이 어떤가에 따라 불리는 이름이 많은데, 자주꿩의다리는 줄기가 자주색이며, 꽃도 자주색으로 핀다.

우리나라 각처의 산지에서 나는 여러해살이풀로, 물기가 많은 돌 틈이나 반그늘인 곳의 유기질 함량이 많은 곳에서 자라며, 키는 약 50㎝이고 전체에 털이 없다. 가늘고 양끝이 길며 뾰족한 모양의 뿌리가 여러 줄 나 있다. 줄기는 곧게 서고, 가지가 갈라진다.

잎은 어긋나며, 모양은 심장상 난형인데 원형인 것도 있다. 잎의 뒷면은 회청색이고, 가장자리에는 톱니가 있으며 3갈래로 갈라진다.

6~7월에 흰빛이 도는 자주색 꽃이 핀다. 수술대는 끝이 방망이 같으며 꽃밥은 긴 타원형이다.

8~9월경에 편평하며 달걀을 거꾸로 세운 모양의 열매가 달린다.

미나리아재비과에 속하며, 자주가락풀이라고도 한다. 관상용으로 재배하고, 어린 순은 식용한다. 서울 근교에서 처음 발견된 한국 특산종이다.

◀ 자주꿩의다리 압화

▲ 자주꿩의다리_ 새순 올라오는 모습

▲ 자주꿩의다리_ 잎

ㅈ

▲ 자주꿩의다리_ 꽃

▲ 자주꿩의다리_ 시드는 모습

▲ 자주꿩의다리_ 종자 결실

직접 가꾸기

자주꿩의다리는 9월에 결실되는 종자를 받은 후 바로 뿌리거나 종이에 싸서 냉장고에 보관하여 이듬해 봄에 뿌린다. 종자가 작기 때문에 종자를 뿌리고 약하게 상토를 덮어야 발아율을 높일 수 있다. 포기나누기는 이른 봄이나 가을에 한다. 반그늘이나 그늘이 지는 곳에서 자라는데, 주변습도가 높은 곳에 심으면 생육이 더 좋으며 꽃도 탈색되지 않아 오랫동안 감상할 수 있다. 물은 2~3일 간격으로 주되 여러 번 나누어 줘야 한다.

가까운 식물들

- 큰잎산꿩의다리 : 작은잎은 둥글거나 달걀 모양이고 길이와 폭이 약 7㎝로 큰 편이다. 키는 40~60㎝이며, 한국 특산종이다.
- 금꿩의다리 : 산지에서 자라며, 키는 70~100㎝이다. 전체에 털이 없고 줄기는 곧게 서며 7~8월에 담자색 꽃이 핀다.

- 은꿩의다리 : 꽃은 양성화로서 7~8월에 붉은빛을 띤 흰색으로 핀다. 산지에 자라며, 키는 30~60㎝이다.
- 참꿩의다리 : 8월에 붉은빛이 도는 흰색 꽃이 핀다. 은꿩의다리에 비하여 암술대와 암술머리가 약간 짧다.
- 꿩의다리 : 7~8월에 흰색 또는 보라색 꽃이 피는데, 지름은 1.5㎝ 정도이다.
- 연잎꿩의다리 : 흰색에 엷은 자주색을 띤 꽃이 6월에 핀다. 잎이 연잎을 닮았다.
- 꼭지연잎꿩의다리 : 수과의 자루가 길고, 뿌리는 모두 갈색의 수염뿌리다.
- 그늘꿩의다리 : 전체에 털이 없으며 키는 20~50㎝이다. 꽃은 흰색이다. 북한의 관모봉에 분포한다.
- 산꿩의다리 : 꽃은 6~7월에 흰색으로 피며, 키는 50㎝이다.
- 꿩의다리아재비 : 꽃이 녹황색이다.
- 돈잎꿩의다리 : 줄기는 가늘고 짧으며, 잎도 매우 작다.
- 긴잎꿩의다리 : 옆으로 벋으면서 번식하는 땅속줄기가 있다. 잎은 3개씩 어긋나고 2~3번 깃 모양으로 갈라진다.
- 꽃꿩의다리 : 5~7월에 흰색의 잔꽃이 줄기 끝에 원추꽃차례로 달린다. 부산과 여수에 서식한다.
- 발톱꿩의다리 : 열매 끝에 있는 암술머리가 새 발톱같이 생겼다.

금꿩의다리

꿩의다리

205

인삼에 버금가는 약용식물

잔대

이명 | 갯딱주, 가는잎딱주

학명 | *Adenophora triphylla* var. *japonica* (Regel) H. Hara

잔대는 뿌리가 도라지 뿌리처럼 희고 굵은데, 예로부터 이것을 약재로 이용했다. 약효가 인삼에 버금간다고 해서 흔히 사삼(沙蔘)이라고 한다. 이는 모래땅에서 잘 자라기 때문에 붙여진 것이다. 유사종으로 잎이 넓고 털이 많은 것을 털잔대, 꽃의 가지가 적게 갈라지고 꽃이 층층으로 달리는 것을 층층잔대라고 한다.

우리나라 각처의 산에서 자라는 여러해살이풀로, 물 빠짐이 좋은 반그늘 혹은 양지에서 자라며, 키는 50~100㎝이다. 뿌리에서 나온 잎은 달걀 모양으로 3~5개가 돌려나고 가장자리에는 날카로운 톱니가 있다. 뿌리에서 나온 잎은 꽃이 필 무렵에는 말라 죽는다.

7~9월에 길이 1.5~2㎝의 보라색이나 분홍색 꽃이 피는데, 종 모양으로 생겼으며 줄기 끝에 달린다.

열매는 10월경에 달리고, 갈색으로 된 씨방에는 먼지와 같은 작은 종자들이 많이 들어 있다.

초롱꽃과에 속하며 사삼, 딱주, 제니라고도 한다. 관상용으로 쓰이며, 어린잎은 식용, 줄기와 뿌리는 약용한다. 약용식물로 재배를 많이 하고 있다. 우리나라와 일본, 중국, 타이완에 분포한다.

잔대 압화 ▶

ㅈ

▲ 잔대_ 새순 올라오는 모습

▲ 잔대_ 잎

▲ 잔대_ 종자 결실

▲ 잔대(보라색)_ 꽃

직접 가꾸기

잔대는 10월경에 받은 종자를 바로 화분에 뿌리거나 종이에 싸서 냉장보관하고, 이듬해 봄에 뿌릴 때는 물에 2~3일 불렸다가 뿌린다. 종자가 미세하므로 파종상에 이끼를 깔고 위에 종자를 뿌린 후 물을 주면 이끼 사이로 종자가 들어간다. 습도를 높이기 위해 비닐이나 신문으로 덮고 약 7일 뒤에 제거하면 된다. 이후에도 습도를 높이 유지하고 새순이 올라오면 습도를 일반 식물처럼 낮게 해줘야 한다. 물 빠짐이 좋고 토양의 유기질 함량이 높은 곳에 심으며, 물은 2~3일 간격으로 준다.

가까운 식물들

- 숫잔대 : 꽃은 벽자색으로 피며, 키는 50~100㎝이다.
- 털잔대 : 잎이 넓고 털이 많다.
- 층층잔대 : 꽃의 가지가 적게 갈라지고 꽃이 층층으로 달린다.
- 가는층층잔대 : 층층잔대에 비해 잎이 가늘고 털이 약간 있다. 키는 80㎝이다.
- 나리잔대 : 잔대에 비해 잎이 가늘고 길며 꽃이 약간 크다. 키는 1m로, 한라산과 백두산에 분포한다.
- 넓은잔대 : 잎이 타원형 또는 긴 타원형으로 넓다. 키는 90㎝이다.
- 톱잔대 : 잎 끝이 뾰족하고 밑은 둔하며 가장자리에 날카로운 톱니가 있다. 키는 50~100㎝이다.
- 두메잔대 : 함경북도 풍산에 자라며 8월에 종 모양의 벽자색 꽃이 핀다. 키는 20~40㎝이다.
- 둥근잔대 : 제주도 한라산에 분포하며, 키는 15㎝로 작다. 꽃은 하늘색이며, 잎이 둥글어서 구분된다.

숫잔대

층층잔대

ㅈ

206

꽃이 잠자리처럼 날렵한

잠자리난초

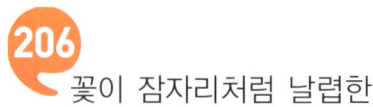

이명 | 해오라비아재비, 큰잠자리난초, 해오래비난초, 십자란

학명 | *Habenaria linearifolia* Maxim. f. *linearifolia*

잠자리난초는

야생난으로 꽃이 마치 잠자리처럼 생겨 붙여진 이름이다. 전국 각처에 분포하는 여러해살이풀로, 햇살이 좋고 물살이 빠르지 않은 습지와 고산 또는 낮은 산의 습지에서 자라며, 키는 40~70㎝이다. 뿌리는 알뿌리로 되어 있고, 줄기는 곧게 선다.

잎은 어긋나고 길이가 10~20㎝, 폭은 0.3~0.6㎝이며 1~2개의 큰 선 모양의 잎은 끝이 뾰족하다.

6~8월에 하얀색 꽃이 피며 지름은 1~1.5㎝이다. 줄기 윗부분에 10~15개 정도의 꽃이 무리지어 핀다. 입술 모양의 꽃잎은 길이가 약 1.5㎝, 폭은 약 2㎝ 정도이다. 꽃잎은 중앙에서 3개로 갈라지고 아래로는 길게 꼬리와 같은 것이 붙어 있다.

10월경에 검은색 열매가 달리는데, 안에는 먼지와 같은 미세한 종자들이 수없이 들어 있다.

난초과에 속하며 해오라비아재비, 큰잠자리난초, 해오래비난초, 십자란이라고도 한다. 관상용으로 쓰인다.

우리나라와 중국 북동부, 우수리 강, 헤이룽 강, 일본에 분포하며 꽃말은 '석양', '철새' 이다.

잠자리난초 압화 ▶

▲ 잠자리난초_ 잎 올라오는 모습

▲ 잠자리난초_ 잎과 줄기

▲ 잠자리난초_ 꽃봉오리

▲ 잠자리난초_ 꽃(측면)

▲ 잠자리난초_ 꽃(정면)

ㅈ

▲ 잠자리난초_ 시드는 모습

▲ 잠자리난초_ 종자 결실

직접 가꾸기

잠자리난초는 10월경에 달리는 종자를 종이에 싸서 보관하고 이듬해 봄에 뿌린다. 이끼를 깔고 그 위에 먼지 날리듯 뿌리고 물을 줘서 가라앉힌 후 신문지나 비닐로 10~15일 정도 덮어준다. 종자 발아율이 높지 않기 때문에 몇 개체를 얻는 데 만족해야 한다. 화분에 재배할 때는 물 빠짐이 좋게 돌을 먼저 넣고 그 위에 심는다. 실외에 심을 때는 약한 습지에 두어 구근이 상하지 않게 심는 것이 좋다.

가까운 식물들

- 한라잠자리난 : 연한 녹색 꽃이 피며, 키는 30~60㎝이다. 한라산에 분포하는 한국 특산종이다.
- 해오라비난초 : 꽃이 날개를 활짝 편 황새같이 보인다. 키는 15~40㎝, 칠보산에 분포한다.
- 개잠자리난초 : 잠자리난초보다 개체의 키가 크고, 꽃이 훨씬 더 많이 달린다. 좌우 아래쪽 꽃잎이 사람의 귀처럼 뒤로 발랑 제껴진다.
- 민잠자리난초 : 잠자리난초와 유사하나 순판 측열편에 톱니가 없고, 가장자리가 밋밋하다.

해오라비난초

개잠자리난초

207

줄기가 장구채와 비슷한

장구채

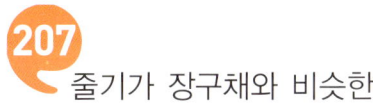

학명 | *Silene firma* Siebold & Zucc.

ㅈ

줄기가 장구채를 닮았다고 해서 장구채라고 하는데, 종류가 아주 많다. 우리나라 각처의 산과 들에서 자라는 두해살이풀로, 양지 혹은 반그늘의 풀숲에서 자라며, 키는 30~80㎝ 정도이다. 마디는 검은 자주색이 돈다.

잎은 마주나고 넓은 송곳 모양으로 양끝이 좁다. 잎의 길이는 3~10㎝, 폭이 1~3㎝로서 가장자리에 털이 있다.

꽃은 6~8월에 하얀 꽃이 피는데, 잎자루와 원줄기 끝에서 먼저 피고 아래로 내려오며 잎자루 사이에서 층층으로 달린다. 작은꽃자루는 가늘고 길며 길이는 1~3㎝로 털은 없다. 열매는 9~10월경에 달리고, 종자는 자갈색 종자가 많이 들어 있다.

석죽과에 속하며 여루채(女婁菜), 견경여루채, 장고초(長鼓草)라고도 한다. 관상용으로 쓰이며, 잎과 줄기는 약용한다.

우리나라와 일본, 시베리아 동부, 중국 등지에 분포한다. 이종으로 전체에 부드러운 털이 있는 것을 털장구채, 부전고원에 자라며 연한 붉은색으로 꽃이 피는 것을 말냉이장구채라고 한다.

▲ 장구채_ 잎

▲ 장구채_ 줄기

ㅈ

▲ 장구채_ 꽃봉오리

▲ 장구채_ 꽃

▲ 장구채_ 종자 결실(초기)

▲ 장구채_ 종자 결실(말기)

직접 가꾸기

장구채는 8월에 받은 종자는 바로 화분이나 화단에 뿌리고 9~10월에 받은 종자는 보관했다가 이듬해 봄에 뿌린다. 발아율은 매우 높은 편이고 씨방에 종자도 많이 들어 있어 2년생이기는 해도 해마다 같은 장소에서 볼 수 있다. 생육이 왕성해 습기가 많거나 물 빠짐이 좋지 않은 곳을 제외하면 어느 곳에 심어도 잘 자란다.

가까운 식물들

- 가는장구채 : 유난히 꽃자루가 가늘고 길어서 붙여진 명칭이다. 꽃은 노란 빛이 도는 흰색 또는 흰색이며, 키는 50㎝이다.
- 털장구채 : 전체에 부드러운 털이 있다.
- 가는다리장구채 : 꽃이 작고 뿌리잎은 좁고 길다.
- 흰장구채 : 흰색 꽃이 피며, 산지에서 자라며, 키는 12~25㎝이다.
- 갯장구채 : 바닷가에 서식한다. 전체에 짧은 털이 많다. 키는 50cm 정도이다. 5~6월에 분홍색 꽃이 핀다.
- 흰갯장구채 : 갯장구채와 비슷하나 꽃이 흰색이다.
- 거품장구채 : 물에 담그면 비누처럼 즙액에서 거품이 나오며, 키는 30~90㎝, 잎 길이 5~7㎝로 유럽이 원산이다.
- 끈끈이장구채 : 줄기 윗부분의 마디 사이와 꽃받침 밑에서 점액을 분비하기 때문에 끈적끈적하다.

가는다리장구채

갯장구채

- **울릉장구채** : 나무처럼 단단한 굵은 뿌리가 옆으로 비스듬히 자라며 그 끝에서 많은 줄기가 뭉쳐난다.
- **분홍장구채** : 10~11월에 분홍색 꽃이 핀다.
- **오랑캐장구채** : 담홍색 꽃이 핀다. 줄기는 키가 60㎝ 내외이고 밑에서부터 가지가 분기하며 아래를 향해 털이 빽빽이 나 있다.
- **말냉이장구채** : 부전고원에 자라며 연한 붉은색 꽃이 핀다.
- **애기장구채** : 분홍색 꽃이 피며, 키는 20~50㎝이다.

오랑캐장구채

208

송나라 고조 유기노의 전설이 서린

절국대

이명 | 절굿때, 절굿대

학명 | *Siphonostegia chinensis* Benth.

절국대는

꽃 모양이 절구를 닮았다. 한자로는 '유기노(劉寄奴)'라고 하는데, 유기노는 중국 남조 송나라 고조(高祖) 유유(劉裕)의 젊을 때 이름이다.

유기노는 어려서부터 무술이 뛰어났지만 가난해서 나무를 해서 겨우겨우 살아갔다. 어느 날 나무를 하러 갔다가 커다란 꽃뱀을 만났는데, 뱀의 목을 내리치니 뱀은 달아났다.

유기노는 땔감이 많은 높은 산으로 들어갔다. 동자 2명이 절구로 무엇인가를 빻고 있기에 무엇을 하느냐고 물었더니, 용고(龍姑)님 상처에 바를 약을 만든다고 했다. 이제 보니 그 꽃뱀은 용고였고, 동자들은 제자였다. 유기노는 동자들도 다 물리치고 동자들이 약을 만들던 약초를 가져와 아픈 사람들을 치료해줬다고 한다. 훗날 유기노는 왕이 되었고, 그 풀을 유기노라고 부르게 했는데, 바로 그 풀이 절국대이다.

절국대 압화 ▶

우리나라 각처의 산에서 자라는 반기생 한해살이풀로, 양지 혹은 반그늘의 풀숲에서 자라며, 키는 30~60㎝ 정도이다.

잎은 줄기 중하부에서는 마주나지만 윗부분에서는 어긋나며 잎자루는 짧다. 줄기는 윗부분에서 가지가 갈라지고 보통 흰색의 부드러운 털로 덮여 있다.

7~8월에 노란색 꽃이 잎겨드랑이에 1개씩 옆을 향해 달린다. 꽃받침은 길이가 1.2~1.5㎝, 지름은 약 0.3㎝로 마치 통처럼 생겼다.

열매는 8~9월경에 달리고 길이가 1.5~2㎝, 폭은 약 0.4㎝이다. 열매는 꽃받침에 싸여 있으며 털이 없고 뾰족하다. 종자

▲ 절국대_ 꽃줄기

▲ 절국대_ 꽃(위쪽)

ㅈ

는 달걀과 같은 모양으로 익는데 길이가 아주 작다.

현삼과에 속하며 음행초, 절굿때, 절굿대라고도 한다. 관상용으로 쓰이며, 전초는 약으로 쓰인다. 특히 꽃은 돋보기로 자세히 보면 뒷부분에 잔털이 많으며, 옆모습은 마치 새의 부리와 같은 모양을 하고 있어서 관상용이나 교육용으로 적합하다.

한방에서는 풀 전체를 영인진(鈴茵陳)이라고 하는데, 상처에 좋은 효과가 있다고 한다. 우리나라와 일본, 중국에 분포한다.

▲ 절국대_ 꽃(정면)

▲ 절국대_ 꽃(측면)

직접 가꾸기

절국대는 가을에 종자를 받아 보관하고 이듬해 봄에 화단에 뿌린다. 발아율이 높지 않아 종자를 많이 뿌려야 한다. 햇볕이 많이 들어오는 화단의 경사지에 심는데, 키가 크며 집단생활을 하기 때문에 화단의 앞부분이나 뒷부분에 심는 것이 좋다.

가까운 식물들

- 절굿대 : 절국대를 절굿대라고도 하지만, 별도 종이다. 국화과에 속하며, 꽃이 꼭 절굿공이를 닮았다. 꽃은 남자색, 키는 1m이다.

절굿대

209

정녕, 너도 엉겅퀴야?

정영엉겅퀴

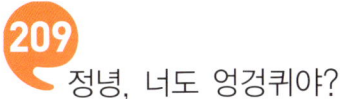

학명 | *Cirsium chanroenicum* (L.) Nakai

ㅈ

정영엉겅퀴의

정영은 전라북도 남원시 주천면과 산내면에 걸쳐 있는 고개 정령치를 말하며, 높이는 1,172m이다. 이 근처에는 희귀식물이 많이 자라는데, 정영엉겅퀴 역시 정령치에서 처음 발견되어 붙여진 이름이다. 또 다른 설로는 엉겅퀴와 닮았다고 해서 '너도 정녕 엉겅퀴인가?' 하는 뜻으로 정영엉겅퀴라고 했다는 이야기도 전해진다.

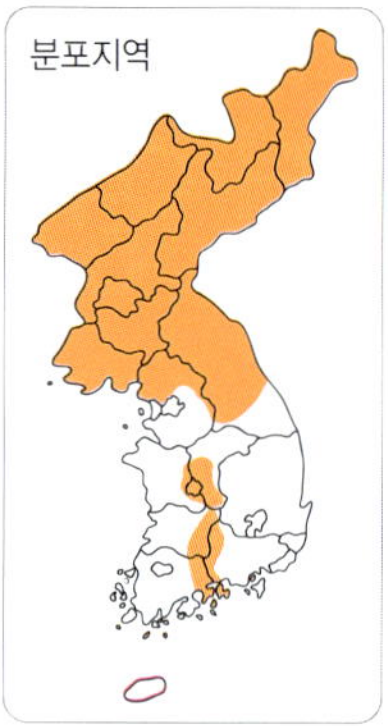

대부분의 엉겅퀴들은 수술이 곧게 서지만 정영엉겅퀴는 수술이 안으로 들어가는 모습을 하고 있는 점이 다르다. 이 수술이 나중에 터지면 윗부분이 노랗게 변한다.

지리산과 중북부 이북 지방에서 자라는 여러해살이풀로, 뿌리가 잘 뻗을 수 있게 물 빠짐이 좋은 곳의 반그늘에서 자라며, 키는 50~90cm 정도이다. 뿌리가 굵고 땅속 깊은 곳까지 뻗으며, 꽃이 필 때 뿌리에서 나온 잎은 없어진다. 중앙부의 잎은 난형이며 끝이 뾰족하고 길이는 11~16cm로 털이 있으며 가장자리에 톱니가 있다.

꽃은 7~8월에 백황색으로 줄기 위에 3~4개가 모여 달리거나 이삭과 같은 모양으로 배열된다. 꽃의 지름은 2.5~3cm로 꽃자루가 짧다. 꽃차례 밑에 붙은 총포는 거미줄 같은 털이 있으며 길이가 약 1.8cm, 폭이 1.5~2cm로 종처럼 생겼다.

10~11월에 편평한 긴 타원형 열매가 달리는데 길이는 약 0.4cm이다. 열매에는 자주색 줄이 있으며, 갓털은 갈색으로 길이가 약 1.4cm이다.

국화과에 속하며, 관상용으로 쓰인다. 또 어린순은 식용으로 쓰인다. 가야산과 지리산 등지에 분포한다.

▲ 정영엉겅퀴_ 새순 올라오는 모습

▲ 정영엉겅퀴_ 잎

ㅈ

▲ 정영엉겅퀴_ 꽃

▲ 정영엉겅퀴_ 시든 모습

▲ 정영엉겅퀴_ 종자 결실

직접 가꾸기

정영엉겅퀴는 11월에 받은 종자를 종이에 싸서 냉장보관한 후 2월경 화분에 뿌리고, 뿌리가 많이 내리면 옮겨 심는다. 화단의 반그늘이고 서늘한 곳에 심고, 옆에 다른 식물이 있으면 더욱 좋다. 꽃이 흰색이므로 햇볕을 직접적으로 받지 않는 것이 좋으며, 물은 2~3일 간격으로 준다.

가까운 식물들

- 흰바늘엉겅퀴 : 바늘엉겅퀴와 비슷하나 꽃이 흰색이다.
- 엉겅퀴 : 키는 50~100㎝이며, 전체적으로 흰 털과 거미줄 같은 털이 많이 나 있고, 잎에는 가시가 많다.
- 가시엉겅퀴 : 잎이 다닥다닥 달리고 보통 엉겅퀴보다 가시가 많다.
- 흰가시엉겅퀴 : 가시엉겅퀴는 자주색 꽃이 피는 데 반해 흰 꽃이 핀다.
- 좁은잎엉겅퀴 : 잎이 좁고 녹색이며 가시가 다소 많다.
- 고려엉겅퀴 : 키는 약 1m로 뿌리가 곧고 가지가 사방으로 퍼진다. 우리나라 특산종이다.
- 좁은잎엉겅퀴 : 잎이 좁고 녹색이며 가시가 다소 많다.
- 흰잎고려엉겅퀴 : 잎의 뒷면이 모시처럼 하얗다.
- 도깨비엉겅퀴 : 줄기에 홈이 패였으며 위쪽에 거미줄 같은 털이 있다.
- 바늘엉겅퀴 : 잎 가장자리에 딱딱하고 날카로운 가시가 있다. 키는 약 50㎝이다. 우리나라 특산종으로 제주도와 보길도에 분포한다.
- 버들잎엉겅퀴 : 잎의 모양이 버들잎을 닮았으며, 꽃은 자줏빛이다. 산기슭에서 자라며, 키는 약 50㎝이다.

ㅈ

고려엉겅퀴

바늘엉겅퀴

210

꽃잎이 제비 꼬리를 닮은

제비동자꽃

이명 | 북동자꽃

학명 | *Lychnis wilfordii* (Regel) Maxim.

제비동자꽃은

동자꽃의 한 종류로, 꽃잎의 끝이 제비 꼬리처럼 길게 늘어져 있어서 붙여진 이름이다. 본종인 동자꽃은 키는 약 40~100㎝로 반그늘의 습기가 많은 곳에 자란다.

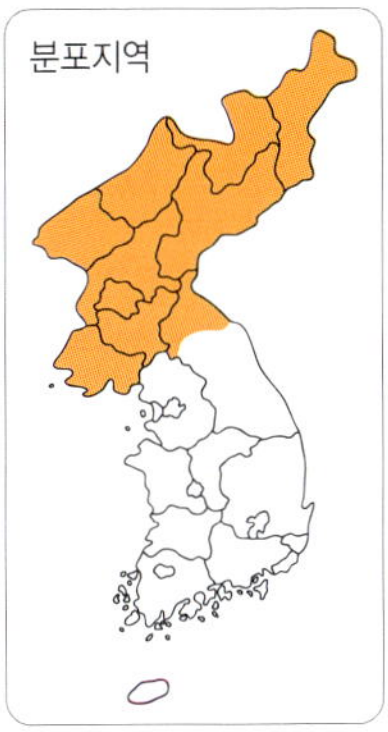

제비동자꽃은 강원도 대관령 이북 높은 지역에서 자라는 여러해살이풀로, 공중습도가 높은 반그늘에서 자라며, 키는 50~80㎝이다. 잎은 피침형이며 마주나고 길이가 3~7㎝, 폭은 1~2㎝이다. 잎자루는 없으며 끝이 뾰족하다.

7~8월에 홍색 꽃이 원줄기 끝에 우산 모양으로 피는데, 2개로 갈라진다. 꽃 모양은 다른 동자꽃과는 달리 앞부분이 길게 나오고 끝이 갈라져 있으며 뭉쳐서 피기 때문에 쉽게 구별된다.

열매는 타원형이며 끝이 5개로 갈라진다. 9~10월에 익는 종자는 짙은 회색이며 돌기가 있다.

석죽과에 속하며 북동자꽃이라고도 한다. 관상용으로 쓰인다. 우리나라 대관령 이북 지방과 일본, 중국 동북부에 분포한다.

제비동자꽃 압화 ▶

ㅈ

▲ 제비동자꽃_ 잎

▲ 제비동자꽃_ 꽃봉오리

▲ 제비동자꽃_ 꽃

▲ 제비동자꽃_ 종자 결실

직접 가꾸기

제비동자꽃은 늦가을이나 이른 봄에 새싹이 올라오면 포기를 나누거나, 10월경에 익은 종자를 따서 바로 화분에 뿌려서 이듬해 봄에 심으면 그해에 꽃을 볼 수 있다. 개화기간이 길기 때문에 종자를 계속 받을 수 있다. 종자 받는 시기를 놓치면 애벌레가 종자를 파먹으니 얼른 받아둬야 한다. 종자 발아율은 높고 삽목을 해도 발근율이 매우 높다. 서늘한 곳과 반그늘에서 자라므로 나무가 있는 화단을 택하는 것이 좋으며 토양은 비옥도가 높아야 한다. 물은 2~3일 간격으로 준다.

가까운 식물들

- 동자꽃 : 줄기 전체에 털이 많고 곧게 서며, 키는 50~80㎝, 꽃은 주황색이다.
- 털동자꽃 : 전체에 흰색의 긴 털이 있고, 잎은 동자꽃의 잎보다 더 넓으며 긴 계란형이다.
- 가는동자꽃 : 잎이 가장 가는 선상의 피침형이다.
- 우단동자꽃 : 꽃은 6~7월에 붉은색 · 분홍색 · 흰색 등으로 피는데, 지름 3㎝ 정도로 가지 끝에 1개씩 달린다.

동자꽃

털동자꽃

가는동자꽃

211

잎이 달구지 굴대를 닮은

제주달구지풀

이명 | 산달구지풀

학명 | *Trifolium lupinaster* f. *alpinus* (Nakai) M. Park

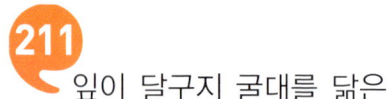

제주달구지풀은 달구지풀의 한 종류로 달구지풀보다는 약간 작다. 달구지풀은 키가 30㎝ 정도 되는데, 제주달구지풀의 키는 약 15㎝이다.

달구지풀은 꽃도 예쁘지만 특히 비파 모양의 잎이 꽃만큼이나 아름답다. 또한 잎의 모양이 차축, 즉 달구지의 굴대를 닮았다고 해서 달구지풀이라고 한다.

제주달구지풀은 제주도 한라산 꼭대기 근처에서 나는 여러해살이풀로, 반그늘 혹은 햇볕이 많이 드는 곳의 유기질 함량이 많은 곳에서 자라며, 대개 가지는 없고 줄기는 여러 대가 모여 나와 비스듬히 자란다. 줄기에 작은 잎 3장이 손바닥 모양으로 달린다.

잎은 잎자루가 어긋나고 짧다. 잎의 길이는 2~4㎝, 폭은 0.5~1㎝이다. 잎 뒷면 주맥에는 2갈래로 갈라지는 털이 있고 가장자리에는 잔 톱니가 있다.

6~9월에 짙은 홍색으로 잎겨드랑이에서 꽃이 나오는데, 길이는 0.5~3㎝로 10~20개가 부챗살처럼 달린다. 꽃받침은 종 모양으로 5개로 갈라지고 꽃잎은 꽃받침보다 2배 정도 길다.

8~9월경에 가늘고 긴 열매가 달리며 안에는 4~6개의 종자가 들어 있다.

콩과에 속하며, 산달구지풀이라고도 한다.

한국 특산종으로, 관상용으로 쓰인다. 또 꽃에 꿀이 많아 밀원식물로도 사용되고 있다.

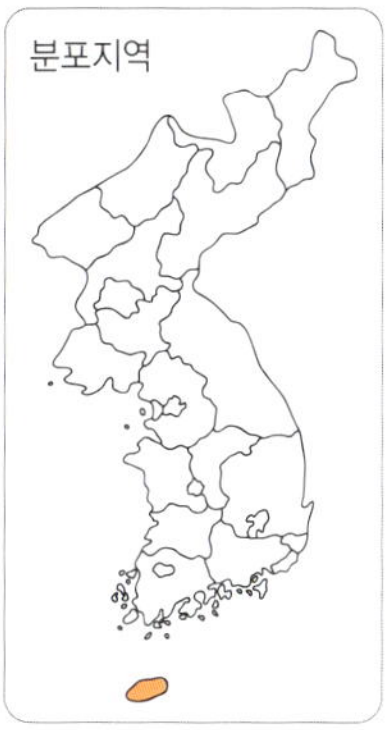

▲ 제주달구지풀_ 새순 올라오는 모습

▲ 제주달구지풀_ 꽃

▲ 제주달구지풀_ 꽃과 잎

직접 가꾸기

제주달구지풀은 9월경에 달리는 종자를 받아 바로 뿌리거나 종이에 싸서 냉장고에 보관한 후 이듬해 봄에 뿌려서 번식시킨다. 뿌리 번식은 이른 봄 새순이 올라오면 뿌리가 붙은 부분을 나누어 심으면 된다. 고산지역의 특정한 지대에서 자라는 식물이기 때문에 재배하기는 어렵다.

가까운 식물들

- 달구지풀 : 흔히 풀밭에서 자라며, 키는 30㎝이다. 꽃은 짙은 붉은색이다.

달구지풀

212

한라산에 분포하는 한국 특산종

제주황기

이명 | 한라황기, 멧땅비수리, 두메땅비수리

학명 | *Astragalus membranaceus* var. *alpinus* Nakai

▲ 제주황기_ 잎

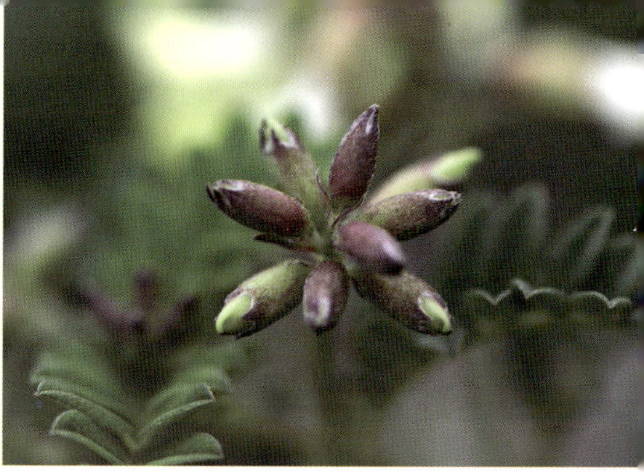

▲ 제주황기_ 꽃봉오리

황기는 삼계탕에도 넣고, 술이나 차로도 만들어 먹는 약용식물이다. 제주황기 역시 뿌리와 줄기를 약재로 사용한다.

제주도 한라산 꼭대기에서 나는 여러해살이풀로, 물 빠짐이 좋고 유기질 함량이 풍부하며 햇볕을 많이 받는 곳이나 반그늘에서 자라고, 키는 50~70㎝이다. 줄기는 밑동에서 여러 개가 한꺼번에 옆으로 뻗고, 전체에 가는 털이 있다. 가지가 많이 갈라진다.

잎은 넓은 타원형으로 작은 잎이 5~10쌍이고 끝은 둔하며 가장자리는 밋밋하다.

7~8월에 나비 모양의 노란색 꽃이 잎겨드랑이에서 달리고, 열매는 8~9월경에 가늘고 길게 달린다. 꽃자루는 길고 화관은 나비 모양이며, 꽃받침은 종 모양이다.

콩과에 속하며 한라황기, 멧땅비수리, 두메땅비수리라고도 한다. 관상용으로 쓰이며, 뿌리와 줄기는 약으로 쓰인다. 한국 특산종으로 한라산에 분포하므로 그 이외의 지역에서는 키우기가 어려운 식물이다.

▲ 제주황기_ 꽃

▲ 제주황기_ 시드는 모습

▲ 제주황기_ 종자 결실

ㅈ

직접 가꾸기

제주황기는 9월경에 달리는 종자를 받아 바로 뿌리거나 종이에 싸서 냉장고에 보관한 후 이듬해 봄에 뿌린다. 종자 발아는 잘되는 편이다. 특정 지역의 높은 곳에서 자라기 때문에 재배하기는 어렵다.

가까운 식물들

- 개황기 : 키는 1m로 높은 산 풀밭에 자라며, 꽃은 자주색이다. 백두산과 부전고원 등에 분포한다.
- 자주황기 : 꽃이 자주색이며, 키는 50~100㎝이다.
- 나도황기 : 꽃은 황색이며, 키는 70㎝이다. 평북과 함북 지방에 분포한다.
- 탐라황기 : 꽃은 자주색이며, 키는 10~30㎝로 작다. 한라산에 분포하며 자주개황기, 털황기라고도 한다.
- 넓은묏황기 : 꽃은 홍자색이며 잎 앞면에는 검은색의 잔 점이 많다. 키는 25~80㎝로 백두산에 분포한다.
- 묏황기 : 꽃은 연한 자주색이며, 키는 1m이다. 백두산에 분포한다.
- 도미황기 : 꽃은 노란색이며, 키는 20~40㎝이다.
- 멧황기 : 꽃은 자주색이며, 키는 1m이다.

213

보라색 꽃이 특색 있게 피는

조희풀

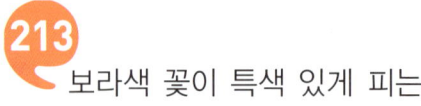

이명 | 선목단풀, 조희풀, 자지조희풀, 만사초, 담색조희풀, 동의목단풀, 동희조희풀, 만사조, 병모란풀, 어리목단풀, 어리조희풀

학명 | *Clematis heracleifolia* DC.

조희풀은 이름은 풀이지만 나무이다. 우리나라 전역의 표고가 1,300m 이하인 곳에 분포하는 낙엽성 활엽관목으로, 물 빠짐이 좋고 반그늘이며 토양 비옥도가 높은 곳에서 자라며, 키는 약 1m 정도이다.

잎은 마주나고 넓은 달걀 모양으로 작은잎이 3장씩 나오는 겹잎이다. 잎에는 거칠고 구부러진 털이 있고 불규칙한 톱니가 있으며, 뒷면에는 구부러진 털이 있다.

8~9월에 보라색 꽃이 피는데, 바깥쪽은 흰색 털이 촘촘히 있다. 꽃은 윗부분의 잎겨드랑이에 모여 달리기 때문에 거의 두상으로 보인다. 꽃받침잎은 4개로, 밑부분만이 합쳐져서 통 모양으로 된다. 또 하늘색을 띠는 그 윗부분은 넓게 수평으로 퍼지며 뒤로 말리지 않는다. 꽃잎도 수평으로 퍼진다. 9~10월경에 달리는 열매는 길이가 0.4㎝ 정도이며 홍색 털이 있다.

비슷한 종으로 병조희풀이 있는데, 잎만 보면 서로 구분하기 어려우나 꽃이 피면 쉽게 구분할 수 있다. 병조희풀의 꽃은 꽃받침 잎의 밑이 통 모양이고 윗 가장자리가 안으로 말리며 끝이 뒤로 젖혀진다.

미나리아재비과에 속하며 선목단풀, 조회풀, 자지조희풀, 만사초, 담색조희풀, 동의목단풀, 동희조희풀, 만사조, 병모란풀, 어리목단풀, 어리조희풀이라고도 한다. 관상용으로 쓰이며, 뿌리는 병조희풀과 함께 약으로 쓰인다. 우리나라 중부와 북부지방에 분포한다.

▲ 조희풀 압화

ㅈ

▲ 조희풀_ 잎

▲ 조희풀_ 꽃봉오리

▲ 조희풀_ 꽃

▲ 조희풀_ 시드는 모습

▲ 조희풀_ 종자 결실

ㅈ

▲ 조희풀(흰색)_ 꽃봉오리

▲ 조희풀(흰색)_ 꽃

▲ 조희풀(자주색)_ 꽃봉오리

▲ 조희풀(자주색)_ 꽃

▲ 조희풀(자주색)_ 전초

ㅈ

직접 가꾸기

조희풀은 이른 봄, 지난해의 가지를 이용하여 삽목해서 번식시킨다. 10월에 받은 종자는 바로 화분에 뿌리거나 종이에 싸서 냉장보관한 후 이듬해 봄에 뿌린다. 반그늘이 진 화단에 심어 관리하며 조경용으로도 적합한 품종이어서 정원수로 이용하면 좋다. 물은 2~3일 간격으로 준다.

가까운 식물들

- 병조희풀 : 꽃은 짙은 하늘색 또는 연한 보라색이며, 키는 1m이다.

214

작은 고추나물

좀고추나물

이명 | 둥근애기고추나물, 애기고추나물

학명 | *Hypericum laxum* (Blume) Koidz.

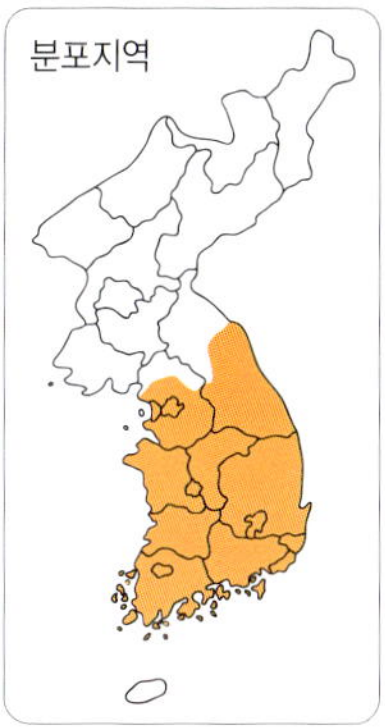

좀고추나물은 '고추' 라는 이름은 붙었지만 우리가 흔히 먹는 고추와는 전혀 다르며, 고추는 가지과에 속하는 한해살이풀이다.

'좀' 이란 작다는 뜻으로, 고추나물이 키가 20~60cm인 반면 좀고추나물의 키는 5~20cm이다. 애기고추나물도 작은 편이지만 좀고추나물이 더 작다.

좀고추나물은 중부 이남의 높은 산에서 자라는 한해살이풀 또는 여러해살이풀로, 양지 혹은 풀숲의 공중 습도가 높고 습기가 많은 곳에서 자란다.

잎은 길이가 0.8~1cm이고 타원형으로 마주난다. 잎의 끝이 둥글며 밑은 줄기를 반 정도 감싸고, 투명한 유점이 있다.

지름 0.5~0.7cm의 노란색 꽃이 7~8월에 피며, 2개로 갈라진다. 꽃받침 잎은 긴 타원형으로 끝이 둔하며 길이는 약 0.4cm이다.

열매는 9~10월경에 달리는데, 길이는 약 0.3cm로, 작지만 고추를 닮았다. 종자는 아주 미세하다.

물레나물과에 속하며 둥근애기고추나물, 애기고추나물이라고도 한다. 하지만 애기고추나물은 별도의 종으로 분류된다. 포가 달걀 모양의 타원형인 것이 애기고추나물과 다르다. 어린순은 식용하며, 우리나라와 일본, 만주 등지에 분포한다.

좀고추나물 압화 ▶

▲ 좀고추나물_ 꽃봉오리

▲ 좀고추나물_ 꽃

▲ 좀고추나물_ 종자 결실

▲ 좀고추나물_ 무리

직접 가꾸기

좀고추나물은 10월경에 종자를 받아 바로 화분이나 화단에 뿌리고, 봄에 새순이 올라오면 포기나누기를 해도 된다. 그러나 일반 가정에서는 재배하기가 매우 어려운 품종이다.

가까운 식물들

- 고추나물 : 꽃은 노란색이며, 키는 20~60㎝이다.
- 다북고추나물 : 키가 작고 잎이 줄 모양의 타원형이며 밑부분에서 뭉쳐서 난다.
- 애기고추나물 : 줄기는 곧게 서고, 키가 15~50㎝로 작은 편이다. 꽃이 고추나물보다 먼저 핀다.
- 물고추나물 : 습지에서 자라며 키는 30~70㎝이다. 8~9월에 연분홍색 꽃이 핀다.
- 큰고추나물 : 줄기 중간 부분의 잎에는 검은색 점이 빽빽이 있으나, 윗부분의 잎엔 검은색 점이 가장자리에만 있다. 키는 60㎝이다.
- 진주고추나물 : 종자에 그물 같은 잔무늬가 있으며, 줄기 밑부분에 다음 해의 새싹이 생기는 것이 독특하다.

고추나물

ㅈ

215

하늘색 작은 달개비꽃

좀닭의장풀

이명 | 가는닭의밑씻개, 가는잎달개비, 산닭개비

학명 | *Commelina communis* var. *angustifolia* Nakai

닭의장풀만큼 흔한 들꽃도 드물 것이다.

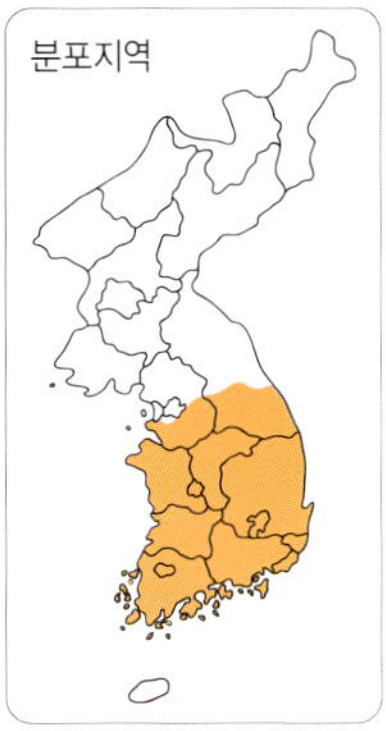

굳이 산이나 들에 나가지 않더라도 도로변이나 아파트 단지 내에서도 쉽게 만날 수 있다. 이렇듯 흔하면서도 예로부터 달개비라 하여 약용, 식용으로 많이 쓰였다. 또한 파란 물을 들일 때 쓰기도 했다.

닭의장풀은 꽃이 닭의 벼슬 같아서 붙여진 이름이다. 비슷한 종류가 여럿 있는데, 그중 좀닭의장풀은 전반적으로 닭의장풀보다 작다. 특히 키가 10~20㎝ 정도로 작아 닭의장풀의 절반밖에 안 된다.

잎은 길이가 3~10㎝, 폭은 약 1㎝로 부채꼴 모양으로 어긋난다. 잎 표면은 녹색으로 털이 없고, 뒷면은 백록색의 털이 있으며 끝은 뾰족하다. 줄기는 비스듬히 자라거나 곧추 자라며 밑부분에서 가지가 갈라지고 줄기가 땅에 닿으면 뿌리가 나온다.

꽃은 8~9월에 핀다. 잎겨드랑이에서 나온 꽃줄기 끝의 꽃 밑동을 싸고 있는 비늘 모양의 조각에서 하늘색 꽃이 하나씩 나온다. 비늘 모양의 조각은 조개껍질 같으며 표면에는 9~10개의 맥이 있다. 10~11월에 타원형 열매가 달려 3갈래로 갈라진다.

닭의장풀과에 속하는 한해살이풀로, 중부 이남의 산지에서 자생한다. 반 그늘진 곳의 부엽질이 많고 물 빠짐이 좋은 곳에서 비스듬히 자란다. 어린순은 식용으로, 전초는 약으로 쓰인다. 더러 관상용으로도 쓰인다.

▲ 좀닭의장풀_ 잎

▲ 좀닭의장풀_ 꽃

직접 가꾸기

좀닭의장풀은 10월에 받은 종자를 보관하여 이듬해 이른 봄에 뿌린다. 1년생이어서 묘종이 고사한 곳의 땅을 이른 봄에 호미와 같은 농기구를 이용하여 좀 두들겨주면 종자 발아율이 높아 새순이 많이 올라온다. 어느 곳에서나 잘 자라는 품종이다.

가까운 식물들

- 덩굴닭의장풀 : 줄기와 잎이 비슷하나 꽃이 흰색이며, 덩굴식물이다.
- 얼룩닭의장풀 : 잎에 흰 줄이 있다. 남아메리카가 원산지이다.
- 닭의장풀 : 키는 약 50㎝ 정도이며, 꽃은 닭 벼슬을 닮았다.
- 자주달개비 : 닭의장풀과 비슷하나 꽃이 더 짙어 자주색에 가깝다.
- 큰자주달개비 : 잎의 너비는 2.5㎝ 정도이고 중앙에서 2개로 접히며 꽃의 지름이 3~5㎝로 크다.
- 얼룩자주달개비 : 멕시코산이며 관엽식물로 온실에서 자란다. 꽃은 홍자색이다.

덩굴닭의장풀

닭의장풀

자주달개비

216

작은 비비추

좀비비추

이명 | 작은비비추, 조선비비추

학명 | *Hosta minor* (Baker) Nakai

비비추는 이름부터 귀여운 느낌을 준다. 원예종으로 많이 심으므로 외래어 같기도 하고, 한자 같은 기분도 들지만 순우리말이다. 이 식물은 어린잎을 나물로 먹는데, 잎에서 거품이 나올 때까지 손으로 비벼서 먹는다고 해서 붙여진 이름이다.

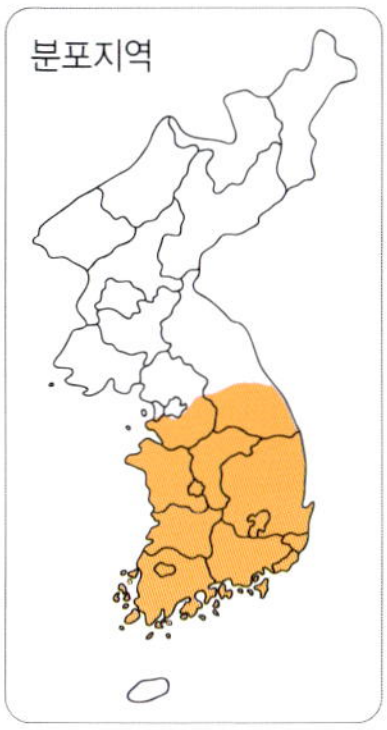

비비추 식구들도 흰비비추, 일월비비추, 참비비추 등 꽤나 많다. 좀비비추는 비비추에 비해 전체적으로 작아서 붙여진 이름이다.

좀비비추의 키는 30~50㎝이다. 잎은 길이가 약 10㎝, 폭은 3~5㎝로 넓은 달걀형으로 뿌리에서 뭉쳐서 올라온다. 뿌리는 짧고 끈 모양의 수염뿌리는 뭉쳐 있다.

꽃은 자주색으로, 7~8월에 핀다. 30~35㎝의 꽃줄기가 줄기를 따라 올라가며 꽃이 한쪽으로 치우치며 달린다. 꽃부리는 깔때기 같은 종형으로 길이는 약 5㎝이다. 그 끝이 6개로 갈라지고 찢어진 꽃잎은 뒤로 젖혀지며 6개의 수술과 화피보다 더 긴 암술이 밖으로 나와 있다. 열매는 9월경에 달린다.

백합과에 속하는 여러해살이풀로, 우리나라 중부 이남의 산지에서 자란다. 햇볕이 잘 들어오는 곳의 습도가 높고 부엽질이 많은 곳에서 자란다. 관상용으로 쓰이며, 어린잎은 식용으로 쓰인다.

비비추는 많은 품종이 개량되어 원예종으로 판매되고 있는 품종이다. 이 품종은 잎 모양이 특이하고 개체 수도 다른 종류의 비비추보다 작아 우리나라 특산식물로 분류되어 있다.

반그늘에서 자라는 식물이므로 관상용으로 쓸 때는 베란다에 길러도 잘 어울린다. 비비추류들은 여러 군데 심어놓고 비교하면 아이들 교육용으로도 좋은 식물이다.

▲ 좀비비추_ 새순 올라오는 모습

▲ 좀비비추_ 꽃대 출현한 모습

▲ 좀비비추_ 꽃봉오리

▲ 좀비비추_ 꽃

ㅈ

▲ 좀비비추_ 꽃

▲ 좀비비추_ 시드는 모습

직접 가꾸기

좀비비추는 가을이나 봄에 포기나누기를 하고, 9월에 검게 익는 종자는 검은 막을 손으로 비벼 약간 제거시킨 후 가을이나 이른 봄 화분이나 화단에 뿌린다. 종자를 묘로 키운 것은 꽃이 피는 데 약 3~4년이 걸린다.

화분이나 화단은 공중습도가 높고 토양을 비옥하게 해준 다음 물 빠짐이 좋게 만들어야 한다. 햇볕이 많이 들어오는 곳에 심으면 잎 끝이 타는 현상이 발생한다. 물은 1~2일 간격으로 준다.

가까운 식물들

- 비비추 : 키는 약 35㎝ 내외이다. 잎은 심장형 혹은 넓은 타원형으로 암자색의 가는 점이 많다.
- 흰좀비비추 : 좀비비추 중 흰색 꽃이 핀다.
- 흰일월비비추 : 잎은 넓은 달걀 모양이며 가장자리는 물결 모양이다. 태백산 금대봉에서 처음 발견해 대량 증식에 성공한 품종이다.
- 일월비비추 : 석회암지대에서 자라며, 키는 35~65㎝이다. 꽃은 6~7월에 자줏빛으로 핀다.
- 참비비추 : 냇가에서 자라며, 뿌리줄기는 육질로 흰색이다. 광릉과 속리산에 분포한다.
- 주걱비비추 : 뿌리에서 무더기로 잎이 나와서 비스듬히 퍼진다. 잎은 타원형이며 밑으로 흘러서 잎자루의 날개처럼 된다.

비비추

흰일월비비추

일월비비추

217

향기로운 작은 풀

좀향유

이명 | 각씨향유, 애기향유

학명 | *Elsholtzia minima* Nakai

ㅈ

향유(香薷)는 잎에서 향기가 나서 붙여진 이름이다. 향유는 키가 30~60㎝인데, 좀향유는 작은 향유라는 뜻으로, 키가 2~5㎝로 아주 작다. 제주도 한라산 1,000~1,700m 고지 근처의 습한 곳에서 나는 한해살이풀로, 주변습도가 높거나 습기가 많은 곳의 유기질 함량이 풍부한 곳에서 자란다.

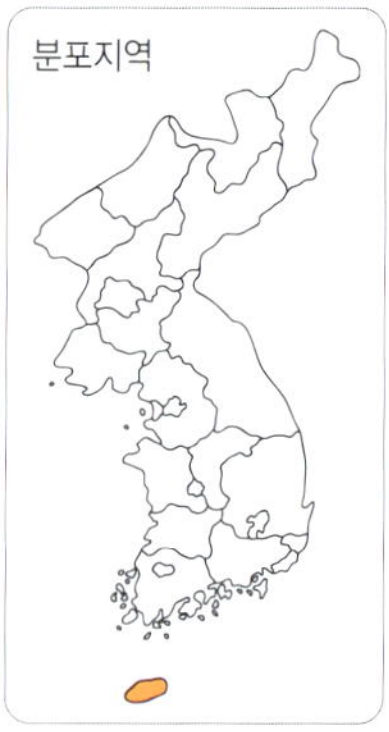

잎은 마주나는데 길이는 0.2~0.7㎝, 폭이 0.2~0.5㎝로 달걀 모양이다. 잎 표면과 뒷면 맥 위에 흰 털이 있고 뒷면에는 선점이 있다.

줄기는 높이가 2~5㎝인데 원줄기는 사각형이고 잎자루와 더불어 굽은 털이 줄로 돋으며 가지가 뻗는 것도 있다.

꽃은 홍자색으로 8~10월에 원줄기 끝이나 가지 끝에서 빽빽하게 달린다. 꽃부리는 길이가 약 0.2㎝이고 털이 있으며 암술대는 밖으로 나온다. 열매는 10~11월경에 달린다.

꿀풀과에 속하며 각씨향유, 애기향유라고도 한다. 관상용으로 쓰이며 꽃, 줄기, 잎은 말려서 한약재로 이용한다.

직접 가꾸기

좀향유는 11월에 받은 종자를 종이에 싸서 냉장고에 보관하고 이듬해 봄에 일찍 뿌린다. 1년생 식물이어서 뿌리 번식은 하지 않는다. 개체가 너무 작기 때문에 재배하기 어려우며, 현지에서도 돌 틈이나 물가 근처에 자생하고 있을 뿐, 풀이 많은 곳에서는 찾기 힘들다. 이는 다른 식물들과의 경합에서 버티기 힘들기 때문이다.

▲ 좀향유_ 전초

ㅈ

▲ 좀향유_ 전초

가까운 식물들

- 향유 : 꽃은 연한 자주색이며, 키는 30~60㎝이다. 산야에 비교적 흔하게 자란다.
- 가는잎향유 : 잎이 줄 모양으로 생겼으며, 길이는 2~7㎝, 폭은 약 0.2~0.5㎝이다. 꽃은 붉으며 키는 50㎝이다. 속리산과 조령에 분포한다.
- 꽃향유 : 꽃은 붉은 빛이 강한 자주색 또는 보라색이며, 키는 60㎝이다. 산야에 자란다.
- 애기향유 : 꽃은 붉은 빛을 띤 자주색이며, 키는 30㎝이다.
- 털향유 : 줄기에 털이 많이 나 있다. 꽃은 연한 자주색으로 피며, 키는 25~50㎝이다. 금강산 이북에 분포한다.

향유

가는잎향유

218

풍을 물리치는 덩굴식물

좁은잎배풍등

이명 | 산꽈리, 곰의꼬아리, 곰의꽈리

학명 | *Solanum japonense* Nakai

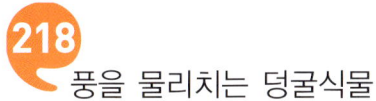

ㅈ

본종인 배풍등에 비해 잎이 좁아 좁은잎배풍등이라고 한다. 그러나 차이가 크지는 않다. 배풍등의 잎은 길이 3~8㎝, 폭 2~4㎝인 반면 좁은잎배풍등은 잎의 길이가 4~8㎝, 폭은 1~3.5㎝이다. 배풍등(排風藤)이라는 이름은 풍을 물리친다고 하여 약재로 쓰이면서 붙여진 것이다. 등은 칡처럼 덩굴식물이라는 의미이다.

이름이 낯설기는 하지만 쉽게 발견할 수 있는 종으로, 공원이나 빈터 등에서도 자란다. 겨울에도 빨간 열매를 달고 있어서 매력적이지만 열매는 유독성이 있다.

좁은잎배풍등은 배풍등에 비해 키가 약간 작다. 배풍등의 키는 3m인데 좁은잎배풍등의 키는 1~2m이다. 잎은 달걀형이며 뾰족하고 어긋나며 가장자리는 밋밋하다. 줄기는 덩굴성이며 털이 거의 없고, 많은 가지가 갈라져서 길게 벋는다.

꽃은 연한 자주색으로 7~8월에 드문드문 핀다. 꽃줄기의 길이는 1~3㎝이다. 꽃받침은 얕게 5갈래로 갈라지며 약 0.6㎝의 꽃부리가 5개로 깊게 갈라지고 약간 뒤로 젖혀진다.

9~10월경에 지름 약 0.7㎝의 둥근 열매가 달리며 열매에는 독성이 있다.

가지과에 속하는 덩굴성 여러해살이풀로, 우리나라 각처의 산지에서 자생하고 일본에도 분포한다. 부엽질이 많고 나무나 돌이 있는 반 그늘진 경사지에서 자란다.

▲ 좁은잎배풍등_ 잎

▲ 좁은잎배풍등_ 꽃봉오리

▲ 좁은잎배풍등_ 꽃(보라색)

▲ 좁은잎배풍등_ 꽃(흰색)

▲ 좁은잎배풍등_ 꽃(측면)

ㅈ

직접 가꾸기

좁은잎배풍등은 10월경에 받은 종자를 바로 뿌리거나 종이나 솜에 싸서 종자의 수분을 억제하여 냉장고에 보관한 후 이듬해 봄에 일찍 뿌린다. 종자 발아율이 높은 편이다.

덩굴성 식물이므로 타고 오를 수 있게 나무나 지주를 세운 후 물 빠짐이 좋은 곳을 선정하여 퇴비를 넣고 심는다. 키가 너무 크고 덩굴성이어서 화분용으로는 적합하지 않다.

가까운 식물들

- 배풍등 : 키는 3m로 꽃이 흰색인 것이 좁은잎배풍등과 다르다. 산지의 양지 쪽 바위틈에서 자란다.
- 왕배풍등 : 잎이 갈라지지 않고 줄기에 털이 없다. 제주도에 분포한다.

219

좁쌀처럼 꽃이 작은

좁쌀풀

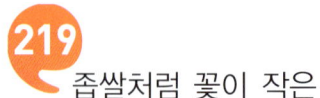

이명 | 가는좁쌀풀, 큰좁쌀풀, 노란꽃꼬리풀

학명 | *Lysimachia vulgaris* var. *davurica* (Ledeb.) R. Kunth

좁쌀풀은 노란색의 작은 꽃들이 서로 다닥다닥 붙어 있는 모습이 마치 좁쌀이 붙어 있는 것처럼 보인다고 해서 붙여진 이름이다. 우리나라 각처의 산지에서 자라는 숙근성 여러해살이풀로, 양지 혹은 반그늘인 풀숲의 가장자리에서 자라며, 키는 40~80㎝이다.

잎은 좁은 달걀 모양으로 길이가 4~12㎝, 폭이 1~4㎝로 마주나고 양끝이 좁으며 가장자리가 밋밋하다.

노란색 꽃이 6~8월에 피는데, 지름은 1.2~1.5㎝로 원줄기 끝에서 발달한다. 아래에서 위쪽으로 올라가며 많은 꽃이 달리고 작은꽃줄기는 길이가 0.7~1.2㎝이다. 9~10월경에 지름 약 0.4㎝의 둥근 열매가 달린다.

앵초과에 속하며 가는좁쌀풀, 큰좁쌀풀, 노란꽃꼬리풀이라고도 한다. 관상용으로 쓰이며, 어린순은 식용으로 쓰인다.

우리나라와 일본, 중국 등 동아시아에 분포하며 꽃말은 '잠든 별', '동심'이다.

ㅈ

직접 가꾸기

좁쌀풀은 10월에 종자를 받아 바로 화분이나 화단에 뿌리거나 보관하여 이듬해 봄에 뿌린다. 포기나누기는 가을과 봄에 하지만 종자 발아율이 높기 때문에 종자로 번식시키는 것이 좋다.

잎이 많이 달리고 키가 크기 때문에 물은 2~3일 간격으로 주고, 토양은 유기질 함량이 많은 곳을 선택한다.

▲ 좁쌀풀_ 꽃

▲ 좁쌀풀_ 종자 결실

가까운 식물들

- 앉은좁쌀풀 : 키는 20~40㎝이며, 꽃이 노란색으로 핀다.
- 깔끔좁쌀풀 : 좁쌀풀과 비슷하지만 잎이 더 깊게 갈라지고 톱니 끝이 까끄라기처럼 길다. 키는 5~10㎝로 아주 작으며, 한라산에 분포한다.
- 애기좁쌀풀 : 높은 산의 풀밭에서 자라며, 키는 10~15㎝이다. 6~8월에 흰색 또는 붉은빛을 띤 자주색 꽃이 핀다.
- 산좁쌀풀 : 한국 특산종으로 부전고원과 차일봉에서 자라며, 키는 8~15㎝이다. 꽃은 붉은빛을 띤 자주색으로, 6~8월에 핀다.
- 참좁쌀풀 : 깊은 산 초원에서 자라며, 줄기는 곧게 서고 전체에 털이 거의 없다. 키는 50~100㎝이다.
- 털좁쌀풀 : 키는 10~15㎝이다. 줄기는 곧게 서고 전체에 아래를 향한 잔털이 촘촘히 나 있으며, 꽃 색깔은 붉은 자주색이다.

앉은좁쌀풀

깔끔좁쌀풀

참좁쌀풀

ㅈ

220

얼굴을 중간쯤으로 비스듬히 들고 있는

중나리

이명 | 단나리

학명 | *Lilium leichtlinii* var. *maximowiczii* (Regel) Baker

중나리는 나리의 한 종류로 꽃이 중간쯤을 쳐다본다고 해서 붙여진 이름이다. 하늘나리는 꽃이 하늘을 보고, 땅나리는 아예 꽃이 땅으로 푹 숙여진다. 한편, 말나리는 잎이 치마처럼 돌려나고 꽃의 얼굴은 중나리처럼 중간을 향한다.

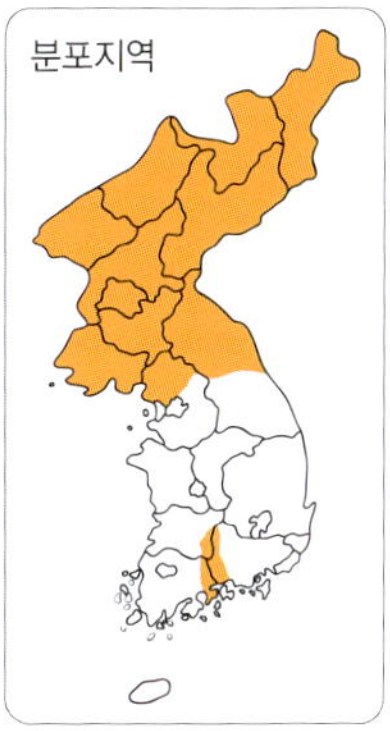

경기 북부 이북과 강원도 일원, 지리산 높은 곳에서 자라는 여러해살이풀로, 양지 혹은 반그늘의 물 빠짐이 좋은 곳과 주변습도가 높은 곳에서 자라며, 키는 1~2m 정도이다.

잎은 넓은 선형이며 길이가 8~15㎝, 폭이 0.5~1.2㎝로 촘촘히 줄기를 따라 어긋나면서 나온다. 황적색 꽃이 7~8월에 피며 길이는 6~8㎝로 꽃잎 안쪽에 자주색 점이 많이 있다. 꽃잎은 뒤로 말리고 원줄기 끝과 가지 끝에 밑을 향해 2~10개가 달린다. 열매는 9~10월경에 익는데, 갈색이며긴 타원형이다. 열매 안에는 둥글고 편평한 종자가 들어 있다.

백합과에 속하며, 단나리라고도 한다. 관상용으로 쓰이며 어린잎과 비늘줄기는 식용으로 쓰인다. 참나리와 구별되는 특징은 줄기를 따라 올라가며 갈색으로 된 주아가 달리지 않는다는 것이다. 주아란 구슬처럼 생긴 눈을 말한다.

직접 가꾸기

중나리는 늦은 가을이나 봄에 인편을 나누어 화단에 심거나, 9~10월경 달리는 종자를 이용하여 가을이나 봄에 뿌린다. 유사한 나리가 많으므로 꽃이 피었을 때 정확히 이름을 표시한 후 종자를 받아야 한다. 물 빠짐이 좋으면서 모래가 많은 화단이나 하천변에 심되, 물은 2~3일 간격으로 준다. 물을 너무 많이 주면 알뿌리가 썩으므로 주의해야 한다.

▲ 중나리_ 새순 올라오는 모습

▲ 중나리_ 줄기

▲ 중나리_ 꽃

▲ 중나리_ 전초

가까운 식물들

- 하늘나리 : 크기가 비슷하지만 꽃이 훨씬 붉으며, 꽃잎도 가늘다. 잎도 폭이 0.3~0.6㎝로 아주 가늘다.
- 참나리 : 꽃잎이 뒤로 젖혀져 있으며, 키는 1~2m이다. 잎 주위에 작은 눈이 달리는데, 이것을 주아라고 한다.
- 솔나리 : 잎이 솔잎처럼 가늘고 길다. 키는 90㎝ 정도이다. 꽃은 연분홍색이며 꽃잎이 뒤로 말린다.
- 말나리 : 6~7월에 1~10개의 노란빛을 띤 빨간 꽃이 옆을 향해 핀다.
- 하늘말나리 : 잎이 마치 치마처럼 돌려나며, 꽃은 하늘을 바라본다. 7~8월에 노란빛을 띤 붉은색 꽃이 핀다.
- 지리산하늘말나리 : 하늘말나리와 거의 같지만 화피에 자주색 반점이 없다.
- 누른하늘말나리 : 역시 하늘말나리와 비슷하나 꽃이 짙은 노란색이다.
- 날개하늘나리 : 산에서 자라며, 꽃은 황적색 바탕에 자주색 반점이 나 있다. 키는 20~90㎝이다.

ㅈ

참나리

솔나리

말나리

하늘말나리

지리산하늘말나리

누른하늘말나리

날개하늘나리

221

방울처럼 생긴 열매를 맺는

쥐방울덩굴

이명 | 쥐방울, 마도령, 까치오줌요강, 방울풀
학명 | *Aristolochia contorta* Bunge

쥐방울덩굴은

열매가 작은 방울처럼 생겨서 붙여진 이름이다. 그러나 약재로 쓸 때는 말방울이라는 뜻의 마두령(馬兜鈴)이라고 불린다. 우리나라 각처의 산과 들, 숲 가장자리에서 나는 덩굴성 여러해살이풀로, 반그늘 혹은 양지의 물 빠짐이 좋은 곳에서 자라며, 키는 약 1.5m 정도이다.

잎은 어긋나며 길이가 4~10㎝, 폭이 3.5~8㎝로 흰빛이 도는 녹색이며 모양은 심장형이다. 줄기는 전체에 털이 없고 길이가 1~5m이며 어릴 때는 검은빛이 도는 자주색이지만 자라면서 약간 흰색이 도는 녹색으로 변한다.

7~8월에 통처럼 생긴 녹자색 꽃이 핀다. 잎겨드랑이에서 꽃자루가 1개씩 나오고 둥글게 커진다. 꽃의 안쪽에는 긴 털이 있고 윗부분이 좁아졌다가 나팔처럼 벌어지며 한쪽이 길게 뾰족해진다. 10월경에 길이가 3~5㎝ 정도인 둥근 열매가 달리고, 안에는 많은 종자가 들어 있다. 열매 밑부분은 6개로 갈라져서 각각 가는 실처럼 갈라진 꽃자루에 매달려 낙하산 모양을 이룬다.

쥐방울덩굴과에 속하며 쥐방울, 마도령, 까치오줌요강, 방울풀이라고도 한다. 열매는 약으로 쓰이며, 우리나라와 일본, 중국, 우수리 강 등지에 분포한다.

▲ 쥐방울덩굴_ 잎

▲ 쥐방울덩굴_ 종자 결실 전

▲ 쥐방울덩굴_ 꽃

직접 가꾸기

쥐방울덩굴은 10월에 얻은 종자를 바로 뿌리는 것이 가장 좋고, 가을이나 이른 봄에 뿌리를 캐내어 포기나누기를 한다. 화분이나 화단에 심는데, 물 빠짐이 좋은 곳의 경사지에 심으면 좋다. 물은 2~3일 간격으로 준다.

가까운 식물들

쥐방울덩굴과에는 전 세계적으로 650종이 있으며, 우리나라에는 4종이 분포한다. 쥐방울덩굴과 민족도리풀, 족도리풀 등이 있다.

222

이슬 같은 열매가 달리는

쥐털이슬

이명 | 큰쥐털이슬, 두메털이슬

학명 | *Circaea alpina* L.

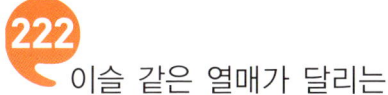

ㅈ

쥐털이슬은

이름이 아주 특이한데, 아마도 식물체가 작고 털이 있는 열매의 모양이 이슬 같다고 하여 붙여진 것 같다. 털이슬의 한 종류로, 털이슬은 키가 40~60㎝나 되는 반면, 쥐털이슬은 겨우 5~15㎝밖에 안 된다.

우리나라 각처의 깊은 산에서 자라는 여러해살이풀로, 습기가 많고 그늘이 많은 곳에서 자란다. 줄기는 붉은빛이 돌고, 밑부분에서 가는 기는줄기가 나와 그 끝에 겨울눈이 생긴다.

잎은 길이가 1~2.5㎝, 폭이 0.7~2㎝로 마주나는데, 잎의 표면과 가장자리에 잔털이 있고 뾰족한 톱니가 있다. 잎의 형태는 세모난 심장 또는 달걀 모양이며 끝이 뾰족하고, 밑부분이 심장 모양이다. 잎자루는 길이가 1~2㎝로 붉은빛이 돈다. 꽃은 홍백색으로 7~8월에 줄기나 가지 끝에 올라가며 달린다. 수술은 2개, 암술은 1개이다. 꽃받침조각은 2개이고 붉은빛이 돌며, 꽃잎은 2개이고 끝이 파지며 꽃받침보다 약간 짧다. 열매는 9~10월경에 달리는데, 지름은 약 0.2㎝로 곤봉 모양이고 갈고리처럼 생긴 털로 덮인다.

바늘꽃과에 속하며 큰쥐털이슬, 두메털이슬이라고도 한다. 관상용으로 쓰이는데, 꽃 모양을 유심히 관찰하면 좋은 식물로, 유사한 형태의 꽃이 원예용으로 판매되고 있다. 아시아와 유럽, 북아메리카에 분포한다.

▲ 쥐털이슬_ 꽃

▲ 쥐털이슬_ 전초

ㅈ

직접 가꾸기

쥐털이슬은 9~10월에 받은 종자를 바로 화분이나 화단에 뿌려서 번식시킨다. 종자 발아율은 높은 편이지만 꽃이 피는 기간도 짧고 종자의 크기가 작아서 받기가 쉽지 않다. 따라서 이른 봄에 모본에서 포기나누기를 하는 것이 바람직하다. 그러나 재배하기는 쉽지 않다.

가까운 식물들

- 말털이슬 : 꽃은 붉은빛을 띤 흰색이고 키는 30~40㎝이다.
- 광릉말털이슬 : 말털이슬과 유사하나 꽃받침 빛깔이 연한 녹색이다.
- 쇠털이슬 : 꽃은 흰색이며, 키는 40~50㎝이다. 습지나 논밭에서 자란다.
- 털이슬 : 키는 40~60㎝, 꽃은 흰색이다. 전체에 굽은 잔털이 난다.

털이슬

223

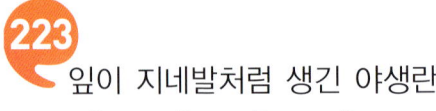

잎이 지네발처럼 생긴 야생란

지네발란

이명 | 지네난초

학명 | *Sarcanthus scolopendrifolius* Makino

자라는 모습이 지네발 같다고 해서 붙여진 이름이다. 길이는 20㎝이나 키는 약 3㎝로 아주 작다. 잎은 길이가 0.6~1㎝밖에 안 되어 땅바닥에 엎드려 있는 것 같다. 잎은 가죽질로 줄기를 따라 좌우로 2줄로 배열되는데, 영락없는 지네발 모양이다. 하지만 꽃은 연한 홍색으로 아주 예쁘다.

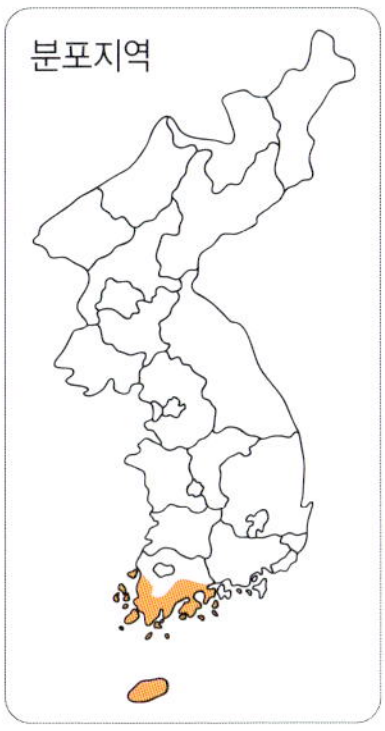

다른 야생란도 멸종 위기에 몰려 있듯, 지네발란 역시 멸종위기식물로 분류하여 관리하고 있다. 자생지는 전남 신안과 목포, 제주도 정도인데 현지에 가보면 자생지가 심하게 훼손되었음을 알 수 있다. 특히 제주도에서는 태풍에 의해 나무에 착생하고 있던 개체들이 많이 사라지곤 한다. 또한 기후변화에도 민감한 품종으로, 점점 남부지방의 해안가로 자생지가 올라오는 중이다. 그만큼 자생지가 늘어날 것으로 예상되며, 철저하게 보호해야 할 것으로 보인다.

잎은 어긋나며 딱딱하고 끝이 둔하다. 줄기는 딱딱하고 가늘며 느슨하게 가지가 갈라진다.

6~7월에 연한 홍색 꽃이 핀다. 잎자루가 칼집 모양으로 되고 줄기를 싸고 있는 곳에서 꽃이 1개씩 달려 나온다. 꽃줄기는 약 0.2㎝이다. 아래 잎은 3갈래로 갈라지고 백색이며 주머니 모양으로 꽃 끝에 달린 돌기가 있다. 옆으로 찢어진 꽃잎은 귀 같고, 중앙에 찢어진 꽃잎은 달걀형이며 흰색으로 끝이 둔하고, 꽃받침 잎은 긴 타원형이다. 9~10월경에 길이 약 0.6㎝의 열매가 달걀이 거꾸로 된 모양을 하고 달린다.

난초과에 속하는 상록 여러해살이풀로 전라남도의 신안과 목포, 제주도에 자생한다. 일본에도 분포한다. 해안가 근처의 습기가 많고 햇볕이 잘 들어오거나 반 그늘진 곳의 나무와 바위에 붙어 자란다. 관상용으로도 쓰인다.

ㅈ

▲ 지네발란_ 돌에 붙은 모습

직접 가꾸기

지네발란은 해마다 나오는 새순을 분리하여 번식시키는 방법과 종자를 이용하는 방법이 알려져 있다. 10월경에 받은 종자를 상토에 이끼나 수태를 올려놓고 그 위에 뿌린 후 스프레이 등을 이용하여 물을 준다. 이른 봄에도 동일한 방법으로 하며 파종상에 종자를 뿌린 다음에는 신문이나 비닐로 덮고 15일 정도 지난 후 제거한다. 바람이 잘 통하는 곳에 두면 좋다.

가까운 식물들

특별한 것이 없다.

224

지느러미처럼 생긴 날개가 있는

지느러미엉겅퀴

이명 | 지느레미엉겅퀴, 엉거시

학명 | *Carduus crispus* L.

ㅈ

지느러미엉겅퀴는 유럽과 서아시아가 원산이고, 우리나라 각처의 들에서 자라는 두해살이풀이다. 엉겅퀴의 한 종류이며, 줄기에 지느러미 모양의 좁은 날개가 달려 지느러미엉겅퀴라고 한다. 본종인 엉겅퀴처럼 전체적으로 털이 많이 나 있고, 가시도 많아 흔히 가시나물이라고도 한다. 엉겅퀴라는 이름은 이 풀을 약재로 먹으면 피가 엉긴다고 해서 붙여졌다.

지느러미엉겅퀴는 햇볕이 잘 들어오는 양지에서 자라며, 키는 약 70~100㎝이다. 줄기는 가지가 갈라지고 지느러미 모양의 좁은 날개가 있다. 잎은 길이가 30~40㎝로 가장자리에 가시가 있고 뒷면 맥 위에 거미줄 같은 털이 있다. 잎의 모양은 타원형으로 끝이 뾰족하다. 뿌리에서 나온 잎은 꽃이 필 때 없어진다.

6~8월에 자주색 또는 흰색의 꽃이 피며 길이는 약 1.5㎝이다. 뾰족한 끝이 가시로 되어 퍼지거나 뒤로 젖혀진다. 꽃의 모습은 꽃대 끝에 꽃자루가 없는 작은 꽃이 많이 모여 피어 머리 모양을 하고 있는 두상꽃차례이다. 11월경에 길이 약 1.5㎝ 정도의 갓털이 달린 열매를 맺는다.

국화과에 속하며 지느레미엉겅퀴, 엉거시라고도 한다. 꽃이 흰색인 것은 변종으로 보아 흰지느러미엉겅퀴라고도 한다.

관상용으로 쓰이며, 어린잎은 식용, 전초는 비렴(飛廉)이라고 하여 약용한다. 또 연한 줄기는 껍질을 벗겨서 생으로 먹을 수 있다.

동북아시아와 유럽에 널리 분포하며, 꽃말은 '고독한 사랑' 이다.

▲ 지느러미엉겅퀴_ 잎

▲ 지느러미엉겅퀴_ 줄기

ㅈ

▲ 지느러미엉겅퀴_ 꽃

▲ 지느러미엉겅퀴_ 종자 결실

직접 가꾸기

지느러미엉겅퀴는 11월에 종자를 받아 보관하고 이듬해 봄에 뿌려서 번식시킨다. 어느 곳에서나 잘 자란다.

가까운 식물들

- 엉겅퀴 : 키는 50~100cm이며, 전체적으로 흰 털과 거미줄 같은 털이 많이 나 있고, 잎에는 가시가 많다.
- 가시엉겅퀴 : 잎이 다닥다닥 달리고 보통 엉겅퀴보다 가시가 많다.
- 흰가시엉겅퀴 : 가시엉겅퀴는 자주색 꽃이 피지만 이것은 흰색 꽃이 핀다.
- 좁은잎엉겅퀴 : 잎이 좁고 녹색이며 가시가 다소 많다.
- 정영엉겅퀴 : 키는 50~100cm이고 깊은 산 풀밭에서 자란다. 잎은 끝이 뾰족하고 밑은 넓은 쐐기 모양이다. 가야산과 지리산에 분포한다.
- 고려엉겅퀴 : 산과 들에서 자라며, 키는 약 1m이다. 뿌리가 곧으며 가지가 사방으로 퍼진다. 우리나라 특산종이다.
- 흰잎고려엉겅퀴 : 잎의 뒷면이 모시처럼 하얗다.
- 도깨비엉겅퀴 : 줄기에 홈이 팬 줄이 있으며 위쪽에 거미줄 같은 털이 있다. 키는 50~150cm이다.
- 바늘엉겅퀴 : 잎 가장자리에 딱딱하고 날카로운 가시가 있다. 키는 약 50cm이다. 우리나라 특산종으로 제주도와 보길도에 분포한다.
- 흰바늘엉겅퀴 : 바늘엉겅퀴와 비슷하나 꽃이 흰색이다.
- 버들잎엉겅퀴 : 잎의 모양이 버들잎을 닮았다. 꽃은 자줏빛이다. 산기슭에서 자라며, 키는 약 50cm이다.

엉겅퀴

정영엉겅퀴

고려엉겅퀴

바늘엉겅퀴

225

지리산에 서식하는 한국 특산종

지리고들빼기

이명 | 지이산꼬들빽이

학명 | *Crepidiastrum koidzumianum* (Kitam.) Pak & Kawano

ㅈ

지리산은 생태계의 보고이다. 우리나라 특산종도 많이 나고, 지리산에서만 볼 수 있는 식물도 여럿 된다. 식물 이름에 '지리' 라는 것이 붙으면 대개 지리산에서 자생하는 것들을 가리키며, 지리고들빼기 역시 지리산에서 자라는 고들빼기라는 뜻을 지니고 있다.

고들빼기는 나물, 김치 등으로 만들어 먹으며, 쌉싸래한 맛이 아주 일품이다. 지리고들빼기 역시 먹을 수 있다.

지리고들빼기는 지리산 중턱 이상의 풀숲이나 돌 틈, 길가에서 자라는 두해살이풀이다.

습기가 많은 반그늘이나 양지에서 자라며, 키는 약 40㎝ 정도이다. 줄기는 곧게 서고 가지를 많이 치며, 줄기 껍질은 잿빛을 띤 파란색으로 털은 없다.

잎은 어긋나는데 길이가 4.5~6.5㎝, 폭이 2.5~3㎝로 긴 타원형이고 새의 날개처럼 갈라진다. 뿌리에서 나온 처음의 잎은 꽃이 필 무렵에 없어진다. 잎자루 밑동은 넓어져 줄기를 둘러싸며 위쪽으로 올라갈수록 잎 크기가 작아진다.

8~10월에 노란색 꽃이 피며, 꽃줄기의 길이는 0.3~1.2㎝이다. 원줄기와 옆에서 나온 가지 줄기 끝에 꽃이 많이 달린다. 열매는 11월경에 달리고 길이는 약 0.4㎝이며 하얀색 갓털이 있다.

국화과에 속하며, 지이산꼬들빽이라고도 한다. 관상용으로 쓰이며, 어린순은 식용으로 쓰인다. 우리나라 특산종으로 지리산에 분포한다.

▲ 지리고들빼기_ 잎

▲ 지리고들빼기_ 꽃봉오리

ㅈ

▲ 지리고들빼기_ 개화 전

▲ 지리고들빼기_ 꽃

▲ 지리고들빼기_ 종자 결실

▲ 지리고들빼기_ 무리

직접 가꾸기

지리고들빼기는 11월에 달리는 종자를 받아 이듬해 봄 화단에 뿌린다. 갓털이 없는 것은 아직 덜 여문 종자이기 때문에 갓털을 가지고 있는 것만 받고 나머지는 버려야 한다. 돌 틈이나 경사지의 화단에 심는다. 습기가 많은 곳에서도 잘 자라며, 물은 2~3일 간격으로 주면 된다.

가까운 식물들

- 가는잎왕고들빼기 : 왕고들빼기와 비슷하나 잎이 갈라지지 않고 잎의 형태는 바소꼴이다.
- 용설채 : 왕고들빼기의 변종으로 잎이 갈라지지 않고 크며 주로 가축 등의 먹이로 재배한다. 황무지나 들에서 자라며, 키는 1~2m이다.
- 고들빼기 : 줄기는 곧고 가지를 많이 치며 붉은 자줏빛을 띤다. 여름에 노란 꽃이 피며, 키는 80cm이다.
- 왕고들빼기 : 키가 1~2m로 아주 크다.
- 이고들빼기 : 산과 들의 건조한 곳에서 자라며, 키는 30~70cm이다. 뿌리에 달린 잎은 주걱 모양이며 꽃이 필 때 스러진다.
- 강화이고들빼기 : 이고들빼기와 비슷하나 잎이 깃처럼 갈라진다.
- 갯고들빼기 : 거제도와 거문도의 바닷가 바위틈에 자라며, 원줄기는 목질화하였고 짧으며 위 끝에서 잎이 나온다.
- 까치고들빼기 : 깊은 산의 숲 가장자리에 자라며 키는 30~70cm이다. 줄기 밑부분에서 가지를 치고 매우 연하며, 잎은 깃꼴로 갈라진다.
- 두메고들빼기 : 깊은 산에 자라며, 키는 1m 정도이다. 잎은 어긋나고 심장형이거나 삼각형으로 고르지 못한 톱니가 있으며 끝은 뾰족하다.
- 산씀바귀 : 잎이 무의 잎처럼 갈라지며 표면은 붉은빛이 도는 녹색으로, 털이 약간 있다. 산고들빼기라고도 하며 키는 65~150cm이다.

고들빼기

왕고들빼기

이고들빼기

ㅈ

226

지리산에 사는 바꽃

지리바꽃

이명 | 지이바꽃, 지리산바꽃

학명 | *Aconitum chiisanense* Nakai

지리바꽃은

바꽃의 한 종류이다. 바꽃에는 싹눈바꽃, 개싹눈바꽃 등이 있으며, 꽃들이 투구꽃 종류와도 비슷하다. 두 꽃 모두 꼭 로마 병정의 투구를 닮았으며, 크기도 비슷하고 색상도 비슷해서 일반인은 거의 구분해내기가 어렵다.

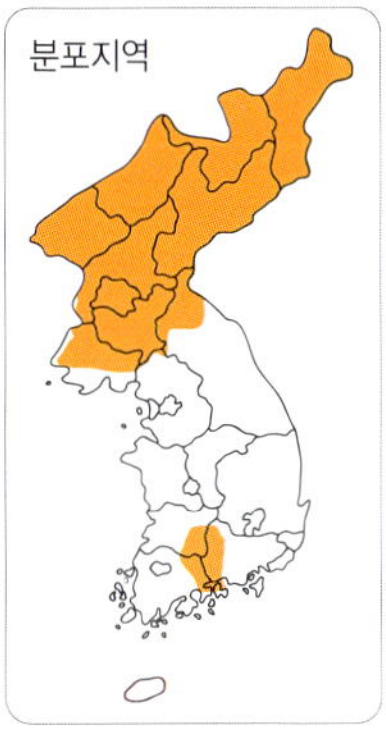

지리바꽃은 지리산 및 중부 이북의 산지에서 자라는 여러해살이풀로, 물 빠짐이 좋고 공중습도가 높으면서 토양이 비옥한 곳에서 자란다.

줄기가 곧게 서며 키는 약 1m 정도이다. 잎은 어긋나며 3~5개 정도로 손바닥 모양으로 깊게 갈라지고 잎자루가 있다. 갈라진 조각은 긴 타원 모양이고, 다시 깃꼴로 갈라진다. 깃꼴로 갈라진 조각은 달걀 모양의 바소꼴이고 끝이 뾰족하며 털이 없다.

7~9월에 자주색 꽃이 가지 끝과 뿌리에서 나온 원줄기 끝에 뭉쳐 아래에서 위쪽으로 가며 달린다. 꽃자루에 털이 많고, 포는 줄 모양이다.

열매는 10월경에 달리고 여러 개의 방으로 씨방이 형성되어 있으며 작은 종자가 많이 들어 있다.

미나리아재비과에 속하며 지이바꽃, 지리산바꽃이라고도 한다. 뿌리는 굵은데, 한방에서는 '초오(草烏)'라는 약재로 쓰인다. 그러나 독성이 강하기 때문에 식용해서는 안 된다.

직접 가꾸기

지리바꽃은 10월경 종자를 받아 바로 화분이나 화단에 뿌리거나 일반적인 보관 방법으로 보관하여 이듬해 봄에 뿌린다. 뿌리가 많이 발달하기 때문에 물 빠짐이 좋고 토양이 비옥한 화단에 심는 것이 요령이다. 물은 2~3일 간격으로 준다.

가까운 식물들

- 싹눈바꽃 : 꽃이 피지 않으며, 키는 1m이고 경기도 광릉 숲에 분포한다.
- 개싹눈바꽃 : 9~10월에 파란빛을 띤 자주색 꽃이 피며, 키는 120~150㎝이다. 충북, 경기도 등지에 분포하는 한국 특산종이다.
- 미색바꽃 : 꽃은 하늘색, 노란빛을 띤 자주색 등이며 7~9월에 핀다. 키는 60~80㎝이고, 한국 특산종이다.
- 왕바꽃 : 키가 1.5m로 아주 크다. 7~8월에 자주색 꽃이 피며, 부전고원에 분포한다.
- 흰왕바꽃 : 왕바꽃과 비슷하나 꽃이 흰색이며, 키는 80㎝이다.
- 키다리바꽃 : 왕바꽃보다 더 커서 키가 약 2m이다.
- 줄바꽃 : 흰줄바꽃과 비슷하며, 꽃은 자주색이다.
- 흰줄바꽃 : 7~9월에 연한 자줏빛 또는 흰빛을 띤 자줏빛 꽃이 핀다. 덩굴식물로 키는 1~2m이다.

227

지리산에 나는 나리꽃

지리산하늘말나리

이명 | 지리하늘말나리

학명 | *Lilium tsingtauense* f. *carneum* (Nakai) T.B.Lee

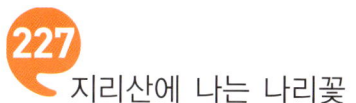

ㅈ

지리산하늘말나리는

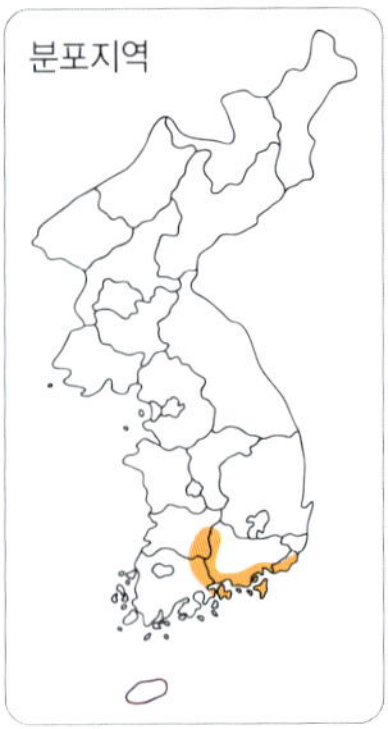

나리꽃의 한 종류로, 지리산에 산다고 해서 지리산이라는 이름이 붙었다. 나리꽃은 이름으로 그 형태를 유추해볼 수 있다. 일단 나리와 말나리는 잎이 나는 방법이 다르다. 나리는 처음부터 끝까지 잎이 어긋나는 반면 말나리는 아래 잎은 돌려나고 위의 잎은 어긋난다. 또 꽃이 어디를 향하는가에 따라 이름이 달라지는데 하늘을 보면 하늘나리, 땅을 보면 땅나리, 중간쯤에 비스듬히 있으면 중나리라고 한다.

지리산하늘말나리는 하늘말나리와 거의 비슷하나 하늘말나리가 꽃에 반점이 있는 반면, 지리산 하늘말나리는 반점이 없거나 아주 희미하다. 그래서 특별히 관찰하지 않으면 그냥 하늘말나리로 생각할 수도 있다. 부엽질이 풍부하고 주변 공중습도가 높으며 약간 그늘진 곳에서 자라며, 키는 약 1m이다. 뿌리는 지름이 약 2~3cm로 난형이다.

잎은 아래에 둥글고 긴 잎과 작으면서 어긋나는 잎이 있다. 돌아가는 잎은 6~12개씩 달리며 피침형 또는 달걀을 거꾸로 세운 듯한 타원형으로, 급하게 뾰족해진 끝과 점차적으로 좁아진 밑부분이 직접 원줄기에 달려 있다. 나선형으로 된 잎은 큰 것이 길이 약 9cm, 폭이 약 2cm이지만 위로 올라갈수록 작아진다.

▲ 지리산하늘말나리_ 잎

7~8월에 황적색 꽃이 피며 뒤로 약간 굽는다. 열매는 10월경에 길이 약 2cm, 폭 약 2.5cm 정도로 열리는데, 3갈래로 갈라져 있고 각 방에는 갈색으로 된 납작한 종자가 빽빽이 들어 있다.

백합과에 속하며 지리하늘말나리라고도 한다. 관상용으로 쓰인다.

▲ 지리산하늘말나리_ 잎 전개되는 모습

▲ 지리산하늘말나리_ 꽃대

ㅈ

▲ 지리산하늘말나리_ 꽃

직접 가꾸기

지리산하늘말나리는 10월에 결실되는 종자를 바로 뿌리거나 종이에 싸서 냉장보관한 후 이듬해 봄에 뿌린다. 또한 이른 봄이나 꽃이 진 가을에 인편을 분리하여 인편삽을 해도 좋다. 실내에서 키우기 힘든 종이고 실외에서는 가운데 심어 꽃 색깔이 보이도록 하는 것이 중요하다. 또한 물 빠짐이 좋은 곳에 심어야 구근이 상하지 않는다.

가까운 식물들

- 참나리 : 나리 중의 왕으로 키는 1.5m이며, 꽃에 호랑이 무늬가 있고, 꽃잎이 뒤로 젖혀진다. 여기에서 '참'은 진짜라는 뜻이다.
- 하늘나리 : 날개하늘나리와 크기가 비슷하지만 꽃이 훨씬 붉으며, 꽃잎도 가늘다. 잎도 폭이 0.3~0.6㎝로 아주 가늘다.
- 말나리 : 6~7월에 1~10개의 노란빛을 띤 빨간 꽃이 옆을 향하여 핀다. 키는 약 80㎝이다.
- 하늘말나리 : 잎이 마치 치마처럼 돌려나며, 꽃은 하늘을 바라본다. 7~8월에 노란빛을 띤 붉은색 꽃이 원줄기 끝과 가지 끝에서 핀다.
- 누른하늘말나리 : 꽃이 노란색이며, 키는 70~100㎝이다.
- 중나리 : 꽃은 황적색이며, 비스듬히 중간을 향한다. 키는 1~2m이다.

참나리

누른하늘말나리

228
지리산에 사는 터리풀

지리터리풀

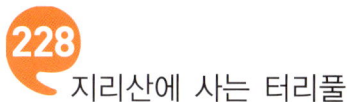

이명 | 지리산터리풀
학명 | *Filipendula formosa* Nakai

지리터리풀은

터리풀의 한 종류로 지리산에 산다고 해서 '지리'라는 지역명이 앞에 붙었다. 대표종인 터리풀은 키 1m 정도이며, 꽃은 흰색이다.

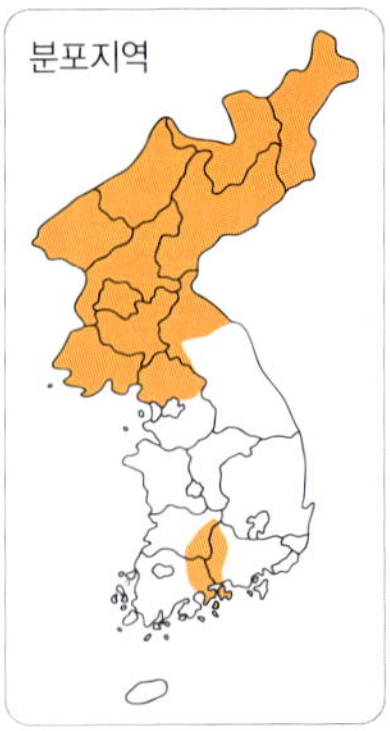

지리터리풀은 지리산 일대와 중북부 이북 지방의 길가나 풀숲에 자라는 여러해살이풀로, 습기가 많은 풀숲과 반그늘에서 자라며, 키는 약 1m 정도이다.

뿌리줄기는 굵고 짧으며 검은 갈색이다.

잎은 길이가 7cm, 폭이 10cm로 넓고 잎 가장자리에는 약 0.1cm 이하의 작은 톱니가 나 있다. 잎의 모양은 손바닥 모양이다.

7~8월에 짙은 자홍색의 작은 꽃들이 빽빽하게 뭉쳐 줄기의 아래에서부터 위로 올라가며 핀다.

열매는 9~10월경에 달린다.

장미과에 속하며 지리산터리풀이라고도 한다. 유사종으로는 하얗게 꽃이 피는 백색지리터리풀이 있다.

관상용으로 쓰이며, 어린순은 식용한다. 우리나라 특산종으로 지리산에서 자란다.

◀ 지리터리풀 압화

▲ 지리터리풀_ 잎

▲ 지리터리풀_ 꽃봉오리

ㅈ

▲ 지리터리풀_ 꽃 피기 전

▲ 지리터리풀_ 꽃

▲ 지리터리풀_ 종자 결실 전

▲ 지리터리풀_ 종자 결실

▲ 지리터리풀(흰색)_ 꽃

▲ 지리터리풀(흰색)_ 전초

직접 가꾸기

지리터리풀은 이른 봄 포기나누기를 하고, 10월에 받은 종자는 바로 화분이나 화단에 뿌린다. 종자를 파종상에 뿌릴 때는 이끼를 올려놓고 그 위에 종자를 뿌리거나 종자 위에 상토를 얇게 뿌려야 발아율이 높다. 종자 발아율은 낮은 편이어서 많은 종자를 뿌리는 것이 좋고, 새순이 올라올 때 약하므로 이식할 때는 조심해야 한다. 습기가 많은 화단에 심는데, 햇볕을 직접적으로 받으면 밑에 있는 잎이 상하기 때문에 반그늘에 심어야 한다. 화분에 심어도 좋은 품종으로, 잎이 커다랗기 때문에 물은 1~2일 간격으로 준다.

가까운 식물들

터리풀

- 터리풀 : 꽃은 흰색이며, 키는 1m 정도이다. 한국 특산종이다.
- 분홍터리풀 : 일본 원산의 개량종으로 잎자루 옆에 작은잎이 달리지 않는 것이 특이하다. 꽃은 분홍색이다.
- 강계터리풀 : 냇가에 자라며 꽃은 흰색이다. 키는 1m이며, 대관령과 강계에 분포한다.
- 단풍터리풀 : 산에 자라며, 꽃은 연분홍색이다. 키는 약 1m이다.
- 붉은터리풀 : 꽃은 붉은색이며, 키는 80㎝이다.
- 흰터리풀 : 붉은터리풀과 비슷하나 꽃이 흰색이다. 부전고원에 분포한다.

ㅈ

229

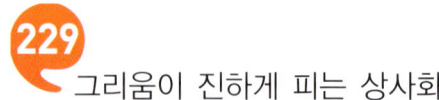

그리움이 진하게 피는 상사화

진노랑상사화

이명 | 개상사화

학명 | *Lycoris chinensis* var. *sinuolata* K. H. Tae & S. C. Ko

상사화는 꽃이 피면 잎이 없고 잎이 나 있을 땐 꽃이 피어 있지 않아 꽃과 잎이 서로를 생각한다는 뜻으로 지어진 이름이다.

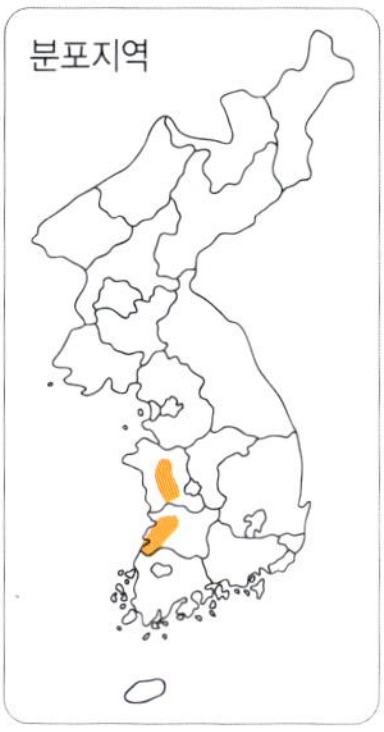

상사화에는 몇 종류가 있는데 진노랑상사화는 꽃이 진한 노란색이며 본종인 상사화는 홍자색이다. 붉노랑상사화와 거의 흡사하며 둘 다 개상사화라고 부르기도 한다. 본종인 상사화보다 못하다고 하여 '개' 자를 접두어로 붙였으나 꽃을 보면 무척 매혹적이다.

키는 40~70㎝이다. 2월부터 5월까지 4~8장 정도의녹색 잎이 나오며 약한 광택이 난다. 비늘줄기는 달걀 모양으로 깊이 약 10㎝의 땅속에 묻혀 있으며 목이 길고 줄기는 녹색으로 곧게 올라간다.

8월에 진한 노란색 꽃이 줄기 끝에 4~7송이 달린다. 꽃은 6장의 찢어진 조각으로 이루어진다.

수술과 암술은 모두 노란색으로, 잎이 쓰러지고 난 7월 말이나 8월 초에 꽃줄기가 나온다. 9~10월경에 검은색 열매가 달린다.

수선화과에 속하는 여러해살이풀로 전라북도 고창과 부안, 백양산, 충청남도 가야산에 분포한다. 부엽질이 풍부한 곳의 경사지에 햇볕이 잘 들어오거나 반 그늘진 곳에서 자란다.

꽃은 관상용, 비늘줄기는 약으로 쓰인다. 유독성 식물이므로 취급에 주의해야 한다.

우리나라에서는 멸종위기식물로 분류되어 있다.

▲ 진노랑상사화_ 새순

▲ 진노랑상사화_ 꽃대 올라오는 모습

▲ 진노랑상사화_ 꽃봉오리

▲ 진노랑상사화_ 꽃

ㅈ

▲ 진노랑상사화_ 꽃(시든 모습)

▲ 진노랑상사화_ 시드는 모습

▲ 진노랑상사화_ 종자 결실

▲ 진노랑상사화_ 무리

직접 가꾸기

진노랑상사화는 종자는 결실되나 종자로 번식하지 못하고 알뿌리로만 번식이 가능하다. 알뿌리를 거꾸로 세우고 정확히 가운데를 8조각 정도 내어 모래에 심으면 된다. 알뿌리를 삽목하고 나면 바람이 잘 통하는 곳에 두고 상토가 마르지 않게 하는 것이 중요하다. 1~2개월이 지나면 알뿌리에서 작은 구근이 생기기 시작한다. 뿌리가 완전히 내리면 이를 화분이나 화단에 옮겨 심는다. 알뿌리 나누기는 꽃이 피는 여름만 피하면 된다. 봄이나 가을에는 옆에서 나온 알뿌리를 분리하여 심어도 좋다.

물 빠짐이 좋은 곳이면 반그늘 혹은 양지 어디든 심어도 좋다. 화단을 꾸밀 때는 10개 이상을 한꺼번에 집단적으로 심는 것도 좋다. 화분에 심을 경우 물 빠짐을 좋게 하고 반 그늘진 곳에 두고 감상한다.

가까운 식물들

- 상사화 : 7~8월에 연한 홍자색 꽃이 줄기 끝에 4~8개 달린다.
- 개꽃무릇 : 붉은상사화라고도 한다. 비늘줄기는 지름 3~5㎝의 둥근 달걀 모양이며 검은색을 띤다.
- 붉노랑상사화 : 붉은빛이 드는 노란색 꽃이 핀다. 키는 40~50㎝이다.
- 흰상사화 : 노란색을 띤 흰색 꽃이 핀다. 남해안 섬에 분포한다.

ㅈ

상사화

붉노랑상사화

230

진땅에 자라는 잔대

진퍼리잔대

이명 | 선모시나물

학명 | *Adenophora palustris* Kom.

진퍼리란

진 펄, 즉 습지나 물기가 있는 땅이라는 의미이다. 진퍼리꽃나무, 진퍼리하늘나리, 진퍼리용담, 진퍼리고사리, 진퍼리사초 등등이 비슷하게 지어진 것이다.

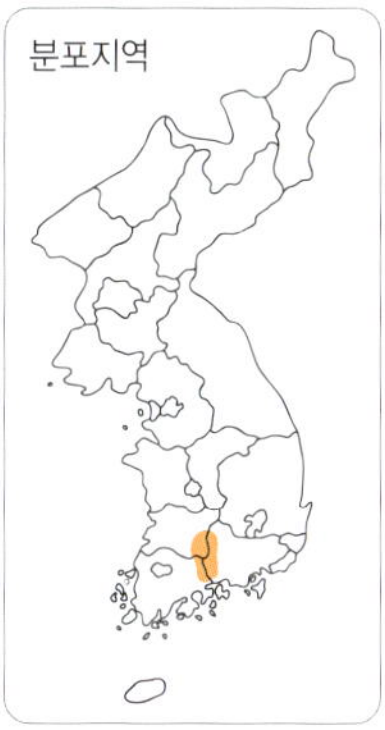

대표종인 잔대와 진퍼리잔대의 차이점은 잎에 있는데, 일반 잔대의 잎은 둥글고 짧으나 진퍼리잔대의 잎은 가늘고 길다.

진퍼리잔대는 진안, 무주, 지리산 등 강원도 이남의 깊은 산 습지에 자라는 여러해살이풀로, 햇볕이 잘 드는 고산지역의 습지나 물가에서 잘 자라며, 키는 약 70㎝이다. 줄기는 곧게 서고 자주색을 띠며, 가지가 갈라지지 않는다.

얇고 긴 타원형의 잎은 어긋나며 나사 모양으로 돌아서 올라가는 것이 독특하다. 잎의 길이는 2~5㎝, 폭이 1~2㎝이며 뒷면 맥 위에 털이 약간 있고 가장자리에는 톱니가 있다.

8월에 연한 누른빛이 도는 자주색 꽃이 원줄기 끝에 차례로 올라가며 피며, 형태는 넓은 종형이고 길이는 1~1.5㎝이다. 10월경에 갈색 열매가 달리고 안에는 먼지와 같은 작은 종자가 들어 있다.

초롱꽃과에 속하며, 선모시나물이라고도 한다. 관상용으로 쓰이며, 우리나라와 일본, 중국 동북부에 분포한다.

진퍼리잔대_ 꽃봉오리 ▶

▲ 진퍼리잔대_ 잎

▲ 진퍼리잔대_ 새순 올라오는 모습

▲ 진퍼리잔대_ 꽃(정면)

▲ 진퍼리잔대_ 꽃(측면)

▲ 진퍼리잔대_ 꽃(후면)

ㅈ

▲ 진퍼리잔대_ 시드는 모습

▲ 진퍼리잔대_ 시드는 모습

▲ 진퍼리잔대_ 무리

직접 가꾸기

진퍼리잔대는 10월에 결실되는 종자를 바로 뿌리거나 종이에 싸서 냉장보관한 후 이듬해 봄에 뿌린다. 뿌릴 때는 상토나 모래에 이끼를 깔고 그 위에 먼지 날리듯 뿌리고, 물을 줘서 종자를 가라앉힌 후 신문지나 비닐로 10~15일 정도 덮어준다.

종자 발아율은 좋은 편이다. 그러나 아주 작은 새순이 올라오기 때문에 주의 깊게 관찰하여 옮겨야 한다.

줄기는 봄, 여름에 잘라서 2마디를 남기고 삽목하면 그해에 꽃이 핀다. 습지에 심되 식물체가 물에 완전히 잠기게 해서는 안 된다.

가까운 식물들

- 숫잔대 : 꽃은 벽자색이며, 키는 50~100㎝이다.
- 잔대 : 산과 들에서 자라며, 뿌리가 도라지 뿌리처럼 희고 굵다. 키는 40~120㎝로 전체적으로 잔털이 있다.
- 털잔대 : 잎이 넓고 털이 많다.
- 층층잔대 : 꽃의 가지가 적게 갈라지고 꽃이 층층으로 달린다.
- 가는층층잔대 : 층층잔대에 비해 잎이 가늘고 털이 약간 있다. 키는 80㎝이다.
- 나리잔대 : 잔대에 비해 잎이 가늘고 길며 꽃이 약간 크다. 키는 1m이며, 한라산과 백두산에 분포한다.
- 넓은잔대 : 잎이 타원형 또는 긴 타원형으로 넓다. 키는 90㎝이다.
- 톱잔대 : 잎 끝이 뾰족하고 밑은 둔하며 가장자리에 날카로운 톱니가 있다. 키는 50~100㎝이다.
- 두메잔대 : 함경북도 풍산에 자라며 8월에 종 모양의 벽자색 꽃이 핀다. 키는 20~40㎝이다.
- 둥근잔대 : 제주도 한라산에 분포하며, 키는 15㎝로 작다. 꽃은 하늘색이며, 잎이 둥글어서 쉽게 구분된다.

숫잔대

잔대

층층잔대

ㅈ

231

진땅에 자라는 하늘나리

진퍼리하늘나리

학명 | *Lilium concolor* var. *buschianum* Bak

진퍼리하늘나리는

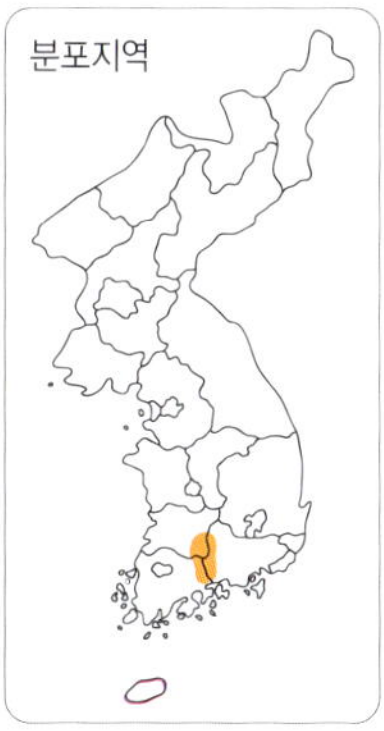

지리산의 고산지역 습지에서 자란다. 앞에서 이야기했듯이 진퍼리란 진땅이라는 뜻이다. 햇볕이 잘 드는 습지 주변에서 자라며, 키는 60~80㎝이다.

나리꽃은 꽃 이름으로 그 형태를 유추할 수 있는데, 진퍼리하늘나리는 진땅에 자라는 나리로 꽃이 하늘을 바라보는 종류이다. 잎은 줄기를 따라 위로 올라가며 가늘고 뾰족하게 나오고, 뿌리는 인편으로 되어 있으며 이 인편이 하늘나리와는 달리 굵다.

7~8월에 진한 노란색 꽃이 피며, 7~10㎝로 다소 큰 편이다. 꽃잎에는 검은색 반점이 있다. 10월에 달리는 열매는 납작하며 사각 형태인 것이 백합과의 다른 자생 식물들과는 다르다. 특히 하늘나리와는 달리 꽃이 크기 때문에 아름답다. 아직까지 정확히 보고된 적이 없는 종으로, 습지에서 자라는 것이 특이하다.

백합과에 속하며, 관상용으로 쓰인다. 지리산에 분포한다.

ㅈ

▲ 진퍼리하늘나리_ 줄기

▲ 진퍼리하늘나리_ 꽃봉오리

▲ 진퍼리하늘나리_ 종자 결실

▲ 진퍼리하늘나리_ 꽃

직접 가꾸기

진퍼리하늘나리는 10월에 결실되는 종자를 바로 뿌리거나 종이에 싸서 냉장보관하고 이듬해 봄에 뿌려서 번식시킨다. 또한 이른 봄이나 꽃이 진 가을에 인편을 분리하여 인편삽을 해도 좋다. 실내에서 키우기는 어려운 종이며 실외의 물기가 많은 습지에 심는 것이 좋다.

가까운 식물들

- 참나리 : 나리 중의 왕으로 키는 1.5m이며, 꽃에 호랑이 무늬가 있고, 꽃잎이 뒤로 젖혀진다. '참'은 진짜라는 뜻이다.
- 날개하늘나리 : 산에서 자라며, 꽃은 황적색 바탕에 자주색 반점이 나 있다. 키는 20~90㎝이다.
- 하늘나리 : 크기는 날개하늘나리와 비슷하지만 꽃이 훨씬 붉으며, 꽃잎도 가늘다. 잎도 폭이 0.3~0.6㎝로 아주 가늘다.
- 말나리 : 6~7월에 1~10개의 노란빛을 띤 빨간 꽃이 옆을 향하여 핀다. 키는 약 80㎝이다.
- 하늘말나리 : 잎이 마치 치마처럼 돌려나며, 꽃은 하늘을 바라본다. 7~8월에 노란빛을 띤 붉은색 꽃이 원줄기 끝과 가지 끝에서 핀다.
- 누른하늘말나리 : 꽃이 노란색이다. 키는 70~100㎝이다.
- 중나리 : 꽃은 황적색이며, 비스듬히 중간을 향한다. 키는 1~2m이다.

말나리

하늘말나리

누른하늘말나리

232

생명력이 질긴 풀

질경이

이명 | 길장구, 빼부장, 배합조개, 빠부쟁이, 배부장이, 빠뿌쟁이, 톱니질경이, 길경

학명 | *Plantago asiatica* L.

질경이는 아주 흔해서 어디에서든지 볼 수 있는 풀이다. 질경이라는 이름도 생명력이 질기기 때문에 붙여졌다. 사람들이 밟고 다녀도 잘 자라며 심지어는 마차가 지나가도 끄떡없이 자라곤 했다. 마차나 달구지 등이 다니는 길에서 쉽게 볼 수 있다고 해서 '차전초(車前草)' 라고도 하고, 또 배합조개를 닮았다고 해서 배합조개라고도 한다.

우리나라 각처의 들과 산, 길가에 나는 여러해살이풀로 특히 민가 근처에 많이 자라며 등산로 주변에도 많이 피어 있다. 산에서 길을 잃으면 이 식물이 있는지를 살펴보고 이 식물을 따라가면 민가가 있다고 할 만큼 사람들이 다니는 길 주변과 마을 주변에 많이 자란다.

양지 혹은 반그늘 어느 곳에서도 잘 자라며, 키는 10~50㎝이다. 줄기가 없어서 뿌리에서 바로 잎과 꽃대가 나온다. 잎은 길이가 4~15㎝, 폭이 3~8㎝로 많은 잎이 뿌리에서 퍼져 나오는데, 대부분의 잎이 길이가 비슷하고 밑부분이 넓어지는 타원형이다.

꽃은 흰색이며 6~8월에 잎 사이에서 나온 작은 꽃들이 줄기 아랫부분부터 피며 위쪽으로 올라간다. 그러나 꽃은 아주 작아서 돋보기로 봐야 할 정도이다. 열매는 10월경에 달리고 씨방 안에는 6~8개의 검은색 종자가 들어 있다.

질경이과에 속하며 길장구, 빼부장, 배합조개, 빠부쟁이, 배부장이, 빠뿌쟁이, 톱니질경이, 길경 등 다양한 이름으로 불린다. 어린잎은 식용하며 나물로 만들거나 국을 끓여 먹는다. 열매는 약으로 쓰인다. 우리나라와 일본, 사할린, 타이완, 중국, 시베리아 동부, 히말라야 등지에 분포한다.

질경이 압화 ▶

▲ 질경이_ 새순 올라오는 모습

▲ 질경이_ 잎

▲ 질경이_ 꽃

▲ 질경이_ 종자 결실

직접 가꾸기

질경이는 10월에 얻은 종자를 바로 뿌리거나 종이에 싸서 냉장보관하고 이른 봄에 뿌려서 번식시킨다. 가을이나 이른 봄에 뿌리를 캐어 포기나누기를 해도 된다. 종자 발아율은 높은데, 특별히 대량 재배할 목적이 아니면 몇 포기만 심어도 수년이 경과하면 주변에 떨어진 씨가 발아해 많은 개체가 생긴다. 잎은 가을까지 남아 있기 때문에 화분이나 화단 어느 곳에 심어도 좋으며, 물은 2~3일 간격으로 준다.

가까운 식물들

- 왕질경이 : 바닷가 양지에 자라며 잎이 30㎝나 되는 대형이다.
- 갯질경이 : 왕질경이와 비슷하나 잎이 더 두껍고 윤기가 난다.
- 개질경이 : 바닷가나 들에 자라며 잎에 흰색 털이 있다. 꽃이삭의 길이는 3~10㎝이다.
- 털질경이 : 털이 많이 나고 꽃이 작으며, 꽃줄기 높이는 25㎝이다.
- 긴잎질경이 : 바닷가에 자라며, 잎이 긴 타원형이다. 잎에는 작은 털이 나 있으며, 꽃줄기는 90㎝까지 자란다. 울릉도 등지에 분포한다.
- 물질경이 : 논이나 도랑의 물속에 자라는데, 꽃줄기는 25~50㎝이다. 질경이과가 아니라 자라풀과로, 다른 종이다.
- 사슴뿔질경이 : 허브식물이자 채소로 재배되는 질경이다. 잎과 잎줄기가 붙어 있는 모양이 사슴뿔을 닮았다.
- 창질경이 : 잎이 가늘고 길다. 유럽 원산으로 꽃줄기 높이는 30~60㎝이다.

ㅈ

개질경이

물질경이

창질경이

233

잎맥이 짚신처럼 생긴

짚신나물

이명 | 등골짚신나물, 큰골짚신나물, 집신나물, 북짚신나물, 산집신나물

학명 | *Agrimonia pilosa* Ledeb.

가장자리에 톱니가 있고 주름진 잎맥이 마치 짚신을 연상시켜 짚신나물이라는 이름이 붙었다고 한다. 하지만 옛날에 짚신이나 버선 등에 잘 달라붙어서 짚신나물이라고 했다는 이야기도 전해진다. 한자로는 용아초(龍芽草) 또는 선학초(仙鶴草) 등으로 불리는데, 용아초는 이른 봄에 싹이 트는 모습이 마치 용의 이빨 같다고 해서 붙여진 이름이다.

짚신나물은 우리나라 각처의 산과 들에 자라는 여러해살이풀로, 토양의 비옥도에 관계없이 양지 혹은 반그늘에서 자라며, 키는 30~100㎝정도이다. 긴 타원형의 잎은 어긋나며 길이가 3~6㎝, 폭이 1.5~3.5㎝이다. 잎 표면은 녹색으로 양면에 털이 있다. 잎자루 밑부분에도 1쌍의 턱잎이 있는데, 턱잎은 반달 모양이고 끝이 뾰족하며 아랫부분 가장자리에 몇 개의 큰 톱니가 있다. 노란색 꽃이 6~8월에 피며, 길이는 10~20㎝이고 원줄기 끝과 가지 끝에 꽃이 달린다. 열매는 8~9월경에 달리고 윗부분에 갈고리와 같은 가시들이 많이 나 있다.

장미과에 속하며 등골짚신나물, 큰골짚신나물, 집신나물, 북짚신나물, 산집신나물이라고도 한다. 이밖에도 황아초, 지동풍, 자모초, 황우미, 지초 등 여러 이름이 있다. 어린잎은 식용, 전초는 약용한다. 특히 요즘에는 암을 다스린다고 해서 귀중한 약재로 사용되고 있다. 우리나라와 일본, 중국, 인도, 아무르 강 등지에 분포한다.

짚신나물 안하 ▶

▲ 짚신나물_ 잎 올라오는 모습

▲ 짚신나물_ 잎

▲ 짚신나물_ 꽃봉오리

▲ 짚신나물_ 꽃

▲ 짚신나물_ 종자 결실

ㅈ

직접 가꾸기

짚신나물은 9월에 받은 종자를 바로 화분이나 화단에 뿌리거나 이듬해 봄에 뿌려서 번식한다. 포기나누기는 이른 봄, 새순이 올라올 때 한다. 종자 발아율은 중간 정도이다.

한 포기에서 많은 종자를 받을 수 있다. 화단이면 어느 곳에 심어도 잘 자라며, 물은 잎이 많은 시기인 봄에만 2~3일 간격으로 주고 나머지 기간에는 4~5일 간격으로 주면 된다.

가까운 식물들

- 산짚신나물 : 노란색 꽃이 피며, 들판에서 자란다. 짚신나물에 비해 줄기에 털이 적고, 꽃도 띄엄띄엄 달린다. 키는 50~100㎝이다.

산짚신나물

234

해안에서 바느질하는 골무꽃

참골무꽃

이명 | 큰골무꽃, 민골무꽃, 흰참골무꽃

학명 | *Scutellaria strigillosa* Hemsl.

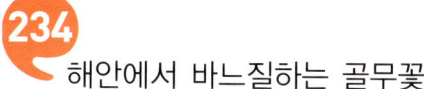

ㅊ

꽃이 여자들이 바느질할 때 사용하는 도구인 골무를 닮아 골무꽃이라 부른다. 골무꽃 종류는 상당히 많은 편이다. 그중 참골무꽃은 진짜 골무꽃이라는 뜻으로 '참' 자를 붙인 듯하지만 그냥 골무꽃은 따로 있다. 골무꽃이 중부 이남 지방의 산과 들에 자라는 반면 참골무꽃은 해안가에 자생하는 점이 큰 차이점이다.

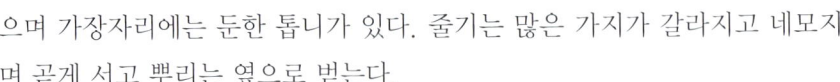

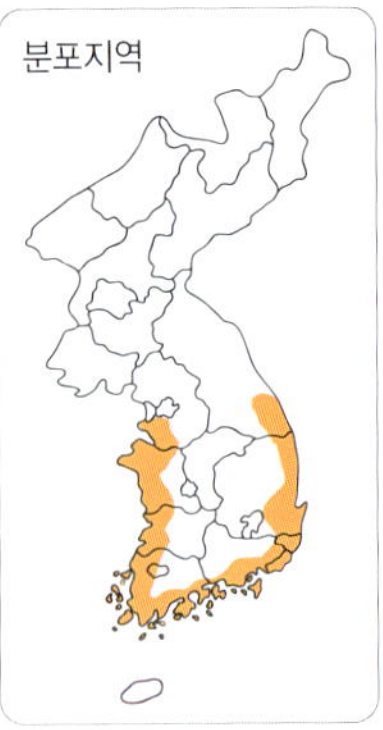

키는 10~40cm이고, 잎은 길이가 1.5~3.5cm, 폭은 1~1.5cm로 긴 타원형이다. 잎은 마주나고 양면에 털이 있으며 가장자리에는 둔한 톱니가 있다. 줄기는 많은 가지가 갈라지고 네모지며 곧게 서고 뿌리는 옆으로 벋는다.

6~8월에 자주색 꽃이 줄기 끝부분 잎겨드랑이에 1개씩 위를 향해 달린다. 꽃받침 길이는 0.3cm이고, 꽃부리는 밑부분에서 길이 약 2cm로 거의 직각으로 선다. 수술은 4개다. 8~9월에 길이 약 0.2cm의 반원형 열매가 달린다.

꿀풀과에 속하는 여러해살이풀로, 햇볕이 잘 드는 곳의 모래땅이나 해안가 근처의 척박한 곳에서 자란다. 해안에서 자라는 식물이지만 원예종으로도 키우기 쉬운 품종으로, 관상용으로 쓰인다. 개화기간도 길어 오랫동안 꽃을 감상할 수 있다. 또한 어린잎은 식용하기도 한다.

▲ 참골무꽃_ 잎

▲ 참골무꽃_ 꽃봉오리

ㅊ

▲ 참골무꽃_ 꽃(정면)

▲ 참골무꽃_ 꽃(측면)

▲ 참골무꽃_ 무리

직접 가꾸기

참골무꽃은 종자가 익은 9월경에 받아 화분이나 화단에 바로 뿌리거나 남은 종자를 종이에 싸서 냉장보관한 뒤 이듬해 봄에 뿌리면 된다. 이른 봄이나 가을에는 뿌리를 캐서 포기나누기를 하기도 한다.

화분에 심을 때는 퇴비를 많이 넣고 배수가 잘되게 심는 것이 좋다. 공기가 잘 통하는 곳에 두고 꽃이 지면 화분을 화단이나 햇볕이 많이 들어오는 곳에 둔다.

가까운 식물들

- 광릉골무꽃 : 5~6월에 연한 하늘색 꽃이 핀다.
- 흰골무꽃 : 꽃이 흰색이다.
- 구슬골무꽃 : 뿌리줄기는 염주 모양이고, 줄기에 털이 거의 없으며 날카로운 능선이 있다. 여름에 홍자색 꽃이 피며 백두산에 분포한다. 키는 25cm이다.
- 그늘골무꽃 : 작은 꽃자루에 액을 분비하는 선모가 나고 포는 위로 갈수록 작아진다.
- 비바리골무꽃 : 잎과 줄기가 붉은색은 물론 연한 녹색을 띠고 있어 청순한 제주도 처녀를 연상케 한다.
- 다발골무꽃 : 잎 앞면은 녹색이고 거칠며, 뒷면은 연한 녹색이고 맥 위에 털이 있다.
- 좀골무꽃 : 키는 5~20cm에 잎 길이와 폭이 모두 1cm 정도로 작다.
- 떡잎골무꽃 : 키 10~30cm에 잎 길이는 2~4cm이다.
- 산골무꽃 : 키는 15~30cm가량이다. 잎은 양면에 털이 있고 가장자리에 톱니가 있다.
- 애기골무꽃 : 키는 5~20cm에 잎 길이와 폭이 모두 1cm밖에 안 된다.

광릉골무꽃

산골무꽃

애기골무꽃

235

기생처럼 예쁜

참기생꽃

이명 | 큰기생초, 기생초, 참꽃

학명 | *Trientalis europaea* L.

참기생꽃은 기생꽃의 한 종류로, '참'이란 작다는 뜻이다. 하지만 기생꽃과 참기생꽃을 같은 것으로 취급하기도 한다. 기생이라는 이름이 붙은 것은 흰 꽃잎이 마치 기생의 분 바른 얼굴마냥 희다고 해서 지었다는 설이 있고, 옛날 기생들이 쓰던 화관을 닮아서 기생꽃이라고 한다는 설도 있다. 영어 이름은 'chick-weed wintergreen'인데 우리말로 하면 '늘 푸른 병아리풀'이다.

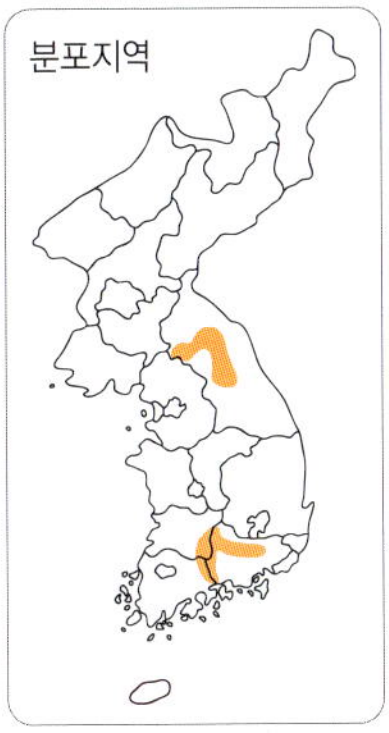

참기생꽃은 가야산, 지리산 이북의 고산지역에서 나는 여러해살이풀로, 한낮에 공중습도 및 안개가 많아 직접적인 햇볕을 받지 않는 곳이나 부엽질이 많은 토양에서 자란다.

키는 7~25㎝로 작은 편이다. 줄기는 실 같은 백색 포복경이 뻗으며 밑부분에 비늘 같은 잎이 달리고 끝부분에 5~10개의 큰 잎이 돋는다.

잎은 길이가 2~7㎝, 폭이 1~2.5㎝로 타원형 또는 달걀 모양이고 원줄기에 달리며 끝이 뾰족하다. 7~8월에 흰색 꽃이 줄기 끝에 1개 달리는데, 끝이 뾰족하며 7개의 꽃받침 잎이 있다. 열매는 지름 약 0.3㎝ 정도로 9월경에 둥글게 달린다.

앵초과에 속하며 큰기생초, 기생초, 참꽃이라고도 한다. 군락을 이루고 살아가지만 상호 간의 공생에 의한 것인지 환경에 의한 것인지 아직 밝혀진 것이 없다.

우리나라와 일본, 사할린, 쿠릴 열도, 북아메리카, 유럽 등지에 분포한다.

▲ 참기생꽃_ 새순 올라오는 모습

▲ 참기생꽃_ 꽃(정면)

▲ 참기생꽃_ 꽃(측면)

▲ 참기생꽃_ 두루미꽃(뒤쪽)과 함께 있는 모습

직접 가꾸기

참기생꽃은 9월경에 달리는 종자를 받아 바로 뿌리거나 종이에 싸서 냉장보관하여 이듬해 봄에 뿌린다. 뿌리 번식은 잎이 없어진 가을이나 이른 봄에 새순이 올라올 때 한다. 자생지에서는 종자 번식이 잘되지만 일반적인 방법으로는 종자 발아율이 떨어진다. 종자 발아에 관한 연구가 더 필요한 식물이다. 특히 고산지역에 사는 품종이므로 재배하기는 어렵다.

가까운 식물들

- 기생꽃 : 전체적으로 참기생꽃과 비슷하지만 잎 끝이 참기생꽃의 잎보다 둥그렇다.

기생꽃

ㅊ

236

나리 중의 왕

참나리

이명 | 백합, 나리, 알나리

학명 | *Lilium lancifolium* Thunb.

나리꽃에는 전설이 전해진다. 옛날 한 고을에 아리따운 처녀가 살았다. 그 고을에는 아주 고약한 원님 아들이 있었는데, 아버지의 권세를 믿고 나쁜 행동을 밥먹듯 했다. 그런데 어느 날 아리따운 처녀를 보고 반하게 된 원님 아들이 강제로 희롱하려고 하자 처녀는 끝까지 반항했고, 그는 그만 처녀를 죽이고 말았다. 이후 잘못을 뉘우치고 양지바른 곳에 묻어주었더니 꽃이 한 송이 피어났는데, 그 꽃이 바로 나리꽃이라고 한다.

참나리는 나리꽃을 대표하는 종으로, 그냥 '나리' 로 부르기도 한다. 여기에서 '참' 은 진짜라는 뜻이다. 우리나라 전역에서 자라는 여러해살이풀로, 중성 토양의 양지바른 곳에서 자라며, 키는 1~2m이다.

비늘줄기는 흰색이고 지름 5~8㎝의 둥근 모양이며 밑에서 뿌리가 나온다. 줄기에는 검은빛이 도는 자주색 점이 빽빽이 있으며 어릴 때는 흰색의 거미줄 같은 털이 있다.

잎은 뾰족한 피침형으로 줄기에 다닥다닥 어긋나게 달리며 길이가 5~18㎝, 폭이 0.5~1.5㎝이다. 줄기에서 잎이 나오는 곳에 마치 씨앗 같은 짙은 갈색의 구슬눈인 주아(珠芽)가 달린다. 꽃은 짙은 황적색으로 7~8월에 피며, 길이는 7~10㎝로 가지 끝과 원줄기 끝에 4~20개가 밑을 향해 달린다. 꽃잎은 뒤로 말리는 형태이며, 흑자색 반점이 많이 나 있다. 9~10월에 열매가 달리지만 맺지는 못한다. 꽃은 아름다우나 향기는 거의 나지 않는다. 하지만 꿀이 많아 제비나비나 호랑나비 무리가 많이 찾는다.

백합과에 속하며 백합, 알나리라고도 한다. 붉은 꽃이 뒤로 말려 있어서 '권단(卷丹)' 이라고도 한다. 관상용으로 쓰이며, 비늘줄기는 식용 및 약용으로 쓰인다. 특히 비늘줄기에는 포도당 성분이 많아 단맛이 나며 구황식물로도 이용되었다. 또 꽃잎으로 술을 담그면 그 빛깔과 맛이 독특하다. 우리나라와 일본, 중국, 사할린 등지에 분포한다. 꽃말은 '순결', '준엄' 이다.

▲ 참나리_ 새순 올라오는 모습

▲ 참나리_ 꽃

▲ 참나리(변이체)_ 꽃

▲ 참나리_ 주아 달린 모습

▲ 참나리_ 종자 결실

ㅊ

▲ 참나리_ 무리

직접 가꾸기

참나리는 줄기와 잎 사이에 달려 있는 검은색 주아를 이용하거나 알뿌리의 인편을 이용해서 번식시킨다. 종자는 10월경에 받아 냉장고에 저장하여 이른 봄에 화단에 뿌리거나 가을에 뿌린다.

종자 발아율은 높은 편이며 발아에서 이식, 이식에서 개화까지의 시간이 많이 소요되는 품종이다. 모래가 많고 토양이 비옥한 화단에 심는다.

물은 2~3일 간격으로 주고 경사지와 같은 곳에 심어야 알뿌리가 썩지 않는다.

가까운 식물들

- 말나리 : 6~7월에 1~10개의 노란빛을 띤 빨간 꽃이 옆을 향하여 핀다. 키는 약 80㎝이다.
- 하늘말나리 : 잎이 마치 치마처럼 돌려나며, 꽃은 하늘을 바라본다. 7~8월에 노란빛을 띤 붉은색 꽃이 원줄기 끝과 가지 끝에서 핀다.
- 누른하늘말나리 : 꽃이 노란색이며, 키는 70~100㎝이다.
- 중나리 : 꽃은 황적색이며, 비스듬히 중간을 향한다. 키는 1~2m이다.
- 날개하늘나리 : 산에서 자라며, 꽃은 황적색 바탕에 자주색 반점이 있다. 키는 20~90㎝이다.
- 하늘나리 : 날개하늘나리와 크기가 비슷하지만 꽃이 훨씬 붉으며, 꽃잎도 가늘다. 잎도 폭이 0.3~0.6㎝로 아주 가늘다.
- 진퍼리하늘나리 : 진땅엔 나는 하늘나리이다. 꽃은 진한 황색이며, 나리 중에는 키가 60~80㎝로 작은 편이다.

말나리

하늘말나리

누른하늘말나리

중나리

날개하늘나리

진퍼리하늘나리

ㅊ

237
나물의 제왕

참나물

이명 | 산노루참나물, 겹참나물
학명 | *Pimpinella brachycarpa* (Kom.) Nakai

▲ 참나물_ 잎

▲ 참나물_ 꽃봉오리

활나물 혼잎나무 적갈나물 참나물을 찾던
잃어버린 날이 그립지 아니한가 나의 사람아
아름다운 노래라도 부르자
서러운 노래를 부르자 -노천명의 〈푸른 오월〉 중에서

나물 중에서는 최고라고 해서 참나물이라는 이름을 얻었다. 참살이(Well-being)를 추구하는 사람들이 많아지면서 식당에 가면 참나물을 종종 내오는데, 이것은 우리나라 자생 참나물이 아니라 일본에서 들여온 '삼엽채'가 대부분이다. 흔히 파드득나물이라고도 불리는 삼엽채는 재배 작물이다.

참나물은 봄부터 초여름까지 식용하는데, 가는참나물과 노루참나물, 큰참나물도 함께 식용한다. 이들은 잎으로 구분하는데, 참나물은 작은잎 3장이 균일한 데 반해, 노루참나물은 작은잎의 수가 많으며 불규칙하게 달린다. 가는참나물은 잎이 빗살처럼 갈라져 쉽게 구분이 된다.

참나물의 키는 50~80㎝이고, 뿌리에서 나온 잎은 길고, 줄기에서 나온 잎은 줄기를 따라 위로 올라가면서 짧아지며 잎은 3장씩 달린다. 줄기는 밑으로부터 잔가지를 쳐 뭉쳐 있으며 전체에 털이 없다.

꽃은 흰색으로, 6~8월에 핀다. 원줄기 끝에서 다시 부채꼴 모양으로 퍼지며 작은꽃가지가 10개 정도 달리고 이곳에 각각 약 13송이 정도씩 꽃이 달린다. 꽃받침은 뚜렷하며 꽃잎과 수술은 각 5개씩이다. 9~10월경에 편평한 타원형 열매가 달린다.

▲ 참나물_ 꽃

산형과에 속하는 여러해살이풀로, 우리나라 각처 산지의 나무 아래에서 자란다. 중국 동북부에도 분포한다. 습기가 많고 반 그늘지며 부엽질이 풍부한 곳의 나무 밑에서 자란다.

관상용으로도 쓰이는데, 자생 참나물의 경우 한여름 고온기에는 잎이 타는 엽소 현상이 생겨 재배하기 까다롭다. 따라서 상품으로 재배하기 위해서는 고도가 높은 곳에 차광막을 설치하여 재배한다. 또 유기질 함량이 높은 퇴비를 넣고 바람이 잘 통하게 해야 한다.

참나물은 주로 생채로 이용되며 무침과 김치로도 먹는다. 셀러리와 미나리를 합친 것 같은 맛이 나며, 상쾌함도 있어서 봄철 미각을 되찾는 데에 훌륭한 나물이다. 맛도 좋지만 중풍이나 고혈압 등 성인병 예방에도 좋다고 한다.

▲ 참나물_ 종자 결실

▲ 참나물_ 무리

직접 가꾸기

참나물은 10월경에 받은 종자를 바로 뿌리거나 종이에 싸서 냉장고에 보관하여 이듬해 봄에 일찍 뿌린다. 화단에 키울 때는 중간 정도에 놓는다. 화분에 재배하는 것은 적합하지 않다.

가까운 식물들

- 큰참나물 : 키와 잎이 참나물보다 크다. 포기 전체에 털이 난다. 산지의 숲 속에 자생한다.
- 노루참나물 : 전체에 흰 털이 나며, 줄기는 곧게 서며 가늘고 길다. 작은잎의 수가 많고 불규칙하게 달린다.
- 가는참나물 : 잎이 빗실처럼 갈라신다.

가는참나물

238

기운을 되돌아오게 하는 약초

참당귀

이명 | 조선당귀

학명 | *Angelica gigas* Nakai

당귀는 '마땅히 돌아온다' 는 뜻으로 옛날 중국에서는 부인들이 싸움터에 나가는 남편의 품속에 당귀(當歸)를 넣어 주었다. 전쟁터에서 기력이 다했을 때 당귀를 먹으면 기운을 다시 회복해서 되돌아온다고 믿었기 때문이다. 또 약재를 만들어 먹으면 기운이 제자리로 돌아온다고 해서 당귀라고 했다고도 전한다.

참당귀는 산속의 계곡, 습기가 있는 토양에서 자생하며 약용식물로 재배되고 있는 여러해살이풀로, 반그늘 혹은 양지에서 자라며, 키는 1~2m 정도이다. 전체에 자줏빛이 도는 식물로 뿌리는 크며 향기가 강하고 줄기는 곧게 선다. 잎은 뿌리에서 올라온 잎이나 아래에 있는 잎 모두 잎자루가 길다. 잎은 1~3회 깃꼴겹잎으로, 작은잎은 3개로 완전히 갈라진 다음 다시 2~3개로 갈라지고 가장자리에 뾰족한 톱니가 있으며 뒷면은 흰색이다. 꽃은 자주색이며 8~9월에 핀다. 가지와 줄기 끝에서 작은 가지가 발달하여 15~20개로 갈라지고 그 끝에 20~40개의 꽃이 뭉쳐서 달린다. 열매는 10월경에 타원형으로 달린다.

산형과에 속하며 토당귀, 숭검초, 조선당귀라고도 한다. 어린잎은 식용, 뿌리는 약용한다. 약간 쓰면서도 달짝지근한 맛을 내는데, 나물은 물론 장아찌나 술, 차, 튀김 등으로도 먹는다. 우리나라와 일본, 중국에 분포한다. 흔히 중국산은 안젤리카 시넨시스(*Angelica sinensis*), 일본산은 왜당귀라고 한다. 꽃말은 '굳은 의지', '희생' 이다.

참당귀 압화 ▶

ㅊ

▲ 참당귀_ 새순 나오는 모습

▲ 참당귀_ 잎 나오는 모습

▲ 참당귀_ 잎

▲ 참당귀_ 꽃봉오리

ㅊ

▲ 참당귀_ 꽃

직접 가꾸기

참당귀는 봄에 뿌리나누기를 하거나 10월에 받은 종자를 바로 화분이나 화단에 뿌리거나 이듬해 2월경에 뿌려 번식시킨다. 약으로 사용되기 때문에 대량으로 재배한다. 토양에 거름기가 없으면 줄기가 작아지므로 유기질이 많은 퇴비를 사용해야 하며, 물은 2~3일 간격으로 준다.

가까운 식물들

- 안젤리카 : 유럽 알프스 원산으로 키는 1~2m, 잎의 길이는 50㎝로 셀러리와 비슷하다. 독특한 향이 나서 케이크를 장식하는 데 사용된다.
- 왜당귀 : 꽃은 흰색이며, 키가 80~90㎝로 참당귀에 비해 작다.
- 기름당귀 : 강원도 북부 지방과 금강산 해안가에서 많이 발견된다. 꽃은 흰색이며, 키는 30~100㎝이다.

239

작은 바위취

참바위취

이명 | 바위귀

학명 | *Saxifraga oblongifolia* Nakai

ㅊ

바위취는 바위에 붙어산다고 해서 붙여진 이름이다. 몇 종류가 있는데, 참바위취는 작은 바위취라는 뜻으로 키가 30cm 정도여서 60cm인 바위취의 절반밖에 되지 않는다. 참바위취는 우리나라 각처의 깊은 산에서 자라는 여러해살이풀로, 습기가 많은 곳의 바위틈이나 계곡에서 자라며, 키는 약 30cm 정도이다.

잎은 길이가 3~15cm, 폭이 2~9cm로 타원형이며 가장자리에는 거친 톱니가 있다. 잎자루는 길며 털은 없다. 7~8월에 흰색 꽃이 피는데 길이가 25cm 정도이고, 줄기 끝에서 여러 개의 작은 꽃들이 뭉쳐서 핀다. 포는 잎처럼 생겼으나 작은 것이 다르며, 작은꽃줄기는 가늘고 선모가 있다. 달걀 모양의 열매가 9~10월경에 달리는데, 끝이 2개로 갈라지고, 종자에는 10개의 능선이 있다.

범의귀과에 속하며, 바위귀라고도 한다. 잎의 모양이 호랑이의 귀를 닮아서 '호이초(虎耳草)' 라는 이름도 있는데 호이초란 다름 아니라 범의귀이다.

어린순은 식용으로 쓰이며, 특히 싱싱한 잎은 쌈으로 싸 먹기도 한다. 한국 특산 식물이다. 바위떡풀도 비슷하게 생겼지만 잎이 심장형인 것이 다르다.

◀ 참바위취 압화

▲ 참바위취_ 꽃

▲ 참바위취_ 시드는 모습

ㅊ

▲ 참바위취_ 종자 결실

직접 가꾸기

참바위취는 새순이 올라오는 이른 봄에 포기나누기를 하고 종자는 받아 바로 화분이나 화단에 뿌려서 번식시킨다. 종자 발아율도 높고 한 포기에서 여러 개체가 생기므로 포기나누기도 잘 된다. 종자 파종은 가을이 좋다. 그늘이 많고 서늘한 화단에 심는다. 집 안에서 키울 때는 돌에 흙을 조금 올려놓고 심어도 좋다. 2~3일 간격으로 물을 주고 공중습도가 높아야 하기 때문에 분무기로 하루 2~3차례 물을 뿌려준다.

가까운 식물들

- 바위떡풀 : 바위에 떡처럼 생긴 잎이 나며, 꽃은 흰색 또는 흰빛이 도는 붉은색이다. 키는 30㎝ 정도이며, 광엽복특호이초라고도 한다.
- 바위취 : 바위에 붙어사는 나물이다. 흰색 꽃이 피며, 키는 60㎝이다.
- 톱바위취 : 돌밭이나 습기 있는 곳에 자라며, 키는 약 50㎝이다.
- 씨눈바위 : 고산지대의 축축한 바위에 자라며 키는 7~17㎝이다. 뿌리줄기에 구슬눈이 있다.
- 구실바위취 : 금강산 이북의 깊은 산속 응달진 바위 곁에서 자라며, 키는 25㎝이다.
- 백두산바위취 : 키는 25㎝, 7~8월에 약 1㎝쯤 되는 흰색 꽃이 핀다. 백두산에 서식한다.
- 흰바위취 : 깊은 산의 습지에서 자라며, 키는 40㎝이다. 꼬불꼬불한 털이 있다. 북한에 분포한다.

바위떡풀

바위취

구실바위취

백두산바위취

240

꽃이 뱀의 입같이 생긴

참배암차즈기

이명 | 토단삼

학명 | *Salvia chanryonica* Nakai

ㅊ

참배암차즈기는 꽃잎이 벌어진 모습이 마치 뱀이 입을 벌린 모양과 흡사해 배암이라는 이름이 붙었다. 차즈기는 한자로 자소(紫蘇) 또는 소엽(蘇葉)이라 하는데, 자(紫)는 자줏빛을 뜻하고, 소(蘇)는 '차조기 소'이다. 자소가 차소기 - 차조기 - 차즈기로 변화한 것으로 추정된다. 여기에는 옛날 전설 속의 명의 화타(華陀)에 얽힌 이야기가 전한다. 어느 여름 화타가 강가에서 약초를 캐는데, 수달이 커다란 물고기를 잡아 배가 터지게 먹고는 자줏빛 풀을 뜯어먹었다. 그러고는 배가 쑥 내려갔는지 다시 수영을 유유히 즐겼다. 화타는 이 풀로 게를 먹고 배탈 난 사람을 고쳐주었고, 이 풀을 자소라고 했다고 한다.

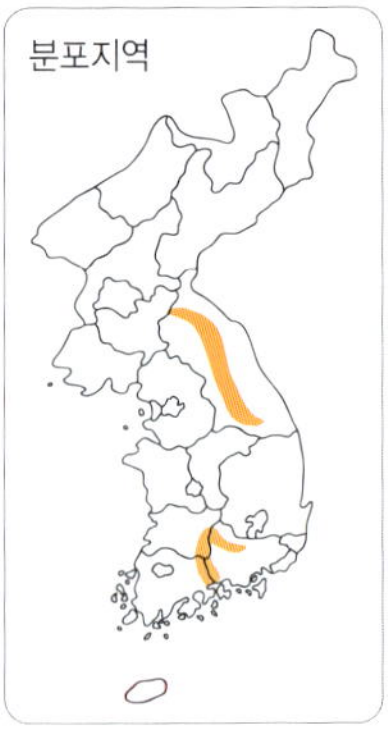

점봉산, 설악산, 태백산, 가야산, 지리산 일대에서 자라는 여러해살이풀로, 한국 특산식물이다. 물 빠짐이 좋은 양지나 반그늘에서 자라며, 키는 50~70㎝이다. 배암차즈기와 거의 비슷하나 배암차즈기는 꽃이 연한 보라색이고 참배암차즈기의 꽃은 노란색이다.

잎몸은 타원형이고 가장자리에 짧고 뾰족한 둥근 톱니가 있으며, 뿌리에서 나온 잎은 잎자루가 17~19㎝로 길다. 8월에 입술 모양의 황색 꽃이 핀다. 꽃의 길이는 3㎝ 정도 되고 줄기의 각 마디에서 4~6개씩 이삭과 같은 모양으로 달린다. 열매는 9~10월경에 달리며 종자는 편평하고 넓다.

꿀풀과에 속하며, 토단삼(土丹參)이라고도 한다. 관상용으로 쓰이며, 어린순은 식용한다. 집단 서식지에서 보면 따로 떨어진 개체도 간혹 보이지만 대부분 집단생활을 하므로 여러 개체를 한꺼번에 심는 것이 좋다.

▲ 참배암차즈기 압화

▲ 참배암차즈기_ 개화 직전

▲ 참배암차즈기_ 꽃

ㅊ

▲ 참배암차즈기_ 무리

직접 가꾸기

참배암차즈기는 10월에 받은 종자를 종이에 싸서 냉장보관하여 이듬해 봄 화분에 뿌려서 번식시킨다. 종자 발아율은 중간 정도이다. 파종상은 바람이 잘 통하며 서늘한 곳에 둬야 한다. 파종상의 온도가 높으면 어린순이 고사한다. 가을이나 봄에 포기나누기를 해도 되지만 재배하기가 까다로운 식물이다. 뿌리가 발달한 식물이므로 물 빠짐이 좋은 곳에 심어야 하며, 서늘하고 빛이 많이 들어오는 곳이 좋다.

가까운 식물들

- 배암차즈기 : 꽃은 연한 보라색이며, 키는 50~70㎝이다. 곰보배추라고도 하며, 대량으로 재배되기도 한다.
- 둥근잎배암차즈기 : 작은잎은 넓은 달걀 모양이거나 마름모 모양 또는 넓은 바소꼴 마름모 모양이다. 키는 20~80㎝로, 산지에서 자란다.

배암차즈기

둥근잎배암차즈기

241

산에 자라는 부추

참산부추

이명 | 산부치

학명 | *Allium sacculiferum* Maxim.

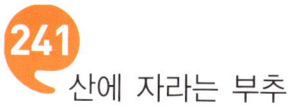

ㅊ

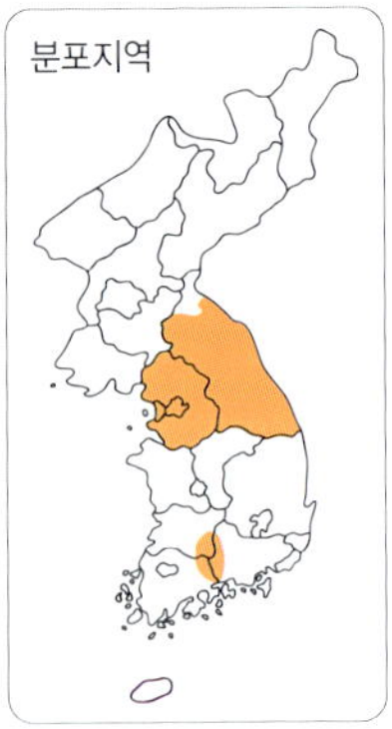

부추는 김치나 장아찌로 만들어 먹으며, 생채로도 많이 먹는데, 참산부추 역시 부추의 일종으로 식용할 수 있다. 대표종인 부추보다 다소 큰 편이며, 꽃도 홍자색이어서 흰 꽃의 부추와는 구별된다. 부추는 조선부추라고도 하는데, 추위나 병충해에 강해 재배하기가 쉽다. 이에 비해 중국부추는 '호부추' 라고 하며, 조선부추보다 잎의 폭이 넓다. 개량종 중에는 '그린벨트' 라는 품종이 가장 흔한 부추이다.

참산부추와 가장 구별하기 어려운 것이 산부추이다. 키나 잎 등이 거의 비슷하지만 줄기가 편편하면 참산부추, 세모지게 각이 져 있으면 산부추로 본다. 꽃도 성근 모양이면 참산부추, 소복하면 산부추로 판단하기도 한다.

참산부추는 지리산, 강원도와 경기도의 산이나 들에서 자라는 여러해살이풀로, 숲 속 햇볕이 잘 드는 곳의 약간 습한 곳에서 자라며, 키는 30~60㎝이다. 잎은 2~3장이 비스듬히 위로 벋는다. 잎은 흰빛이 도는 녹색으로 단면은 삼각형이며 길이가 2~5㎝ 정도이다.

꽃은 홍자색이며 8~9월에 피는데, 높이가 60㎝로 줄기 끝에 둥글게 펼쳐지듯 달린다. 지름은 3~4㎝이며 작은꽃줄기의 길이는 1~1.2㎝로 많은 수의 작은 꽃이 달린다. 열매는 10월경에 달리고 검은색 종자가 작은 씨방에 하나씩 들어 있다.

백합과에 속하며 산부치라고도 한다. 관상용으로 쓰이며, 비늘줄기와 어린 순은 식용한다. 우리나라와 만주, 몽골 등지에 분포한다.

▲ 참산부추_ 새순 올라오는 모습

ㅊ

▲ 참산부추_ 꽃봉오리

▲ 참산부추_ 꽃 피기 전

▲ 참산부추_ 꽃

▲ 참산부추_ 종자 완숙

직접 가꾸기

참산부추는 해마다 원 알뿌리에서 새로 생기는 작은 알뿌리를 봄에 분리하거나 10월에 결실되는 종자를 종이에 싸서 냉장보관하고 이른 봄에 화분이나 화단에 뿌린다. 화분이나 화단 어디에서도 재배할 수 있는데, 토양이 비옥하고 물 빠짐만 좋은 곳이면 잘 자란다.

가까운 식물들

- 부추 : 식용으로 재배되는 식물로 꽃은 흰색이며, 키는 30~40㎝이다.
- 산부추 : 꽃은 붉은 자줏빛이며, 키는 30~60㎝이다. 참산부추와 거의 같아서 구분하기가 어려우나 꽃이 참산부추보다 수북하다.
- 노랑부추 : 꽃은 노란색이고, 잎 길이는 20㎝이다. 북한 지역에 자란다.
- 두메부추 : 꽃은 홍자색이고, 키는 20~30㎝이다. 울릉도와 백두산에 분포한다.
- 물부추 : 얕은 물속에 자라며, 잎은 원기둥 모양이고 길이는 10~30㎝이다.
- 실부추 : 모래땅, 자갈과 돌이 많은 땅에 자라며, 마늘 냄새가 난다. 키는 20~40㎝, 꽃은 연한 녹색이다.
- 호부추 : 중국부추로, 조선부추에 비하여 길이가 길고 두툼한 편이다. 중국요리에 많이 사용된다.
- 한라부추 : 바위틈에 자라며, 꽃은 홍자색이다. 키는 30㎝이다. 제주도와 덕유산, 지리산, 가야산 등 산지에 분포한다.

ㅊ

산부추

한라부추

242

키 큰 여로

참여로

이명 | 검정여로, 큰여로, 왕여로

학명 | *Veratrum nigrum* var. *ussuriense* Lose. f.

갈대같이 생긴 줄기가 검은색의 껍질에 싸여 있어 여로(藜蘆)라는 이름을 얻었다. 밑동을 보면 겉이 흑갈색 섬유로 싸여서 마치 종려나무 밑동 같다.

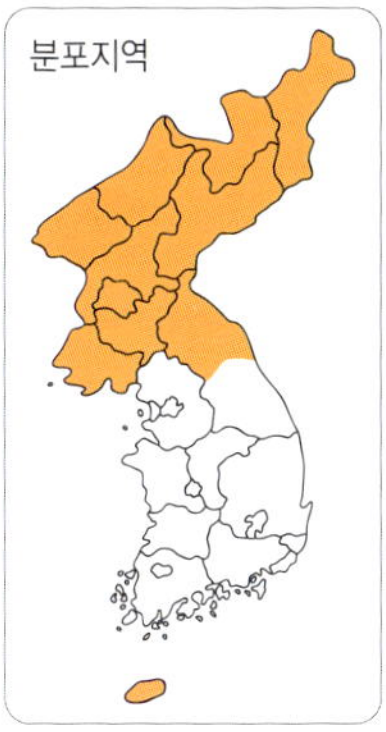

여로는 종류가 꽤 여러가지인데, 참여로는 여로에 비해 키도 크고 잎도 크다. 여로의 키가 40~120㎝인 반면 참여로의 키는 약 1.5m나 된다. 그래서 큰여로, 왕여로라고도 한다.

여로 종류들은 예전부터 약재로 많이 이용했는데, 유독성이 있어서 살충제로 많이 쓰였다고 한다.

잎은 길이가 약 40㎝, 폭은 약 10㎝로 긴 타원형이다. 잎은 원줄기 아래쪽에 달리고 아래로 가면서 좁아진다. 뿌리줄기 윗부분은 원줄기의 엽초가 썩어서 남은 섬유로 덮여 있다.

8~9월에 자주색 꽃이 달린다. 원줄기 끝에 꽃줄기가 여러 번 나누어져 지름 약 1㎝ 정도의 작은 꽃이 많이 핀다. 꽃덮개는 6개로 긴 타원형이다. 10~11월경에 길이 1㎝의 짙은 자주색 열매가 타원형으로 달린다.

백합과에 속하는 여러해살이풀로, 제주도 및 중북부 이북의 산지에 분포한다. 반그늘이 지고 습도가 높으며 토양에 부엽질이 풍부한 경사지에서 자란다.

▲ 참여로_ 꽃봉오리

▲ 참여로_ 종자 결실

▲ 참여로_ 꽃

직접 가꾸기

참여로는 11월경에 종자를 받아 바로 화분이나 화단에 뿌리거나 이듬해 봄 화단에 뿌린다. 아직까지 종자 발아에 대한 내용은 보고되지 않았지만 일반 여로와 유사하다면 발아에서 꽃이 필 때까지의 기간이 2~3년 정도 걸린다. 이른 봄이나 가을에 포기나누기를 해도 된다. 특정 지역에서 자라는 식물이어서 재배하기 쉽지 않다.

가까운 식물들

- 긴잎여로 : 잎 길이가 20~40cm로 긴 편이다. 여로와 비슷하지만 잎과 열매가 다르다.
- 삼수여로 : 함경도 산지에서 자라며, 키는 60~70cm이다. 7월에 검붉은 자줏빛 꽃이 핀다.
- 여로 : 키는 40~120cm 정도이며, 꽃은 자줏빛이 도는 갈색이다.
- 나도여로 : 키가 17~30cm로 작은 편이다. 백두산과 개마고원에 자란다.
- 파란여로 : 꽃은 6~8월에 피며, 지름은 약 1cm로 녹색 바탕에 연한 자줏빛이 돈다. 키는 50~100cm이다.
- 흰여로 : 꽃이 흰색이다. 키는 1m이며, 지리산과 가야산 등에 서식하는 한국 특산종이다.

여로

파란여로

흰여로

ㅊ

243

졸쌀처럼 꽃을 피우는

참좁쌀풀

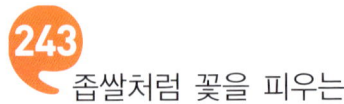

이명 | 참좁쌀까치수염, 고려까치수염, 참까치수염, 고려꽃꼬리풀, 조선까치수염

학명 | *Lysimachia coreana* Nakai

좁쌀풀이라는 이름은 노란 색의 작은 꽃들이 다닥다닥 붙은 것이 마치 좁쌀이 붙어 있는 것처럼 보인다고 하여 붙여진 이름이다.

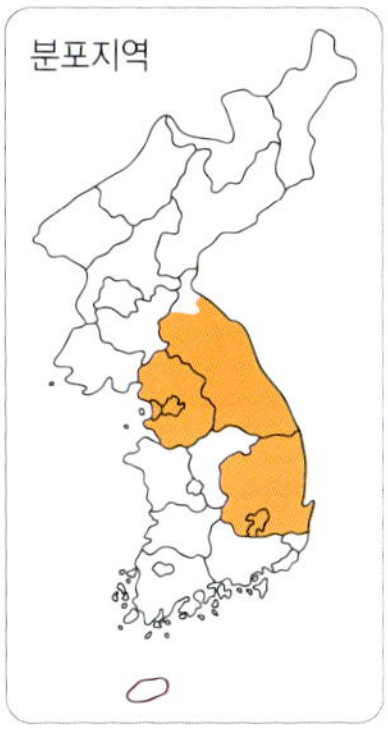

참좁쌀풀은 좁쌀풀과는 달리 꽃 가운데에 붉은색이 들어가 있다. 보통 '참' 자가 붙으면 '진짜', 또는 '작은'의 뜻인데, 여기에서는 진짜라는 뜻이다. 좁쌀풀은 키가 60~80cm인데, 참좁쌀풀은 50~100cm로 좁쌀풀보다 크다.

참좁쌀풀은 경상북도, 강원도, 경기도와 지리산 일대의 산에서 자라는 여러해살이풀이다. 습기가 많은 반그늘의 토양 비옥도가 높은 곳에서 자란다.

줄기는 곧게 서고 전체에 털이 거의 없다. 잎은 길이가 2.5~9cm, 폭이 1.2~4cm로 타원형이며 표면과 뒷면의 끝에 잔털이 나 있다.

6~7월에 노란색 꽃이 피며, 꽃의 지름은 1.5~2cm로 윗부분의 잎겨드랑이에서 곧추선다. 꽃 가운데는 붉은색이 선명한 무늬가 들어가 있는데, 이것이 바로 좁쌀풀과 다른 점이다. 지름 약 0.4cm 정도의 둥근 열매가 9~10월경에 달린다.

앵초과에 속하며 참좁쌀까치수염, 고려까치수염, 참까치수염, 고려꽃꼬리풀, 조선까치수염이라고도 한다.

키가 크며 잎이 많이 달리기 때문에 관상 가치가 높은 품종이다. 우리나라 특산식물이다.

▲ 참좁쌀풀_ 꽃봉오리

▲ 참좁쌀풀_ 꽃

▲ 참좁쌀풀_ 무리

직접 가꾸기

참좁쌀풀은 10월에 종자를 받아 바로 화단에 뿌리거나 보관하여 이듬해 봄에 뿌린다. 포기나누기는 가을과 봄에 하지만 종자 발아율이 높기 때문에 포기나누기보다는 종자로 번식시키는 것이 좋다. 잎이 많이 달리고 키가 크기 때문에 물은 2~3일 간격으로 주고, 토양은 유기질 함량이 많은 화단을 선택한다. 좁쌀풀과 함께 심으면 서로 비교할 수 있어서 좋다.

가까운 식물들

- 좁쌀풀 : 산지에 자라며, 꽃은 노란색이다. 키는 60~80㎝이다.
- 선좁쌀풀 : 키는 20~40㎝이며, 꽃이 노란색이다.
- 깔끔좁쌀풀 : 좁쌀풀과 비슷하지만 잎이 더 깊게 갈라지고 톱니 끝이 까끄라기처럼 길다. 키는 5~10㎝로 아주 작으며, 한라산에 분포한다.
- 애기좁쌀풀 : 높은 산의 풀밭에서 자라며, 키는 10~15㎝이다. 6~8월에 흰색 또는 붉은빛을 띤 자주색 꽃이 핀다.
- 산좁쌀풀 : 한국 특산종으로 부전고원과 차일봉에서 자라며, 키는 8~15㎝이다. 6~8월에 붉은빛을 띤 자주색 꽃이 핀다.
- 털좁쌀풀 : 키는 10~15㎝이다. 줄기는 곧게 서고 전체에 아래를 향한 잔털이 촘촘히 나 있으며, 꽃 색깔은 붉은 자주색이다.

좁쌀풀

선좁쌀풀

깔끔좁쌀풀

244

연못에 사는 식충식물

참통발

학명 | *Utricularia tenuicaulis* (Makino) Tamura

통발은 물이 흐르는 곳에 설치하는 어구를 말한다. 식물 중에서도 비슷한 기능을 하는 것이 통발이다. 통발은 연못이나 논에 자라며 뿌리줄기에 둥근 포충낭을 여러 개 두어 벌레를 잡아먹는 식충식물이다. 포충낭은 처음엔 초록색인데 벌레를 잡아먹고 나면 검은색으로 변한다고 한다. 일반적인 식충식물이 공기 중에서 벌레를 잡는 것에 비하면 매우 독특하다.

통발에는 대표종인 통발 이외에도 참통발과 들통발, 개통발 등 몇 종류가 있다. 이중 참통발은 꽃줄기가 꽉 차 있어서 꽃줄기가 빈 통발과 비교된다. 최근에 〈한국산 참통발, 통발의 분류학적 실체 및 분포〉(나성태 외, 2008년 6월, 분류학회지 38권 2호)에서 우리나라에 있는 것은 대부분이 참통발이며, 강원도 모처에 있는 종이 통발이라고 밝혔다. 이는 일본에서 분류한 것과 유사한 것으로, 그전에는 참통발을 통발로 봤지만 이후부터는 다른 종으로 구분한다.

참통발의 키는 10~30㎝로 통발보다 약간 크다. 깃털 모양의 잎은 길이가 3~6㎝이고 어긋나며, 실같이 갈라지고 포충낭이 있어 작은 벌레를 잡는다. 겨울에는 줄기 끝에 잎이 뭉쳐 있고 둥글게 겨울을 날 수 있는 눈을 만들어 물속으로 줄기가 가라앉는다.

8~10월에 4~7개의 꽃이 밝은 노란색으로 핀다. 길이 10~30㎝의 꽃줄기가 물 밖으로 나와 달리고, 작은꽃줄기는 꽃이 진 다음 꼬부라지며 길이는 1.5~2.5㎝이다. 과실은 성숙하지 않는다.

통발과의 여러해살이 식충식물로 우리나라 각처의 연못이나 논에 자란다. 햇볕을 많이 받는 그다지 깊지 않은 고인 물에서 자란다.

▲ 참통발_ 꽃대 누운 모습

▲ 참통발_ 꽃대 출현한 모습

▲ 참통발_ 꽃봉오리

▲ 참통발_ 꽃(측면)

▲ 참통발_ 종자 결실

ㅊ

▲ 참통발_ 포충낭

직접 가꾸기

참통발은 옆으로 뻗어가는 줄기를 분리하여 웅덩이나 습지에서 키운다. 햇볕을 잘 받는 곳에 심고, 항아리와 같이 깊은 곳에 심어도 좋다. 그러나 작은 항아리에 심으면 여름철 고온에 물 온도가 높아져 고사할 수 있으므로 주의해야 한다.

가까운 식물들

- 통발 : 꽃줄기가 비어 있다. 꽃줄기 키는 10~20㎝이다.
- 개통발 : 통발과 비슷하나 땅속줄기가 있어 옆으로 자라는 것이 다르다. 백두산에 분포한다. 꽃줄기의 키는 5~15㎝이다.
- 들통발 : 물속줄기는 물에 떠돌아다니며 땅에 붙지 않는다. 키는 8~10㎝로 남부지방에 분포한다.
- 실통발 : 다른 통발들보다 줄기가 매우 가늘어 실처럼 보인다. 백두산 등지에 분포한다.

실통발

245

잎이 창처럼 긴

창질경이

이명 | 양질경이

학명 | *Plantago lanceolata* L.

ㅊ

질경이라는 이름은 생명력이 아주 질겨서 붙여졌다.

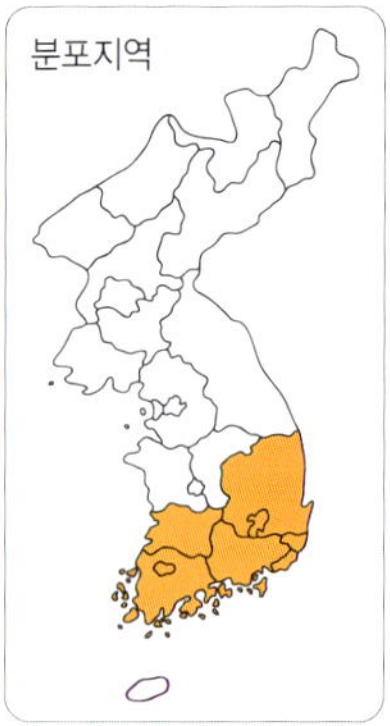

사람들이 밟고 다녀도 잘 자라고, 마차가 지나가도 끄떡없이 자란다.
창질경이에 '창' 이라는 말이 붙은 것은 잎이 꼭 창처럼 길고 가늘게 생겼기 때문이다. 질경이라는 이름은 붙었으나 질경이와는 모습이 매우 다르며 꽃이 핀 모습도 다르다.
창질경이는 유럽이 원산으로 우리나라 남부의 들이나 길가에 흔히 나는 여러해살이풀이다. 양지 혹은 반음지의 어느 곳에서나 잘 자라며, 키는 30~60㎝이다. 뿌리줄기는 굵고 육질이며 물기가 많다.
잎은 길이가 10~30㎝, 폭이 1.5~3㎝로 위를 향한 털이 있고 뾰족하며 여러 개의 잎이 뿌리에서 뭉쳐난다. 바소꼴 또는 좁은 달걀 모양이며 양 끝이 좁아서 창처럼 길다. 또 위를 향한 털이 있으며 밑부분이 잎자루로 흐른다.
꽃은 흰색이며 8월에 피지만 늦봄이나 가을에도 꽃을 피운다. 꽃밥은 자주색으로 4개의 수술이 있고, 암술대는 꽃 위로 1㎝ 정도 나온다.
열매는 7~9월경에 달리고 1~2개의 흑갈색 종자가 있으며 종자 앞쪽에는 홈이 있다.
질경이과에 속하며, 양질경이라고도 한다. 유럽에 널리 분포하며, 우리나라에는 주로 경기도와 경상남도 등지에 분포한다.

▲ 창질경이_ 꽃(수술)

ㅊ

▲ 창질경이_ 꽃

▲ 창질경이_ 종자 결실

직접 가꾸기

창질경이는 10월에 얻은 종자를 바로 뿌리거나 종이에 싸서 냉장보관하고 이른 봄에 뿌린다. 가을이나 이른 봄에 뿌리를 캐어 포기나누기를 해도 된다. 화분이나 화단 어느 곳에 심어도 좋다. 잎은 가을까지 남아 있기 때문에 물은 2~3일 간격으로 준다.

가까운 식물들

- 질경이 : 우리나라 어디에서나 쉽게 볼 수 있으며, 키는 10~50㎝이다. 아무리 밟아도 굳세게 큰다고 해서 질경이라고 한다.
- 왕질경이 : 바닷가의 양지에 자라며 잎이 30㎝나 되는 대형이다.
- 갯질경이 : 왕질경이와 비슷하나 잎이 더 두꺼우며 윤기가 난다.
- 개질경이 : 바닷가나 들에서 자라며 잎에 흰색 털이 있다. 꽃이삭의 길이는 3~10㎝이다.
- 털질경이 : 털이 많고 꽃이 작으며, 꽃줄기 높이는 25㎝이다.
- 긴잎질경이 : 바닷가에 자란다. 잎은 긴 타원형이고 작은 털이 나 있으며, 꽃줄기는 90㎝까지 자란다. 울릉도 등지에 분포한다.
- 물질경이 : 논이나 도랑의 물속에 자라는데, 꽃줄기는 25~50㎝이다. 질경이과가 아니라 자라풀과로, 다른 종이다.
- 사슴뿔질경이 : 허브식물이자 채소로 재배되는 질경이다. 잎과 잎줄기가 붙어 있는 모양이 사슴뿔을 닮았다.

질경이

갯질경이

물질경이

246

하늘이 내린 약초

천마

이명 | 수자해좃

학명 | *Gastrodia elata* Blume

ㅊ

천마

(天麻)란 하늘에서 떨어진 약초라는 의미이다. 허준의 〈동의보감〉에는 '모든 허(虛)와 어지러운 증세에 이것이 아니면 치료하기가 어렵다(非天麻不能治)' 라고 기록되어 있다. 그만큼 대단한 약초라는 것인데, 여기에는 전설이 하나 전해진다.

옛날에 예쁘고 총명한 소녀가 홀어머니를 모시고 살았는데, 어느 날 어머니에게 반신마비가 왔다. 딸이 정성껏 치료했지만 낫지 않아 산신령께 빌었더니 산신령이 나타났다.

"산꼭대기에 올라가면 하늘에서 떨어진 약초가 있으니 그것으로 치료해라. 하지만 위험하니 청년과 함께 가도록 하고, 청년과 반드시 결혼해라."

딸은 여러 청년들과 약초를 구하러 갔지만 번번이 실패했다. 그러다 한 청년이 약초를 구하는 데 성공해 어머니를 치료하고 그 청년과 결혼했다. 그 뒤로 그 약초는 하늘에서 떨어진 것이며 마목(痲木: 마비가 되는 증상)을 치료했다고 해서 천마라고 했다고 한다.

우리나라 각처의 깊은 산에서 자라는 여러해살이풀로, 습기가 많은 돌 틈과 음지 혹은 반그늘에 참나무류가 쓰러져 썩은 곳에서 자란다. 거의 기생하는 생활을 하며, 키는 60~90㎝이다. 뿌리는 길이가 10~18㎝, 지름 3.5㎝로 긴 타원형이며 가로로 뻗는다. 생선 비늘과 같은 모양을 한 것이 짧게 있으며, 황갈색의 줄기에 조그만 잎이 듬성듬성 난다. 6~7월에 황갈색 꽃이 피며, 꽃줄기 길이는 10~30㎝로 줄기에 붙어 많은 꽃이 층층이 달린다. 열매는 9~10월경에 달리며, 먼지처럼 작은 종자들이 검은 씨방 안에 많이 들어 있다. 난초과에 속하며 수자해좃, 적전이라고도 한다. 땅속의 덩이줄기는 정풍초(定風草)라 해서 약으로 쓰인다. 우리나라와 일본, 중국, 타이완 등지에 분포한다.

천마 압화 ▶

▲ 천마_ 꽃봉오리

▲ 천마_ 꽃

▲ 천마_ 시드는 모습

▲ 천마_ 종자 결실

직접 가꾸기

천마는 10월에 받은 종자를 이끼에 물을 많이 주어 수분이 많은 상태에서 뿌리거나, 이듬해 봄에 동일한 방법으로 번식시킨다. 일부 지역에서 약용 및 식용으로 재배되고 있다. 땅을 깊게 파고 안에는 참나무를 넣어 덮으면 되며, 물은 3~4일 간격으로 준다.

가까운 식물들

- 참마 : 마과의 여러해살이 덩굴성 식물로, 꽃은 흰색이다. 뿌리를 약재로 사용한다.
- 마 : 덩굴식물로 덩이뿌리를 한방에서 산약이라고 한다.
- 단풍마 : 잎의 밑부분이 심장 모양이고 손바닥처럼 5~9개로 갈라진다. 뿌리는 천산룡이라고 하며 약재로 사용된다.
- 삼 : 흔히 대마, 마라고도 하며 옷감, 밧줄, 끈, 실 따위를 만드는 데 이용된다. 꽃은 녹색이고, 키는 3m까지 자란다.

247

닭벼슬 같은 꽃이 피는 야생란

청닭의난초

이명 | 푸른닭의난초, 파란닭의란

학명 | *Epipactis papillosa* Franch. & Sav.

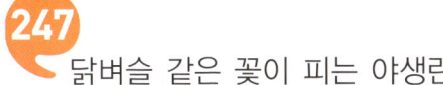

ㅊ

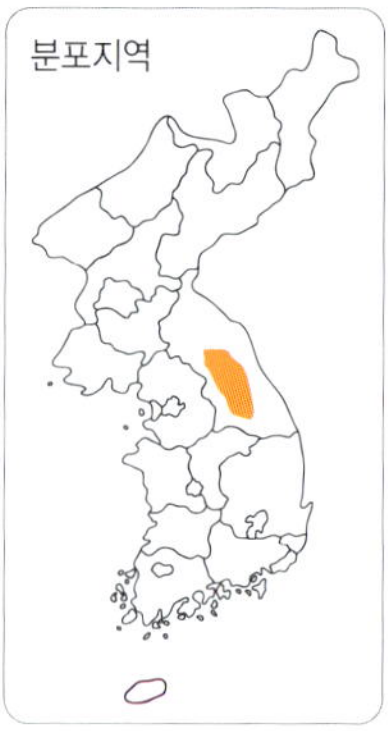

야생란을 보면 재미난 이름이 많은데, 닭의난초 역시 독특한 이름을 가지고 있다. 꽃잎 모양이 닭의 부리를 닮았다고 해서 이런 이름이 붙여졌으며 꽃 색깔에 따라 몇 종으로 나뉘기도 한다. 특히 청닭의난초는 갯청닭의난초와 임계청닭의난초로도 나뉘지만 2010년에 상호 간의 유의성이 없는 것으로 판단하여 모두 청닭의난초로 명명하였다. 자생 조건과 잎, 꽃의 형태가 약간씩 다르기 때문에 좀 더 면밀한 조사를 한 후 이름을 결정해야 할 것으로 보인다.

꽃이 황갈색인 닭의난초에 비해 청닭의난초는 녹색이다. 그밖에는 거의 대동소이하다.

키는 30~70㎝이다. 잎은 길이가 7~12㎝, 폭은 2~4㎝로 난상 타원형이며 가장자리와 맥 위에 털 같은 돌기가 있다. 줄기는 꼬불꼬불한 갈색 털이 있으며 5~7개의 잎이 달린다.

꽃은 7~8월에 피며 여러 개의 연녹색 꽃이 밑에서부터 달려 피면서 위로 올라간다. 꽃에는 꼬불꼬불한 털이 있으며 한쪽으로 치우쳐 달린다. 아래 잎은 꽃잎과 길이가 비슷하며 연녹색이다. 아래의 꽃잎은 안쪽이 갈색이고 타원형이며, 위쪽 꽃잎은 다소 뾰족하며 삼각형으로 달린다. 꽃받침잎은 길이가 1㎝정도이며 반쯤 벌어진다. 9~10월경에 길이 약 1㎝ 정도의 타원형 열매가 달린다.

난초과의 여러해살이풀로, 우리나라 중북부에서 자란다. 주변습도가 높고 부엽질이 많으며 반 그늘진 경사지에서 자란다. 우리나라에서는 멸종위기식물로 분류하고 있다.

▲ 청닭의난초_ 잎

▲ 청닭의난초_ 꽃봉오리

▲ 청닭의난초_ 꽃

▲ 청닭의난초_ 종자 결실

직접 가꾸기

청닭의난초는 10월경에 종자를 받아 상토에 이끼나 수태를 올려놓고 그 위에 종자를 뿌린 후 스프레이 등을 이용하여 물을 준다. 이른 봄에도 같은 방법으로 심으며 파종상에 종자를 뿌린 다음에는 신문이나 비닐을 덮어 15일 정도 지난 후 제거한다. 그러나 알려진 재배법이 없으며 재배 또한 어렵다.

가까운 식물들

- 닭의난초 : 꽃이 황갈색이다.
- 흰닭의난초 : 흰색의 꽃이 한쪽으로 치우쳐 난다.
- 병아리난초 : 키는 8~20㎝이며 보라색의 꽃은 총상꽃차례를 이룬다. 산속의 바위에 붙어 자란다.

닭의난초

병아리난초

ㅊ

248

초롱처럼 아름다운 꽃이 달리는

초롱꽃

학명 | *Campanula punctata* Lam.

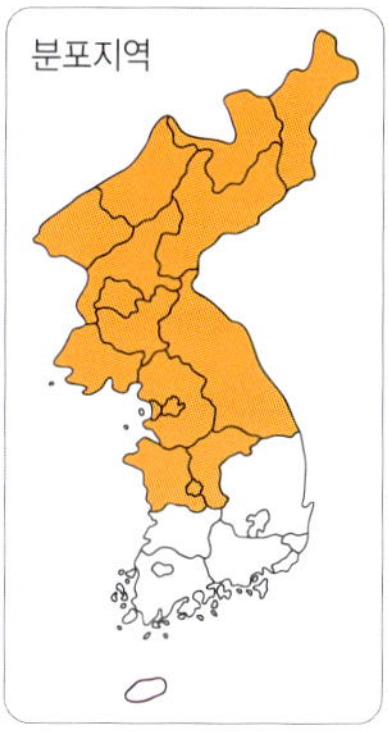

초롱꽃은 꽃이 꼭 초롱처럼 생겨서 붙은 이름이다. 종처럼 생기기도 했는데, 속명인 캄파눌라(*Campanula*)는 '점이 있는 작은 종'이라는 뜻이며, 영어 이름은 벨플라워(bellflower), 즉 종꽃이다.

여기에는 어느 종지기의 슬픈 전설이 전해진다. 전쟁에서 부상당한 종지기는 종을 치는 게 유일한 낙이었다. 마음씨 나쁜 원님이 부임해 종이 시끄럽다며 치지 말라고 하자 종지기는 슬픈 나머지 스스로 목숨을 끊었다. 이듬해 그의 무덤에서 종 모양의 꽃이 피어나니 이를 초롱꽃이라고 했다는 이야기다.

초롱꽃은 남부와 중 · 북부지역의 산에 자생하는 여러해살이풀로, 양지 또는 반그늘의 토양이 비옥한 곳에서 자라며, 키는 40~100㎝이다. 잎은 길이가 5~8㎝, 폭이 1.5~4㎝로 가장자리에 불규칙하고 둔한 톱니가 있다. 뿌리에서 나온 잎은 잎자루가 길고, 줄기에서 생긴 잎은 잎자루가 없으며 모양은 삼각형이다.

6~8월에 백색 또는 연한 홍자색 꽃이 피며, 바탕에 짙은 반점이 찍혀 있다. 꽃의 길이는 4~8㎝이며 꽃통은 3.5㎝로, 긴 꽃줄기 끝에 종 모양의 꽃이 달려 아래로 향한다.

열매는 8~9월경에 달리고 작은 종자가 많이 들어 있다.

초롱꽃과에 속하며 종꽃, 풍령초(風鈴草)라고도 한다. 꽃이 은은하고 아름다우며 향기가 뛰어난 방향성 식물로, 관상용으로 많이 쓰이며 어린순은 '산소채(山小菜)'라고 하여 식용으로 쓰인다. 꽃이 시든 뒤에도 오랫동안 매달려 있는 것은 단점이다. 우리나라와 일본, 중국 등지에 분포한다.

▲ 초롱꽃_ 잎 올라오는 모습

▲ 초롱꽃_ 잎

▲ 초롱꽃_ 아래를 향해 피어 있는 모습

▲ 초롱꽃_ 꽃이 시들어가는 모습

ㅊ

▲ 초롱꽃_ 무리

직접 가꾸기

초롱꽃은 가을에 포기나누기를 하고 9월에 받은 종자는 물뿌리개를 이용하여 바로 화분이나 화단에 뿌린다. 생육이 강하기 때문에 조경용으로도 많이 이용된다. 잎이 많이 있는 봄에는 2~3일 간격으로 물을 주고, 나머지 기간에는 3~4일 간격으로 주면 된다.

가까운 식물들

- 자주초롱꽃 : 짙은 자주색 꽃이 핀다.
- 검산초롱꽃 : 깊은 산에 자라며, 키는 70㎝ 정도이고 털이 거의 없고 뿌리가 굵다. 꽃은 연한 자주색이며, 함경도 지방에 분포한다.
- 금강초롱꽃 : 한국의 특산식물로 보랏빛 꽃을 피우며 꽃밥이 서로 붙어 있다. 높은 산의 숲 그늘에서 자란다.
- 흰금강초롱꽃 : 금강초롱꽃과 비슷하나 흰색 꽃이 핀다.
- 섬초롱꽃 : 줄기와 잎에서 윤기가 나고, 꽃이 붉은빛이다. 키는 30~90㎝로 울릉도에 분포한다.
- 흰섬초롱꽃 : 섬초롱꽃 중에서 흰색 바탕에 짙은 반점이 있다.
- 자주섬초롱꽃 : 섬초롱꽃 중 꽃이 짙은 자줏빛으로 핀다.

자주초롱꽃

금강초롱꽃

249

꽃차례가 촛대 같은

촛대승마

이명 | 나물승마, 대스암, 대승마, 산촛대승마, 섬승마, 섬촛대승마, 초때승마, 초대승마

학명 | *Cimicifuga simplex* (DC.) Turcz.

ㅊ

촛대승마는

우리나라 각처의 깊은 산 숲 속에서 나는 여러해살이풀이다. 승마의 일종으로 꽃차례가 흰색의 둥근 원통 모양이어서 촛대승마라고 부른다. 승마란 중국 이름으로, '약성이 상승하고 잎의 모양이 마와 비슷해 승마라 한다' 는 데서 비롯되었다.

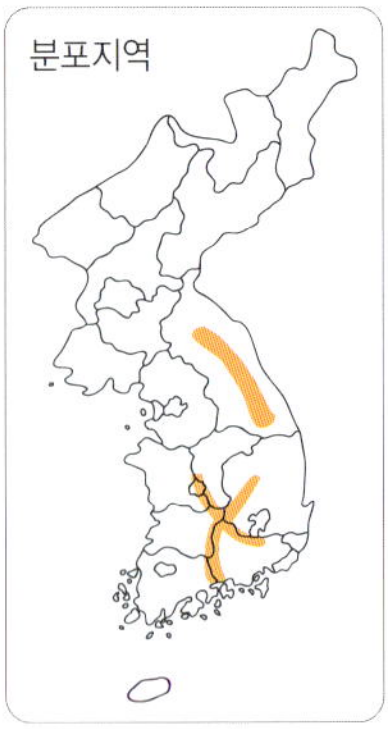

주변습도가 높고 반그늘이며 토양에 부엽질이 풍부하고 물 빠짐이 좋은 곳에서 자라며, 키는 약 1m 정도이다. 잎은 어긋나며 길이가 약 3~8㎝, 폭이 1.5~5㎝로 달걀 모양이다. 잎은 3갈래로 갈라지고 표면에는 털이 없으나 뒷면에는 맥 위에 털이 드물게 나 있다. 줄기에는 전체적으로 흰색 털이 있다.

6~8월에 흰색 꽃이 원줄기 끝에서 길이 20~30㎝ 정도의 크기로 달린다. 꽃받침은 잎이 5개이고 타원형이며 암술은 3~6개로 회색 털과 가는 털이 있다. 8~9월경에 길이 약 1㎝의 긴 타원형 열매가 달린다.

미나리아재비과에 속하며 나물승마, 대스암, 대승마, 산촛대승마, 섬승마, 섬촛대승마, 초때승마, 초대승마라고도 한다. 관상용으로 쓰이며, 어린순은 나물로 먹고, 뿌리는 약으로 쓰인다. 우리나라와 일본, 캄차카, 사할린 및 아시아 북동부에 분포한다.

▲ 촛대승마_ 새순 올라오는 모습

▲ 촛대승마_ 꽃이 피어나는 모습

▲ 촛대승마_ 꽃이 활짝 핀 모습

▲ 촛대승마_ 종자 결실

ㅊ

▲ 촛대승마_ 무리

직접 가꾸기

촛대승마는 9월에 익은 종자를 받아 냉장고에 일주일 정도 보관했다가 뿌린다. 종자가 크지만 올라오는 싹이 여리기 때문에 종자 크기만큼의 상토를 덮어주거나 더 얇게 덮어줘야 한다. 실제 이 품종의 종자를 심어본 결과 상토를 약하게 덮은 곳은 모두 잘 올라온 반면 두텁게 한 곳은 모두 올라오지 않았다. 뿌리 번식은 이른 봄에 새순이 올라오면 한다.

화단에 심는 것이 적합하다. 습기가 많은 곳의 경사지나 반그늘이 진 평지에 심는다. 부엽이 많은 토양을 층층이 쌓아주고 심어야 한다. 자생지에서 땅을 누르면 푹신하게 들어갈 정도로 부엽질이 풍부한 곳에서 살기 때문이다. 물은 1~2일 간격으로 준다.

가까운 식물들

- 승마 : 미나리아재비과에 속하는 여러해살이풀로, 깊은 산의 숲 속에서 자라며 키는 약 1m이다.
- 황새승마 : 깊은 산 숲의 언저리에 자라는데, 키가 1~1.5m로 아주 크다. 8~9월에 노란빛을 띤 흰색 꽃이 핀다.
- 눈개승마 : 꽃은 노란빛을 띤 흰색이며, 키는 30~100㎝이다. 장미과 식물로, 높은 산에 서식한다.
- 개승마 : 잎은 길이가 7~20㎝, 폭은 6~18㎝의 크기이다. 단풍잎과 유사하게 5~9갈래로 갈라지며 끝이 뾰족하고 불규칙한 톱니가 있다.
- 한라개승마 : 우리나라 특산종으로 한라산의 냇가 바위틈에서 자라며, 키는 15㎝로 작은 편이다.
- 눈빛승마 : 8월에 하얀색 꽃이 마치 눈이 쌓인 것처럼 핀다. 깊은 산에서 자라며, 키는 약 2.4m이다.
- 나도승마 : 8~9월에 엷은 노란색 꽃이 피며, 키는 30~90㎝이다. 백운산과 지리산 등지에 분포한다. 우리나라 특산식물이다.

ㅊ

눈개승마

눈빛승마

나도승마

250

까치의 수염을 닮은

큰까치수염

이명 | 민까치수염, 큰까치수영, 큰꽃꼬리풀

학명 | *Lysimachia clethroides* Duby

큰까치수염은 까치수염보다 잎이 크고 넓어서 붙여진 이름이다. 까치수염은 꽃을 보면 하얀색의 작은 꽃들이 총총히 박혀 있는 모습이 꼭 수염 같다. 한편으로는 강아지 꼬랑지처럼 보이기도 해서 개꼬리풀이라고도 한다.

큰까치수염은 우리나라 각처의 산에서 흔히 자생하는 여러해살이풀로, 양지 혹은 반그늘에서 자라며, 키는 50~100㎝이다. 줄기는 곧게 서고 원기둥 모양이며 가지가 갈라지지 않고 밑부분이 붉은빛을 띤다.

잎은 어긋나며, 긴 타원상 피침형이고 길이가 6~14㎝, 폭이 2~5㎝로서 끝이 뾰족하다. 잎 표면에 흔히 털이 있으며, 뒷면에는 털이 없고 안쪽에 선점이 있다.

6~8월에 흰색 꽃이 피는데, 원줄기 끝에서 파도 물결처럼 아래에서 위쪽으로 올라가며 작은 꽃들이 뭉쳐 핀다. 9~10월경에 달리는 둥근 열매는 지름이 0.25㎝ 정도이다.

앵초과에 속하며 민까치수염, 큰까치수영, 큰꽃꼬리풀이라고도 한다. 관상용으로 쓰이며, 어린잎은 식용한다. 또 식물체 전체를 '진주채(珍珠菜)'라고 하여 약재로도 쓴다. 우리나라와 중국, 일본에 분포한다.

큰까치수염 압화 ▶

▲ 큰까치수염_ 꽃봉오리와 꽃

직접 가꾸기

큰까치수염은 땅속으로 길게 뻗은 줄기를 봄이나 가을에 잘라서 번식하고, 9~10월에 달리는 종자는 이른 봄에 화단에 뿌린다. 토양 비옥도에 관계없으며 햇볕이 잘 들어오는 화단에 심는다.

환경만 좋으면 잘 자라고 번식력도 좋으며 관상 가치도 높다. 군락을 이루지만 처음에 심을 때는 1개체씩 20~30㎝ 간격을 두고 심는다. 뿌리 번식력이 좋아 2~3년이 경과하면 식물체가 빈 공간을 차지하기 때문이다. 다른 식물과의 경합을 피하기 위해 독립된 장소에 심는 것이 좋다.

물은 1~2일 간격으로 준다.

가까운 식물들

- 까치수염 : 꽃의 모습과 키 등이 큰까치수염과 비슷하나 잎이 좁다. 키는 30~80㎝이다.
- 섬까치수영 : 숲 속의 습지에서 자라며 키는 30~60㎝이다.
- 물까치수염 : 6월에 흰색 꽃이 핀다. 물가의 습지에 자라며 키는 40~60㎝이다.
- 갯까치수염 : 줄기는 곧게 서고 밑에서 가지를 친다. 바닷가에서 자라며, 키는 10~40㎝이다.
- 수영 : 5~6월에 암꽃과 수꽃이 따로 피며, 암꽃은 홍자색을 띤다. 키는 30~80㎝이다.
- 버들까치수영 : 6~7월에 노란색 꽃이 핀다. 고원의 습지에서 자라며, 키는 30~60㎝이다.
- 진퍼리까치수영 : 습지에서 자라며, 꽃은 흰색이고 7~8월에 핀다. 키는 40~70㎝이다.
- 홍도까치수영 : 가지가 갈라져서 사방으로 퍼진다. 홍도의 바닷가 풀밭에서 자라며, 키는 30~80㎝이다.

까치수염

갯까치수염

ㅋ

251

나팔꽃을 닮은 토종 꽃

큰메꽃

이명 | 넓은잎메꽃, 음양곽메꽃

학명 | *Calystegia sepium* (L.) R. Br.

메꽃보다

꽃이 커서 큰메꽃이라고 한다. 또 메꽃은 잎이 창처럼 길지만 큰메꽃은 짧다. 메꽃은 나팔꽃으로 착각하기 쉽지만, 잎을 보면 쉽게 구분할 수 있다. 나팔꽃의 잎은 둥글거나 잎몸의 끝이 3갈래로 갈라지는 반면 메꽃의 잎은 길쭉하다.

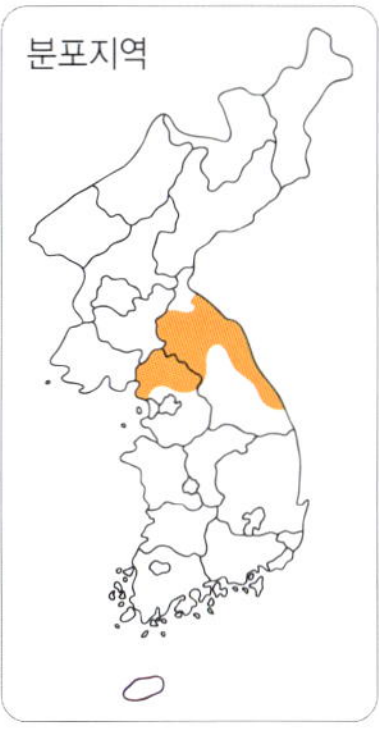

토종식물인 메꽃에는 메꽃, 큰메꽃, 애기메꽃, 갯메꽃이 있으며 귀화하여 들어온 흰 꽃의 서양메꽃이 있다. 이에 반해 나팔꽃은 인도가 원산지로 외국에서 귀화한 꽃이다. 경기도 이북의 들이나 밭에서 나는 덩굴성 여러해살이풀로, 토양의 비옥도에 관계없이 햇볕이 잘 들어오고 물 빠짐이 좋은 곳에서 자란다. 키는 20~70㎝이다.

잎은 어긋나며, 형태는 삼각형이다. 길이는 4~8㎝, 폭은 3~7㎝로 가장자리가 밋밋하고 밑부분은 옆으로 퍼져 2개로 갈라지고 위 끝이 뾰족하다. 줄기는 덩굴성으로, 지하에 있는 뿌리에서 중간 중간 줄기가 올라온다. 6~8월에 연한 분홍색 꽃이 피는데, 길이는 5~6㎝이고 잎겨드랑이에서 꽃줄기가 나와 끝에 깔때기 모양으로 달린다. 9~10월경에 황갈색 열매가 달리며 종자는 흑갈색이다. 메꽃과에 속하며 넓은잎메꽃, 음양곽메꽃이라고도 한다. 관상용으로 쓰이며, 어린순과 뿌리는 식용하고, 뿌리를 포함한 모든 부분은 약재로 쓴다. 우리나라와 일본, 중국에 분포한다.

▲ 큰메꽃_ 꽃

ㅋ

직접 가꾸기

큰메꽃은 종자보다는 뿌리로 번식하는 것이 빠르다. 이른 봄에 뿌리를 뽑아 날카로운 칼로 여러 개 나누어 심으면 된다. 토양 조건에 관계없이 어디에 심어도 잘 자란다. 심을 때 유의할 점은 번식력이 왕성하므로 다른 식물이 자라는 데 피해를 줄 수도 있다는 것이다. 물은 2~3일 간격으로 주면 된다.

가까운 식물들

- 메꽃 : 꽃은 연한 홍색이며, 꽃의 지름은 약 5㎝이다. 큰메꽃에 비해 잎이 길다.
- 나팔꽃 : 인도가 원산지인 한해살이 덩굴식물이다. 나팔꽃이 메꽃보다 흔한 것 같지만 메꽃은 토종이고 나팔꽃은 귀화식물이다.
- 갯메꽃 : 바닷가의 모래밭에서 자란다. 잎은 어긋나고 잎자루는 길며 심장 모양이다.
- 애기메꽃 : 메꽃과 비슷하지만 꽃이 작고 꽃자루 윗부분에 주름진 좁은 날개가 있다.
- 선메꽃 : 줄기가 곧게, 또는 비스듬히 선다. 잎은 어긋나며 길이 7㎝의 바소 모양이다. 밑부분은 화살 밑 모양이고 가장자리가 밋밋하다.
- 서양메꽃 : 유럽 원산의 귀화식물로, 기는줄기는 길이가 1~2m이다. 잎은 마주나며 길이 2~7㎝로 달걀 모양 또는 긴 타원형이다.

메꽃

갯메꽃

252

꽃이 바람개비처럼 생긴

큰물레나물

학명 | *Hypericum ascyron* var. *longistylum* Maxim.

ㅋ

꽃이 물레나물보다 커서 큰물레나물이라고 한다. 큰물레나물의 꽃은 지름이 5~7㎝이고, 물레나물 꽃은 이보다 약간 작아 4~6㎝이다. 물레나물이라는 이름은 꽃잎이 물레방아 또는 바람개비 모양이어서 붙여진 것이다.

우리나라 각처의 산지에서 자라는 여러해살이풀로, 반그늘이나 햇빛이 잘 들어오는 곳의 물기가 많은 곳에서 자란다. 키는 50~80㎝이고 나무처럼 단단하고 곧게 서며 4개의 능선이 있다.

피침형의 잎은 마주나고 밑동으로 줄기를 감싸고 있다. 잎의 크기는 길이가 6~12㎝, 폭이 1.5~2.5㎝이다. 잎의 가장자리에는 투명한 점이 있다.

6~8월에 노란색 꽃이 피는데, 줄기의 끝에서 1송이씩 계속해서 핀다. 암술이 수술보다 길어 밖으로 돌출되어 있으며, 꽃잎은 5개가 한쪽 방향으로 굽어 바람개비 모양을 이룬다.

열매는 10~11월에 달리고 작은 그물 모양의 종자는 길이가 약 0.1㎝ 정도로 미세하다.

물레나물과에 속한다. 관상용으로 쓰이며, 잎과 줄기는 약용으로 쓰인다. 우리나라와 일본, 중국, 우수리 강, 헤이룽 강, 시베리아 등지에 분포한다. 꽃말은 '님을 향한 일편단심', '추억', '왕나비' 등이다.

▲ 큰물레나물_ 잎과 곁가지

▲ 큰물레나물_ 종자 결실

ㅋ

직접 가꾸기

큰물레나물은 늦가을이나 이른 봄에 포기나누기를 하고 9~10월경 열리는 종자로 번식시킨다. 씨방에 미세하게 많은 종자가 들어 있기 때문에 이를 이른 봄에 뿌리면 된다. 습기가 많은 화단에 심고 물은 하루 간격으로 줘야 한다.

가까운 식물들

- 물레나물 : 큰물레나물보다 잎이나 꽃이 다소 작다. 꽃은 노란색 바탕에 붉은빛이 돈다. 산기슭이나 볕이 잘 드는 물가에서 자라며, 키는 50~100㎝ 정도이다.
- 애기물레나물 : 키가 30~60㎝로 작고, 꽃은 노랗다.

물레나물

253

뿌리가 방울새를 닮은

큰방울새란

이명 | 큰방울새난초, 큰방울비란

학명 | *Pogonia japonica* Rchb.f.

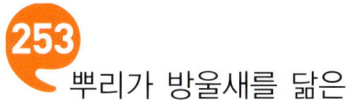

ㅋ

큰방울새란은

잎과 꽃이 방울새란보다 약간 크다. 열매의 길이도 방울새란보다 다소 길며, 꽃의 모습도 약간 다르다. 방울새란은 꽃잎이 거의 벌어지지 않으나 큰방울새란은 벌어진다. 꽃이 활짝 피면 큰방울새란, 약간 오므린 채 피어 있으면 방울새란으로 보면 틀림없다.

방울새란이라는 이름은 덩이줄기가 구근이며, 가운데 설판이 둥근 통처럼 생겨 방울새의 맑은 소리가 날 것 같아서 붙여진 것 같다. 참고로 방울새는 되새과에 속하며, 키는 14㎝ 정도이다. 속명 파고니아(*Pogonia*)는 그리스어로 '수염털'을 의미하는데, 이는 순판 안쪽에 식물체의 크기에 비해 상대적으로 큰 돌기의 수염털이 있기 때문이다. 종명 '자포니카(*Japonica*)'는 일본산을 의미한다.

전국 각지에서 자라는 여러해살이풀로, 햇볕이 잘 드는 습지에서 자란다. 뿌리줄기는 옆으로 뻗고 줄기는 곧게 서며, 키는 15~30㎝이다. 잎은 가장자리가 밋밋하고 둔하다. 잎의 밑부분이 좁아지며 원줄기에 달려 날개처럼 되며 잎의 모양은 긴 타원형이다. 잎의 크기는 길이가 4~10㎝, 폭이 0.7~12㎝이다.

6~7월에 홍자색 꽃이 원줄기 끝에 1개 달린다. 꽃잎은 긴 타원형으로 끝이 둔하고 꽃받침보다 다소 짧다. 꽃잎의 입술 부분은 도란형이고 안쪽과 가장자리에 육질의 돌기가 있다. 열매는 10월경에 달리며 먼지 같은 종자가 많이 들어 있다.

난초과에 속하며 큰방울새난초, 큰방울비란이라고도 한다. 관상용으로 쓰이며, 우리나라와 일본, 중국에 분포한다.

▲ 큰방울새란 압화

▲ 큰방울새란_ 새순 올라오는 모습

▲ 큰방울새란_ 꽃봉오리

▲ 큰방울새란_ 꽃 올라온 모습

▲ 큰방울새란_ 개화 모습

ㅋ

▲ 큰방울새란_ 꽃(활짝 핀 모습)

▲ 큰방울새란_ 종자 결실

▲ 큰방울새란_ 무리

직접 가꾸기

큰방울새란은 10월경에 달리는 종자를 종이에 싸서 보관하고 이듬해 봄에 뿌린다. 이끼를 깔고 그 위에 먼지 날리듯 뿌리고 물을 줘서 가라앉힌 후 신문지나 비닐로 10~15일 정도 덮어주는 것이 요령이다. 종자 발아율이 높지 않기 때문에 몇 개체만 싹이 나와도 성공이다. 화분에 재배할 때는 물을 많이 넣고 위에 올려놓으며, 실외에 심을 때는 약한 습지에 심는 것이 좋다.

가까운 식물들

- 방울새란 : 풀밭에서 자란다. 꽃은 거의 벌어지지 않고 붉은빛이 도는 연한 자주색이다. 키는 15~25㎝이다.

방울새란

ㅋ

큰뱀무

이명 | 큰배암무
학명 | *Geum aleppicum* Jacq.

큰뱀무는 키나 잎이 뱀무보다 약간 크다. 또 작은꽃자루에 퍼진 털이 있는 것이 뱀무와 다른 점이다. 여기에서 '뱀'은 뱀과 관련이 있거나, 기준을 삼는 식물에 비해 품질이 낮거나 모양이 다르다는 뜻이다. 또 줄기 밑에 달리는 잎의 생김새가 무 잎처럼 생겨 뱀무라고 한다.

전국 각지의 산야에서 자라는 여러해살이풀로, 햇볕이 잘 들고 부엽질이 풍부한 곳에서 자란다. 줄기는 곧게 서며 전체에 옆으로 벌어진 털이 있고, 키는 30~100㎝이다.

뿌리에서 생긴 잎은 깃꼴겹잎으로 밀집해서 난다. 작은잎은 3~5쌍이며 끝은 뾰족하고 고르지 못한 톱니와 결각이 있다. 작은잎은 밑으로 갈수록 점점 작아지는데, 네모난 달걀 모양이거나 둥글며 크기는 길이 5~10㎝, 폭 3~10㎝이다.

꽃은 6~7월에 줄기나 가지 끝에서 펼쳐지듯 핀다. 꽃 색깔은 노란색으로 3~10개의 꽃이 달린다. 열매는 8월경에 타원형으로 달리며 황갈색 털이 밀생하고 꼭대기에 갈고리 모양의 암술대가 달려 있다. 길가에서 사람이나 짐승의 몸에 붙어 씨를 퍼트릴 수 있게 되어 있다.

장미과에 속하며, 큰배암무라고도 한다. 또 꽃이 사람 귀에 들어가면 들리지 않게 된다고 해서 귀머거리풀이라고도 한다. 관상용으로 쓰이며, 뿌리를 포함한 전초는 약용으로, 어린순은 식용으로 쓰인다. 약초로 유명해 앞으로 대량 재배를 연구할 만한 식물로 여겨진다. 우리나라와 일본, 중국, 몽골, 시베리아, 터키, 동유럽, 북아메리카 등지에 분포한다.

▲ 큰뱀무 압화

ㅋ

▲ 큰뱀무_ 새순 올라오는 모습

▲ 큰뱀무_ 꽃 피기 전

▲ 큰뱀무_ 꽃

▲ 큰뱀무_ 종자 결실

ㅋ

▲ 큰뱀무_ 무리

직접 가꾸기

큰뱀무는 10월경에 달리는 종자를 종이에 싸서 냉장보관하여 이듬해 봄에 뿌린다. 종자 발아율은 매우 높다. 실내에서 화분으로 키우기 좋은 식물로, 화분 아래 돌을 넣어 물 빠짐이 좋게 하여 심은 후 햇볕이 잘 드는 곳에 두면 된다. 또한 실외에서 재배할 때는 물 빠짐이 좋은 곳에 집단적으로 심는 것이 좋으며, 물은 2~3일 간격으로 준다.

가까운 식물들

- 뱀무 : 키는 25~100㎝이다. 잎은 길이와 폭이 각각 3~6㎝ 정도로 큰뱀무보다 작다.

255

꽃이 제비처럼 귀여운

큰제비란

이명 | 큰제비난

학명 | *Platanthera sachalinensis* F. Schmidt

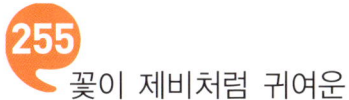

ㅋ

제비란에 비해 크다고 해서 큰제비란이라고 한다. 제비란의 키가 20~50㎝인 반면, 큰제비란은 키는 40~60㎝이다. 또 잎의 경우 제비란의 나비가 3~5㎝인 반면, 큰제비란은 4~7㎝이다. 제비란이라는 이름은 꽃이 마치 제비를 닮았다고 하여 붙여졌다.

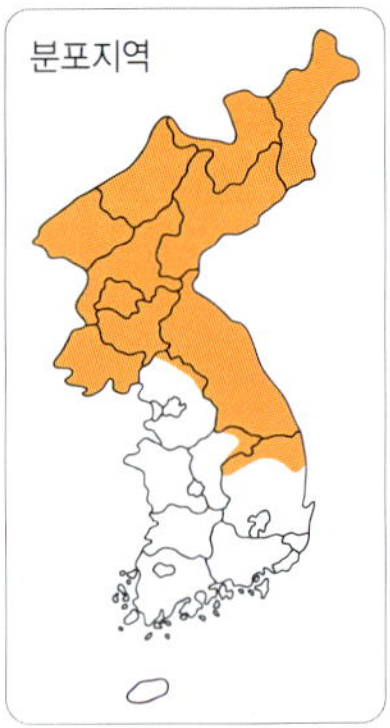

큰제비란은 주왕산을 남방한계선으로 하여 태백산맥을 따라 북부지방의 숲 속에 나는 여러해살이풀이다. 자생 난들은 대부분 따뜻한 곳에서 자라지만 몇몇 종이 그와는 상관없이 고산에서 자라는데, 제비란도 그 중의 한 종이다. 산 정상의 물 빠짐이 좋고 햇볕을 많이 받거나 반그늘인 곳에서 자란다. 줄기에는 능선이 약간 있으며, 키는 40~60㎝이다.

잎은 긴 타원형으로 표면은 광택이 나고 가장자리가 밋밋하다. 잎의 크기는 길이가 10~20㎝, 폭이 4~7㎝이다. 잎의 밑부분이 좁아져서 엽초로 되어 줄기를 감싸며 줄기를 따라 작은 잎 2~4장이 어긋난다.

6~8월에 백록색 꽃이 줄기 윗부분으로 올라가며 핀다. 중앙의 꽃받침은 달걀 모양이고 꽃잎은 약 0.3㎝로 육질이며 약 0.6㎝의 입술 모양 판은 넓은 선형이다. 꽃잎 밑부분의 자루는 가늘고 길게 밑으로 처지고 휘어 있으며 길이는 1.5~2㎝이다.

난초과에 속하며, 큰제비난이라고도 한다. 관상용으로 쓰이며, 한반도 중부와 북부지방에 분포한다.

▲ 큰제비란_ 잎

▲ 큰제비란_ 잎과 줄기

▲ 큰제비란_ 꽃봉오리

▲ 큰제비란_ 꽃

ㅋ

직접 가꾸기

큰제비란은 고산지역에서 자라는 난이어서 재배하기 어려운 품종이다. 정확히 알려진 번식법은 없다.

가까운 식물들

나도제비란

- 제비란 : 산지의 숲 속에서 자라며, 키는 20~50㎝이다. 꽃은 흰색이다.
- 구름제비란 : 깊은 산 숲 속에서 자라며, 키는 20~40㎝이다. 꽃은 연한 녹색으로, 함경도 등지에 분포한다.
- 개제비난 : 꽃은 녹색 바탕에 갈색을 띠며, 키는 제비란보다 작다. 한라산의 해발 1,500m 정도 그늘에서 자란다.
- 나도제비란 : 꽃은 검은빛을 띤 홍색이며 키는 10~20㎝로 아주 작다. 한라산이나 지리산 숲의 나무 밑에서 자란다.
- 흰제비란 : 꽃이 흰색이다. 산지의 습지에 자라며, 키는 50~90㎝이다.
- 주름제비란 : 잎에 세로로 주름이 있다. 키는 30~60㎝이며, 숲 속에서 자란다.
- 흰주름제비란 : 주름제비란과 비슷하나 꽃이 흰색이다. 울릉도에 분포한다.

256

실타래 같은 줄기를 따라 꽃이 피는

타래난초

이명 | 타래란

학명 | *Spiranthes sinensis* (Pers.) Ames

타래난초는 나사처럼 꼬여 있는 줄기를 따라 빙빙 꼬여서 꽃이 핀다. 그 모습이 참 질서 있게 보여서 귀엽다. 타래란 뭉쳐놓은 실이나 노끈 따위의 뭉치를 말하는데, 꽃줄기가 그렇게 생겨서 타래난초라고 한다. 학명 '스피란테스(*Spiranthes*)'는 그리스어로 '나선상으로 꼬인 꽃' 이라는 뜻이다.

전국 각처의 산과 들에서 자라는 여러해살이풀로, 물 빠짐이 좋은 토양과 양지에서 자란다. 난초는 자신에게 가장 알맞은 곳에서 자라지만 길가 풀숲이면 어디든 잘 자라며, 키는 20~40㎝이다. 뿌리는 짧고 약간 굵으며 줄기는 곧게 선다. 잎은 길이가 5~20㎝, 폭은 0.3~1㎝로 모양은 바소꼴이며, 끝이 뾰족하다.

◀ 타래난초 압화

6~8월에 작은 분홍색 꽃이 줄기에 나사 모양으로 꼬인 채 옆을 바라보며 달린다. 꽃받침잎은 피침형이고 꽃잎은 꽃받침보다 다소 짧으며 끝이 둔하다. 타원형의 열매가 8~9월에 달리며 열매에는 잔털이 있다. 길이는 약 0.5~0.7㎝이다.

난초과에 속하며 타래란이라고도 한다. 관상용으로 쓰이며, 뿌리를 포함한 전초는 약용된다. 우리나라와 일본, 대만, 인도, 중국에 분포하며, 꽃말은 '추억소리' 이다. 여름에 산소 주변의 양지바른 곳에서 올라오며 줄기를 따라 꽃이 나사처럼 돌며 올라가기 때문에 다른 식물과 구분이 쉬운 품종이다.

▲ 타래난초_ 새순 올라오는 모습

▲ 타래난초_ 개화 전

▲ 타래난초_ 꽃

ㅌ

▲ 타래난초_ 종자 결실

직접 가꾸기

타래난초는 9월에 받은 종자를 바로 화분이나 화단에 뿌리거나, 종이에 싸서 냉장보관한 뒤 이른 봄에 뿌려서 번식시킨다. 이른 봄에 새싹이 올라올 때 옆에 생긴 작은 뿌리를 분리해서 번식시켜도 된다. 모래나 황토가 있는 양지바른 곳에서만 자란다. 화분에 키워도 좋으나 토양의 산도에 민감하기 때문에 중성에 가깝게 만들어줘야 한다.

가까운 식물들

- 흰타래난초 : 꽃이 흰색이다. 그러나 살짝 분홍색을 띠는 것도 흰타래난초로 분류한다.

흰타래난초

257

꽃이 탑을 이루듯 피는

탑꽃

이명 | 섬탑풀, 산탑꽃, 산탑풀

학명 | *Clinopodium gracile* var. *multicaule* (Maxim.) Ohwi

E

마치

꽃이 탑처럼 층계를 이루며 피어난다고 해서 탑꽃이라고 한다. 이와 비슷한 것으로는 층층이꽃이 있다. 층층이꽃은 분홍색 꽃이 피고, 탑꽃은 흰색 꽃이 핀다는 점이 다르다.

탑꽃은 우리나라 각처의 산과 들에서 자라는 여러해살이풀로, 양지 혹은 반그늘의 풀숲에서 자란다. 줄기는 비스듬히 서서 가지가 갈라지고 꼬불꼬불한 털이 나며, 키는 10~30㎝이다.

잎은 길이가 2~5㎝, 폭은 1~2㎝로 달걀 모양이고 둥글다. 잎 가장자리에 톱니가 있으며 잎자루의 길이는 0.5~1.5㎝이다. 6~8월에 원줄기 끝과 윗부분의 잎겨드랑이에 여러 개의 흰 꽃이 층층으로 달린다. 9~10월경에 둥근 열매가 달린다.

꿀풀과에 속하며 섬탑풀, 산탑꽃, 산탑풀이라고도 한다. 관상용으로 쓰이며, 특히 층층이꽃과 꽃이나 잎이 비슷해 함께 심어 비교하면 좋다. 우리나라와 일본에 분포한다.

▲ 탑꽃_ 꽃

▲ 탑꽃_ 잎

직접 가꾸기

탑꽃은 이른 봄에 포기나누기를 하거나 가을에 받은 종자를 바로 화분이나 화단에 뿌린다. 또는 보관했다가 봄에 뿌려서 번식시킨다. 종자 발아율이 높은 품종이어서 조금만 뿌려도 많은 개체를 얻을 수 있다. 어느 곳에서나 잘 자라며 무리 지어 자라는 품종이 아니어서 군데군데 심어 감상하는 것이 좋다. 관상용 또는 교육용으로 어울리는 식물이다.

가까운 식물들

- 애기탑꽃 : 탑꽃과 비슷하지만 연약하고 작다. 키는 10~30cm로 비슷하며, 숲속에서 자란다. 꽃은 연한 붉은빛이다.
- 두메탑꽃 : 산에서 자라며, 키는 10~30cm이다. 꽃은 흰색에 붉은 맥이 있다.
- 층층이꽃 : 산이나 들의 양지 쪽에 자란다. 꽃은 분홍색이며, 키는 15~40cm이다.

층층이꽃

258

흰 털이 잔뜩 난 듯한

터리풀

이명 | 민터리풀

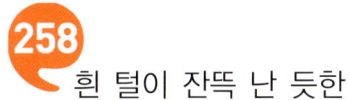

학명 | *Filipendula glaberrima* (Nakai) Nakai

ㅌ

터리풀은 우리나라 각처의 산지에서 나는 여러해살이풀이다. 주변습도가 높고 부엽질이 풍부한 반그늘에서 자라며, 키는 약 1m이다. 전체에 거의 털이 없고, 줄기는 곧게 서며 가늘고 길다. 뿌리는 나무처럼 딱딱하고 짧은 뿌리가 사방으로 퍼진다.

잎은 뿌리에서 생긴 것은 길이가 약 16㎝, 폭이 약 25㎝로 단풍잎처럼 5개로 갈라지며 끝은 뾰족하다. 줄기에서 생긴 잎은 큰 타원형으로 어긋난다. 7~8월에 흰색의 꽃이 원줄기나 가지 끝에 달린다. 꽃잎은 길이가 약 0.3㎝로 둥글게 달리며 수술은 꽃잎보다 길다. 열매는 9~10월경에 달리고, 여러 개의 방에 작은 종자들이 많이 들어 있다.

장미과에 속하며 민터리풀이라고도 한다. 관상용으로 쓰이며 어린잎은 식용한다.

우리나라 특산종으로 경남북과 강원도, 경기도 등지에 분포한다. 자생지 조건을 보면 물 빠짐이 좋은 곳보다는 습도가 높고 습기가 많은 곳에서 자라고 있었다.

직접 가꾸기

터리풀은 10월경에 받은 종자를 바로 뿌린다. 저장 후 뿌리면 발아율이 떨어지고 상당한 시간이 걸린다. 그러나 한 개체에서 종자를 많이 얻을 수 있기 때문에 조금만 받아도 된다. 뿌리 번식은 이른 봄, 새순이 올라올 때 한다. 화분이나 화단에 심으면 좋다. 화분에 심을 때는 퇴비를 많이 주고 뿌리를 깊게 넣은 후 햇볕이 잘 들어오는 곳에 둔다. 화단에 심을 때는 반그늘의 습기가 약간 있는 곳에 심는다.

가까운 식물들

- 지리터리풀 : 꽃은 짙은 자홍색이며, 키는 1m이다. 지리산 등지에 분포하는 한국 특산종이다.
- 분홍터리풀 : 일본 원산의 개량종으로 잎자루 옆에 작은잎이 달리지 않는 것이 특이하다. 꽃은 분홍색이다.
- 강계터리풀 : 냇가에 자라며 꽃은 흰색이다. 키는 1m이고, 대관령과 강계에 분포한다.
- 단풍터리풀 : 산에 자라며, 꽃은 연분홍색이다. 키는 약 1m이다.
- 붉은터리풀 : 꽃은 붉은색이며, 키는 80㎝이다.
- 흰터리풀 : 붉은터리풀과 비슷하나 꽃이 흰색이다. 부전고원에 분포한다.

지리터리풀

259

털이 많이 난 동자꽃

털동자꽃

이명 | 호동자꽃

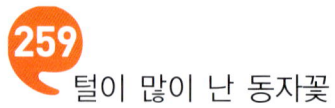

학명 | *Lychnis fulgens* Fisch. ex Spreng.

동자꽃과 비슷하면서도 줄기에 털이 많이 나 있어서 털동자꽃이라고 한다. 역시 눈이 많이 내린 겨울, 마을로 내려간 스님을 기다리다 얼어 죽은 동자의 슬픈 전설을 떠올리게 한다.

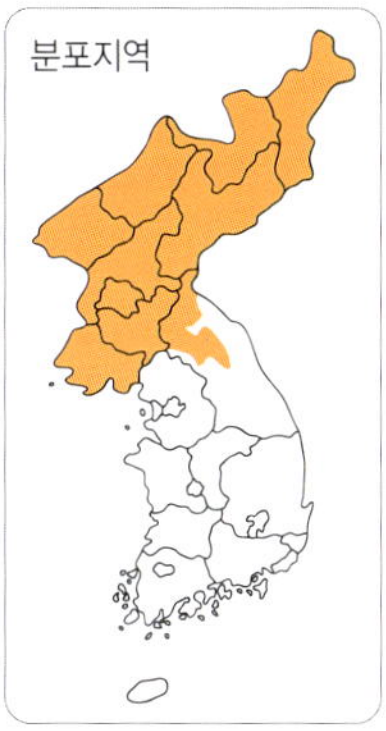

우리나라 중부 이북의 산지에서 나는 여러해살이풀로, 서늘하고 반그늘인 곳에서 잘 자라며, 키는 50~100cm이다.

잎은 마주나고 잎자루가 없으며 잎의 크기는 길이가 4~8cm, 폭이 1.5~2.5cm이다. 잎의 형태는 긴 달걀 모양이며 끝이 뾰족하고 줄기와 더불어 긴 백색 털이 있다.

7~8월에 짙은 홍색 꽃이 피며, 지름은 약 4cm 정도이다. 꽃받침과 더불어 꽃 전체에 긴 백색 털이 있으며 원줄기 끝 부근의 잎겨드랑이 끝에 달린다.

열매는 8~9월경에 달리고, 종자는 흑갈색으로 끝이 5조각으로 갈라진다.

석죽과에 속하며 호동자꽃이라고도 한다. 관상용으로 쓰인다.

동자꽃 종류로는 가는잎동자꽃과 분홍동자꽃, 흰동자꽃, 제비동자꽃 등이 우리나라에 자생한다. 이들 동자꽃들은 서식하는 환경이 비슷하므로 함께 심으면 더욱 좋다.

직접 가꾸기

털동자꽃은 9월에 얻은 종자를 바로 뿌려서 번식시키는 것이 가장 좋고, 이른 봄이나 가을에 포기나누기를 해도 된다. 또 6월경에는 모본을 이용해서 삽목하여 번식시키기도 한다. 삽수를 받은 모본은 그대로 두고 삽목한 개체를 이용해서 여름 고온기를 제외한 계절에 삽목하면 뿌리가 잘 내린다. 반그늘이고 약간의 습기가 있는 화단에 심는다.

가까운 식물들

- 제비동자꽃 : 꽃잎의 끝이 제비 꼬리처럼 길게 늘어져 있다. 식물체에는 털이 없고, 잎은 피침형이다.
- 동자꽃 : 높은 산 길가에서 숲에 기대어 자라며, 키는 1m, 꽃은 홍색이다.
- 가는동자꽃 : 잎이 가장 가는 선상의 피침형을 가지고 있다.
- 우단동자꽃 : 6~7월에 붉은색 · 분홍색 · 흰색 등의 꽃이 피는데, 지름은 3㎝ 정도로 가지 끝에 1개씩 달린다.

제비동자꽃

동자꽃

가는동자꽃

260

꽃잎에 털이 난 상록 난초

털사철란

이명 | 자주사철란, 병아리난초

학명 | *Goodyera velutina* Maxim. ex Regel

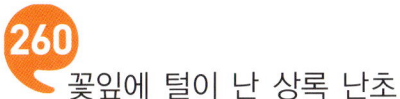

E

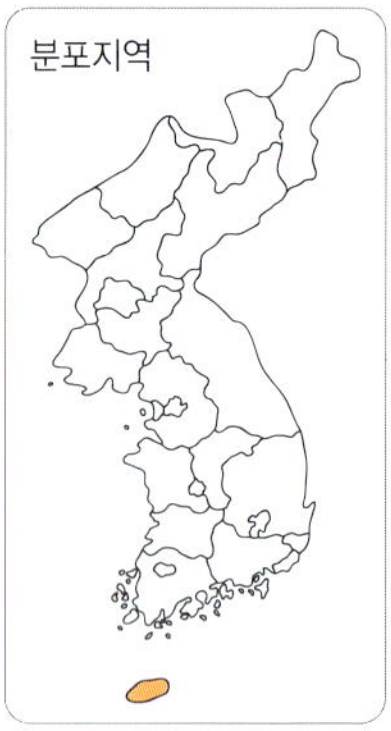

사철란이라는 이름은 사시사철 푸른 상록난이라는 뜻이다. 제주도와 남부지방에만 자생하는데, 관상용으로도 인기가 아주 높다. 사철란에는 섬사철란과 털사철란, 붉은사철란 등 네댓 종류가 있다.

털사철란은 입술꽃잎 부분에 털이 있어서 붙여진 명칭이다. 병아리난초라고도 하나 병아리난초라는 이름의 별도의 종이 따로 있다. 병아리난초는 산속의 바위에 붙어 자라며 보라색 꽃을 피우는 식물이다.

다른 사철란처럼 키가 작아 10~20㎝밖에 안 된다. 사철란은 12~25㎝, 섬사철란은 5~10㎝ 정도이다. 이렇게 보면 사철란 중에서는 중간 정도의 크기는 된다.

잎은 길이가 2~4㎝, 폭은 1~2㎝로 검은 자녹색이다. 잎의 한가운데를 가로지르는 굵은 맥을 따라 흰색 줄이 있으며 우단 같은 윤채가 있고 전체적으로는 긴 달걀형이다. 상부줄기는 비스듬히 위를 향해 자란다. 밑부분은 지상으로 포복하고 마디에는 뿌리가 내리며, 뿌리줄기가 마디마다 2~3개씩 내린다.

8~9월에 연갈색 꽃이 1개의 긴 꽃대 둘레에 여러 개 핀다. 꽃은 이삭 모양으로 4~10개 정도가 한쪽으로 치우치며 달린다. 꽃받침잎은 길이가 0.8~1㎝이다. 입술꽃부리는 꽃받침과 길이가 비슷하고 밑부분은 약간 부풀며 안쪽에 털이 있다. 9~10월경에 길이 약 1㎝ 정도의 열매가 달린다.

난초과에 속하는 여러해살이풀로, 제주도 한라산에 분포한다. 주변습도가 높으며 토양에 부엽질이 풍부하고 반 그늘진 곳에서 자란다. 관상용으로 쓰인다.

▲ 털사철란_ 새순 올라오는 모습

▲ 털사철란_ 꽃봉오리

▲ 털사철란_ 꽃

▲ 털사철란_ 무리

직접 가꾸기

10월경에 종자를 받아 상토에 이끼나 수태를 올려놓고 그 위에 뿌리고, 입자가 작은 분무기 등을 이용하여 물을 준다. 이른 봄에도 동일한 방법으로 하며 파종상에 종자를 뿌린 다음에는 신문이나 비닐로 덮고 15일 정도 지나서 제거한다. 줄기에서 뿌리를 내리기 때문에 뿌리를 내린 줄기를 분리하는 것도 좋은 번식법이 된다.

가까운 식물들

- 붉은사철란 : 사철란에 비해 키가 4~8㎝로 아주 작다.
- 섬사철란 : 사철란에 비해 잎에 무늬가 없으며 꽃은 붉은빛을 띠지 않는다. 제주도와 울릉도에 분포하며, 키는 5~10㎝이다.
- 사철란 : 키는 12~25㎝로 제주도와 울릉도에 자란다. 흰색 바탕에 붉은빛이 도는 꽃이 7~15개 한쪽에 치우쳐 달린다.
- 병아리난초 : 키는 8~20㎝이며 꽃은 총상꽃차례를 이루고 보라색이다. 산속의 바위에 붙어 자란다.

붉은사철란

섬사철란

사철란

병아리난초

261

이슬처럼 매달린 열매에 털이 잔뜩 난

털이슬

이명 | 말털이슬

학명 | *Circaea mollis* Slebold & Zucc.

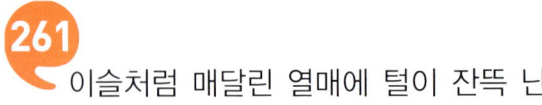

열매에

작은 털이 나는 털이슬은 바늘꽃과에 속하는 여러해살이풀이다. 바늘꽃이란 꽃이 진 뒤 씨방이 마치 바늘처럼 가늘고 길게 자라서 붙여진 이름이다. 털이슬 역시 그런 특성을 보인다. 말털이슬이라고도 하는데, 별도의 종이 있으니 원명대로 부르는 것이 옳다. 말털이슬은 털이 거의 없다.

키는 40~60㎝이다. 마주나는 잎은 길이가 5~10㎝, 폭은 2~3㎝이고 마디 사이의 밑부분이 다소 굵다. 잎에는 홍자색이 돌며 가장자리에는 얕은 톱니가 있다. 줄기는 전체에 밑을 향한 부드러운 털이 있다.

8월에 흰색 꽃이 줄기 끝이나 잎겨드랑이에 아래에서 위로 올라가며 여러 개씩 달린다. 꽃받침 잎은 녹색으로 2개이고, 흰색의 꽃잎도 2개이며 끝이 2갈래로 갈라진다.

9~10월경에 지름 약 0.4㎝의 넓은 도란형 열매가 달린다. 열매는 긴 가지에 조롱조롱 이슬처럼 매달리는데, 털이 잔뜩 나 있다.

우리나라 각처의 산지에서 자라며, 일본과 중국, 인도차이나 등지에도 분포한다. 반 그늘진 곳의 습기가 많은 곳이나 햇볕이 잘 들어오는 곳에서 자란다.

▲ 털이슬_ 잎

ㅌ

▲ 털이슬_ 꽃

▲ 털이슬_ 종자 결실

직접 가꾸기

털이슬의 재배방법은 알려져 있지 않다.

가까운 식물들

- 말털이슬 : 전체에 털이 거의 없다. 약간 그늘진 곳에 자란다. 키는 30~40㎝이다.
- 광릉말털이슬 : 꽃받침 빛깔이 연하다.
- 쇠털이슬 : 털이슬에 비해 전체적으로 털이 많다. 습지나 논밭에서 자라며 키는 40~60㎝이다.
- 쥐털이슬 : 키가 5~10㎝로 아주 작다. 깊은 산의 그늘진 습지에서 자란다.

쥐털이슬

262

꽃이 확 벌어져 화려한

털중나리

이명 | 털종나리

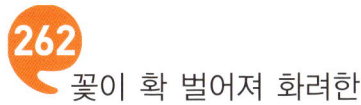

학명 | *Lilium amabile* Palib.

나리꽃은 꽃 이름으로 그 형태를 유추할 수 있는데, 하늘을 보면 하늘나리, 땅을 보면 땅나리, 중간쯤에 비스듬히 있으면 중나리라고 한다. 털중나리는 털이 많이 나 있으며 꽃이 중간쯤을 바라보는 나리이다.

제주도와 울릉도를 포함하여 높이가 1,000m 이하인 전국 각지에서 자라는 여러해살이풀로, 양지 혹은 반그늘의 모래 성분이 많은 곳에서 자란다. 전체에 잿빛의 잔털이 있으며, 키는 50~80㎝이다.

잎은 어긋나며 피침형으로 녹색이다. 잎의 길이는 3~7㎝, 폭은 0.3~0.8㎝로 뾰족하며 양면에 잔털이 있다. 잎 가장자리는 밋밋하고 잎자루가 없으며 위쪽으로 갈수록 크기가 작아진다.

◀ 털중나리 압화

꽃은 6~8월에 황적색으로 핀다. 꽃잎의 안쪽에는 자주색 반점이 있고 길이는 4~7㎝, 폭은 1~1.5㎝이다. 꽃이 필 때 꽃잎이 뒤로 말리며 원줄기 끝과 가지 끝에 꽃이 1개씩 달리고, 1~5개가 밑을 향해 핀다. 열매는 9~10월에 익으며 넓은 타원형이고, 종자는 편평하다.

백합과에 속하며 털종나리라고도 한다. 관상용이며, 어린 싹은 식용한다. 또 참나리와 함께 약재로도 사용된다. 우리나라와 중국 동북부에 분포한다.

▲ 털중나리_ 잎

▲ 털중나리_ 꽃

직접 가꾸기

털중나리는 9~10월경에 달리는 종자를 바로 뿌리거나 냉장고에 저장했다가 봄에 화단에 뿌린다. 늦가을이나 이른 봄에 싹이 올라오기 전에 인편을 분리하여 번식시키기도 한다. 모래가 많은 화단에 심고 물은 2~3일 간격으로 주되 여름에는 가급적 물을 많이 주지 않는 것이 좋다.

가까운 식물들

- 중나리 : 꽃은 황적색이며, 비스듬히 중간을 향한다. 키는 1~2m이다.
- 참나리 : 나리 중의 왕으로 키는 1.5m이며, 꽃에 호랑이 무늬가 있고, 꽃잎이 뒤로 젖혀진다. '참' 은 진짜라는 뜻이다.
- 날개하늘나리 : 산에서 자라며, 꽃은 황적색 바탕에 자주색 반점이 나 있다. 키는 20~90㎝이다.
- 하늘나리 : 날개하늘나리와 크기가 비슷하지만 꽃이 훨씬 붉으며, 꽃잎도 더 가늘다. 잎도 폭이 0.3~0.6㎝로 아주 가늘다.
- 말나리 : 6~7월에 1~10개의 노란빛을 띤 빨간 꽃이 옆을 향하여 핀다. 키는 약 80㎝이다.
- 하늘말나리 : 잎이 마치 치마처럼 돌려나며, 꽃은 하늘을 바라본다. 7~8월에 노란빛을 띤 붉은색으로 원줄기 끝과 가지 끝에서 꽃이 핀다.
- 누른하늘말나리 : 꽃이 노란색이며, 키는 70~100㎝이다.

중나리

참나리

날개하늘나리

말나리

하늘말나리

누른하늘말나리

263
흑자색 꽃이 피는

토현삼

학명 | *Scrophularia koraiensis* Nakai

토현삼

(土玄蔘)은 검은색이 강해 검은 삼이라는 뜻의 현삼이라는 이름이 붙여졌다. 토현삼은 꽃도 흑자색이지만 대표종인 현삼은 황록색 꽃이 핀다.

우리나라 각처의 산지에서 자라는 여러해살이풀로, 반그늘이며 물 빠짐이 좋은 곳에서 자라며, 키는 약 1.5m이다. 줄기는 사각형이며 곧게 서고 털은 없다.

잎의 길이는 10~15㎝, 폭은 4~7㎝로 가장자리에 작고 뾰족한 톱니가 있다. 잎은 마주나며 잎자루는 짧다.

◀ 토현삼 압화

7월에 흑자색 꽃이 꼭대기에서 줄기가 여러 갈래로 갈라지며 달린다. 위에서 먼저 꽃이 피고 아래로 내려오면서 서서히 개화하는 것이 특징이다. 열매는 8~9월경에 달리고 씨방에는 작은 종자가 많이 들어 있다.

현삼과에 속하며, 뿌리는 현삼과 함께 약이므로 약용으로 재배된다. 우리나라 특산종으로 우리나라와 일본, 우수리 강 등지에 분포한다. 꽃이 피어 있을 때는 옆으로 피지만 종자가 결실되면 하늘을 쳐다보는 품종이어서 관찰하면 흥미롭고, 관상용으로도 좋다.

▲ 토현삼_ 꽃

▲ 토현삼_ 종자 결실

E

직접 가꾸기

토현삼은 9월에 얻은 종자를 바로 화분이나 화단에 뿌리거나 이듬해 봄에 새싹이 올라올 때 포기나누기를 한다. 씨방에는 많은 종자가 들어 있어 파종상에 뿌리면 많은 묘종을 얻을 수 있다. 유기질 함량을 높게 한 후 화단에 심으며, 물은 2~3일 간격으로 준다. 꽃은 크기가 작은 편이지만 밑에서부터 위로 올라가면서 피기 때문에 개화기간은 길다.

가까운 식물들

- 일월토현삼 : 포기 전체에 털이 빽빽이 나 있다.
- 현삼 : 황록색 꽃이 피며, 뿌리를 약재로 사용한다. 키는 80~150㎝이다.
- 큰개현삼 : 산지에서 자라며, 키는 100~130㎝이다. 꽃은 짙은 보라색이다.
- 섬현삼 : 울릉도 특산종으로 현삼보다 굵고 크며, 잎은 두껍고 넓은 달걀 모양이다.

큰개현삼

- 설령개현삼 : 높은 지대에 자라며, 키는 50~90㎝이다. 꽃은 검은 자주색이다. 원줄기에 날개가 있다. 우리나라 특산종으로 강원도 이북에 분포한다.
- 개현삼 : 산지에서 자라며, 전체에 털이 없다. 키는 약 1m, 꽃은 어두운 자주색이다.

264

톱니 잎을 가진 바위취

톱바위취

이명 | 멧바위취

학명 | *Saxifraga punctata* L.

바위취와 비슷하나 잎 끝이 톱니처럼 되어 있다고 해서 톱바위취라고 한다. 바위취란 바위에 붙어사는 나물 종류라고 하여 붙여진 이름이다. 주변에 습도가 상당히 높은 곳에서 살지만 그렇다고 해도 도대체 바위에 붙어서 영양을 어떻게 섭취하고 자라는지 신기하기만 하다.

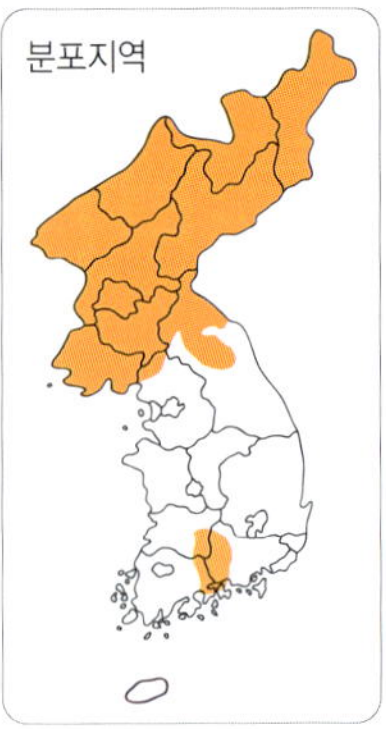

지리산 및 강원도 이북에서 자라는 여러해살이풀로, 반그늘 혹은 그늘진 곳의 물이 많은 곳에서 자라며, 키는 20~50㎝이다. 잎은 뿌리에서 발생한 것은 길이가 2~4㎝, 폭이 3~6㎝로 신장형이다. 가장자리에는 규칙적인 톱니가 있고 털은 거의 없다.

6~8월에 흰색 꽃이 피며, 길이는 약 0.2㎝이고 꽃잎은 긴 타원형이다. 열매는 8~9월경에 길이 약 0.5㎝의 달걀 모양으로 달린다. 열매는 2조각으로 갈라지며 남아 있는 암술대가 긴 부리로 된다. 종자는 방추형이다.

범의귀과에 속하며 멧바위취라고도 한다. 관상용으로 쓰이며, 우리나라의 강원도 이북 지방과 일본, 시베리아 동부, 캄차카 반도 등지에 분포한다. 북한에서는 천연기념물로 지정되어 있다.

톱바위취 압화 ▶

▲ 톱바위취_ 새순 올라오는 모습

▲ 톱바위취_ 잎

▲ 톱바위취_ 꽃 피기 전 모습

▲ 톱바위취_ 꽃(정면)

▲ 톱바위취_ 꽃(측면)

직접 가꾸기

톱바위취는 9월경에 달리는 종자를 받아 바로 뿌리거나 종이에 싸서 냉장고에 보관하여 이듬해 봄에 뿌린다. 습기가 많고 공중습도를 높게 한 후 화분이나 화단에 심는다. 반그늘이나 혹은 그늘진 곳에서 자란다. 화단에 심을 때는 습지 식물이 많은 곳과 나무 아래에 햇볕이 잘 들지 않는 곳에 심는 것이 요령이다.

가까운 식물들

- 범의귀 : 꽃이나 전체적인 모양이 바위취와 닮았으나 잎이 바소꼴이거나 거꾸로 선 바소꼴이다. 키는 약 20㎝이다.
- 바위취 : 상록성 식물로 꽃은 흰색이며 키는 20~40㎝이다.
- 씨눈바위취 : 고산지대의 축축한 바위에 자라며, 키는 7~17㎝이다. 뿌리줄기에 구슬눈이 있다.
- 참바위취 : 키는 30㎝로 바위취보다 작다. 그늘진 바위에 붙어서 자란다. 우리나라 특산식물로 바위떡풀과 비슷하나 잎이 심장형이다.
- 구실바위취 : 금강산 이북의 깊은 산속 응달진 바위 곁에서 자란다. 키는 25㎝이다.
- 백두산바위취 : 키는 25㎝, 7~8월에 피는 꽃은 흰색으로 약 1㎝쯤 되며, 백두산에 서식한다.
- 흰바위취 : 깊은 산의 습지에서 자라며, 키는 40㎝이다. 꼬불꼬불한 털이 있다. 북한에 분포한다.

바위취

참바위취

백두산바위취

265

톱니처럼 생긴 잎이 달린

톱분취(버들분취)

이명 | 개분취, 톱날분취, 각시버들분취, 한라분취

학명 | *Saussurea maximowiczii* Herd

톱분취는 분취처럼 생겼으며, 잎 가장자리에 톱니가 나 있다. 분취는 잎과 꽃에 하얀 분과 같은 것이 뿌려진 듯하다고 해서 붙여진 이름이다. 또 '취' 자가 붙은 것은 나물이라는 뜻이다.

우리나라 각처의 산지에서 나는 여러해살이풀로, 햇볕이 잘 들어오는 풀숲이나 반그늘의 물 빠짐이 좋고 토양 유기질 함량이 풍부한 곳에서 자라며, 키는 50~160㎝이다.

잎은 길이가 10~30㎝이고 긴 타원형으로 5~6쌍으로 깊게 갈라져 서로 떨어져 있다. 잎의 가장자리는 밋밋하거나 톱니가 약간 있다. 또한 윗부분에서 나오는 잎은 긴 타원형으로, 뒷면에는 뚜렷한 점이 있고 흰색의 털이 나 있다.

7~9월에 지름 약 1㎝의 자홍색 꽃이 줄기나 가지 끝에 통꽃으로 달린다.

열매는 9~10월경에 익는데, 길이 약 1㎝ 정도의 관모가 달린 검은색 종자가 달린다. 종자의 길이는 약 0.5㎝, 폭은 약 0.2㎝이다.

국화과에 속하며 버들분취, 개분취, 톱날분취, 각시버들분취, 한라분취라고도 한다. 관상용으로 쓰이며, 어린잎은 식용한다.

톱분취 압화 ▶

▲ 톱분취_ 잎

▲ 톱분취_ 꽃봉오리

▲ 톱분취_ 꽃(위에서 본 모습)

▲ 톱분취_ 꽃

▲ 톱분취_ 종자 결실

직접 가꾸기

톱분취는 10월에 받은 종자를 바로 뿌리거나 종이에 싸서 냉장고에 보관하여 이른 봄에 뿌린다. 종자 발아는 잘 되는 편이다. 화분이나 화단에 심어도 좋다. 햇볕이 잘 드는 곳이나 반그늘이면서 물 빠짐이 좋은 곳에 적당량의 퇴비를 넣고 심는다. 물은 2~3일 간격으로 준다.

ㅌ

가까운 식물들

- 분취 : 꽃은 자주색이며, 키는 20~80㎝이다. 우리나라 특산종으로 서울 근교에 분포한다.
- 바늘분취 : 포 조각의 끝이 뾰족하기 때문에 바늘분취라고 한다. 키는 45~90㎝이며, 산지에서 자란다.
- 비단분취 : 하얀 털로 덮인 모양이 비단같이 보인다고 하여 비단분취라고 한다. 한국 특산종으로 북부지방에서 자라며, 키는 40~70㎝이다.

- 솜분취 : 건조한 풀밭에서 자라며, 키는 15~75㎝이다. 전체에 털이 있다. 강원도 이북에 자라는 한국 특산종이다.
- 털분취 : 잎은 잎자루가 없고 긴 타원 모양으로 양면에 털이 있다. 키는 14~33㎝로 북한의 낭림산에 분포한다.
- 금강분취 : 전체가 솜털로 덮여 있고 줄기의 키는 30~80㎝이다. 금강산과 설악산 등 산지에 분포한다.
- 두메분취 : 높은 산에서 자라며, 키는 10~20㎝로 아주 작다. 전체에 갈색 솜털이 많이 나 있다.
- 긴분취 : 뿌리잎은 꽃이 필 때 시들거나 없어지고 밑부분의 잎은 긴 타원형이다. 백두산에 분포한다.
- 당분취 : 산에서 자라며, 뿌리줄기는 굵으며 약간 옆으로 자란다. 키는 약 1m로 한국 특산종이다.

분취

두메분취

266

목수의 약초로 유명한

톱풀

이명 | 가새풀, 배암세, 배암채

학명 | *Achillea alpina* L.

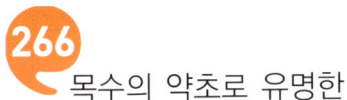

ㅌ

톱풀은

녹음이 우거진 여름 숲에 흰색으로 된 꽃이 빽빽하게 달려 눈에 잘 띈다. 톱처럼 생겨서 톱풀이라고 하는데, 프랑스에서는 톱이나 대패, 칼, 낫 등에 다친 상처에 잘 듣는다고 해서 흔히 '목수의 약초'라고 부른다. 속명은 '아킬레아(*Achillea*)'로, 그리스 신화의 아킬레우스 이야기에서 유래한다. 트로이의 영웅인 아킬레우스는 상처 입은 부하들을 이 풀로 치료했다고 한다. 아킬레아는 전 세계에 약 100종이 자라고, 우리나라에는 4종이 분포한다. 허브식물로는 '야로우(*Yarrow*)'라고 한다.

우리나라 각처의 산과 들에서 흔히 자라는 여러해살이풀로, 반그늘이나 양지에서 자라며, 키는 50~100㎝이다. 뿌리줄기가 옆으로 벋으면서 여러 대가 모여 나오고 윗부분에 털이 많이 난다. 새순은 자그마한 선인장을 닮았다. 잎은 길이가 6~10㎝, 폭이 0.7~1.5㎝로 어긋나고 뾰족하다. 잎자루가 없으며 밑부분이 조금 줄기를 감싼다. 잎몸은 빗살처럼 약간 깊게 갈라지고, 갈래조각에 톱니가 있다.

꽃은 흰색이며 7~9월에 핀다. 꽃의 지름은 0.7~0.9㎝로 가지 끝과 원줄기 끝에 가운데는 높고 끝으로 가면 짧아지게 편평한 듯 달린다. 10~11월경에 길이 약 0.3㎝, 폭 약 0.1㎝의 양 끝이 납작하고 털이 없는 열매가 달린다.

국화과에 속하며 가새풀, 배암세, 배암채라고도 한다. 어린순은 식용하며, 포기 전체는 약으로 쓰인다. 나물로 먹을 땐 여러 번 우려내 매운 맛을 빼내야 한다. 우리나라와 일본, 중국, 동시베리아, 캄차카 반도, 북아메리카 등지에 분포하며, 꽃말은 '장수'이다.

톱풀 압화 ▶

▲ 톱풀_ 잎 올라오는 모습

▲ 톱풀_ 잎

▲ 톱풀_ 꽃봉오리

ㅌ

▲ 톱풀_ 꽃

▲ 톱풀_ 종자 결실

직접 가꾸기

톱풀은 이른 봄에 포기나누기를 하거나 11월에 받은 종자를 종이에 싸서 냉장보관하여 이듬해 봄 화단에 뿌린다. 반그늘이면 어디서나 잘 자란다. 잎은 마치 당근 잎처럼 갈라져 올라오며, 잎이 많은 봄에는 1~2일 간격으로 물을 준다.

가까운 식물들

- 산톱풀 : 산지 풀밭에서 자라며, 꽃은 흰색 또는 분홍색이다. 총포는 종 모양이며 털이 약간 있다. 키는 50~110cm이다.
- 붉은톱풀 : 높은 지대의 습지에서 자라며, 꽃은 붉은색이고 키는 70~90cm 이다.
- 큰톱풀 : 높은 산기슭에 자라며, 꽃은 흰색 또는 분홍색이다. 키는 60~100cm이다.
- 서양톱풀 : 유럽 원산으로 꽃은 흰색, 키는 60~100cm이다. 잎은 어긋나고 밑부분이 줄기를 감싸며 2회 깃꼴로 깊게 갈라진다.

ㅌ

267

통보리 같은 꽃을 피우는

통보리사초

이명 | 큰보리대가리, 보리사초

학명 | *Carex kobomugi* Ohwi

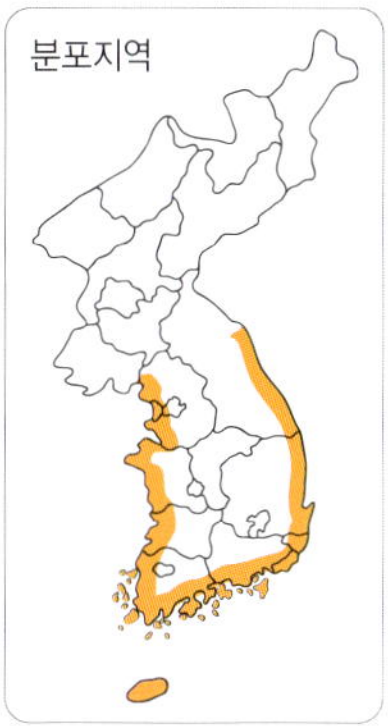

통보리사초는 사초과의 한 종류로 꽃이 핀 모습이 마치 통보리처럼 생겨서 붙은 명칭이다. 사초는 전 세계에 걸쳐 1,500~2,000종이 있으며 우리나라에는 140종 정도가 분포한다. 서로 비슷한 종류가 굉장히 많은 식물이다. 분류는 크게 나도별사초아속과 참사초아속으로 나누는데, 통보리사초는 나도별사초아속과에 속한다.

통보리사초는 우리나라 각처의 해변 모래땅에서 나는 여러해살이풀로, 햇볕이 잘 들어오는 풀숲이나 모래땅의 물 빠짐이 좋은 곳에서 자라며, 키는 10~20㎝이다.

잎은 연한 녹색으로 뿌리에서 나온다. 엽초는 약간 갈색이고 길이는 20~30㎝, 폭은 약 0.5㎝로 갈라진다. 줄기는 질기고 딱딱하며 뿌리는 굵고 나무처럼 딱딱하고 옆으로 뻗는다.

6~8월에 담황록색 꽃이 피며, 크기는 길이 4~5㎝, 폭은 약 2.5㎝로 긴 타원형이다. 꽃은 줄기 끝에 달리고, 일반적으로 암수가 다른 개체이지만 간혹 암수가 같이 있는 경우도 있다. 9~10월경에 타원형 열매가 달린다. 열매의 길이는 약 0.5㎝로 세모지다.

사초과에 속하며 큰보리대가리, 보리사초라고도 한다. 관상용이지만 목초로 쓰거나 거름을 만들 때 사용하기도 한다. 우리나라와 일본, 중국, 타이완 등지에 분포한다.

▲ 통보리사초_ 잎 올라오는 모습

▲ 통보리사초_ 꽃

▲ 통보리사초_ 무리

직접 가꾸기

통보리사초는 10월에 받은 종자를 바로 뿌리거나 상온에 보관하여 이듬해 봄에 뿌린다. 꽃이 말린 것처럼 생겨서 교육용으로 적합한 품종이지만 생육 특성상 일반적인 장소에 심는 것은 바람직하지 않다. 물은 1~2일 간격으로 주며 한꺼번에 주지 않고 여러 번 나누어 준다.

가까운 식물들

- 좀보리사초 : 바닷가 모래땅에 분포하며, 꽃은 5~6월에 붉은색으로 핀다. 키는 10~25㎝이다.
- 천일사초 : 담수와 해수가 섞이는 곳의 습지에서 자라며 잎의 폭은 0.2㎝이다.
- 나도별사초 : 길가나 숲가에 자라며, 키는 30~70㎝이다. 잎은 어긋나고 폭이 약 0.3㎝이며 끝이 뾰족하고 줄기보다 짧다.
- 별사초 : 강 연안, 높은 지대의 습지에 자라며, 키는 20~60㎝, 잎의 폭은 약 0.3㎝의 크기이다.
- 바늘사초 : 산지나 숲 속의 습지에 자라며, 키는 15~30㎝이다. 잎은 편평하고 폭이 약 0.2㎝이며, 밑부분의 잎집은 갈색이다.
- 줄사초 : 숲 속에서 자라며, 키는 40~70㎝이다. 잎은 뭉쳐나고 폭이 약 0.3㎝이며, 밑부분의 잎집은 검은빛이 도는 갈색이다.
- 개찌버리사초 : 숲 속이나 습기 있는 풀밭에서 자라며, 키는 20~40㎝이다. 잎은 짙은 녹색 또는 연한 황록색으로 폭은 약 0.3㎝이다.
- 삿갓사초 : 습지나 얕은 물가에 자라며, 키는 40~100㎝이다. 잎은 두꺼우며 폭이 0.4~0.8㎝이고 짙은 녹색이다.

268

연한 자줏빛 꽃이 피는 약용식물

파란여로

이명 | 한라여로, 푸른여로, 청여로

학명 | *Veratrum maackii* var. *parviflorum* (Maxim.) Hara

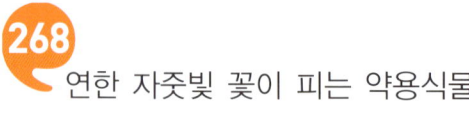

▲ 파란여로_ 꽃

여로(藜蘆)는 갈대같이 생긴 줄기가 검은색의 껍질에 싸여 있어 붙여진 명칭이다. 여로는 몇 종류가 있는데, 파란여로는 한라여로라고도 부르며, 키가 작으면서 자줏빛 꽃이 핀다.

키는 50~100㎝이다. 긴 타원형의 잎은 길이가 20~30㎝, 폭은 6~10㎝이고 줄기 밑부분에 모여 달리며 끝이 뾰족하다. 줄기는 곧게 서고 원줄기 아래쪽에 잎이 달린다.

7월에 연한 자줏빛 꽃이 핀다. 줄기 끝에서 다시 측지가 여러 차례 갈라지며 수꽃과 양성의 꽃이 지름 약 1㎝ 크기로 핀다. 줄기나 가지는 길이가 30~50㎝이며 털이 있다. 작은꽃줄기는 가지에 꼬불꼬불한 털이 많고 길이는 0.6~1㎝이다. 8~9월경에 길이 1.5~2㎝의 타원형 열매가 달린다.

백합과에 속하는 여러해살이풀로, 우리나라 각처의 산지에 분포한다. 일본에도 분포한다. 반그늘이나 햇볕이 잘 드는 곳의 물 빠짐이 좋고 부엽질이 풍부한 경사지에서 자란다. 뿌리는 약으로 쓰인다.

Ⅱ

직접 가꾸기

파란여로는 9월경에 종자를 받아 바로 화분이나 화단에 뿌리거나 이듬해 봄에 뿌린다. 발아에서 꽃이 필 때까지의 기간은 2~3년 정도 걸린다. 종자 발아율은 높은 편이다. 포기나누기는 이른 봄에 한다.

주변습도가 높은 곳에서 자라기 때문에 습지 근처에 심는다. 개체가 많으면 꽃 피는 것이 적으므로 가능한 분리하여 심는다. 화분에는 적합하지 않은 품종이다.

가까운 식물들

- 긴잎여로 : 잎 길이가 20~40cm로 긴 편이다. 여로와 비슷하지만 잎과 열매가 다르다.
- 삼수여로 : 함경도 산지에서 자라며, 키는 60~70cm이다. 7월에 검붉은 자줏빛 꽃이 핀다.
- 여로 : 키는 40~120cm 정도이며, 꽃은 자줏빛이 도는 갈색이다.
- 나도여로 : 키가 17~30cm로 작은 편이다. 백두산과 개마고원에 자란다.
- 참여로 : 키가 1.5m로 크며, 꽃은 자주색이다.
- 흰여로 : 꽃이 흰색이다. 키는 1m이며, 지리산과 가야산 등에 서식하는 한국 특산종이다.

여로

참여로

흰여로

269

파리를 잡는 데 사용하는

파리풀

이명 | 꼬리창풀

학명 | *Phryma leptostachya* var. *asiatica* H. Hara

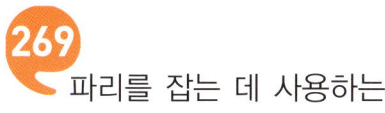

ㅍ

파리를 닮아 파리풀이라는 이름이 붙었을까 생각되기도 하지만 예쁜 꽃을 보면 파리와는 전혀 다른 모습이다. 파리풀이라는 이름이 붙은 이유는 이 풀이 파리를 잡는 데 쓰이기 때문이다. 파리풀의 뿌리를 짓이겨 종이에 스며들게 한 후 놔두면 여기에 파리가 달라붙은 뒤 달아나지 못하므로 파리를 잡을 수 있다.

우리나라 각처의 산과 들에 나는 여러해살이풀로, 반그늘 혹은 양지의 토양이 비옥한 곳에서 자라며, 키는 약 70㎝이다. 전체에 털이 있으며 줄기는 곧게 서고 줄기의 마디 바로 윗부분이 특히 굵다.

잎은 길이가 7~9㎝, 폭이 4~7㎝로 잎자루가 길다. 잎의 양면, 특히 맥 위에 털이 많고 가장자리에 톱니가 있다. 잎은 넓은 난형이고 마주난다. 7~9월에 연한 자주색 꽃이 피며, 길이는 0.5~0.6㎝이다. 작은 입술 모양의 꽃이 밑에서부터 위를 향해 달리지만 점차 옆을 향하고, 뒤쪽에 있는 3개의 열편은 가시처럼 되어 다른 물체에 잘 붙는다. 까끄라기는 길이가 약 0.2㎝ 정도이다. 열매는 10월경에 달린다.

파리풀과에 속하며, 꼬리창풀이라고도 한다. 전초는 약으로 쓰인다. 우리나라와 일본, 중국, 히말라야 산맥, 동시베리아 등지에 분포하며, 꽃말은 '친절' 이다.

▲ 파리풀_ 잎

▲ 파리풀_ 꽃(정면)

▲ 파리풀_ 꽃(측면)

▲ 파리풀_ 종자 결실

직접 가꾸기

파리풀은 10월에 얻은 종자를 보관하여 이듬해 봄에 뿌리거나 가을이나 이른 봄에 포기나누기를 해서 번식시킨다. 물 빠짐이 좋고 거름기가 많은 화분이나 화단에 심는다. 교육용으로 적합한 품종이다.

가까운 식물들

파리풀과는 오로지 파리풀 1종뿐이다.

270

바람을 좋아하는 야생란

풍란

이명 | 둥꼬리난초

학명 | *Neofinetia falcata* (Thunb. ex Murray) Hu

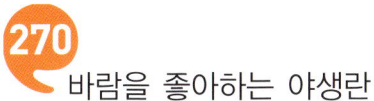

풍란(風蘭)은 우리나라 자생난 중에서 자라는 모습이 매우 특이하고 향기가 좋아 관상용으로 인기가 높다. 풍란동호회나 연구회가 많이 있을 정도이다. 풍란은 말 그대로 바람을 좋아하고 공기 중에서 수분과 양분을 흡수하여 살아가는 난이라는 뜻이다.

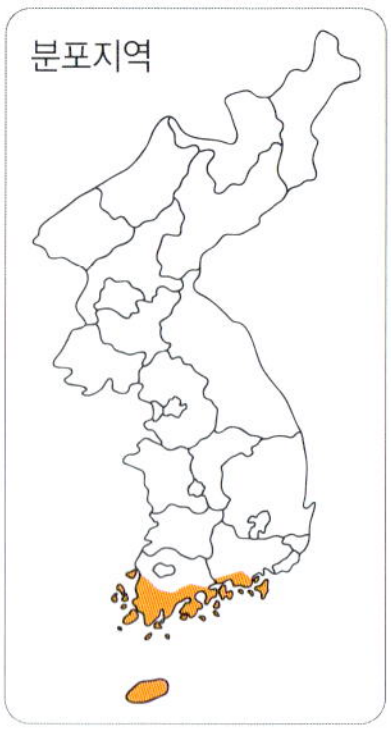

우리나라 남부의 바위나 나무에 붙어 사는 상록 여러해살이풀로, 주변습도가 높고 햇볕이 잘 들어오거나 반그늘의 바위나 나무의 이끼가 많은 곳에서 자라며, 키는 약 10cm로 작은 편이다. 잎은 길이 5~10cm, 폭이 약 0.7cm로 가늘고 긴 모양을 하고 있으며 짧은 마디에서 2줄로 어긋나게 달리고 활처럼 아래로 굽어 있다.

꽃은 순백색으로, 7월에 핀다. 잎겨드랑이에서 나온 꽃줄기는 길이가 약 3~10cm이고 끝에 3~5개의 꽃이 달린다. 꽃잎은 5개로, 3개는 위를 향해 올라가 있고 2개는 아래로 처져 있다. 새의 꼬리같이 나온 부분은 길이가 약 4cm이며 길게 뒤로 휘어져 아래로 향한다. 10~11월경에 길이 약 3cm의 열매가 길게 달리고, 안에는 먼지와 같은 작은 종자들이 많이 들어 있다.

예전부터 이 품종은 시중에서 많이 판매되고 있는데, 이는 자생지에서의 채집에 의한 것이 아니라 조직 배양을 통해 대량으로 생산한 것이다. 개량품종의 경우 꽃은 흰색 또는 연분홍색이 있으며 겹꽃도 있다. 또 잎도 좁은 것, 넓은 것, 흰색과 노란색 등의 무늬가 있는 것 등 여러 가지가 있다.

난초과에 속하며 조란, 꼬리난초라고도 한다. 또 귀한 느낌이 나므로 부귀란이라고도 한다. 우리나라와 일본에 분포하는데, 우리나라의 경우 홍도와 흑산도에서 자생한다. 그러나 무분별하게 채취하는 바람에 멸종위기 1급 보호식물로 분류되었다.

▲ 풍란_ 꽃봉오리

▲ 풍란_ 꽃(정면)

▲ 풍란_ 전초

직접 가꾸기

풍란은 종자는 많지만 발아율이 낮아 일반인들이 번식시키기는 힘들다. 돌에 붙어사는 착생란이기 때문에 화분용으로 적합하다. 이끼와 시중에서 파는 수태(이끼를 말린 것)를 이용하여 돌에 붙여 재배한다. 관상 가치가 높은 종이기 때문에 묘종을 구입해 돌에 붙여도 좋다. 물은 1~2일 간격으로 분무기를 이용하여 여러 번 준다.

가까운 식물들

- 나도풍란 : 따뜻한 곳의 상록수의 나무줄기나 바닷가 바위에 붙어서 자란다. 꽃은 연한 백록색이며, 잎의 길이가 8~15㎝, 폭이 1.5~2.5㎝이다.

나도풍란

271

피를 멈추게 하는 약초

피막이

이명 | 피막이풀, 피마기풀

학명 | *Hydrocotyle sibthorpioides* Lam.

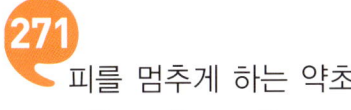

피막이는

피를 막는다는 말 뜻 그대로 피를 멈추게 하는 데에 약초로 쓰인다. 한자로는 '지혈초(止血草)' 라고 한다. 이와 비슷한 것으로 병풀이 있는데, 이 역시 병이 난 데 사용한다고 해서 병풀이다. 모양도 비슷한데 잎의 지름이 2~5㎝로 피막이 잎보다 조금 더 크고, 꽃이 홍자색이다.

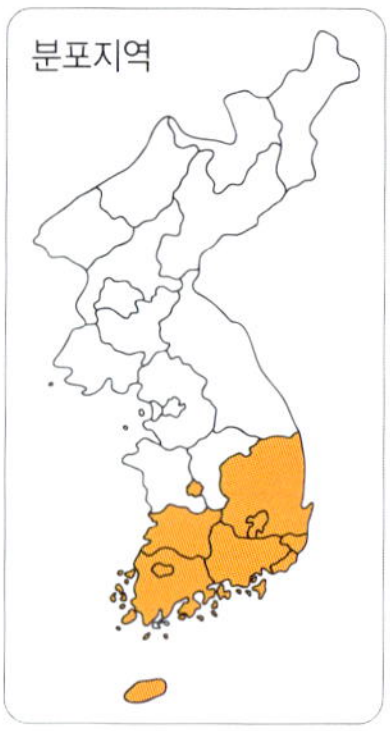

피막이는 남부지방의 산과 들에서 자라는 상록 여러해살이풀로, 습기가 많은 경사지나 습지 근처에서 자라며, 키는 5~10㎝로 작은 편이다. 전체에 털이 없고, 줄기는 땅 위로 뻗으며 자란다.

잎은 어긋나고 둥근 잎자루는 길며 밑은 심장형이다. 잎은 얕게 7~9개로 갈라지며 갈래는 치아 모양의 톱니로 된다. 7~9월에 흰색 또는 자주색 꽃이 피며 잎겨드랑이에서 3~5송이씩 위로 올라가며 달린다. 열매는 10월경에 둥글고 납작하게 달린다.

산형과에 속하며 지혈초, 피막이풀, 피마기풀이라고도 한다. 관상용으로 쓰이며, 전초는 약으로 쓰인다. 우리나라와 일본, 타이완 등지에 분포한다.

◀ 피막이_ 꽃봉오리

▲ 피막이_ 꽃

▲ 피막이_ 종자 결실

ㅍ

직접 가꾸기

피막이는 10월경에 달리는 종자를 이듬해 봄에 뿌리거나 잎이 뻗어가면 줄기를 잘라서 삽목해 번식시킨다.

습기가 많은 곳에 심거나 마른 경사지에 심는 것도 좋다. 특히 줄기가 옆으로 가면서 계속 뿌리를 내리기 때문에 토사 유출의 위험이 있는 곳에 심으면 더 좋다.

가까운 식물들

- 큰잎피막이 : 잎의 지름이 3㎝로, 피막이 종류 중에는 가장 크다.
- 큰피막이 : 잎의 밑갈래 조각이 합쳐지며 키는 10~15㎝이다.
- 선피막이 : 잎의 밑갈래 조각이 따로 떨어져서 겹쳐지지 않는다. 줄기가 다소 선다고 해서 선피막이라고 하며, 도랑 근처에 자란다.
- 제주피막이 : 잎 밑부분은 넓게 벌어지고 5~7갈래로 갈라지며 가장자리에 톱니가 있다. 꽃은 흰색이고, 잎은 지름이 0.5~2㎝이다.
- 병풀 : 산형과로 다소 습기가 있는 곳에 자란다. 잎의 지름은 2~5㎝, 꽃은 홍자색이다.

272

하늘을 향해 피는 나리꽃

하늘말나리

이명 | 우산말나리

학명 | *Lilium tsingtauense* Gilg

ㅎ

하늘말나리는 나리꽃의 일종으로 꽃이 하늘을 보고 있으며, 잎이 나오는 모습은 말나리를 닮았다고 해서 하늘말나리라고 한다. 나리는 꽃이 어디를 향하는가에 따라 하늘을 보면 하늘나리, 땅을 보면 땅나리, 중간쯤에 비스듬히 있으면 중나리라고 한다.

하늘말나리는 우리나라 전역에서 자라는 여러해살이풀이다. 반그늘이고 부엽질이 많거나 모래 성분이 많은 토양에서 자라며, 줄기는 곧게 서며 거의 털이 없고, 키는 60~90㎝이다.

잎은 크게 돌려나는 잎이 줄기 중앙에 6~12개씩 달리고, 타원형으로 뾰족해진 끝과 점차적으로 좁아진 밑부분이 직접 원줄기에 달려 있다. 또한 길이 9㎝, 폭 2㎝의 작게 어긋나는 잎이 줄기 윗부분에 달린다. 하지만 이 잎은 위로 올라갈수록 더 작아진다. 꽃은 7~8월에 피는데 황적색 바탕에 자주색 반점이 많이 있고, 지름은 4㎝ 정도이다. 원줄기 끝과 곁가지 끝에 1~3개의 꽃이 위를 향해 달린다. 9~10월에 편평한 열매가 익는다.

백합과에 속하며 우산말나리, 산채, 소근백합이라고도 한다. 관상용이며, 어린잎의 줄기와 비늘줄기는 식용한다. 우리나라와 중국에 분포하며, 꽃말은 '변치 않는 귀여움', '순결' 이다.

◀ 하늘말나리_ 꽃봉오리

▲ 하늘말나리_ 꽃(측면)

▲ 하늘말나리_ 꽃(정면)

ㅎ

▲ 하늘말나리_ 시드는 모습

▲ 하늘말나리_ 무리

직접 가꾸기

하늘말나리는 작은 인편으로 되어 있기 때문에 조심해서 알뿌리를 떼어내 이를 이용하여 번식시킨다. 또는 9~10월경에 익은 종자를 바로 화분이나 화단에 뿌리거나 이듬해 봄에 뿌려도 된다. 반그늘이면서 물 빠짐이 좋고 토양이 비옥한 화단에 심는다. 중간 잎이 무성하기 때문에 봄이나 여름에는 2~3일 간격으로 물을 주는 것이 좋다.

가까운 식물들

- 중나리 : 꽃은 황적색이며, 비스듬히 중간을 향한다. 키는 1~2m이다.
- 참나리 : 나리 중의 왕으로 키는 1.5m이며, 꽃에 호랑이 무늬가 있고, 꽃잎이 뒤로 젖혀진다. '참' 은 진짜라는 뜻이다.
- 날개하늘나리 : 산에서 자라며, 꽃은 황적색 바탕에 자주색 반점이 있다. 키는 20~90㎝이다.
- 하늘나리 : 날개하늘나리와 크기가 비슷하지만 꽃이 훨씬 붉으며, 꽃잎도 더 가늘다. 잎도 폭이 0.3~0.6㎝로 아주 가늘다.
- 말나리 : 6~7월에 1~10개의 노란빛을 띤 빨간 꽃이 옆을 향하여 핀다. 키는 약 80㎝이다.
- 털중나리 : 전체에 잿빛의 잔털이 있으며, 키는 50~80㎝이다. 꽃은 황적색으로 반점 무늬가 있으며, 중간을 향한다.
- 누른하늘말나리 : 꽃은 노란색, 키는 70~100㎝이다.

중나리

참나리

말나리

털중나리

누른하늘말나리

273

하늘이 내린 열매

하늘타리

이명 | 쥐참외, 하눌수박, 하늘수박, 자주꽃하눌수박

학명 | *Trichosanthes kirilawii* Maxim.

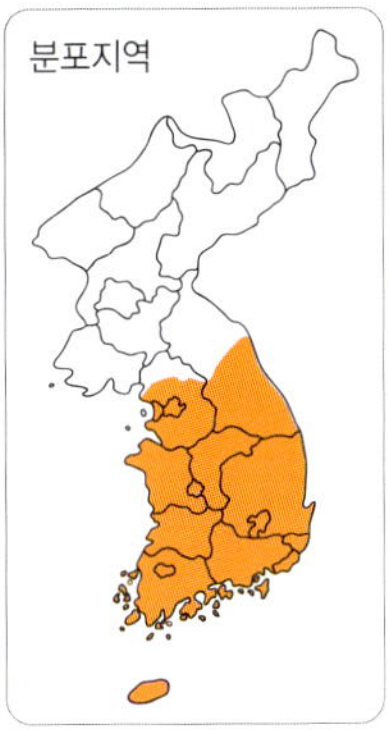

하늘타리는 꽃이 핀 모습을 보면 마치 머리를 풀어헤친 듯하다. 언뜻 보면 그것이 울타리를 만들어주는 것 같아서 한울타리, 하늘타리라고 하지 않았을까 하는 생각도 든다. 흥미로운 건 이 꽃에서 탈모억제제를 추출해내는 연구를 한다는 것이다.

하늘타리는 뿌리나 열매, 종자 등 식물의 거의 전체를 약재로 사용한다. 뿌리는 왕과근(王瓜根) 또는 과루근(瓜蔞根), 열매를 토과실(土瓜實), 종자를 토과인(土瓜仁) 또는 과루인(瓜蔞仁)이라고 부른다. 그래서 민간에서는 하늘타리를 '하늘에서 내린 약초'라고 하기도 한다. 또 열매의 모양이 수박을 닮아서 '하늘수박'이라고도 부른다.

우리나라 중부 이남의 마을 주변과 들에 나는 덩굴성 여러해살이풀로, 물 빠짐이 좋은 양지 혹은 반그늘에서 자란다. 땅속에 고구마같이 굵은 덩이뿌리가 있는데, 가끔 10kg이 넘는 대형 덩이뿌리가 채취되기도 한다.

잎은 단풍잎처럼 5~7개로 갈라지고 표면에 짧은 털이 있으며 어긋난다. 갈래조각에 톱니가 있고 밑은 심장형이다.

하늘타리는 7~8월에 연한 노란색 또는 흰색 꽃이 피는데, 암수가 따로 달리는 암수딴그루이다. 꽃줄기는 수꽃이 약 15㎝, 암꽃이 약 3㎝ 정도로, 끝에 1개의 꽃이 달리고 꽃잎은 각 5개로 갈라진다. 10월경에 지름 약 7㎝ 정도의 둥근 열매가 달린다. 열매는 오렌지색으로 익으며 연한 다갈색의 종자가 많이 들어 있다.

박과에 속하며 쥐참외, 하눌수박, 자주꽃하눌수박이라고도 하고 과루등, 천선지루라고도 한다. 관상용으로 쓰이며, 뿌리는 식용 또는 약용으로, 열매 역시 약으로 쓰인다. 우리나라와 일본, 타이완, 중국, 몽골 등지에 분포하며, 꽃말은 '좋은 소식'이다.

▲ 하늘타리_ 꽃 지는 모습

▲ 하늘타리_ 꽃 시든 후 모습

▲ 하늘타리_ 열매

▲ 하늘타리_ 무리

직접 가꾸기

하늘타리는 10월에 얻은 종자를 바로 뿌리거나 종이에 싸서 냉장보관하고 이듬해 봄에 뿌린다. 가을에 포기나누기를 해도 된다. 물 빠짐이 좋고 빛을 많이 받을 수 있는 화단이나 화분에 심으며, 철사와 같이 덩굴이 감아 올라갈 수 있는 것을 만들어주는 것이 요령이다. 물은 2~3일 간격으로 준다.

가까운 식물들

- 노란하늘타리 : 잎갈래 조각에 톱니가 없고, 열매가 타원형이다. 잎 길이는 6~10㎝이다.

ㅎ

274

한라산에 사는 요정

한라감자난초

이명 | 두잎난초

학명 | *Oreorchis hallasanensis* Y. N. Lee & K. S. Lee

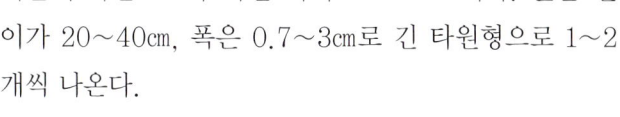

둥근 알뿌리가 꼭 감자를 닮았다고 해서 감자난초라는 이름이 붙는다. 감자라고 하면 투박한 느낌을 주지만 꽃은 매우 예뻐 숲의 요정이라고 부를 만하다. 감자난초 중 잎이 2개 나는 것을 두잎감자난초, 두잎난초 혹은 한라감자난초라고 한다.

키는 감자난초보다 약간 작아 30~40㎝이다. 잎은 길이가 20~40㎝, 폭은 0.7~3㎝로 긴 타원형으로 1~2개씩 나온다.

잎은 양끝이 좁으며 짙은 녹색이고, 꽃이 진 후 노란색으로 변하며 휴면에 들어간다. 8~9월에 새로운 눈을 내고 월동하여 이듬해에 잎을 올린다. 뿌리줄기는 길이가 1.5~2㎝이고 둥글다.

꽃은 황갈색이며 6~7월에 핀다. 본종인 감자난초 꽃보다 짙으면서 꽃잎에 자갈색 반점이 있는 것이 특징이다. 꽃받침과 곁꽃잎은 긴 타원형이며, 입술꽃잎은 희다. 입술꽃잎 안쪽에 3개의 솟은 줄이 있다. 8~9월경에 약 길이 2㎝의 방추형 열매가 달린다.

난초과에 속하는 여러해살이풀로, 제주도에 분포한다. 습기가 많은 반그늘 또는 음지의 부엽질이 풍부한 곳에서 자란다. 관상용으로 쓰인다.

▲ 한라감자난초_ 꽃(정면)

▲ 한라감자난초_ 꽃(측면)

직접 가꾸기

한라감자난초의 알려진 번식법은 없지만 자생지에 많은 개체가 있으면서 군데군데 한 송이씩 나 있는 것을 보면 어느 정도는 종자 발아가 된다는 의미이다. 따라서 일반적인 난과 식물처럼 종자를 이끼에 뿌려 발아시키는 방법도 연구해봐야 할 것 같다.

늦가을에 포기나누기를 해서 개체를 불리는 것도 하나의 방법이다. 다만 재배법에 대해서는 알려진 것이 없다.

가까운 식물들

- 감자난초 : 키는 30~50㎝로 난초과에서는 큰 편이다. 잎은 옆에서 1~2장 나오며, 30㎝에 이를 정도로 크게 자란다.

감자난초

ㅎ

275

키 작은 개승마

한라개승마

이명 | 한라산승마아재비

학명 | *Aruncus aethusifolius* (H. Lev.) Nakai

승마의 한 종류인 개승마에, 한라산에 분포한다고 해서 한라라는 접두어를 붙인 품종이다. 그만큼 특정 지역에만 나는 것임을 이름에서 유추할 수 있다.

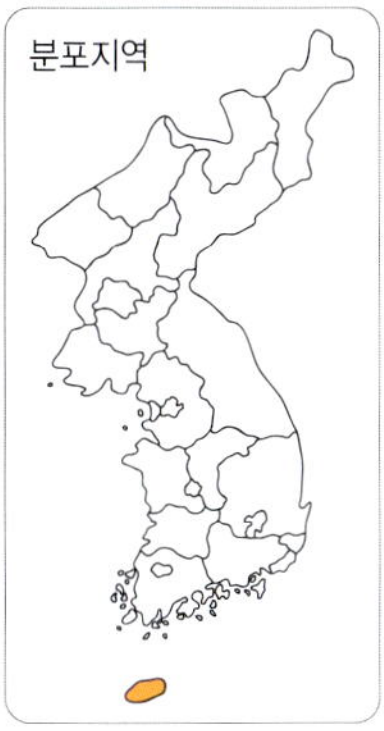

개승마는 승마보다 못하다는 뜻의 '개'를 붙였으나 꽃을 보면 만만치가 않다. 하얀 꽃들이 줄기 위쪽에 길게 달린 모습은 오히려 승마 꽃보다 아름답다는 생각까지 들게 한다.

한라개승마의 특징은 키가 작다는 것이다. 보통 승마들은 1m 정도는 크지만 이 품종은 키가 약 20㎝ 정도이다. 한라산의 1,500m 이상 고지에 적응된 것임을 알 수 있겠다.

잎은 길이가 7~12㎝, 폭은 3~7㎝로 넓은 삼각형 모양이다. 2회 깃꼴 모양으로 되고 다시 3개로 갈라진다. 찢어진 잎은 달걀형이고 정열편이 가장 크고 꼬리처럼 길게 뾰족해지며 어긋난다.

꽃은 황백색이며 5~7월에 핀다. 원줄기 끝에 여러 개의 꽃이 어긋나게 붙어 아래에서부터 위쪽으로 올라가며 달린다. 꽃받침은 반원형이고 끝이 5개로 갈라진다. 꽃잎은 꽃받침과 붙었으나 조금 더 길고, 수술이 밖으로 나온다. 열매는 8~9월경에 익으며 길이는 약 0.3㎝이다.

장미과에 속하는 여러해살이풀로 우리나라 특산식물이며 멸종위기식물로 분류되어 보호받고 있는 종이다. 제주도 한라산의 1,500m 이상 고지에 자생한다. 바람이 잘 통하고 주변에 습도가 높은 경사지의 부엽질이 많은 곳에서 자란다.

뿌리줄기는 약재로 이용된다. 승마의 승(升)은 양기를 상승시킨다는 의미이고 마는 그 잎이 삼(麻)과 같다는 의미이다. 그만큼 약효가 뛰어난 식물로 여겨진다.

▲ 한라개승마_ 잎

▲ 한라개승마_ 꽃봉오리

▲ 한라개승마_ 종자 결실

▲ 한라개승마_ 무리

ㅎ

직접 가꾸기

한라개승마는 9월경에 받은 종자를 바로 뿌리거나 종이나 솜에 싸서 냉장고에 보관하여 이듬해 봄에 뿌린다. 종자 발아율에 대한 내용은 아직 보고된 것이 없는 실정이다. 알려진 재배법은 없다. 자생지 환경을 보면 고지가 높은 곳에서도 충분히 재배가 가능할 것으로 판단된다.

가까운 식물들

- 승마 : 뿌리가 굵고 자줏빛을 띤 검은색이며, 키는 약 1m이다.
- 나도승마 : 굵은 뿌리줄기가 길게 옆으로 벋으며 끝에서 새싹이 무리지어 돋는다. 전남 백운산에만 분포하며, 키는 30~100㎝이다.
- 눈개승마 : 누운 개승마라는 뜻으로 높은 산에서 자라며, 키는 30~100㎝이다.
- 황새승마 : 깊은 산속 숲 언저리에서 자라며, 키는 1~1.5m이다. 8~9월에 노란빛을 띤 흰색 꽃이 핀다.
- 개승마 : 키는 30~100㎝이다. 잎은 길이가 7~20㎝, 폭은 6~18㎝이다.
- 눈빛승마 : 8월에 하얀색 꽃이 마치 눈이 쌓인 것처럼 핀다. 깊은 산에서 자라며, 키는 약 2.4m이다.
- 촛대승마 : 꽃이삭이 갈라지지 않아 촛대처럼 생겼다.
- 왜승마 : 높이 60~80㎝이고 윗부분에서 가지를 치며 가지에는 짧은 털이 빽빽이 나 있다.

나도승마

개승마

눈빛승마

촛대승마

276

한라산 고지대에 사는 돌창포

한라꽃창포

이명 | 한라돌창포

학명 | *Tofieldia coccinea* var. *kondoi* (Miyabe & Kudo) Hara

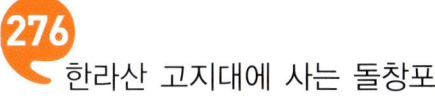

ㅎ

모습이 꽃창포와 비슷하다고 해서 꽃창포라는 이름이 붙었으나 꽃창포는 붓꽃과, 한라꽃창포는 백합과여서 다른 종이다. 한라산의 1,500m 이상의 고지 바위틈에서 자라는데, 바위에 붙어 자란다고 한라돌창포라고도 부른다. 실제 돌창포와 크기도 비슷할 뿐만 아니라 종도 백합과로 같다. 돌창포는 키가 14~30㎝, 꽃은 흰색이고, 한라꽃창포는 키가 6~21㎝, 역시 꽃은 흰색이다. 비슷한 종류로는 숙은돌창포가 있다. 숙은돌창포는 꽃자루가 밑으로 처지는 바람에 키는 5~15㎝에 불과하다.

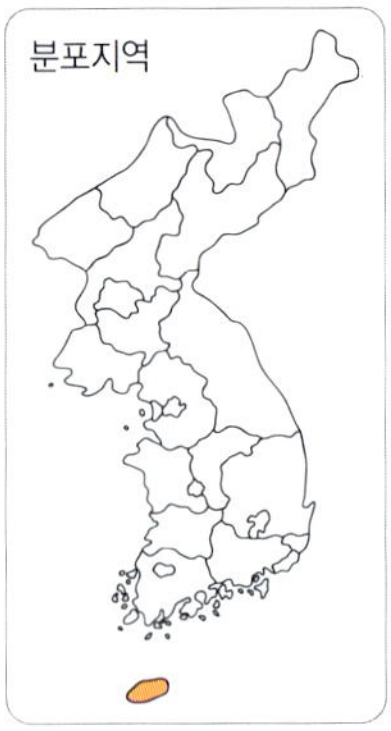

잎은 길이가 3~10㎝로 부채꼴 모양이다. 잎 끝은 길게 점차 뾰족해지고 평행맥은 8~9개이다. 밑은 잎자루가 칼집 모양으로 줄기를 싸며 서로 마주 안고 잎은 2열로 배열한다. 줄기는 짧고 단단한 황갈색의 잔뿌리를 낸다. 6~7월에 흰색 꽃이 줄기를 따라 아래에서 위로 올라가며 핀다. 꽃이 줄기에 붙은 길이는 약 6㎝, 수술은 6개다. 8~9월경에 달걀을 거꾸로 세운 모양으로 열매가 달리는데, 끝에 3개의 암술대가 남아 있다.

백합과에 속하는 여러해살이풀로, 제주도 한라산의 1,500m 이상의 고지 바위틈에서 자란다. 바람이 잘 통하는 곳의 바위틈에 붙어 있으며 습도가 높은 곳에 자란다.

자생지에서는 특정 식물인 시로미와 공존하는 것을 관찰할 수 있었다. 공생관계인지 아니면 다른 요인이 있는지에 대해서는 밝혀진 것이 없다. 그러나 같이 있는 모습이 거의 80% 이상인 것으로 관찰되었으므로 이는 서로의 공생관계에서 기인한 것이 아닌가 하는 생각이다.

이렇게 특정 식물과 연계된 품종은 재배가 어렵다. 특정 지역에서 특정 식물과 공생을 하는 이유는 아직 밝혀지지 않았지만 점점 훼손당하는 현실에서 복원에 필요한 밑거름이 되리라 생각한다. 제주도 몇몇 곳에서는 이 품종을 돌에 올려 판매하는 경우도 있으나 멸종위기식물로 분류되어 있으므로 원예종인지를 반드시 확인해야 한다.

▲ 한라꽃창포_ 새순 올라오는 모습

▲ 한라꽃창포_ 잎

▲ 한라꽃창포_ 꽃

ㅎ

▲ 한라꽃창포_ 시드는 모습

▲ 한라꽃창포_ 종자 결실

직접 가꾸기

한라꽃창포는 9월경에 받은 종자를 바로 뿌리거나 보관한 후 이듬해 봄에 뿌린다. 종자 발아율은 낮은 편이다. 뿌리에서 새로운 개체가 계속 생겨나므로 이른 봄이나 가을에 옆으로 나온 개체를 분리해도 된다. 재배하기는 쉽지 않은 품종이다.

가까운 식물들

- 꽃창포 : 붓꽃과에 속하므로 다른 종이다. 키는 60~120㎝이다.
- 숙은돌창포 : 습기가 있는 바위의 틈과 표면에서 자란다. 키는 5~15㎝로 작으며, 석창포를 축소시킨 것 같아 숙은돌창포라고 한다.
- 돌창포(석창포) : 습기 있는 바위 표면에서 자라는데, 땅속줄기는 매우 짧다. 강원도 팔봉산과 북한 지방에 분포한다. 키는 14~30㎝, 꽃은 흰색이다.

277

한라산에 자생하는 부추

한라부추

이명 | 섬산파

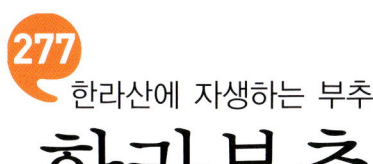

학명 | *Allium taquetii* H. Lev. & Vaniot var. *taquetii*

ㅎ

한라부추는

풀 전체에서 마늘 향기가 나는 것이 특징이다. 키는 약 30㎝로, 대표종인 부추의 키가 30~40㎝인 것에 비해 약간 작다. 부추와 마찬가지로 한라부추도 식용한다.

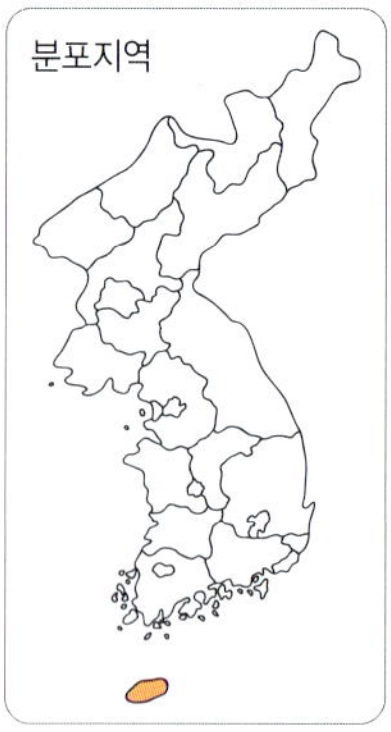

한라산의 표고 1,100m 고지 이상과 전라남도 백운산, 지리산 및 가야산에서 나는 여러해살이풀이다. 햇볕이 많이 들어오는 곳이나 반그늘이 진 물기가 많은 곳에서 자란다.

부추처럼 생긴 잎은 길이가 15~20㎝, 폭이 약 0.3㎝로 3~4개가 달린다. 뿌리는 긴 난형으로 겉은 검은 섬유로 덮여 있고 1군데에서 여러 개의 작은 뿌리가 뭉쳐 있다. 꽃은 적자색으로, 8~9월에 꽃줄기 끝에 3~30개의 꽃이 펼쳐지듯 달리는데, 작은꽃줄기 길이는 0.5~0.9㎝이며 수술은 6개이다. 10~11월경에 둥근 열매가 달리며, 안에 들어 있는 종자는 검은색이다.

백합과에 속하며, 섬산파라고도 한다. 관상용으로 쓰이며, 전초는 식용된다. 우리나라의 제주도에 분포하며, 중국에도 분포한다. 꽃말은 '영원한 사랑' 이다.

직접 가꾸기

한라부추는 11월에 종자를 받아 바로 뿌리거나 종이에 싸서 냉장고에 보관하고 이듬해 봄에 뿌린다. 종자 발아율은 높은 편이다. 뿌리 번식은 잎이 지상부에서 없어진 후나 이른 봄에 원뿌리에 붙어 있는 작은 뿌리를 떼어내 번식시킨다. 물 빠짐이 좋은 곳에 퇴비를 많이 넣은 후 재배하며, 물은 2~3일 간격으로 주면 된다.

▲ 한라부추_ 꽃봉오리

▲ 한라부추_ 꽃봉오리(전개되는 모습)

▲ 한라부추_ 무리

ㅎ

가까운 식물들

- **부추** : 식용으로 재배되며, 꽃은 흰색이다. 키는 30~40㎝이다.
- **산부추** : 꽃은 붉은 자줏빛이며, 키는 30~60㎝이다.
- **노랑부추** : 꽃이 노란색이다. 잎 길이는 20㎝이고 북한 지역에 자란다.
- **두메부추** : 꽃은 홍자색이고, 키는 20~30㎝이다. 울릉도와 백두산에 분포한다.
- **물부추** : 얕은 물속에 자란다. 잎은 원기둥 모양이며, 길이는 10~30㎝이다.
- **실부추** : 모래땅, 자갈과 돌이 많은 땅에 자라며, 마늘 냄새가 난다. 키는 20~40㎝, 꽃은 연한 녹색이다.
- **호부추** : 중국부추로 조선부추에 비하여 길이가 길고 두툼한 편이다. 중국요리에 많이 사용된다.
- **참산부추** : 키는 60㎝로, 8~9월에 홍자색 꽃이 줄기 끝에 둥글게 펼쳐지듯 달린다.

부추

참산부추

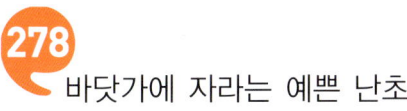

278
바닷가에 자라는 예쁜 난초

해란초

이명 | 꽁지꽃, 꼬리풀, 운난초, 운란초
학명 | *Linaria japonica* Miq.

ㅎ

해란초

(海蘭草)는 바닷가에 자라는 난초 같다고 해서 붙여진 이름이다. 꽃을 보면 마치 과자가 달린 것처럼 보이는데, 과자 가운데에는 사탕이 들어 있는 것 같다. 식물 전체는 가루를 뿌려놓은 것 같은 흰색이 도는 것이 특징이다. 난초라는 이름이 붙었지만 난초과는 아니고, 약초류가 많은 현삼과에 속한다. 꽃을 포함해 잎과 줄기를 약재로 사용한다.

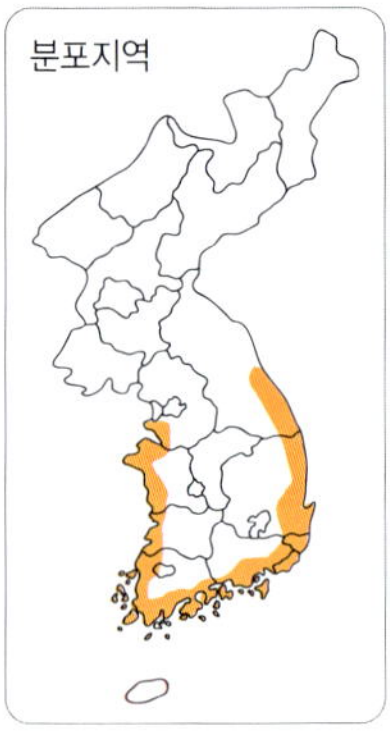

해란초는 우리나라 동해안을 따라 남북으로 해변의 모래땅에 나는 여러해살이풀로, 물 빠짐이 좋고 햇볕이 많이 들어오는 곳에서 자라며, 키는 15~40㎝이다. 뿌리가 옆으로 길게 벋으면서 자라고 마디에서 새싹이 나온다.

잎은 어긋나게 달린다. 잎의 크기는 길이 1.5~3㎝, 폭 0.5~1.5㎝로 약간 뾰족하다. 줄기 밑부분에 있는 잎은 3~4개가 돌아가며 달린다.

7~8월에 연한 노란색 꽃이 줄기 끝에 길이 약 1.5㎝ 정도로 달린다. 꽃잎 뒷부분에 달리는 작은꽃줄기는 길이 0.5~1㎝로 굵고 아래로 향한다.

9~10월경에 둥근 열매가 달리는데, 안에는 길이 약 0.3㎝의 종자가 들어 있다.

현삼과에 속하며 꽁지꽃, 꼬리풀, 운난초, 운란초라고도 한다. 관상용으로 쓰이며, 꽃을 포함한 지상부 전체를 약으로 사용한다. 우리나라와 일본, 사할린 섬, 쿠릴 열도, 중국 동북부에 분포하며, 꽃말은 '달성' 이다.

▲ 해란초_ 새순 올라오는 모습

▲ 해란초_ 꽃

ㅎ

▲ 해란초_ 꽃(위에서 본 모습)

▲ 해란초_ 시드는 모습

▲ 해란초_ 종자 결실

▲ 해란초_ 무리

직접 가꾸기

해란초는 10월에 받은 종자를 바로 뿌리거나 종이에 물을 묻혀 냉장고에 보관하고 이른 봄에 뿌린다. 종자 발아율은 높은 편이다. 특정한 지역에서 자라는 식물이어서 재배하기는 쉽지 않다.

가까운 식물들

- 좁은잎해란초 : 북부 해변의 모래땅 양지바른 풀밭에 자란다. 잎이 해란초보다 길쭉해 보인다. 키는 25~40㎝이다

좁은잎해란초

279

백로가 날아가는 듯한 꽃

해오라비난초

이명 | 해오래비난초, 해오리란, 해오라기란

학명 | *Habenaria radiata* (Thunb.) Spreng.

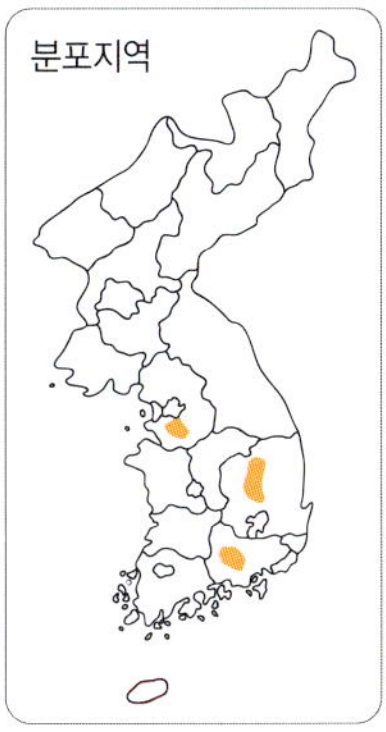

마치 학이 날아가는 듯한 하얀 꽃이 예쁘다 못해 신기하기까지 하다. 해오라비란 경상도 사투리로 해오라기를 말하며, 백로과에 속하는 새다. 흔히 백로라고 하는데, 몸길이 56~61㎝로 제법 덩치가 크다. 이 꽃은 활짝 핀 모습이 마치 해오라비가 날아가는 모습 같다고 해서 해오라비난초라고 한다.

우리나라 중부와 남부의 습지에서 자라는 여러해살이풀로, 햇볕이 잘 드는 습지에서 자라며, 키는 15~40㎝이다.

잎은 길이가 5~10㎝, 폭이 0.4~0.6㎝이고 비스듬히 서며 넓은 선형이다. 뿌리는 타원형의 구경에서 옆으로 뻗는 지하경이 생기며 끝에 구경이 달린다.

7~8월에 하얀색 꽃이 피며, 꽃 지름은 3㎝ 정도로 원줄기 끝에 1~2개가 달린다. 입술판은 3개로 갈라지고 양쪽 꽃잎 끝은 가장자리가 잘게 갈라진다. 10월경에 검은 열매가 달리며 안에는 먼지와 같은 많은 종자가 들어 있다. 난초과에 속하며 해오래비난초, 해오리란, 해오라기란이라고도 한다.

꽃이 하도 예뻐 사람들이 마구 캐 가는 바람에 멸종 위기에 몰렸으나 재배에 성공하여 요즘은 관상용으로 많이 쓰이고 있다.

'꿈에도 만나고 싶다'라는 아주 멋진 꽃말을 가졌는데, 정말 이렇게 귀하고 예쁜 꽃이라면 꿈에서라도 계속 보았으면 좋겠다.

최근에는 경기도와 강원도의 일부 지역에서 자생지가 확인되고 있지만 이마저도 주변 환경의 변화 때문에 자연적인 번식에는 많은 어려움이 있는 것으로 보인다. 또한 발견된 곳에 사람들의 왕래가 많아져 훼손의 우려도 크다고 할 수 있다. 우리나라 중부 이북 지방과 일본에 분포한다.

▲ 해오라비난초_ 꽃봉오리

▲ 해오라비난초_ 꽃(정면)

▲ 해오라비난초_ 꽃(측면)

직접 가꾸기

10월경에 달리는 종자를 종이에 싸서 보관하여 이듬해 봄에 이끼를 깔고 뿌린다. 먼지 날리듯 뿌리고 물을 줘서 가라앉힌 뒤 신문지나 비닐로 10~15일 정도 덮어준다. 종자 발아율이 높지 않기 때문에 몇 개체를 얻는 데 만족해야 한다. 화분에 재배할 때는 물을 많이 넣고 위에 올려놓으며, 실외에 심을 때는 약한 습지에 심는 것이 좋다.

가까운 식물들

- 큰해오라비난초 : 최근 국립수목원에서 발표한 바에 따르면 경남에서 해오라비난초와 비슷하나 꽃이 더 큰 신종을 발견했다. 중국과 대만, 일본 등의 난대지역에서는 더러 발견되지만 우리나라에서는 처음 발견된 것으로, 일단 이름을 큰해오라비난초라고 붙였다.

ㅎ

280

마디에만 털이 많은 골무꽃

호골무꽃

이명 | 산골무꽃, 개골무꽃, 북해골무꽃

학명 | *Scutellaria pekinensis* var. *ussuriensis* (Regel) Hand.- Mazz.

꽃이 여자들이 바느질할 때 사용하는 도구인 골무를 닮아 골무꽃이라고 한다. 골무꽃에는 종류가 상당히 많은 편이다. 호골무꽃은 산골무꽃과 비슷하지만 마디에 털이 많고 다른 부분에는 적은 것이 큰 특징이다. 반면 산골무꽃은 잎 양면에 털이 있다.

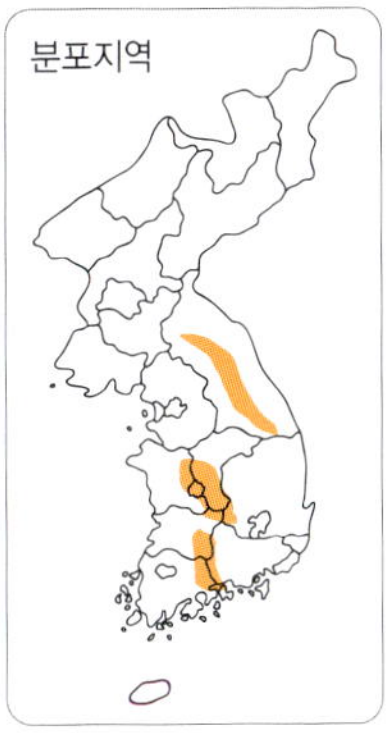

호골무꽃의 키는 15~30cm이다. 잎은 길이가 2~4cm, 폭은 1.5~2.5cm로 넓은 달걀형이며 마주난다. 잎 끝이 둔하며 가장자리에 톱니가 있다. 가느다란 줄기는 곧게 서고 가지를 약간 내며 잎이 조금 달린다. 원줄기의 각 마디에 위로 굽은 흰색 털이 빽빽하게 있다.

7~8월에 연한 자주색 꽃이 핀다. 꽃의 길이는 3~6cm이고 줄기 아래에서 위로 올라가며 달린다. 작은꽃줄기에는 털이 있다. 꽃부리는 길이가 1.5~2cm로 밑부분에서 굽어 위로 향한다. 위 꽃잎은 아래 꽃잎의 1/2 정도이며 2갈래로 꽃잎이 갈라지고 아래 꽃잎은 3갈래로 갈라진다. 9~10월경에 원추형의 돌기가 많은 길이 약 0.7cm의 열매가 달린다.

꿀풀과에 속하는 여러해살이풀로, 우리나라 각처의 깊은 산에서 난다. 그늘지고 습하며 부엽질이 풍부한 곳의 나무 아래에서 자란다. 어린순은 식용한다.

▲ 호골무꽃_ 잎

▲ 호골무꽃_ 꽃봉오리

▲ 호골무꽃_ 무리

직접 가꾸기

호골무꽃은 10월경에 종자를 받아 화분이나 화단에 바로 뿌리거나 남은 종자를 종이에 싸서 냉장보관하여 이듬해 봄에 뿌리면 된다. 종자 발아율은 높은 편이다.

화분에 심을 때는 퇴비를 많이 넣고 배수가 잘되게 심는 것이 좋다. 공기가 잘 통하는 곳에 두고 꽃이 지면 화분을 화단이나 햇볕이 많이 들어오는 곳에 둔다.

가까운 식물들

- 골무꽃 : 꽃 아랫입술에 점이 있다.
- 광릉골무꽃 : 꽃은 연한 하늘색이며 5~6월에 핀다.
- 흰골무꽃 : 꽃이 흰색이다.
- 구슬골무꽃 : 뿌리줄기는 염주 모양이고, 줄기에는 털이 거의 없으며 날카로운 능선이 있다. 여름에 홍자색 꽃이 피며 백두산에 분포한다. 키는 25㎝이다.

- 그늘골무꽃 : 작은 꽃자루에 액을 분비하는 선모가 나고 포는 위로 갈수록 작아진다.
- 비바리골무꽃 : 잎과 줄기에 붉은색과 함께 연한 녹색을 띠고 있어 청순한 제주도 처녀를 연상케 한다.
- 다발골무꽃 : 잎 앞면은 녹색이고 거칠며, 뒷면은 연한 녹색이고 맥 위에 털이 있다.
- 좀골무꽃 : 키는 5~20cm에 잎 길이와 폭이 모두 1cm 정도로 작다.
- 떡잎골무꽃 : 키 10~30cm에 잎 길이는 2~4cm이다.
- 산골무꽃 : 키는 15~30cm가량이다. 잎은 양면에 털이 있고 가장자리에 톱니가 있다.
- 애기골무꽃 : 키는 5~20cm에 잎 길이와 폭이 모두 1cm밖에 안 된다.
- 참골무꽃 : 키는 10~40cm이고, 잎은 길이가 1.5~3.5cm, 폭은 1~1.5cm로 긴 타원형이다.
- 수골무꽃 : 꽃이 줄기와 수직으로 달리며, 꽃 아랫입술에 점이 없다.

골무꽃

광릉골무꽃

산골무꽃

애기골무꽃

참골무꽃

ㅎ

281

빨간 열매가 앙증맞은

호자덩굴

이명 | 덩굴호자나무

학명 | *Mitchella undulata* Siebold & Zucc.

호자라는 이름은 가시가 날카로워 호랑이도 찌른다고 해서 호자(虎刺)라는 이름이 붙은 호자나무에서 유래한다. 잎과 빨간 열매가 비슷하지만 호자덩굴은 덩굴성이며 풀이라 호자나무와는 다르다.

키는 3~7㎝이다. 잎은 길이가 1~1.5㎝, 폭은 0.7~1.2㎝이고 달갿형이다. 입은 두텁고 마주나며 끝이 뾰족하다. 잎의 밑부분은 둥글고 가장자리가 물결 모양이며 짙은 녹색이다. 줄기는 땅에 기며 가지가 갈라지고 마디에서 뿌리가 나온다.

꽃은 6~8월에 가지 끝에 2개씩 달리는데, 흰색 바탕에 연한 붉은빛이 돈다. 꽃부리 길이는 약 1.5㎝, 폭은 약 0.8㎝로 2개가 나란히 위를 향해 줄기 끝에 달린다. 꽃부리의 끝은 4갈래로 갈라지며 안쪽에 털이 있다. 9~10월경에 지름 약 0.8㎝의 둥근 빨간색 열매가 달린다.

꼭두서니과의 상록 여러해살이풀로, 우리나라 남부 도서지방과 울릉도 및 제주도의 산 숲 속에서 난다. 일본에도 분포한다. 반그늘 혹은 음지의 습도가 높고 부엽질이 풍부한 곳에서 자란다.

관상용으로 심는다. 식용도 하며 약은 물론 퇴비, 사료용으로도 쓰인다.

▲ 호자덩굴_ 새순 올라오는 모습

ㅎ

▲ 호자덩굴_ 꽃

직접 가꾸기

호자덩굴은 10월경에 종자를 받아 바로 뿌리거나 종이나 솜에 싸서 수분을 억제하고 냉장고에 넣어 보관한다. 종자 발아율은 보통이다. 뿌리나누기는 이른 봄이나 늦가을에 옆으로 나온 가지를 분리하여 한다.

나무 밑의 바람이 잘 통하는 곳에 심는다. 음지의 습도가 높은 곳에서 자라는 특성을 가지고 있어 재배하기 힘든 품종이다. 화분에 심을 때는 반 그늘진 곳에 여러 개를 놓고 키운다. 물은 1~2일 간격으로 준다.

가까운 식물들

- 호자나무 : 같은 종의 상록관목으로 숲 속에서 자란다. 키는 1m에 이른다. 잎이 달린 자리에서 잎의 길이와 비슷한 가시가 나온다.

▲ 호자덩굴_ 꽃(측면)

▲ 호자덩굴_ 무리

ㅎ

282

호피처럼 생긴 줄기를 가진 야생화

호장근

이명 | 호장, 감제풀, 싱아, 까치수영

학명 | *Fallopia japonica* (Houtt.) Ronse Decr.

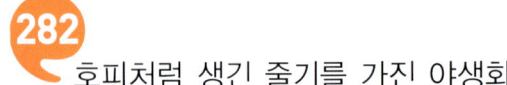

어릴 때의 줄기에 자주색 반점이 있어서 호피처럼 생겼다고 호장근(虎杖根)이라는 이름이 붙었다. 호장근보다 키가 큰 왕호장근, 꽃이 붉은 붉은호장근 등의 유사종이 있다.

▲ 호장근_ 잎

싱아라는 이명도 있으나 싱아는 별도로 있다. 싱아는 마디풀과로, 줄기는 1m 정도로 곧게 자라며 피침형의 잎이 어긋나게 달린다. 호장근은 싱아와 키가 거의 비슷하고 잎도 어긋나지만 잎의 모양이 난상 타원형인 것이 다르다.

원줄기는 곧게 또는 비스듬히 자라며 거칠고 크다. 줄기는 원주형으로 속이 비어 있다. 어릴 때는 적자색 반점이 군데군데 있고 마디에는 원줄기를 둘러싼 턱잎이 있으나 탈락하기 쉽다. 뿌리를 호장이라 하는데, 근경은 목질이며 곤봉 모양이고 길게 벋으면서 군락을 형성한다.

6~8월에 줄기의 위쪽이나 잎겨드랑이에 흰색 또는 담홍색 꽃이 피는데, 암꽃과 수꽃이 따로 달린다. 꽃줄기는 짧고 작으며 찢어진 꽃잎은 길이가 약 0.3㎝으로 5장이다. 이중 바깥쪽 3장은 뒷면에 날개가 있으며 암꽃이 자라서 열매를 둘러싼다. 9~10월경에 길이 2~2.5㎝의 달걀형 열매가 달린다. 열매의 색은 암갈색이다.

마디풀과에 속하는 여러해살이풀로, 우리나라 각처의 산에서 자라며 중국과 일본, 타이완에도 분포한다. 햇볕을 많이 받고 부엽질이 많으며 물 빠짐이 좋은 경사지에서 자란다. 땅속줄기는 약용, 어린 줄기는 식용한다. 호장근을 재배하는 농가가 꽤 되는 편이다.

▲ 호장근_ 꽃봉오리

▲ 호장근_ 꽃

▲ 호장근_ 전초

직접 가꾸기

호장근은 10월에 받은 종자를 바로 뿌린다. 종자 발아율은 높은 편이다. 뿌리나누기는 봄이나 늦가을에 땅속줄기를 나누어 한다.

부엽질이 많고 물 빠짐이 좋은 곳을 선정하여 심는다. 화분에 재배할 때는 큰 화분을 선택하여 몇 개체를 심어 관리한다. 물은 잎이 많은 봄에는 1~2일 간격으로, 꽃이 피는 여름에는 2~3일 간격으로 준다.

가까운 식물들

- 왕호장근 : 키가 2~3m로 호장근보다 크다. 또 잎의 밑부분이 심장의 밑처럼 생겼으며 뒷면에 흰빛이 도는 것도 다르다. 울릉도에 자란다.
- 붉은호장근 : 붉은색 꽃이 핀다. 키는 1~1.5m에 달하며, 한라산의 고산지역에 분포한다.
- 싱아 : 줄기는 1m 정도로 곧게 자라며 피침형의 잎이 어긋나게 달린다.

붉은호장근

싱아

ㅎ

283

꽃이 노란색에서 갈색으로 바뀌는

활량나물

학명 | *Lathyrus davidii* Hance

활량나물은 애기완두에 비해 식물체가 대형이라서 한량(閑良)이라고 한 것이 활량으로 변했다고 한다. 꽃 모양이 마치 작은 나비처럼 생겼으며, 처음에는 노란색이지만 시간이 지날수록 점점 엷은 갈색으로 바뀐다.

이 꽃과 아주 흡사한 것이 노랑갈퀴다. 같은 콩과 식물로 키는 80㎝인 노랑갈퀴는 자주색을 띤 노란색 꽃이 핀다. 꽃 모양은 흡사하나 노랑갈퀴는 덩굴손이 없는 것이 다르다.

활량나물은 우리나라 각처의 산과 들에서 나는 여러해살이풀로, 반그늘 혹은 양지의 물 빠짐이 좋은 곳에서 자라며, 키는 80~120㎝이다. 줄기는 비스듬히 자라며 털이 없다.

잎은 길이가 3~8㎝, 폭이 2~4㎝로 표면은 녹색이고 뒷면은 분백색이며 가장자리에 톱니가 있다. 또한 2~4쌍의 작은잎으로 되어 있으며 어긋난다. 잎자루 끝이 2~3개로 갈라진 덩굴손으로 된다.

꽃은 6~8월에 피는데, 길이는 약 1.5㎝로 밑을 향해 달린다. 꽃받침은 통같이 생기고 끝이 5개로 갈라진다.

10월경에 길이 6~8㎝의 배 모양 열매가 달리는데, 팥 모양과 비슷한 종자가 약 10개 정도 들어 있다.

콩과에 속하며, 어린잎은 식용한다. 또 밀원식물로도 사용되며, 민간에서는 약재로도 쓰인다. 우리나라와 일본, 중국, 우수리 강 등지에 분포한다.

ㅎ

▲ 활량나물_ 잎

▲ 활량나물_ 꽃봉오리

▲ 활량나물_ 꽃

▲ 활량나물_ 꽃이 시드는 모습

직접 가꾸기

10월에 얻은 종자를 바로 뿌리거나 종이에 싸서 냉장보관하고 이듬해 봄에 뿌려서 번식한다. 가을이나 이른 봄에 새순이 올라올 때 포기나누기를 해서 번식해도 된다. 물 빠짐이 좋고 거름기가 많은 화단에 심는다. 물은 3~4일 간격으로 준다.

가까운 식물들

- 갯활량나물 : 바닷가 모래땅에 자라며, 키는 40~80㎝로 활량나물보다 작다. 꽃은 노란색이며, 북한의 원산 지방에 분포한다.
- 노랑갈퀴 : 6월에 자주색을 띤 노란색 꽃이 피며, 키는 80㎝이다. 깊은 산의 기슭에서 자란다.

ㅎ

284

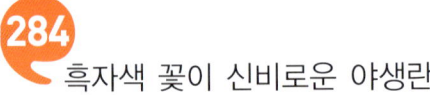

흑자색 꽃이 신비로운 야생란

흑난초

학명 | *Liparis nervosa* (Thunb.) Lindl.

▲ 흑난초_ 새순 올라오는 모습

▲ 흑난초_ 잎

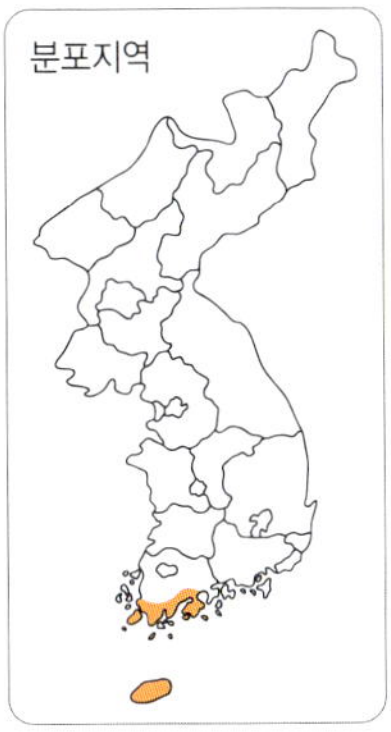

검은색 꽃은 좀처럼 보기 어려운데, 자색이 약간 섞인 꽃을 피우는 품종이라서 흑난초라고 한다. 신안군의 섬과 제주도 한라산에 드물게 분포하는 야생란으로, 멸종위기식물로 지정 보호되고 있다. 줄기가 녹색이지만 드물게 꽃처럼 흑자색인 것도 발견된다.

키는 20~31cm이다. 2~3장의 잎은 길이가 5~12cm, 폭은 3~5.5cm로 달걀형의 타원형이다. 잎 끝이 뾰족하며 잎꼭지는 원줄기를 감싼다. 줄기는 옆으로 기는 알뿌리 몇 개가 옆으로 붙어 있으며, 몸집이 크고 두툼하며 다육질이다.

6~7월경에 새로 나온 줄기의 끝과 잎 사이에서 흑자색 꽃이 달린다. 지름은 약 1.2cm로 줄기에 5~6개의 꽃이 아래에서부터 위로 올라가며 핀다. 찢어진 꽃받침은 길이가 약 0.5cm로 좁은 타원형이며, 입술꽃잎은 쐐기 모양의 난형이고 구부러진다. 열매는 9~10월경에 달린다.

난초과의 여러해살이풀로, 습도가 높고 반그늘 혹은 음지의 토양에 부엽질이 풍부한 곳에서 자란다. 우리나라에서는 멸종위기식물로 분류하여 보호하고 있다.

▲ 흑난초_ 꽃

▲ 흑난초_ 종자 결실

직접 가꾸기

흑난초는 알려진 번식법은 없다. 그러나 자생지의 환경을 보면 어느 정도 번식이 가능할 것으로 생각된다. 이는 겨울에 잎이 나온 것을 이용하여 뿌리를 심는 방법이다.

종자 발아의 경우는 자생지에서도 많은 개체가 생겨나는 것으로 봐서는 난초류의 일반적인 종자 발아 방법으로 번식시키면 될 것으로 생각된다. 즉 상토에 이끼나 수태를 깔고 위에 종자를 뿌려서 분무기와 같은 기구를 이용해 고운 입자로 물을 주며 관리한다. 그러나 종자 발아율에 관해 알려진 내용은 없다.

가까운 식물들

- 새우난초 : 봄에 꽃이 피며, 어두운 갈색이다.

새우난초

ㅎ

285

검은빛이 도는 꽃이 피는

흑박주가리

이명 | 검정박주가리

학명 | *Cynanchum nipponicum* var. *glabrum* (Nakai) H. Hara

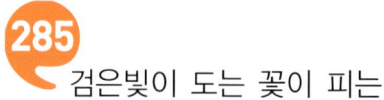

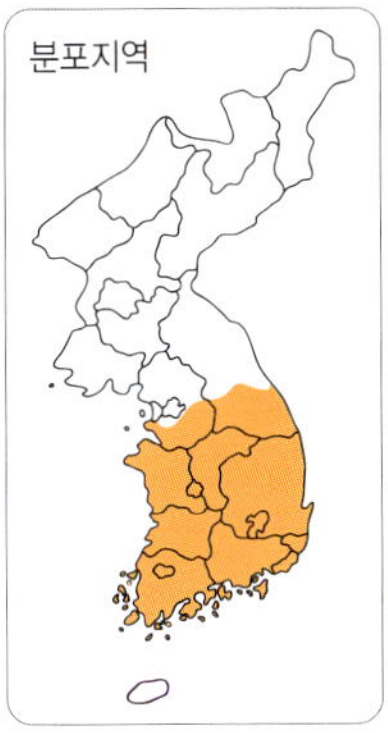

박주가리의 일종으로 꽃이 검은빛을 띤다고 해서 흑박주가리라고 한다. 박주가리는 열매 모양이 조그맣고 못생긴 박과 같다는 데서 유래하였다는 설이 있지만 자세히는 알 수 없다.

우리나라 중부 이남의 들이나 산에서 나는 덩굴성 여러해살이풀로, 햇볕이 잘 들어오고 물 빠짐이 좋은 곳에서 자라며, 키는 40~100㎝이다.

잎은 마주나고 긴 타원형이다. 잎의 크기는 길이가 약 5㎝이고, 폭이 2~3㎝로 끝이 뾰족하고 전체에는 누운 털이 있다. 줄기는 덩굴성으로 털이 있으며 토양에서 가까운 부분은 곧추서 있지만 윗부분은 덩굴성으로 변한다.

7~8월에 검은 자주색 꽃이 피는데, 지름은 약 0.7㎝이다. 꽃부리는 5갈래로 갈라지며 줄기 윗부분의 잎겨드랑이에서 달린다. 8~9월경에 길이 4~5㎝, 폭 약 0.6㎝의 열매가 달리며 종자의 길이는 약 0.5㎝이다.

박주가리과에 속하며, 검정박주가리라고도 한다. 관상용으로 쓰이며 우리나라와 일본에 분포한다.

ㅎ

▲ 흑박주가리_ 잎과 줄기

▲ 흑박주가리_ 꽃봉오리

▲ 흑박주가리_ 꽃

▲ 흑박주가리_ 꽃이 지고 덩굴로 변한 모습

직접 가꾸기

흑박주가리는 9월경에 종자를 받아 바로 뿌리거나 종이에 싸서 냉장보관한 뒤 이듬해 봄에 일찍 뿌린다. 주변습도가 높고 바람이 잘 통하며 햇볕을 많이 받는 곳을 선택하여 심는 것이 요령이다. 덩굴을 따라 올라가는 꽃이 너무 작기 때문에 화단의 앞쪽에 심어 관리하는 것이 좋다. 물은 1~2일 간격으로 준다.

가까운 식물들

- 덩굴박주가리 : 7~8월에 지름 0.7~0.8㎝의 노란색 꽃이 윗부분의 잎겨드랑이에 핀다.
- 왜박주가리 : 양반박주가리, 나도박주가리라고도 하며, 산지에서 자란다. 열매의 크기가 박주가리에 비해 절반 정도밖에 안 된다.
- 박주가리 : 꽃은 엷은 자색이며, 키는 3m까지 자란다.

덩굴박주가리

박주가리

ㅎ

286

약재로 유명한 물가 식물

흑삼릉

이명 | 흑삼능, 호흑삼능

학명 | *Sparganium erectum* L.

흑삼릉

(黑三稜)이란 '검은 삼릉'이라는 뜻이다. 삼릉은 잎에 3개의 모서리가 있어서 붙여진 이름으로, 예로부터 약재로 많이 사용되었는데 특히 뿌리줄기를 삼릉, 또는 흑삼릉이라고 부른다.

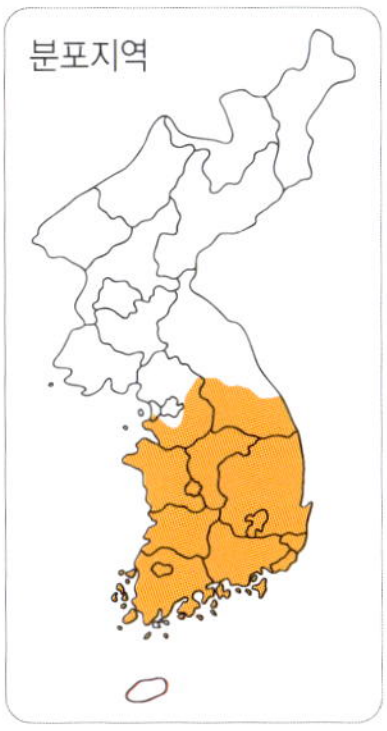

우리나라 중부 이남의 연못이나 도랑가에 나는 여러해살이풀로, 햇볕이 잘 들고 유속이 빠르지 않은 물가에서 자라며, 키는 70~100㎝이다. 뿌리줄기는 짧게 옆 가지를 내며 줄기는 거칠고 강하며 곧게 서는데, 이 뿌리줄기를 흑삼릉이라고 부른다.

잎은 서로 감싸면서 자라 원줄기보다 길어진다. 잎은 폭이 0.7~1.2㎝로 뒷면에 1개의 능선이 있다. 여름철에 잎 사이에서 꽃줄기가 자라 윗부분이 갈라지는데, 꽃줄기는 선형이며 녹색으로 끝이 뭉툭하다.

꽃은 흰색이며 6~7월에 핀다. 꽃의 크기는 길이가 30~50㎝이고 밑부분에는 암꽃, 윗부분에는 수꽃만 달리는 것이 특징이다. 달걀 모양의 열매가 9월경에 달리며 길이는 0.6~1㎝, 폭이 0.4~0.8㎝이다.

흑삼릉과에 속하며 흑삼능, 호흑삼능, 형삼릉이라고도 한다.

흑삼릉은 전 세계에 15종밖에 없다. 그중 우리나라에는 3종류가 있었으나 최근 제주도 습지에서 국내에서는 처음으로 남흑삼릉이 발견되어 이제 4종으로 늘었다. 우리나라를 비롯한 아시아와 유럽, 북아프리카에 분포한다.

관상용으로 쓰이며 땅속의 덩이줄기인 괴경(塊莖)은 약용으로 쓰인다.

ㅎ

▲ 흑삼릉_ 종자 결실

직접 가꾸기

흑삼릉은 9월경 달리는 종자를 바로 뿌리거나 이듬해 봄에 뿌린다. 뿌리를 봄에 나누어 심기도 한다. 실내에서 키울 때는 큰 화분에 흙과 물을 담아 햇볕이 좋은 곳에 두며, 실외에서는 웅덩이 근처에 심는 것이 요령이다.

가까운 식물들

- 긴흑삼릉 : 암술대의 길이가 0.2㎝ 미만이고 두화가 잎겨드랑이에 달린다. 키는 40~70㎝이다.
- 좁은잎흑삼릉 : 두화가 잎겨드랑이 위쪽에 달리고 잎이 가늘다. 물 위에 있는 부분에만 꽃이 피며, 키는 1.5m까지 자란다.

287

새댁이 입에 문 하얀 밥알 꽃

흰알며느리밥풀

이명 | 흰밥풀

학명 | *Melampyrum roseum* f. *albiflorum* Nakai ex T. B. Lee

ㅎ

씨엄니 눈돌려 흰 쌀밥 한 순갈 들통나
살강 밑에 떨어진 밥알 두 알 혀끝에 감춘 밥알 두 알
몰래 몰래 울음 훔쳐 먹고 그 울음도 지쳐
추스림 끝에 피는 꽃 며느리밥풀꽃
햇빛 기진하면은 혀 빼물고
지금도 그 바위섬 그늘에 피었느니라. -송수권의 〈며느리밥풀꽃〉 중에서

며느리밥풀은 갓 시집간 새댁이 밥알을 물고 있는 듯한 모습이라고 해서 붙은 이름이다. 입술 모양의 꽃 사이로 밥알처럼 나와 있는 것은 수술이다. 이 꽃에는 슬픈 전설이 전해진다. 옛날 구박받던 어느 며느리가 밥이 익었는지 밥알을 씹어보다가 그것을 본 시어머니에게 맞아 죽었으며, 새댁의 무덤에서 이 꽃이 피어나 며느리밥풀이라고 했다는 것이다.

이름이 특이하지만 며느리밥풀이라는 이름이 붙은 식물은 의외로 많다. 꽃이 유난히 예쁜 기본종 꽃며느리밥풀을 비롯해, 접두어에 털, 흰수염, 애기, 새, 수염 등이 붙는 종이 있다. 이중 흰알며느리밥풀은 알며느리밥풀과 비슷하지만 꽃이 흰색이다. 알며느리밥풀은 꽃이 홍자색이다.

분포지역

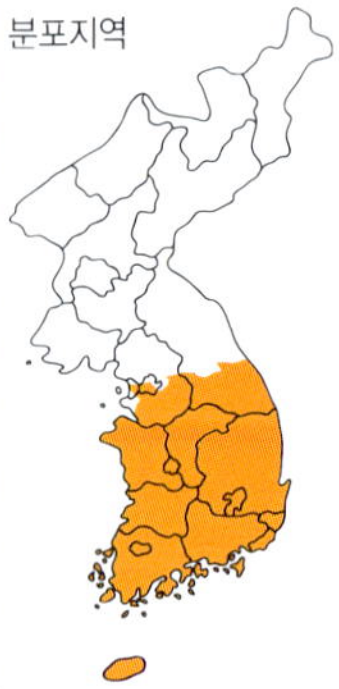

키는 30~70㎝이다. 중앙에 있는 잎은 난형이며 뾰족하고 길이는 3~6㎝, 폭이 1.5~3㎝이다.

꽃은 8~9월에 흰색으로 핀다. 줄기 정상부 꽃대에 여러 개의 꽃이 아래에서 위쪽으로 어긋나게 달린다. 꽃끝에 긴 가시털 같은 톱니가 있다. 열매는 길이가 1㎝ 정도로 끝이 뾰족하며 짧은 털이 있다.

현삼과에 속하는 반기생 한해살이풀로, 중부 이남에서 자란다. 반그늘에 주로 자라며 습기가 많은 곳에서 잘 자란다. 관상용으로 심는다.

▲ 흰알며느리밥풀_ 꽃

직접 가꾸기

흰알며느리밥풀은 10~11월에 받은 종자를 보관하여 이듬해 봄 화분에 뿌려 화단에 옮겨 심는다.

묘종이 심어진 곳을 중심으로 봄에 호미와 같은 농기구를 이용하여 주변을 부드럽게 해주면 새순이 많이 올라온다.

낮에 비치는 강한 빛을 막아주는 화단이면 좋다. 물은 2~3일 간격으로 준다.

ㅎ

- 꽃며느리밥풀 : 키는 30~50㎝이며, 산지의 볕이 잘 드는 숲 가장자리에서 자란다. 여름에 붉은색 꽃이 핀다.
- 알며느리밥풀 : 키는 30~70㎝, 꽃은 홍자색이다. 잎은 마주나고 달걀 모양으로 밑으로 가면서 급하게 좁아진다.
- 새며느리밥풀 : 잎이 크고 넓다. 키는 50㎝에 달하며 가지가 많이 갈라지고 꼬불꼬불한 짧은 털이 있다. 꽃은 붉은빛이 도는 자주색이다.

알며느리밥풀

- 애기며느리밥풀 : 새며느리밥풀과 비슷하나 잎은 마주나고 좁은 바소꼴 또는 넓은 줄 모양인 것이 다르다.
- 털며느리밥풀 : 꽃받침에 긴 털이 있고 포에 가시 모양의 톱니가 많다.
- 수염며느리밥풀 : 아랫입술에 밥풀 같은 2개의 흰 무늬가 있다. 키는 30~50㎝이다. 꽃은 홍색이다.
- 흰수염며느리밥풀 : 수염며느리밥풀과 비슷하나 꽃이 흰색이다.

288

흰색 꽃이 예쁜 야생란

흰제비란

이명 | 흰난초

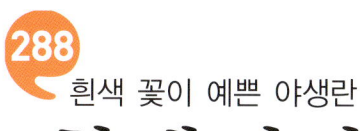

학명 | *Platanthera hologlottis* Maxim.

ㅎ

야생란

중 꽃이 핀 모습이 금세 날아갈 것 같은 느낌을 주는 품종이 바로 제비란이다. 본종인 제비란은 키가 20~50㎝로 잎은 줄기 밑쪽에 2개가 거의 마주나며 타원형에 가깝다. 꽃은 흰색이다.

흰제비란 역시 꽃이 흰색인데, 키가 50~90㎝로 훨씬 크며, 잎도 어긋나 제비란 잎과는 나는 것이 다르다. 흰제비란의 잎은 길이가 10~20㎝, 폭이 1~2㎝로 5~12장이 부채꽃 모양으로 뾰족하게 어긋난다. 원줄기는 줄기를 싸고 있다.

6~7월에 흰색 꽃이 핀다. 긴 꽃대 둘레에 길이 10~20㎝의 꽃 여러 개가 이삭 모양으로 달린다.

중앙 꽃받침 잎은 길이가 약 0.5㎝로 타원형이고 편평하다. 옆의 잎은 길이가 약 0.6㎝로, 밑으로 처지고 굽으며 타원형이고 둔하다. 아래 꽃잎은 길이가 약 0.7㎝이며 긴 타원형이고 밑으로 처지는 꽃잎에 붙은 돌기는 1~1.2㎝이다. 열매는 8~9월경에 달린다.

난초과에 속하는 여러해살이풀로, 우리나라 각처의 산지 습지에서 난다. 일본과 중국에도 분포한다.

햇볕이 잘 들어오는 산지 습지의 유기질 함량이 높은 곳에서 자란다. 관상용이며, 화분에 심으면 좋은 품종이다. 물 빠짐을 좋게 하고 바람이 잘 통하는 곳에 두는 것이 좋다.

▲ 흰제비란_ 잎

▲ 흰제비란_ 꽃봉오리

▲ 흰제비란_ 꽃

ㅎ

직접 가꾸기

흰제비란은 9월경에 종자를 받아 바로 뿌리는 것이 좋다. 종자를 뿌릴 때는 파종상에 상토를 넣고 위에 이끼나 수태를 약하게 올려놓은 뒤 종자를 뿌리고 분무기 등으로 바람에 의해 수태나 이끼에 묻히도록 한다. 이후 신문이나 비닐로 덮어 습도를 유지하게 하고 15일 정도 경과한 뒤 제거한다. 화분에 다른 종의 제비란과 함께 심으면 교육용으로 좋다. 물은 2~3일 간격으로 준다.

가까운 식물들

산제비란

- 제비란 : 키가 20~50㎝로 잎은 줄기 밑쪽에 2개가 거의 마주나며 타원형에 가깝다. 꽃은 흰색이다.
- 구름제비란 : 산제비란에 비해 꽃받침은 막질이다. 관모봉 등 높은 산에 자라며, 키는 15~40㎝이다. 여름에 연한 녹색 꽃이 핀다.
- 너도제비란 : 잎이 좁은 긴 타원형 또는 바소꼴로 꽃받침 조각에는 3맥이 있다. 키는 15~30㎝이며 높은 산에 자란다.
- 주름제비란 : 잎은 긴 타원형이고 세로로 주름이 있다. 꽃은 5월에 피며 홍색이다.
- 산제비란 : 키는 20~40㎝이고 꽃 색깔은 연한 녹색이다.
- 개제비난 : 5~7월에 연녹색 바탕에 갈색이 도는 꽃이 핀다. 키는 10~30㎝, 관모봉과 한라산에 분포한다.

::참고문헌

- 국가표준식물목록(2012), 산림청
- 꼭 알아야 할 한국의 야생화(2008), 허북구 · 박석근, 중앙생활사
- 꽃도감-600가지[개정판](2004), 한국화훼장식교수연합회, 부민출판사
- 꽃의 이름을 묻다(1998), 이하석, 문학동네
- 대한식물도감(1989), 이창복, 향문사
- 몸에 좋은 산야초(2003), 장준근, 넥서스BOOKS
- 백두고원(2002), 김태정 · 이영준 · 한상훈, 대원사
- 봄꽃 쉽게 찾기(2008), 윤주복, 진선books
- 쉽게 찾는 수생식물(2004), 김태정 · 강은희, 현암사
- 쉽게 찾는 야생화(2010), 김태정, 현암사
- 야생화 기르기(2008), 코야마 유키오 외, 그린홈
- 야생화 쉽게 찾기(2003), 송기엽 · 윤주복, 진선출판사
- 야생화-202 식물도감[손안에미니북1](2009), 장은옥 · 서정근, 수풀미디어
- 야생화도감-여름편(2010), 정연옥 외, 푸른행복
- 야생화-애장본(2004), 송기엽, 진선출판사
- 우리 꽃 야생화를 찾아서(2009), 김광섭, 디자인소리
- 우리 산야에 피는 야생화(2006), 박노복 외, 문예마당
- 우리가 정말 알아야 할 우리 꽃 백가지 2(2010), 김태정, 현암사
- 울타리 안에서 키우는 야생화 재배와 이용(2009), 박노복 · 정연옥, 푸른행복
- 제주도 야생화(2004), 서재철, 일진사
- 집에서 키우는 사계절 야생화(2006), 김필봉, 학마을B&M
- 채색의 시간-한국의 야생화편(2008), 김충원, 진선아트북
- 포켓야생화도감(2005), 김완규, 지식서관
- 한국식물도감(2002), 이영노, 교학사
- 한국의 야생화(1997), 김태정, 국일미디어
- 한국의 야생화(2003), 이유미, 다른세상
- 한국의 야생화(2007), 김태정, 교학사
- 한국의 야생화(2010), 한국야생화연구회, 아이템북스
- 한국의 야생화[우리 산과 들에 숨쉬는 보물](2010), 자연을담는사람들, 문학사계사
- 世界有用植物事典(1989), 堀田滿 외, 平凡社